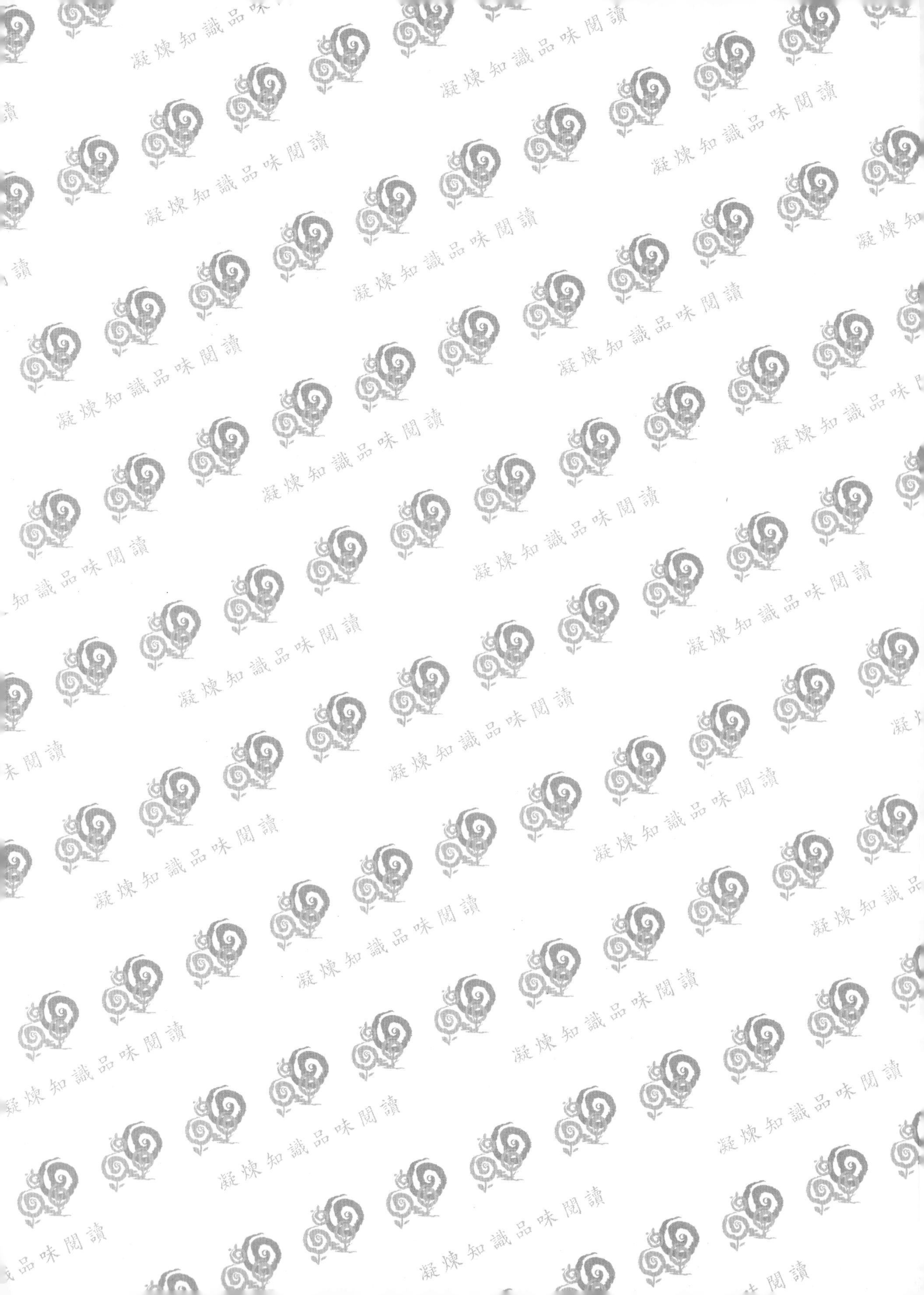

微電腦介面晶片和單晶片在化學上應用

Applications of Interface Chips and Single-Chip Microcomputers in Chemistry

◆ 施正雄 著

五南圖書出版公司 印行

編輯大意

在化學研究實驗中，化學研究人員為實驗需要常需自行組裝一簡單電子線路，在組裝電子線路中常需用各種可接PC微電腦之介面晶片做化學儀器訊號輸出輸入介面或應用單晶片微電腦做自動控制系統。本書目的再提供化學研究人員一些微電腦介面晶片和單晶片基本知識使研究人員可自行組裝電子線路以應用在自我設計的化學實驗中。本書將介紹化學實驗中常用之各種微電腦介面晶片及單晶片微電腦，同時也將介紹最近發展只有信用卡大小的Raspberry Pi（樹莓派）微電腦。

本書共分12章，前8章介紹各種微電腦介面晶片，第9～11三章介紹常用單晶片微電腦，而第12章介紹Raspberry Pi微電腦。第1章微電腦介面晶片及單晶片導論，介紹常見微電腦介面晶片及單晶片之種類與性能並介紹當晶片基本材料的半導體。第2章邏輯閘晶片，介紹常見的及閘（AND）、反及閘（NAND），或閘（OR）、反或閘（NOR）、反閘（NOT）、互斥或閘（XOR or EOR）及反互斥或閘（XNOR or ENOR）邏輯閘。第3章繼電器，介紹磁簧繼電器、光繼電器、固體繼電器、聲控繼電器、溫控繼電器、光控繼電器、紅外線及無線電遙控繼電器。第4章運算放大器（OPA）晶片，介紹反相負迴授OPA、非反相負迴授OPA、電壓反相OPA、訊號相加減OPA、訊號對數化OPA、電壓隨藕OPA，以及運算放大器所組成的比較器、積分器、微分器、溫度測量及控制系統、光度測量及控制系統、電流／電壓轉換器和頻率調節器。

第5章振盪晶片和計數晶片，將介紹石英晶體振盪器晶片、石英晶體天平、石英-IC4060晶片頻率分倍器、IC555振盪晶片、IC4046振盪晶片、IC9400振盪晶片、VFC32振盪晶片以及頻率／數位（F/D）和頻率／電壓（F/V）轉換計數晶片。第6章數位／類比轉換器（DAC）晶片，介紹DAC轉換器結構及訊號轉換原理、並列式／串列式DAC晶片、多電壓輸出DAC晶片、USB-DAC晶片及微電腦-USB轉換晶片-DAC、微電腦-並列／串列DAC、微電腦-8255-DAC-OPA和微電腦-DAC-ADC電化學偵測系統。第7章類比／數位轉換器（ADC）晶片，介紹ADC訊號轉換原理、連續近似ADC、積分雙斜率ADC、ΣΔ ADC、快閃ADC、並列／串列ADC、USB ADC晶片、微電腦-串列／並列ADC系統及ADC/DAC組合晶片。第8章訊號輸出輸入晶片，介紹PPI 8255/PIA6821輸出輸入晶片、解碼器、RS232串列介面、IEEE488並列介面、並列／串列轉換晶片、EEPROM晶片、USB-串列介面晶片及USB-並列／串列轉換晶片。

第9章MCS-51單晶片微電腦，將介紹MCS-51系列單晶片、單晶片MC 8951、USB AT89C51單晶片、內建ADC式C8051F35X/80C552/ATmega32/C505單晶片、MC 8951-並列／串列ADC、MC 8951-RS232介面、MC 8951-USB介面以及、MC8951溫度自動控制、MC8951自動酸鹼滴定、MC8951停水斷電裝置及氣體儲存槽控制系統和無線電（RF）型MCS-51單晶片微電腦。第10章PIC單晶片微電腦，介紹內建ADC式PIC16C7X/16F7X/16F87X/17C7XX/18FXXX系列單晶片、USB內建ADC式PIC18FXX/18F2XJ50/4XJ50/單晶片、PIC16F877單晶片化學自動控制系統及PIC單晶片無線電收發系統。第11章MC68XX單晶片微電腦及數位訊號處理器DSP晶片，介紹內建ADC式MC68(7)05R/MC68HC11/ MC68HC16/MC68300系列單晶片、USB-MC68XX單晶片系統及數位訊號處理器（DSP）晶片。第12章Raspberry Pi（樹莓派）微電腦，將介紹Raspberry Pi微電腦結構／作業系統/GPIO輸出輸入系統、GPIO繼電器多頻道系統、GPIO-串列ADC系統以及Raspberry Pi-USB-ADC和Raspberry Pi微電腦-DAC系統。

本書附有參考資料及索引，供參考及搜尋。本書如有未盡妥善或遺誤之處，敬請各位先進不吝指正。

目錄

第一章 微電腦介面晶片及單晶片導論
（Introduction to Interface Chips and Single-Chip Microcomputers）

第二章 邏輯閘晶片（Logic Gate Chips）

第三章 繼電器（Relays）

第四章　運算放大器（OPA）晶片（Operational Amplifier (OPA) Chips）

第五章　振盪晶片和計數晶片（Oscillating and Counting Chips）

第六章 數位／類比轉換器（DAC）晶片（Digital to Analog Converter (DAC) Chips）

第七章 類比／數位轉換器（ADC）晶片（Analog to Digital Converter (ADC) Chips）

第八章 訊號輸出輸入晶片（Signal Input/Output Chips）

第九章 MCS-51單晶片微電腦（MCS-51 Single-Chip Microcomputers）

第十章 PIC單晶片微電腦 （PIC Single-Chip Microcomputers）

第十一章 MC68XX單晶片微電腦及數位訊號處理器（DSP）晶片 （MC68XX Single-Chip Microcomputers and Digital Signal Processor (DSP) Chip）

第 1 章

微電腦介面晶片及單晶片導論

(Introduction to Interface Chips and Single-Chip Microcomputers)

在化學上化合物的製造及產品分析，都需藉由化學分析儀器來分析及測量，而化學分析儀器輸出訊號（如電壓、電流或ON/OFF及0/1數位訊號）都需利用微電腦及其介面晶片來收集、轉換、控制、處理及顯示。然傳統的微電腦體積相當大，一些體積小可掛在化學反應／分析器上的單晶片微電腦（Single-Chip Microcomputers）因應而生。對單晶片微電腦及常用介面晶片的功能及應用的初步了解對任何一化學研究人員都有其必要。本書除分章介紹體積小的單晶片微電腦（如Intel公司MCS-51及Microchip公司PIC和Motorola公司MC68XX系列產品）外，將分章介紹化學實驗微電腦系統及常用微電腦介面晶片（如邏輯閘、繼電器、運算放大器、振盪晶片、計數晶片、數位／類比轉換器、類比／數位轉換器及訊號輸出輸入晶片）並介紹近年來才發展出來的信用卡大小的Raspberry Pi（樹莓派）微電腦及簡單介紹內部結構類似單晶片微電腦但可快速處理數位信號之數位信號處理器（DSP, Digital Signal Processor）晶片。

本章將簡介化學實驗微電腦系統、微電腦基本結構及常用單晶片微電腦和介面晶片（如訊號控制晶片、訊號放大晶片、類比／數位訊號轉換晶片、訊號輸入輸出晶片、振盪晶片及計數晶片）和晶片材質與元件有關之半導體及常用實驗配件（如發光二極體、可變電阻體及電容器）。

1.1　化學實驗微電腦系統

圖1-1為一般化學實驗微電腦系統之基本結構圖。一般化學實驗系統都需用如圖1-1所示的各種偵測器以偵測化學實驗系統中各種物質之物理性質（如溫度、壓力、黏度）及化學性質（如各成分濃度及性質、pH值）變化。這些偵測器通常會輸出類比訊號（Analog Signal (A)），如電壓、電流及頻率訊號，而有的偵測器則可輸出數位序列訊號。如圖1-1所示，不同偵測器輸出的電壓（Vo）、電流（Io）訊號或頻率（Fo）或數位序列訊號（D）可利用繼電器系統（繼電器A）分別一一輸入電流／電壓（I/V）放大器，計數器或直接輸入／輸出（I/O）晶片處理。因為一般微電腦只能接受數位訊號（1或0）之

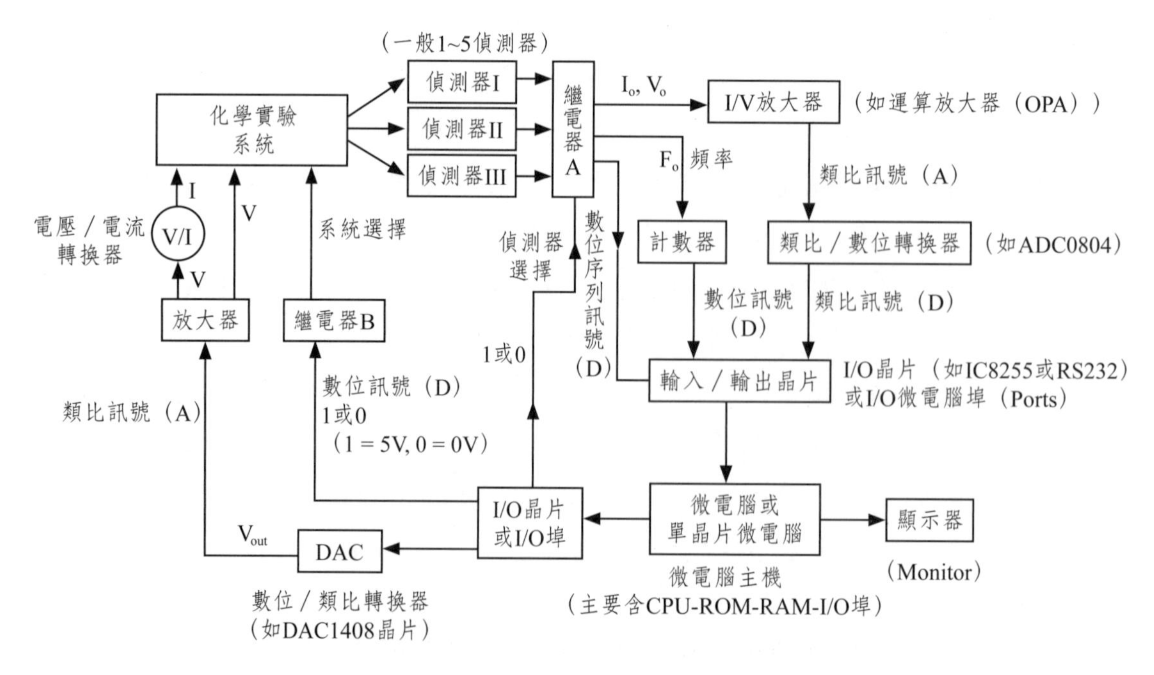

圖1-1　一般化學實驗微電腦系統之基本結構示意圖

輸出輸入，故化學儀器所輸出的電壓及電流類比訊號（Analog signal）經放大器（如運算放大器（Operational Amplifier, OPA）放大後需用類比／數位轉換器（Analog/Digital Converter, ADC）轉換成數位訊號（Digital signal (D)），再經輸入輸出（I/O）晶片輸入微電腦或單晶微電腦做數據處理。同樣地，頻率訊號經計數器（Counter）轉換成數位訊號後，也需經輸入輸出（I/O）晶片輸入微電腦做數據處理。

微電腦或單晶微電腦也可用來控制化學實驗系統之特性（如溫度、壓力及電極電位或電流強度）及透過繼電器系統選擇偵測器及選擇化學實驗系統。如圖1-1所示，透過微電腦電腦程式之執行及I/O晶片或I/O埠（Port）以數位訊號（1或0）起動繼電器A及繼電器B系統分別做偵測器之選擇及多系統化學實驗系統之系統選擇。同樣地，微電腦可透過接在其I/O埠或I/O晶片上之數位／類比轉換器（Digital to Analog Converter, DAC），將微電腦輸出的數位訊號（D）轉換成類比訊號（A，如電壓或電流），數位／類比轉換器（DAC）所輸出電壓可直接使化學實驗系統之電極改變，使化學實驗系統中產生氧化還原變化，亦可用電壓／電流（V/I）轉換器轉換成電流使化學實驗系統之加熱器加熱及馬達運轉或起動化學實驗系統中其他儀器運作，而由電壓或電流的改變亦可能會引起化學實驗系統中各種物質之物理性質（如溫度）或化學性質（如各成分濃度、pH值）變化。反之，在化學實驗系統中各偵測器偵測得的類比訊號（如電壓或電流）可經類比／數位轉換器（ADC）轉成數位訊號輸入PC微電腦或單晶片微電腦做數據處理。此化學實驗微電腦系統中所用之繼電器（Relay）、運算放大器（OPA）、數位／類比轉換器（DAC）及類比／數位轉換器（ADC）和訊號輸入輸出晶片除在本章1-4節簡介外，將分別在本書第3、4、6、7、8章中詳細介紹。

1.2 微電腦結構簡介

一般微電腦[1-5]之基本結構如圖1-2所示，主要包含中央處理機（Central Processing Unit, CPU）、RAM（Random Access Memory，隨機存取記憶體）、ROM（Read Only Memory，唯讀記憶體）、微電腦神經網路線與支援晶片如輸入輸出晶片（I/O晶片）、控制晶片、邏輯晶片及振盪晶片。

中央處理機（CPU）是主要由邏輯計算單元（Arithmetic Logic Unit, ALU）及控制單元（Control Unit, CU）所構成。邏輯計算單元由一連串邏輯閘（Logic gates）所組成用來負責微電腦資料及數據之計算及處理，而控制單元則控制微電腦資料之輸出輸入。一般將中央處理機（CPU）製成的積體電路（IC）晶片通稱為微處理機（Microprocessor）。例如Intel公司生產的64位元Pentium 4 CPU晶片為常用的中央處理機（CPU）之一。

RAM及ROM晶片為微電腦用來儲存電腦程式及資料之記憶體。RAM為隨機記憶體，資料輸入時隨機儲存，然當微電腦關機時，這些存在RAM晶片之電腦程式及資料即不再存在。反之，存在ROM晶片之電腦程式及資料微在電腦關機時仍然會存在。一般所使用之光碟片、磁碟片及硬碟之記憶體皆屬ROM，有的ROM其資料只可讀而不能去除或修改，但有的ROM其資料或程式可讀亦可去除或重複寫入新資料，此種可重複讀寫之ROM特稱可擦式程式化唯讀記憶體EPROM（Erasable Programming Read-Only Memory），而EPROM可用照UV光照射其晶片櫥窗或用電子指令去除其內之程式或資料，可用電子指令去除其資料之EPROM特稱電子可擦式程式化唯讀記憶體EE-PROM（Electrically-Erasable Programmable Read-Only Memory）。圖1-2所示之2764晶片為可用照UV光照射去除或重寫資料的EPROM記憶體之一種，而93C46晶片及AT28C256晶片則為常用串列及並列傳輸之EEPROM晶片。近年來，發展一種構造及工作原理與EEPROM相似，但讀寫抹除都相當快速且可大區塊（通常是千位元組）抹除資料的快閃ROM（Flash ROM, Flash Programming Read-Only Memory），快閃ROM可說是一種特殊的、以大區塊（Blocks）抹寫的EEPROM。NOR Flash晶片和NAND Flash晶片為較常見的快閃ROM晶片。

微電腦中央處理機（CPU）和其他各單元之間有各種連線做為各單元間數據輸送及控制各單元訊號輸出輸入，這些微電腦單元間之連線如同人體內之神經線因而又稱微電腦神經網路線（Buses），此種電腦神經網路概分三大類：(1)控制線（Control Buses），(2)資料數據線（Data Buses）及(3)位址線（Address Buses）。控制線可控制中央處理機數據之輸出輸入及其他動作。資料數據線用來輸出輸入資料數據，所有微電腦之資料數據線數目皆為八

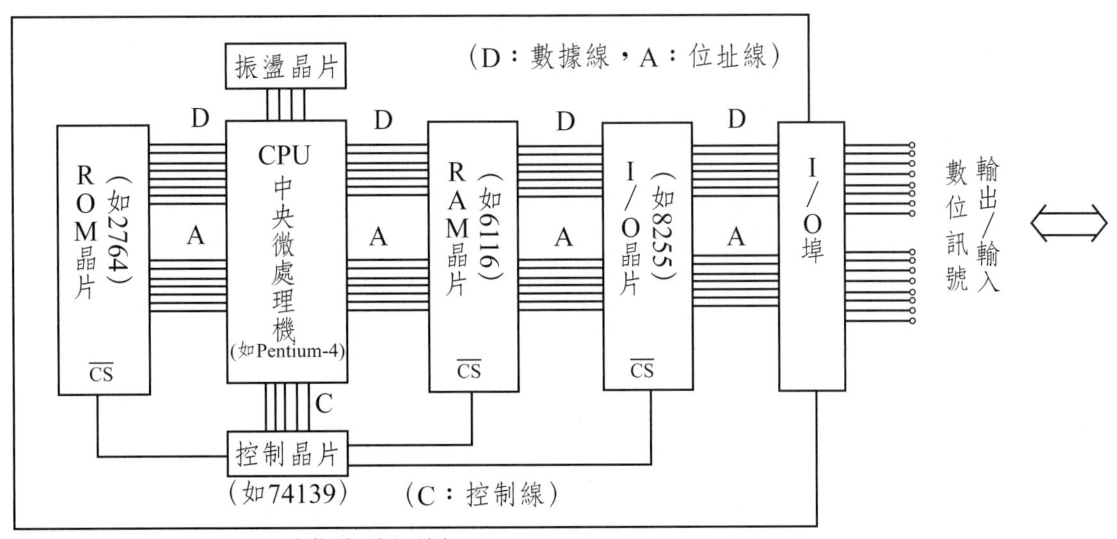

圖1-2　一般微電腦之基本結構圖

的倍數（即8、16、24、32、48、64條），所謂48位元（Bit）電腦，即此電腦有48條資料數據線，資料數據線至少爲8條（D_0～D_7）爲8位元，8位元組成一位元組（Byte），即8位元 = 1 Byte，此8位元（D_0～D_7）代表一數據，若微電腦要輸出一爲120之數據（Data），可由圖1-3所示換算方法（將120除於2，第一個餘數（0）爲D_0，第二個餘數（0）爲D_1，餘者類推），將D=120換成二進位（Binary）成0111 1000經這8條（D_0～D_7）資料數據線輸出（1, 0分別表示各資料數據線輸出電壓分別爲5V及0V；1 = 5V，0 = 0V）。

微電腦另外一神經網路線爲位址線（Address Buses），微電腦中央處理機（CPU）透過這些位址線控制資料數據從一特定位址之元件（CPU本身或ROM，RAM或輸出輸入晶片）輸出輸入。若要從位址320元件輸出數據，這時就如圖1-4所示，由位址線輸出01 0100 0000（A9～A0），位址線和資料線二進位之換算方法一樣，且1，0也分別表示各位址線輸出電壓爲5V及0V。微電腦位址線最少也有16條（A0～A15），也有48，64或更多條的。

微電腦除了CPU、ROM及RAM主要晶片外，還有一些支援晶片如輸入輸出晶片（I/O晶片）、控制晶片、邏輯晶片及振盪晶片。輸入輸出晶片常用有IC 8255系列晶片及IC 6821系列晶片，它們分別接有3組（Ports A, B, C）及2組（Ports A, B）八位元I/O埠（I/O Ports）可做八位元數位訊號輸入輸出。

D_7	D_6	D_5	D_4	D_3	D_2	D_1	D_ϕ	位元
2^7	2^6	2^5	2^4	2^3	2^2	2^1	2^0	
0	1	1	1	1	0	0	0	→120＝進位
0	64 +	32+	16+	8 +0	0	0	→120	

2 |	餘數	
2 |120		
2 | 60	0	D_ϕ
2 | 30	0	D_1
2 | 15	0	D_2
2 | 4	1	D_3
2 | 3	1	D_4
2 | 1	1	D_5
0	1	D_6
	0	D_7

圖1-3　八位元資料數據線數據120輸送換算法[5]

A_9	A_8	A_7	A_6	A_5	A_4	A_3	A_2	A_1	A_ϕ	
2^9	2^8	2^7	2^6	2^5	2^4	2^3	2^2	2^1	2^0	
0	1	0	1	0	0	0	0	0	0	→320 二進位
	256	+	64							→320

2 |	餘數	
2 |320		
2 |160	0	A_ϕ
2 | 80	0	A_1
2 | 40	0	A_2
2 | 20	0	A_3
2 | 10	0	A_4
2 | 5	0	A_5
2 | 2	1	A_6
2 | 1	0	A_7
2 | 0	1	A_8
	0	A_9

圖1-4　位址線輸送位址320資料換算法[5]

控制晶片（如圖1-2之IC 74139）中在微電腦內常用來選擇晶片、起動晶片及控制數位訊號或資料之輸入或輸出。輸入輸出（I/O）晶片及控制晶片和可儲存／輸出數位資料之EEPROM晶片將在本書第8章詳細介紹。

在微電腦中除在中央處理機（CPU）之邏輯計算單元有一連串邏輯閘（Logic Gates）外，其他部分或晶片內也含許多邏輯閘，邏輯閘就如同人體的細胞普遍存在各種IC晶片中。邏輯閘除在本章1-4節簡介外，將在本書第2章詳細介紹。

振盪晶片為產生一定頻率之超音波脈衝，使微電腦中央處理機（CPU）依時序脈動（如同人體之脈搏），在一般微電腦及單晶微電腦中一般都採用可產生4-20 MHz之石英晶片當振盪器。振盪晶片除在本章1-5節簡介外，將在本書第5章詳細介紹。

除一般多晶片微電腦外，單晶片微電腦（簡稱「單晶片」亦可應用在各種電子控制化學實驗系統及化學感測系統中。單晶片微電腦在下一節（1-3節）簡介外，將在本書第9、10、11章詳細介紹。

1.3　單晶片微電腦簡介

單晶片微電腦（Single Chip Microcomputer或One-Chip Microcomputer，簡稱「單晶片」）[4]，單晶片微電腦顧名思義是含微電腦（μC）各主要元件（如中央處理機（CPU）、ROM、RAM及輸入輸出（I/O）阜）在單一晶片的微電腦。市售單晶片微電腦種類相當多，其中以Intel、Microchip及Motorola公司生產的八位元單晶片微電腦較常見。表1-1為各廠商生產常見的八位元單晶片微電腦晶片。表1-1可看出各種單晶片微電腦所需撰寫的執行電腦程式，除8671μC為BASIC語言外，其他為組合語言（Assembly）。各種單晶片微電腦的ROM功能亦有所不同，有的單晶片微電腦（如IC8671，IC8048，IC8051）之ROM寫入後只能讀，不能清除重寫。有的單晶片微電腦（如IC8748，IC8751，PIC16C71，PIC16C74）之ROM為可用照紫外線（UV）光清除其含程式而可重新寫入新的電腦程式之可擦式EPROM（Erasable Programming ROM），而有的單晶片微電腦（如IC8951，PIC16F84，PIC16F877，MC68705R5S）之ROM為只要用電腦指令即可清除其程式而可重新寫入新的電腦程式之電子可擦式EEPROM（Electric EPROM）。

另外，有些單晶片微電腦（如PIC16C71，PIC16C74，PIC16F877及MC68705R5S）具有內建ADC，而有的單晶片微電腦（如IC8671，IC8748，

表1-1 Intel及Microchip所生產常用8bit單晶片微電腦內部組件[14]

單晶微電腦	CPU	ROM	RAM	I/O緣	住址線	資料緣	程式語言	ADC
8671	8bit	4k	124×8	32	A_0～A_{15}	D_0～D_7	BASIC	—
8048	8bit	lK	64×8	27	A_0～A_{12}	D_0～D_7	Assembly	—
8748	8bit	EPROM(1K)	64×8	16	A_0～A_{12}	D_0～D_7	Assembly	—
8051	8bit	4K	128×8	32	A_0～A_{15}	D_0～D_7	Assembly	—
8751	8bit	EPROM(4K)	128×8	32	A_0～A_{15}	D_0～D_7	Assenbly	—
8951	8bit	EEPROM(4K)	128×8	32	A_0～A_{15}	D_0～D_7	Assembly	—
16C71	8bit	EPROM(lK)	36	13	住址／資料線共用（3條）		Assembly	4ADC
16C74	8bit	EPROM(4K)	192	24	A_0～A_{15}	（24條）	Assembly	8ADC
16F84	8bit	EEPROM(1K)	36	13	A_0～A_{15}	（13條）	AssembJy	
16F877	8bit	EEPROM(4K)	368	27	A_0～A_{15}	（27條）	AssembJy	8ADC

*16位元單晶電腦：8096（Intel），MC68HC16（Motorola），TMS9940（TI），MPD70320（NEC），32位元單品微電腦：68300系列（Motoro1a）

IC8951，PIC16F84）則不含內建ADC。

本書第9，10及11章將分別較詳細介紹較常用之不含及含內建ADC的MCS-51系列（分別如IC8951及C8051F35X單晶片）單晶片微電腦與含內建ADC的PIC系列（如IC16C71，IC16C74，IC16F877）及MC68XX單晶片微電腦。

1.4 訊號轉換及系統控制介面晶片簡介

圖1-5爲微電腦和周邊各種訊號轉換及系統控制介面晶片（Signal Transfer/System Control Interface Chips）關係圖。微電腦周邊常見的訊號轉換介面晶片如圖所示，其中有將化學實驗系統的化學偵測器所輸出的類比訊號（如電壓或電流）放大或轉換的運算放大器晶片（Operational Amplifier（OPA）Chip），有將化學偵測器輸出的類比訊號轉換成數位訊號輸入微電

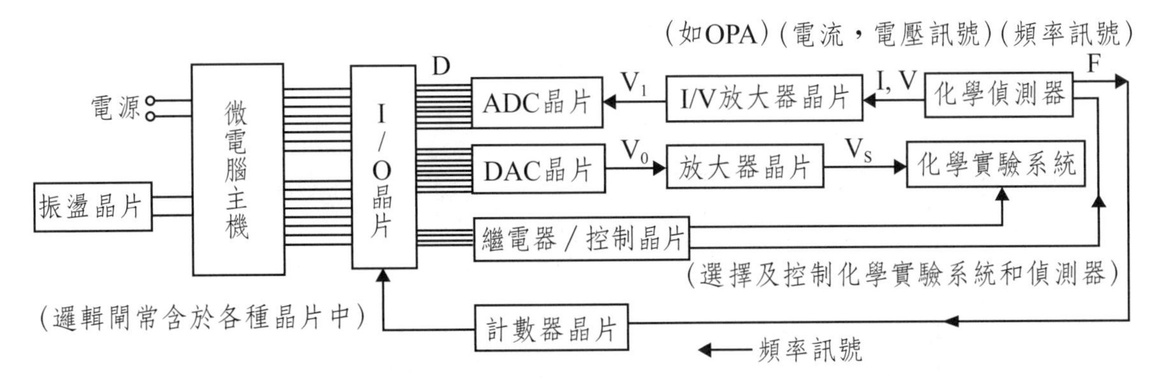

圖1-5　微電腦和周邊各種訊號轉換及控制介面晶片關係圖

腦之類比-數位訊號轉換晶片（Analog/Digital Converter(ADC) Chip）或將微電腦之數位訊號轉換成類比電壓訊號輸出之數位-類比轉換晶片（Digital/Analog Converter(DAC) Chip）、訊號輸入輸出晶片（Signal Input/Output Chips）、產生振盪頻率之振盪器晶片及將化學偵測器產生頻率訊號轉換成數位訊號之計數器晶片。而控制晶片常見的有可起動及選擇系統之繼電器（Relays）及用來起動特殊位址之晶片的解碼器（Decoder）和當晶片基本元件之邏輯閘（Logic Gates）。各種訊號轉換及系統控制介面晶片除在本節簡介外，本書將分章詳細介紹各種介面晶片。

1.4.1　系統控制晶片-繼電器、解碼器及邏輯閘

本小節將分別簡介常見的系統控制晶片：繼電器（Relays）、解碼器（Decoders）及邏輯閘（Logic Gates）之基本功能。

1.4.1.1　繼電器

繼電器（Relays）[14-15]主要功能為啓動及選擇電子線路系統。圖1-6為一般繼電器外觀之結構圖，其主要含IN（數位輸入端（Input）及類比線路NC（Normal Close）、NO（Normal Open）及COM（Common，共接點）等端點。

(1) 正常時（外界無訊號時，Input(IN) = 0.0V）：

NC和COM接通，故圖1-6之系統A可運轉

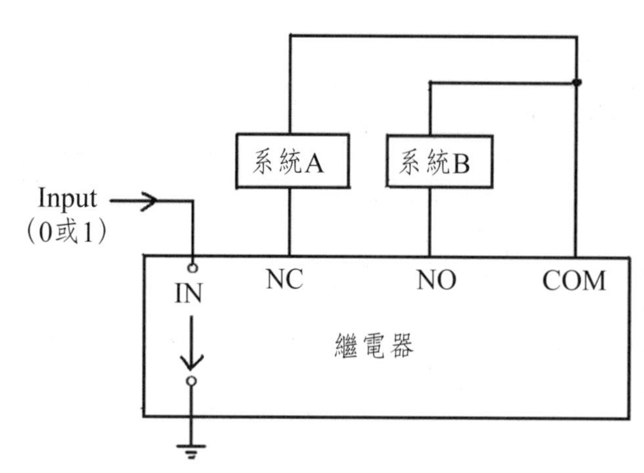

圖1-6 繼電器結構及輸入訊號（IN）和NC、NO和COM連接與所起動系統之關係圖

(2) 外界數位訊號1（Input(IN) = 5.0V）時：

NO和COM接通，切斷NC和COM連接，故可起動圖1-6之系統B，而切斷系統A。

因此可由外界數位訊號（1或0）之改變經由繼電器選擇，可起動不同電子線路系統。各種繼電器的結構及功能將在本書第3章專章做較詳細介紹。

1.4.1.2 解碼器

解碼器（Decoder）[16]晶片用來選擇性啟動不同電子系統或晶片。解碼器晶片種類相當多，而IC 74138晶片為較常用的解碼器晶片，如圖1-7所示，利用輸入IC74138晶片之三個輸入訊號（C0, C1, C2）的改變，依其眞值表可選擇及啟動八個不同電子系統或晶片（Q_0 － Q_7）。例如C0=C1=C2=0，可啟動Q_0（其他系統則關閉），而C0=1，C1=C2=0，則啟動Q_1。若C0=C1=C2=1，就可啟動Q_7電子系統或晶片。輸出輸入位址解碼器（Address I/O Decoder）將在本書第8章專章做較詳細介紹。

1.4.1.3 邏輯閘

邏輯閘（Logic Gates）[17]乃是用來在特殊狀況下啟動一電子線路系統。如圖1-8(a)之AND邏輯閘（AND gate），在不同來源訊號（C0, C1, C2）皆等於1（C0=C1=C2=1，即皆5.0V）時，才會輸出1（T=1）以啟動系統A。

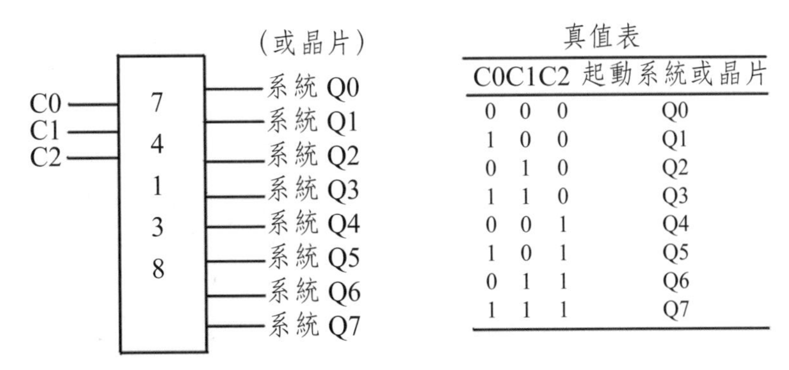

真值表

C0	C1	C2	起動系統或晶片
0	0	0	Q0
1	0	0	Q1
0	1	0	Q2
1	1	0	Q3
0	0	1	Q4
1	0	1	Q5
0	1	1	Q6
1	1	1	Q7

圖1-7　可選擇不同電子系統或晶片之74138解碼器晶片的結構及輸出輸入關係真值表

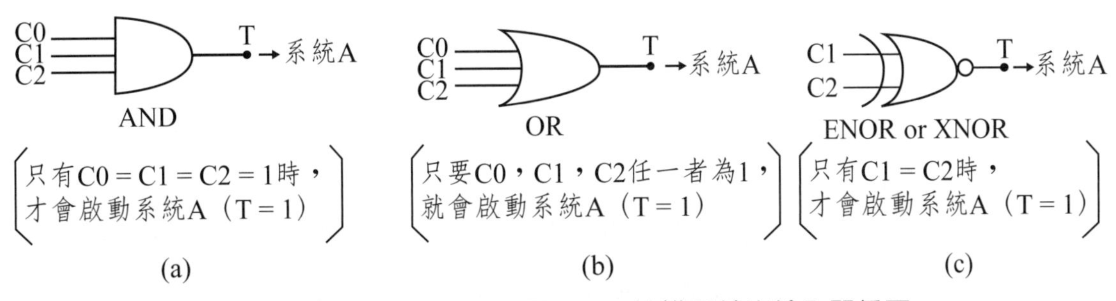

圖1-8　邏輯閘AND、OR及ENOR結構及輸出輸入關係圖

這如同管銀行金庫三個經理要同時開鑰匙（C0=C1=C2=1）時，金庫才會開（T=1）之原理。另外，如圖1-8(b)所示，OR邏輯閘（OR gate）只要輸入的不同來源訊號中有一訊號爲1（例如C0=1，C1=C2=0或C0=0，C1=C2=1）時，就會輸出1（T=1）以啟動系統A。而ENOR邏輯閘（ENOR gate，圖1-8c）只要輸入兩個訊號相同爲1或0（即C1=C2=0或C1=C2=1）時，就會輸出1（T=1）以啟動系統A。邏輯閘有許多種，各種邏輯閘的結構及功能將在本書第2章專章做較詳細介紹及更多種邏輯閘。

1.4.2　訊號放大晶片-運算放大器

訊號放大晶片種類繁多，而在化學儀器之電子線路中較常用的訊號放大晶片爲運算放大器（Operational Amplifier, OPA）晶片[18-21]。圖1-9(a)爲訊號

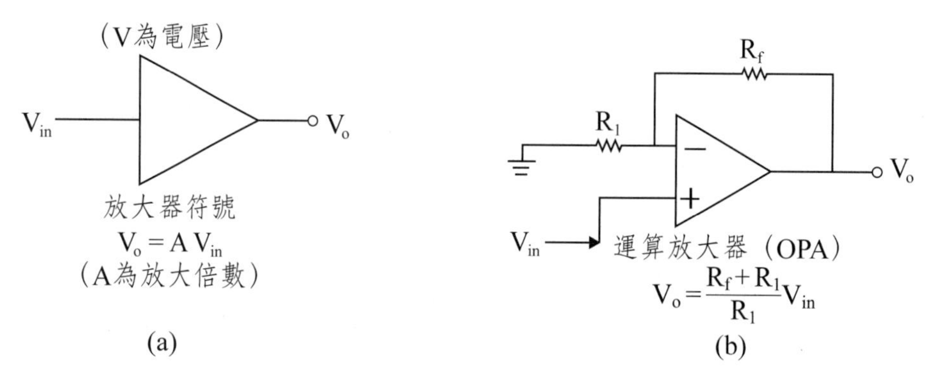

圖1-9 訊號放大器(a)符號及(b)常用的運算放大器(OPA)一種接線圖

放大器符號。輸出(V_o)及輸入(V_{in})電壓關係爲:

$$V_o = A \times V_{in} \quad (1\text{-}1)$$

式中A爲訊號放大器放大倍數。

圖1-9(b)爲常用一種運算放大器(OPA)之一種接線圖,其輸入電壓訊號(V_{in})進入OPA之正(+)端,其輸出電壓訊號(V_o)則爲:

$$V_o = [(R_1+R_f)/R_1]V_{in} \quad (1\text{-}2)$$

由式中可知此OPA晶片放大倍數(A)爲$(R_1+R_f)/R_1$。運算放大器結構及功能將在本書第4章專章做較詳細介紹。

1.4.3 類比-數位訊號間轉換晶片[22-25]

因微電腦之輸入輸出訊號皆需爲數位訊號(1或0),而化學儀器所輸出訊號通常爲類比訊號(如電壓、電流),故要如圖1-10(a)所示,在化學儀器與微電腦間配置一類比/數位轉換器晶片(Analog to Digital Converter, ADC),將化學儀器輸出之類比訊號(A)轉換成數位訊號(D)才可輸入微電腦做數據處理。反之,要從微電腦輸出數位資料以控制化學儀器運作則需如圖1-10(b)所示,利用一數位/類比轉換器晶片(Digital to Analog Con-

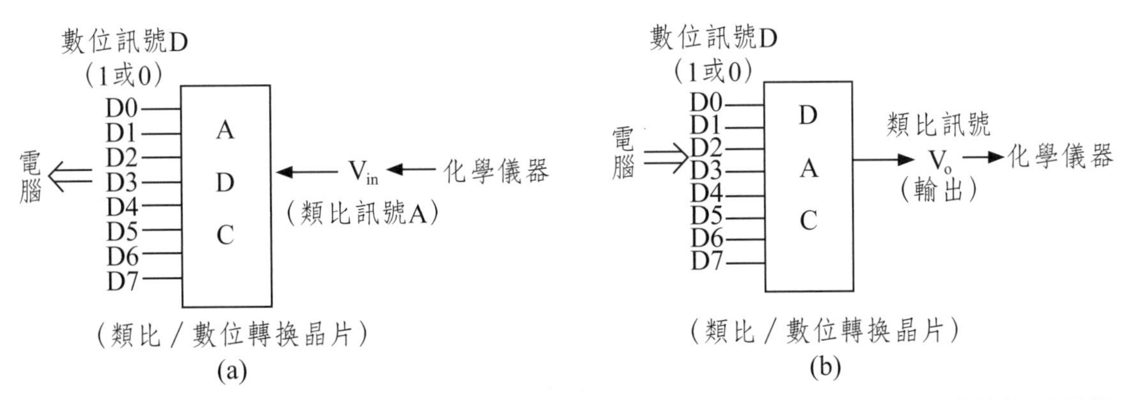

圖1-10　(a)類比／數位訊號轉換器晶片（ADC）及(b)數位／類比訊號轉換器晶片（DAC）輸出輸入關係圖

verter, DAC），將微電腦輸出之數位（D）資料先轉換成類比訊號（A），利用DAC輸出類比訊號（電壓）以控制化學儀器運作。本書第6章及第7章將分別詳細介紹數位-類比轉換器（DAC）及類比-數位轉換器（ADC）晶片之種類、結構及工作原理。

1.4.4　訊號輸入輸出晶片

訊號輸入輸出（I/O）晶片（Signal Input/Output Chips）[26-28]是在微電腦和外面晶片之間用來傳遞輸出輸入數位訊號之晶片。依輸入輸出數位訊號方式，概分並列式及串列式訊號輸入輸出晶片。常見的並列式輸入輸出晶片有IC8255系列、IC6821系列及IEEE488系列I/O晶片，而常見的串列式訊號輸入輸出晶片爲串列介面RS232（Serial Interface RS232）系統之MAX232晶片及USB串列晶片。

圖1-11爲IC8255晶片與微電腦和外在晶片訊號傳遞關係圖，例如由外在晶片A（如ADC）輸出的D0-D7八位元數位訊號輸入IC8255晶片的Port A（PA0-PA7）傳送進入，反之，微電腦數位訊號亦可經IC8255晶片之Port B（PB0-PB7）輸出到外在晶片B。如圖1-11所示，亦可透過IC8255晶片的Port C單一接腳（如PC0或PC1）輸出單一數位訊號（0或1）以起動或關閉外在晶片或由外在晶片輸入單一數位訊號（0或1）。

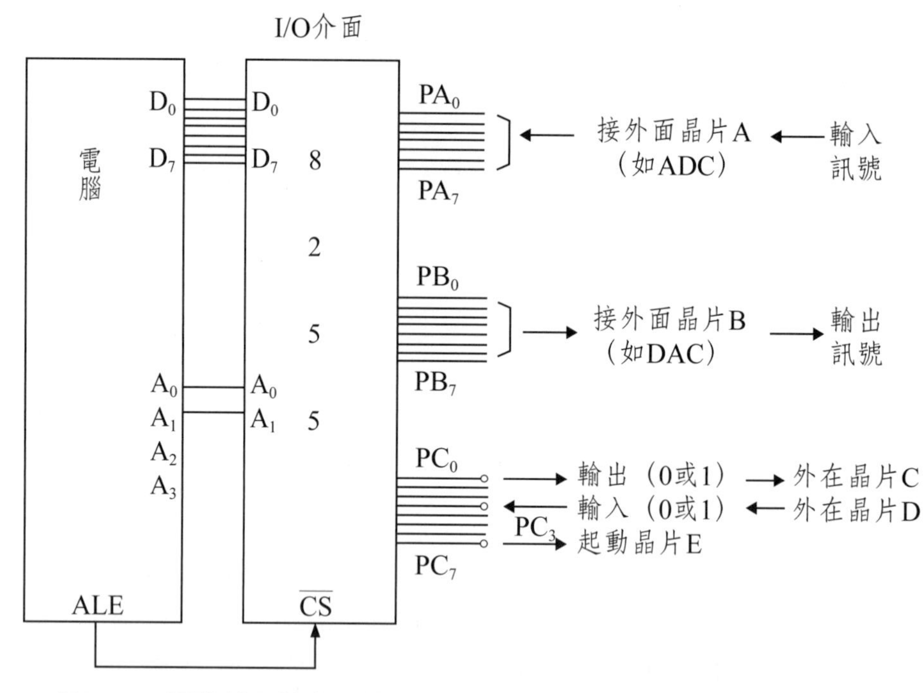

圖1-11 訊號輸入輸出晶片IC8255和電腦與外在晶片關係圖

現在許多化學偵測器（如圖1-12所示）輸出串列數位訊號（各位元依次輸出，先D0，再D1，D2…D7依次輸出），再經串列介面串列式將數位訊號輸入微電腦中做數據處理。常見的串列式訊號輸入輸出介面為RS232（Serial Interface RS232）和USB（Universal Serial Bus）串列介面。圖1-12為串列介面RS232訊號輸入輸出系統關係圖。如圖1-12所示，一輸出串列數位訊號的化學偵測器內含輸出類比訊號（如電壓Vin）之感測元件及將此類比訊號轉換成並列數位訊號的類比／數位轉換器（ADC, Analog to Digital Converter）和並列-串列轉換晶片（如74165 IC），其將並列數位訊號轉換成串列數位訊號，最後此化學偵測器以串列數位訊號輸出進入RS232串列介面連接晶片（MAX232）進入為微電腦中做數據處理。USB串列介面為現在微電腦普遍採用之串列介面，傳遞訊號速度比RS232快。本書第8章將更詳細介紹並列式及串列式訊號輸入輸出晶片之種類、工作原理及應用。

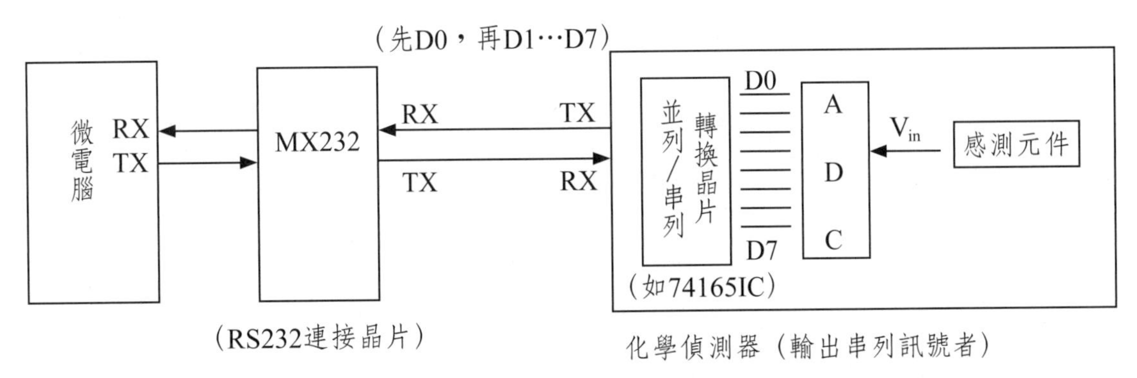

圖1-12　輸出串列訊號之化學偵測器-串列介面RS232訊號輸入系統關係圖

1.4.5　振盪晶片

電子線路中之振盪晶片（Oscillating Chips）[29-30]如圖1-13所示，是利用外加電壓（V）產生屬於超音波之共振頻率的晶片。一般電子線路及微電腦所用的爲可發出1~100MHz的振盪晶片。常見的振盪器晶片有石英振盪晶片（Quartz Oscillating Chip）、IC555及IC9400振盪晶片。振盪晶片將在本書第5章做更詳細介紹。

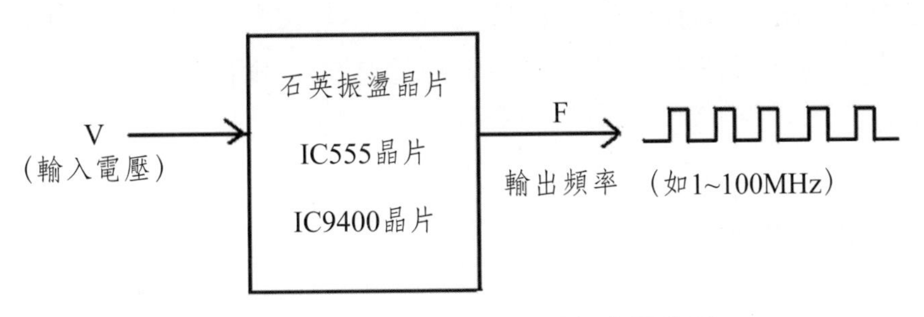

圖1-13　振盪晶片產生振盪頻率示意圖

1.4.6　計數晶片

計數晶片（Counting Chips）[16, 31]是用來將頻率訊號轉換成數位訊號之晶片。IC8253及IC8254晶片爲常用計數晶片（如圖1-14(a)所示）可將輸入的頻率訊號（F_{in}）轉換成數位訊號輸出。然有些計數晶片（如圖1-14(b)之

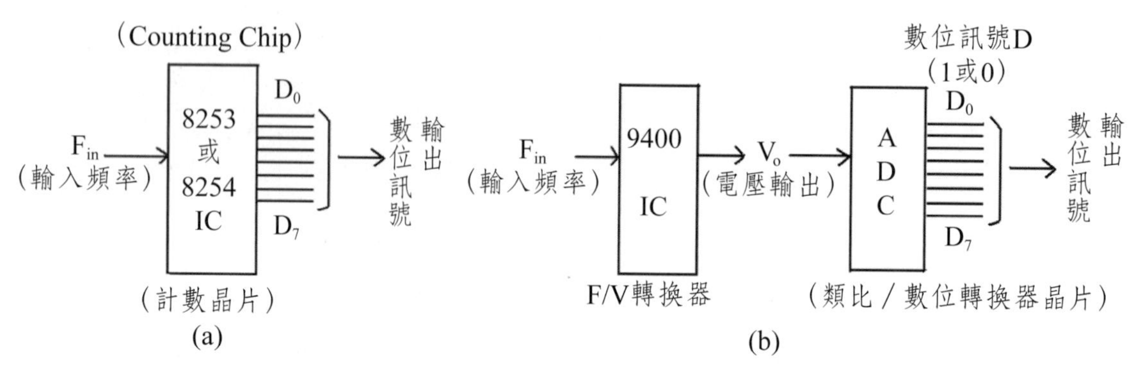

圖1-14　將頻率訊號(a)轉換成數位訊號之計數晶片及(b)IC 9400-ADC計數系統

IC9400晶片）不是直接將頻率訊號（F_{in}）轉換成數位訊號，而是先將頻率訊號（F_{in}）轉換成電壓類比訊號（V_o），然後再用類比／數位轉換器（ADC）轉換成數位訊號輸出。圖1-14(b)即為IC9400-ADC計數系統結構圖。計數器晶片將在本書第5章做更詳細介紹。

1.5　半導體[32-47]

半導體（Semiconductor）為現今介面晶片之基本材料，本節將簡單介紹半導體特性及常用在電子線路由半導體組成的二極體（Diodes）及電晶體（Transistors）。

1.5.1　半導體特性

在本小節中將分別介紹1.半導體定義與能隙（Energy Gap），及2.n型半導體（Negative Type Semiconductor, n-type Semiconductor）和p型半導體（Positive Type-Semiconductor., p-type Semiconductor）。

1.5.1.1　半導體定義與能隙

任何物質之分子或原子中之電子，可概分為可以自由移動的自由電子（Free Electron）及被限定在一區域的固定化電子（Fixed Electron），自由電子因其可自由移動而導電，其所在的能階稱爲導電能階（Conduction Band），而一原子或分子之固定化電子常和其他原子或分子共用，因而其所處的能階稱爲共價能階（Valence Band）。而導電能階和共價能階間之能量差（如圖1-15所示）稱爲能隙（Energy Gap, ΔEg）。當能隙$\Delta Eg \cong 0$，此種物質稱爲導體（Conductor，如金屬（圖1-16(a)）），其電子即爲自由電子，可自由移動及傳遞。若ΔEg很大（約>10 eV），此種物質可稱爲絕緣體（Insulator（圖1-16(c)），無帶負電之自由電子或帶正電之電洞（Electric Hole）可傳遞。然若ΔEg不大不小（$0 < \Delta Eg < 10eV$，如圖1-16(b)所示），此種物質則稱爲半導體（Semiconductor）[32-47a]，在一定條件下，其電子及電洞可移動及傳遞，電子及電洞在半導體被稱爲帶電載子（Electric Carriers）。半導體導電性可由其費米能階（Fermi Level，圖1-15之E_F）[47a]高低來判斷，其E_F能階爲脫離共價能階（Valence Band）之電子中有一半的機會在此E_F能階，換言之，電子占據E_F能階的機率爲二分之一，或可說其有一半電子具有此E_F能量，半導體E_F愈高（愈接近導電能階（Conduction Band））表示愈容易導電。

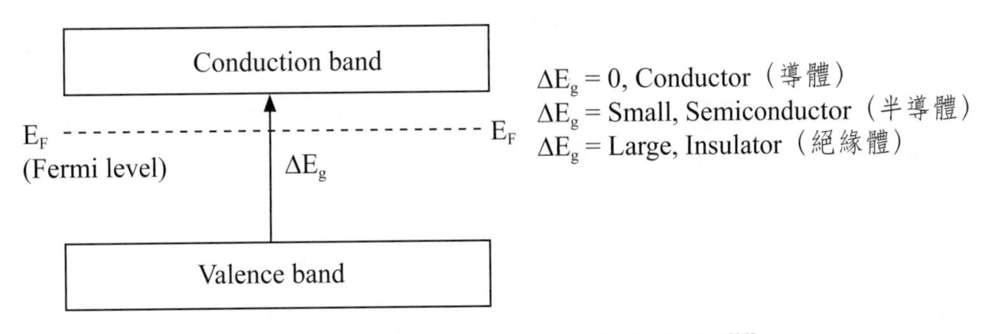

圖1-15 物質之電子能階及能隙關係圖[35]

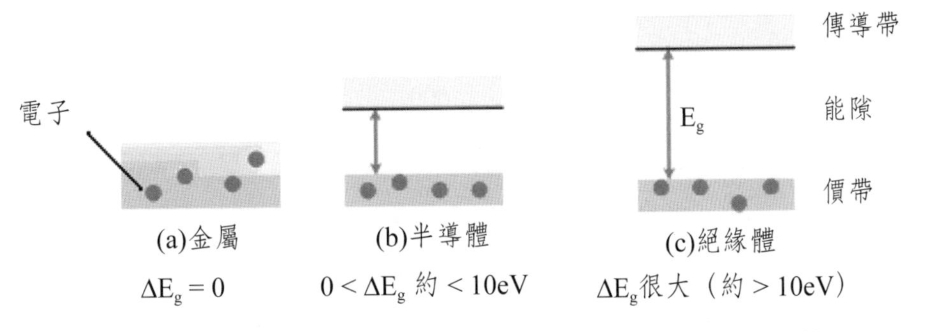

圖1-16 (a)金屬，(b)半導體及(c)絕緣體之電子能階關係圖[32b]（原圖來源：zh.wikipedia.org/zh-tw/半導體）

表1-2爲銅（Cu）和各種半導體之能隙ΔEg和在25℃下之帶電載子（Carrier，電子或電洞）傳輸移動速率（Mobility of Electric Carriers）與帶電載子之密度（個數n／物質1莫耳）。由表中可看出，銅（Cu）之ΔEg ≅ 0，其帶電載子只有電子而無電洞，而且其電子之傳輸移動速率（μe）在25℃下只有35 cm^2/sec，其比起表中各種半導體之自由電子傳輸移動速率來得小很多。鑽石（Diamond）雖其能隙ΔEg（5.47 eV）比一般半導體大很多，但其電子及電洞在25 ℃下之移動速率（μe及μh）也不小。反之，Si及Ge的ΔEg不大，分別爲1.12及0.80 eV而已，電子容易被激發到導電層且它們的電子及電洞在25℃下之移動速率也不小，故爲最常用之IC晶片材質。由表1-2亦可看出Ge的電子及電洞傳輸移動速率與帶電載子（電子或電洞）之密度（個數n／物質一莫耳，$n_{Ge}= 2.5\times10^{12}$）都比Si大（$n_{Si} = 1.6\times10^{11}$），理論上可製作性能較佳之IC晶片，但其價格比Si高很多，故一般IC晶片仍大部分用Si做材質。

表1-2中亦列有常用當紅外線（IR）及可見光（VIS）感應元件之半導體材料之ΔEg，μe及μh，如常用當IR感應元件材質之InSb，InAs，GaSb及GaAs，它們的ΔEg < 1.5 eV，屬於紅外線（IR）範圍且皆有較大的μe（InSb及InAs之μe分別爲78000及33000 cm^2/s），可靈敏感應及吸收IR光，而CdS之ΔEg爲2.42 eV，屬可見光範圍（可見光能量範圍約1.5～3 eV），故可吸收可見光並做爲可見光（VIS）感應元件之材質材料。

表1-2　銅及各種半導體之能隙（ΔEg）電子／電洞移動速率（M）及密度（n）[35]

物質	ΔEg(ev)	$\mu_e(cm^2/s)^{(a)}$	$\mu_h(cm^2/s)^{(a)}$	Carrier density $(n)^{(b)}$
copper (Cu)	0	35		～10^{23}
Diamond	5.4F	1800	1600	-
Ge	0.80	3900	1900	2.5×10^{12}
Si	1.12	1500	600	1.6×10^{11}
GaSb	0.67	4000	1400	-
GaAs	1.43	8500	400	1.1×10^{3}
InSb	0.16	78000	750	（ΔEg　IR範圍）
lnAs	0.33	33000	460	（ΔEg　IR範圍）
CdS	2.42	300	50	（ΔEg可見光（VIS）範圍）

(a) μ_e：電子移動速率，μ_b：電洞移動速率（Mobility）。
(b) Carrierdensity：帶電載子（電子或電洞）在25℃之密度（個數n／物質一莫耳）

除了由一物質的能隙（ΔEg）可用來判斷其是否可能為半導體外，亦可由一物質之導電性和溫度之關係來判斷一物質是否為半導體。由圖1-17(a)可看出一半導體之導電度會隨溫度升高而增大，因溫度高半導體之電子能量高可克服ΔEg而增加自由電子之數目，因而增加半導體之導電性。反之，屬於導體的金屬（圖1-17(b)）之電阻卻會隨升高而增大，而電阻與導電度是成反比的。換言之，金屬之導電度會隨溫度升高而變小，這剛好和半導體之溫度效應相反，這導電度的溫度效應可用來分辨半導體和金屬。

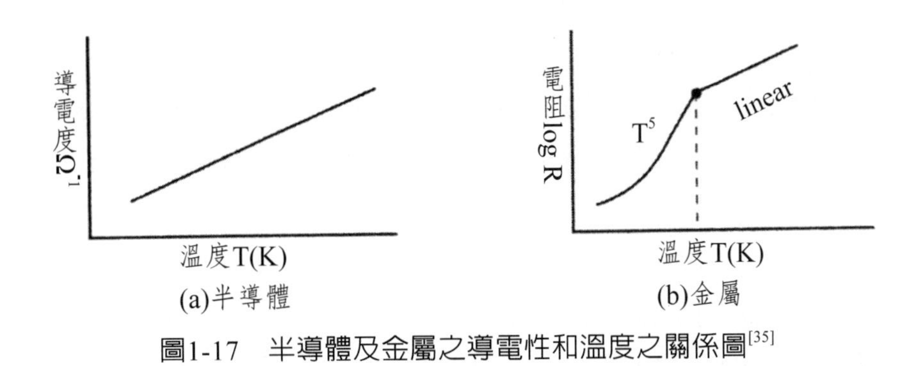

圖1-17　半導體及金屬之導電性和溫度之關係圖[35]

1.5.1.2　n型及p型半導體

半導體種類繁多，很難分類。因半導體是否摻加其他物質對其性質有相當大的影響，故一般半導體就依其摻加其他物質與否概分為固有半導體（Intrinsic Semiconductor）[36]及外質半導體（Extrinsic Semiconductor）[37]兩種。固有半導體（圖1-18(a)）即不摻加其他物質之半導體（如純Si），而外質半導體為摻加了其他物質之半導體，如圖1-18(b)、(c)所示Si摻加As成帶負電之n型Si(As)半導體及Si摻加B成帶正電之p型Si(B)半導體。

一莫耳之Si半導體為例，在特定溫度下，n_e（電子數／mole Si）及n_h（電洞數／mole Si）之乘積可以用$n(t)^2$表示，即：

$$n(t)^2 = n_e \times n_h \quad (1\text{-}3)$$

若在25℃下，n_e及n_h皆為1.6×10^{11}，式1-3則可為：

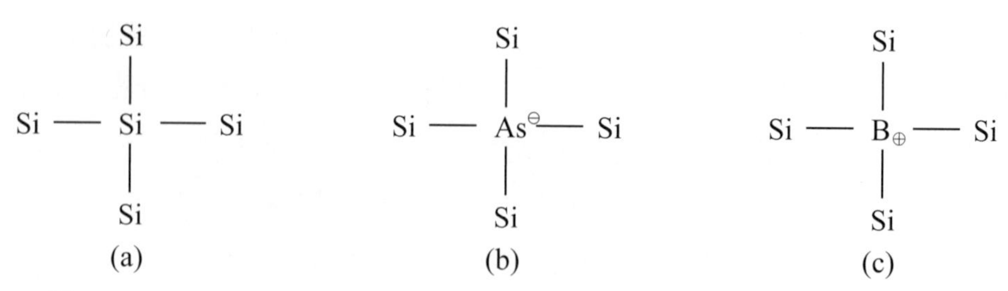

圖1-18 (a)固有Si半導體，(b)n型Si(As)半導體及(c)p型Si(B)半導體[35]

$$n(t_{25})^2 = n_e \times n_h = (1.6\times10^{11})\times(1.6\times10^{11}) = 2.56\times10^{22} \quad (1\text{-}4)$$

外質半導體是在固有半導體（如Si）中摻加少許其他物質（如As或B）所製成的，最常見之外質半導體爲Si/Ge摻雜半導體（Si/Ge Doping Semiconductors）。例如Si半導體（圖1-18(a)）摻雜少許As（通常加$1/10^8$量）所形成的Si(As)半導體（如圖1-18(b)所示），因As原子有5個價電子，而Si原子有4個價電子，故每加一個As原子，Si(As)半導體就多一個自由價電子。若一莫耳之Si半導體（約10^{23}個Si原子）摻雜$1/10^8$量之As原子（即含約10^{15}個As原子），因加了10^{15}個As原子，Si半導體中就多了有10^{15}個自由價電子，即

$$n_e(Si(As)) = 10^{15} \quad (1\text{-}5)$$

代入式1-4可得：

$$n(t_{25})^2 = n_e(Si(As))\times n_h(Si(As)) = 10^{15}\times n_h = 2.56\times10^{22} \quad (1\text{-}6)$$

由式1-6可得：

$$n_h(Si(As)) = 2.56\times10^{7} \quad (1\text{-}7)$$

比較n_e及n_h（式1-5及式1-7）可知：

$$n_e(Si(As), 10^{15}) > n_h(Si(As), 2.56\times10^{7}) \quad (1\text{-}8)$$

換言之，Si(As)半導體帶負電（$n_e > n_h$），故Si(As)半導體（圖1-18(b)）可稱爲n型Si半導體（Negative type-Si Conductor）。

反之，若Si半導體摻加$1/10^8$量之B所形成的Si(B)半導體（圖1-18(c)），因B原子有3個價電子，而Si原子有4個價電子，故每加一個B原子，Si(As)半導體就少一個電子而增加一個電洞，故一莫耳Si（約10^{23}個Si原子）半導體摻加$1/10^8$量之B（即含約10^{15}個B原子）就含10^{15}個電洞，即：

$$n_h(Si(B)) = 10^{15} \quad (1\text{-}9)$$

代入式1-4可得：

$$n(t_{25})^2 = n_e(Si(B)) \times n_h(Si(B)) = n_e \times 10^{15} = 2.56 \times 10^{22} \quad (1\text{-}10)$$

可得
$$n_e(Si(B)) = 2.56 \times 10^7 \quad (1\text{-}11)$$

及
$$n_e(Si(B), 2.56 \times 10^7) < n_h(Si(As), 10^{15}) \quad (1\text{-}12)$$

即表示，Si(B)半導體帶正電（$n_e < n_h$），故Si(B)半導體（圖1-18(c)）可稱為p型Si半導體（Positive type-Si Semiconductor）。

實際上不只Si/Ge摻雜（As及B）半導體會帶正電（p-type）或帶負電（n-type），金屬氧化物半導體（MOS, Metal Oxide Semiconductor）[35]在一定溫度或加熱下有些也會顯示會帶負電（n型（n-type）MOS）或帶正電（p型（p-type）MOS）。例如ZnO及Fe_2O_3皆為n型金屬氧化物半導體（n-type MOS），這是因為ZnO及Fe_2O_3在一定溫度或加熱下會放出電子（e^-），成為帶負電半導體，反應如下：

$$ZnO \rightarrow Zn^{2+} + 2e^- + 1/2O_2 \quad (1\text{-}13)$$

$$Fe_2O_3 \rightarrow 2Fe^{3+} + 6e^- + 3/2O_2 \quad (1\text{-}14)$$

反之，NiO，Cr_2O_3及MnO_2在一定溫度或加熱下都會產生電洞（h^+），皆為p型金屬氧化物半導體（p-type MOS），反應如下：

$$NiO + 1/2O_2 \rightarrow Ni^{2+} + h^+ + 2O^{2-} \quad (1\text{-}15)$$

$$Cr_2O_3 \rightarrow Cr^{3+} + 3h^+ + 3O^{2-} \quad (1\text{-}16)$$

$$MnO_2+5/2O_2 \rightarrow Mn^{4+}+3h^{+}+7/2O^{2-} \quad (1\text{-}17)$$

1.5.2 二極體

二極體（Diodes）[38-41]在近代高科技產業中是相當重要元件，二極體廣泛應用在許多重要電子器材，如光感測器、太陽能晶片、發光元件、繼電器、整流器及顯示器等。本節將介紹二極體特性及光電二極體和發光二極體。

1.5.2.1 二極體特性

二極體如圖1-19(a)所示是由一p型半導體（如Si(B)）及n型半導體（如Si(As)）所組成，p型和n型半導體接合處正負相消成中性的地區特稱爲接面（Junction或Depletion Region），p型和n型半導體間的電位差爲V_{np}，而圖1-19(b)爲二極體之代表符號及圖示，圖1-19(c)爲二極體實物圖。二極體電流會因外加電壓（偏電壓（Bias Voltage））大小而有所不同。

1.無外加偏電壓之二極體

在未加外加電壓（無加偏壓）時，由p型到n型半導體之電流爲多數載子電流（Majority Current）I_m^o（圖1-20a），而由n型到p型半導體之電流爲固有電流（Intrinsic Current）I_i^o（圖1-20b），在沒外加電壓時，$I_m^o = I_i^o$則：

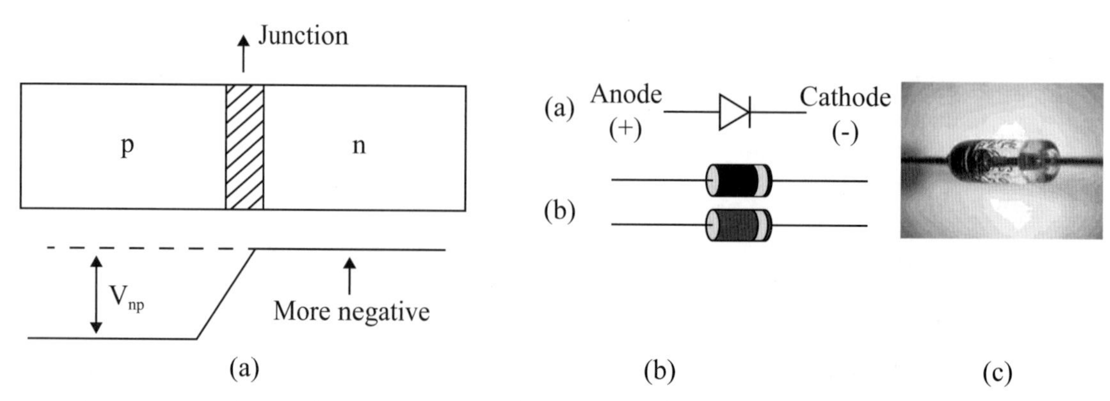

圖1-19 二極體(a)基本結構，(b)符號和圖示[38b]，及(c)實物圖[38a]（原圖來源：(b)zh.wikipedia.org/zh-tw/二極管；(c)http://en.wikipedia.org/wiki/Diode）

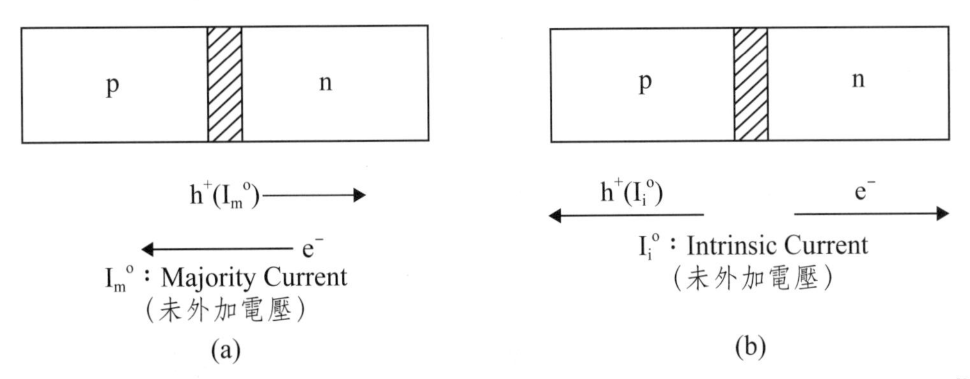

圖1-20　未外加電壓（無偏電壓）之二極體(a)Majority電流及(b)Intrinsic電流圖[35]

$$I_m^o = I_i^o = Ke^{-QeVnp/kT} \quad (1\text{-}18)$$

式中K為比例常數，Qe為電子電荷，k為波茲曼常數（Boltzmann Constant, 1.38×10^{-23}J/K），T為溫度（K），V_{np}為n型及p型半導體間之電位差。

2.外加偏電壓之二極體

在外加偏電壓V_b（Bias voltage）時（如圖1-21(a)），固有電流（Intrinsic Current）I_i^o不會改變，而多數載子電流（Majority Current）I_m^o（由p到n）電流會改變成I_m為：

$$I_m = Ke^{-Qe(Vnp-Vb)/kT} \quad (1\text{-}19)$$

此二極體之淨電流Inet則為：

$$I_{net} = I_m - I_i^o = Ke^{-Qe(Vnp-Vb)/kT} - Ke^{-QeVnp/kT} \quad (1\text{-}20)$$

則：

$$I_{net} = K\ e^{QeVb/kT} \quad (1\text{-}21)$$

因Majority Current I_m為由p到n電流，若偏電壓V_b為正值（p極接偏電壓正極），會增加I_m，故稱此偏電壓V_b為順壓（圖1-21(a)），此二極體則稱為順壓二極體（Forward-biased Diode），反之，V_b為負值（p極接偏電壓負極），為逆壓（圖1-21(b)），此稱為逆壓二極體（Reverse-biased Diode）。

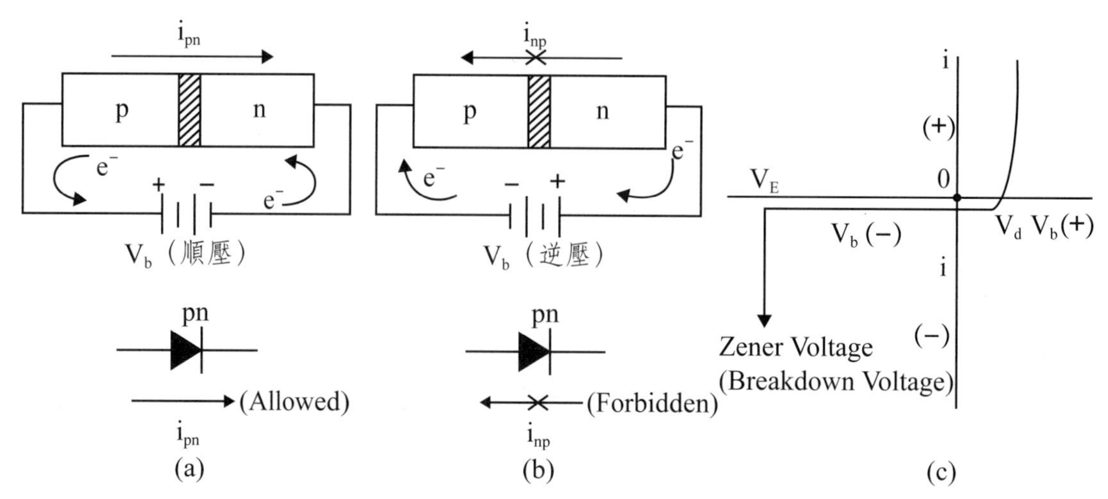

圖1-21　外加電壓之(a)順壓二極體，(b)逆壓二極體，及(c)二極體電流／電壓（i/V_E）關係圖[35]

由式1-21，二極體之淨電流I_{net}對外加電壓V_b作圖可得圖1-21(c)，由圖中可看出當V_b為正值$V_b(+)$（順壓）且大於一特定起動電壓V_d（常稱為「障壁電位（Barrier Potential）」）時，則此（順壓）二極體（電流由p→n，i(+)）增加很大，然反之，當V_b為負值（逆壓）時，負外加電壓$V_b(-)$再增多大，此（逆壓）二極體（電流由n→p，i(−)）變化很小且幾乎沒電流，換言之，在正常情形下，由p→n之電流（順壓二極體）會產生（Allowed，如圖1-21(a)），而由n→p之電流（逆壓二極體）不會產生（Forbidden，如圖1-21(b)）。

n→p之電流只有在外加負電壓$V_b(-)$很大且大於一定值時（如圖1-21(c)之V_E），才會有突然大電流產生，此可產生突然大電流之一定值之負電壓-V_E特稱為齊納電壓（Zener Voltage, Vz）或稱崩潰電壓（Breakdown Voltage）。另外，本來一般n→p之電流不會產生，但當外來訊號（如電磁波）照射到逆壓二極體時，可能也會產生由n→p之電流，故逆壓二極體可做一些電磁波或光波之偵測器元件。

1.5.2.2　光電二極體

光電二極體（Photodiode）[39]為常用光波偵測器元件，其結構和符號如圖1-22(a)、(b)所示。光電二極體屬於逆電壓二極體，在未照光時，n→p之電

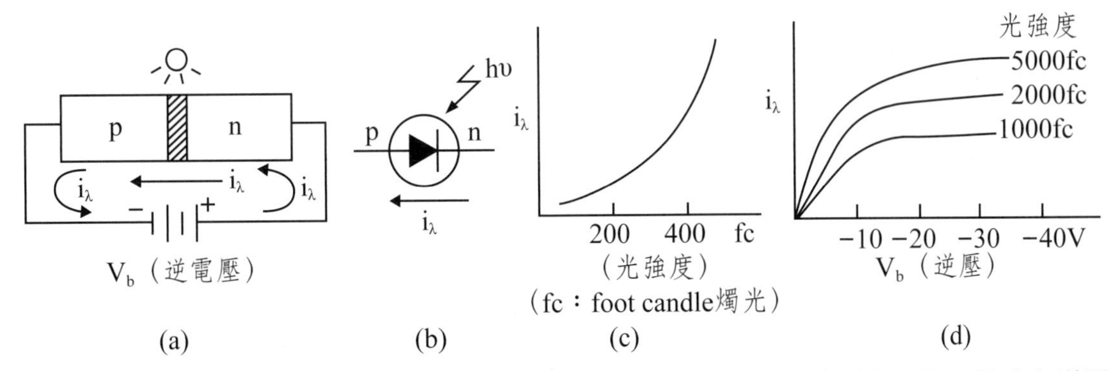

圖1-22 光電二極體之(a)結構，(b)符號，(c)電流和照光強度關係，及(d)電流和逆電壓關係圖[35]

流是沒有的，但當照光時，此時就會有n→p之電流（i_λ），由電流的大小就可計算出光強度。因一個光電二極體所產生的電流並不強，故一般在光譜儀中所用的光電二極體偵測器是由好幾個光電二極體串聯而成的光電二極體陣列（Photodiode Array）偵測器。圖1-22(c)及(d)分別說明光電二極體產生n→p之電流I_λ隨光強度fc增強與所加逆電壓V_b增加而增大情形。

1.5.2.3 發光二極體

發光二極體（Light Emitting Diode, LED）[40-41]為一外加順電壓或電壓訊號Vs會使發出光波之二極體，圖1-23(a)～(c)為發光二極體之結構、發光原理及接線示意圖和符號。其發光原理為外加電壓或訊號Vs使由二極體之p極到接面（Junction）之電洞（h^+）和來自n極之電子（e^-）相遇而產生光：

$$h^+（電洞）+e^-（電子）\rightarrow h\nu（光） \qquad (1\text{-}22)$$

圖1-23(d)為發光二極體之發光強度與p極到接面之電流關係示意圖。不是所有的二極體皆可成發光二極體，只有少數的無機材質（如GaAsP/GaP）或有機材質（如Alq/PPV（Poly Phenylene Vinylene））二極體才會發光。圖1-23(e)～(f)為無機材質GaAsP/GaP發光二極體之發光原理和實物圖。

近年來有機發光二極體（Organic Light Emitting Diode, OLED）[41]蓬勃發展，其在陰陽（負正）兩極間含發光有機物加電壓後可激發出色彩光。圖

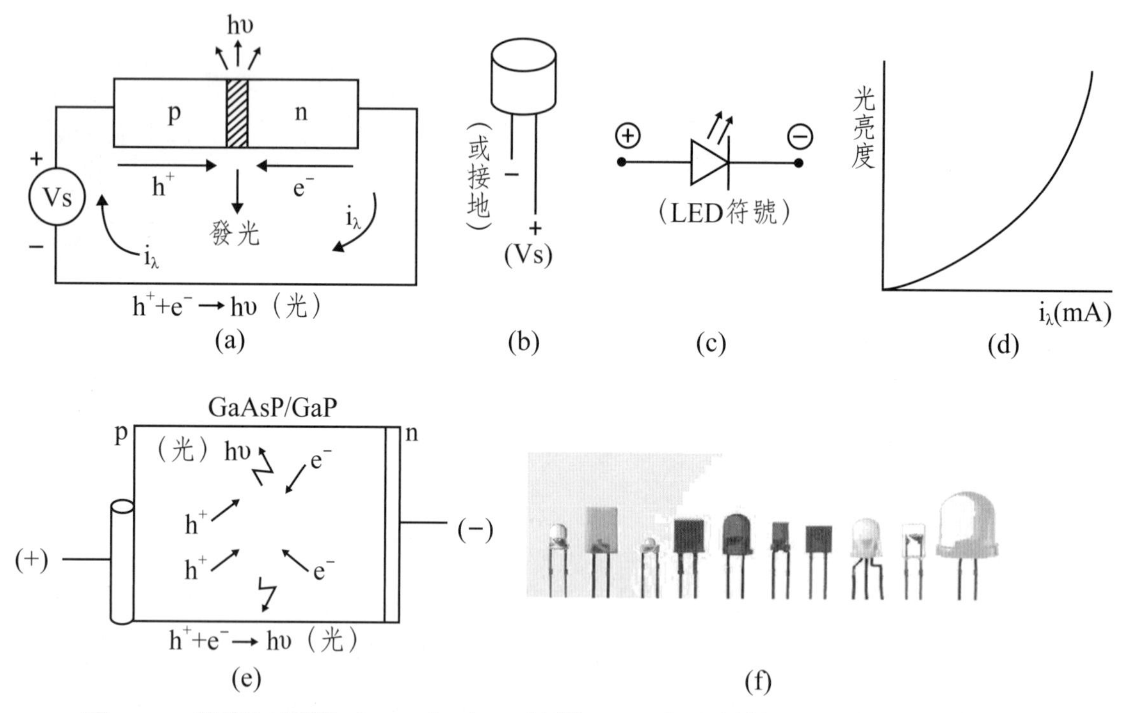

圖1-23　發光二極體（LED）之(a)結構，(b)商品形狀，(c)發光二極體符號，及(d)電流和發光亮度關係圖，與(e)無機材料和(f)實物圖[40]。（f圖出處：Wikipedia, the free encyclopedia, http: //en.wikipedia.org/wiki/Light-emitting_diode）

1-24(a)爲一較完整之有機發光二極體的結構圖，其含(1)陰極（如Mg-Ag），(2)陽極（如ITO銦錫氧化物導電玻璃基板（Indium Tin Oxide Conductive Glass），(3)電子傳送層（ETL, Electron Transporting Layer，材料如Alq（圖1-25(a)）），(4)電洞傳送層（HTL, Hole Transporting Layer，材料如NPB（圖1-25(b)）），(5)電洞注入層（HIL, Hole Injecting Layer，材料如CuPc（圖1-25(c)）），及(6)發光層（EL, Emitting Layer，激光材料如高分子PPV Poly（p-Phenylene Vinylene，圖1-25(d)）及Alq（圖1-25(a)））。電洞（h^+）由陽極→電洞注入層→電洞傳送層→發光層，而電子（e^-）由陰極→電子傳送層→發光層，電洞及電子分別進入發光層後，有的由電洞及電子直接接觸反應發光（如下之式1-23），有的和發光層中之發光有機物A先作用再發光（如下之式1-24至1-26）：

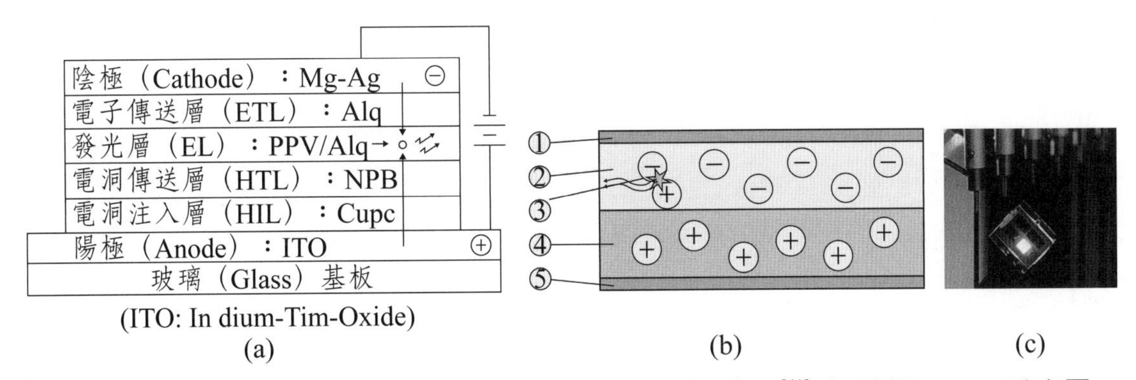

圖1-24　有機發光二極體之(a)裝置，(b)發光原理示意圖[41]（1.陰極(−)，2.發光層，3.發光，4.傳導層，5.陽極(+)），及(c)發綠光OLED實物圖[41]。（b, c圖：From Wikipedia, the free encyclopedia, http://en.wikipedia.org/wiki/Organic_light-emitting_diode）

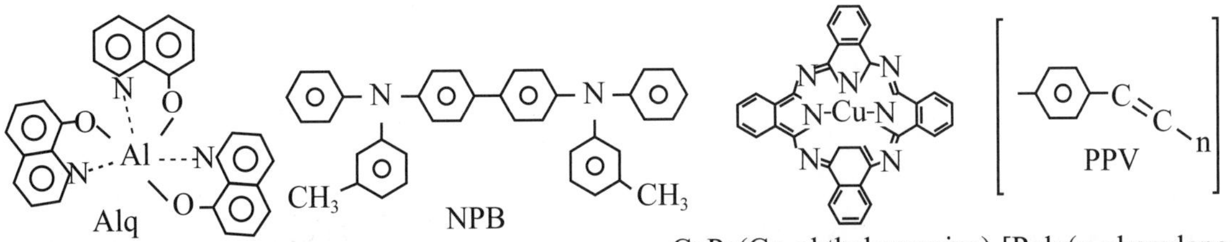

Alq
Tri(8-hydroxy quinoline) Al
(a)

NPB
(b)

CuPc(Cu-phthalocyanine)
(c)

PPV
[Poly(p-phenylene vinylene)]
(d)

圖1-25　有機發光二極體之(a)激光分子及電子傳送分子Alq，(b)電洞傳送分子NPB，(c)電洞注入層物質CuPc，及(d)高分子激光分子PPV[41, 35]

$$h^{+}\text{（電洞）}+e^{-}\text{（電子）}\rightarrow h\nu\text{（光）} \quad (1\text{-}23)$$

$$e^{-}+A\rightarrow A^{-*} \quad (1\text{-}24)$$

$$h^{+}+A\rightarrow A^{+*} \quad (1\text{-}25)$$

$$A^{-*}+A^{+*}\rightarrow 2A+h\nu'\text{（光）} \quad (1\text{-}26)$$

因有機分子可以很薄，故由有機發光二極體（OLED）製成之面板厚度可很薄（如2mm）且有機分子易成膜可製作大尺寸與可撓曲性面板，同時，用不同的發光有機材料會發出不同顏色的光，OLED激發光可多彩化。

1.5.3 電晶體

電晶體（Transistors）[42-44]由npn或pnp三極體之半導體所組成，電晶體常應用於放大電流訊號。電晶體主要分爲兩大類：場效應電晶體（Field-Effect Transistor, FET）和雙極性介面電晶體（Bipolar Junction Transistor, BJT）。

圖1-26(a)爲場效應電晶體（FET）[43]基本線路示意圖，其含S極（源極（Source, S）或稱射極（Emitter（E），發射（電子）極），G極（閘極（Gate）或稱基極（Base, B））及D極（洩極（Drain, D）或稱電子接收極（Collector, C））等三極與外加電壓V_{SD}。當外來小電流（i_G）的訊號由G極進入電晶體時，S極會發射電子（e^-）經npn電晶體而由D極接收，而較大電流i_{SD}由D極進入電晶體，再流入接地的S極。圖1-26(b)爲FET電晶體電流符號及電流流向，而圖1-26(c)爲在不同外來訊號V_G時，電晶體由D極到S極之放大電流i_{SD}和外加電壓V_{SD}之關係圖，一般由G極進入電流i_G和放大電流i_{SE}之比約爲1/100～1/1000左右（即i_{SD}/i_G= 100~1000），換言之，G極小電流（i_G）訊號會引起D到S極之大電流（i_{SD}），即電晶體具有放大訊號之功能。圖1-26(d)爲FET電晶體外觀示意圖，外來訊號接G極，D極接電源V_{SD}（一般爲5～24V），S極接地。圖1-26(e)爲電晶體實物圖。

圖1-27(a)、(b)爲用二個電源（V_{EB}及V_{CE}）之**雙極性介面電晶體**（BJT）[44]之結構示意圖及符號和電流流向，在BJT電晶體是以EBC（Emitter/Base/Collector）來命名其電晶體之三個極，而FET電晶體則常以SGD來命名其電晶三

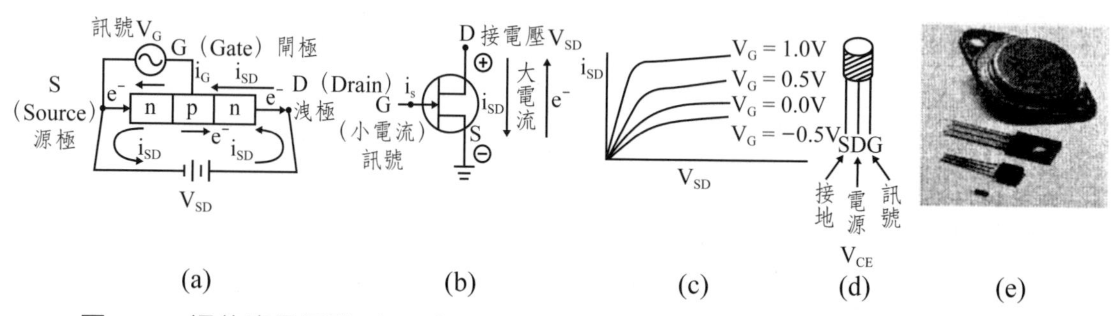

圖1-26 場效應電晶體（FET）之(a)結構示意圖，(b)符號及電流，(c)電流／電壓關係圖，(d)外觀示意圖，及(e)產品實物圖[35]

個極。BJT電晶體亦由B極（Base，基極）輸入小電流訊號i_B進入電晶體中而引起流向C極（Collector，集極）及E極（Emitter，射極）的大電流i_C及i_E，一般i_C/i_B及i_E/i_B之比皆約100（放大100倍）。和場效應電晶體一樣，此雙極介面電晶體之輸出電流i_C或i_E皆如圖1-27(c)所示會隨其輸入電流i_B及外加電壓（如V_{CB}）之增大而變大。圖1-28爲雙極性介面電晶體各種實物圖及電流流動

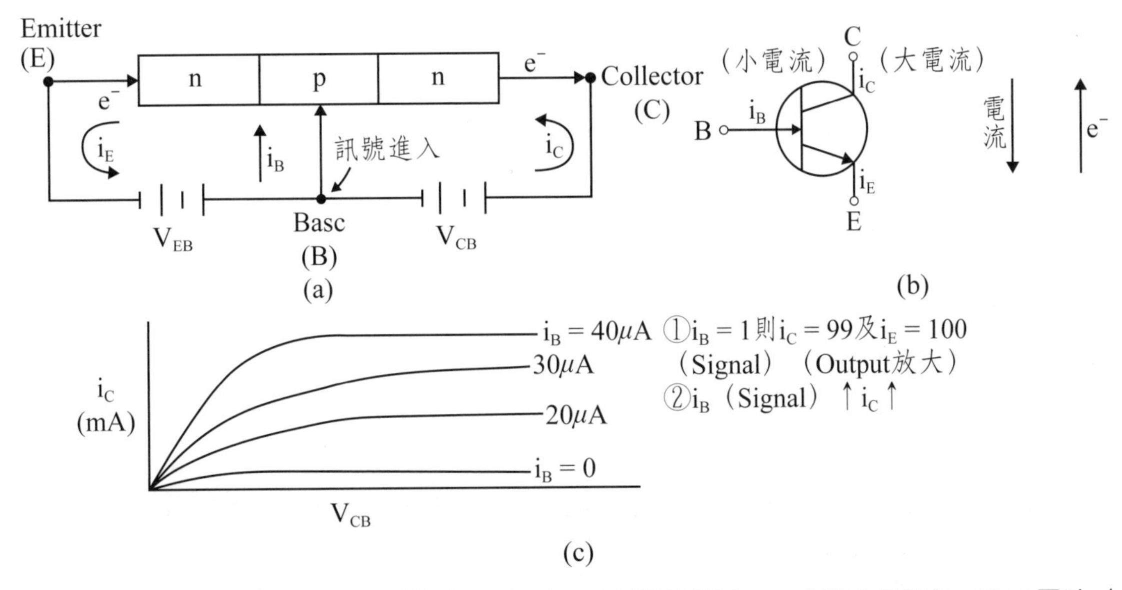

圖1-27 雙極性介面電晶體（BJT）之(a)結構示意圖，(b)符號及電流，及(c)電流／電壓關係圖[35]

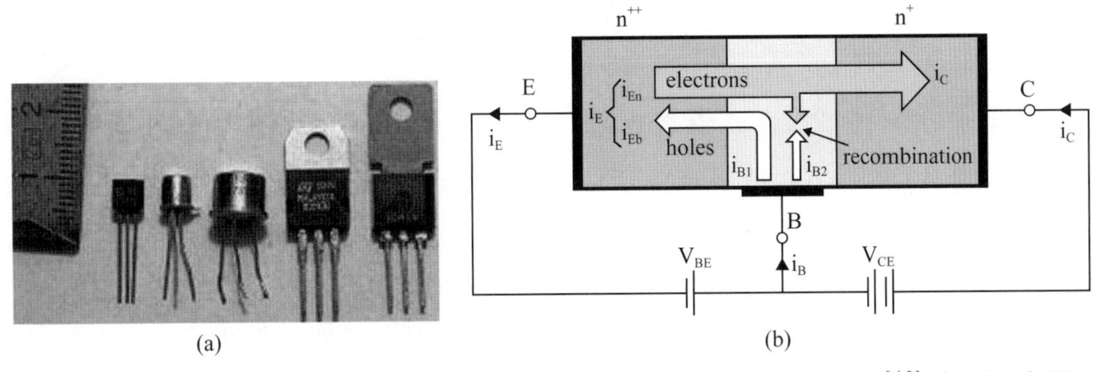

圖1-28 雙極性介面電晶體(a)各種實物圖及(b)電流流動圖[45]（原圖來源：zh.wikipedia.org/zh-tw/雙極性電晶體）

圖。

光電晶體（Phototransistor，又稱**光敏電晶體**）[46]爲常見應用在儀器中的電晶體，光電電晶體常用做光波偵測器。圖1-29(a)爲光電電晶體之基本結構線路圖，其含一逆壓二極體及一場效應電晶體。逆壓二極體在未照光時沒電流流過，但當光波照射到光電電晶體之逆壓二極體時，逆壓二極體就有由n到p極之電流i_B流動，此電流i_B進入電晶體之B極，就會引起由電晶體之C極到E極之大電流，由此C→E電流大小即可估算入射光波強度。圖1-29(b)、(c)及(d)分別爲光電電晶體之符號及市售產品外觀示意圖和實物圖，因光電電晶體之B極和內建之逆壓二極體相接，不需外接，故光電電晶體只需外接C及E極，C極接電源正極而E極接電源負極或接地即可。

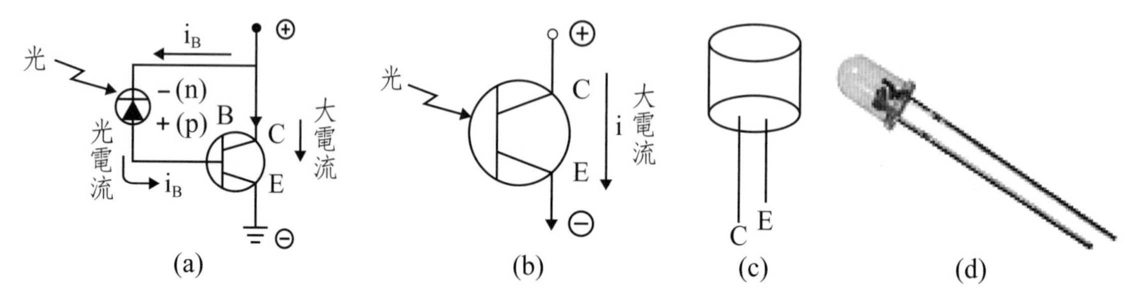

圖1-29　光（敏）電晶體（Phototransistor）之(a)結構線路，(b)符號及(c)產品外觀示意圖[35]及實物圖[46b]

1.6　二進位及十六進位

前文提到不管是從電腦之資料線（Data Bus, D0～D7）或位址線（Address Bus, A15～A0）每一條線皆以二進位1或0輸出，所以電腦會將十進位（Decimal）的數據先轉換成二進位（Binary），例如圖1-30所示，若要輸出十進位的201數據（圖1-30(a)），先依圖1-30(b)換算方法將201換成二進位1100 1001。然一般撰寫電腦程式時，用二進位不太方便，但用十進位撰寫電腦程式有些數字常又太大，亦不方便，故撰寫電腦程式常用十六進位（Hexadecimal, Hex）。

(a) 十進位（Decimal）201

(b) 十進位→二進位（Binary）

2	餘數	
2 ⌊ 201		
2 ⌊ 100	1	$D_0(2^0)$
2 ⌊ 50	0	D_1
2 ⌊ 25	0	D_2
2 ⌊ 12	1	D_3
2 ⌊ 6	0	D_4
2 ⌊ 3	0	D_5
2 ⌊ 1	1	D_6
2 ⌊ 1	1	$D_7(2^7)$

〔二進位〕

1 1 0 0　1 0 0 1 →二進位

$D_7 \cdots\cdots D_4$　$D_3 \cdots\cdots D_0$

2^7 2^6 2^5 2^4 2^3 2^2 2^1 2^0

↓ ↓ ↓ ↓

128 64 8 1→十進位

(c) 二進位→十六進位（Hex）

〔二進位〕

(1) II組　I組 （將二進位分I、II兩組）

D_7← 1 1 0 0　1 0 0 1 →D_7

(2) 2^3 2^2 2^1 2^0　2^3 2^2 2^1 2^0 （將一組皆分成$2^3 2^2 2^1 2^0$四位）

↓ ↓　↓ ↓

8 + 4 = 12　8 + 1

(3) 12 (16^1)　9 (16^0) → 十六進位

↓　↓

(4) C　9 → 十六進位

(A = 10, B = 11, C = 12, D = 13, E = 14, F = 15)

↓

$12 \times 16^1 + 9 \times 16^0 = 201$→十進位

(d) 十進位→十六進位（Hex）

16 ⌊201　餘數

16 ⌊ 12　9 → 16^0（Hex）

0　12 → 16^1（Hex）

（C = 12，餘數9）

故十六進位為C9→十六進位

十進位為$C \times 16^1 + 16^0 \times 9 = 201$→十進位

（C = 12）

圖1-30 二進位、十六進位與十進位數據（201）間之轉換[5]

十六進位數據可由二進位或十進位數據轉換而得。如圖1-29(c)所示，二進位轉換成十六進位分幾個步驟，(1)首先將二進位1100 1001每四個位元（1或0）爲一組，分成兩組（I，II組），而每一組皆以2^3，2^2，2^1，2^0，來計數每一位元，如第II組（十六進位的高位元組16^1）1100可計算成$2^3+2^2=12$，然大於10的就依A=10，B=11，C=12，D=13，E=14，F=15用英文字母計數，故此十六進位的高位元組（16^1）因C=12就計爲C。而第I組（十六進位的低位元組16^0）1001可計算成$2^3+2^0=9$，故此低位元組（16^0）計爲9，換言之，此二進位1100 1001即可轉換成十六進位C9，C爲高進位（16^1），而9爲個位（16^0），若轉換成十進位$D = 12\times16^1+9\times16^0=201$。如圖1-29(d)所示，十六進位數據亦可由十進位數據直接轉換而得，只要將十進位的201除於16，第一個所得餘數爲個位（16^0）9，第二個餘數即爲高進位（16^1）的12，而12可計爲C，故亦可得十六進位C9。

1.7 晶片實驗常用配件

晶片實驗用來測試一晶片的功能和應用。除了晶片外，還需一些實驗配件，常用晶片實驗配件（Commonly Used Accessories in Chip Experiments）爲實驗板（Experimental Board），電阻體（Resistors），發光二極體（Light Emitting Diode, LED）及電容器（Capacitors）。在實驗麵包板上常必備電源+5V或+6V（正電壓），有時也需備有–5V或–6V（負電壓）。本節將介紹實驗麵包板及必備電源，常用電阻體（Resistors）及可變電阻（Variable Resistor），發光二極體和各種電容器。分別說明如下：

1.7.1 實驗板

實驗板種類很多，本節介紹長方型典型晶片實驗麵包板（Experimental Breadboard）及正方型晶片實驗轉接板（Experimental Contact Plate）和含+6V，–6V電源麵包板之組裝如下：

1.7.1.1　長方型晶片實驗麵包板

圖1-31為長方型典型晶片實驗麵包板配備及常用麵包板實物圖。晶片麵包板之電源可由4顆1.5V電池組成+6V及GND（即接地），亦可直接用5V，6V，12V變壓器直接將電源接到麵包板上。實驗晶片就插入麵包板上下兩股之間（圖1-31(a)）。圖1-31(b)則為常用的麵包板實物圖。此種長方型實驗麵包板只適合長方型晶片實驗，至於正方型晶片之實驗板則需另外設計。

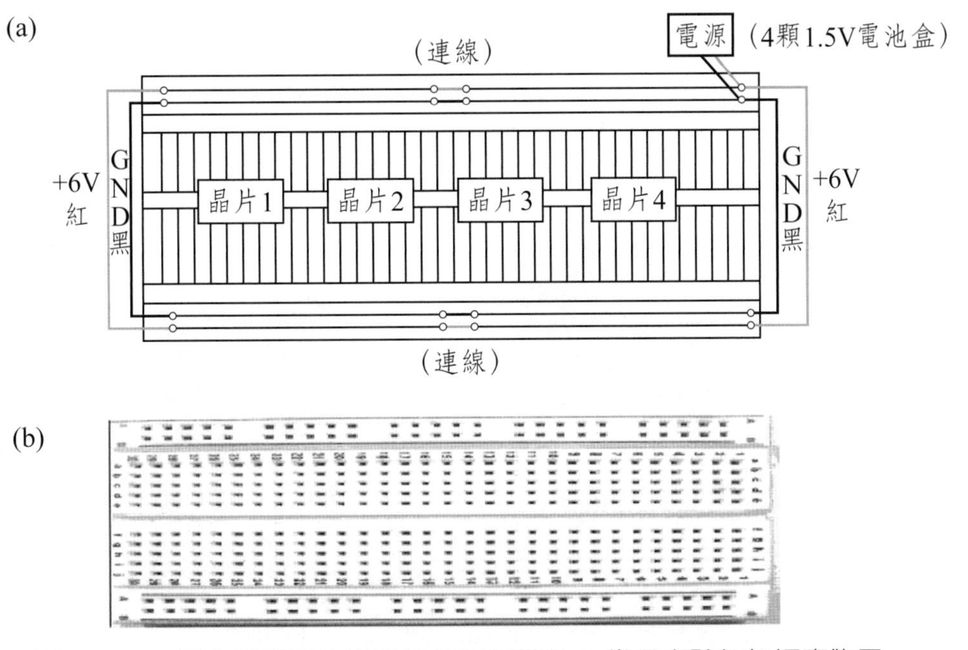

圖1-31　(a)長方形型晶片實驗麵包板配備及(b)常用實驗麵包板實物圖

許多晶片（如運算放大器（OPA）晶片）需用+6V及−6V。圖1-32為含+6V，−6V電源麵包板組裝圖，其可由兩組含4顆1.5V電池之電池組所構成的，如圖1-32接法可得+6V，GND及−6V電源。

1.7.1.2　正方型晶片實驗轉接板

多支腳（44～100 Pins）之晶片常製成正方型晶片，一般長方型實驗麵包板並不適合此類正方型晶片，要用如圖1-33所示的特製正方型晶片實驗轉接板。圖1-33(a)為44支腳（44 Pins）正方型晶片使用之正方型晶片轉接板，而圖1-33(b)為可插44～100 Pins之正方型晶片的正方型晶片轉接板。

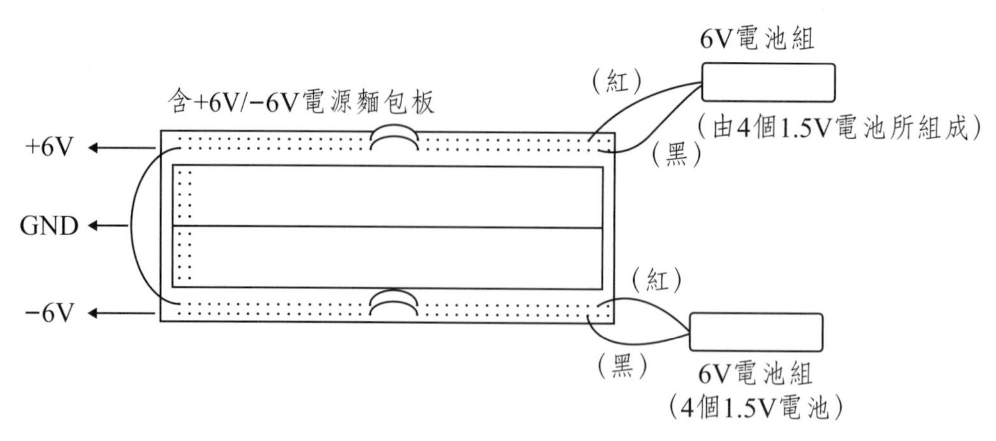

圖1-32 含+6V，–6V電源麵包板組裝圖

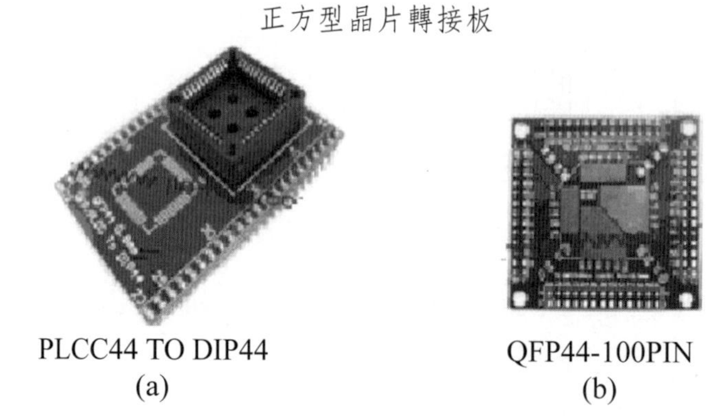

圖1-33 (a)44 Pins及(b)44-100 Pins正方型晶片轉接板[47b]（原圖來源：http://www.jin-hua.com.tw/webc/html/products/03.aspx?kind=241）

1.7.2 電阻體

電阻體（Resistors）可分一般電阻體及可變電阻（Variable Resistor），本節將介紹一般電阻體辨識及可變電阻組裝如下：

1.7.2.1 一般電阻體辨識

一般電阻體爲晶片實驗線路中常用組件，圖1-34爲一般電阻體示意圖及其四種色圈a，b，c，d所顯示的三種色碼及誤差之代表意義。例如一電阻體之a爲紅色（即a=2），b爲綠色（b=5），c爲黃色（c=4），d爲銀色（誤差

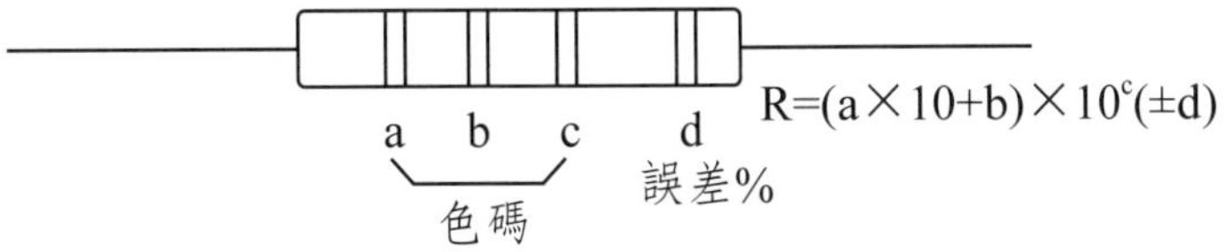

a　b　c　　d　$R=(a\times10+b)\times10^{c}(\pm d)$

色碼　　誤差%

色碼：	黑	棕	紅	橙	黃	綠	藍	紫	灰	白
	0	1	2	3	4	5	6	7	8	9
誤差：	黑	棕	紅	橙	金	銀	無色			
	1%	2%	3%	4%	5%	10%	20%			

圖1-34　一般電阻體示意圖及其四種色圈代表意義

10%），此電阻體之電阻R爲：

$$R=(a\times10+b)\times10^{c}(\pm d)=(2\times10+5)\times10^{4}\Omega(\pm10\%)$$
$$=25\times10^{4}\Omega(\pm10\%)=250K\Omega(\pm10\%)$$

1.7.2.2　可變電阻體組裝

有些晶片實驗需輸入不同的電壓（0～6V），此時最簡單的方法是利用可變電阻（體）（Variable Resistor），如圖1-35所示，常見的可變電阻爲圓型及方型可變電阻，可將5或6V輸入可變電阻並旋轉旋鈕由可變電阻中間接腳輸出各種不同電壓Vo。

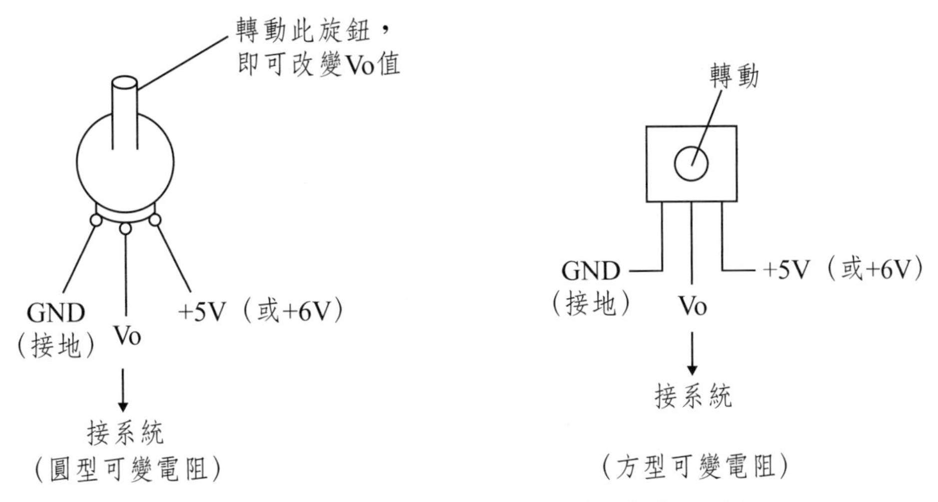

圖1-35　圓型及方型可變電阻接線及操作示意圖

1.7.3 發光二極體接線法

發光二極體LED之結構及發光原理已在本章1-5.2節詳細介紹，本節只介紹在發光二極體在電子線路中接法。常見的發光二極體外觀顏色呈紅、白、黃、綠色。常用在晶片實驗概分單一發光二極體LED（圖1-36(a)）及發光二極體排（LED排，圖1-36(b)）。如圖所示，單一發光二極體之長端接信號，而短端則接地（GND），而一般LED排由9～10個LED所組成，除個別可當單一LED外，可接八位元（D0～D7）信號線。如圖1-36(b)所示，LED排有字的一面接信號線，另一端一般先接一低電阻排（約470Ω）再接地。

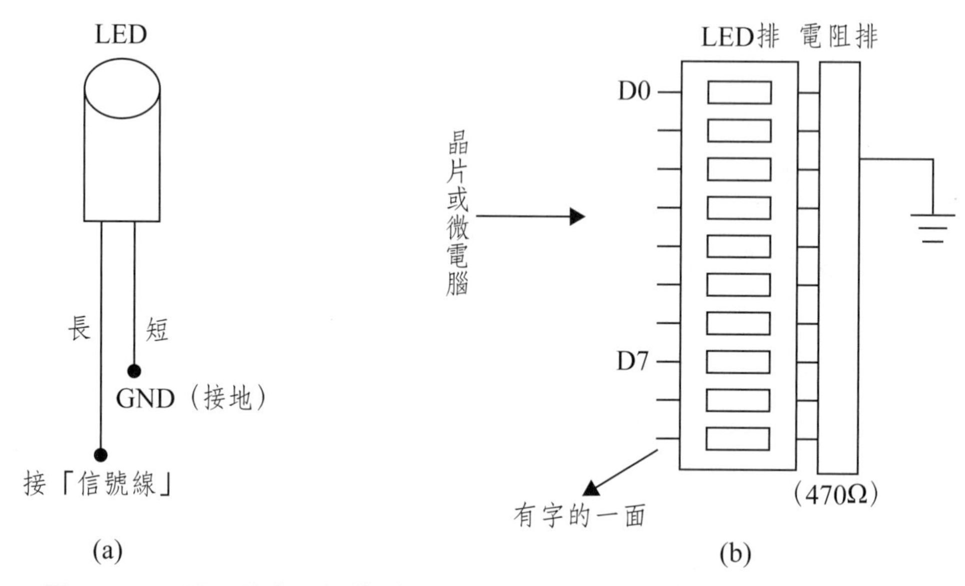

圖1-36 (a)單一發光二極體（LED）及(b)發光二極體排（LED排）接線法

1.7.4 電容器

電容器（Capacitor）常用在頻率，時序，濾波及電壓分配晶片實驗系統中，圖1-37爲電容器之基本結構及電容器電容計算法。如圖所示，電容器由上下兩金屬片（常用鋁片或金屬膜或導體）及中間所夾的介質（Dielectric，如雲母）所組成的。電容器之電容（Capacitance）可由介質之介電常數（Di-

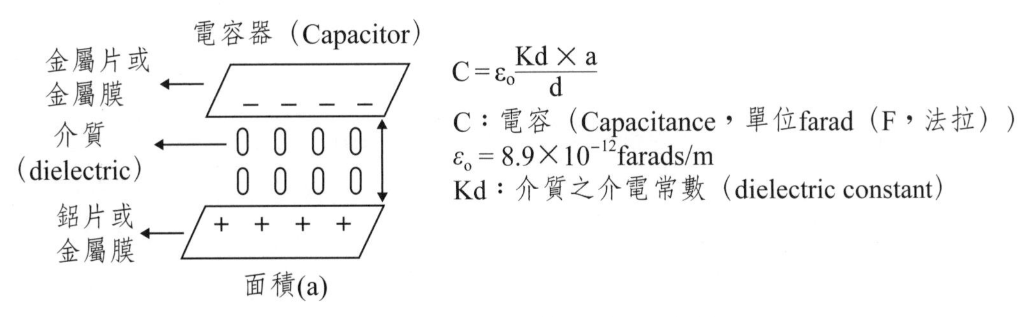

圖1-37　電容器之基本結構及電容器電容計算法

electric Constant, Kd）及上下兩金屬片間距離(d)和面積(a)依下式計算而得：

$$C=\varepsilon_o\frac{Kd\times a}{d} \qquad (1\text{-}27)$$

式中比例常數$\varepsilon_o=8.9\times10^{-12}$ farads/m（m：公尺）。

依式1-27所示，若電容器兩金屬片間距離(d)和金屬片面積(a)固定，電容器之電容取決於介質之介電常數（Kd），表1-3爲各種介質之介電常數。例如在一電容器之金屬片間距離d爲0.02 cm = 2.0×10^{-4} m，面積a爲1.0 cm^2 = 10^{-4}m，若介質爲雲母（Mica）其介電常數Kd爲5.5，則此電容器之電容C_{Mica}爲：

$$C_{Mica}=\varepsilon_o\frac{Kd\times a}{d}=8.9\times10^{-12}F/m\frac{5.5\times10^{-4}m}{2.0\times10^{-4}m}=24.5\times10^{-12}\ F\fallingdotseq 25\ PF \qquad (1\text{-}28)$$

表1-3　各種介質之介電常數（Kd）

介質	Kd	介質	Kd
Air（空氣）	1.0006	Paper（紙）	3.5
Glass（玻璃）	3.9~5.6	Water（水）	78
Polyethylene（聚乙烯）	2.3	Quartz（石英）	3.9
Polystyrene（聚苯乙烯）	2.6	Oil（油）	2.2
Teflon（特夫綸）	2.1	Paraffin（石蠟）	2.1
Mica（雲母）	5.5	Cellophane（賽珞凡）	3.5

式中PF = 10^{-12}F，PF爲Picofarads。若介質改爲水，其介電常數Kd爲78，代入式1-27可得其電容約爲350 PF。

一般常用電容器可分爲非極性電容器（Non-polar Capacitors）及極性電容器（Polar Capacitors）兩類，圖1-38爲非極性及極性電容器之符號及外觀圖。如圖1-38(I)所示，非極性電容器之符號爲⊣⊢，信號線接非極性電容器之任何一邊皆可，結果也一樣，無方向性。常見非極性電容器外觀有平盤型電容器（Disk Capacitor）及圓柱型電容器（Cylindrical Capacitor）。常見的非極性電容器有陶瓷（如雲母（Mica）及TiO_2）平盤型電容器（Ceramic Disk Capacitor，圖1-38(a)）及紙圓柱型電容器（Paper Cylindrical Capacitor，圖1-38(b)）。一般非極性電容器之電容値約爲PF（Picofarads, 10^{-12}F）～μF（Microfarads, 10^{-6}F）。

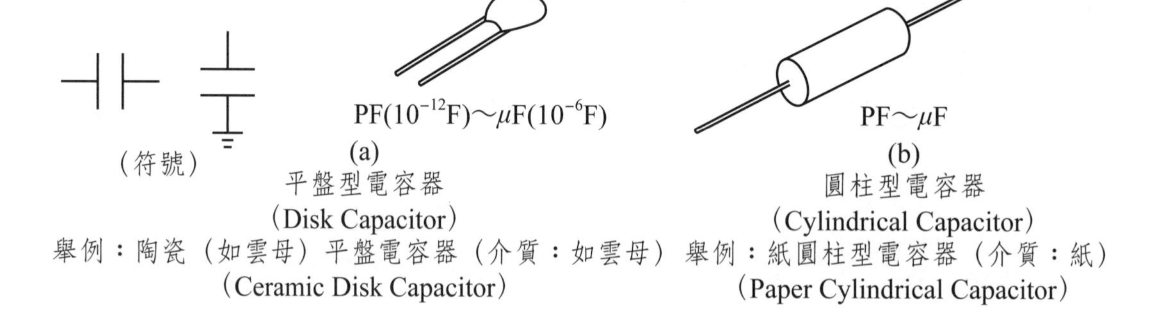

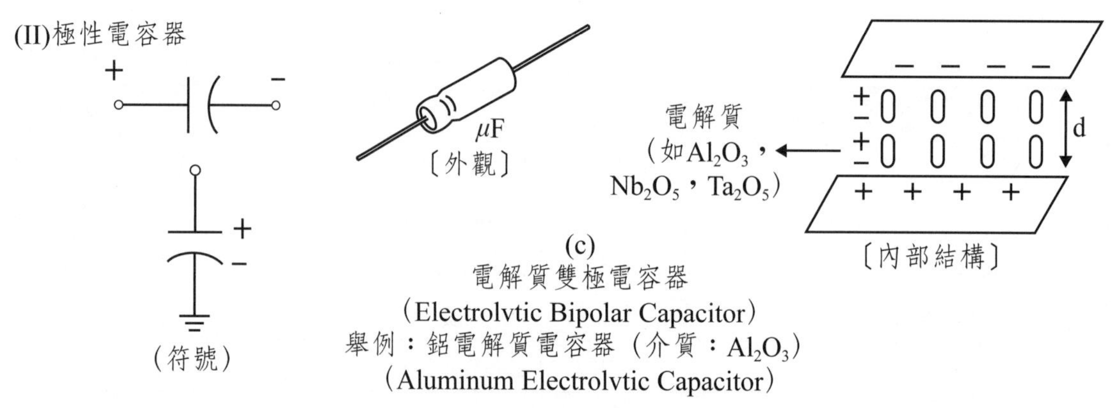

圖1-38 非極性及極性電容器之符號及外觀圖

如圖1-38(II)所示，極性電容器之符號爲 +—|(—− ，信號線接極性電容器之+極，有方向性。電解質雙極電容器（Electrolytic Bipolar Capacitor）即屬於極性電容器。如圖1-38(c)所示，電解質雙極電容器通常由兩金屬膜（Metal foil，如鋁（Al）膜）包裹電解質（電解質當介質）組裝而成。當介質的電解質可分固態電解質（如Al_2O_3，Nb_2O_5及Ta_2O_5）及液態電解質（如金屬鹽類（M^+X^-溶液）。極性電容器之電容值大都約在μF範圍，一般極性電容器之電容要比非極性電容器之電容要大。

電容器在電子線路上主要功能爲儲存電能（充電（Charging，即將電子集在電容器金屬板上）或釋放電能（放電（Discharging，可依時間輸出不同電壓）。電容器常用在晶片實驗中當積分器、微分器、電壓分配器（Voltage Divider）及濾波器（Filter）之主要組件。例如在由電源Vs及電容器C和一電阻R所構成的RC線路。依電源Vs不同，可分固定電壓電源及波動電壓訊號電源RC線路，它們的功能及用途有點不同，說明如後。

1.7.5　固定電壓電源RC線路

固定電壓電源RC線路如圖1-39(a)所示，固定電壓電源Vs可使電容器充電，使電容器電壓由0到$Vc_{(max)}$($Vc_{(max)}$=Vs)。電容器充電所得電壓Vc和時間t關係式如下：

$$\text{充電：} Vc = Vs(1 - e^{-t/RC}) \qquad (1\text{-}29)$$

圖1-39(b)爲充電和以R×C乘積之時間常數（Time Constant）爲時間單位之時間關係圖。如圖所示，在時間常數RC=1（例如R=10KΩ，C= 0.1μF，RC = $10^4 \times 10^{-7} = 10^{-3}$sec）時，就可充電到63.2%（即Vc = 0.632 Vs），而到達大約RC = 5，電容器充電可達最大值$Vc_{(max)}$($Vc_{(max)}$=Vs)。

反之，放電時（如圖1-38(a)所示，輸出電壓Vo = 電容器電壓Vc），電容器放電時電壓Vc和時間t關係式如下：

$$\text{放電：} Vc = Vs \times e^{-t/RC} \qquad (1\text{-}30)$$

如圖1-39(b)所示，不同時間（不同時間常數）有不同Vc，電容器輸出電壓Vo（Vo=Vc）也不同。換言之，若要取得高電壓Vo輸出，就在時間常數RC較小時輸出Vo（如RC=0.1時，Vo = Vc ≈ 99%Vs），反之要小一點電壓Vo輸出，就在時間常數RC大一點時輸出Vo（如RC=1時，Vo = Vc = 36.8%Vs）。因此RC線路可利用放電時時間不同，取得不同電壓輸出，故此RC線路組件可當電壓分配器（Voltage Divider）。

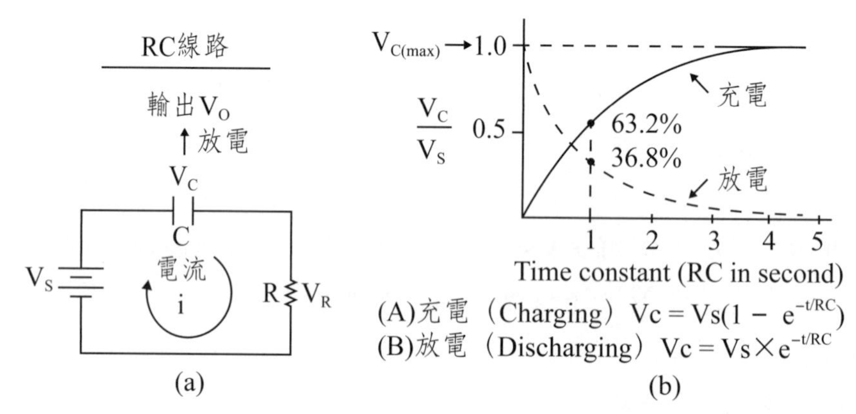

圖1-39 RC線路之(a)線路圖及(b)電容器之充電與放電和時間（RC乘積為時間單位）關係圖

1.7.6 波動電壓訊號RC線路

圖1-40(a)爲波動電壓Vs訊號RC線路圖，在此線路中電容器的阻抗Xc（Capacitive Reactance）爲：

$$Xc = \frac{1}{2\pi fC} \qquad (1\text{-}31)$$

式中f爲波動電壓訊號頻率（Frequency of Signal），C爲電容器的電容值，而整個RC線路之阻抗Z爲

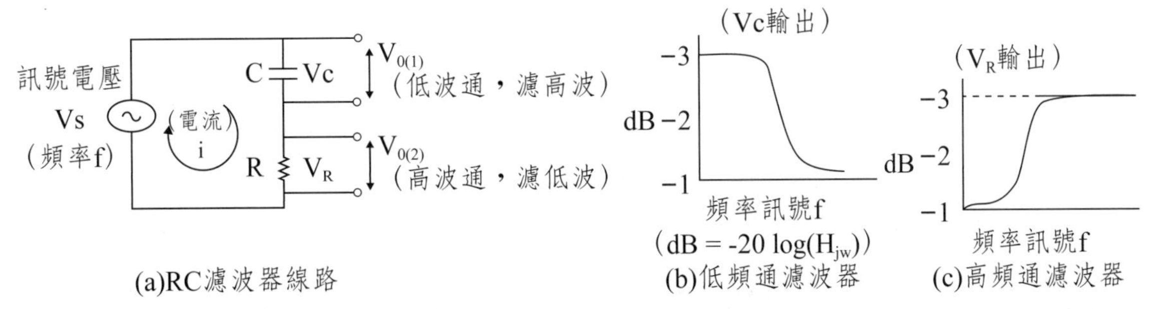

圖1-40　當濾波器之(a)RC線路，(b)電容器Vc輸出低頻通及(c)電阻器V_R輸出高頻通之訊號通過效率分貝dB和訊號頻率f關係圖

$$Z = R + jXc = \sqrt{R^2 + Xc^2} \qquad (1\text{-}32) \quad (j = \sqrt{-1})$$

式中R為電阻器R之電阻。波動電壓訊號經此RC線路，輸出電壓Vo之訊號通過效率H_{jw}（Network Transfer Function）為：

$$H_{jw} = \frac{Vo}{Vs} \qquad (1\text{-}33)$$

以下就圖1-40中由電容器C輸出訊號Vo(1)及由電阻R輸出訊號Vo(2)之通過效率H_{jw}說明如下：

1.7.6.1　由電容器C輸出Vo(1)訊號

如圖1-40(a)所示，由電容器C輸出Vo(1)訊號，依式1-33及式1-31及式1-32可得：

$$H_{jw} = \frac{Vo(1)}{Vs} = \frac{Vc}{Vs} = \frac{iXc}{iZ} = \frac{Xc}{Z} = \frac{Xc}{\sqrt{R^2 + Xc^2}} \qquad (1\text{-}34)$$

式中 i 為RC線路中之電流。

(1) 當頻率f→0（低頻），$Xc = 1/(2\pi fC) \to \infty$，即Xc>>R，$Xc^2 + R^2 \approx Xc^2$代入式1-34可得：

$$Hjw = Xc/[(R^2+Xc^2)]^{1/2} \approx \lim Xc/Xc = \lim dXc/\, dXc = 1$$

換言之，低頻訊號會通過，不會被消減（如圖1-40(b)）。

(2) 當頻率f→∞（高頻），Xc=1/(2πfC)→0，代入式1-34可得：

$$Hjw = Xc/[(Xc^2+R^2)]^{1/2} \approx 0/[0+R2]1/2 \approx 0/R \approx 0$$

換言之，高頻訊號會被消減→0（如圖1-40(b)）。

總之，此由電容器Vc輸出之RC線路會讓低頻訊號通過，不會被消減，而會消減高頻訊號，故此由Vc輸出之RC線路元件常被稱爲低頻通濾波器（Low pass filter）。濾波器功效常以輸出輸入功率比（P_O/P_I）來表示如下：

$$P_O/P_I = (Vo^2/Z)^2/(V_S{}^2/Z) = V_O{}^2/V_S{}^2 = (V_O/V_S)^2 \qquad (1\text{-}35)$$

常用分貝（dB, decibels）表示功率比（P_O/P_I），而電容器Vc輸出濾波器Hjw = Vc/V_S及Vo = Vc,

故 $$dB = -10\log(P_O/P_I) = -\log(Vc/V_S)^2 = -\log(Hjw)^2 \qquad (1\text{-}36)$$

即 $$dB = -20\log(Hjw) = -20\log(Vc/V_S) \qquad (1\text{-}37)$$

式1-37即表示Hjw愈大，dB負值就愈大。由圖1-40(b)dB對頻率f關係圖亦顯示此由電容器Vc輸出之RC線路會讓低頻訊號通過，而會消減高頻訊號。

1.7.6.2 由電阻器R輸出Vo(2)訊號

如圖1-40(a)所示，由電阻器R輸出Vo(2)訊號，依式1-33及式1-31及式1-32可得：

$$H_{jw} = \frac{Vo(2)}{Vs} = \frac{V_R}{Vs} = \frac{iR}{iZ} = \frac{R}{Z} = \frac{R}{\sqrt{R^2+Xc^2}} \qquad (1\text{-}38)$$

(1) 當頻率f→0（低頻），$Xc=1/(2\pi fC)\rightarrow\infty$，代入式1-38可得：

$$Hjw = R/[(R^2+Xc^2)]^{1/2} \approx R//[(R^2+\infty)]^{1/2} \approx R/\infty \approx 0$$

換言之，低頻訊號會被消減（如圖1-40(c)）。

(2) 當頻率f→∞（高頻），$Xc=1/(2\pi fC)\rightarrow 0$，代入式1-38可得：

$$Hjw = R/[(Xc^2+R^2)]^{1/2} \approx R/[0+R^2]1/2 \approx R/R \approx 1$$

換言之，高頻訊號會全通過，而不會被消減（如圖1-40(c)）。

總之，此由電阻器R輸出之RC線路會讓高頻訊號通過，不會被消減，而會消減低頻訊號，故此由電阻器R輸出之RC線路元件常被稱爲高頻通濾波器（High Pass Filter）。

同樣如式1-35，電阻器V_R輸出濾波器$Hjw = V_R/V_S$，可得：

$$dB = -20\log(Hjw) = -20\log(V_R/V_S) \qquad (1\text{-}39)$$

dB負值愈大，即表示Hjw愈大，由圖1-40(c)dB對頻率f關係圖亦顯示此由電阻器V_R輸出之RC線路會讓高頻訊號通過，而會消減低頻訊號。

RC濾波線路常用於運算放大器（OPA, Operational Amperifier）晶片及單晶片微電腦（Single-Chip Microcomputers）運作電子線路系統中。

第 2 章

邏輯閘晶片
(Logic Gate Chips)

邏輯閘（Logic Gates）[48-51]為積體電路（Integrated Circuit, IC）晶片之基本元件，其由電晶體（Transistors）或二極體（Diodes）和其他電子組件所組成，其主要從事邏輯運算（Logical Operation）。常見的邏輯閘有AND邏輯閘（AND Gate，及閘）、NAND邏輯閘（NAND Gate，反及閘）、OR邏輯閘（OR Gate，或閘）、NOR邏輯閘（NOR Gate，反或閘）、NOT邏輯閘（NOT Gate，反閘）、XOR邏輯閘或稱EOR邏輯閘（Exclusive OR Gate，互斥或閘）及XNOR邏輯閘或稱ENOR邏輯閘（Exclusive NOR Gate，反互斥或閘）。本章將分別介紹各種邏輯閘之結構、功能、邏輯運算及應用。

2.1　邏輯閘簡介

表2-1為各種常見邏輯閘之符號及眞值表（Truth Table），而圖2-1為常見各種邏輯閘代表晶片示意圖。這些邏輯閘之輸出（T）與輸入（A & B）之

表2-1 各種邏輯閘符號及真值表[50]

輸入	A	B	輸出AND	NAND	OR	NOR	XOR or EOR	XNOR or ENOR	NOT(A)
	0	0	0	1	0	1	0	1	1
	0	1	0	1	1	0	1	0	1
	1	0	0	1	1	0	1	0	0
	1	1	1	0	1	0	0	1	0
布林輸出（T）（Boolean's Output）			AB	$\overline{AB}$	A+B	$\overline{A+B}$	$A\oplus B$	$A\odot B$ 或$\overline{A\oplus B}$	$\overline{A}$
符號（Symbol）			A B T	A B T	A B T	A B T	A B T	A B T	A B T

註：1 = 5V（伏特），0 = 0V

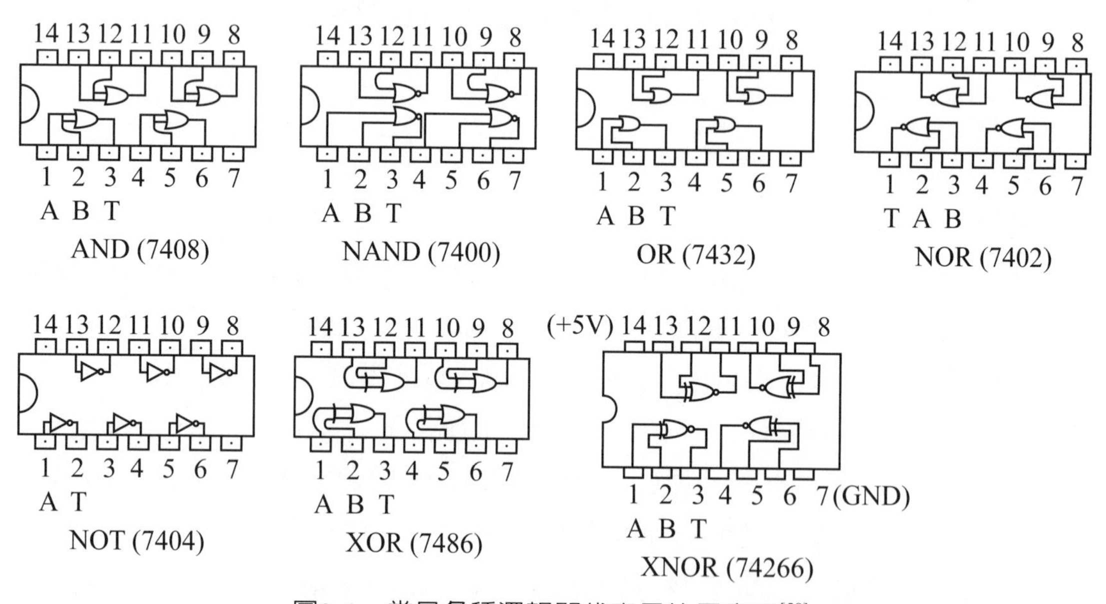

圖2-1 常見各種邏輯閘代表晶片示意圖[50]

關係如下：

(1)AND邏輯閘（及閘） $T = AB$ （2-1）

(2)NAND邏輯閘（反及閘） $T = \overline{AB}$ （2-2）

(3)OR邏輯閘（或閘） $T = A + B$ （2-3）

(4)NOR邏輯閘（反或閘） $T = \overline{A + B}$ （2-4）

(5)NOT邏輯閘（反閘）　$T = \overline{A}$　（2-5）

(6)XOR或EOR邏輯閘（互斥或閘）　$T = A \oplus B = A\overline{B} + \overline{A}B$　（2-6）

(7)XNOR或ENOR邏輯閘（反互斥或閘）　$T = A \odot B = AB + \overline{A}\,\overline{B}$　（2-7）

2.2　邏輯閘種類及功用

本節將分別介紹常見的各種邏輯閘：AND邏輯閘（AND Gate）、NAND邏輯閘（NAND Gate）、OR邏輯閘（OR Gate）、NOR邏輯閘（NOR Gate）、NOT邏輯閘（反閘，NOT Gate）、XOR邏輯閘或稱EOR邏輯閘（Exclusive OR Gate）及XNOR邏輯閘或稱ENOR邏輯閘（Exclusive NOR Gate）。

2.2.1　及閘（AND）邏輯閘

如表2-1所示，二輸入之AND邏輯閘（AND Gate）之符號（Logic Gate Symbol）為$\genfrac{}{}{0pt}{}{A}{B}$=D-T，其輸入可為2～8個（A, B, C, D……），輸出為T，在所有IC（Integrated Circuit，積體電路）晶片，其輸出輸入皆以二進位碼（Binary code）為1（5伏特，5V）或0（0伏特，0V）進出晶片，而AND邏輯閘其布林輸出（Boolean's Output）和輸入A B C D等之關係為：

$$T_{(AND)} = A\ B\ C\ D\cdots \quad (2\text{-}8)$$

由上式可知，只有所有輸入皆為1（即各輸入線皆以5V輸入，A = B = C = D =……= 1）時，經各輸入相乘後邏輯閘AND之輸出（T）才會為1（即5V），而只要有一輸入為0，則AND之輸出（T）就為0。圖2-2為二輸入之AND邏輯閘IC7408晶片之接腳圖、輸出輸入眞值表、實物圖及符號。由圖中可知一個IC7408晶片中含有四組AND邏輯閘。由圖2-2(b)之AND7408晶片輸出輸入眞值表可知只有當兩輸入A，B皆為1，其輸出T才為1，其他（A=1，

B=0或A=0，B=1）輸出皆為0。

IC晶片各接腳命名基本原則如圖2-3(a)所示，將IC晶片之切口放在左邊，然後各接腳以反（逆）時針方向命名之（腳（Pin）1, 2, 3……）。圖2-3(b)為一般14 Pins邏輯閘晶片（如AND7408晶片）的接腳命名及接線（Pin 14（第14腳）接電源（Vcc），Pin7（第7腳）接地）。

圖2-4(a)為二輸入AND邏輯閘晶片之最簡單線路示意圖。如圖2-4(a)所示，在此二輸入（A, B）之AND邏輯閘中，只有當二輸入A，B皆接上（ON，即A=B=1，圖2-4(a)之(I)圖），此AND線路才有電流流動及輸出電流（即輸出T=1），電燈泡才會亮（ON,T=1）。然當二輸入中有一沒接上（如A=0（Off），B=1（ON），圖2-4(a)之(II)圖），此AND線路就無輸出電流（即輸出T=0），電燈泡就不會亮（Off, T=0）。AND邏輯閘亦可由電晶體所

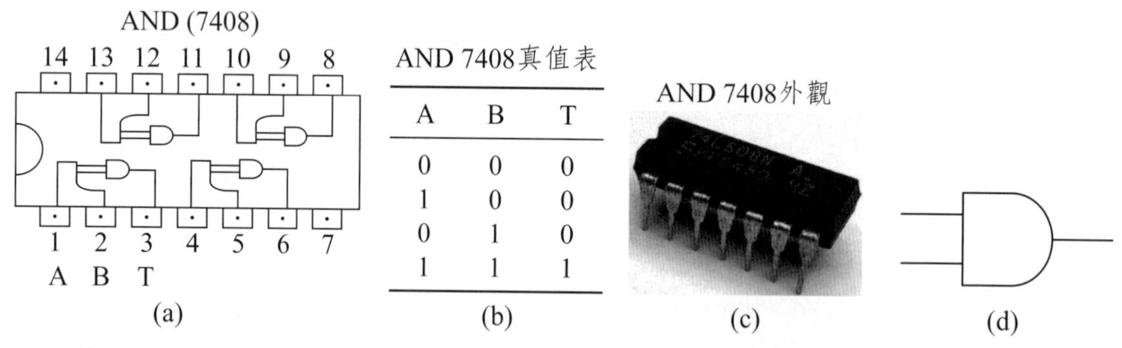

A	B	T
0	0	0
1	0	0
0	1	0
1	1	1

圖2-2 二輸入AND邏輯閘IC7408晶片之(a)晶片接腳示意圖，(b)真值表，(c)實物圖，及(d)邏輯閘符號

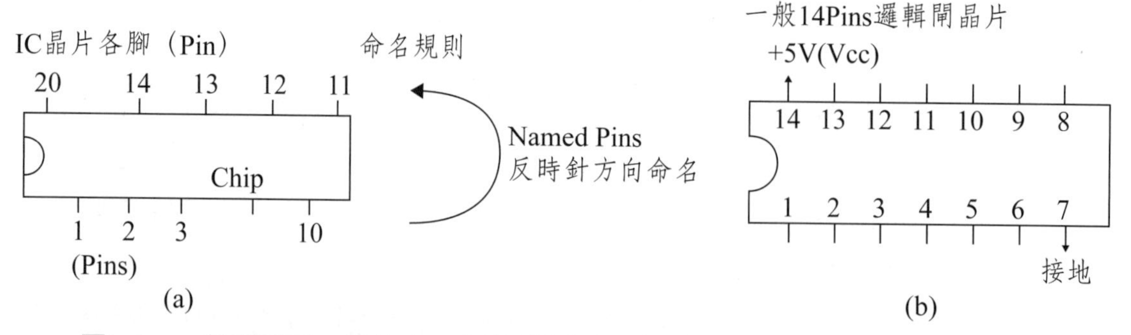

圖2-3 一般邏輯閘IC晶片之(a)晶片接腳（Pis）命名原則，及(b)14 Pins晶片接地接電源示意圖[50]

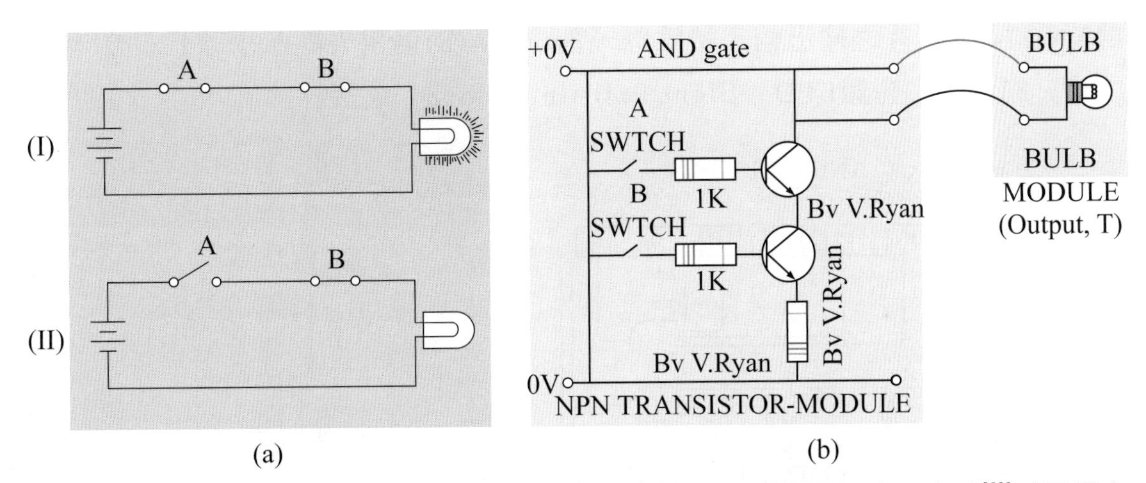

圖2-4　AND邏輯閘內部(a)簡易線路示意圖[52]，(b)電晶體線路示意圖[53]（原圖來源：(a)http://www.tpub.com/neets/book13/34NVJ003.GIF; (b)http://www.technologystudent.com/images2/dig5a.gif）

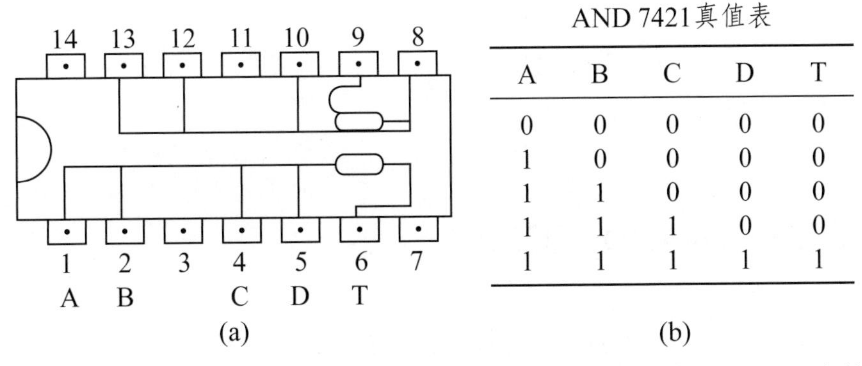

AND 7421真值表

A	B	C	D	T
0	0	0	0	0
1	0	0	0	0
1	1	0	0	0
1	1	1	0	0
1	1	1	1	1

(b)

圖2-5　四輸入AND邏輯閘IC7421晶片之(a)晶片接腳示意圖，及(b)真值表

組成，圖2-4(b)即爲由電晶體所組成的二輸入AND邏輯閘晶片內部線路圖，同樣地，只有A，B兩組電晶體線路都接上（ON，即A=B=1）時，才有輸出電流（即輸出T=1），電燈泡才會亮。反之，A，B中有一沒接上，就無輸出電流（即輸出T=0），電燈泡就不會亮。

常見的AND邏輯閘之輸入端數可能爲2～8個。圖2-5(a)爲四輸入（ABCD）之AND邏輯晶片（IC 7421晶片）之接腳圖，而圖2-5(b)爲此四輸入AND7421邏輯晶片之眞值表。由圖2-5(b)眞值表可看出只有四輸入皆爲1（A=B=C=D=1）時，AND7421晶片之輸出才會爲1（T=1）。圖2-6(a)則爲AND7421晶片之輸出輸入接線圖，而圖2-6(b)爲用來顯示信號1（亮）或0（暗）的發光二極體LED（Light Emitting Diode）之接線圖。

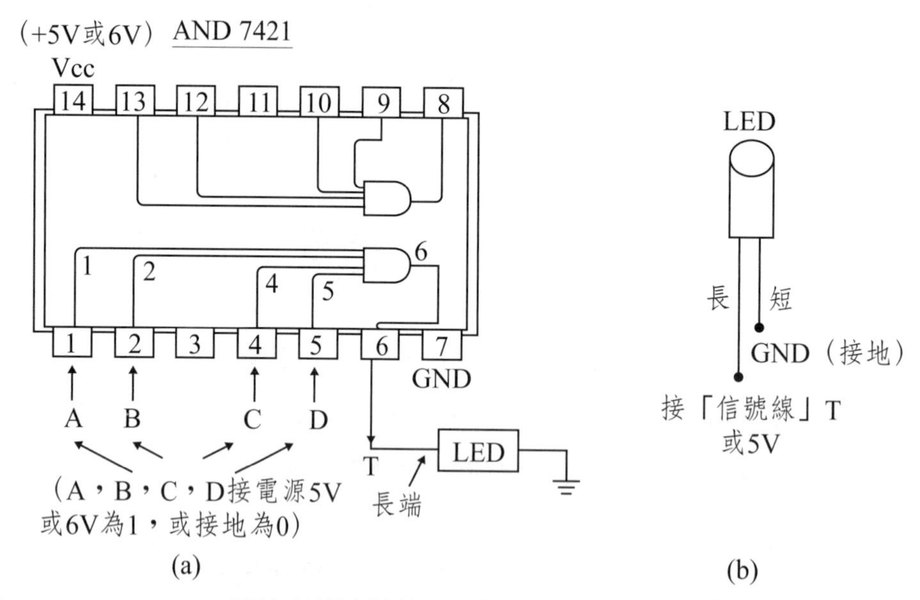

圖2-6　(a)AND7421晶片之輸出輸入接線圖，(b)用來顯示信號1（亮）或0（暗）的發光二極體（LED）之接線圖

2.2.2　反及閘（NAND）邏輯閘

圖2-7爲二輸入之NAND邏輯閘（NAND Gate）IC7400晶片之接腳圖、符號及眞值表。如圖2-7(b)所示，NAND邏輯閘之符號爲 A B ⊐D○-T。NAND（Negative-AND）邏輯閘可視爲AND邏輯閘之反相閘（如圖2-7(c)眞值表所示），即在各輸入一樣時，兩邏輯閘之輸出T剛好相反，一個爲1另外一個就爲0。NAND邏輯閘之輸入亦可爲多個（2～8個），圖2-8爲8個輸入之NAND邏輯閘IC7430之構造示意圖及接腳圖。NAND閘之輸入（A, B, C,…）和輸出（T）之關係爲：

$$T(NAND) = \overline{ABC\cdots} \quad (2\text{-}9)$$

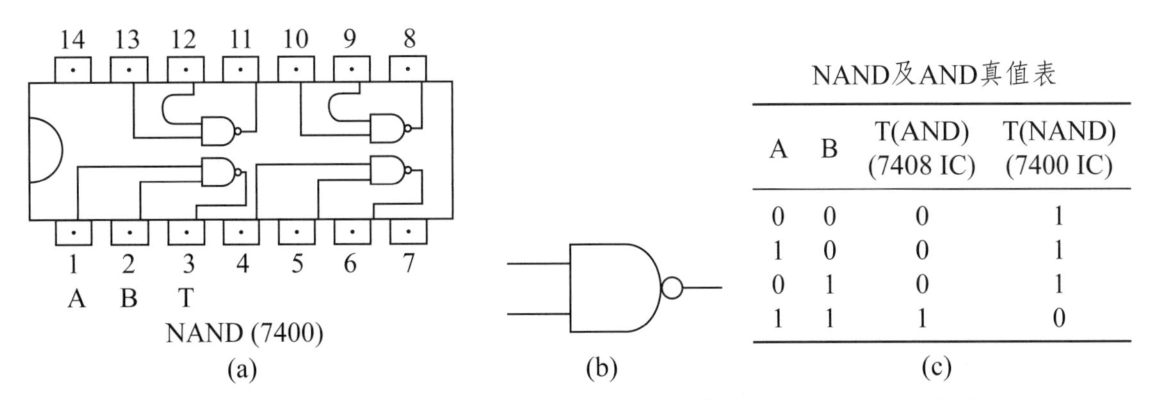

A	B	T(AND) (7408 IC)	T(NAND) (7400 IC)
0	0	0	1
1	0	0	1
0	1	0	1
1	1	1	0

圖2-7　二輸入NAND邏輯閘(a)7400晶片接腳示意圖，(b)NAND符號及(c)NAND（如7400）及AND（如7408）真值表比較表

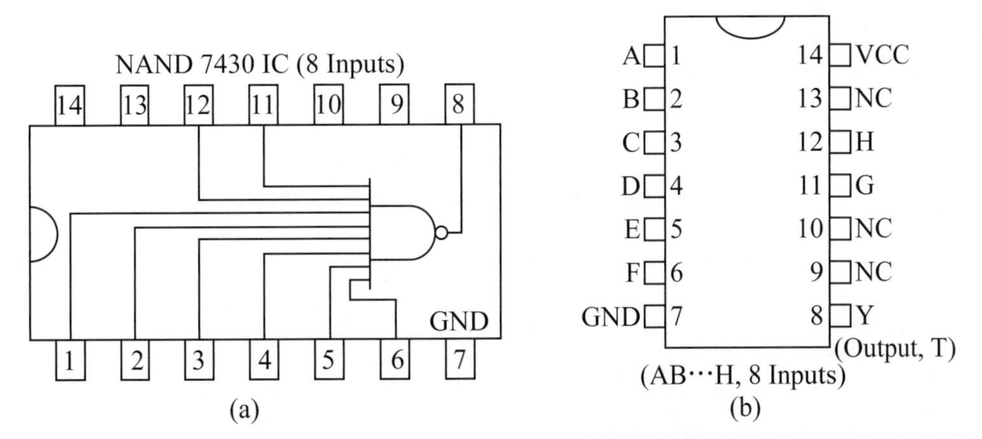

圖2-8　八輸入NAND邏輯閘7430晶片之(a)構造示意圖及(b)接腳圖（原圖來源：(a) http://www.tayloredge.com/reference/Packages/pinouts/7430.gif,(b)http://www.seekic.com/ uploadfile/ic-circuit/s20114122752296.gif）

上式表示NAND閘之輸出T爲各輸入乘積後再1，0互相反轉（如各輸入乘積結果爲1，經反轉其輸出T即爲0）。此式表示只有在所有輸入訊號（A, B, C…）皆爲1時，其輸出（T）才爲0，反之只要有任何一輸入爲0，其NAND閘輸出T就爲1（如圖2-7(c)所示）。其和AND邏輯閘輸入輸出關係相反（AND閘只在所有輸入訊號皆爲1時，其輸出才爲1，任何一輸入爲0，其輸出T就爲0），故可稱NAND閘爲AND閘之反閘。另外，NAND閘之線路比AND閘較複雜。圖2-7爲二輸入NAND7400晶片之(a)實物圖及(b)內部電晶體電路線路圖。

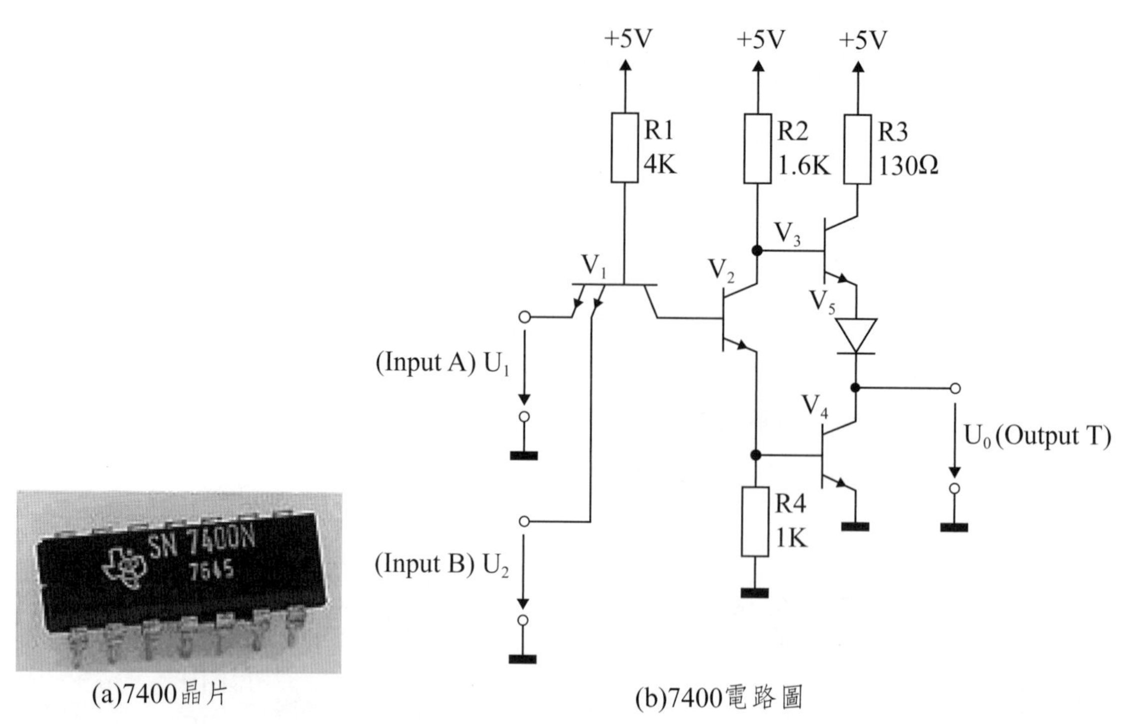

(a)7400晶片　　(b)7400電路圖

圖2-9　NAND邏輯閘7400晶片之(a)晶片外觀圖[54]，及(b)內部電路圖[55]（原圖來源：(a) http://en.wikipedia.org/wiki/Logic_gate；(b) zh.wikipedia.org/zh-tw/電晶體）

2.2.3　或閘（OR）邏輯閘

圖2-10為二輸入OR邏輯閘（OR Gate）IC7432晶片之接腳圖，眞值表及符號。如圖2-10(c)所示，OR邏輯閘之符號為A B ⊐D-T，其輸入亦可為多個（2~8）且其輸入（A, B, C,…）和輸出（T）之關係為：

$$T_{(OR)} = A + B + C + \cdots\cdots \qquad (2\text{-}10)$$

由式2-10可知，只要輸入訊號（A, B, C,……）中有一輸入為1，則OR閘之輸出T就會為1，其可由圖2-10(b)二輸入OR閘之眞值表看出來（只要有一輸入（A或B）為1則輸出T=1）。

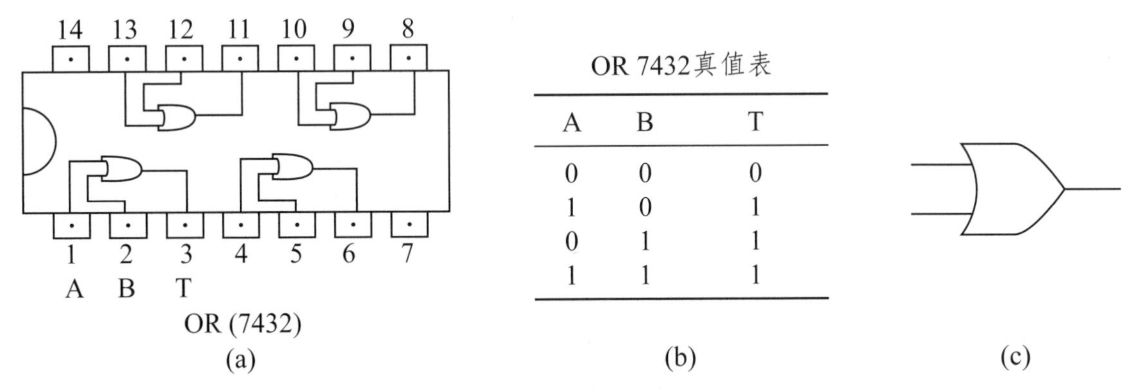

A	B	T
0	0	0
1	0	1
0	1	1
1	1	1

圖2-10　二輸入OR邏輯閘7432晶片(a)接腳示意圖，(b)真值表及(c)OR符號

圖2-11(a)爲二輸入OR邏輯閘晶片之最簡單線路示意圖。如圖2-11(a)所示，在此二輸入（A, B）之OR邏輯閘中，只要有一輸入爲1（如圖2-11(a)之（I）圖，A=0（開路Off，沒接），B=1（ON，接通），線圈就會有電流，電燈泡就會亮（ON即輸出T=1）。反之，只有所有輸入（A, B）皆爲0（如圖2-11(a)之（II）圖，A，B皆沒接通，A=B=0），此時整個線圈皆不通，也沒有輸出電流，電燈泡也不會亮（Off即輸出T=0）。圖2-11(b)及圖2-11(c)爲較複雜的二輸入OR邏輯閘晶片內部線路結構，分別由電晶體及二極體線路所組成。由圖2-11(b)或圖2-11(c)皆可看出只要有一輸入（A或B）爲1（接通），就會有輸出（Out）電流，亦即輸出爲1（T=1）。

2.2.4　反或閘（NOR）邏輯閘

圖2-12爲二輸入NOR邏輯閘（NOR Gate）IC7402晶片之接腳圖，眞值表及符號。如圖2-12(c)所示，二輸入NOR邏輯閘之符號爲 A B ⊐▷o T。NOR（Negative-OR）邏輯閘爲邏輯閘OR之反相閘，同時，NOR邏輯閘也可有2~8個輸入（A, B, C……），其輸出（T）和各輸入間之關係如下：

$$T(NOR) = \overline{A+B+C} \quad (2\text{-}11)$$

由上式及NOR閘眞值表（圖2-12(b)），可知只要有一輸入爲1，其輸出T

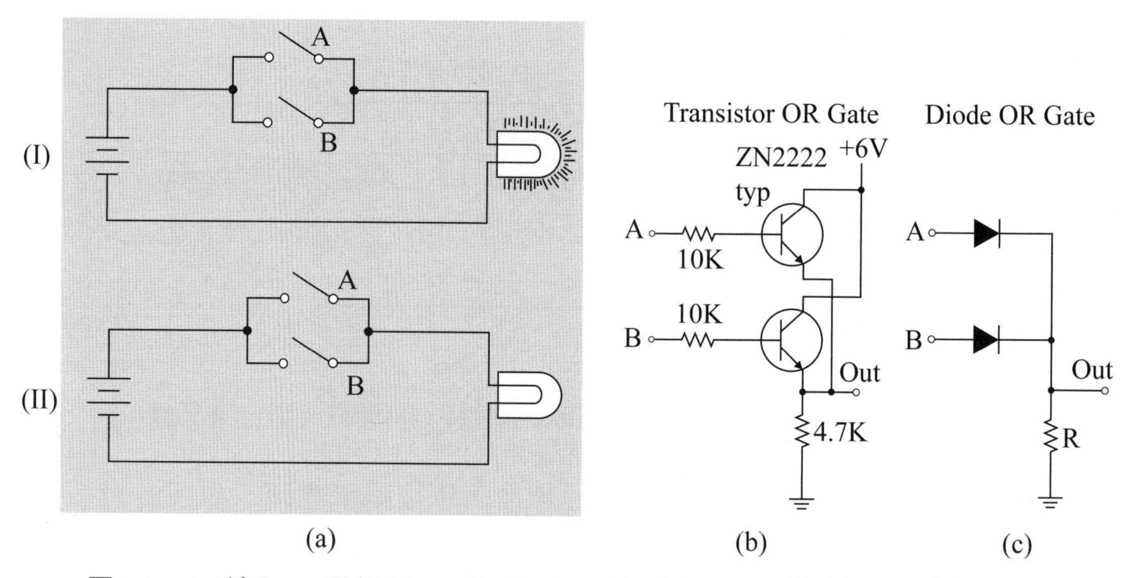

圖2-11　二輸入OR邏輯閘(a)簡單線路示意圖[56]，(b)電晶體線路圖[57]，及(c)二極體線路圖[57]（原圖來源：(a) http://www.tpub.com/neets/book13/34NVJ008.GIF；(b)(c) http://hyperphysics.phy-astr.gsu.edu/hbase/electronic/ietron/or2.gif）

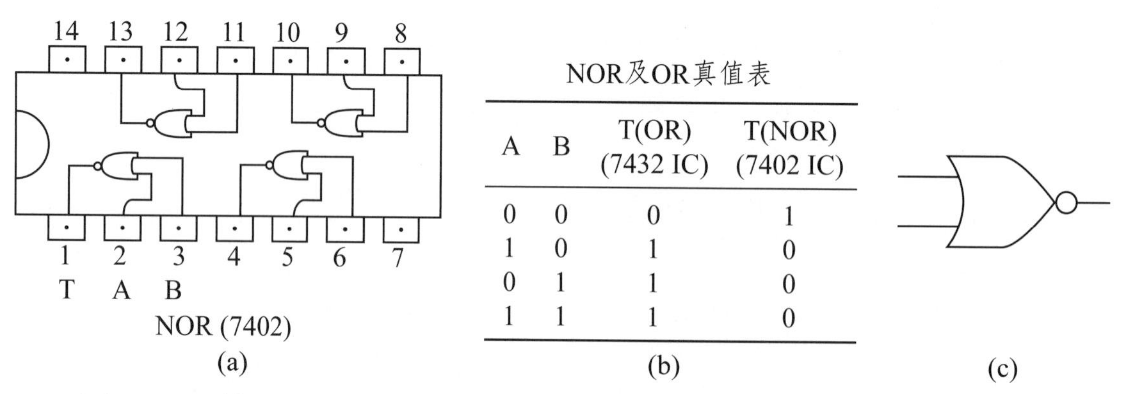

NOR及OR真值表

A	B	T(OR) (7432 IC)	T(NOR) (7402 IC)
0	0	0	1
1	0	1	0
0	1	1	0
1	1	1	0

圖2-12　二輸入NOR邏輯閘7402晶片(a)接腳示意圖，(b)NOR及OR真值表及(c)NOR符號

就為0，只有所有輸入皆為0時，NOR閘之輸出T才為1，這剛好和邏輯閘OR之輸出T剛好相反（如圖2-12(b)之眞值表所示）。

圖2-13(a)為三輸入NOR邏輯閘晶片之最簡單線路示意圖。如圖2-13(a)所示，只要有一輸入（A或B或C）為1（接上），電流就不會流到電燈泡T（Off

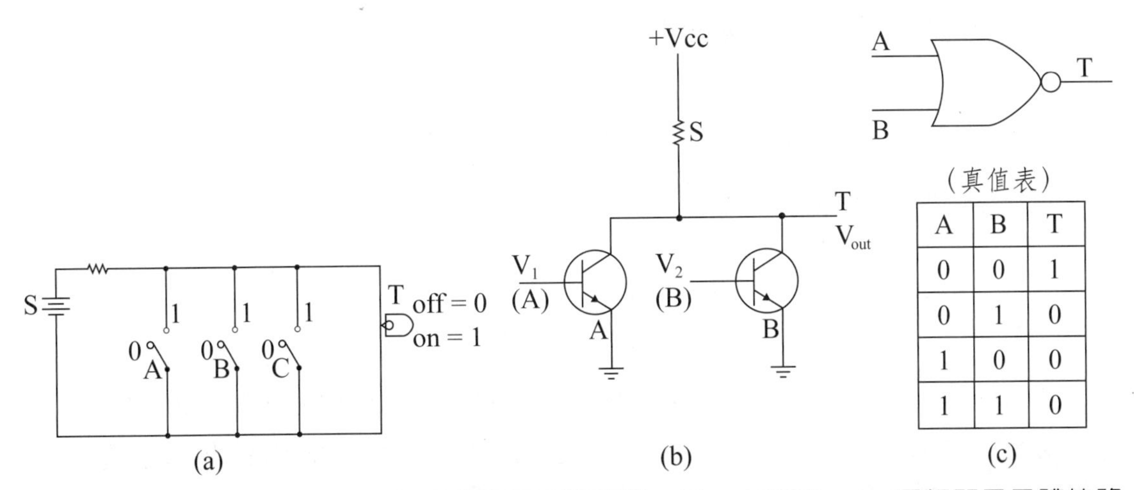

A	B	T
0	0	1
0	1	0
1	0	0
1	1	0

圖2-13　(a)三輸入NOR邏輯閘簡易線路圖[58]，及(b)二輸入NOR邏輯閘電晶體線路圖和(c)真值表[59]（原圖來源：(a)http://1.bp.blogspot.com/-DjF1pK3BQAI/Tqzvaq5xH9I/AAAAAAAAATQ/jQUk YdE-aTw/s320/CKT-NOR-Gate-WikiForU.jpg；(b)http://www.cise.ufl.edu/~mssz/CompOrg/Figure1.17-NORcircuit.gif）

即輸出=0），電燈泡就不會亮。例如只有輸入A接通（即A=1，B=C=0），電流只會在圖2-13(a)之SA線圈中流動，而不會流到電燈泡（T），電燈泡就不會亮（Off即輸出=0）。反之，所有輸入皆爲0（皆不接通，A=B=C=0）時，電流就只會在圖2-13(a)之ST線圈中流動而使電燈泡發亮（即輸出T=1）。圖2-13(b)爲較複雜電晶體線路所組成的二輸入NOR邏輯閘電路圖，由此圖亦可看出當二輸入A，B皆爲0（即電晶體閘極（Gate）電壓$V_A=V_B=0$）時，S電源（Vcc）電流不會流向A或B電晶體，而會流向輸出端（T），即輸出（T）爲1，換言之，NOR邏輯閘當二輸入A，B皆爲0時，輸出（T）爲1（如同圖2-13(c)中之眞值表所示）。反之，當有任何輸入（A或B）爲1時，S電源（Vcc）電流會流向A或B電晶體（電流S→A或S→B），而不會流向輸出端（T），即輸出T=0，換言之，如同圖2-13(c)中之眞值表所示，NOR邏輯閘只要任何輸入爲1時，輸出（T）皆爲0。

2.2.5 反閘（NOT）邏輯閘

NOT邏輯閘（NOT Gate）爲單一輸入及單一輸出之邏輯閘，其符號爲 A–▷○–$\overline{A}$，其輸出及輸入關係爲：

$$T(NOT) = \overline{A} \qquad (2\text{-}12)$$

即NOT閘之輸出及輸入訊號互相相反。圖2-14爲NOT邏輯閘IC7404晶片之接腳圖、眞值表及NOT符號。由圖2-14(b)之眞值表可知NOT邏輯閘輸入(a)及輸出（T）訊號皆互相相反（A=0，T=1或A=1，T=0）。

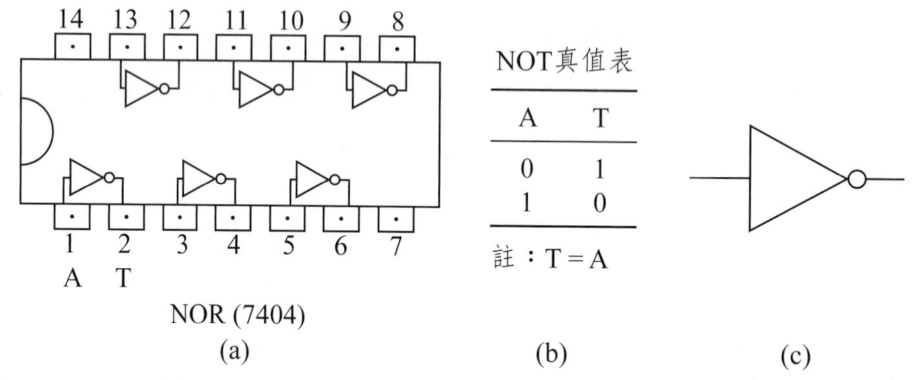

圖2-14 NOT邏輯閘(a)7404晶片接腳示意圖，(b)眞值表，及(c)NOT符號

圖2-15(a)爲NOT邏輯閘內部之最簡單線路示意圖。如圖2-15(a)所示，當輸入A=0（A開關爲開（Off））時，S電源出來電流不會流經A而會流經輸出端T（即T=1）成電流i_2，換言之，A=0則T=1。反之，若圖2-15(a)中之A開關爲關（ON，即A=1），S電源出來電流就會流經A成電流i_1，而不會流經輸出端T（即T=0），換言之，A=1則T=0，符合NOT邏輯閘之眞值表。NOT邏輯閘內部電路亦可由如圖2-15(b)所示的電晶體線路所構成。在圖2-15(b)中輸入端A接電晶體之柵極（Gate），當輸入端A進入柵極之電壓爲0.0V（即A=0）時，S電源出來電流不會流經電晶體（即無SG線路電流），而會流到輸出端T（即T=1）。反之，輸入端A柵極電壓爲5.0V（即A=1）時，S電源出來電流會流經電晶體成SG線路電流，而不會流到輸出端T（即T=0），換言之，A=1

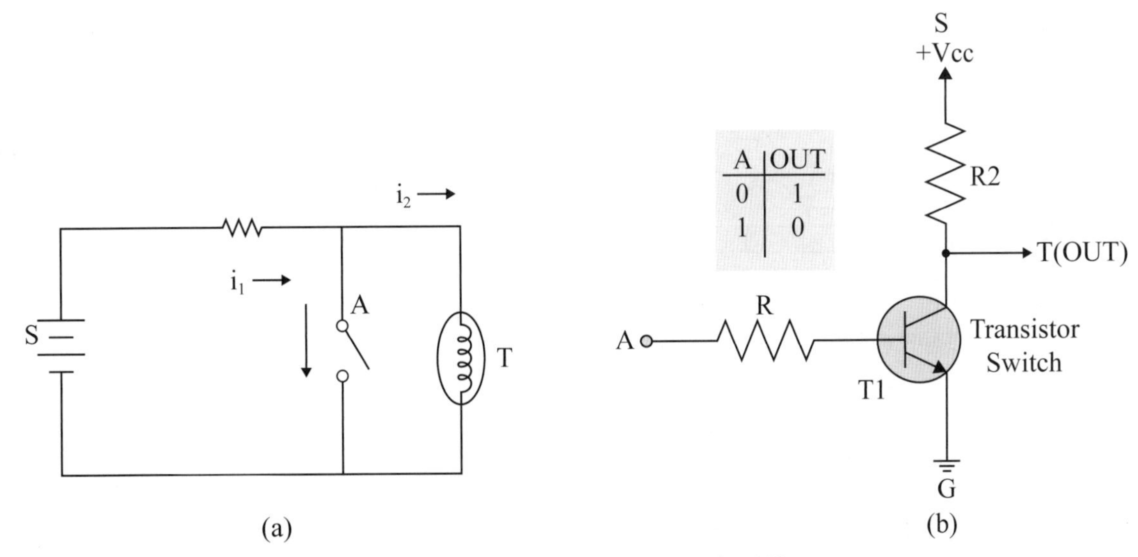

圖2-15　NOT邏輯閘(a)簡單線路圖，及(b)電晶體線路圖[60]（(b)圖來源：http://www.electronics-tutorials.ws/logic/log47.gif）

則T=0也符合NOT邏輯閘之眞值表。

2.2.6　互斥或閘（XOR or EOR）邏輯閘

XOR邏輯閘（XOR Gate）或稱EOR邏輯閘（Exclusive-OR or EOR Gate）之符號爲A B⊐D-T，通常用的爲如圖2-16所示的二輸入的XOR閘晶片（如圖2-16(a)的IC7486晶片），其輸和輸入之關係爲：

$$T = A \oplus B = \overline{A}B + \overline{B}A \qquad (2\text{-}13)$$

由上式及圖2-16(b)所示之XOR邏輯閘眞值表可看出，當XOR邏輯閘之兩輸入A，B相同（即A=B=1或0）時，輸出（T）必爲0，反之，當兩輸入A，B不相同（A≠B，如A=1，B=0）時，輸出（T）爲1。實際上，若將XOR和OR兩邏輯閘相比，如圖2-16(b)眞值表可看出只有當輸入兩訊號皆爲1（A=B=1）時，兩者之輸出T不同（OR輸出爲1，XOR輸出爲0）外（Exclusive），其他輸入情況兩邏輯閘（XOR和OR）之輸出T皆一樣，故XOR閘才

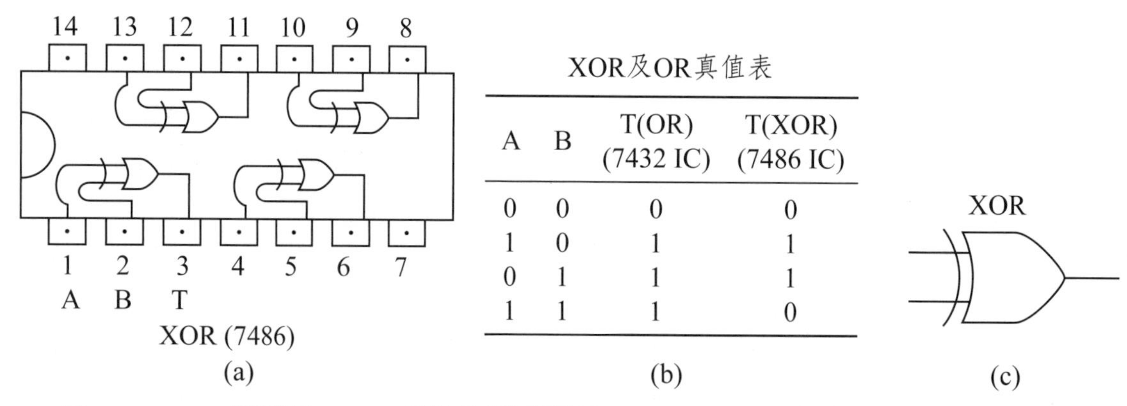

XOR及OR真值表

A	B	T(OR) (7432 IC)	T(XOR) (7486 IC)
0	0	0	0
1	0	1	1
0	1	1	1
1	1	1	0

(b)

圖2-16 XOR邏輯閘(a)7486晶片接腳示意圖，(b)XOR及OR真值表，及(c)XOR符號

被稱爲Exclusive OR gate。

XOR邏輯閘（XOR Gate）可爲上述的單一晶片（如XOR7486晶片），但亦可由多個NAND或NOR及其他邏輯閘所組成，圖2-17(a)爲由NAND邏輯閘所組成的XOR邏輯閘線路圖，而圖2-17(b)則爲由NOR邏輯閘所構成的XOR邏輯閘線路圖。

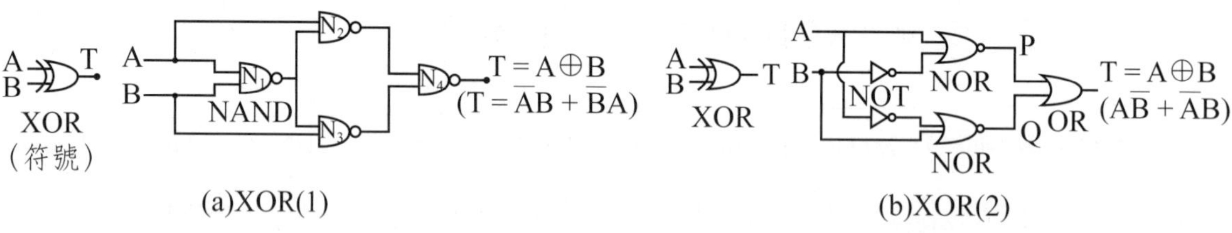

圖2-17 由(a)NAND及(b)NOR邏輯閘所構成的XOR邏輯閘線路圖[50]

2.2.7 反互斥或閘（XNOR or ENOR）邏輯閘

XNOR邏輯閘（Exclusive NOR Gate）或稱ENOR邏輯閘（Exclusive-NOR or ENOR）之符號爲A B T。圖2-18爲XNOR邏輯閘IC74266晶片接腳圖，XNOR符號及OR，XOR和XNOR眞值比較表，由圖2-18(c)眞值表中比較即XOR及即成OR兩閘，可看出除兩輸入（A，B）皆爲1時，X即XOR及OR輸出不同（即OR輸出（T）爲1，XOR輸出（T）爲0）外，其他XOR及OR兩閘

輸出（T）皆相同。

另外由圖2-18(c)眞值表中亦可看出當輸入一樣時，XNOR和XOR閘之輸出0或1剛好相反，故可視二輸入XNOR爲二輸入XOR閘之反相閘，在前述二輸入XOR閘中只要兩輸入訊號相同，其輸出T爲0，反之，XNOR閘在兩輸入訊號相同（1或0）時其輸出T爲1，而兩輸入訊號不相同時輸出爲0。二輸入XNOR邏輯閘之輸出T和其兩輸入（A,B）訊號之關係式如下：

$$T(XNOR) = A \odot B = AB + \overline{A}\,\overline{B} \tag{2-14}$$

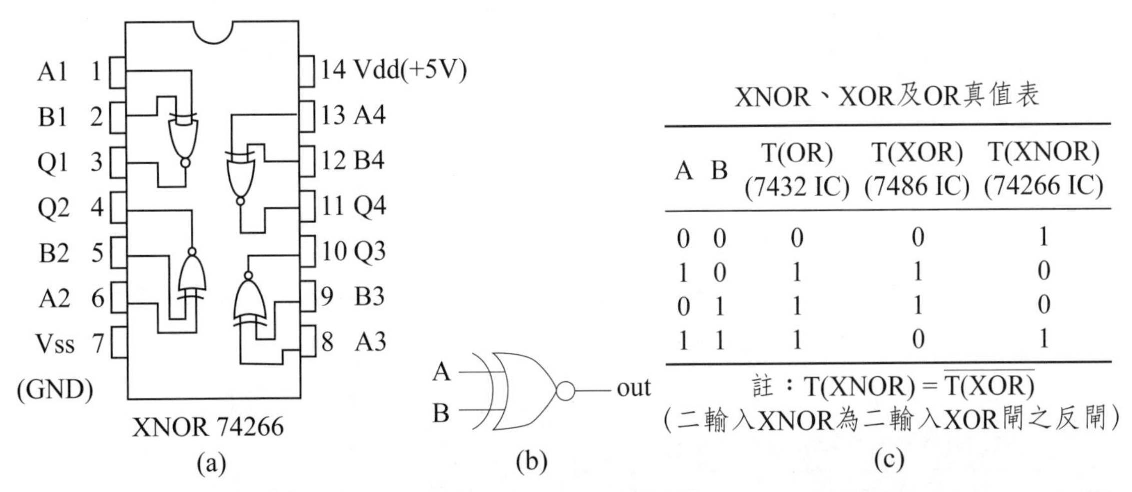

XNOR、XOR及OR真值表

A	B	T(OR) (7432 IC)	T(XOR) (7486 IC)	T(XNOR) (74266 IC)
0	0	0	0	1
1	0	1	1	0
0	1	1	1	0
1	1	1	0	1

註：$T(XNOR) = \overline{T(XOR)}$
（二輸入XNOR為二輸入XOR閘之反閘）

圖2-18　XNOR邏輯閘(a)74266晶片接腳示意圖[61]，(b)XNOR符號及(c)OR，XOR和XNOR真值表比較表（(a)(b)原圖來源：http://en.wikipedia.org/wiki/XNOR_gate）

XNOR邏輯閘（XNOR gate）除可爲單一晶片（如XNOR74266晶片）外，亦可由其他邏輯閘如AND，NOT，OR，NOR所組成，例如圖2-19所示，二輸入XNOR邏輯閘可由(a)多個NOR晶片組成，(b)多個NAND晶片組成，(c)AND、NOT、OR晶片組成，及(d)XOR、NOT晶片組成。圖2-20則爲由XOR（7486）和NOT（7404）所組成的XNOR線路圖及其眞值表。

XNOR邏輯閘二輸入XNOR閘最大應用在兩輸入訊號相同（1或0）時就會輸出1，起動所連接的系統，故二輸入XNOR邏輯閘亦有稱之爲二輸入等式閘（Equality gate, EQ），其符號可爲A B→T，亦有用A B→⊕→T符號表示者。

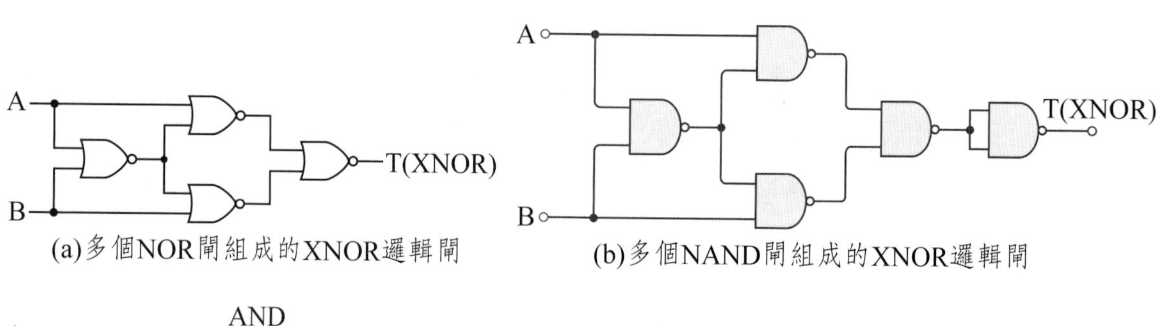

(a)多個NOR閘組成的XNOR邏輯閘　　(b)多個NAND閘組成的XNOR邏輯閘

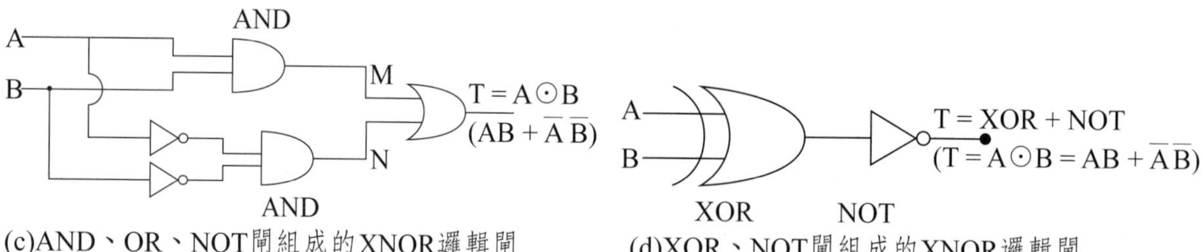

(c)AND、OR、NOT閘組成的XNOR邏輯閘　　(d)XOR、NOT閘組成的XNOR邏輯閘

圖2-19　(a)由NOR，(b)NAND，(c)AND、OR、NOT[61]，及(d)XOR、NOT閘所構成的二輸入XNOR邏輯閘線路圖[50]（原圖來源：(a)(b)http://en.wikipedia.org/wiki/XNOR_gate，(c)(d)施正雄，第十五章微電腦界面（一）邏輯閘、運用放大器及類比／數位轉換器，儀器分析原理與應用，國立教育研究院主編，五南出版社（2012））

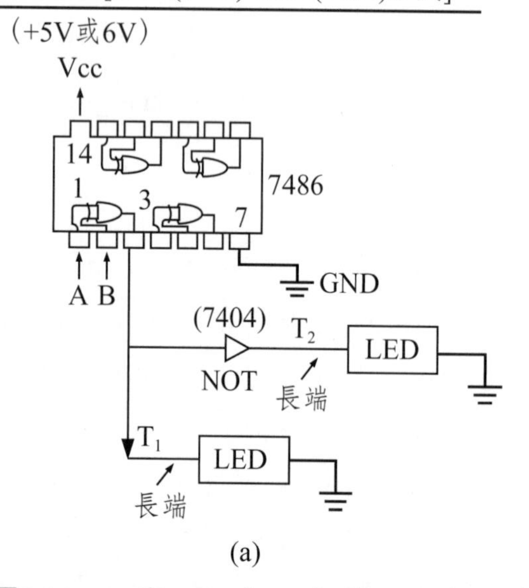

(a)

XOR(7486)及XNOR真值表

A	B	T_1(XOR)	T_2(XNOR)
0	0	0	1
1	0	1	0
0	1	1	0
1	1	0	1

註：0→接地（GND）；1→5V

(b)

圖2-20　(a)由XOR（7486）和NOT（7404）所組成的XNOR線路圖及其(b)真值表

2.3 布林定律

邏輯閘所組成之邏輯線路的運算可依布林定律（Boolean's Theorems）[49-50]規則運算。布林定律之五大運算法則如表2-2所示，有(1)吸收法則（Absorption Theorem），(2)互變法則（Commutation Theorem），(3)第莫根法則（Demorgan's Theorem），(4)組合法則（Association Theorem），及(5)分配法則（Distribution Theorem）。

表2-2 布林定律之各法則（Boolean's Theorems）[50]

(1)吸收法則（Absorption Theorem）
① $A + AB = A$
② $A(A + B) = A$
(2)互變法則（Commutation theorem）
① $A + B = B + A$
② $AB = BA$
(3)第莫根法則（Demorgan's theorem）
① $\overline{A + B} = \overline{A} \cdot \overline{B}$
② $\overline{AB} = \overline{A} + \overline{B}$
(4)組合法則（Association theorem）
① $A + (B + C) = (A + B) + C$
② $A(BC) = (AB)C$
(5)分配法則（Distribution theorem）
① $A + BC = (A + B) + (A + C)$
② $A(B + C) = AB + AC$

這些布林定律之各個運算法則可用簡單邏輯線路之眞值表來證明，例如可用圖2-21(a)線路圖（圖A），及(b)線路眞值表來證明布林定律的第莫根法則：$\overline{A + B} = \overline{A} \cdot \overline{B}$。如圖2-21(a)線路圖中之NAND $\overline{A + B}$之輸出T1與A，B皆經NOT閘形成$\overline{A}$及$\overline{B}$再經OR閘產生$\overline{A} \cdot \overline{B}$的T2輸出，依圖2-21(b)此邏輯線路之眞值表可看出不管A，B之輸入如何組合，T1（$\overline{A + B}$）與T2（$\overline{A} \cdot \overline{B}$）輸出皆相同，此可證明布林定律的第莫根法則$\overline{A + B} = \overline{A} \cdot \overline{B}$成立。

同樣地，亦可利用圖2-22邏輯線路及其眞來值表來證明布林定律的分配法則：$A + BC = (A + B)(A + C)$。如圖2-22(a)線路圖（圖A）中之B及C經AND閘成BC再與A經OR閘成$A + BC$之輸出T1。另外，圖2-22(a)中A分別與

第莫根（Demorgan）法則$\overline{A}+\overline{B}=\overline{A}\cdot\overline{B}$證明

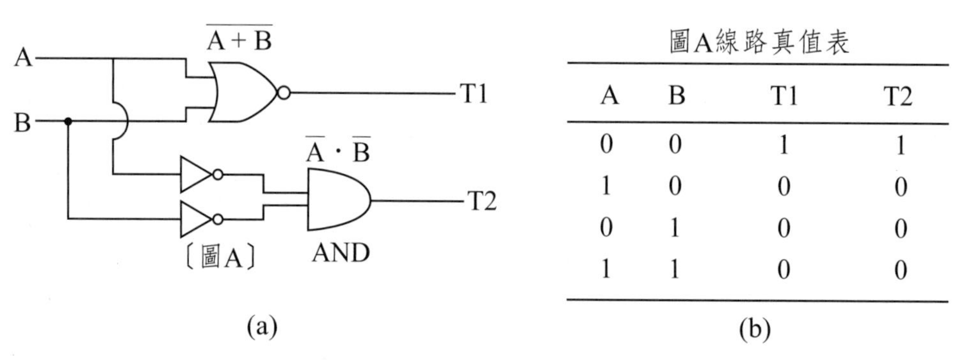

A	B	T1	T2
0	0	1	1
1	0	0	0
0	1	0	0
1	1	0	0

圖2-21　布林定律的第莫根法則證明之(a)線路圖，及(b)線路真值表

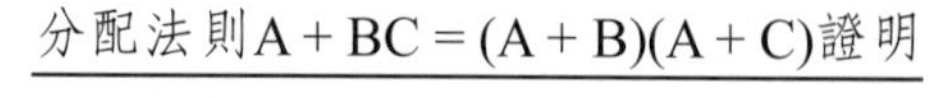
分配法則A + BC = (A + B)(A + C)證明

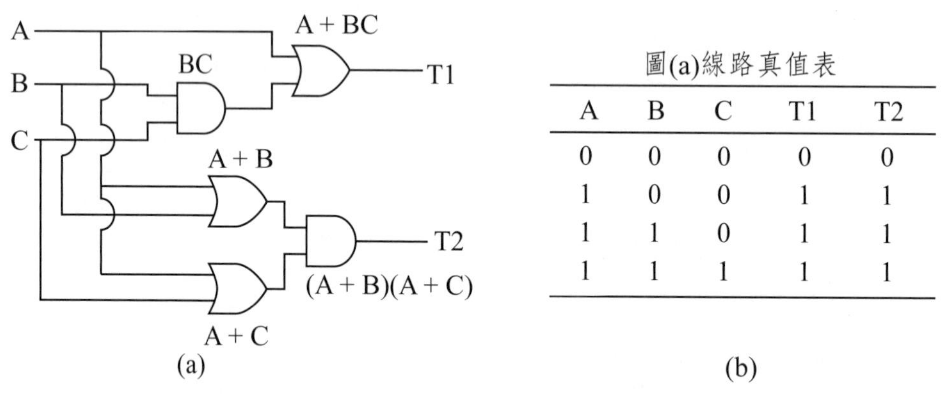

A	B	C	T1	T2
0	0	0	0	0
1	0	0	1	1
1	1	0	1	1
1	1	1	1	1

圖2-22　布林定律的分配法則證明之(a)線路圖，及(b)線路真值表

B，C經OR閘各自形成A+B及A+C輸出，然後此兩輸出再經AND閘成(A + B)(A + C)之輸出T2。由圖2-22(b)此邏輯線路之眞值表可看出不管A，B，C之輸入如何組合，T1及T2輸出皆相同，此可證明布林定律的分配法則A + BC = (A + B)(A + C)可成立。

2.4　邏輯閘之應用

邏輯閘應用很廣，以下就舉邏輯閘所組成的解碼器及化學實驗蒸餾時需要的停水斷電系統爲例說明如下：

2.4.1 NAND邏輯閘組成解碼器線路

圖2-23為由7430 NAND及7400 NAND和7404 NOT與7432 OR晶片所組成位址693（輸出為0）之解碼器（Decoder）線路。當線路中選碼器為A9（2^9）～A0（2^0）為10 1011 0101（位址693）時，遇到位址線訊號為0者（如A1=A3=0）皆接一NOT閘就變成1，如此7430及7400 NAND之輸入全為1，故兩者之輸出皆為0，再經7432 OR晶片，7432輸出亦為0，可起動其他介面晶片（如輸出輸入晶片8255）。具有$\overline{CS}$接腳（即Chip Selector支腳）之晶片皆可用0訊號輸入此$\overline{CS}$接腳而起動此晶片。

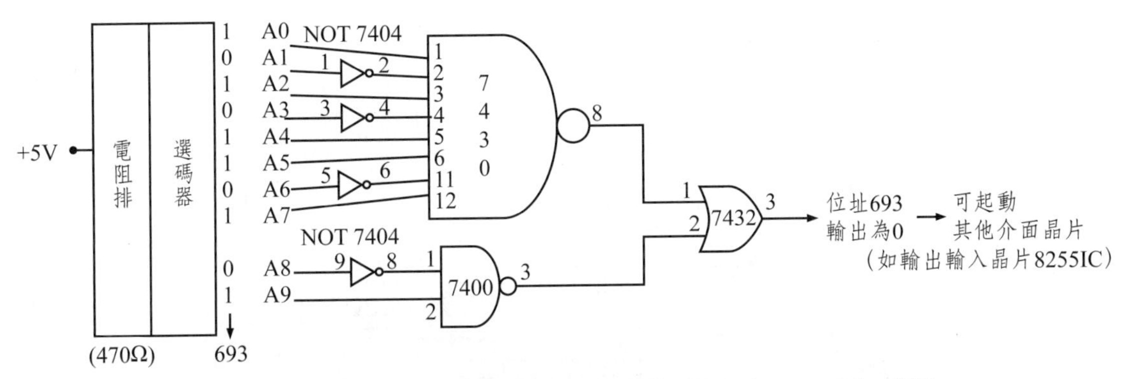

圖2-23 應用NAND邏輯閘晶片組成解碼器（Decoder）線路

2.4.2 NOT邏輯閘組成停水自動斷電系統

在化學實驗中常需蒸餾有機溶劑（如丙酮），在蒸餾中需用水冷卻及用電加熱蒸出來有機溶劑，然萬一停水時蒸出來有機溶劑不會被冷卻，實驗室就會到處充滿有機溶劑蒸氣，遇火花易造成燃燒甚至爆炸，相當危險。故需要停水自動斷電系統（Automatic Power-off Device after Stopping Water Supply），使有機溶劑不再加熱蒸發，免除危險。

圖2-24為用NOT邏輯閘晶片組成的停水斷電系統之線路圖及系統顯示眞值表，由圖2-24(a)中可知當有水時，傳電板S1會導電，D1發光二極體LED會發光（ON為1），輸入7404（NOT邏輯閘）之A組為1，而經7404晶片後輸

出爲0（圖2-24(b)），D_A LED就不亮（OFF=0），再經7404晶片B組輸出爲1，D_Y LED系統燈會發光（ON），表示系統一切正常，進入繼電器訊號也爲1（5V）因而起動110 V電源，D_p電源指示燈也會發亮（ON），表示電源供電正常。反之，當停水時，傳電板S1不會導電，D1 LED就不亮（OFF=0），再經7404晶片之A組輸出爲1，D_A LED停水指示燈會發光（ON=1），表示已停水。再經7404晶片之B組輸出爲0，D_Y LED系統燈不亮（OFF=0），表示系統不正常，進入繼電器訊號也爲0（0V），因而切斷110 V電源，D_p電源指示燈也不亮（OFF=0），電源也就被切斷，完成停水斷電步驟。

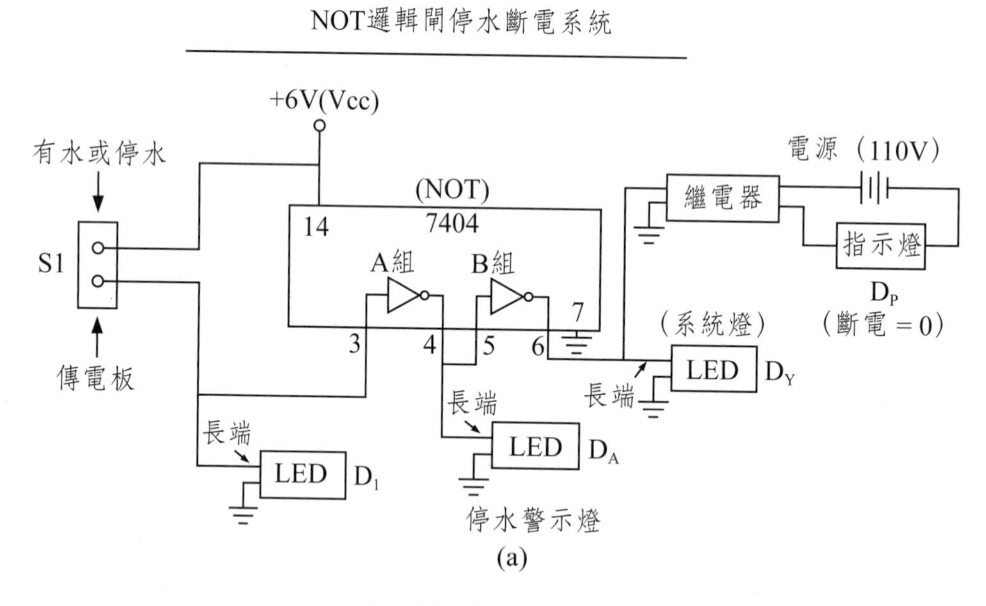

(a)

系統真值表（Truth Table）

	S1 （導電板）	D1 （導電板燈）	DA （停水警示燈）	DY （系統燈）	D_P （電源指示燈）
(1)有水	導電	1	0	1	1
(2)停水	不導電	0	1	0	0

註：亮（ON）→1；不亮（OFF）→0

(b)

圖2-24　NOT邏輯閘停水斷電系統之(a)線路圖及(b)系統真值表

第 3 章

繼電器
(Relays)

繼電器（Relay）[62-63]常又稱電驛，用在自動控制電路中當電子控制元件以控制一系統之起動或關閉。繼電器（Relay）通常接在互不連接的兩個電子系統中間，一系統可利用繼電器起動或關閉另一系統。這類繼電器輸入輸出大多爲電壓或電流，繼電器中常用電磁力吸引力及光驅動，常見的繼電器有磁簧繼電器（Reed Relay）、光繼電器（Photo Relay及固體繼電器（Solid-State Relay）。除了電流啓動繼電器外，常見繼電器還有聲控繼電器（Voice-Operated Relay），溫度（控）繼電器（Temperature Relay）及光控繼電器（Light Activated Relay），這類繼電器也常用來起動或關閉一電子線路系統。本章將介紹這些常見各種繼電器之結構、工作原理及功能。

3.1 繼電器簡介

繼電器（Relay）通常接在兩個不同電壓或頻率之不同電子線路系統（如系統A及B）中間（如圖3-1所示），一系統A可利用繼電器起動或關閉另一系統B。系統A可能爲從微電腦出來的5 V電壓DC（直流電）訊號，這電壓不足以起動一AC（交流電）110或220 V做電源之機器（系統B），故需用繼電器連接AB兩系統，但因兩系統所用電壓常不同，繼電器接兩系統線路不能連在一起，如圖3-1所示，繼電器內部分兩部分，一爲接輸入（Input）系統A之發射端（Transmitter, T），另一部分爲接輸出（Output）系統B之接受端（Receiver, R），發射端T和接受端R並不連接。當系統A發出ON訊號（二進位1或5V），繼電器之發射端T就會發出電磁波（如光波）或磁力線照射接受端R以起動110或220 V之系統B。

如圖3-1所示，系統A及系統B之線路各自獨立，所以系統A可能是直流電（DC）系統，或交流電系統而系統B也可能是DC或AC系統。故市面上有如圖3-2所示的各種繼電器：DC/AC繼電器（DC/AC Relay，DC輸入（Input），AC輸出（Output）），AC/DC繼電器（AC/DC Relay），DC/DC繼電器（DC/DC Relay），AC/AC繼電器（AC/AC Relay）。一般微電腦及電子線路中較常用的繼電器爲DC（5V，晶片）/AC（110/220V，儀器）繼電器、DC（5～12V）/DC（5～12V）繼電器和AC（110/220V）/DC（5～12V）繼電器。

利用電力引發磁力傳遞的繼電器稱爲電磁繼電器（Electro-magnetic Relay）。圖3-3(a)及圖3-3(b)爲早期電磁繼電器實物結構及操作原理示意圖，此電磁繼電器含線圈M、鐵片N及三連接桿（連接腳）：1（NC, Normal Close），2（COM，Common共同連接桿（腳））及3（NO, Normal Open）。在無電流輸入下（如圖3-3(a)所示）鐵片N緊貼線圈M，此時連接桿1（NC）及2（COM）相連，即連接在此1，2兩桿間之系統A就可起動。

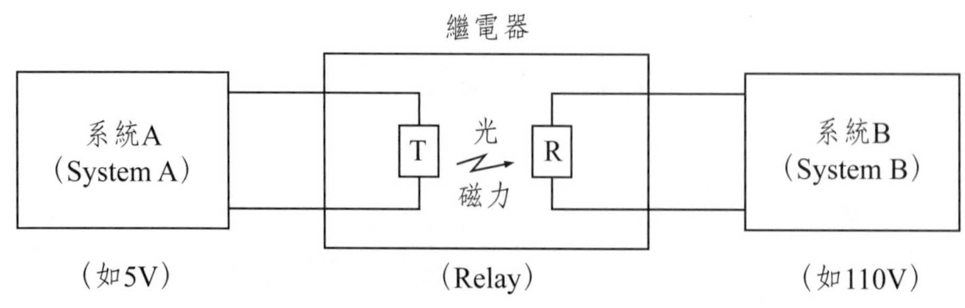

圖3-1　繼電器系統基本結構示意圖[63]

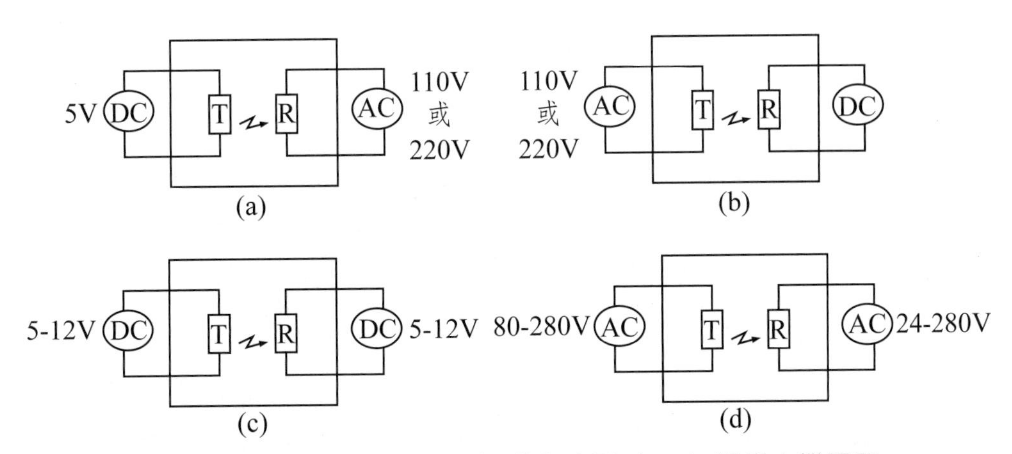

圖3-2　各種常見直流電（DC）或交流電（AC）轉換之繼電器

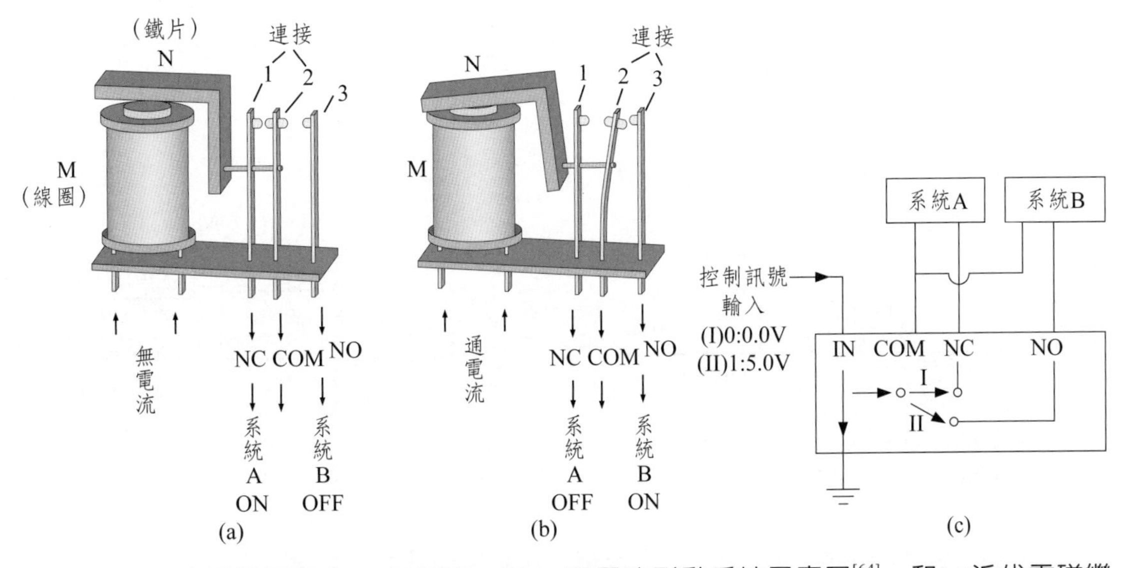

圖3-3　電磁繼電器在(a)無電流，及(b)通電流引動系統示意圖[64]，和(c)近代電磁繼電器外觀接點示意圖（(a)(b)圖來源：zh.wikipedia.org/zh-tw/繼電器）

反之，在外加電流時（如圖3-3(b)所示），鐵片N從線圈M彈開而使連接桿2（COM）及3（NO）相連，即可起動連接在此2，3兩桿間之系統B。圖3-3(c)爲近代電磁繼電器外觀及接點示意圖。

3.2 磁簧繼電器[63-64]

圖3-4為用磁力傳遞（吸引）的磁簧繼電器（Reed Relay）之內部結構及外觀接線圖，磁簧繼電器內部是用電磁力驅動，故屬於電磁繼電器。如圖3-4(a)所示，當輸入端（如微電腦CPU）無電壓（Input=0）輸入時，M線圈無電流不會產生磁力線，即不會吸引鐵片F，故COM（Common共通端）會和NC（Normal Close）接在一起，會使接在COM-NC系統（如圖3-4(b)中之S1系統）起動（ON）。反之，當圖3-4(a)中之輸入端輸入電壓為5V（Input=1）時，M線圈會產生電流並產生磁力線吸引鐵片F，使鐵片F轉接到NO（Normal Open）端，而使COM和NO接在一起，會使接在COM-NO系統（如圖3-4(b)中之S2系統）起動（ON）。圖3-5為市售常見磁簧繼電器之實物外觀圖。

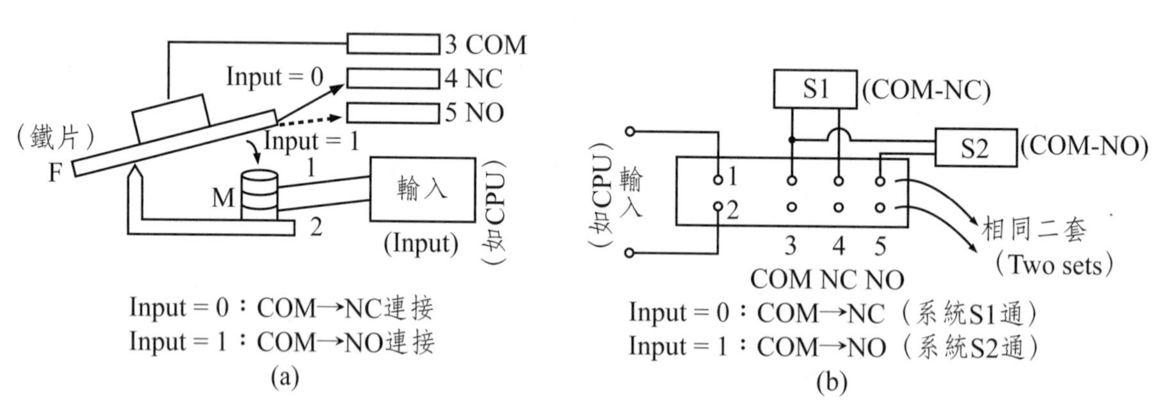

圖3-4 磁簧繼電器之(a)基本結構及輸入訊號影響接點關係圖，及(b)一般磁簧繼電器外觀接點示意圖[63]

圖3-5 市售常見磁簧繼電器之實物外觀圖

圖3-6爲磁簧繼電器之測試系統及系統眞値表，當選碼器沒信號輸入或輸入信號爲0（OFF）時，磁簧繼電器之IN沒信號（即IN=0）時，即磁簧繼電器處於正常狀態，繼電器之A面及B面兩組之NC和COM連接，故NC所接之D2和D6之LED（發光二極體，Light Emitting Diode）皆會發光呈ON(1)狀態，（見圖3-6(b)眞値表），反之，A面及B面兩組之NO和COM皆不相連接，故所接之D4和D8之LED皆不會發光呈OFF（0）狀態。然當選碼器輸入1（ON）信號，磁簧繼電器之IN有電流通過呈ON(1)時，繼電器之A面及B面兩組之NC和COM變成斷線不連接，故所接之D2和D6之LED皆不會發光呈OFF（0）狀態，反之，A面及B面之NO和COM皆變成相連接，故NO所接之D4和D8之LED皆會發光呈ON(1)狀態，（見圖(b)眞値表）。

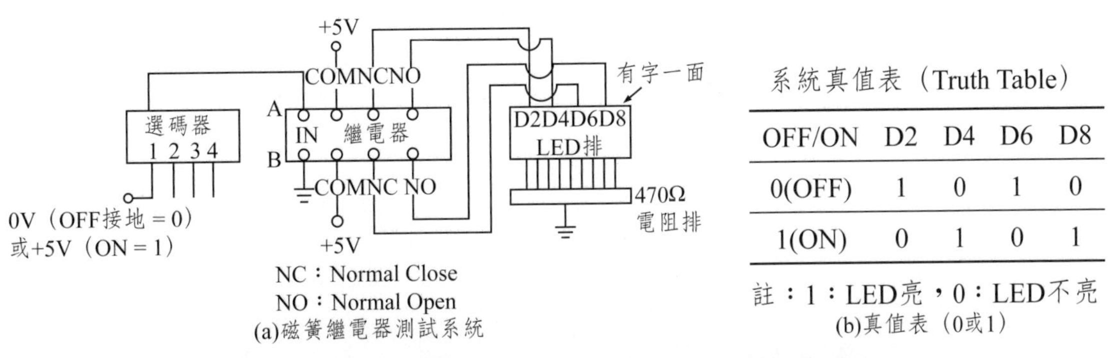

OFF/ON	D2	D4	D6	D8
0(OFF)	1	0	1	0
1(ON)	0	1	0	1

圖3-6　磁簧繼電器之(a)測試系統，及(b)系統真値表

圖3-7(a)爲由多個磁簧繼電器組成的繼電器多頻道控制系統（Relay Controlling Multi-Channel System），如圖中所示，利用選擇器及繼電器驅動晶片IC2003（圖3-7(b)）可選擇性起動不同繼電器，因而可選擇起動不同電子線路系統或化學儀器實驗系統。繼電器驅動反相增強晶片IC2003用來增強各頻道電壓及電流不致於電壓不足而無法起動繼電器。此系統之選擇原理是由選擇器（或由微電腦控制）選擇要起動的繼電器，例如選擇器以1訊號（+5V）進入IC2003接腳1就會使其接腳16輸出0訊號（IC2003爲反相增強驅動選擇晶片）以起動繼電器1及系統1之電子線路系統且讓LED1亮起（IC2003輸出0訊號引來繼電器電源+5V流出電流，起動繼電器）。此多個磁簧繼電器組成的繼電器多頻道控制系統亦可由微電腦並列埠（Parallel Port or Printer Port）取代圖3-7所用選擇器。圖3-8(a)即爲由微電腦並列埠所控制的多個磁簧繼電器

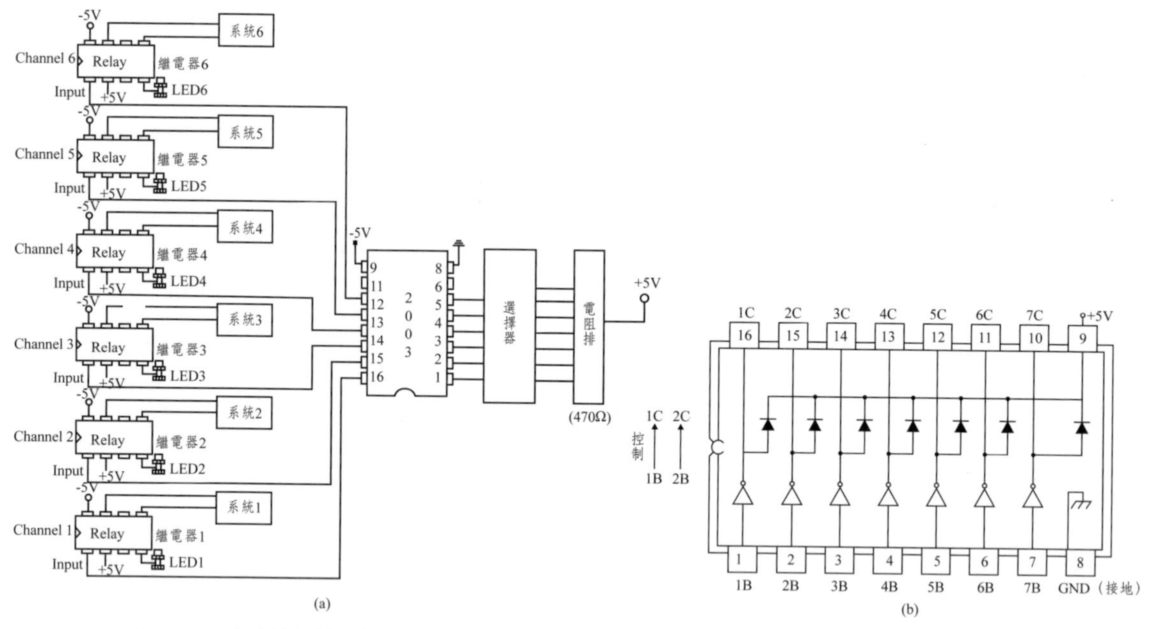

圖3-7　由多個磁簧繼電器組成的(a)多頻道控制系統及(b)IC2003構造圖

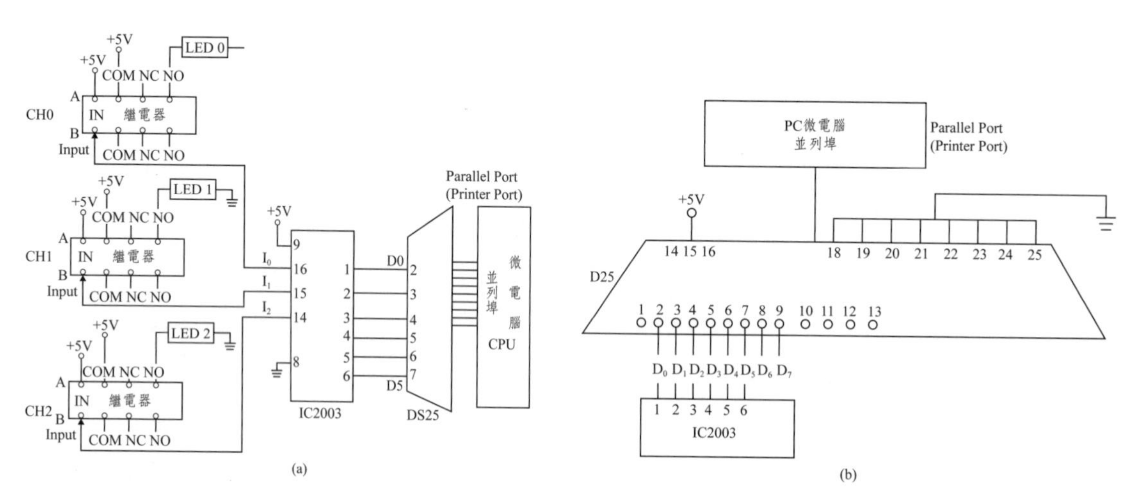

圖3-8　由微電腦並列埠所控制的(a)多個磁簧繼電器組成之多頻道控制系統及(b)其微電腦並列埠和IC2003接線圖

和IC2003組成之多頻道控制系統，而圖3-8(b)為微電腦並列埠和IC2003接線圖。

3.3　磁簧開關

磁簧開關（Reed Switch）[64]是一種分離式的磁簧繼電器，如圖3-9所示，分離式的磁簧開關含磁鐵及接受器兩個分開的兩部分。接受器和要控制的系統（如圖3-9(b)及(c)中之系統S）是連接的。依接受器上面的接點數目，可略分二接點磁簧開關（正負兩接點，見圖3-9(a)）及三接點分離式磁簧開關（COM（+5V），NC，NO三接點，見圖3-10(a)）。

圖3-9為二接點磁簧開關之實物圖和磁鐵接近接受器時無電流及磁鐵遠離接受器時電流流向示意圖。如圖3-9(b)所示，當磁鐵靠近接受器（有如分裝在門兩側的磁鐵和接受器因門緊閉而緊接在一起）時，接受器中之彈性鐵片B被磁鐵吸引過來而和固定金屬片A分離，就沒有電流會流到系統S，故系統S就不會被起動（如門沒被打開，系統S之警報器就不會響）。反之，如圖3-9(c)所示，當磁鐵遠離接受器（如門被打開時，分裝在門兩側的磁鐵和接受器被分開）時接受器中之固定金屬片A和彈性鐵片B連接在一起，就會有電流Io由電源（+5V）流經接受器到系統S而起動（ON）系統S（如裝在門上警報器，因門被打開而警鈴大作）。

圖3-10為三接點磁簧開關之實物圖和磁鐵遠離及磁鐵接近接受器時電流流向示意圖。如圖3-10(b)及(c)所示，三接點磁簧開關之接受器上有COM

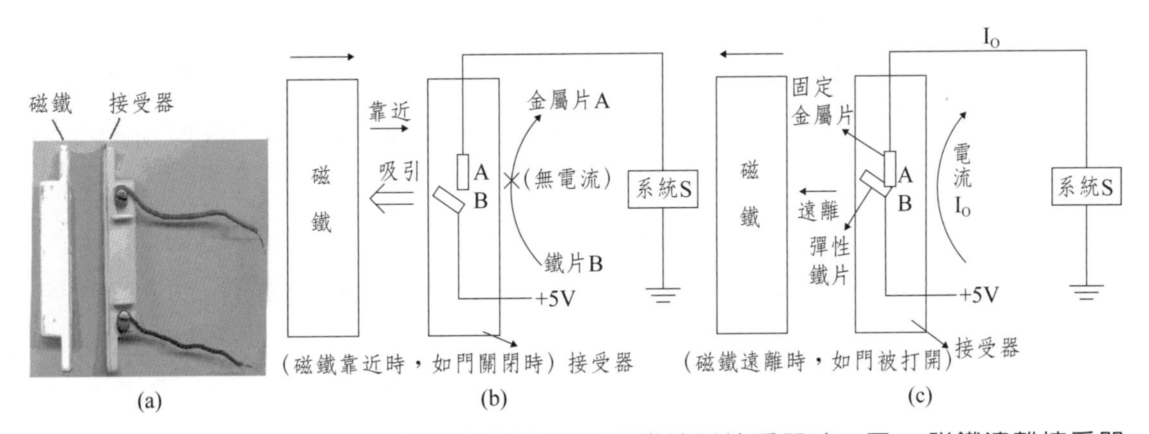

圖3-9　二接點磁簧開關之(a)實物圖，(b)磁鐵接近接受器時，及(c)磁鐵遠離接受器時電流流向示意圖

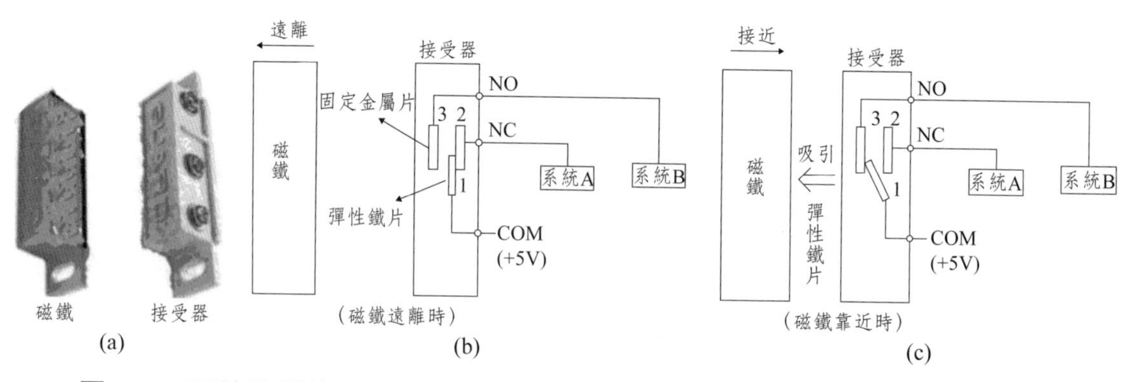

圖3-10　三接點磁簧開關之(a)實物圖[64b]，(b)磁鐵遠離接受器，及(c)磁鐵接近接受器時電流流向示意圖（(a)圖來源：http://www.wishtech.tw/goods.php?id=1449）

（Common共接點，彈性鐵片，NC（Normal Close，固定金屬片），NO（Normal Open，固定金屬片）三接點，COM接+5V電源，NC接系統A，而NO接系統B。如圖3-10(b)所示，當磁鐵遠離接受器（分開）時，彈性鐵片1（COM）和固定金屬片2（NC）連接在一起，就會有電流從電源COM（+5V）流經彈性鐵片1及固定金屬片2到接點NC並流向連接的系統A而起動系統A。反之，如圖3-10(c)所示，當磁鐵靠近接受器時，接受器中之彈性鐵片1（COM）被磁鐵吸引過來而和固定金屬片3（NO）連接在一起，而和固定金屬片2分離，此時就會有電流從電源COM（+5V）流經彈性鐵片1及固定金屬片3到接點NO並流入連接的系統B而起動系統B，切斷系統A。如此靠磁簧開關的磁鐵接近或遠離即可選擇性起動系統B或系統A。

磁簧開關可接磁簧繼電器以控制更多電子系統，圖3-11為三接點磁簧開關-磁簧繼電器測試系統及系統眞値表。繼電器和磁簧開關的接受器關係如下：

3.3.1當繼電器之IN連接磁簧開關的接受器之NO（圖3-11(a)）

1. 當磁簧開關之磁鐵遠離接受器時，接受器之NO（指針3）和其COM（指針1）並沒連接，故無電流通過，因而其NO所接繼電器之IN也無電流通過，即繼電器之IN ＝ 0，此時繼電器之NC和其COM連接，有

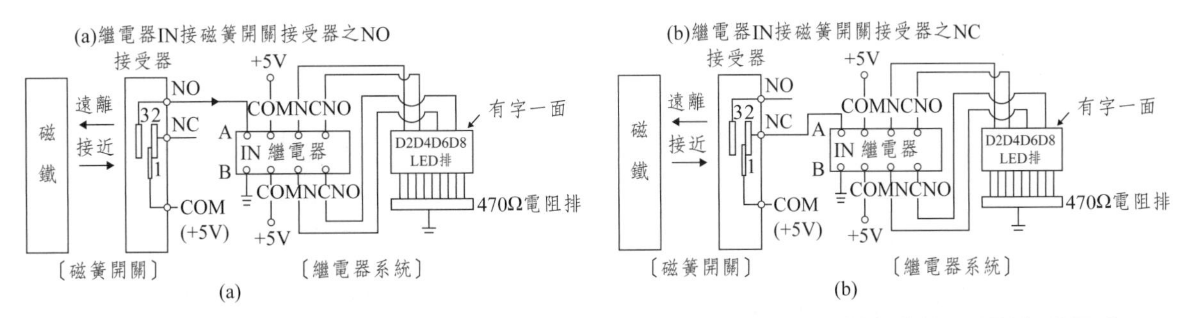

圖3-11　三接點磁簧開關-磁簧繼電器系統中當繼電器IN連接磁簧開關接受器之(a)NO及(b)NC線路圖（LED排上每一LED如同一電子線路系統）

電流通過，因而和繼電器A，B兩面之NC所接LED排之D2，D6 LED會發光（即D2=1，D6=1）。反之，繼電器之NO和其COM沒連接，無電流通過，因而和繼電器A，B兩面之NO所接之D4，D8 LED不會發光（即D4=0，D8=0，見表3-1）。

2. 在磁鐵接近接受器時，接受器之COM（指針1）被磁鐵吸引過來和NO（指針3）連接，因而接受器之NO有電流輸出，而使所接繼電器之IN有電流通過，即繼電器之IN = 1，使繼電器之COM和其NC分開而改接NO，因而繼電器A，B兩面之NC變無電流通過，其所接之D2，D6 LED不會發光（即D2=0，D6=0），反之，繼電器之NO和其COM有連接，有電流通過，因而和繼電器A，B兩面之NO所接之D4，D8 LED會發光（即D4=1，D8=1，見表3-1）。

表3-1　磁簧開關-繼電器系統（圖3-6）真值表（0或1）

繼電器IN	磁鐵狀態	IN	D2	D4	D6	D8
(I)IN接磁簧開關接受器之NO	遠離 接近	0 1	1 0	0 1	1 0	0 1
(II)IN接磁簧開關接受器之NC	遠離 接近	1 0	0 1	1 0	0 1	1 0

註：1：LED亮，0：LED不亮

3.3.2繼電器之IN改接磁簧開關接受器之NC（圖3-11(b)）

1. 當磁簧開關之磁鐵遠離接受器時，接受器之NC（指針2）和其COM（指針1）連接，有電流通過，因而其所接繼電器之IN也有電流通過，即繼電器之IN =1，使繼電器之COM和其NC分開而改接NO故繼電器A，B兩面之NC變無電流通過，其所接之D2，D6 LED不會發光（即D2=0，D6=0），反之，繼電器之NO和其COM有連接，有電流通過，因而和繼電器A，B兩面之NO所接之D4，D8 LED會發光（即D4=1，D8=1，見表3-1）。
2. 在磁鐵接近接受器時，接受器之COM（指針1）被磁鐵吸引過來和NO（指針3）連接，而使接受器COM和NC變不連接，NC無電流並使其所接繼電器之IN無電流通過，即IN = 0，此時繼電器之NC和其COM連接，有電流通過，因而和繼電器A，B兩面之NC所接之D2，D6 LED會發光（即D2=1，D6=1）。反之，繼電器之NO和其COM沒連接，無電流通過，因而和繼電器A，B兩面之NO所接之D4，D8 LED不會發光（即D4=0，D8=0，見表3-1）。

3.4 光繼電器

光繼電器（Photorelay）[63-64]乃是內部利用光波驅動的繼電器。此種光繼電器和本章3.8節所介紹的光控繼電器（Light Actived Relay）有所不同，光控繼電器乃是利用外面光波照射而起動之繼電器。圖3-12爲光繼電器之內部結構及輸入輸出系統，當微電腦CPU傳出1（5V）訊號經光繼電器內發光二極體（Light Emitting Diode, LED）發射端發出光波並照射到光繼電器內之光電二極體（Photodiode）產生電流再經電晶體（Transistor）放大電流以起動系統B，使系統B中之加熱器（Heater）或其他儀器起動（ON）。

一般市售的光繼電器晶片概分(1)只含一組光繼電器的單光繼電器晶片及(2)含有二組光繼電器的雙光繼電器晶片兩種。圖3-13(a)爲單光繼電器晶片內部結構示意圖及外觀圖，而圖3-13(b)及(c)分別爲雙光繼電器晶片內部結構示意圖及外觀圖。

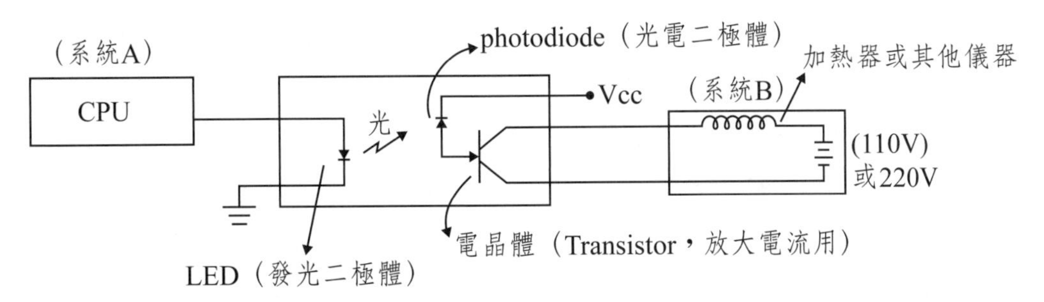

圖3-12　微電腦-光繼電器-加熱系統之基本結構示意圖[63]

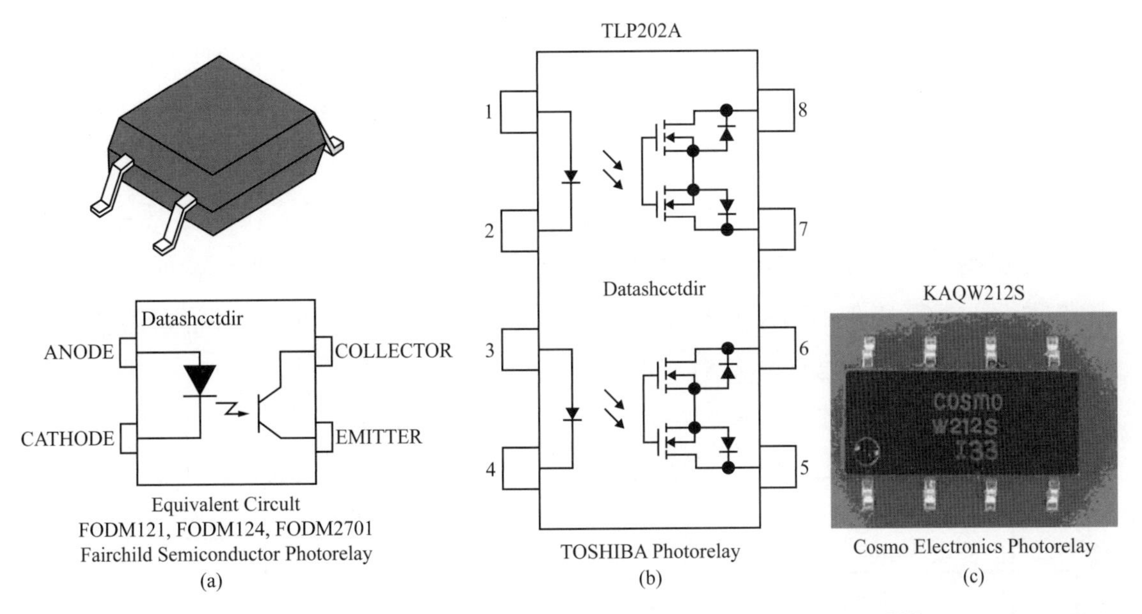

圖3-13　(a)單光繼電器晶片[65]及(b)雙光繼電器晶片結構圖[66]和(c)雙光繼電器晶片實物圖[67]（原圖來源：(a) http://circuits.datasheetdir.com/142/FODM121-pinout.jpg；(b) http://circuits.datasheetdir.com/142/TLP202A-pinout.jpg；(c)http://i01.c.aliimg.com/ img/ibank/2012/222/454/584454222_407588711.310x310.jpg）

3.5 固體繼電器

一般所稱的固態繼電器（Solid State Relay, SSR）[62,64,68]為光繼電器之一種。如圖3-14所示，一般電腦及電子線路中常用的DC/AC固態繼電器（輸入DC（直流電系統），輸出AC（交流電系統））基本上是利用一顆發光二極體（LED）等發光元件與一顆光電電晶體（Photo-Transistor，內含一光電二極體及電晶體）光接收元件作成之繼電器。當一輸入（Input）電壓（Vi）≧3.0 V時，其產生的輸入電流（I_A）使其發光二極體（LED）發出光波，當光波照射到接在工作電壓（V_W，如110V）之光電電晶體（Photo-Transistor）的光電二極體（Photodiode）產生光電流（I_B）進入其電晶體（Transistor）的柵極（G, Gate）而使電晶體從其接收極（Collector, C）到射極（Emitter, E）輸出（Output）大電流Io流入操作系統S（圖3-14）而使系統S起動。反之，當起動電壓（Vi）< 3.0 V時，其輸入電流（I_A）不足以使發光二極體（LED）發出光波，因而就不會有光電流（I_B）及輸出電流Io，當然系統S就不會被起動。圖3-15為DC/AC固體繼電器之外觀結構示意圖及兩實物圖。固體繼電器A實際工作範圍4～32V（DC）及24～330V（AC），而固體繼電器B為3-18V（DC）及240V（AC）。

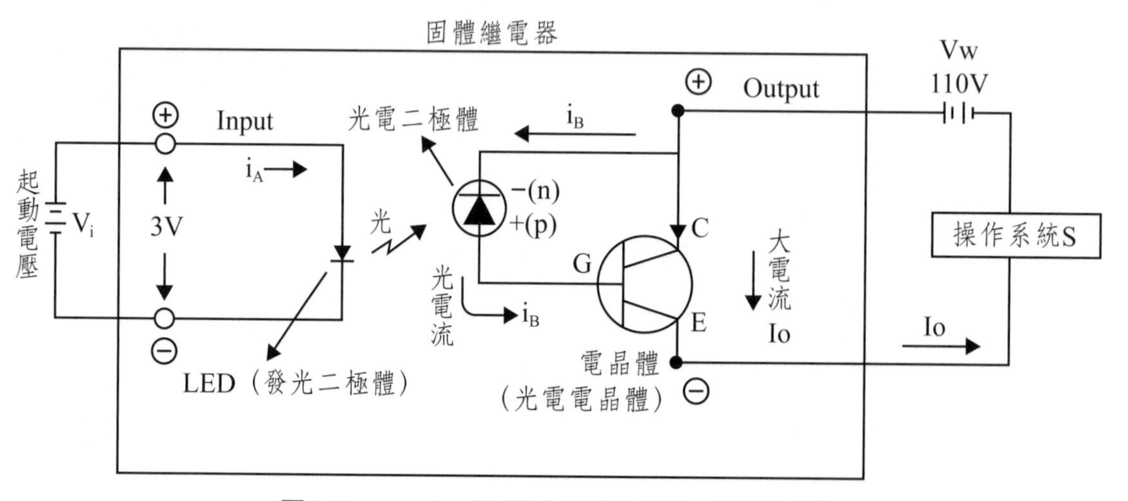

圖3-14 DC/AC固體繼電器之基本結構示意圖

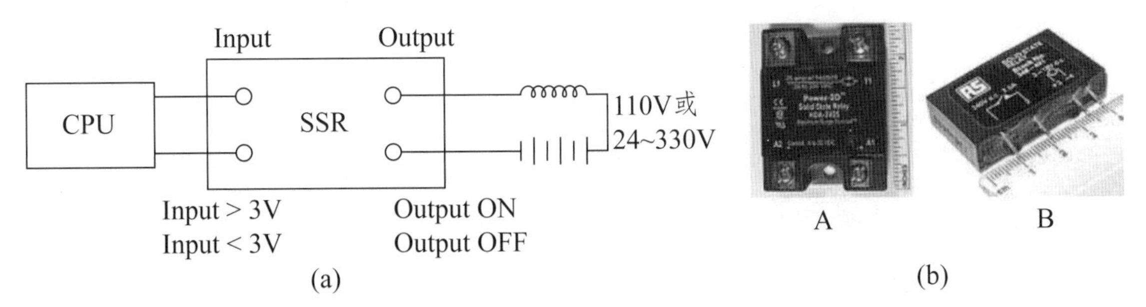

圖3-15 DC/AC固體繼電器之(a)外觀結構示意圖及(b)實物圖A及實物圖B[62,64]（(b)圖來源：實物圖A：zh.wikipedia.org/zh-tw/繼電器；實物圖B：http://en.wikipedia.org/wiki/Relay）

以上所提的爲電腦及電子線路中常用的DC/AC固態繼電器（輸入DC（直流電系統），輸出AC（交流電系統）），實際上，如表3-2所示，除DC/AC固態繼電器外，還有AC/DC固態繼電器，DC/DC固態繼電器，及AC/AC固態繼電器。表3-2爲各種固體繼電器（舉例）之工作電壓範圍和實物圖。在電腦及電子線路中較常用的爲DC/AC固態繼電器，DC/DC固態繼電器及AC/DC固態繼電器，而在電腦及電子線路中較常用的DC/DC繼電器則爲本章3-2節所提的磁簧繼電器（Reed Relay）

表3-2 固體繼電器種類及工作電壓範圍和實物圖[64b-d]

繼電器種類	DC/AC Relay	AC/DC Relay	DC/DC Relay	AC/AC Relay
型號（舉例）	HDA-3V25	MK3P5-S	D06D100	KM20C02A
工作電壓範圍（舉例）	DC（輸入）：4-32V AC（輸出）：24-330V	AC（輸入）：6-240V DC（輸出）：6-110V	DC（輸入）：3.5-32V DC（輸出）：0-60V	AC（輸入）：80-280V AC（輸出）：24-280V
實物圖（舉例）	(a)	(b)	(c)	(d)

參考資料(a)https://zh.wikipedia.org/wiki/繼電器，(b) http://www.mouser.com/ ds/2/307/omron_mk_0607-327011.pdf，(c) http://www.crydom.com/en/products/catalog/ d06d-series-dc-panel-mount.pdf，(d) http://www.kyotto.com/KN.htm

3.6 聲控繼電器

聲控繼電器（Voice-operated Relay）是用聲音或聲波控制的繼電器。圖3-16爲由電容式揚聲器、電晶體（如IC9013或IC9014電晶體）、IC555晶片、二極體及一磁簧繼電器所組成的聲控繼電器之內部線路圖。當聲波進入電容式揚聲器會驅動電容振膜運動產生微小的電壓變化，此電壓變化觸發電容所接兩個電晶體VT1及VT2產生大電流觸發信號，去激發IC555，使IC555第3腳爲高電位及電流輸出，此電流流入此聲控繼電器內部之磁簧繼電器K之線圈產生磁場吸引磁簧繼電器之COM極，使COM極改連接NO極，可起動和NO極之儀器A，後經二極體產生旋迴電流維持磁簧繼電器KCOM-NO連接狀態，也維持儀器A運轉。

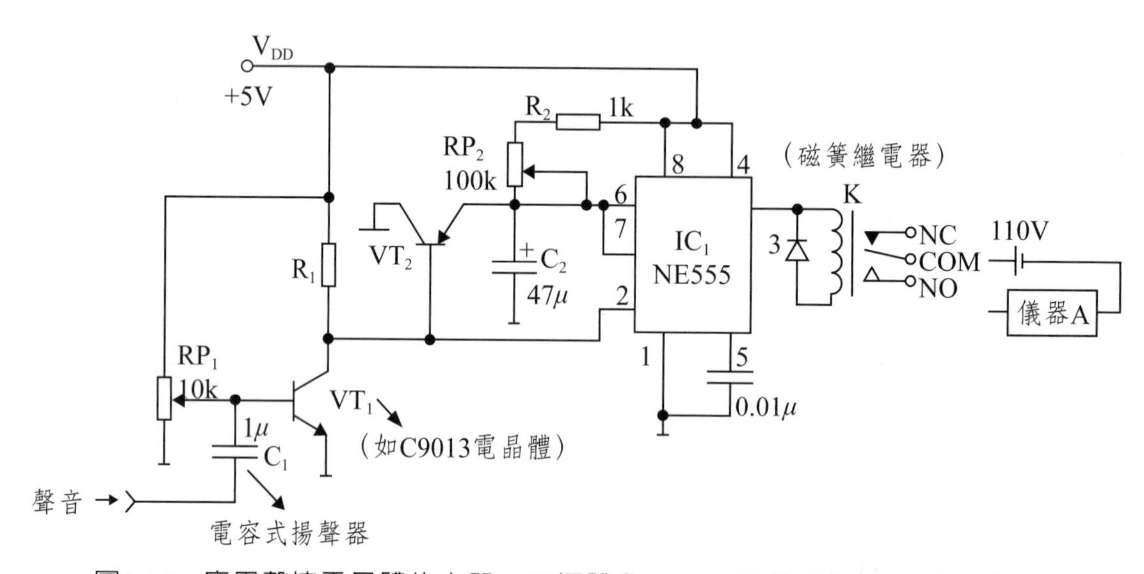

圖3-16 應用聲控電晶體放大器、二極體和IC 555晶體當驅動器（驅動繼電器）所組成的聲控繼電器電路系統[69]（原圖來源：http://www.dzsc.com/dzbbs/uploadfile/2013102811503991.jpg）

圖3-17爲一由話筒、IC9013電晶體、逆壓二極體IN4148和磁簧繼電器所組成的較簡單聲控繼電器電路系統。話筒接收聲波後，會產生微小的電壓變化再經IC9013電晶體放大成觸發信號產生由S經磁簧繼電器K到A→B電流（逆

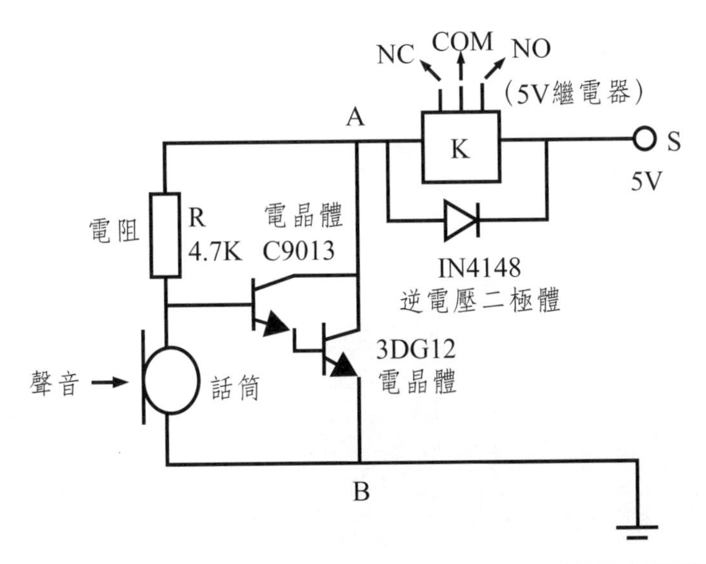

圖3-17 應用聲控電晶體放大器和二極體所組成的聲控繼電器電路系統[70]（原圖來源：http://www.360doc.com/content/14/0707/18/1437142_392679841.shtml）

壓二極體迫使電流經繼電器），觸發磁簧繼電器改變成COM-NO連接。

圖3-18則爲應用運算放大器、電晶體、二極體和磁簧繼電器所組成的聲控繼電器電路系統。當聲波進入揚聲器（MIC）後產生微小的電壓變化，再經運算放大器（Operational Amplifier, OPA）及電晶體放大成觸發信號，觸發磁簧繼電器由原來COM-NC連接改變成COM-NO連接。

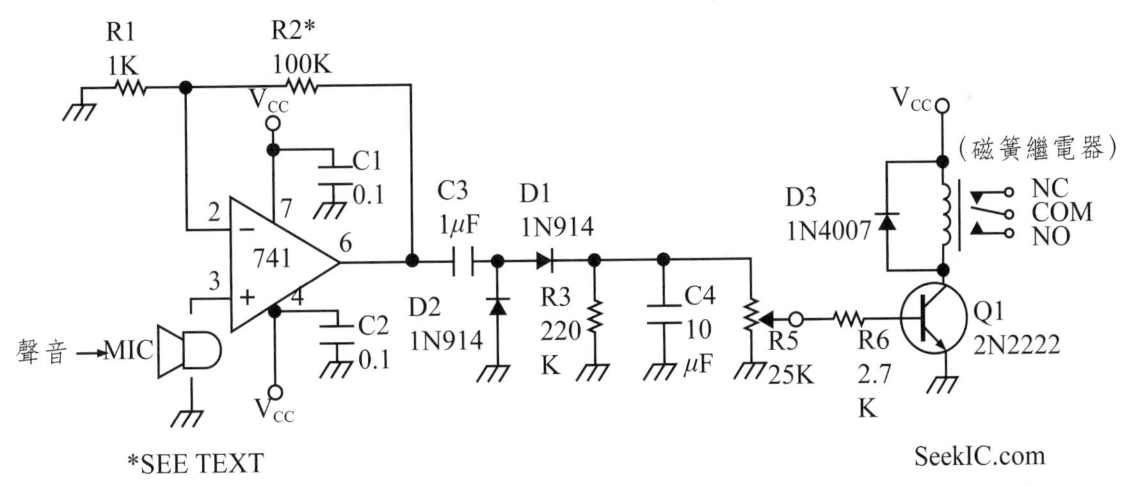

圖3-18 應用運算放大器、電晶體和二極體所組成的聲控繼電器電路系統[71]（原圖來源：http://www.dzsc.com/dzbbs/ic-circuit/200962521181403.gif）

圖3-19爲各種市售聲控繼電器接線示意圖及實物圖，如圖3-19(a)、(b)所示，當聲音響起，STYLE 203（電源110V）及S299型號（電源180～240V）兩種聲控繼電器就可起動其所接之儀器（如加熱器、照光燈、吹風器、冷氣機及化學偵測器）。

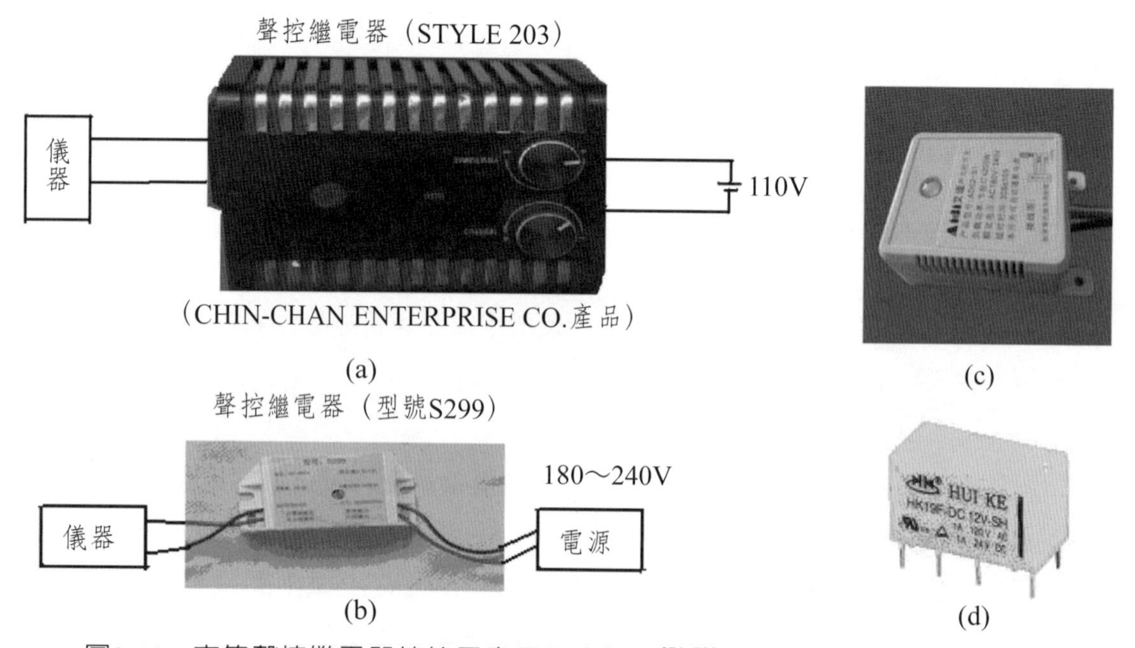

圖3-19 市售聲控繼電器接線示意圖及實物圖[71-73]（原圖來源：(a) CHIN-CHAN ENTERPRISE CO.產品，STYLE 203；(b) https://gd2.alicdn.com/bao/uploaded/i2/T1DuWCXjXEXXb.4QEZ_032916.jpg_600x600.jpg；http://g.search3.alicdn.com/img/bao/uploaded/i4/i3/T1vvmiXcpg XXblou31_040754.jpg_210x210.jpg；(c) http://g.search2.alicdn.com/img/bao/uploaded/i4/i3/1380303042 8478903/T1Jja0Fa4fXXXXXXXX_!!0-item_pic.jpg_210x210.jpg；(d) http://img2.cn.china.cn/ 2/3_54_31235_312_318.jpg）

3.7　溫度（控）繼電器

溫度（控）繼電器（Temperature Relay）是一種當外界溫度達到特定值時而動作的繼電器。市面上有如圖3-20(c)所示之小型接觸感應式密封溫度繼電器，具有體積小、重量輕、控溫精度高等特點，其通用性極強，廣泛應用在航空、航太、監控、電機、及電子設備。此小型接觸感應式密封溫度繼電器，其主要由兩種熱膨脹係數相差懸殊的金屬或合金彼此牢固地複合在一起形成碟形雙金屬片所構成。此種溫度繼電器如圖3-20所示分(I)常開型（NO, Normal Open）溫度繼電器及(II)常閉型（NC, Normal Close）溫度繼電器兩類。常開型溫度繼電是溫度正常時繼電器輸出和輸入端是不通的（即繼電器OFF狀態），溫度上升才通（繼電器ON狀態）。反之常閉型溫度繼電器在溫度正常時，繼電器是通的（ON），但溫度上升到一特定溫度，繼電器就不通（被切斷，即OFF狀態）。

常開型（NO）溫度繼電器如圖3-20(I)所示，原來（圖3-20(I)之(a)）COM極和NO極沒接通（繼電器OFF狀態），此時輸入端的A系統和輸出端的S系統是不通的，而碟形雙金屬片面向上（狀態1）。然當溫度升高到特定值Tc，雙金屬片就會由於下層金屬膨脹伸長大，上層金屬膨脹伸長小而產生向上（反向）彎曲（面向下（狀態2），圖3-20(I)之(b)），到一定程度金屬片便能接觸NO極，接IN端的COM及接OUT的NO極就接通了（碟形雙金屬片受溫產生位移如圖3-20(I)之(c)所示，碟形雙金屬片由面向上狀態1位移到面向下狀態2），換言之，溫度繼電器開通ON狀態而輸入端的A系統和輸出端的S系統也就接通了。

常閉型（NC）溫度繼電器則如圖3-20(II)所示，原來（圖3-20(II)之(d)）COM極和NC極是接通（繼電器ON狀態），可由系統A起動接在溫度繼電器輸出（OUT）端的S電子系統或儀器，而碟形雙金屬片在面向上狀態3。但當溫度升高到特定值Tc，雙金屬片也會反向向上彎曲（碟形雙金屬片面向下在狀態4，圖3-20(II)之(e)），而使COM極和NC極斷開不相連（碟形雙金屬片之位移如圖3-20(II)之(f)所示，碟形雙金屬片由面向上狀態3位移到面向下狀態4），即溫度繼電器呈OFF狀態，也切斷接在溫度繼電器輸出端的S電

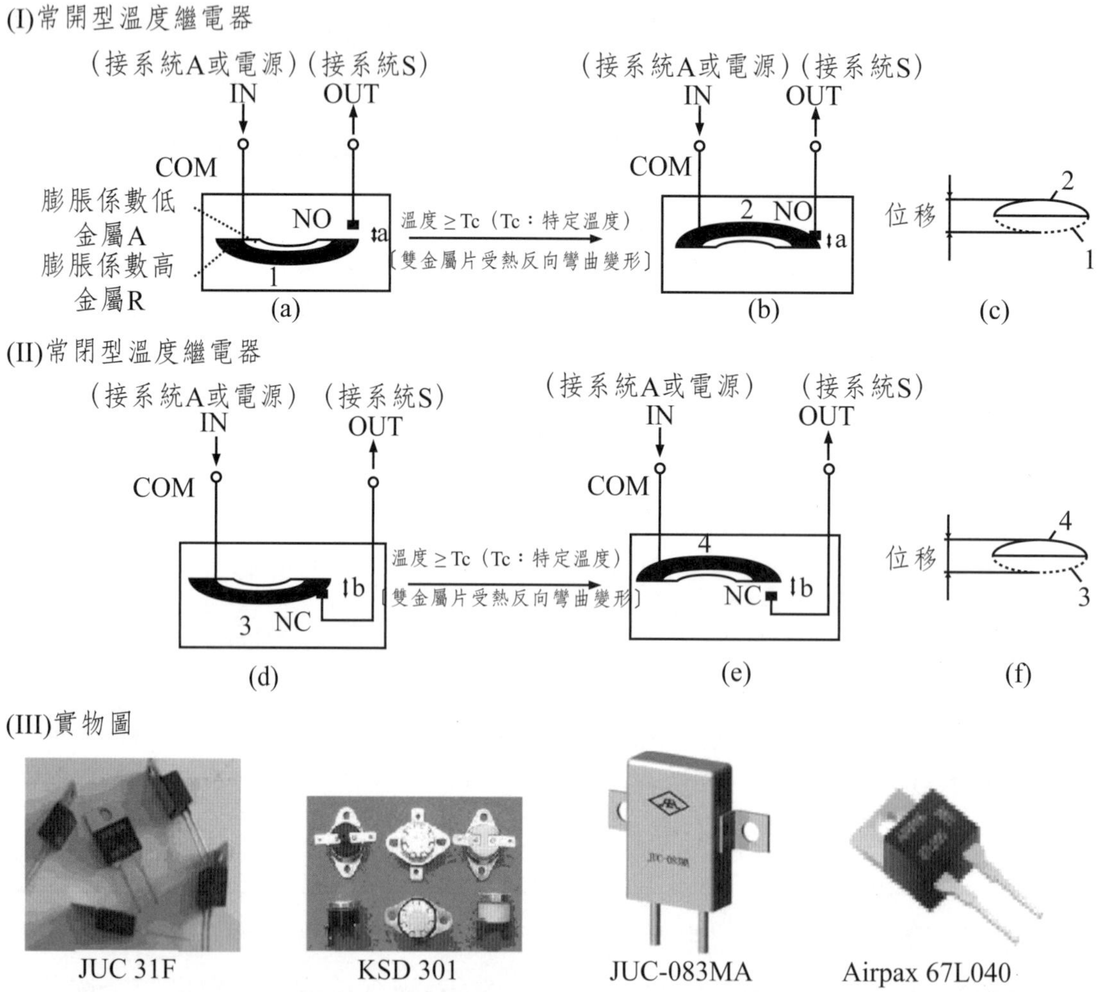

(I)常開型溫度繼電器
(接系統A或電源)(接系統S)
IN
OUT
COM
膨脹係數低
金屬A
膨脹係數高
金屬R
NO
a
1
(a)
溫度≥Tc(Tc:特定溫度)
[雙金屬片受熱反向彎曲變形]
2 NO
a
(b)
位移
2
1
(c)
(II)常閉型溫度繼電器
(接系統A或電源)(接系統S)
IN
OUT
COM
b
3 NC
(d)
溫度≥Tc(Tc:特定溫度)
[雙金屬片受熱反向彎曲變形]
4
NC
b
(e)
位移
4
3
(f)
(III)實物圖
JUC 31F
KSD 301
JUC-083MA
Airpax 67L040

圖3-20 (I)常開型及(II)常閉型溫度繼電器運作示意圖和(III)市售溫度繼電器實物圖(參考資料:baike.baidu.com/item/溫度繼電器;www.baike.com/wiki/KSD301溫度繼電器)

子系統或儀器,以避免電子系統或儀器因溫度過高而損壞。

一般實驗室為實驗目的常自製溫控繼電系統,這些自製溫控繼電系統常由溫度測定及溫度控制(含輸出繼電器,如固體繼電器SSR)兩部分所組成。在溫控繼電器中常用半導體IC感溫晶片當感溫元件,市售半導體IC感溫晶片種類相當多,其所用感測元件也相當不同,常見的有二極體(Diode,如Silicon diode)、熱阻體晶片(Thermistor chips,如LM334/335晶片)及電晶體

（如NPN Transistor）皆可用做半導體IC感溫晶片材料。圖3-21(a)爲化學實驗室可以自製的含熱敏電晶體LM334之溫控繼電器系統，其由LM334熱阻體和運算放大器（OPA）所組成的溫度測定系統及由可變電阻、比較器IC339及固體繼電器所組成的溫度控制系統兩部分組成。

在圖3-21(a)溫度測定系統中，當LM334晶片受熱時，因LM334晶片材料爲NTC熱阻體，溶液之溫度愈高，其電阻愈低，其輸出電壓V1就愈高，再經用參考電壓Vr之差示運算放大器（OPA）放大，此LM334溫度測定系統之最後輸出電壓V_o爲：

$$V_o = (R_f/R_1)(V_1 - V_r) \qquad (3\text{-}1)$$

式中R_1及R_f分別爲運算放大器（OPA）輸入電阻（圖3-21(a)，R_1 = 1KΩ）及迴授（Feedback）電阻R_f = 100KΩ）。R_f/R_1爲放大倍數。

在圖3-21(a)溫度控制系統中，利用可變電阻設定一特定電阻以輸出特定電壓V2用以設定一特定溫度Tc，由溫度測定系統中所的輸出電壓V_o和由可變電阻輸出之電壓V2（設定值）用比較器晶片IC339比較：

(1)若溫度高於設定值：則Vo > V2，比較器輸出Vc=5V，起動固體繼電器SSR及系統S（如冷卻系統）　　（3-2）

(2)若溫度低於設定值：則Vo < V2，比較器輸出Vc=0V，固體繼電器SSR及系統S皆Off　　（3-3）

換言之，環境溫度高於設定值可以起動（ON）這溫控繼電器及系統S，反之，溫度低於設定值則可關閉（Off）繼電器及系統S。若要反過來，即要溫度低時起動繼電器及系統S（如加熱器）而溫度高時關閉繼電器及系統S，則只要將圖3-21(a)中比較器IC339之正（+）負（–）極顛倒（即負極接Vo，而正極接可變電阻輸出電壓V2即可）。

圖3-22爲實際市售實驗室用溫控繼電器系統內部線路圖與電子線路實物圖。此溫控繼電器系統中主要含熱敏電晶體感溫晶片LM35（IC1）、參考電壓（Vref）IC晶片TL431（IC2）、控制溫度設定組件（Temperature Set）、

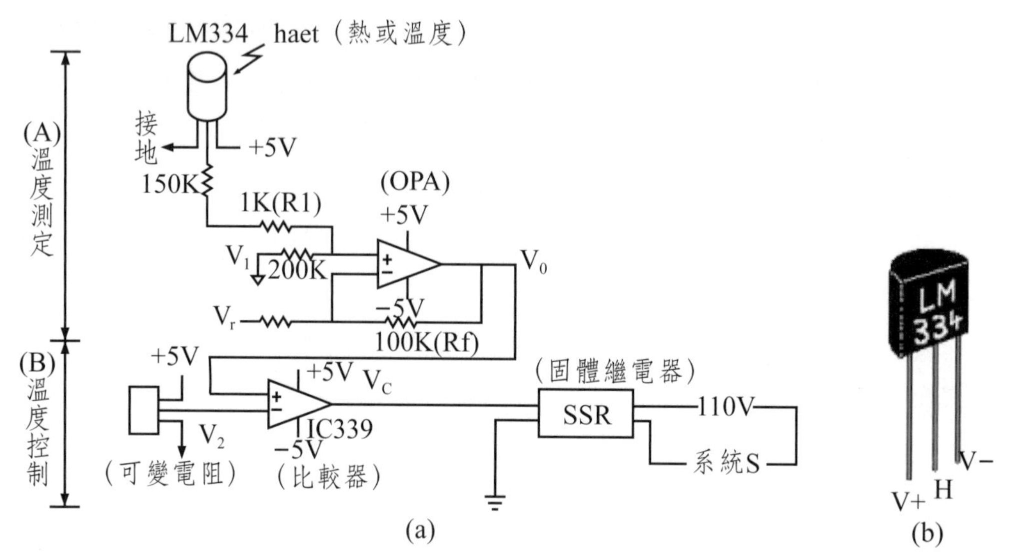

圖3-21　(a)含熱敏電晶體LM334之溫控繼電器系統及(b)電晶體LM334實物圖[74]（(b)圖來源：http://www.sentex.ca/~mec1995/gadgets/lm334.htm）

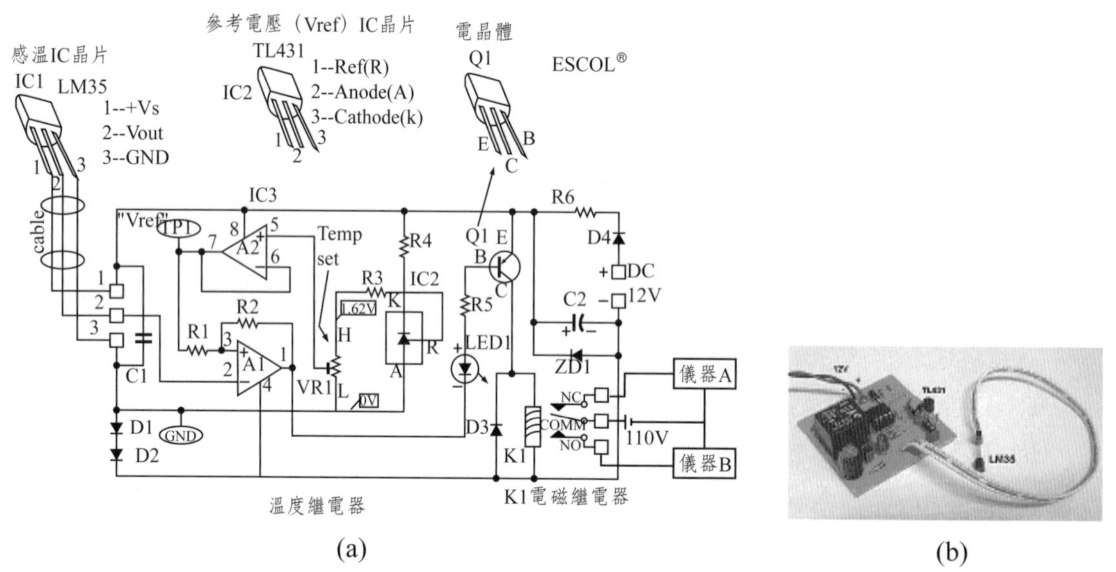

圖3-22　溫控繼電器系統(a)內部線路圖[75a]與(b)電子線路實物圖[75b]（原圖來源：(a) http://gc.digitw.com/Circuit/0~150TEMP-RELAY/0~150oC-tmp-ctrl-relay_html_m577d5d59.jpg，(b) http://gc.digitw.com/Circuit/0~150TEMP-RELAY/0~150oC-tmp-ctrl-relay_html_28bc48c2.jpg）

比較放大器A1、電晶體Q1及溫度設定控制IC（IC3）和輸出電磁繼電器K1，當溫度T低於設定值Tc，K1電磁繼電器之COM和NC連接，此時儀器A可起動，反之，溫度T > Tc時，COM和NO連接，此時儀器B可起動。此溫控繼電器系統亦含溫度測定及溫度設定-控制和輸出電磁繼電器等部分，並可用來起動或關閉儀器運作。

3.8　光控繼電器

光控繼電器（Light Activated Relay）是指用外面光波照射而起動的繼電器。一般所採用之光波爲可見光及紅外光（線），而所用之光敏元件爲光敏電阻（Photoresistor or Light Dependent Resistor），光電二極體（Photodiode）及光敏電晶體（Phototransistor）。

圖3-23爲光敏電阻所組成的光控繼電器內部結構線路圖。如圖所示，可見光或紅外光照射到光敏電阻（如CdS晶體（對可見光）及CdI_2晶體（對紅外光））後會產生電流流到電晶體Q1放大成大電流，流入Ry1線圈產生磁場及磁

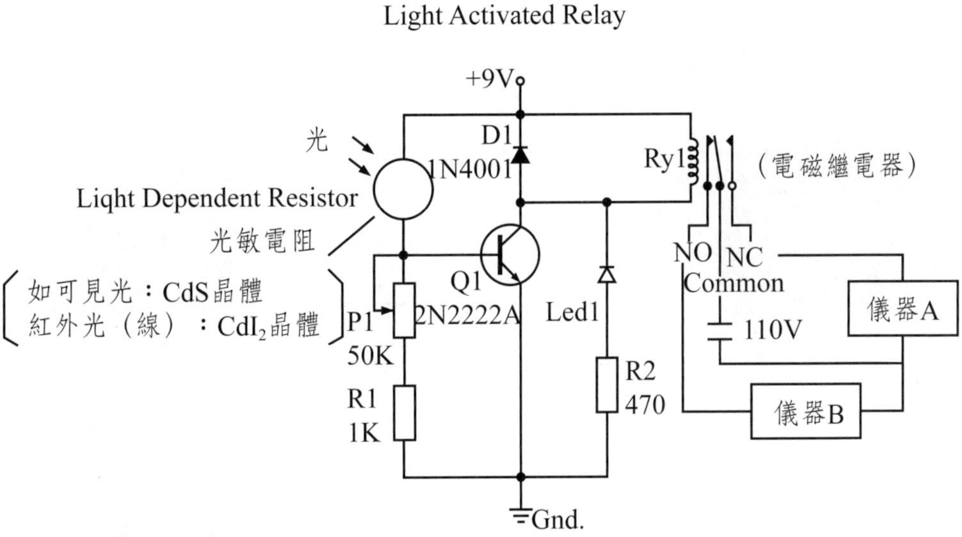

圖3-23　光敏電阻所組成的光控繼電器內部結構線路圖[75c]（原圖來源：http://www.tonyvanroon.com/oldwebsite/circ/actrelay.htm）

力線吸引電磁繼電器之COM（Common）極（鐵片），而使COM轉而和NO極連接，因而可起動和NO極連接的儀器B，而關閉儀器A（原來在未照射光時，COM和NC連接的，那時接在NC之儀器A是可運轉的）。

圖3-24市售兩種光敏電阻組成的光控繼電器實物圖，圖3-24(a)所示的為單軸單切（Single Pole Single Throw, SPST）光控繼電器實物圖，即單一輸入（單軸），單一輸出（單切）繼電器（SPST Relay）。如圖所示，利用這SPST光控繼電器可起動或關閉一儀器。圖3-24(b)所示的則為單軸雙切（Single Pole Double Throw, SPDT）光控繼電器實物圖，其為單一輸入（單軸），雙輸出（雙切）繼電器（SPDT Relay）。如圖所示，其可控制兩儀器（儀器A及儀器B）之起動或關閉。

圖3-25為利用光電二極體（Photodiode）當光敏元件之光控繼電器內部結構線路圖，對可見光及紅外光（線）所用的光電二極體材質及型號是有所不同，例如BPX-65光電二極體用於感測可見光（感測範圍350～1100nm），而PD-43光電二極體適合感測1～4.3μm紅外光。如圖3-25所示，光波照射光電二極體產生電流會進入電晶體Q1產生放大電流，流向電磁繼電器KR之線圈（COIL）中產生磁場及磁力線將電磁繼電器之COM極（鐵片）從位置1吸引到位置2而使COM極和NO極連接，以起動連接NO之儀器。

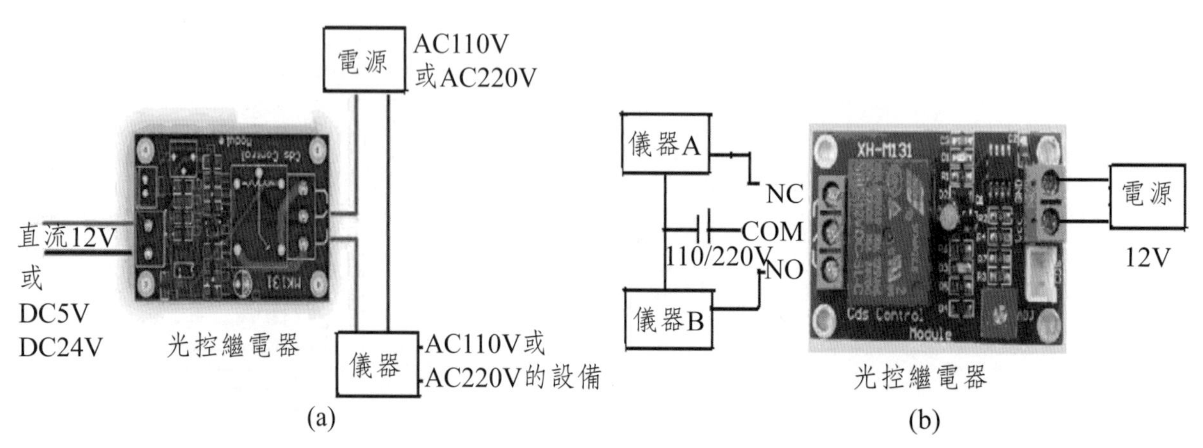

圖3-24　光敏電阻(a)單軸單切（Single Pole Single Throw, SPST）及(b)單軸雙切（Single Pole Double Throw, SPDT）光控繼電器實物圖[75d]（原圖來源：https://tw.bid.yahoo.com/item/12V-光控-開關-光敏-電阻-繼電器-亮度-控制-開關-5V-6-100066291540）

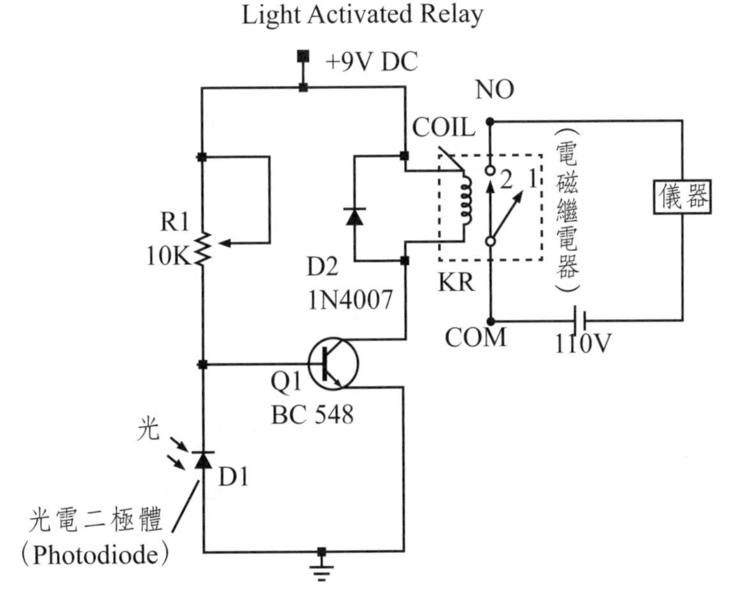

(如：光電二極體BPX-65對可見光350～1100nm(1.1μm)；
PD-43對紅外光（線）1～4.3μm)

圖3-25 光電二極體所組成的光控繼電器內部結構線路圖[75e]（原圖來源：http://www.circuitstoday.com/photo-relay-circuit）

圖3-26爲利用光敏電晶體（Phototransistor）所組成的光控繼電器內部結構線路圖。同樣地，用於感測可見光及紅外光（線）所用的光敏電晶體材質及型號是亦有所不同，例如PT-A4-AC-5-PN-850光敏電晶體可用於感測可見光，而3DU5系列光敏電晶體則用於感測紅外光。如圖3-26所示，一紅外光（線）射入光敏電晶體3DU5中產生電流經過NE555定時器3端輸出高電位產生高電流流入電磁繼電器K線圈產生磁場及磁力線吸引電磁繼電器之COM極（鐵片）到位置2而和NO極連接並起動和NO極所接之儀器。

3.9 遙控繼電器

遙控繼電器（Remote Control Relay）又稱無線繼電器（Wireless Relay）。市售遙控繼電器可分爲紅外線遙控繼電器（Infra Red Remote Control Relay）及無線電遙控繼電器（Radio Remote Control Relay），分別說明如下：

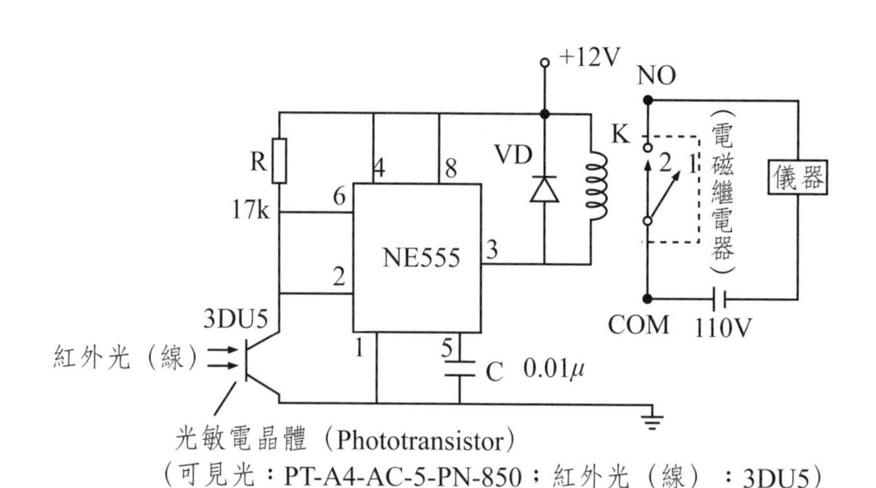

圖3-26 光敏電晶體（Phototransistor）所組成的光控繼電器內部結構線路圖[76a]（原圖來源：http://www.21ic.com/dianlu/cs/remote/2014-10-22/604878.htm）

3.9.1 紅外線遙控繼電器

圖3-27爲一市售紅外線遙控繼電器系統實物圖，其包含紅外線發射器（Infra Red Transmitter）及紅外線繼電器兩部分，原來紅外線繼電器內部之COM和NC極是連接一起，故接在NC極之儀器A是可運轉的，但當繼電器接收由紅外線發射器發射出來之紅外線會使繼電器內部之COM極改接NO極，可起動儀器B而關閉儀器A。

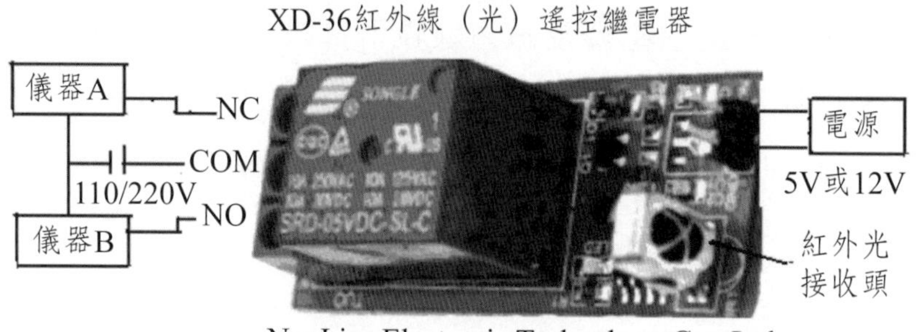

圖3-27 紅外光遙控繼電器實物圖[76b]（原圖來源：http://goods.ruten.com.tw/item/show?21724513904705http://nxtmarket.info/item/527890786299）

圖3-28(a)為一種紅外線光發射器內部電路圖，其主要含按鈕和紅外線光發光二極體（IR LED，發射紅外線光）。圖3-28(b)則為一種紅外線光遙控繼電器內部電路圖，其主要含紅外線接收電晶體3DU5、NC555計時器及一單軸雙切（Single Pole Double Throw, SPDT）電磁繼電器，此單軸雙切電磁繼電器有兩個輸出（NC及NO）。當此紅外線光遙控繼電器接收器之電晶體接收紅外線後會產生大電流，流入計時器NC555並由計時器3端輸出高電位產生流入電磁繼電器K線圈產生磁場吸引電磁繼電器之COM端使COM和其NO端連接，可起動和NO端連接的儀器B（如圖3-28(b)所示）並切斷COM和NC連接且因而關閉接在NC端之儀器A。

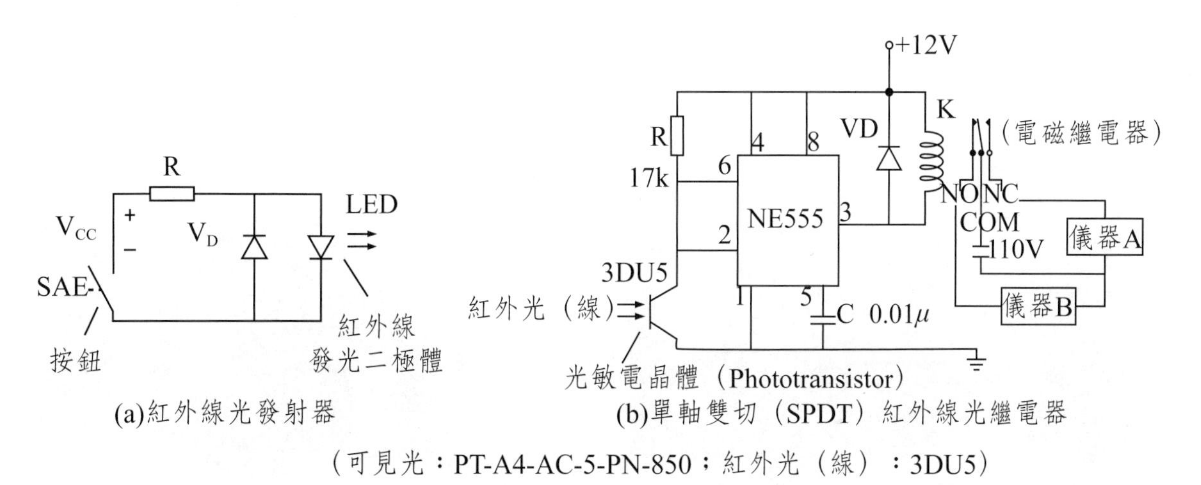

圖3-28　紅外線光遙控繼電器系統(a)發射器[76c]及(b)單軸雙切（SPDT）紅外線光繼電器電路圖[76d]（原圖來源：(a)https://read01.com/oOz63Q.html；(b)http://www.21ic.com/dianlu/cs/remote/2014-10-22/604878.htm）

3.9.2 無線電遙控繼電器

無線電遙控繼電器（Radio Remote Control Relay）又稱無線電控制繼電器（Radio Control Relay, RCR）。現在市售無線電遙控繼電器依發射器不同可分為(a)手機遙控繼電器（Mobile Phone Remote Control Relay）及(b)無線電發射器遙控繼電器（Radio Transmitter Remote Control Relay），分別說明如後：

3.9.2.1 手機遙控繼電器

手機遙控繼電器（Mobile Phone Remote Control Relay）是用手機（Mobile Phone或稱Cell Phone）以遙控起動各種儀器之無線電繼電器。圖3-29為兩種市售手機遙控繼電器實物圖。圖3-29(a)為New Smart手機遙控繼電器（原稱New Smart智能開關）實物圖，其利用手機及85～250V電源可起動接在無線電繼電器輸出端之儀器。圖3-29(b)則為利用GSM牌4G手機遙控之無線電繼電器實物圖，此GSM手機遙控繼電器內部有2個電磁繼電器（2ch Output gsm sms Remote Control Relay），如圖所示可控制用電源110/220V之A，B，C，D四部儀器之起動和關閉。GSM亦有生產內部具有6個電磁繼電器（6ch Output）之手機遙控繼電器產品，可控制6～12部化學儀器之起動和關閉。

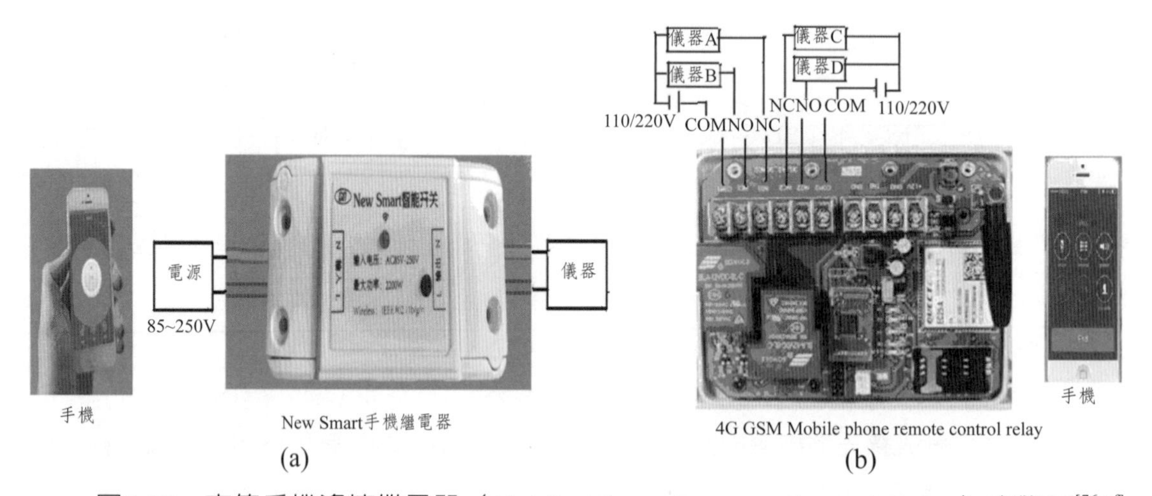

圖3-29 市售手機遙控繼電器（Mobile Phone Remote Control Relay）實物圖[76e-f]（原圖來源：(a) https://gd1.alicdn.com/bao/uploaded/i1/59620430/TB2EXeNXk7myKJjSZFgXXc T9XXa_!!59620430.jpg_600x600.jpg；(b)https://i.ebayimg.com/images/g/tF0AAOSwiBpZdzt7/s-l500.jpg）

3.9.2.2 無線電發射器遙控繼電器

無線電發射器遙控繼電器（Radio Transmitter Remote Control Relay）顧名思義是用傳統無線電發射器以遙控起動各種儀器之無線電繼電器。圖3-30為兩種市售無線電發射器遙控無線電繼電器實物圖。圖3-30(a)為富農科技公司所生產可用無線電發射器遙控起動一用220/310V電源的儀器之無線電遙控

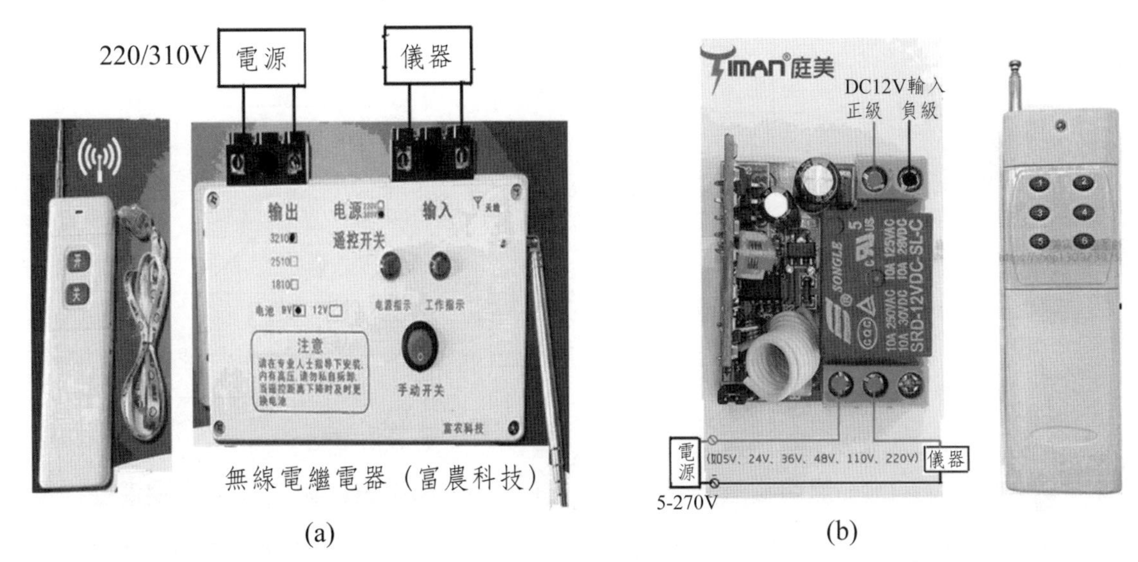

(a) (b)

圖3-30 市售無線電發射器遙控無線電繼電器實物圖[76g-h]（原圖來源：(a)https://gd4.alicdn.com/bao/uploaded/i4/876185828/TB2K_RIwHlmpuFjSZFlXXbdQXXa_!!876185828.jpg_600x600.jpg；(b)http://g-search2.alicdn.com/bao/uploaded/i4/2646727374/TB 263VNhFX XXXcg XXXXX XXX XXXX_!!2646727374.jpg_240x240q50）

繼電器。圖3-30(b)則爲庭美電子公司所生產的無線電遙控繼電器，可用無線電發射器遙控起動任何一用5～270V電源之儀器。

圖3-31爲台灣元智大學師生[76i-j]利用市售低價格（約10元美金）之TG-11無線電發射器及接受器改裝製成的無線電遙控繼電器（Radio Control Relay）系統結構線路圖。TG-11無線電發射器可發射315MHz無線電波，而TG-11無線電接受器可接收300～434 MHz無線電波。如圖3-31(b)所示，當TG-11無線電接受器的天線接收由TG-11無線電發射器發射之315MHz無線電波後轉成數位訊號並進入HT-12D解碼器，然後由HT-12D輸出高電位電流流入電磁繼電器之線圈產生磁場，以吸引其COM極轉和NO極連接，以起動和NO極連接用110V交流電源之儀器。

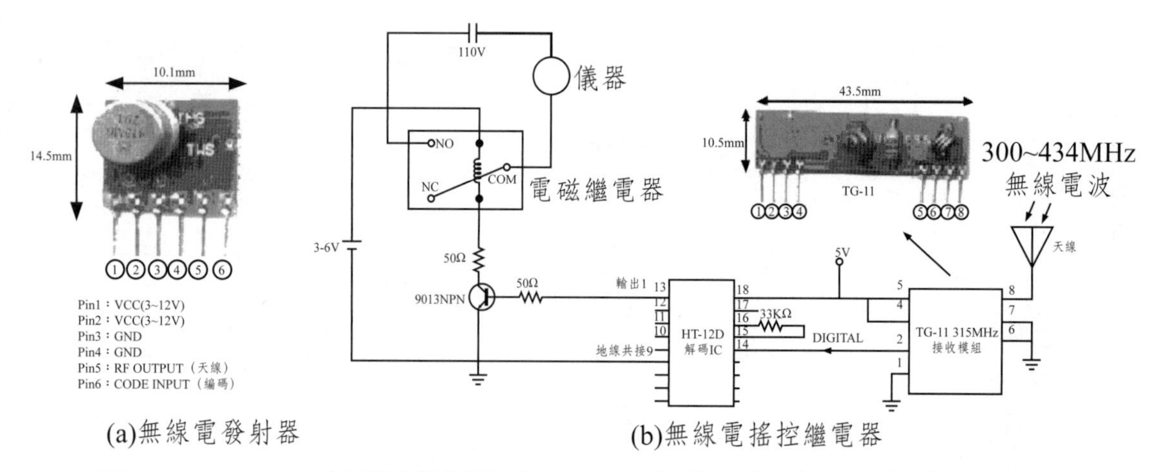

(a)無線電發射器　　(b)無線電搖控繼電器

圖3-31　TG-11(a)無線電發射器（315 MHz）及(b)接受器組成的無線電遙控繼電器（Radio Remote Control Relay, 300-434 MHz）系統內部結構線路圖[76i-j]（原圖及資料來源：http://designer.mech.yzu.edu.tw/conten tCounter.aspx?SpeechID=322；蔡宗成、黃凱、鄧嘉峰、胡正鈺、陳明周，元智大學無線電收發模組電路製作介紹（2002））

第 4 章

運算放大器（OPA）晶片
(Operational Amplifier (OPA) Chips)

運算放大器（Operational Amplifier, OPA）[77-81]晶片常用在微電腦及介面電子線路中用來進行加、減、乘、除、微分、積分及其他（如對數化或正負電壓反相化）的類比訊號之運算及放大，因此被稱爲「運算放大器晶片」。常見的運算放大器晶片主要以電晶體（如場效電晶體）組成的半導體積體電路晶片。本章除將介紹各種常見的運算放大器種類之結構及功用外，由於運算放大器（OPA）在化學實驗儀器上應用甚廣，本章也將介紹常用在化學實驗儀器上之運算放大器組件：運算放大器積分器（OPA Integrator）、運算放大器微分器（OPA Differentiator）、OPA溫度測量及控制系統（OPA for Temperature Measurement and Control Systems）、OPA光度測量及控制系統（OPA for Optical Density Measurement and Control Systems）、電流／電壓轉換運算放大器（OPA Current/Voltage Converter）及運算放大器頻率調節器（OPA Frequency Modulator）。

4.1 運算放大器簡介

運算放大器OPA（Operational Amplifier）為在大部分分析儀器皆可發現之元件，運算放大器雖小但功能很多，它可用來做儀器訊號處理（如訊號之放大、縮減、相加減、相乘除、微分、積分、對數化、反對數化及正負電壓轉換和電流／電壓轉換）及當訊號比較器和波形產生器，本節重點在應用運算放大器做化學分析儀器訊號處理之用。圖4-1為常用做訊號放大之運算放大器（OPA）之常見接線圖及晶片實物圖。如圖4-1(a)所示，OPA具有可做輸入端之正（+）及負（-）腳和輸出端，當原始訊號V_{in}由運算放大器（OPA）之正極進入，經OPA放大後由輸出端輸出電壓V_{out}訊號，其輸出及輸入訊號電壓之關係與其放大倍數（A_{CL}）分別如下：

$$V_{out} = V_{in}(1+R_f/R_g) \quad (4-1)$$

$$A_{CL}（放大倍數）= 1+(R_f/R_g) \quad (4-2)$$

由上式可見放大倍數(a)取決於接在OPA負極所用之R_f及R_g之比，如R_f/R_g =10，$A = 1 + R_f/R_g = 11$，即會放大成原來訊號11倍，但最大輸出電壓V_{out}^{max}

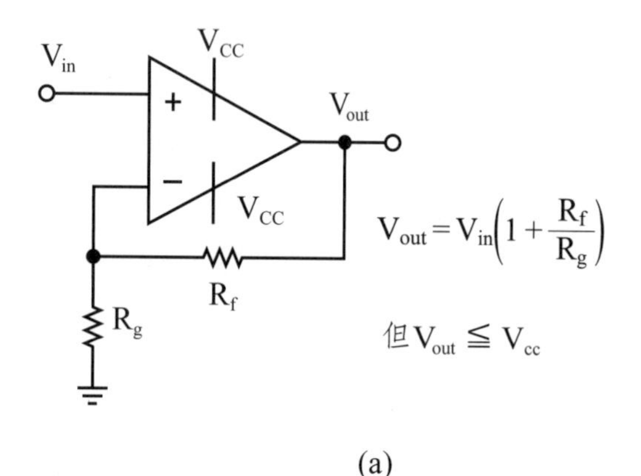

(a)

(b)

圖4-1 運算放大器（OPA）之(a)訊號放大常用接線圖[77]，及(b)晶片實物圖[82a]（原圖來源：(a) http://en.wikipedia.org/ wiki/Operational_amplifier；(b) zh.wikipedia.org/zh-tw／運算放大器）

爲V_{cc}（OPA電源），即$V_{out} \leqq V_{cc}$，即放大後輸出電壓V_{out}最大值爲V_{cc}。

圖4-2及圖4-3分別爲常見八支腳（8pins）運算放大器（OPA）IC741及IC1458晶片之外觀圖，符號，晶片實物外觀圖和接腳圖。IC741（圖4-2）爲內含一組OPA線路的晶片，輸入端之正（+）及負（-）爲Pins 3,2，而輸出端（Vo）爲Pin 6，並在第7，4腳（Pins 7,4）接正負電壓（±Vcc，常用±5V或±12V，±15V）當電源，而IC1458晶片（圖4-3）則內部含兩組OPA線路，其第8，4腳接正負電壓兩組OPA共用，兩組OPA放大電壓分別由第1，7輸出。圖4-4爲由電晶體所組成的運算放大器IC741晶片之內部線路圖。

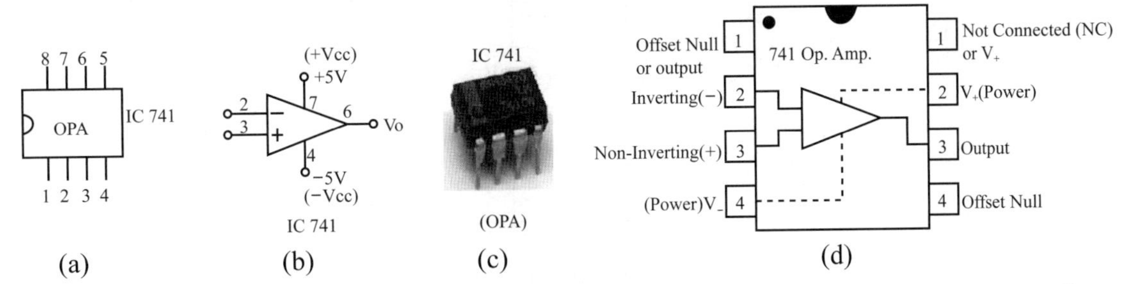

圖4-2　運算放大器（OPA）之(a)晶片外觀圖，(b)符號，(c)OPA-741晶片實物外觀圖和(d)接腳圖[81]

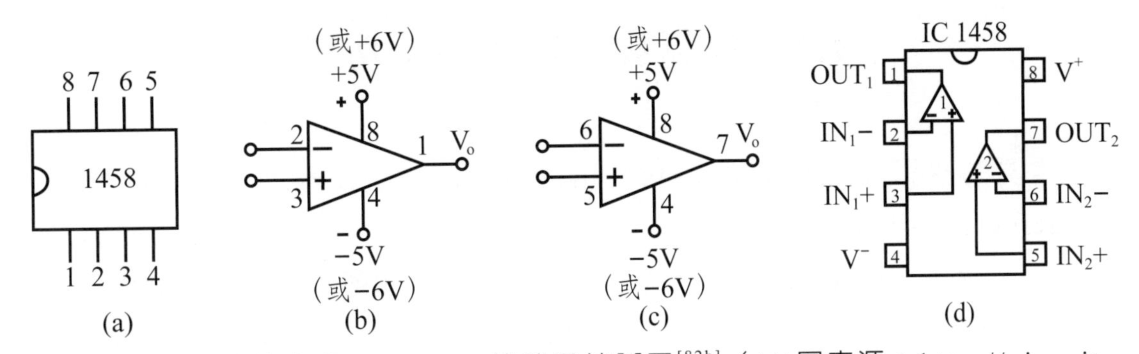

圖4-3　運算放大器OPA 1458符號及接腳圖[82b]（(d)圖來源：http://circuits.datasheetdir.com/37/UPC1458-pinout.jpg）

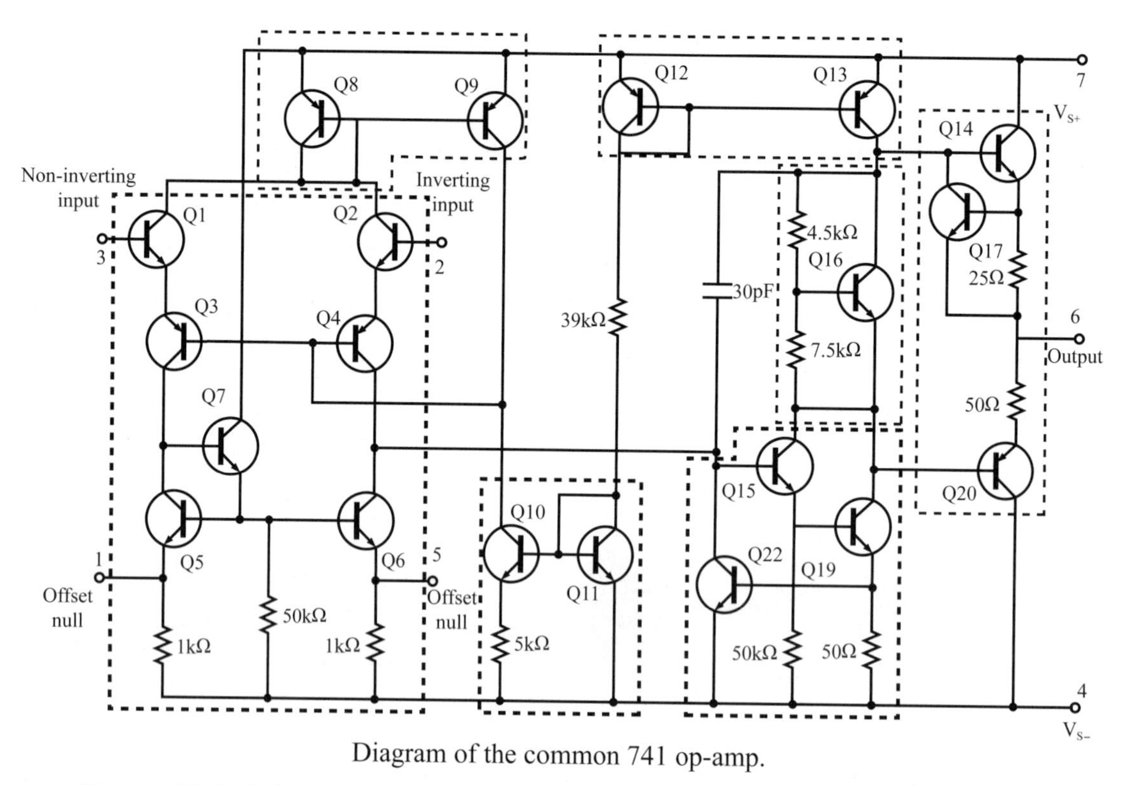

Diagram of the common 741 op-amp.

圖4-4 運算放大器（OPA）IC741晶片之內部線路圖[77]（原圖來源：http://en.wikipedia.org/wiki/Operational_amplifier）

4.2 運算放大器種類及功用

常見的運算放大器種類有(1)反相負迴授運算放大器（Reverse Phase Negative Feedback OPA），(2)非反相負迴授運算放大器（Non-Reverse Phase Negative Feedback OPA），(3)訊號相加運算放大器（OPA Adder），(4)訊號相減運算放大器（Difference OPA），(5)訊號對數化運算放大器（Logarithmic OPA），(6)電壓反相運算放大器（Voltage Inverting OPA），(7)電壓隨藕運算放大器（Voltage Follower OPA），及(8)運算放大器比較器（OPA Comparator）。本節將分別介紹這些運算放大器之結構及工作原理。

4.2.1 反相負迴授運算放大器

反相負迴授運算放大器（Reverse Phase Negative Feedback OPA）如圖4-5所示，是將輸入電壓訊號V_1由運算放大器（OPA）之負（-）極進入而輸出電壓訊號V_o又迴授回到負（-）極進入OPA（負（-），來回迴授）且輸出電壓V_o和輸入電壓V_1訊號之正負相反（反相，如V_1正電壓，V_o就為負電壓）因而得名。此輸出電壓V_o在OPA輸出端及負（-）極來回迴授（Feeback）可使輸出電壓V_o穩定。

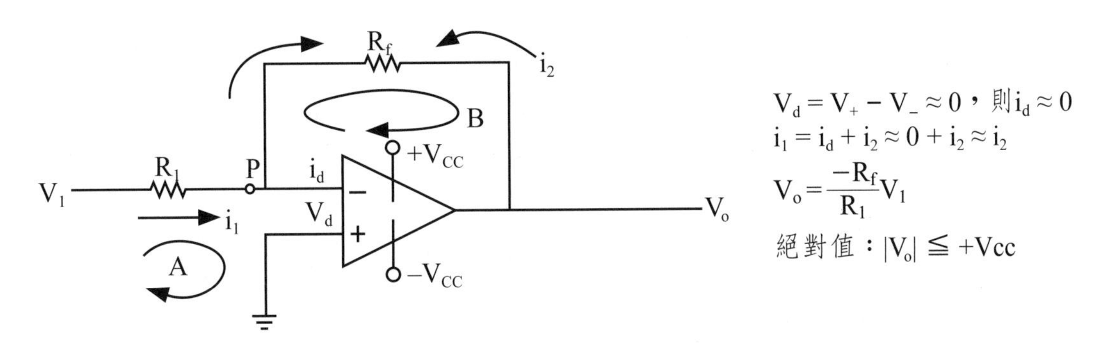

圖4-5　反相負迴授運算放大器結構示意圖及放大方程式[81]

在反相負回授OPA之圖（圖4-5）中由外來儀器訊號流經R_1阻抗的電流為i_1，經P點分成入OPA負（-）端的電流（i_d）及進入回授環路的電流（i_2），即：

$$i_1 = i_2 + i_d \tag{4-3}$$

由圖上所示OPA正負端之電位差為V_d（即$V_d = V_+ - V_-$），在OPA設計上，使用負回饋時，OPA正負端電位差V_d幾乎等於0，換言之，P點及OPA負端間電流i_d也就很小，幾乎沒電流，即$i_d \approx 0$：

$$V_d = V_+ - V_- \approx 0 \tag{4-4}$$

$$i_d \approx 0 \tag{4-5}$$

由式4-3及4-5可得： $i_1 = i_2 + i_d \approx i_2 + 0 \approx i_2$，即$i_1 \approx i_2$ （4-6）

在反相負回授OPA圖（圖4-5）之A線圈左邊儀器訊號輸入電壓V_1應等於A線圈右邊之電壓總和，即：

$$V_1 = i_1 R_1 + V_d \quad (4\text{-}7)$$

由式4-2及4-5可得：

$$V_1 = i_1 R_1 + V_d \approx i_1 R_1 + 0 = i_1 R_1 \quad (4\text{-}8)$$

再由圖4-5之右邊B線圈，左邊V_d電壓應等於B線圈右邊之電壓總和，即：

$$V_d = i_2 R_f + V_0 \quad (4\text{-}9)$$

由式4-6及4-9可得：

$$V_d = 0 = i_2 R_f + V_0\text{，即得 } V_0 = -i_2 R_f \quad (4\text{-}10)$$

由式4-10及式4-6可得：

$$V_0/V_1 = -i_2 R_f/(i_1 R_1) = -R_f/R_1$$

即：

$$V_0 = -(R_f/R_1)V_1 \quad (4\text{-}11)$$

換言之，反相負回授OPA之放大倍數（A_{CL}）為：

$$A_{CL}\text{（放大倍數）} = R_f/R_1 \quad (4\text{-}12)$$

若一反相負回授OPA用Rf = 5KΩ，R1=1KΩ，而將+0.5V（正電壓，V1）電壓訊號輸入OPA晶片，可得輸出電壓V_0為：

$$V_0 = -(R_f / R_1)V_1 = -(5/1)0.5 = -2.5V \text{（負電壓）} \quad (4\text{-}13)$$

若反相負迴授運算放大器之輸出電壓爲負電壓，其可常用在電化學供應負電極以還原樣品溶液中金屬離子而將金屬電鍍在負電極上。反之，此反相負迴授運算放大器亦可將一負電壓輸入訊號放大且轉換成正電壓輸出。反相負迴授運算放大器之最大輸出電壓絕對值$|V_o^{max}|$（不論正電壓或負電壓）爲$+V_{cc}$（OPA電源），即輸出電壓絕對值$|V_o| \leqq +V_{cc}$（如圖4-5所示）。

4.2.2 非反相負迴授運算放大器

非反相負迴授運算放大器（Non-Reverse Phase Negative Feedback OPA）如圖4-6所示，儀器訊號由OPA正（+）端輸入，一股電流（i'_2）由輸出端經回授環路再經a點及R_1最後流入接地。故此電流（i'_2）由輸出電壓V_o及R_1，R_f大小來決定如下：

$$V_o = i'_2(R_1 + R_f) \quad (4\text{-}14)$$

而OPA正（+）端電壓V+等於輸入電壓V_1，而V-電壓等於a點電壓V_a即：

$$V_+ = V_1 \quad (4\text{-}15)$$

$$V_- = V_a \quad (4\text{-}16)$$

由式4-4及式4-5（$V_d = V_+ - V_- \approx 0$）和式4-15及4-16可得：

$$V_1 = V_+ = V_- = V_a \quad (4\text{-}17)$$

然

$$V_a = i'_2R_1 \quad (4\text{-}18)$$

故

$$V_1 = V_a = i'_2R_1 \quad (4\text{-}19)$$

由式4-14及4-19可得：

$$V_o/V_1 = [i'_2(R_1+R_f)]/(i'_2R_1) \quad (4\text{-}20)$$

即

$$V_o = [(R_1+R_f)/R_1]V_1 \quad (4\text{-}21)$$

換言之，非反相負回授OPA之放大倍數（A_{CL}）爲：

$$A_{CL}（放大倍數）= (R_1+R_f)/R_1 = 1 + R_f/R_1 \quad (4\text{-}22)$$

若用R_1=1.0 KΩ，R_f=10 KΩ放大從OPA正（+）端輸入0.1 V，可得輸出電壓V_o爲：

$$V_o = [(R_1+R_f)/R_1]V_1 = [(10+1.0)/1.0]\times 0.1V = +1.1V \quad (4\text{-}23)$$

如圖4-6所示，非反相負回授OPA之最大輸出電壓絕對值$|V_o^{max}|$亦爲$+V_{cc}$（OPA電源），即輸出電壓絕對值$|V_o| \leqq +V_{cc}$。

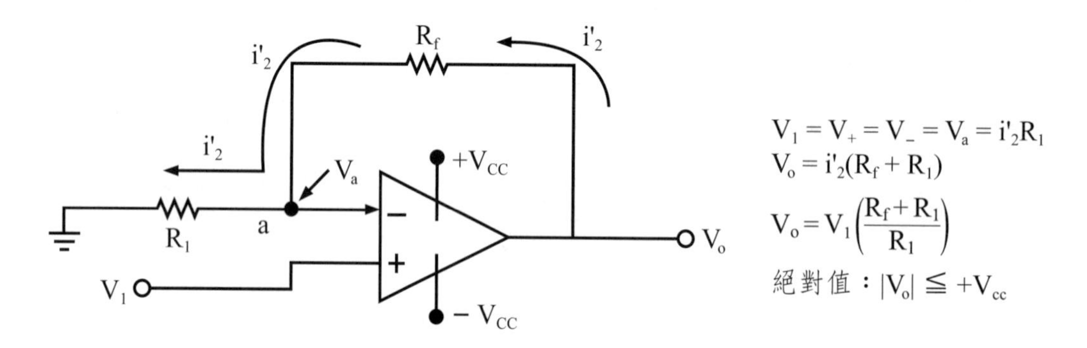

圖4-6　非反相負迴授運算放大器結構示意圖及放大方程式[81]

4.2.3　電壓反相運算放大器

電壓反相運算放大器（Voltage Inverting OPA，圖4-7）是用來將一輸入正電壓（V_1）變成輸出負電壓（V_o）或由負電壓V_1輸入變成正電壓（V_o）輸出，即$V_o = -V_1$。電壓反相運算放大器（電壓反相OPA）實爲反相負迴授運

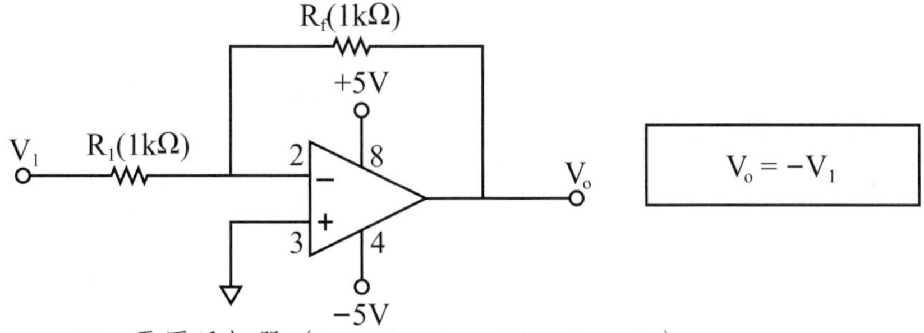

OPA電壓反相器（Inverting Amplifier, $R_1 = R_f$）

圖4-7　電壓反相運算放大器（OPA Voltage Inverter）之基本結構及輸出輸入關係示意圖[81]

算放大器之特例。反相負迴授運算放大器（反相負迴授OPA）之輸出輸入電壓關係如4-2-1節所示如下：

反相負迴授OPA：　$V_0 = -(R_f/R_1)V_1$　（4-24A）

當$R_f = R_1$時，反相負迴授OPA變為電壓反相OPA而式（4-24A）則變成：

電壓反相OPA：　$V_o = -V_1$　（4-24B）

4.2.4　訊號相加運算放大器

訊號相加運算放大器（OPA Adder）是用來將兩輸入電壓訊號（V_1, V_2）相加並放大之運算放大器。圖4-8為一般OPA訊號相加器（Adder）之基本結構及輸出輸入關係示意圖，此種OPA訊號相加器屬反相負迴授運算放大器。此訊號相加運算放大器之輸出電壓（V_o）和兩輸入電壓（V_1, V_2）之關係為：

$$V_o = -R_f\left(\frac{V_1}{R_1} + \frac{V_2}{R_2}\right) \tag{4-25}$$

若$R_1 = R_2$，則

$$V_o = -\frac{R_f}{R_1}(V_1 + V_2) \tag{4-26}$$

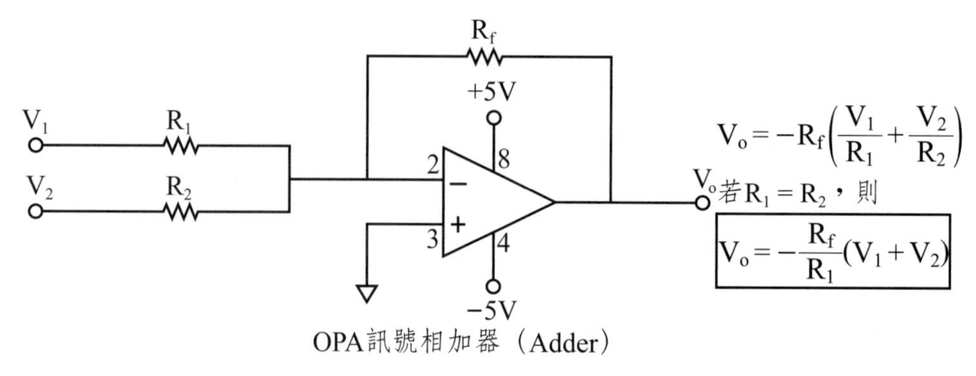

圖4-8　OPA訊號相加器（Adder）之基本結構及輸出輸入關係示意圖[81]

由上式可知，當兩輸入電壓訊號（V_1,V_2）皆爲正電壓時，此訊號相加運算放大器之輸出電壓（V_o）爲負電壓。若要使此輸出負電壓轉變成正電壓，只要將輸出負電壓（V_o）再接上節（4-2-3節）所述之電壓反相運算放大器（電壓反相OPA），即可將輸出之負電壓（V_o）變爲正電壓輸出。

4.2.5　訊號相減運算放大器

訊號相減運算放大器（Difference OPA）是能將兩電壓訊號（V_1,V_2）相減並放大之運算放大器。圖4-9爲訊號相減運算放大器（訊號相減OPA）典型基本結構及輸出輸入關係示意圖。如圖所示，將兩電壓訊號V_2,V_1分別接至運算放大器（OPA）之正負極並經OPA放大，其輸出電壓V_o和兩電壓訊號V_2，V_1之關係爲：

$$V_o = R_f\left(\frac{V_2}{R_2} - \frac{V_1}{R_1}\right) \quad (4\text{-}27)$$

若$R_1 = R_2$，則

$$V_o = \frac{R_f}{R_1}(V_2 - V_1) \quad (4\text{-}28)$$

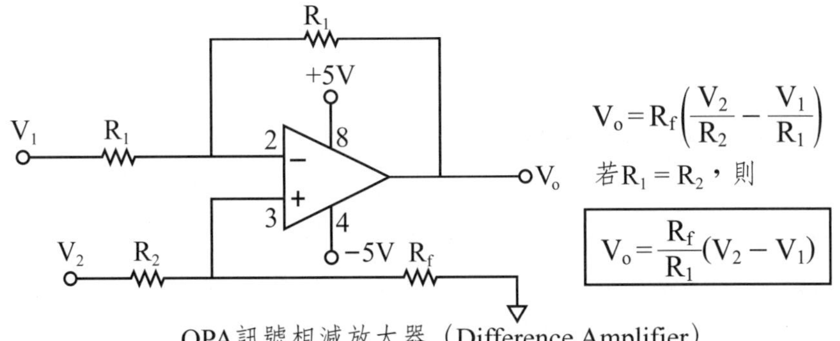

圖4-9　OPA訊號相減放大器（Difference Amplifier）之基本結構及輸出輸入關係示意圖[81]

4.2.6　訊號對數化運算放大器

訊號對數化運算放大器（Logarithmic OPA）是將類比電壓訊號V1對數化之運算放大器。圖4-10爲此OPA訊號對數化放大器（Logarithmic Amplifier）之基本結構及輸出輸入關係示意圖。如圖4-10所示，在此OPA訊號對數化放大器中將一個二極體（diode）放在OPA之負迴授線路上取代傳統OPA所用電阻R_f，其輸出電壓V_o和輸入類比電壓訊號V_1之關係爲：

$$V_o = -B\log V_1 + C \qquad (4\text{-}29)$$

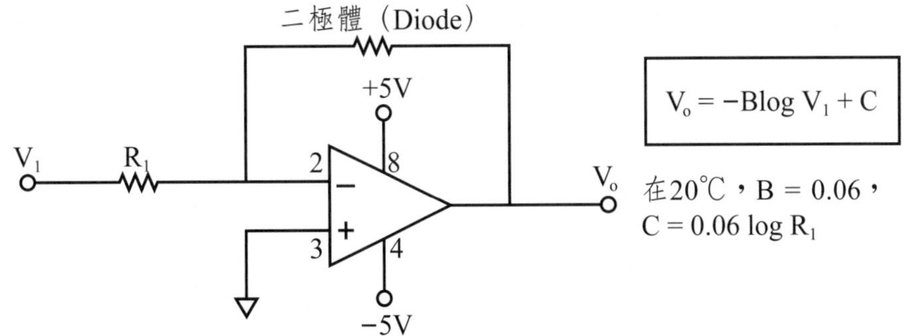

圖4-10　OPA訊號對數化放大器（Logarithmic Amplifier）之基本結構及輸出輸入關係示意圖[81]

在20℃，式4-29中，B = 0.06，C = 0.06 log R_1。

4.2.7 電壓隨藕運算放大器

電壓隨藕運算放大器（Voltage Follower OPA）又稱爲OPA電壓隨藕器（OPA Voltage Follower），是一種可將輸入電壓訊號功率及所產生的電流放大，但不會改變電壓大小之運算放大器。圖4-11爲OPA電壓隨耦器（OPA Voltage Follower）之基本結構及輸出輸入關係示意圖。如圖4-11所示，將輸入電壓訊號V_1接到OPA之正（+）極，其輸出電壓V_o和輸入電壓V_1相等（但功率增大）如下：

OPA電壓隨耦器：
$$V_o = V_1 \tag{4-30}$$

雖然經此OPA電壓隨耦器後，電壓沒增大，但訊號功率增大，可產生放大電流。

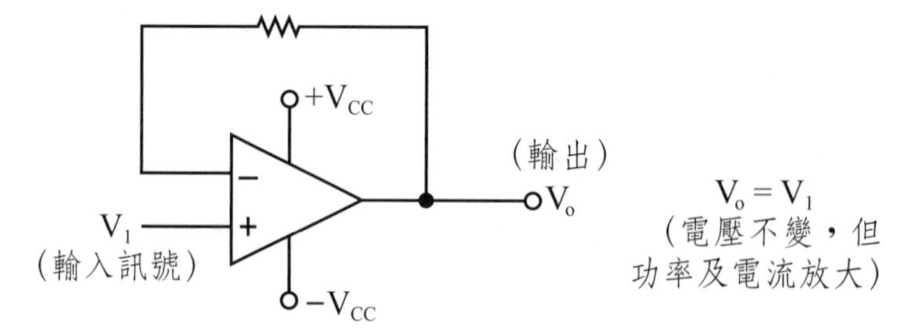

圖4-11 OPA電壓隨耦器（OPA Voltage Follower）之基本結構及輸出輸入關係示意圖[81]

4.2.8 運算放大器比較器

運算放大器比較器（OPA Comparator）用來比較兩電壓訊號大小並輸出1（V_{cc}（OPA電源），如5.0V或12V）或0（$-V_{cc}$，如-5V或-12V）訊號。圖4-12爲運算放大器比較器之結構圖，在此OPA比較器兩輸入電壓（V_1及V_2）中V_1接OPA正（+）極，V_2接負（-）極。OPA比較器之輸出電壓（V_o）和兩

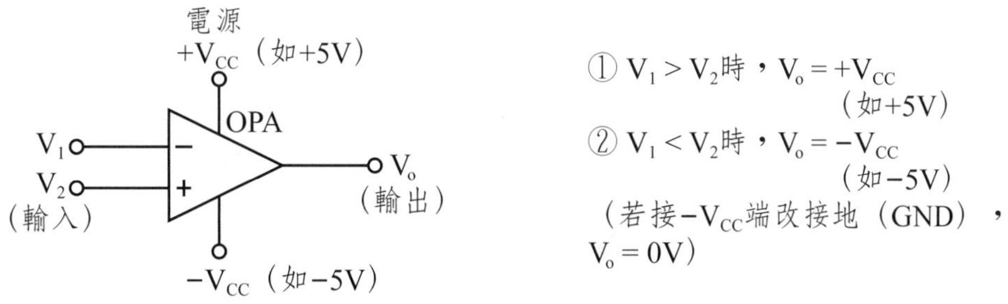

電源 $+V_{CC}$（如+5V）

OPA

V_1　V_2（輸入）　V_o（輸出）

$-V_{CC}$（如−5V）

① $V_1 > V_2$時，$V_o = +V_{CC}$（如+5V）

② $V_1 < V_2$時，$V_o = -V_{CC}$（如−5V）

（若接$-V_{CC}$端改接地（GND），$V_o = 0V$）

圖4-12　運算放大器比較器（OPA Comparator）之基本結構及輸出輸入關係示意圖

輸入電壓比較大小之關係如下：

$$若V_1 > V_2，V_o = +V_{cc} \qquad (4\text{-}31)$$

$$若V_1 < V_2，V_o = -V_{cc} \qquad (4\text{-}32)$$

式中$+V_{cc}$及$-V_{cc}$爲OPA所用電源之正負電壓，通常：$+V_{cc} = 5V$或$12V$，而$-V_{cc} = -5V$或$-12V$。

圖4-13爲運算放大器比較器（OPA Comparator）之測試系統，其中V_1接負(−)極，而V_2接正(+)極。當$V_1>V_2$時，Vo爲−5V，不能起動圖中固體繼電器（SSR, Solid State Relay），因而燈泡不會亮。反之，當$V_1<V_2$時，V_o爲+5V，足以起動圖中固體繼電器（SSR），因而會使燈泡發亮。

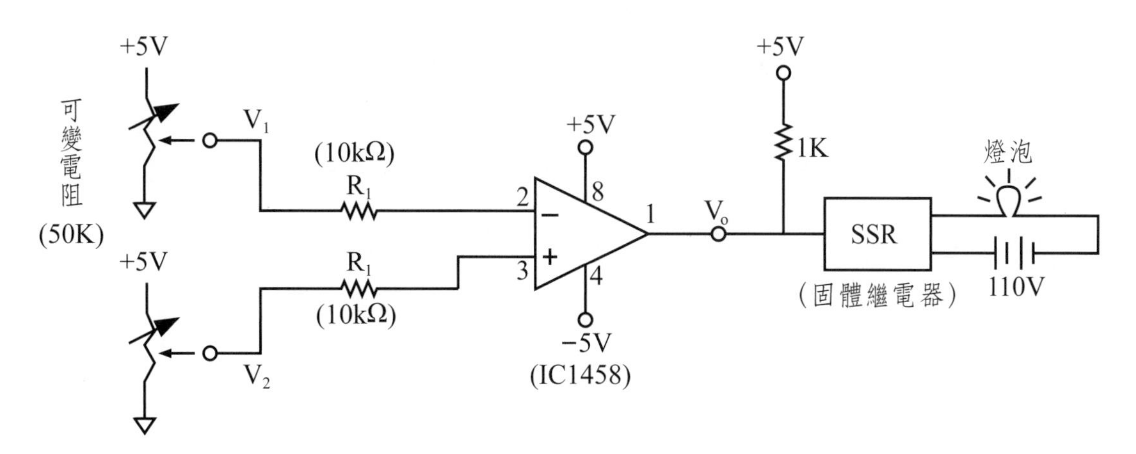

圖4-13　運算放大器比較器（OPA Comparator）之測試系統

4.3 運算放大器應用

本節將介紹常用在化學實驗儀器上之運算放大器組件：運算放大器積分器（OPA Integrator）、運算放大器微分器（OPA Differentiator）、OPA溫度測量及控制系統（OPA for Temperature Measurement and Control Systems）、OPA光度測量及控制系統（OPA for Optical Density Measurement and Control Systems）、電流／電壓轉換運算放大器（OPA Current/Voltage Converter）及運算放大器頻率調節器（OPA Frequency Modulator）。

4.3.1 運算放大器積分器

積分器在化學層析及光譜分析上波峰（Peak）面積之積分中相當有用。圖4-14爲利用運算放大器（OPA）所組成的OPA積分器（OPA Integrator）之線路圖。

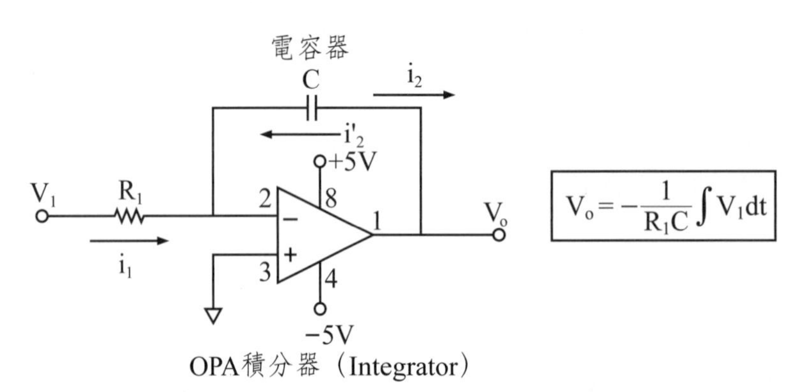

圖4-14　OPA積分器（OPA Integrator）之基本結構及輸出輸入關係示意圖[81]

如圖4-14所示，在OPA積分器線路中，電容器（C）取代了傳統OPA放大器中之電阻R_f，其電容器之電容C（Capacitance）及所存的電量（q）和積分器輸出電壓V_0之關係爲：

$$q = CV_0 \qquad (4\text{-}33)$$

又因i_2'及$-i_2$方向相反絕對值相等（即$i_2' = -i_2$）

$$i_2' = -i_2 = dq/dt = d(CV_0)/dt \quad (4\text{-}34)$$

而 $$i_1 = V_1/R_1 \quad (4\text{-}35)$$

因OPA'之$i_1=i_2$故

$$-i_2 = dq/dt = d(CV_0)/dt = i_1 = V_1/R_1 \quad (4\text{-}36)$$

可得 $$d(CV_0)/dt = -V_1/R_1 \quad (4\text{-}37)$$

所以 $$dV_0 = -[V_1/(R_1C)]dt \quad (4\text{-}38)$$

積分後可得 $$V_0 = -(1/R_1C)\int V_1\, dt \quad (4\text{-}39)$$

上式即積分器之輸出電壓V_0爲其輸入訊號V_1之積分且放大之結果。

4.3.2 運算放大器微分器

OPA微分器（OPA Differentiator）也是由電容器與OPA所構成，其和積分器不同的是其將電容器C取代傳統OPA放大器中之電阻R1（如圖4-15所示），其電容器之電量q是用輸入訊號V_1充電的，故其電容器之電容C及電容器中所存的電量（q）和積分器輸入電壓V_1之關係爲：

$$q = CV_1 \quad (4\text{-}40)$$

則 $$i_1 = dq/dt = d(CV_1)/dt \quad (4\text{-}41)$$

又因 $$i_1 = -i_2' = -V_0/R_f \quad (4\text{-}42)$$

式4-41代入式4-42中，可得：

$$C(dV_1/dt) = -V_0/R_f \quad (4\text{-}43)$$

上式整理可得： $$V_0 = -R_fC(dV_1/dt) \quad (4\text{-}44)$$

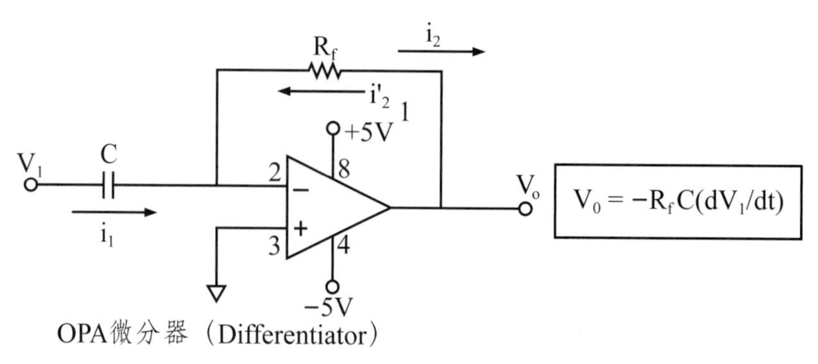

圖4-15　OPA微分器（OPA Differentiator）之基本結構及輸出輸入關係示意圖[81]

4.3.3　OPA溫度測量及控制系統

利用熱敏晶片LM334或LM335和OPA相減放大器連接可組成OPA溫度測定器（OPA Temperature Measuring Device or OPA-Thermometer，如圖4-16所示），LM334及LM335熱敏晶片之材料爲混合過渡金屬氧化物（Mn-Cu-Ox），當溫度升高，熱氣使圖4-16中LM334熱敏晶片阻抗下降，使圖中電壓V_1升高，當連接在OPA負端之參考電壓V_r固定時，此OPA溫度測定器之輸出電壓V_0因而增加，由V_0增加值就可計算環境之溫度值。

若利用可變電阻可調OPA溫度測定器之輸出電壓V_0大小，圖4-17爲輸出電壓V_0可調式OPA溫度測定器線路圖。圖中利用可變電阻調至其輸出電壓爲

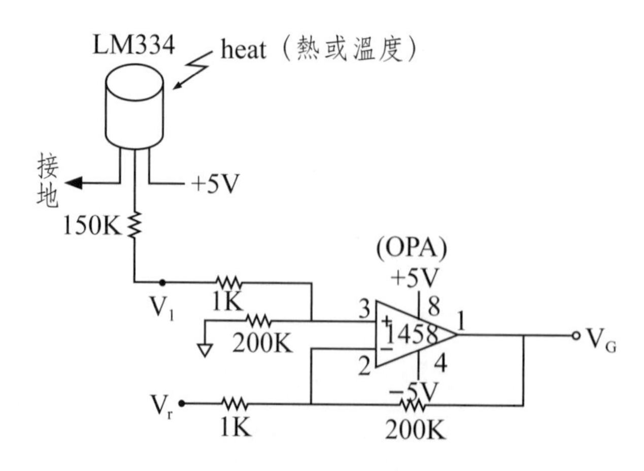

圖4-16　OPA溫度測定器線路示意圖[81]

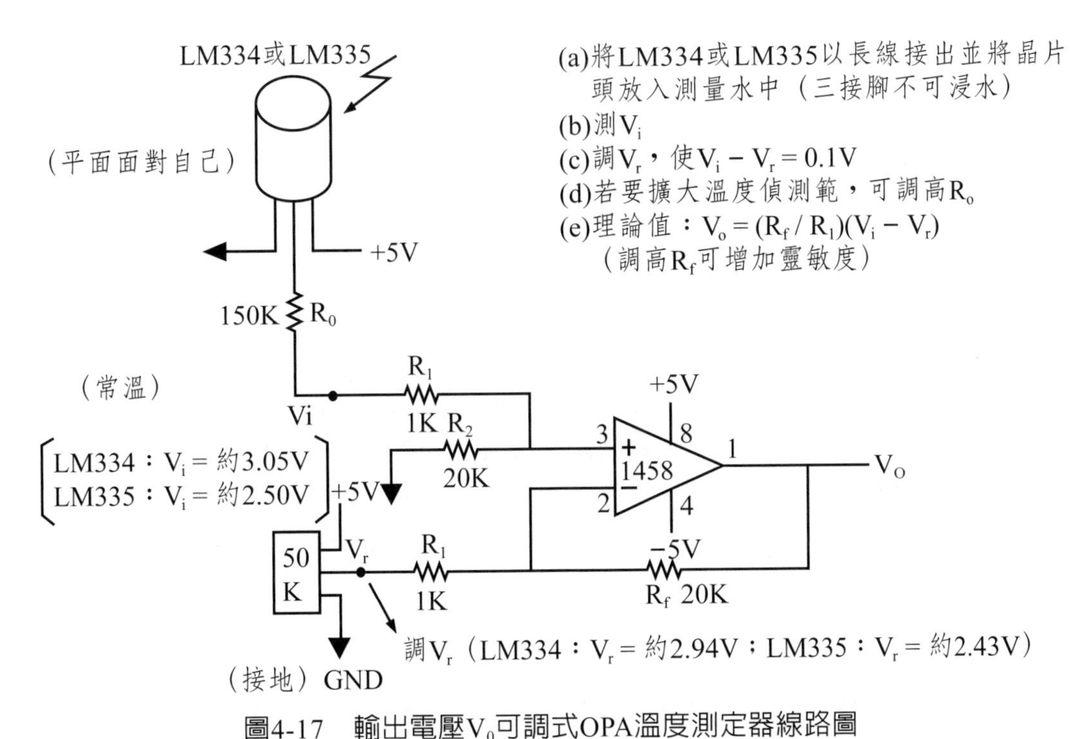

圖4-17　輸出電壓V_0可調式OPA溫度測定器線路圖

Vr，此可調式OPA溫度測定器線路輸出電壓V_0就為：

$$V_o = (R_f/R_1)/(V_i - V_r) \tag{4-45}$$

若利用比較器（如LM339）和前述的OPA溫度測定器連接就可組成自動OPA溫度控制器（OPA Temperature Controller）。如圖4-18所示，此種OPA溫度控制器分「溫度測定」及「溫度控制」兩部分，溫度測定系統即為前述的OPA溫度測定器，而由溫度測定系統輸出電壓V_0接一比較器（LM339 IC晶片）負端，而將一設定電壓V_2（V_2和設定溫度T_r成正比關係）接在比較器LM339之正端，V_0及V_2之差和比較器LM339之輸出電壓V_c之關係如下：

當　$V_0 < V_2$則V_c（比較器LM339）= 5V　　(4-46A)

　　$V_0 > V_2$則V_c（比較器LM339）= −5V　　(4-46B)

在$V_0 < V_2$（溫度T低於設定溫度T_r）時，LM339輸出電壓V_c為5V（比較

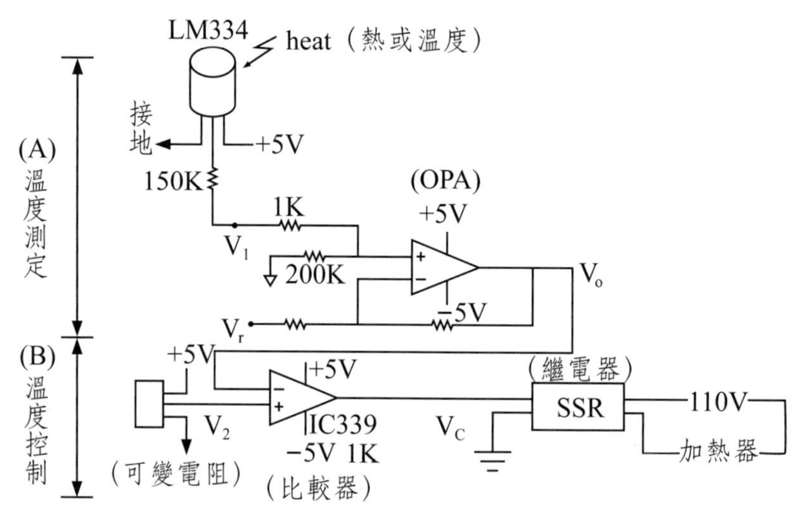

圖4-18 OPA溫度控制器線路示意圖[81,83]

器正電源Vcc），此時固體繼電器（Solid state Relay, SSR）就會呈ON，繼電器另一邊之110V電源就會ON，加熱器也就ON（繼續加熱）。反之，V_0 > V_2（溫度T高於設定溫度T_r）時，LM339輸出電壓V_c為–5V（比較器負電源–Vcc），此時繼電器輸入電壓就為–5V，而一般固體繼電器輸入電壓<3V時，就會呈OFF，繼電器另一邊之110V電源及加熱器也都會OFF（停止加熱）。即：

T（溫度）< T_r（設定溫度），則V_0 < V_2，V_c（比較器）=5V，繼電器=ON，加熱器=ON （4-47）

T（溫度）> T_r（設定溫度），則V_0 > V_2，V_c（比較器）=–5V，繼電器=OFF，加熱器=OFF （4-48）

如此就可達到系統溫度自動控制目的。

4.3.4 OPA光度測量及控制系統

在電子線路中常用CdS晶片當可見光的感應元件，圖4-19(a)為利用可感測可見光之CdS晶片和OPA相減放大器連接而成的基本OPA光度計（OPA

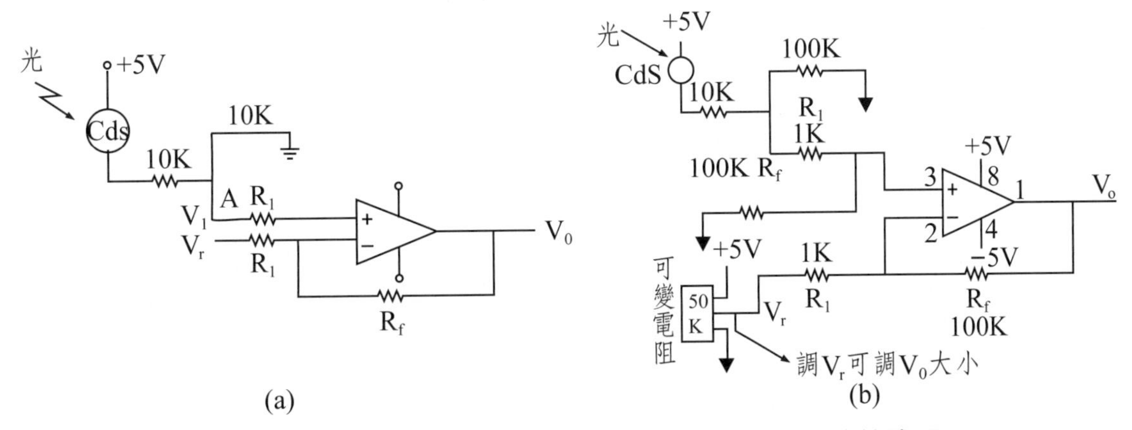

圖4-19　OPA-CdS光度計(a)基本線路[81]及(b)輸出電壓V_0可調式線路圖

Photometer）線路示意圖。CdS晶片之阻抗會因光強度增大而下降，而使圖4-19(a)中A點之電壓V_1升高（V_1即為OPA相減放大器正端輸入電壓），當在OPA相減放大器負端輸入參考電壓V_r，OPA相減放大器之輸出電壓V_0就會因V_1升高而升高，由V_0上升值即可計算出可見光之強度。參考電壓V_r可用來調整偵測光強度範圍及輸出電壓V_0大小範圍。參考電壓V_r可用可變電阻來調節大小，圖4-19(b)為利用可變電阻組成的輸出電壓V_0可調式OPA-CdS光度計線路圖。改變可變電阻輸出電壓V_r可調OPA-CdS光度計輸出電壓V_0。

一般光度測量除要測光強度外，通常還要測樣品中待測物的吸光度（Aborbance, A），因吸光度(a)和樣品中待測物的濃度(c)成正比，關係如下：

$$A（吸光度）= \log(Io/I) = \varepsilon bC \qquad (4\text{-}49)$$

式中Io及I分別為光射入樣品前及在樣品中走了b距離後用電壓表示之光強度，而ε則為待測物對入射光（特定波長）之莫耳吸收係數（Molar Absorption Coefficient）。由式4-49可看出要測吸光度(a)可利用本章4-2.6節所介紹的訊號對數化運算放大器（OPA對數化放大器）。若用圖4-19中，OPA-CdS光度計偵測Io及I，再對數化即可偵測吸光度(a)。圖4-20為由兩組OPA對數化放大器所組成的吸光度（Optical Absorbance, A）顯示器線路圖。如圖4-20

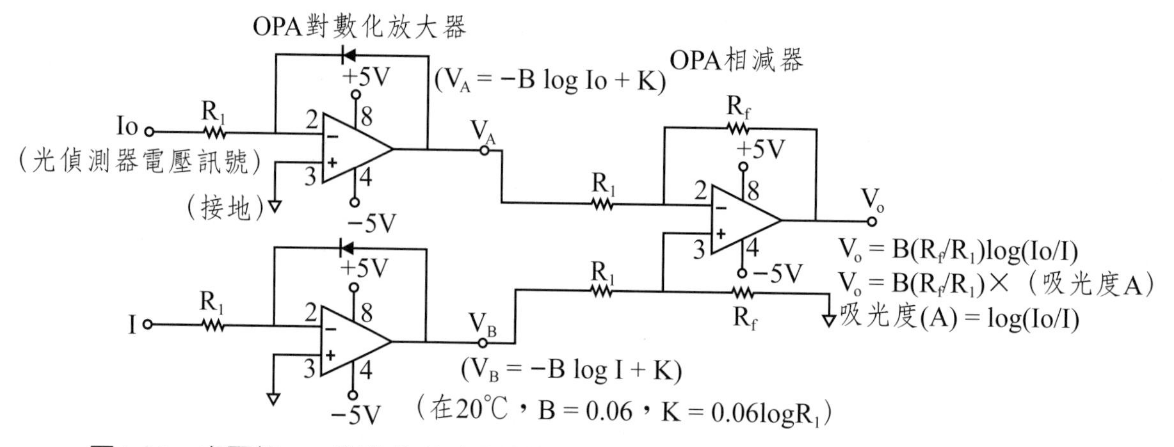

圖4-20　由兩組OPA對數化放大器所組成的吸光度（Optical Absorbance, A）顯示器線路圖

所示，先將Io及I兩光強度電壓訊號分別進入A，B兩OPA對數化放大器（各有二極體在負迴授線路上）在可得兩輸出電壓V_A及V_B：

$$V_A = -B \times \log Io + K \quad (4\text{-}50)$$

$$V_B = -B \times \log I + K \quad (4\text{-}51)$$

在20℃，式中B = 0.06，K = 0.06logR_1。然後將兩輸出電壓V_A及V_B分別進入一OPA比較器之負極及正極，最後可得輸出電壓Vo爲：

$$V_o = (V_B - V_A)R_f/R_1 = [0.06\ \log(Io/I)]\ R_f/R_1 \quad (4\text{-}52)$$

因

$$A（吸光度）= \log(Io/I) \quad (4\text{-}53)$$

式4-53代入式4-52可得：

$$V_o = (0.06R_f/R_1) \times A \quad (4\text{-}54)$$

由式4-54即可用測出的V_o計算A（吸光度）。再由式4-49就可得：

$$V_o = (0.06R_f/R_1) \times \varepsilon bC \quad (4\text{-}55)$$

如式4-55可知，只要測出V_o並根據已知R_f、R_1、ε、b即可計算出樣品中待測物的濃度C。

光運算放大器OPA系統亦可應用在化學上當光滴定系統以測定水溶液中離子含量。圖4-21爲OPA和CdS晶片所組成的測定水溶液中Ba^{2+}離子之OPA光滴定系統及其輸出訊號V_o和所用Na_2SO_4滴定液用量之關係。如圖4-21(a)所示，用Na_2SO_4滴定液滴定水溶液中Ba^{2+}離子，Na_2SO_4滴定液會和水溶液中Ba^{2+}離子產生沉澱而將燈泡所發部分燈光遮住，使照射到光敏電阻CdS之光度減少，會使光運算放大器OPA之輸入電壓V_1減小，因而OPA之輸出電壓V_0也會減小。Na_2SO_4滴定液用量愈多，V_1及V_0也降的愈低（如圖4-21(b)所示），一直到水溶液中所有Ba^{2+}離子都和Na_2SO_4滴定液產生沉澱，即圖4-21(b)之當量點E，再加Na_2SO_4滴定液也不會產生更多沉澱，如此光通過水溶液照射到光敏電阻CdS之光強度就保持固定，OPA之輸入電壓V_1及輸出電壓V_0也會保持一定，由當量點E所用Na_2SO_4滴定液用量即可計算出原來水溶液中Ba^{2+}離子含量。

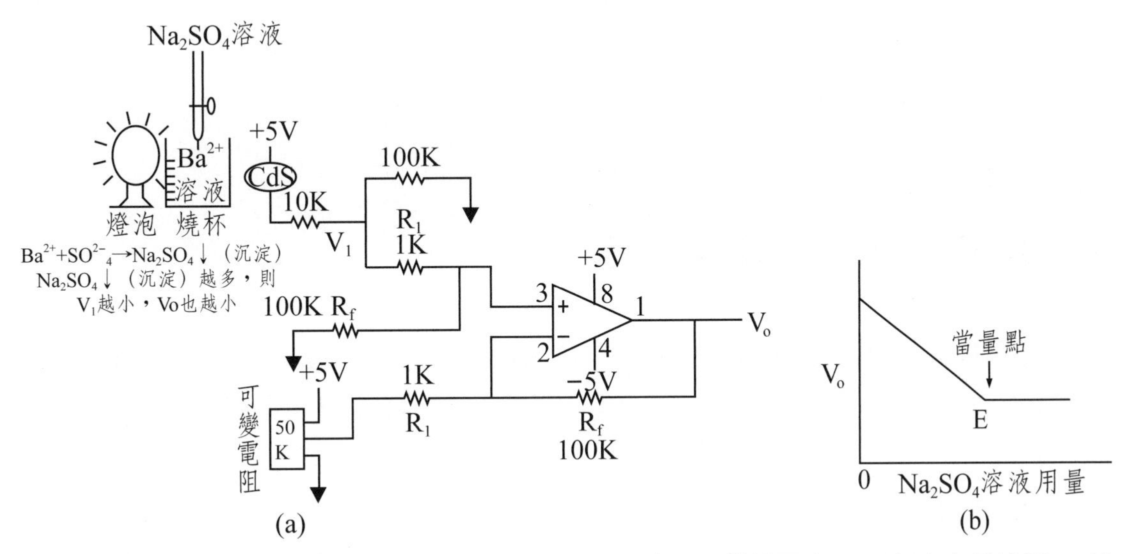

圖4-21　OPA和CdS晶片所組成的(a)測定水溶液中Ba^{2+}離子之OPA光滴定系統及(b)其輸出訊號V_o和所用Na_2SO_4滴定液用量之關係

4.3.5 電流／電壓轉換運算放大器

許多電化學儀器之訊號為電流訊號，若要用微電腦做訊號收集及數據處理，需先將電流訊號轉換成電壓訊號再行處理。圖4-22為OPA電流／電壓轉換器（OPA Current/Voltage Converter）之線路示意圖，其輸出電壓訊號V_0和其輸入電流訊號i_1之關係式為：

$$V_0 = -i_2'R_f \cong i_1R_f \qquad (4\text{-}56)$$

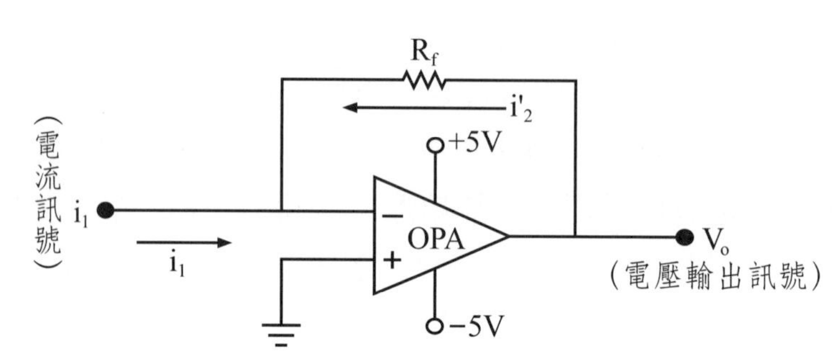

圖4-22 OPA電流／電壓轉換器之線路示意圖[81]

4.3.6 運算放大器頻率調節器

運算放大器頻率調節器（OPA Frequency Modulator）是利用頻率／電壓（F/V）轉換器及OPA運算放大器所組成的頻率相減及相加的頻率調節器。

4.3.6.1 頻率相減運算放大器

頻率相減運算放大器如圖4-23所示，是由頻率／電壓（F/V）轉換器（如IC9400晶片）及OPA訊號相減器和電壓／頻率（V/F））轉換器（如VFC32晶片）所組成。如圖4-23所示，首先兩頻率訊號F_1及F_2經F/V轉換器分別轉成電壓訊號V_1及V_2：

$$V_1 = K_1F_1；V_2 = K_1F_2 \qquad (4\text{-}57)$$

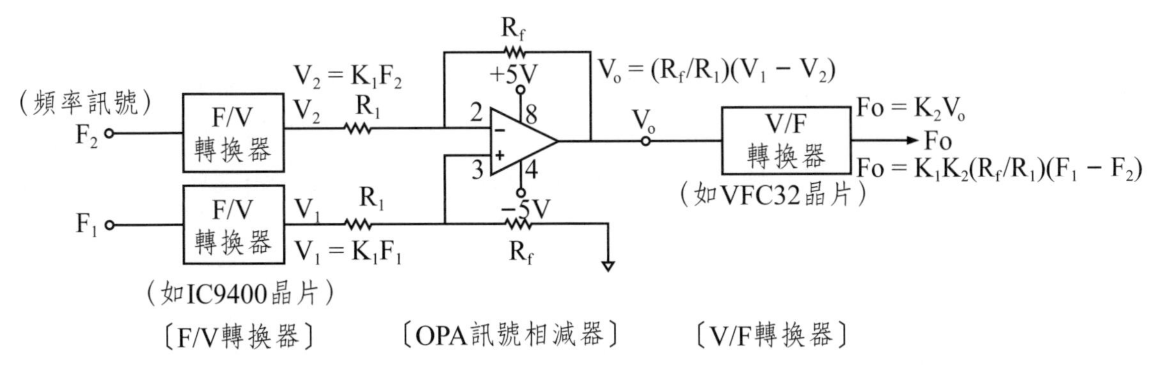

圖4-23　運算放大器頻率調節器（OPA Frequency Modulator）之線路示意圖

若IC9400所用電阻及電容為固定值，則式中K_1為一定值，然後分別進入OPA訊號相減器之正負極可得輸出電壓V_o：

$$V_o = (R_f/R_1)(V_1 - V_2) \tag{4-58}$$

最後，再將輸出電壓V_o接到V/F轉換器轉成頻率訊號Fo，而Fo與V_o關係為：

$$Fo = K_2 V_o \tag{4-59}$$

由式4-57及式4-58代入式4-59可得：

$$Fo = K_1 K_2(R_f/R_1)(F_1 - F_2) \tag{4-60}$$

若令$K_1 K_2(R_f/R_1) = Q$，則式4-60可為：

$$Fo = Q(F_1 - F_2) \tag{4-61}$$

若IC9400及VFC32所用電阻及電容與OPA訊號相減器所用電阻為固定值，則式中Q為固定放大值。

4.3.6.2 頻率相加運算放大器

如圖4-24所示，頻率相加運算放大器（OPA Frequency Adder）可由頻率／電壓（F/V）轉換器（如IC9400晶片）、OPA訊號相加器、OPA電壓反相器和電壓／頻率（V/F）轉換器（如VFC32晶片）所組成。如圖所示，首先兩頻率訊號F_1及F_2經F/V轉換器分別轉成電壓訊號V_1及V_2：

$$V_1 = K_1F_1；V_2 = K_1F_2 \tag{4-62}$$

若IC9400所用電阻及電容為固定值，則式中K_1為一定值然後皆進入OPA訊號相加器之負極可得輸出電壓Vo（負電壓）：

$$Vo = -(R_f/R_1)(V_1 + V_2) \tag{4-63}$$

然後此V_o（負電壓）：再進入OPA電壓反相器之負極可得輸出電壓V_o'（正電壓）：

$$V_o' = (R_f/R_1)(V_1 + V_2) \tag{4-64}$$

最後，再將輸出電壓V_o'接到V/F轉換器轉成頻率訊號Fo，而Fo與V_o'關係為：

$$Fo = K_2\ V_o' \tag{4-65}$$

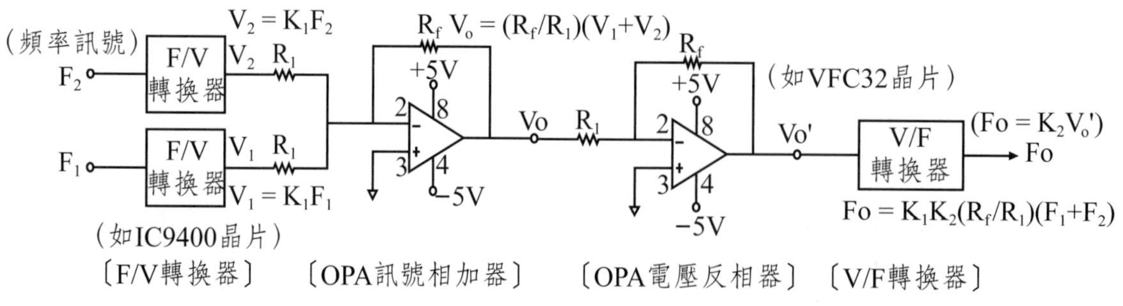

圖4-24 OPA頻率相加器（OPA Frequency Adder）之線路示意圖

由式4-62及式4-64代入式4-65可得：

$$Fo = K_1 K_2(R_f / R_1)(F_1 + F_2) \tag{4-66}$$

同樣地，$K_1 K_2(R_f/R_1) = Q$，則式4-66可成為：

$$Fo = Q(F_1 + F_2) \tag{4-67}$$

在IC9400及VFC32所用電阻及電容與OPA訊號相減器所用電阻為固定值，則式中Q為此兩頻率相加OPA之固定放大值。

第 5 章

振盪晶片和計數晶片
(Oscillating and Counting Chips)

振盪晶片（Oscillating Chip）[84-90]乃是可產生共振頻率的晶片，而計數晶片（Counting Chip）則爲可將頻率訊號轉換成數位訊號或電壓訊號，藉以測量頻率訊號大小。振盪晶片和計數晶片常見於具有輸出輸入頻率訊號轉換之化學感測系統（如石英壓電感測器及表面聲波感測器）中。本章將介紹常見各種振盪晶片和計數晶片之結構及功能及應用。

5.1　振盪晶片

在電子線路中常用之基本振盪器晶片（Oscillator Chip）有石英振盪晶片（Quartz Oscillating Chip）、IC4060晶片-石英晶體振盪系統、IC555振盪晶片（IC555 Oscillating Chip）、IC4046振盪晶片（IC4046 Oscillating Chip）及IC9400振盪晶片（IC9400 Oscillating Chip）。本節將分別介紹這些振盪晶片結構與應用。

5.1.1 石英振盪晶片

石英振盪晶片是最常見且用途最廣之振盪晶片，本節將分別介紹石英振盪晶片之石英晶體振盪（Quartz Crystal Oscillation）[88]原理、石英晶體振盪器（Quartz Crystal Oscillator）及其應用於製作石英晶體微天平（Quartz Crystal Microbalance, QCM）。

5.1.1.1 石英晶體振盪原理

石英晶體（Quartz crystal）屬於壓電晶體（Piezoelectric Crystals）[88]之一種，顧名思義，壓電晶體受壓就會產生電（流），這稱爲壓電效應（Piezo-electric Effect）。反過來，當壓電晶體外加電壓就會產生振盪而會有振盪頻率（Fo）之超音波輸出，此稱爲反壓電效應（Converse Piezoelectric Effect）。

石英晶體之壓電效應如圖5-1所示，當無外力施加在石英晶體上（圖5-1(a)）時，無電流產生，但若施加壓力（F）於石英晶體表面（圖5-1(b)）時，會產生正向電流（$I > 0$），反之，當石英晶體表面遭受拉力（圖5-1(c)）時，會產生反向電流（$I < 0$）。這因當石英晶體表面受到壓力（如物質重量）晶體內之正負電荷就會分離（電分極，如圖5-1(d)所示），只要接上一金屬電極就可使電子流輸出。

石英晶體之反壓電效應則如圖5-2所示，當晶體上方加正電壓（V_+）就會使此石英晶體之負電荷（E（即e^-））往上移動（向電壓正極移動，圖

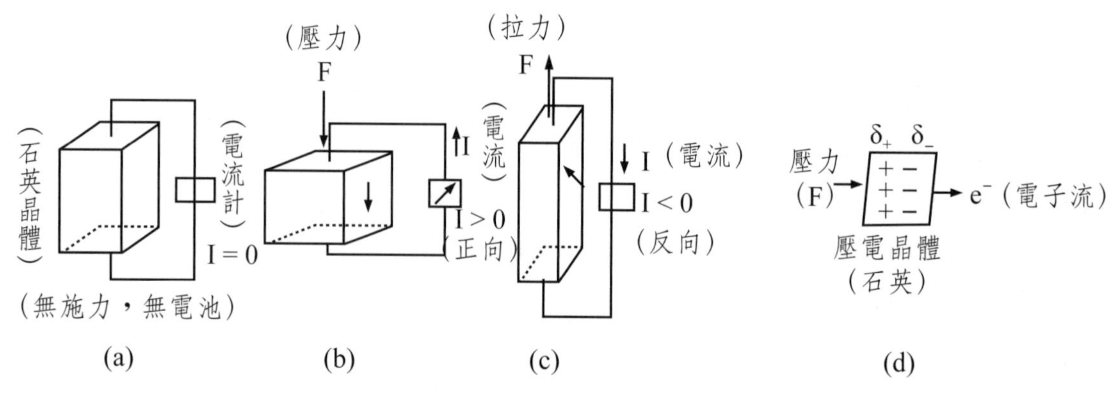

圖5-1 石英晶體表面受壓力產生電流之壓電效應[90]

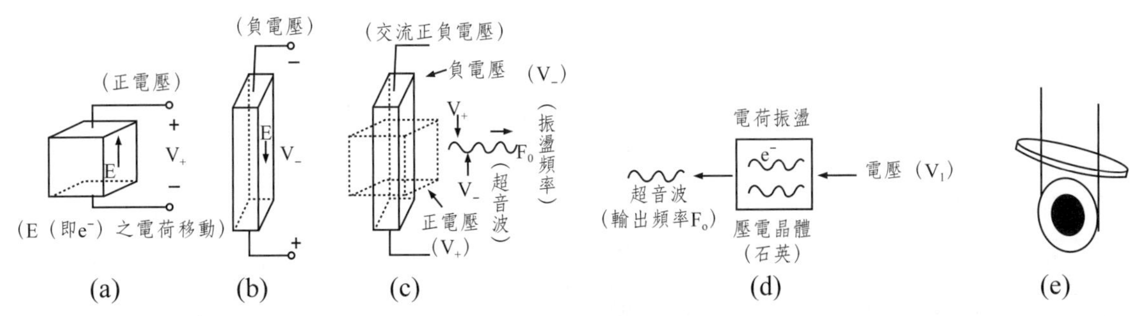

圖5-2　石英晶體之晶體上方(a)外加正電壓及(b)外加負電壓產生振盪之反壓電效應(c)外加交流正負電壓產生振盪超音波(d)石英壓電晶體外加電壓產生頻率f超音波，及(e)石英振盪晶片外觀[90]

5-2(a))，反之，當晶體上方改加負電壓（V_-）此時石英晶體之負電荷（E（e^-））就會往下向電壓正極移動（圖5-2(b)）。若加一交流電正負電壓（V_+/V_-）交替而使石英晶體之負電荷（電子）上下來回振盪（圖5-2(c)）而產生超音波（Ultrasonic Wave，頻率F_o）輸出（圖5-2(d)），石英壓電晶片爲最普遍超音波產生器元件，常用在化學感測器及微電腦中當振盪元件（微電腦中常用頻率4-20 MHz超音波兩面含銀（Ag）電極之石英晶片振盪元件，如圖5-2(e)所示），其4-20 MHz超音波由一面Ag電極穿過石英晶片由另一面Ag電極輸出。

石英壓電晶片由石英晶體切片而成，圖5-3(a)爲一般石英晶體形狀，通常令較長的軸爲Z軸。如圖5-3(b)所示沿著Z軸向右轉35°25'角（35度25分）横切所得切片（切面晶片）稱爲AT切面石英晶體（AT-Cut Quartz Crystal），同樣若向左轉49度横切所得的爲BT切面石英晶體。圖5-3(b)爲各種切面石英晶體之切面及名稱，而圖5-3(c)爲各種切面石英晶體之振盪頻率穩定性和溫度關係，由圖可看出AT切面晶體之振盪頻率隨溫度改變較其他切面（如BT，CT）晶體較小，換言之，AT切面晶體之頻率穩定性較佳，故一般用在化學感測器及微電腦之振盪元件大都用AT切面石英晶體。

5.1.1.2　石英晶體振盪器

石英晶體振盪器（Quartz Crystal Oscillator）爲常用之高頻（MHz）振盪器（Oscillator），用在所有的大小電腦，其常用在電腦之頻率範圍爲4～

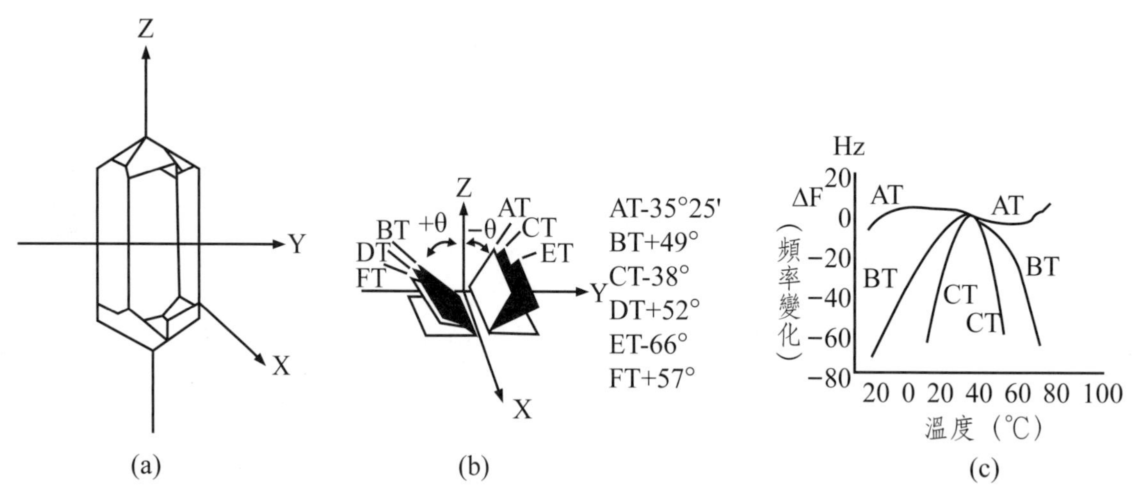

圖5-3　石英壓電晶體之(a)實物示意圖，(b)各種橫切面圖及(c)各切面頻率穩定性[89]

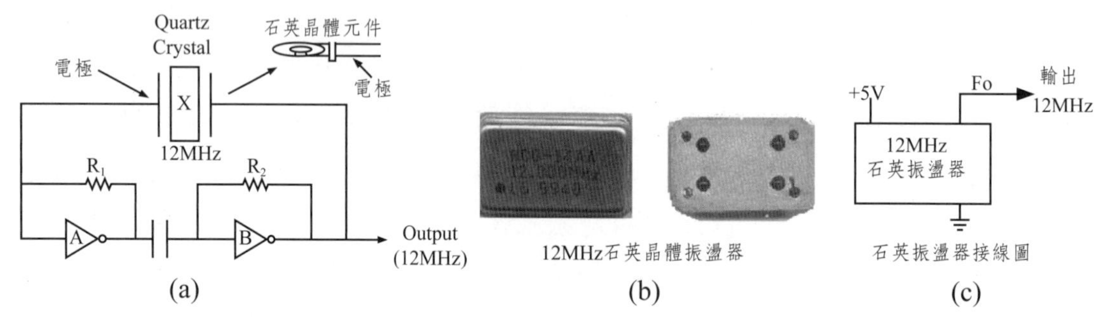

圖5-4　石英晶體振盪器(a)結構接線圖及(b)市售12 MHz石英振盪器實物外觀圖與(c)接線圖

20MHz。圖5-4(a)爲一般常用石英晶體振盪器內部線路圖（含石英晶片元件、電容C及兩NOT邏輯閘），最常用之石英晶體元件爲由石英圓形薄膜（半徑約4mm，膜厚約0.18mm）接上兩銀（或金）電極所組成。而圖5-4(b)爲市售石英振盪器實物圖。圖5-4(c)則爲市售石英振盪器之輸出振盪接線圖。

石英振盪器之輸出頻率取決於石英晶體振盪頻率，這種石英晶體薄片受到圖5-4(a)所示的外加RC電路之交變電場的作用時會產生高頻機械振動，當RC交變電場的頻率與石英晶體的固有頻率相同時，振動便變得很強烈，這就是晶體諧振特性的反應。石英振盪器之輸出頻率相當穩定，常用石英振盪器輸出頻率爲1～100 MHz。但因石英晶體固有振盪頻率是固定的（如10 MHz），所以石英振盪器輸出頻率（如10 MHz）是固定的。

5.1.1.3 石英晶體天平

石英晶體微天平（Quartz Crystal Microbalance, QCM）[88.92-94]或稱石英壓電感測器（Quartz Piezoelectric(PZ) Sensor），是利用石英晶體（如兩面含圓形銀（Ag）電極）之石英晶片）會因其表面塗佈之化合物質量（視同壓力）改變而改變石英晶體振盪頻率，由石英晶體振盪頻率改變（ΔF）就可計算晶體表面上化合物質量（ΔM）。此種石英晶體微天平之偵測下限可低至10^{-9}g或濃度ppm-ppb，故可做化合物微量分析。

石英壓電晶體振盪頻率改變（ΔF, Hz，例如下降50 Hz，即ΔF = －50 Hz）和其表面化合物質量改變（ΔM, g）關係可用索爾布雷方程式（Sauer-brey Equation）[92]表示如下：

$$\Delta F = -2.3 \times 10^{6} \times F_{o}^{2} \times \Delta M/A \qquad (5\text{-}1)$$

式中A爲石英晶體表面積（cm^2），F_o爲石英晶體原始振盪頻率（單位：MHz）。

一般石英晶體微天平（QCM）之基本結構及線路如圖5-5(a)所示，含有樣品槽（Sample Cell），振盪線路（Oscillator），樣品注入系統（Sample Injection System），計頻器（Frequency Counter），微電腦及載體輸送系統（Carrier Introduction System，載體（Carrier），氣體如air，N_2，而液體如水和其他溶劑）。樣品注入系統常用空氣壓縮機（Air compressor）抽入氣體樣品，而液體樣品可用針頭注入器（Injector）直接打入樣品槽中塗有吸附劑之石英晶片上（吸附劑用來吸附樣品中待測化合物）。樣品槽可用體積（100～250 mL）較大的廣口瓶改裝或用體積小的亞克力中空槽（可裝樣品約5mL）。振盪線路是用來使石英晶片產生振盪頻率，而計頻器中含計數晶片（IC 8253或8254）及輸送介面晶片（IC 8255），8253計數晶片用來將石英晶體微天平輸出頻率（F）訊號轉換成數位訊號（圖5-5(a)中之（A）途徑），並利用8255界面晶片將數位訊號傳入微電腦（IBM PC）中做數據處理及繪出頻率（F）訊號和時間關係圖（圖5-5(b)）。由頻率下降量ΔF（圖5-5(b)），依式5-1可計算被吸附待測化合物質量，進而推算樣品中待測化合物之含量。如圖5-5(a)中之(B)途徑所示，亦可先將頻率訊號F轉成電壓訊號

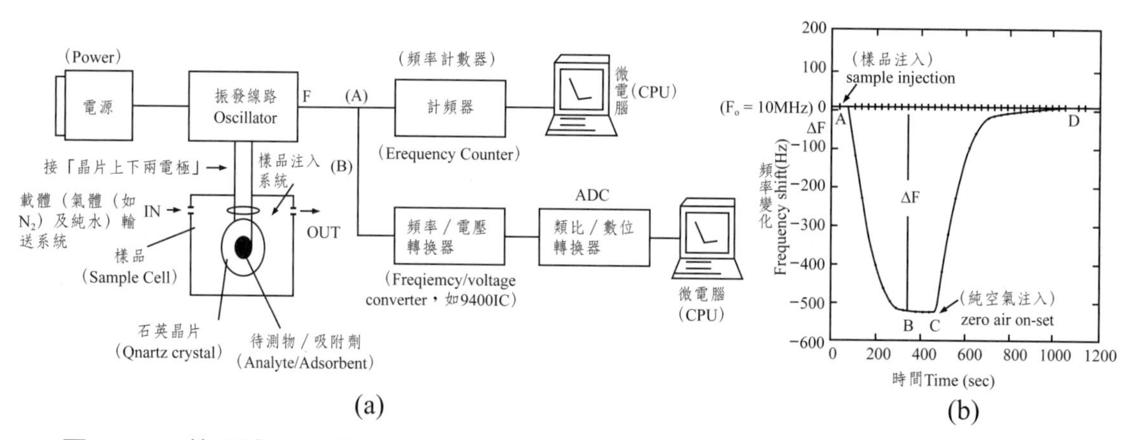

圖5-5　石英晶體天平感測器之(a)偵測基本結構圖[90]及(b)頻率(F)訊號和時間關係圖

（如用IC9400），再輸入類比／數位轉換器（ADC）轉成數位訊號，再輸入微電腦做數據處理。偵測實驗完成時，要利用空氣壓縮機當載體輸送系統，將乾淨載體（不含待測樣品成分）沖掉樣品槽中之樣品，以便下一次新的偵測實驗。常用的載體爲乾淨空氣（Clean Air），氮氣（N_2）或純溶劑（Solvent）。此石英晶體微天平（QCM）除可用來偵測化合物含量外，還可用來偵測石英晶片上積塵重量，以用來估算空氣中灰塵含量。

5.1.1.4　石英晶體振盪器-IC4060晶片頻率分倍系統

石英振盪器之輸出頻率取決於石英晶體振盪頻率，相當穩定，常用石英振盪器輸出頻率爲1～100 MHz。但因石英晶體振盪頻率是固定的（如10 MHz），所以石英振盪器輸出頻率（如10 MHz）是固定的。若要用一石英晶體但卻要得多頻率輸出，就要如圖5-6所示由石英晶體振盪器和IC4060晶片組成石英晶體振盪器-IC4060晶片頻率分倍系統（Quartz Crystal Oscillator-IC4060 Frequency Dividing System），將一振盪頻率爲f_0的石英晶體接上一當「頻率分倍器（Frequency Divider）」之IC晶片4060組成IC4060晶片-石英晶體振盪系統（IC4060-Quartz Crystal Oscillating System），此IC4060晶片-石英晶體振盪系統所輸出頻率就爲多頻率（從f_0至$f_0/16384$）。

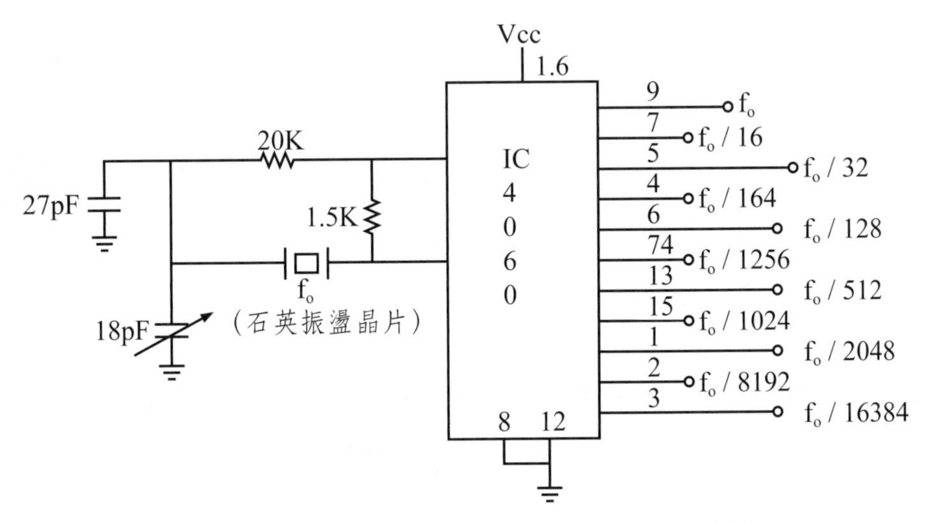

圖5-6　IC4060振盪晶片之接線及頻率輸出圖[86]

5.1.2 IC555振盪晶片

IC555晶片最常用當計時器（Timer）及計數器（Counter），但IC555晶片亦可當產生脈衝之振盪器，即成IC555振盪晶片（IC555 Oscillating Chip）。圖5-7爲IC555振盪晶片之接線及頻率輸出圖，與IC555晶片實物圖。如圖5-7(a)所示，IC555晶片接上兩電阻R_1，R_2及兩電容C_1，C_2和電源V_{cc}，即可產生輸出頻率f_o，關係如下：

$$f_o = \frac{1.44}{(R_1 + 2R_2)C_2} \text{MHz} \qquad (5\text{-}2)$$

若$R_1 = 25k\Omega$，$R_2 = 20k\Omega$，$C_2 = 22\mu F$

$$f_o = \frac{1.44}{(25 \times 1000 + 2 \times 20 \times .1000) \times 22 \times 10^{-6}} = \frac{1.44 \times 10^4}{65 \times 22 \times 10^3} = 1\text{cps}(1\text{Hz}) \qquad (5\text{-}3)$$

IC555振盪晶片常和七段顯示器組成計時系統，圖5-8爲輸出1Hz（每秒1脈衝，1CPS）之IC555振盪晶片系列和IC7490、IC7475、IC7447及七段顯示器組成的計時（時鐘）系統。IC7490、IC7475、IC7447分別爲進位、控制（Latch）及七段顯示器控制晶片。

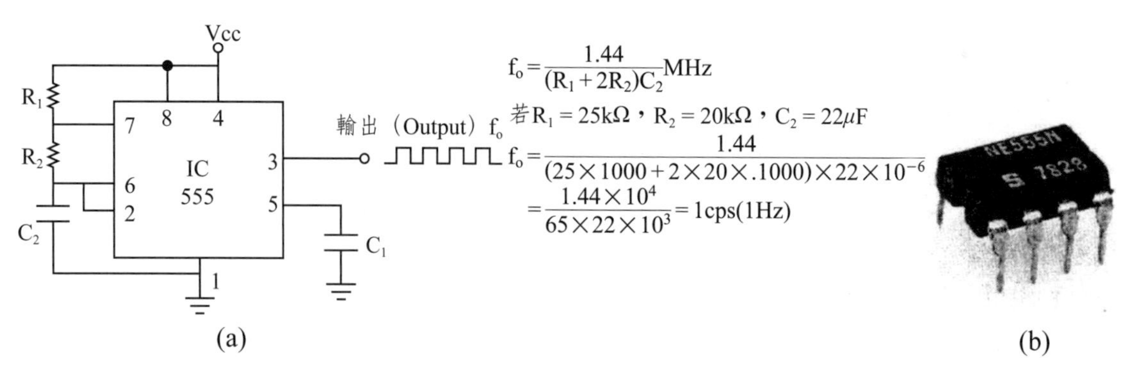

圖5-7 IC555振盪晶片(a)接線及頻率輸出圖[86]，與(b)IC555晶片實物圖[85]（(b)圖來源：http://en.wikipedia.org/wiki/555_timer_IC）

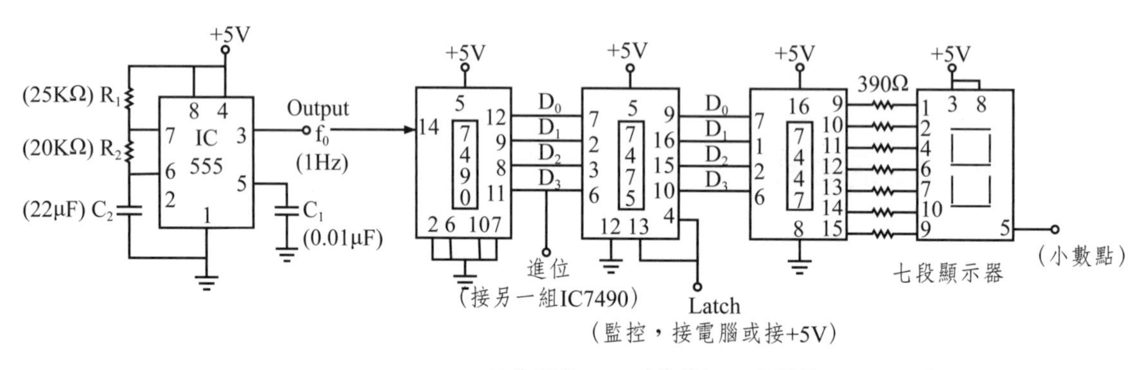

圖5-8 輸出1Hz之IC555振盪晶片系列和七段顯示器所組成的計時系統

5.1.3 IC4046振盪晶片

IC4046振盪晶片（IC4046 Oscillating Chip）乃是一電壓／頻率（V/F）轉換器，圖5-9(a)即爲利用輸入電壓V_1使IC4046產生振盪頻率f_o之線路圖。此IC4046振盪晶片之輸出頻率f_0和其所用輸入電壓V_1成良好的正比線性關係（如圖5-9(b)所示）。

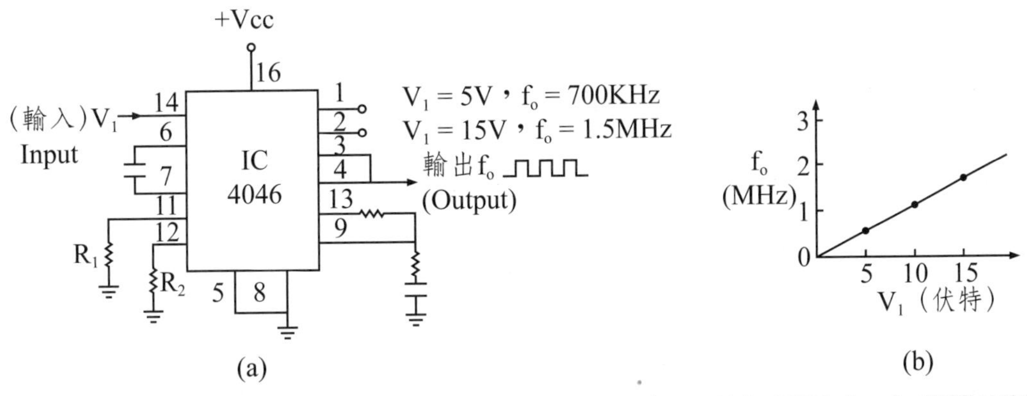

圖5-9　IC4046振盪晶片(a)接線及頻率輸出圖，與(b)外加電壓（V_1）和輸出頻率（f_o）關係圖[86]

5.1.4　IC9400振盪晶片

IC9400晶片一種可當計數器之頻率／電壓（F/V）轉換器，亦可當電壓／頻率（V/F）轉換器之雙功能晶片，而其電壓／頻率（V/F）轉換功能可應用爲振盪晶片，即爲IC9400振盪晶片（IC9400 Oscillating Chip）。圖5-10爲IC9400振盪晶片接線圖，而其輸出頻率F_{out}及輸入電壓V_{in}關係式如下：

$$F_{out} = [(V_{in} - V_2)/R_{in}] + [(V_{cc} - V_2)/(R_1 + R_3)] \tag{5-4}$$

5.1.5　VFC32振盪晶片

VFC32振盪晶片（VFC32 Oscillating Chip）和IC9400晶片一樣即可當頻率／電壓（F/V）轉換計數器，又可當電壓／頻率（V/F）轉換振盪器。圖5-11爲VFC32晶片之接腳圖及其當電壓／頻率（V/F）轉換振盪器之接線圖。在圖5-11(b)VFC32振盪晶片線路中顯示可利用一輸入電壓V_{in}輸入晶片中產生輸出頻率f_{out}，輸入電壓V_{in}和輸出頻率f_{out}關係如下：

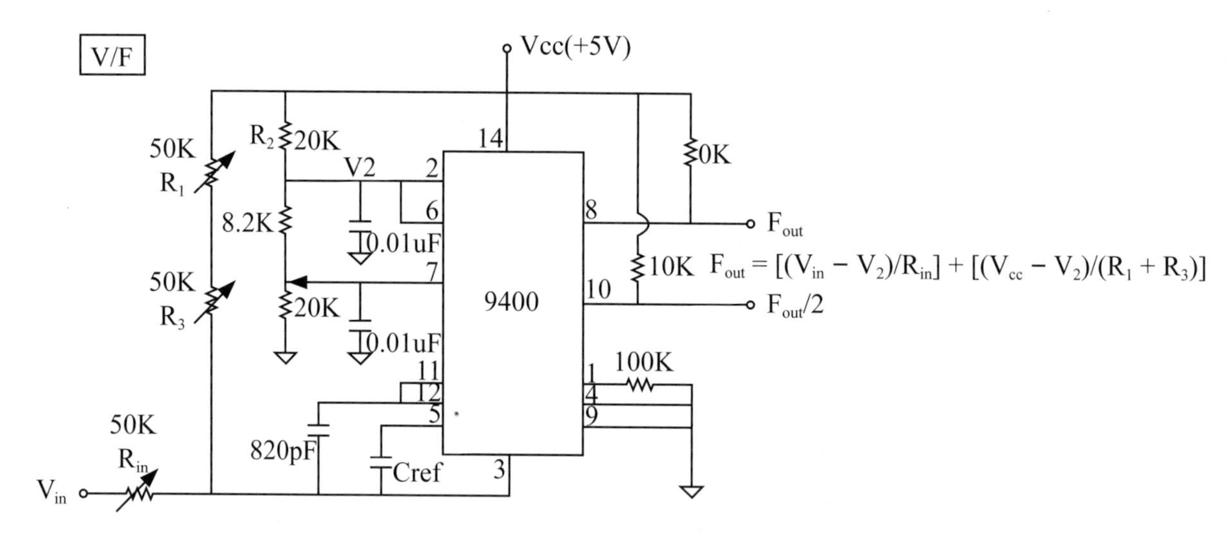

圖5-10 IC9400振盪晶片接線圖與輸出頻率F_{out}及輸入電壓V_{in}關係式[95]（參考資料：http://html.alldatasheet.com/html-pdf/26068/TELCOM/TC9400/920/5/TC9400.html）

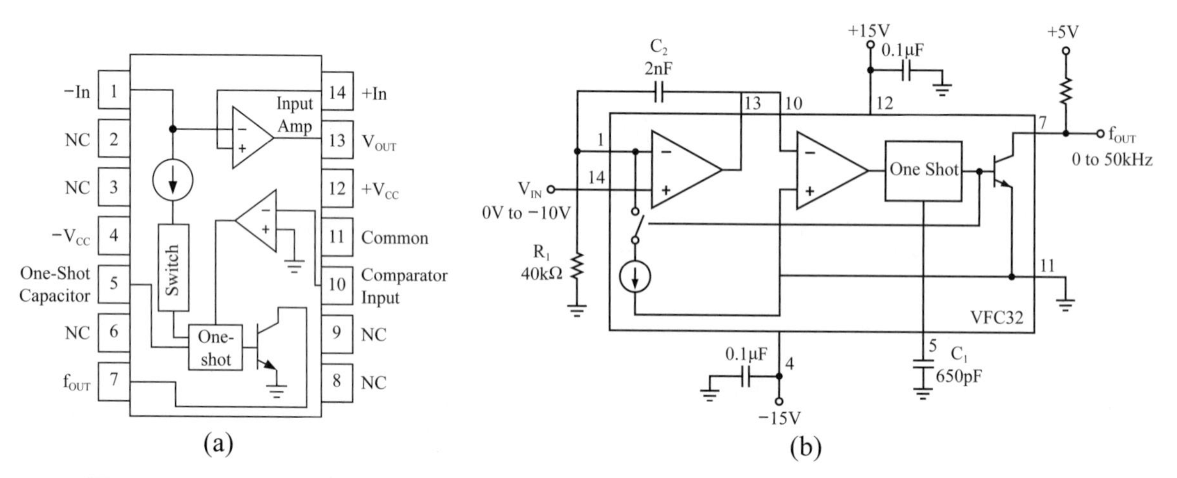

圖5-11 VFC32振盪晶片(a)接腳圖，及(b)電壓輸入和頻率輸出接線圖[96]（原圖來源：http://www.ti.com/lit/ds/symlink/vfc32.pdf）

$$f_{out} = V_{in}/(7500R_1C_1) \qquad (5\text{-}5)$$

式中R_1及C_1如圖5-11(b)所示之電阻及電容（單位：Farads）。

5.2　計數晶片

常用計數晶片（Counting Chip）可概分爲輸出數位訊號的(1)頻率／數位（F/D）轉換計數晶片（Frequency to Digital Converter Counting Chip）及輸出電壓訊號的(2)頻率／電壓（F/V）轉換計數晶片（Frequency to Voltage Converter Counting Chip）兩大類。本節將介紹此兩類計數晶片之結構及工作原理。

5.2.1　頻率／數位（F/D）轉換計數器晶片

常見之頻率／數位（F/D）轉換計數晶片有IC8253/8254，IC4017，IC4026，IC7490，IC4029及IC4510計數晶片（Counting Chips）。本小節將分別介紹這些頻率／數位（F/D）轉換計數晶片之結構及其應用。

5.2.1.1　IC8253/8254計數晶片

IC8253及IC8254計數晶片（IC8253/IC8254 Counting Chips）[98-103]之接腳相同（如圖5-12(a)及(b)），結構也類似（如圖5-12(c)），但IC8253晶片可接受的最大時脈頻率爲2.6 MHz，而IC8254晶片可計數之頻率則可高至10 MHz。8253/8254晶片內部皆有三個計時器（Counters 0, 1, 2，如圖5-12(c)所示），其將頻率訊號轉換成8位元（D0～D7）數位訊號輸出。圖5-12(d)爲8253晶片實物圖。

IC8253及IC8254計數晶片常和微電腦及輸出輸入晶片IC8255連接使用。圖5-13爲利用8253晶片及8255輸出輸入晶片所組成的計數系統。若要利用8253測定一未知頻率訊號Fu，可設定一特定時間（如1秒）8253所收到的波數即可測到其頻率並轉換成數位訊號（D0～D7）由8253傳送到8255再到電腦CPU做數據處理。

8253晶片中共有三組計數單元（Counts 0, 1, 2，即C0, C1, C2），爲要設定一特定時間1秒，如圖5-14所示，從8253之C0（Count 0）的CLK0輸入一標準頻率訊號F0（如3 MHz），因8253晶片只能轉換< 2.6 MHz訊號，首先

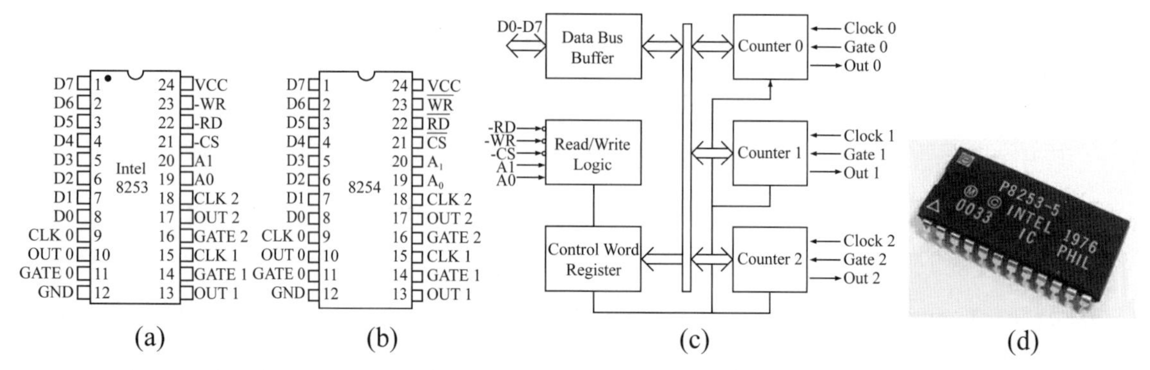

圖5-12　計數晶片(a)8253接腳圖[98]，(b)8254接腳圖[99]，(c)8253內部結構示意圖[100]，及(d)8253晶片實物圖[101]（原圖來源：(a) http://en.wikipedia.org/wiki/Intel_8253; (b) http://www.scs.stanford.edu/10wi-cs140/pintos/specs/8254.pdf; (c) http://commons.wikimedia.org/wiki/ File:Intel_8253_block_diagram.svg; (d) http://www. westfloridacomponents.com/mm5/graphics/1/P8253-5.jpg）

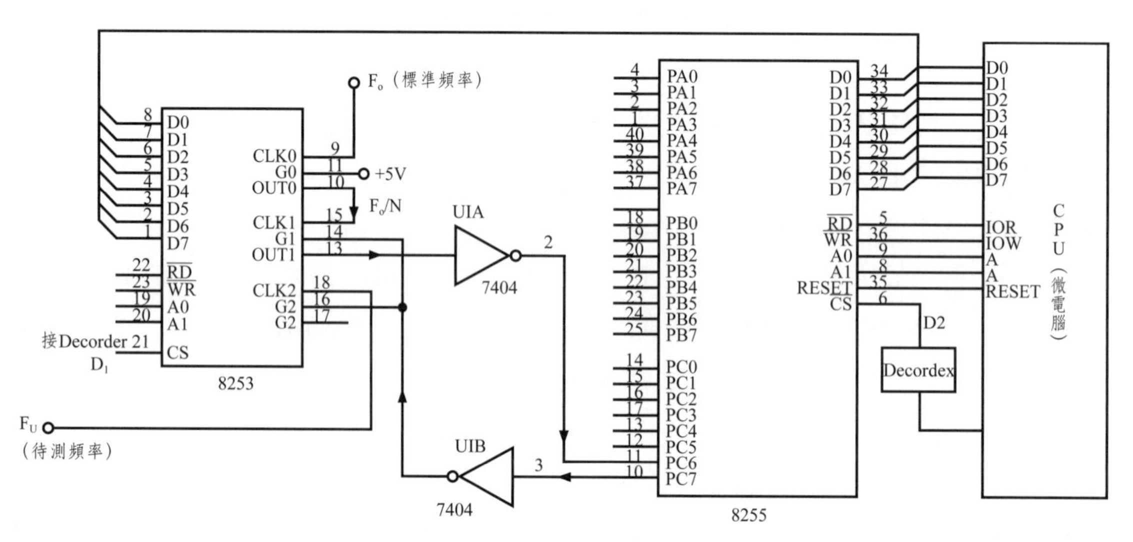

圖5-13　計數IC 8253-8255-CPU頻率計數系統[102-103]（原圖來源及參考：(a) C. J. Lu, M.S. Theses, National Taiwan Normal University (1993); (b) C. J. Lu and J. S. Shih, Anal. Chim. Acta 306, 129 (1995)）

要利用Count 0將標準頻率F_0除一個N值（即F_0/N），如F_0 = 3 MHz, N=50，則新的頻率f = F_0/N = 60022 Hz（見圖5-14），換言之，振盪60022次剛好1秒，再將此新頻率f由C0之Out 0輸入8253之Count 1，然後連接Count 1及Count 2之G_1及G_2，同時將未知頻率Fu及由Count 0出來的新頻率f = 60022 Hz分別輸入Count 1及Count 2（見圖5-14），同時啓動。當Count 1振盪60022次後（即剛好1秒）會送一個1訊號經一NOT邏輯閘轉成0訊號給8255之Port C_6（PC6），8255即會由其PC7送1訊號經另一NOT轉成0訊號傳回給8253之G_1及G_2以使Count 1及Count 2同時停止計數，那此時Count 2所收到未知頻率Fu總波數即爲Fu頻率，然後利用8253轉成數位訊號並經其資料線（D_0～D_7）傳送到8255再到電腦CPU做數據處理。

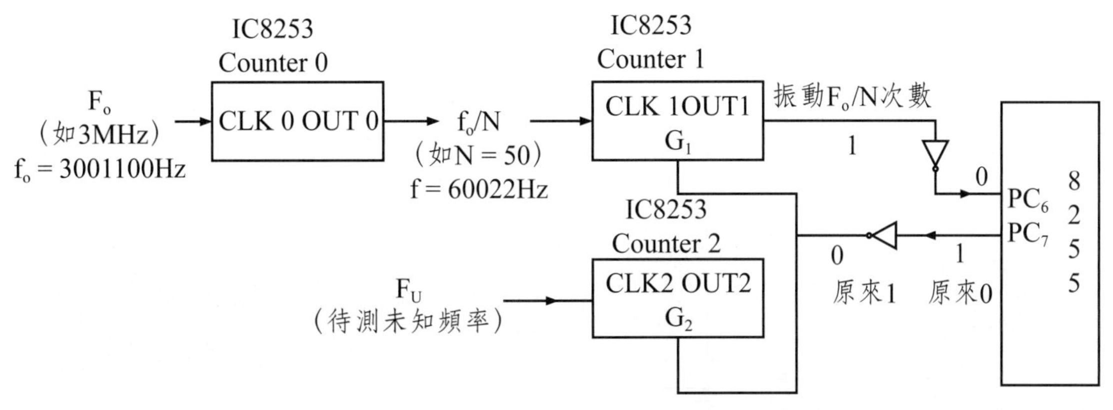

圖5-14　計數IC8253-8255頻率計數系統之工作步驟

因8253晶片最高只能測到2.6 MHz，而8254晶片最高只能測到10 MHz，若要測更高頻率（>10 MHz），則需如圖5-15所示在8253～8255計頻系統中先利用一頻率相減器（7474晶片）原來待測頻率訊號Fs先和一參考晶片出來之參考頻率Fr相減得相差頻率F = Fr − Fs（通常F < 1 MHz），然後將相差頻率F輸入8253計數器中轉成數位訊號經8255輸入／輸出晶片傳入微電腦中做數據處理及繪圖。

5.2.1.2　IC4017計數晶片

IC4017計數晶片（IC4017 Counting Chip）是可將頻率訊號轉換成十位元（Oo, O_1...O_9）的數位訊號輸出。圖5-16爲IC4017計頻晶片之接腳圖

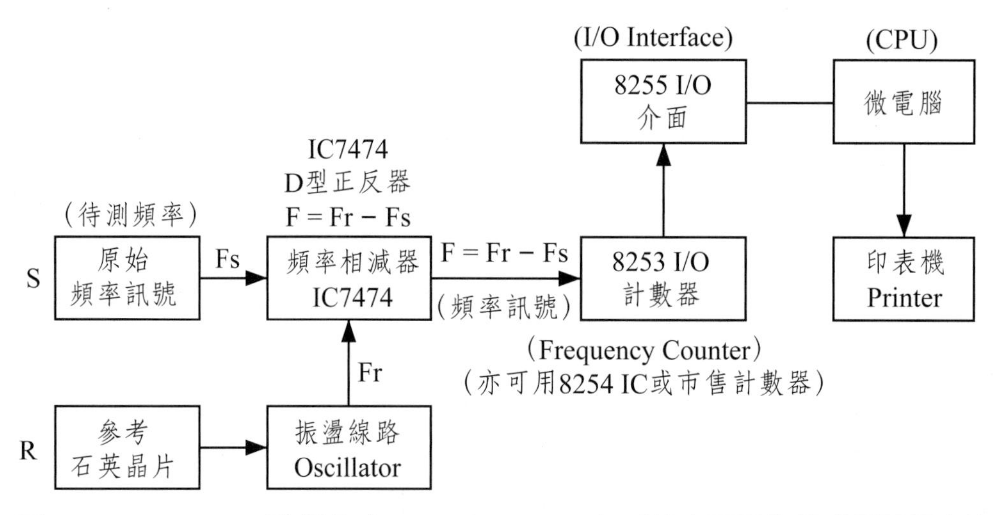

圖5-15 8253～8255計頻器（Frequency counter）系統之壓電化學感測器頻率檢測系統[103]（原圖參考：C. J. Lu and J. S. Shih, Anal. Chim. Acta 306, 129 (1995)）

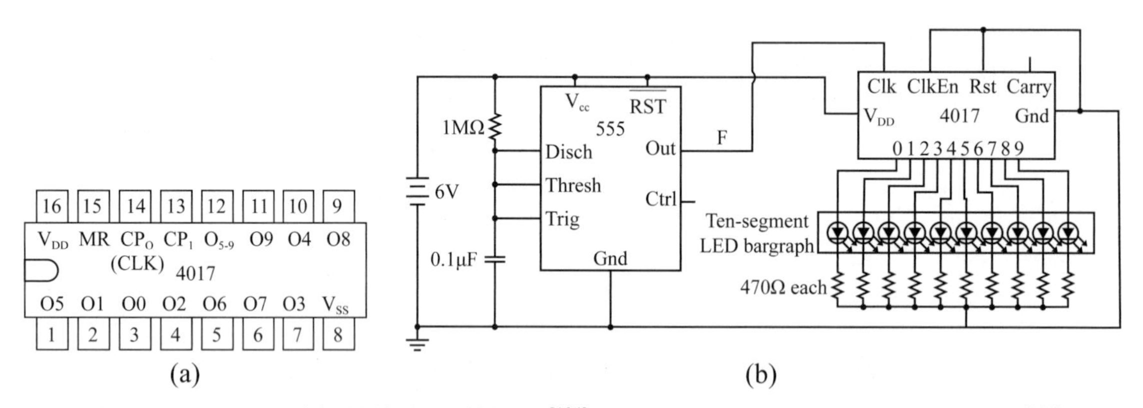

圖5-16 IC4017計頻晶片之(a)接腳圖[104]，(b) IC555-IC4017振盪-計頻系統[105]（原圖來源：(a) http://www.bbc.co.uk/schools/gcsebitesize/design/images/el_symbol_pin_out.gif; (b) http://sub.allaboutcircuits.com/images/05280.png）

及IC555-IC4017振盪-計頻系統。如圖5-16(a)所示，IC4017計數晶片有Oo, O_1...O_9等10支接腳分別可輸出數位訊號（0, 1）。圖5-16(b)則顯示在IC555-IC4017振盪-計頻系統中，由IC555振盪晶片所產生的頻率訊號F進入IC4017晶片之CLK接腳並經轉換成10個數位訊號由Oo, O_1...O_9接腳同時輸出。由各接腳所接之發光二極體之亮或暗，可知各輸出數位訊號是1或0（1→亮，0→暗）。由各接腳所輸出的輸出數位訊號（0, 1）即可計算出頻率訊號（F）轉換所得的數位訊號值（D）。由數位訊號值（D）反過來可計算出原來頻率訊號之頻率F值。

5.2.1.3　IC4026計數晶片

IC4026計數晶片（IC4026 Counting Chip）如圖5-17(a)所示，有7個輸出（Output a...Output g，7個輸出接腳），此7輸出數位訊號剛好可接至七段顯示器（圖5-17(b)）顯示。故IC4026晶片常應用當七段顯示器之計數晶片。圖5-18爲IC555-IC4026振盪-計頻系統。在此IC555-IC4026系統中，由IC555振盪晶片接腳3所輸出的頻率訊號進入IC4026晶片經轉換成7個數位訊號由Output a至Output g等七個接腳同時輸出。由各接腳所接之發光二極體之亮或暗，可知各輸出數位訊號是1或0（1→亮，0→暗）。這七個數位訊號輸出接腳亦可接到七段顯示器顯示（圖5-17(b)）。

5.2.1.4　IC7490計數晶片（4輸出）

IC7490計數晶片（IC7490 Counting Chip）爲一可將一輸入頻率訊號轉成4個數位訊號輸出之計數晶片。如圖5-19(a)之IC7490晶片之接腳圖所示，輸入頻率訊號可由其接腳14（Input A）或1（Input B）進入（Input），而其轉換所得的4個數位訊號則由接腳12(a)，11(d)，9(b)，8(c)輸出。

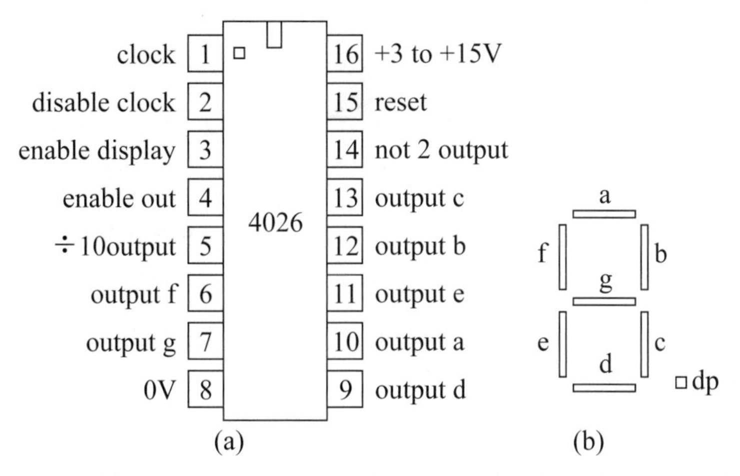

圖5-17　IC4026計頻晶片之(a)接腳圖及七段顯示輸出腳，與(b)七段顯示器示意圖[106]
（原圖來源：http://drumcoder.co.uk/blog/2013/aug/12/7-segment-counting/）

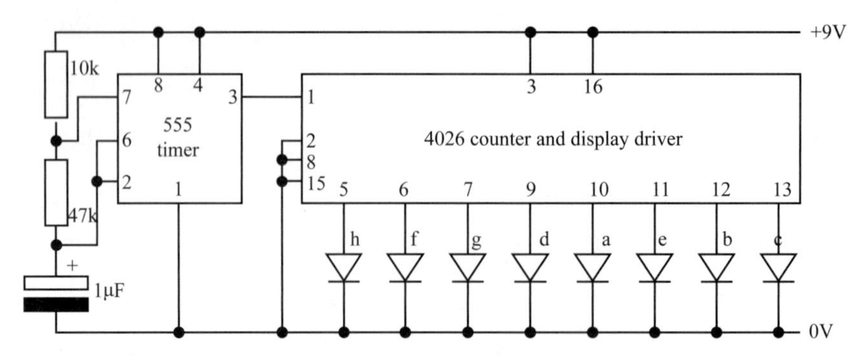

圖5-18　IC555-IC4026振盪-計頻系統[107]（原圖來源：http://paramworld.weebly.com/uploads/8/5/7/7/8577333/154340124.gif）

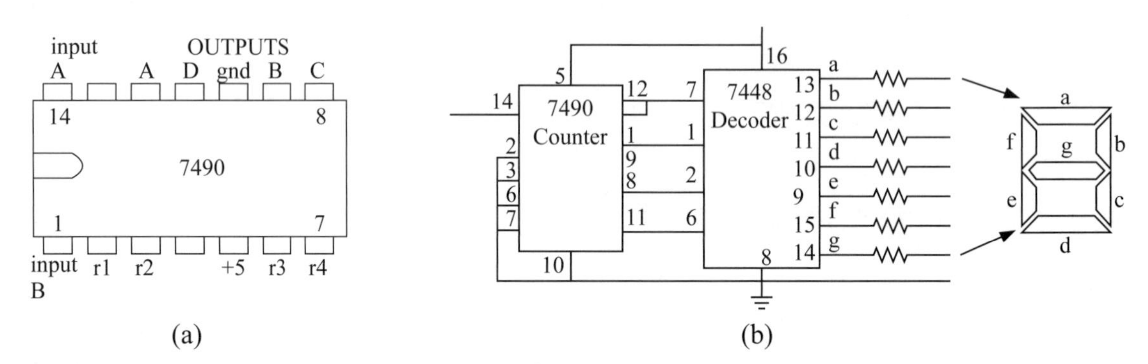

圖5-19　IC7490計數晶片之(a)接腳圖[108]，及(b)IC7490-IC7448計數-解碼-七段顯示器輸出系統[109]（原圖來源：(a) http://www.hobbyprojects.com/sequential_logic/images/a7490.gif; (b) http://hyperphysics.phy-astr.gsu.edu/hbase/electronic/counter.html）

若要用七段顯示器顯示其輸出之數位訊號則需用IC7490-IC7448-七段顯示器系統（如圖5-19(b)所示）。在此系統中，頻率訊號由IC7490晶片接腳14(a)進入（Input）並先轉成4個數位訊號由IC7490晶片接腳2(a)，11(d)，9(b)，8(c)輸出，再進入IC7448解碼器（Decoder）晶片轉成7個數位訊號由IC7448晶片之七個接腳（a→g）同時輸出。此7個輸出數位訊號即可用七段顯示器顯示（圖5-19(b)）。

5.2.1.5　IC4029計數晶片

IC4029計數晶片（IC4029 Counting Chip）是一種可將一頻率（Clock）訊號轉換成二進位（Binary）或十進位（Decimal）四輸出數位訊號且可複製四位元數位輸入訊號（JAM Inputs）之計數晶片。圖5-20爲IC4029計數晶片之接腳圖及實物示意圖。如圖5-20(a)及表5-1所示，IC4029計數晶片輸入訊號有兩種：(1)Clock頻率輸入訊號（Clock Input頻率訊號）及(2)JAM四位元數位（1或0）輸入訊號（JAM Inputs數位訊號）。此兩種輸入如表5-1所示，兩訊號輸入法之選擇由PE（接腳Pin 1）輸入0或1決定（0→Clock Input；1→JAM Inputs）。若採Clock Input頻率輸入法可由接腳Pin 15（CLOCK）輸入頻率訊號，並用$\overline{C_{IN}}$（接腳Pin 5）決定此晶片可或不可計數狀態（0→可計數；1→不可計數）及用UP/DN（Pin 9）決定向上數（1→Count Up）或向下數（0→Count Down），故IC4029晶片亦爲Up/Down Counter（上下計數計數器）之一種。

若採JAM Inputs複製四位元數位輸入法可由四接腳JAM 1,2,3,4（接腳4，11，14，3 Pins）輸入四位元數位訊號。此IC4029晶片數位訊號輸出法可經BIN/DEC接腳（Pin 9）輸入1，0決定其輸出腳Q1，Q2，Q3，Q4（Pins 6,12,13.2）輸出爲二進位或十進位（如表5-1所示，BIN/DEC接腳：1爲二

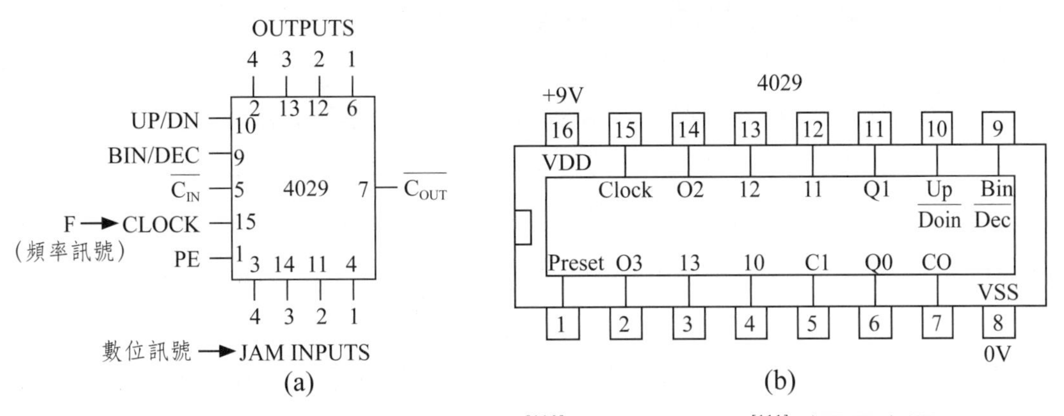

圖5-20　IC4029計數晶片之(a)接腳圖[110]，及(b)平面圖[111]（原圖來源：(a)http://www.play-hookey.com/digital_experiments/counter_display/counter_ic_4029.html; (b)http://www.dieelektr onikerseite.de/Elements/4029%20-%20Eierlegende%20Wollmichsau%20der%20Zaehler.htm）

表5-1　IC4029計數晶片輸入輸出及接腳近身表[110]

接腳（Pin）	Clock輸入（Input）(Pin 15)	JAM輸入（JAMInput）(Pins 4, 11, 14, 3)
PE (Pin 1)	0（輸入）	1（輸入）
Clock Input	Clock (Pin 15)	--
$\overline{C_{IN}}$ (Pin 5)	0（正常計數） 1（不能計數）	--
UP/DN (Pin 10)	1 (Count Up) 0 (Count Down)	-- --
JAM input	--	JAM 1, 2, 3, 4 (Pins 4, 11, 14, 3)
Output	Q1, Q2, Q3, Q4 (Pins 6, 12, 13, 2)	Q1, Q2, Q3, Q4 (Pins 6, 12, 13, 2)
BIN/DEC (Pin 9)	1（Binary，二進位） 0（Decimal，十進位）	1（Binary，二進位） 0（Decimal，十進位）

進位；0爲十進位）。總之，IC4029晶片除可將Clock輸入的頻率訊號轉換成數位訊號，還可將JAM輸入的四位元數位訊號（JAM Inputs, 1,2,3,4（Pins 4,11,14,3）輸入）複製並由其輸出腳Q1，Q2，Q3，Q4輸出數位訊號。

5.2.1.6　IC4510計數晶片（4輸出）

IC4510計數晶片（IC4510 Counting Chip）亦爲可將一頻率脈衝（Clock）輸入訊號轉成4數位訊號輸出且有4位元數位輸入訊號（Load Input）可做並列數位訊號傳送之計數晶片。圖5-21(a)爲IC4510計數晶片之接腳圖，而圖5-21(b)爲由Clock接腳（Pin 15）輸入頻率脈衝（Pulse）訊號轉成4輸出數位訊號由4輸出接腳Q1,Q2,Q3,Q4（Pins 6,11,14,2）輸出數位訊號之接線圖（此時Preset Enable（CE）接腳（Pin 1）接0（0V），使Clock計數起動（ON））。此IC4510計數晶片亦可由4數位輸入（Load Input）接腳（Pins 4,12,13,3）輸入用並列（Parallel）傳送進入晶片而由4輸出接腳Q1，Q2，Q3，Q4（Pins 6,11,14,2）輸出數位訊號。

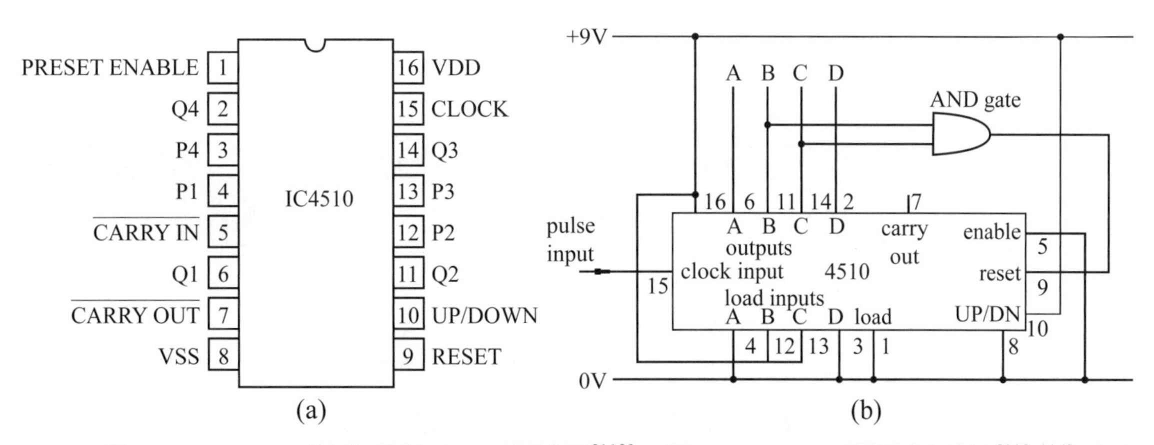

圖5-21 IC4510計數晶片之(a)接腳圖[112]，及(b)IC4510-顯示器系統[113-114]（原圖來源：(a) http://www.datasheetdir.com/CD4510BMS+Counters; (b) http://redy.3x.ro/electronica/ 4510% 20BCD%20up-down%20 counter_files/4510_04.gif; http://www.talkingelectronics.com/ChipDataEbook-1d/html/images/4510-Counter.gif）

5.2.2 頻率／電壓（F/V）轉換計數器晶片

常見的頻率／電壓（F/V）轉換計數器晶片有(1)IC9400晶片，(2)LM2907/LM2917晶片，(3)LM2917晶片及(4) VFC32晶片。本小節將分別介紹這些頻率／電壓（F/V）轉換計數器晶片之結構及其應用。

5.2.2.1 IC9400-F/V轉換計數晶片

IC9400-F/V轉換計數晶片（Frequency to Voltage Converter Counting Chip）是一種即可用當電壓／頻率（V/F）轉換器，又可當頻率／電壓（F/V）轉換器之雙功能晶片。圖5-22爲IC9400-晶片當頻率／電壓（F/V）轉換器線路圖及實物圖，如圖5-22(a)所示，頻率訊號由IC9400-晶片接腳11進入並進行頻率／電壓（F/V）轉換而由接腳12輸出所轉換所得的電壓V_o訊號。輸入頻率訊號F_{in}和輸出電壓訊號V_o關係爲：

$$V_o = (V_{ref} \times C_{ref} \times R_{in})F_{in} \quad (5\text{-}6)$$

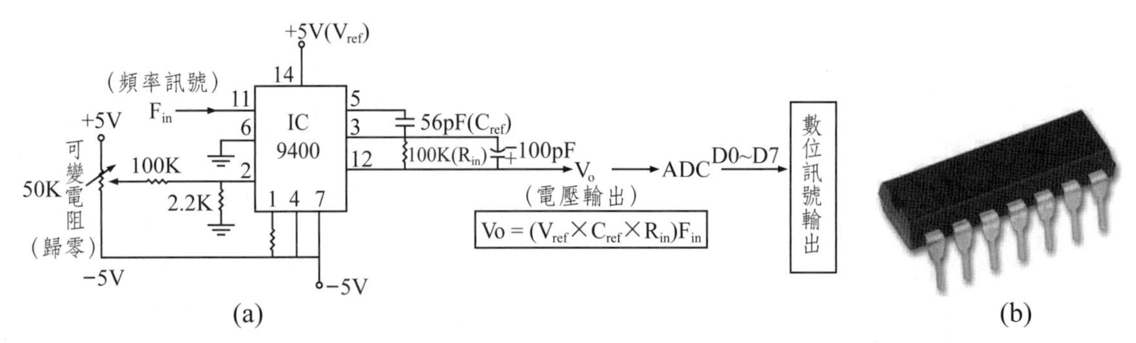

圖5-22　IC 9400-頻率／電壓（F/V）轉換計數晶片之(a)接腳和頻率計數測定系統圖，及(b)IC 9400晶片實物圖[115a]（(b)圖來源：http://uk.farnell.com/productimages/farnell/ standard/42268264.jpg）

式中V_{ref}，C_{ref}，R_{in}分別爲接在圖5-22(a)接腳5，3，12間之參考電壓，參考電容及電阻。如圖5-22(a)所示，由IC9400-晶片所輸出電壓訊號V_o可經類比／數位轉換器（ADC）轉換成數位訊號並輸入微電腦做數據處理。

IC9400晶片常連接石英振盪器組成頻率／電壓轉換器。圖5-23爲石英振盪器-IC9400晶片頻率／電壓（F/V）轉換接線圖及石英振盪器接線圖。石英振盪器輸出F_{in}頻率，經IC9400將頻率轉換成電壓訊號V_o輸出。

5.2.2.2　LM2907/LM2917-F/V轉換計數晶片

LM2907和LM2917晶片爲相當類似的兩頻率／電壓（F/V）轉換計數晶片。圖5-24及圖5-25分別爲LM2907/LM2917-F/V轉換計數晶片之接腳線路圖及實物圖。如圖5-24(a)及圖5-25(a)所示，頻率訊號皆由兩晶片接腳1進入後再由接腳4輸出經轉換所的電壓訊號V_{out}。輸出的電壓訊號V_{out}亦可輸入類比／數位轉換器（ADC）轉換成數位訊號並輸入微電腦以計算原始輸入頻率及做數據處理。

5.2.2.3　VFC32-F/V轉換計數晶片

VFC32晶片和IC9400晶片一樣，除可當電壓／頻率（V/F）轉換之振盪器外，還可當頻率／電壓（F/V）轉換計數晶片。圖5-26爲VFC32計數晶片之接腳圖及頻率／電壓（F/V）轉換計數接線圖和實物圖。如圖5-26(b)所示，

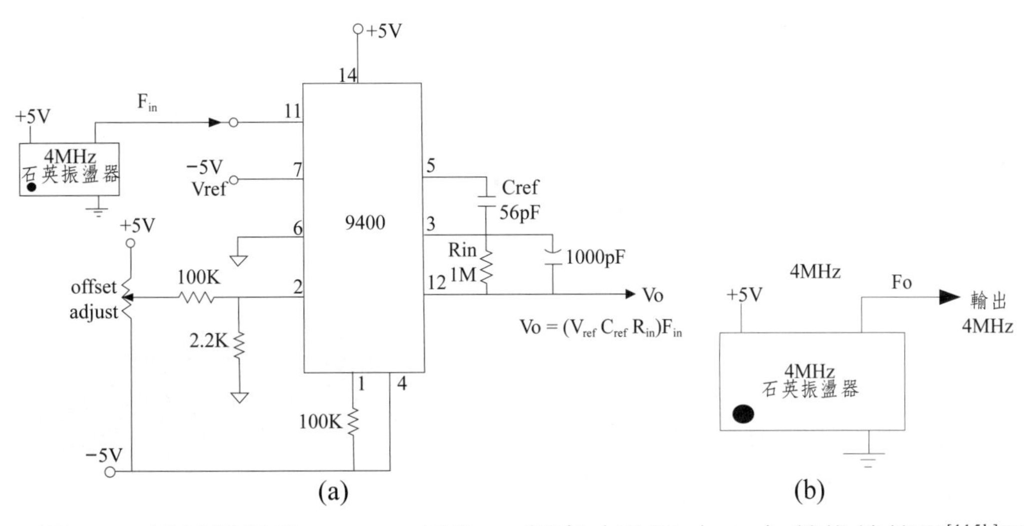

圖5-23　石英振盪器-IC9400晶片(a)頻率／電壓（F/V）轉換接線圖[115b]及(b)石英振盪器接線圖（參考資料：(a) https://encrypted-tbn0.gstatic.com/images?q=tbn: ANd9GcSa2WGJ6zLAZTGsd QJCdPkWvz）

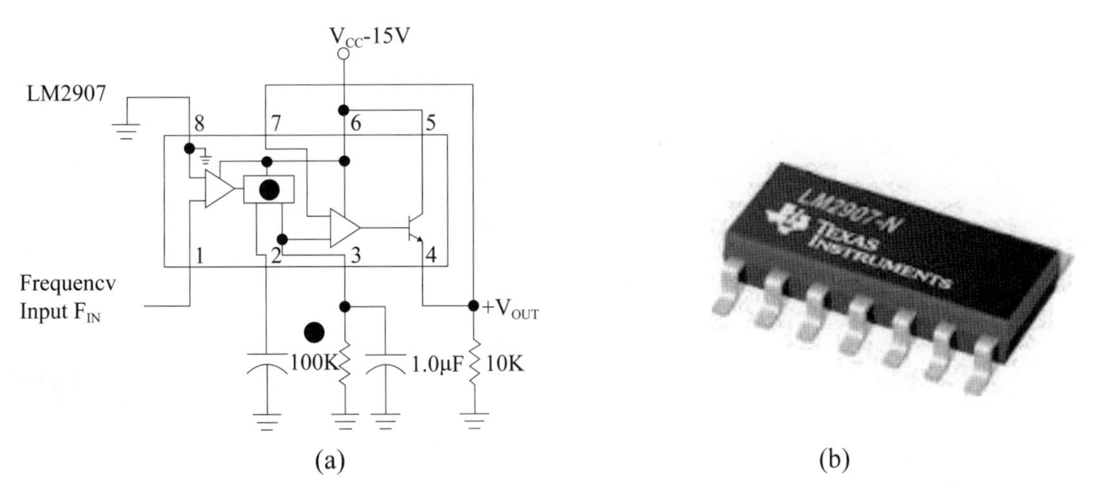

圖5-24　LM2907-頻率／電壓（F/V）轉換計數晶片之(a)接腳線路圖[116]及(b)LM2907晶片實物圖[117]（原圖來源：(a) http://circuits.datasheetdir.com/288/LM2907-circuits.jpg; (b) http://www.ti.com/graphics/n lders/partimages/LM2907-N.jpg）

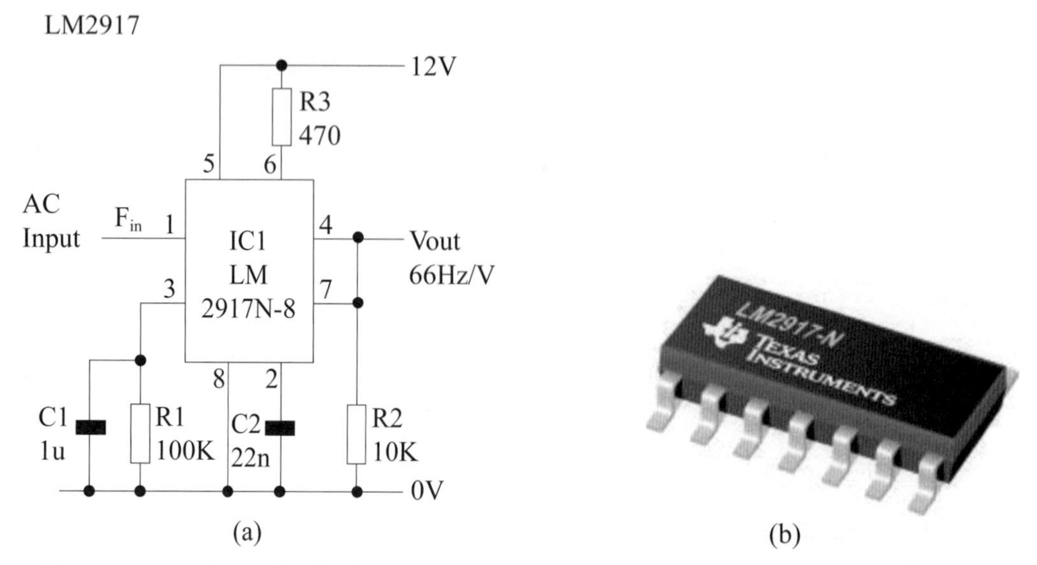

圖5-25 LM2917-頻率／電壓（F/V）轉換計數晶片之(a)接腳線路圖[118]及(b) LM2917晶片實物圖[119]（原圖來源：(a) http://static.electro-tech-online.com/imgcache/10585-adcg.jpg; (b) http://www.ti.com/ raphics/folders/partimages/LM2917-N.jpg）

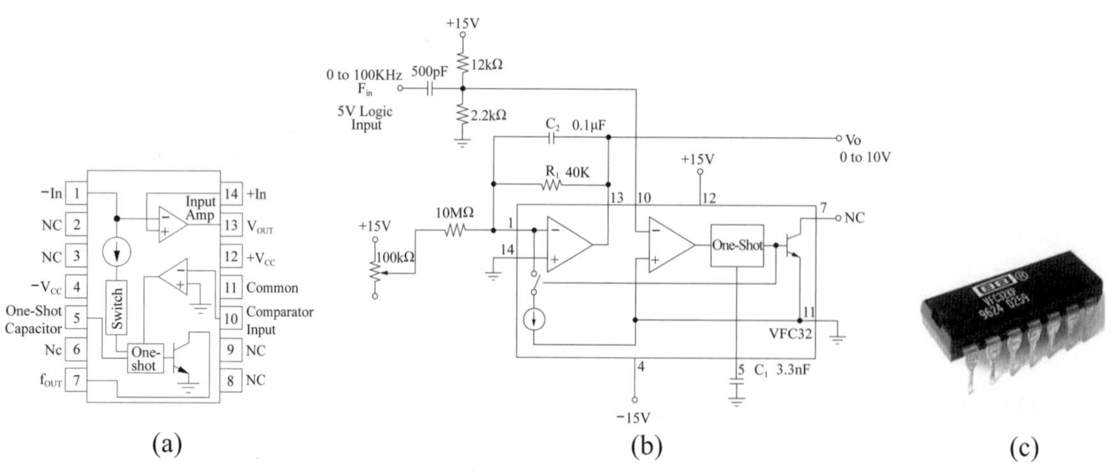

圖5-26 VFC32計數晶片之(a)接腳線路圖[120]及(b)頻率／電壓（F/V）轉換接線圖[121]及(c)實物圖[122]（原圖來源：(a)http://www.seekic.com/uploadfile/ic-data/2009327182836908.jpg; (b)http://www.ustudy.in/node/8334; (c)http://www.iowa-ndustrial.comCedar-Rapids-/Welding-and-Soldering-/VFC32 KP-VFC32-kp-v-f-f-v-converter-1-image-No.jpg）

一頻率訊號F_{in}（0～100 KHz）進入VFC32晶片後經轉換可得一電壓訊號Vo（0～10 V）輸出。同樣地，此輸出電壓訊號V_o亦可輸入類比／數位轉換器（ADC）轉換成數位訊號並輸入微電腦以計算原始輸入頻率F_{in}→i_n及做數據處理。

第 6 章

數位／類比轉換器（DAC）晶片
(Digital to Analog Converter (DAC) Chips)

一般微電腦輸出輸入皆需爲數位訊號（D, Digital Signal，如二進位（Binary）1或0），然而一般化學實驗儀器所輸出輸入爲類比訊號（A, Analog Signal，如電壓和電流）。若要用微電腦輸出訊號給化學實驗儀器，就需要一轉換器將微電腦輸出的數位訊號轉換成類比訊號（如電壓和電流）。數位／類比轉換器晶片（Digital to Analog Converter (DAC) Chip）主要功能就是使數位訊號（D）轉換成類比訊號（A，如電壓和電流）以提供化學實驗儀器所需電壓或電流。本章將介紹數位／類比轉換器（DAC）晶片之結構、訊號轉換原理及應用。

6.1 數位／類比轉換器（DAC）簡介

數位／類比轉換器（Digital to Analog Converter, DAC）[123-124]晶片用來將一組數位訊號（Digital，D如D_0～D_7）轉換成電壓類比訊號（Analog, A）之轉換器。如圖6-1所示，數位／類比轉換器晶片常用接在微電腦以便將微電腦輸出之數位訊號（如D_0～D_7）轉換成電壓類比訊號以起動化學實驗儀器（如電化學氧化還原儀器）。

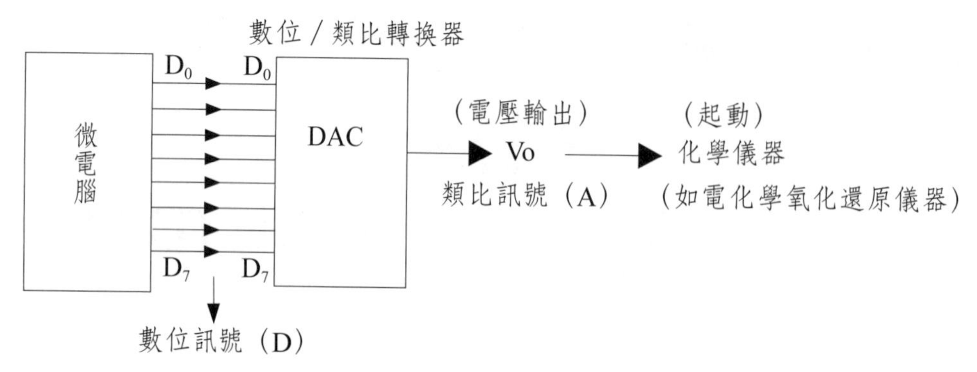

圖6-1 數位／類比轉換器晶片數位訊號輸入及類比訊號輸出示意圖

圖6-2爲八位元類比數位轉換器晶片之轉換示意圖及晶片實物圖（8-Bit DAC AD7228晶片）。八位元類比數位轉換器即表示其可將一組八位元（D_0～D_7）數位訊號轉換成類比電壓訊號（Analog Voltage）。市售常見爲8位元、14位元、16位元及32位元類比數位轉換器（DAC）晶片。

6.2 數位／類比轉換器內部結構及訊號轉換原理

數位／類比轉換器依數位訊號輸入方式可分爲並列式數位／類比轉換器（Parallel Digital to Analog Converter）及串列式數位／類比轉換器（Serial Digital to Analog Converter）。並列式DAC所有各位元數位訊號（D0～D7）一次同時輸入DAC，而串列式DAC各位元是依次（先D0，再D1……

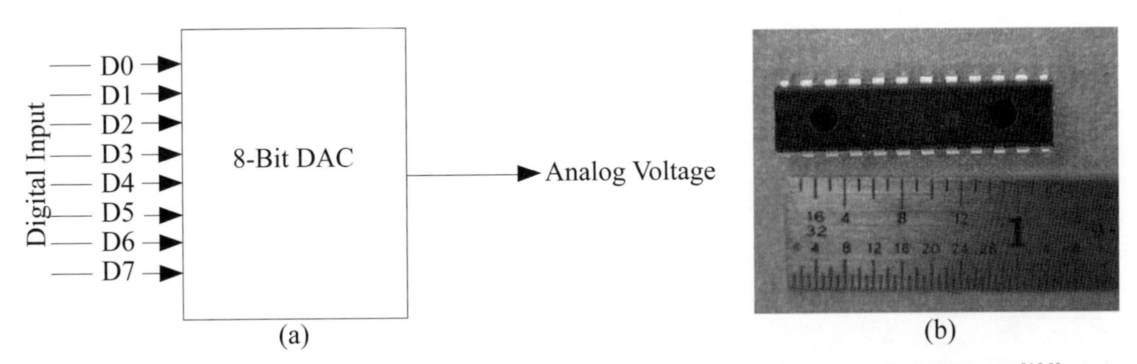

圖6-2　八位元類比數位轉換器晶片之(a)轉換示意圖[123]及(b)晶片實物圖[125]（原圖來源：(a) http://en.wikipedia.org/wiki/Digital-to-analog_converter; (b) http://www.ebay.com/itm/Analog-AD7228KN-LC-Mos-Octal-8-Bit-DAC-IC-/200750890921）

D7）輸入DAC的。本節將分別介紹並列式及串列式DAC如下：

6.2.1　並列式數位／類比轉換器

IC 1408晶片為常用之8位元（8 bit）並列式數位／類比轉換器（DAC）晶片，其內部之結構及接腳圖。如圖6-3所示，當微電腦各位元（D7～D0）輸出二進位0或1訊號進入三態開關（3°-State Switch），三態開關功能只有在其位元D為1時，才會有電流由V_{cc}電源流至DAC輸出端，換言之，在位元D為1時，三態開關之三端才會完全通。因各位元所接電阻大小皆不同，各位元所流出的電流也不同，各位元流出的電流及總電流I為：

$$i_0 = D_0V_{cc}/128R,\ i_1 = D_1V_{cc}/64R,\ i_2 = D_2V_{cc}/32R,\ i_3 = D_3V_{cc}/16R,$$
$$i_4 = D_4V_{cc}/8R,\ i_5 = D_5V_{cc}/4R,$$
$$i_6 = D_6Vcc/2R,\ i_7 = D_7Vcc/R \text{（D為0或1）} \quad (6\text{-}1)$$
$$I = i_0 + i_1 + i_2 + i_3 + i_4 + i_5 + i_6 + i_7 \quad (6\text{-}2)$$

式6-1代入式6-2可得：

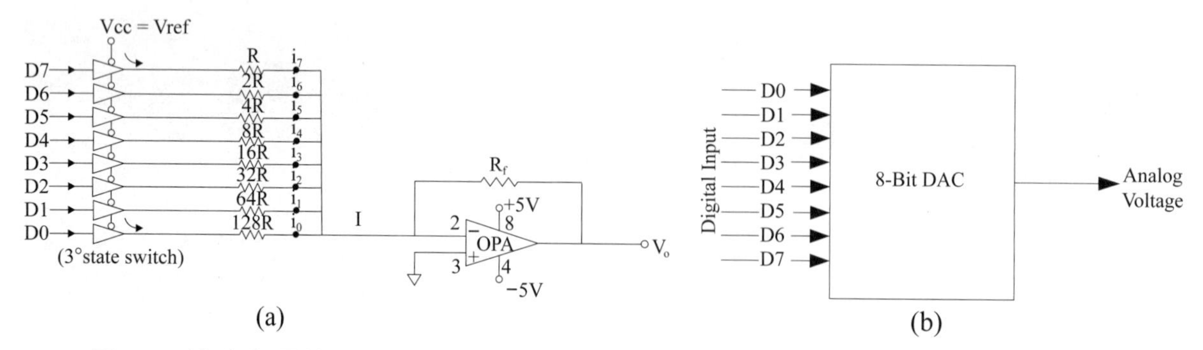

圖6-3　輸出負電壓之八位元數位／類比轉換器（DAC）(a)線路示意圖及(b)晶片接腳圖[123]（(b)圖來源：http://en.wikipedia.org/wiki/Digital-to-analog_converter）

$$I = V_{cc}\,[D_0/128R+D_1/64R + D_2/32R + D_3/16R + D_4/8R + D_5/4R + D_6/2R + D_7/R] \qquad (6\text{-}3)$$

因微電腦輸出之數據D爲：

$$D = D_0(2^0)+D_1(2^1)+D_2(2^2)+D_3(2^3)+D_4(2^4)+D_5(2^5)+D_6(2^6)+D_7(2^7) \qquad (6\text{-}4)$$

即 $$D= D_0(1)+D_1(2)+D_2(4)+D_3(8)+D_4(16)+D_5(32)+D_6(64)+D_7(128) \qquad (6\text{-}5)$$

由式6-3及式6-5可得：

$$I = (V_{cc}/128R)[D_0(1)+D_1(2)+D_2(4)+D_3(8)+D_4(16)+D_5(32)+D_6(64)+D_7(128)] \qquad (6\text{-}6)$$

由式6-5代入式6-6可得： $$I = (V_{cc}/128R)D \qquad (6\text{-}7)$$

因DAC輸出電壓V_0爲： $$V_0 = -IR_f \qquad (6\text{-}8)$$

式6-7代入式6-8可得： $$V_0 = -(V_{cc}/128R)DR_f \qquad (6\text{-}9)$$

式6-9爲DAC之輸出電壓V_0與其輸入數據(d)之關係，同時由式中可看出DAC之輸出電壓V_0爲負值，故常用市售DAC之IC晶片（如DAC 1408 IC晶片）的輸出V_0常爲負電（最大值爲－5V或－12V）。圖6-4爲常見8位元DAC：

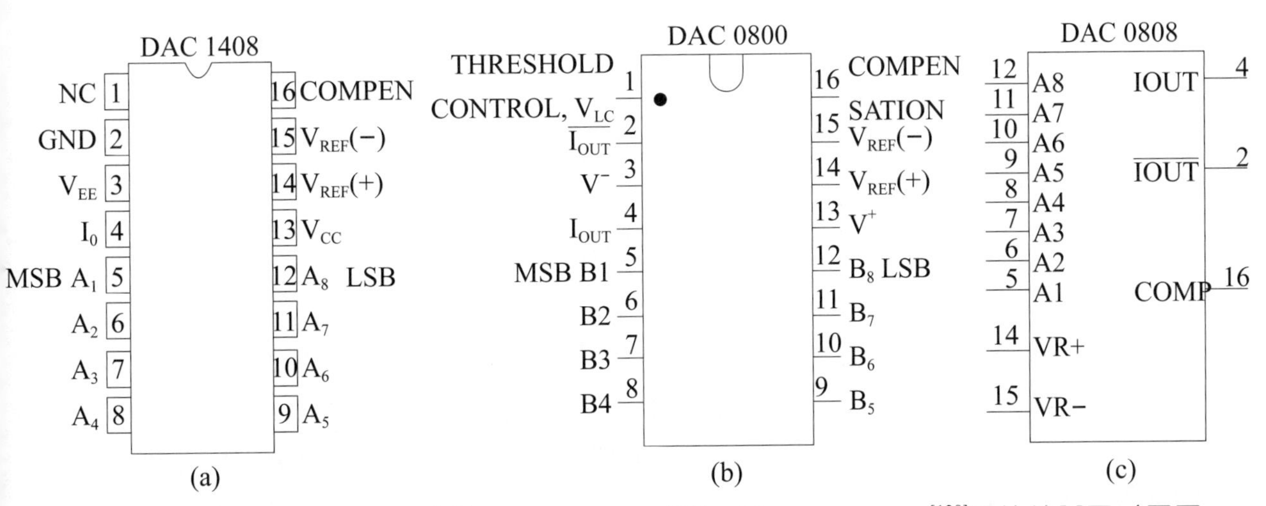

圖6-4　(a)DAC1408[126]，(b)DAC0800[127]，及(c)DAC0808[128]晶片接腳圖（原圖來源：(a)http://www.datasheetlib.com/datasheet/231378/dac1408_fairchild-semiconductor.htm; (b)http://www.syntax.com.tw/upload/IC-DAC0800_1.jpg; (c)http://www.8051projects.net/files/public/1236575439_15707_FT0_dac_0808_ckt_.jpg）

DAC1408，DAC0800及DAC0808晶片接腳圖。除8位元DAC外，常見市售還有12位元及16位元DAC。

當DAC輸入各位元D皆為1時，即$D_0 = D_1 = D_2 = D_3 = D_4 = D_5 = D_6 = D_7 = 1$時，代入式6-5且式中D改稱為$D^{max}$，即

$$D^{max} = 2^0+2^1+2^2+2^3+2^4+2^5+2^6+2^7 = 255 \qquad (6\text{-}10)$$

在n位元之DAC，ADC或電腦資料線（Data Bus）之D^{max}值一般式為：

$$D^{max} = 2^n - 1 \qquad (6\text{-}11)$$

此時式6-9之DAC之輸出電壓V_0變成V_{FS}（Full-Scale Voltage，DAC最大輸出電壓），而D變為D^{max}，將$V_0 = V_{FS}$及$D = D^{max}$代入式6-9可得：

$$V_{FS} = -(V_{cc}/128R)D^{max}\ R_f \quad (6\text{-}12)$$

式6-9代入式6-12可得：

$$V_0 = V_{FS}(D/D^{max}) \quad (6\text{-}13)$$

DAC最大輸出電壓（V_{FS}）可由改變所用電源V_{cc}而改變，一般在常用DAC晶片中若用－5V或－12V當電源時且$R_f = 128R/D^{max}$，此DAC之V_{FS}為－5V或－12V。因而式6-13中，V_{FS}及D^{max}皆可預先知道。故若吾人從微電腦輸出一數據D＝80進入一V_{FS}為－5V之8位元DAC後，DAC之輸出電壓V_0應為：

$$V_0 = V_{FS}(D/D^{max}) = -5(80/255) = -1.57V \quad (6\text{-}14)$$

許多DAC晶片（如DAC1408）之輸出電壓為負電壓，但有些DAC晶片之輸出電壓為正電壓。圖6-5為輸出正電壓之八位元數位／類比轉換器（DAC））線路圖。因其晶片內部所用運算放大器（OPA）為非反相負迴授OPA（圖6-5），故輸出正電壓V_2。反之，DAC1408晶片內部所用運算放大器（OPA）為反相負迴授OPA（圖6-3），故輸出負電壓。

6.2.2 串列式數位／類比轉換器

串列式數位／類比轉換器（Serial Digital to Analog Converter, Serial DAC）乃是各位元是依次（先D0，再D1……D7）輸入的，其基本上如圖6-6所示主要是由串列／並列轉換器及並列DAC所組成。當一串列訊號由其此串列DAC接腳SDIN（Serial Data Input）進入串列／並列轉換器轉換成並列訊號（D0-D7）並進入傳統並列DAC先以電流訊號（Io）輸出可直接以I_{OUT}輸出，但也常以電流／電壓（I/V）轉換器轉換成電壓訊號V_{OUT}輸出。常見的串列式晶片有AD5755、AD5757和PCM1794晶片。圖6-7為串列DAC-AD5755晶片之接腳及內部結構，而圖6-8為串列DAC-PCM1794晶片之接腳及內部結構。

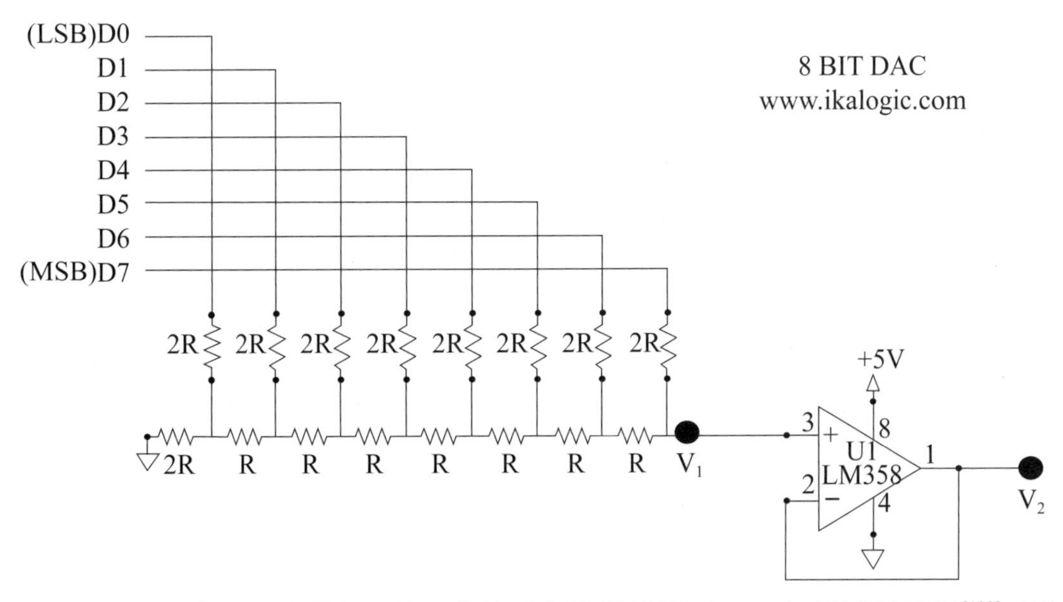

圖6-5　輸出正電壓之八位元數位／類比轉換器（DAC）線路示意圖[129]（原圖來源：http://ikalogic.cluster006.ovh.net/wp-content/uploads/8bitdac.jpg）

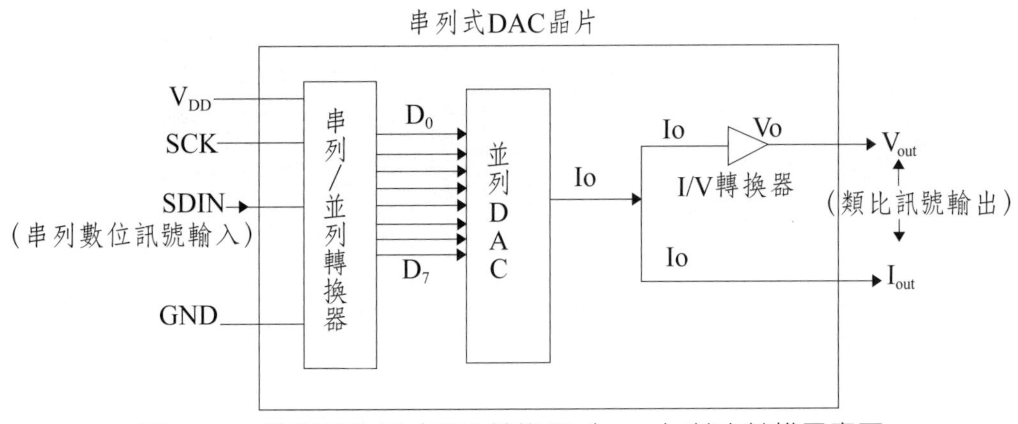

圖6-6　一般串列數位／類比轉換器（DAC）基本結構示意圖

6.3　DAC-OPA系統

因一般DAC內部含反相OPA故一般DAC晶片之輸出為負電壓，以便在電化學中用DAC輸出負電壓來還原或電解金屬離子。但有時希望能得正電壓，這時只要如圖6-9所示，將DAC（含內部OPA）再接上另一外部反相OPA即可

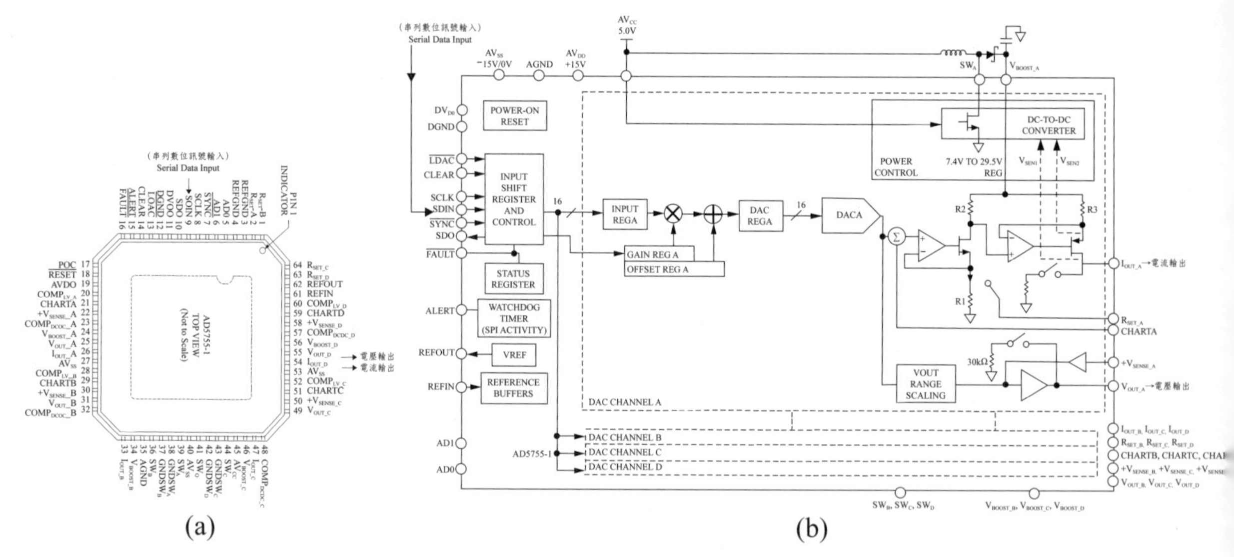

圖6-7　串列DAC：AD5755晶片之(a)接腳[130]及(b)內部結構[131]（原圖來源：(a) www.analog.com/ static/imported-files/data.../AD5755.pdf (b) http://www.analog.com/media/en/technical-documentation/data-sheets/AD5755-1.pdf）

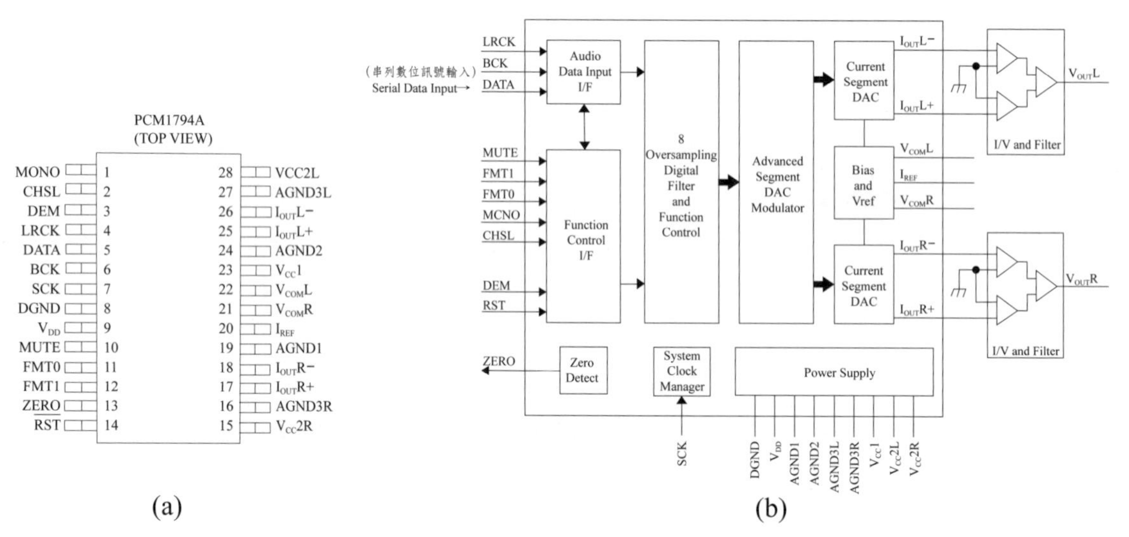

圖6-8　串列DAC：PCM1794晶片之(a)接腳及(b)內部結構圖[132]（原圖來源：http://www.ti.com/product/PCM1794A）

得正電壓且可放大原來DAC最大輸出電壓V_{FS}。在圖6-9中DAC（IC1408）之$V_{FS}=V_{ref}$，其輸出電壓V_4為負電壓。為得正電壓，且放大，在DAC後加一反相OPA放大器，DAC輸出電壓V_4及再經OPA後得輸出正電壓V_0分別為：

$$V_4 = -V_{ref}(D/D^{max}) \tag{6-15}$$

及

$$V_0 = -V_4(R_f/R_{ref}) \tag{6-16}$$

式6-15代入式6-16，可得：

$$V_0 = (V_{ref} \times R_f/R_{ref})(D/D^{max}) \tag{6-17}$$

比較式6-17及式6-13，可知此新的DAC-OPA系統之最大輸出電壓（V_{FS}）爲：

$$V_{FS} = V_{ref} \times R_f/R_{ref} \tag{6-18}$$

由圖6-9及式6-17可知吾人可用DAC-OPA系統隨心所欲得到負電壓V_4及正電壓Vo。

圖6-10爲DAC1408-OPA1458數位／類比訊號轉換測試系統，可利用選碼器改變輸入DAC1408數位訊號（D0～D7），而觀察DAC1408輸出的類比電壓訊號（V4，負電壓）及OPA1458輸出電壓Vo（正電壓）。

6.4　多電壓輸出數位／類比轉換器晶片

一般數位／類比轉換器晶片（如DAC1408，DAC0800及DAC0808晶片）只能從微電腦中輸入一組數位訊號到DAC晶片經轉換後也只有一輸出

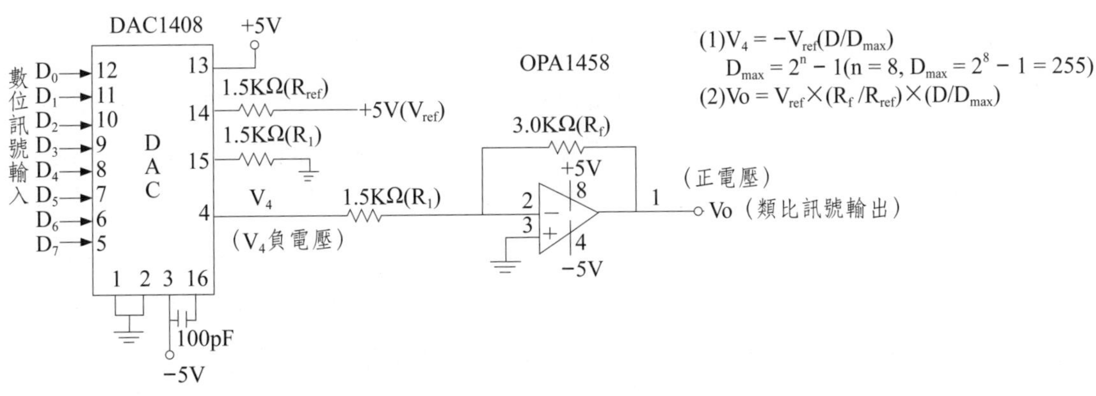

圖6-9　DAC1408-OPA1458數位／類比訊號轉換放大系統

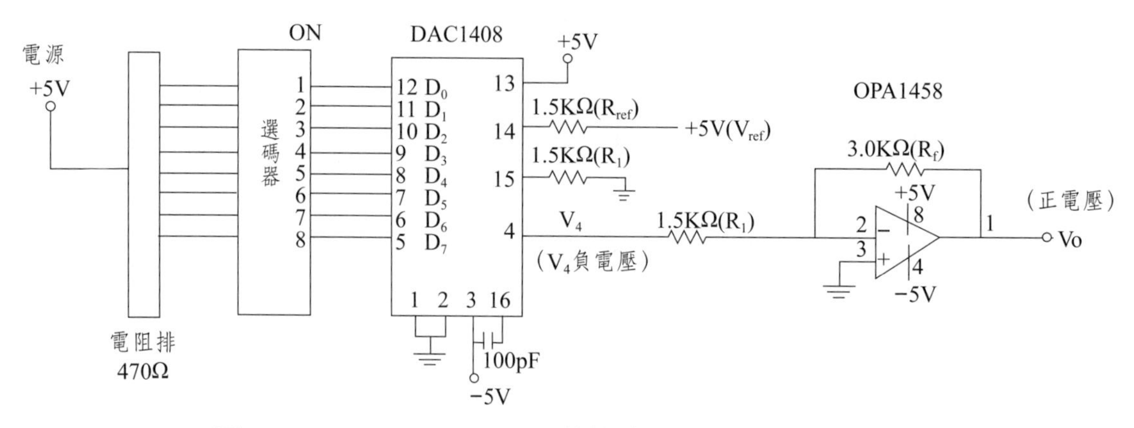

圖6-10　DAC1408-OPA1458數位／類比訊號轉換測試系統

電壓，然而有些DAC晶片（如AD7228晶片）則可從微電腦中依序輸入數組（如8組）數位訊號分別輸入晶片中數個小DAC（如AD7228晶片中有8個小DAC）經轉換後也會有數個（如8個）輸出電壓。如圖6-11(a)所示，這種多電壓輸出數位／類比轉換器晶片（Multi-Voltage Output DAC Chips）是利用微電腦接到DAC晶片之位址線A2，A1，A0控制(1)微電腦中哪一位址資料（D0～D7）要輸入DAC晶片中及(2)DAC晶片要從哪一電壓輸出接腳（$V_{out(0)}$~$V_{out(7)}$）輸出電壓訊號。如圖6-11(b)位址線控制電壓輸出表所示，當位址線A2，A1，A0為000時，由微電腦位址000暫存器之資料輸入DAC晶片並由DAC晶片之$V_{out(0)}$接腳輸出電壓，而A2，A1，A0為100時，則由微電腦位址100暫存器資料輸入並由DAC晶片之$V_{out(4)}$接腳輸出電壓。換言之，不同位址線A2，A1，A0值就有不同微電腦暫存器之不同數位資料訊號輸入DAC晶片中並由DAC晶片不同電壓輸出接腳輸出不同電壓。

圖6-12為可輸出8種電壓之AD7228數位／類比轉換器（DAC）晶片之接腳圖及內部結構線路圖。由圖6-12(a)所示，AD7228晶片有三條位址控制線接腳（A0，A1，A2），八條數位訊號輸入資料線接腳（DB0～DB7），及8電壓輸出接腳（V_{out1}~V_{out8}）。圖6-12(b)則顯示此八電壓輸出AD7228晶片實際上由含有8個只輸出一電壓之DAC小線路（DAC1～DAC8）組成，然後利用三條位址控制線A0，A1，A2輸入控制及開啓不同控制門（Latch）並起動不同的小DAC將數位訊號轉成電壓訊號並由不同電壓輸出接腳輸出。

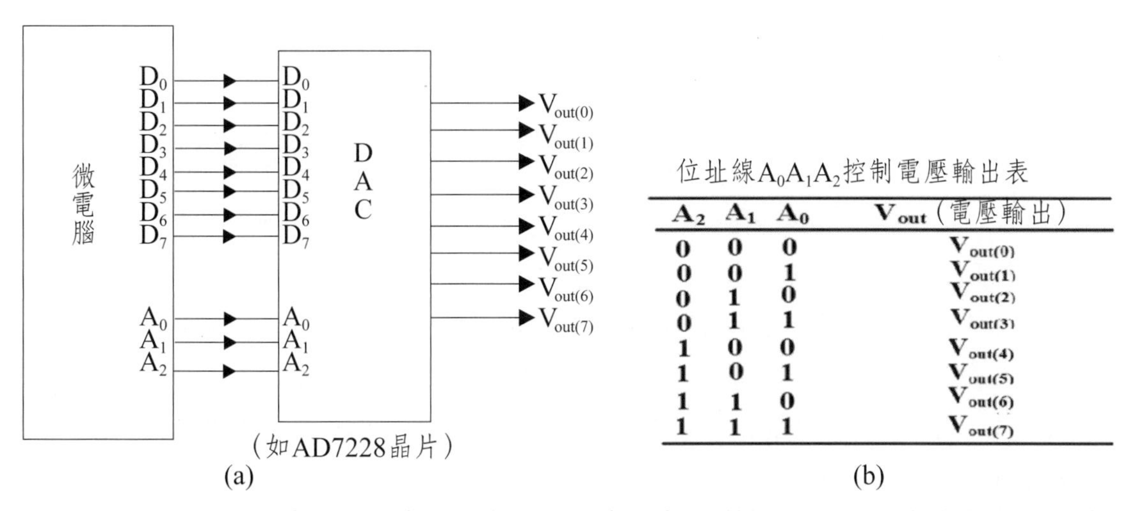

位址線$A_0A_1A_2$控制電壓輸出表

A_2	A_1	A_0	V_{out}（電壓輸出）
0	0	0	$V_{out(0)}$
0	0	1	$V_{out(1)}$
0	1	0	$V_{out(2)}$
0	1	1	$V_{out(3)}$
1	0	0	$V_{out(4)}$
1	0	1	$V_{out(5)}$
1	1	0	$V_{out(6)}$
1	1	1	$V_{out(7)}$

圖6-11　多電壓輸出數位／類比轉換器(a)輸入輸出系統圖，及(b)位址線控制電壓輸出表

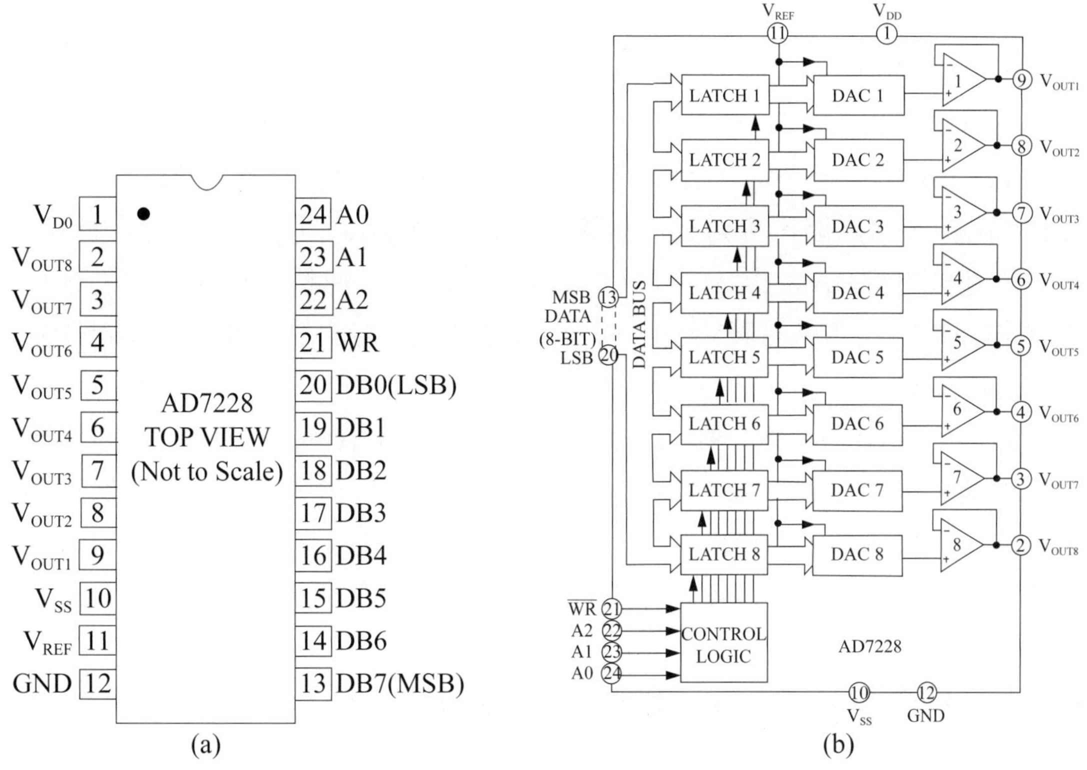

圖6-12　八電壓輸出數位／類比轉換器AD7228晶片之(a)接腳圖[133]及(b)內部結構線路圖[134]（原圖來源：(a)http://www.datasheetdir.com/AD7228+8bit-Digital-Analog-Converter; (b)http://www.analog.com/en/digital-to-analog-converters/da-converters/ad7228/products/product.html;http://www.analog.com/media/en/technical-documentation/data-sheets/AD7228.pdf）

6.5 USB-DAC晶片及微電腦-USB-DAC系統

現在PC微電腦都用串列USB（Universal Serial Bus）當接口和外界傳輸，故現在市面上開發具有USB接口之USB-DAC晶片（USB-DAC Chips）可直接接PC微電腦USB接口。然而許多DAC晶片並不具有USB接口，若要接PC微電腦USB接口必須在DAC晶片和PC微電腦中間插入一USB轉換晶片（如FT245）做橋樑組成微電腦-USB轉換晶片-DAC系統（Microcomputer-USB Controller-DAC System），本節將分別介紹USB-DAC晶片及微電腦-USB轉換晶片-DAC系統如下：

6.5.1 USB-DAC晶片

PCM 2704C及2706C為常用具有USB接口（D^+，D^-或DP，DM）之USB-DAC晶片，可直接接PC微電腦之USB接口組成微電腦-USB-DAC系統（Microcomputer-USB-DAC System）。圖6-13為微電腦-USB-DAC PC-M2706C系統線路圖，串列數位訊號（Serial Digital Signal）從微電腦USB接口經連接串列DAC PCM 2706C-USB-DAC晶片所接之USB接頭進入串列DAC轉換成類比電壓訊號V_{OUT}（$V_{OUT(1)}$及$V_{OUT(2)}$）輸出到電化學儀器電極進行氧化還原反應。

圖6-14為另外一個USB-DAC晶片PCM2900 IC直接接USB接頭之接線圖，如圖6-14所示此PCM2900 USB-DAC晶片接收由微電腦傳來的數位訊號轉成類比電壓訊號，然後由PCM2900晶片之16（$V_{out\ L}$）及15（$V_{out\ R}$）支腳輸出V_1及V_2兩電壓到化學儀器以起動化學儀器或進行氧化還原反應。

6.5.2 微電腦-USB轉換晶片-DAC系統

因為一般DAC晶片（如DAC1408）並不具有USB接口，若要接以USB接口做傳輸之PC微電腦就必須先接一USB轉換器晶片（如FT245）始可。圖6-15為PC微電腦-FT245RL-DAC1408-OPA系統接線圖。PC微電腦所輸出

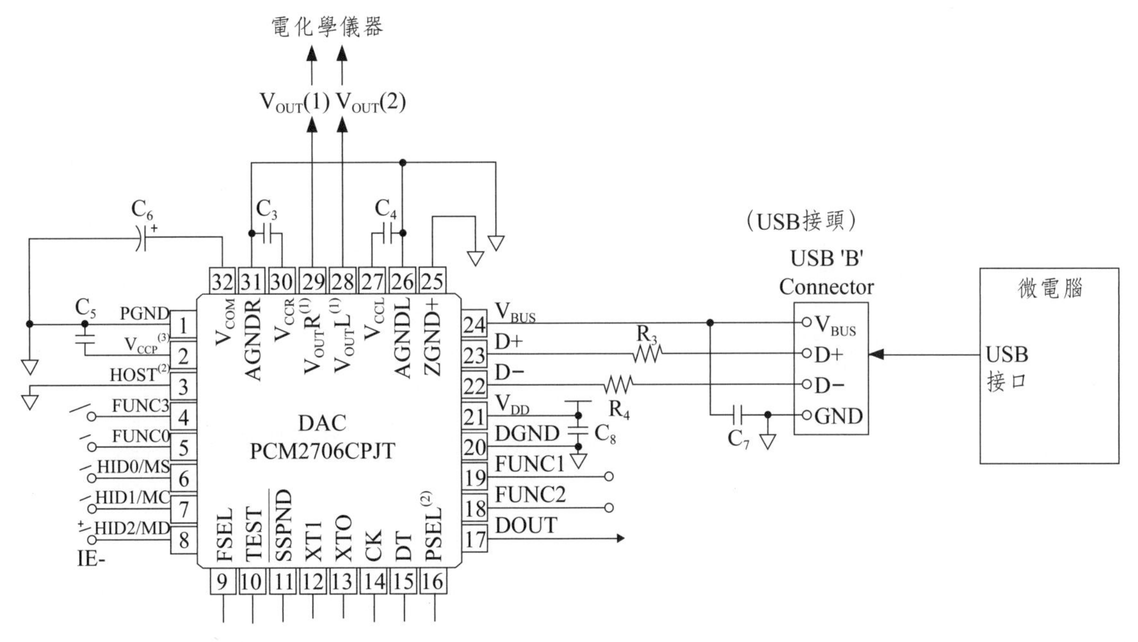

圖6-13　微電腦-USB-DAC PCM2706C系統線路示意圖[136a]（參考資料：http://www.ti.com/product/pcm2704c）

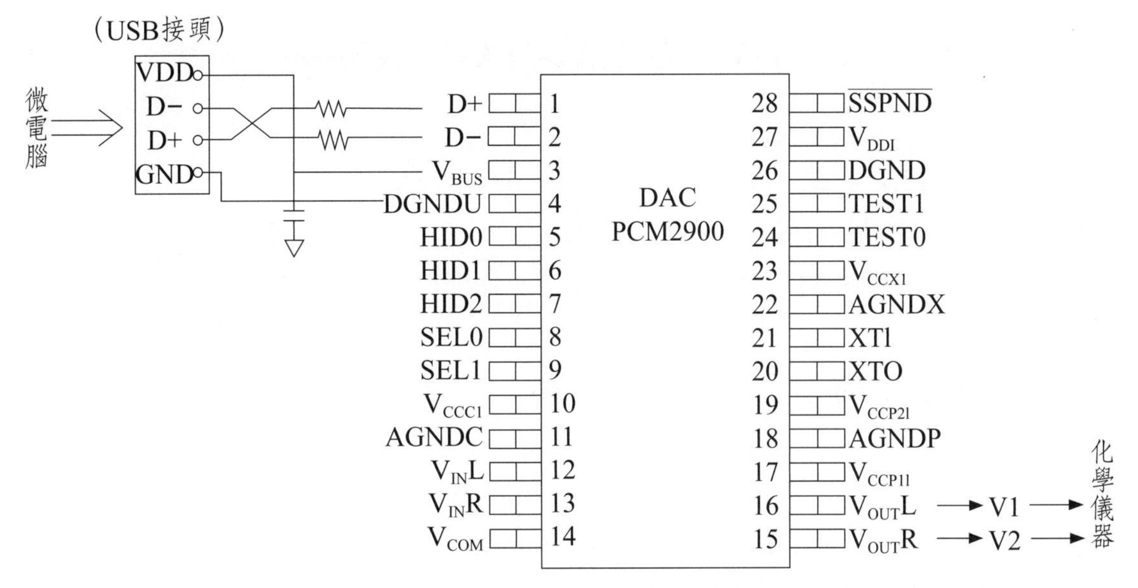

圖6-14　PCM2900 USB-DAC晶片接USB接頭及輸出類比電壓示意圖[136b]（原圖來源：http://www.ti.com/lit/ds/symlink/pcm2902.pdf）

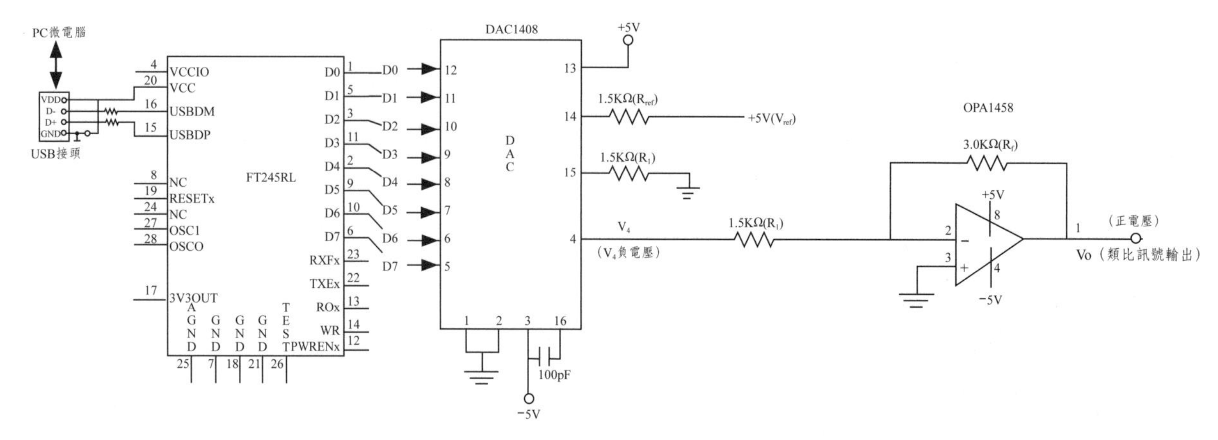

圖6-15　PC微電腦-FT245RL-DAC1408-OPA系統接線圖

的USB串列數位訊號先傳入USB轉換晶片FT245轉換成並列數位訊號（D0～D7），再輸入DAC1408晶片轉成類比電壓訊號V_4（負電壓），然後經反相運算放大器晶片轉換成放大正電壓Vo輸出。正電壓Vo及負電壓V_4可用於電化學儀器正負工作電極以進行氧化還原電化學反應。

6.6　微電腦-DAC系統

微電腦-DAC系統（Microcomputer-DAC Systems）可分微電腦-並列DAC系統（Microcomputer-Parallel DAC System）及微電腦-串列DAC系統（Microcomputer-Serial DAC System），分別分別說明如下：

6.6.1　微電腦-並列DAC-OPA系統

微電腦-並列DAC系統（Microcomputer Parallel DAC System）常見爲(1)微電腦-8255-DAC-OPA系統（Microcomputer 8255-DAC-OPA System）及(2)微電腦並列埠-DAC-OPA系統，（Microcomputer Parallel Port DAC-OPA System），分別說明如下：

6.6.1.1 微電腦-8255-DAC-OPA系統

圖6-16爲微電腦-USB-8255-DAC1408-OPA數位／類比訊號轉換系統（Microcomputer-8255-DAC-OPA System）線路圖。雖然DAC1408直接接到微電腦資料線（D0-D7）亦可將由微電腦輸入數位資料轉換成電壓訊號，但若微電腦資料線被一晶片（如DAC1408）獨占就不便接其他晶片，故常在DAC1408和微電腦中間接一個類似輸出輸入分配器之晶片（如8255晶片）。8255晶片爲微電腦常用之訊號輸出輸入（O/I）分配晶片，此8255晶片如圖6-16所示，有一組連接微電腦之8位元（D0-D7）資料線接腳，也有三個與外界連接的三個8位元輸出輸入埠（Port A, Port B, Port C），可接三個不同晶片，在圖6-16中DAC1408就接在8255晶片之Port A（PA0-PA7接腳）。8255晶片爲微電腦常用之訊號輸出輸入（O/I）晶片（亦可用市售8255卡），其工作原理將在本書第八章詳述。

如圖6-16所示，具有USB接口之微電腦的數位資料（D0～D7）以串列方式輸入USB／並列轉換晶片（如MCS7715晶片）轉成並列訊號傳入8255晶片資料線（D0～D7），然後此並列數位訊號（D0～D7）由8255晶片之Port A（PA0～PA7接腳）輸入DAC1408晶片轉換成負電壓訊號V_4由DAC1408接腳4輸出。此輸出的負電壓訊號V_4再經一OPA1458晶片組成的反相運算放大器轉換成正電壓訊號Vo輸出。現有市售USB 8255卡，其含有8255及USB／並列轉換晶片。此USB 8255卡可直接接具有USB接口之微電腦。

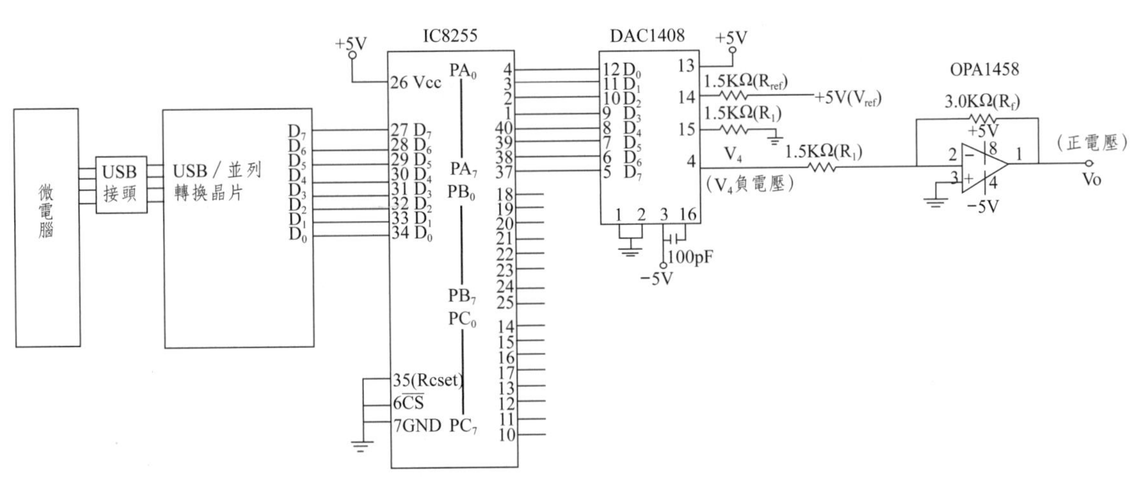

圖6-16　微電腦-USB-8255-DAC1408-OPA數位／類比訊號轉換系統

若用具有並列埠（Parallel Port）之微電腦，如圖6-17所示，IC8255晶片就可直接微電腦的並列埠。微電腦之數位訊號（D0～D7）就可直接傳入IC8255晶片，再傳入DAC晶片並轉換成類比電壓訊號輸出。

6.6.1.2 微電腦並列埠-DAC-OPA系統

微電腦並列埠（Parallel port，此埠以前常用來接印表機，故又稱Printer Port）可用來接DAC-OPA系統形成微電腦並列埠-DAC-OPA系統。圖6-18為微電腦-並列埠-DAC1408-OPA數位／類比訊號轉換系統（Microcomputer-Parallel Port-DAC-OPA system）及並列埠接腳圖。如圖6-18(a)所示，將DAC1408晶片之數位訊號（D0～D7）接腳接微電腦並列埠D0～D7接腳（即圖6-18(b)中並列埠接腳2，3，4，5，6，7，8，9），然後DAC1408晶片將由微電腦輸入之數位訊號轉成負電壓訊號V_4輸出，然後再經一反相運算放大器OPA轉成放大正電壓V_0。

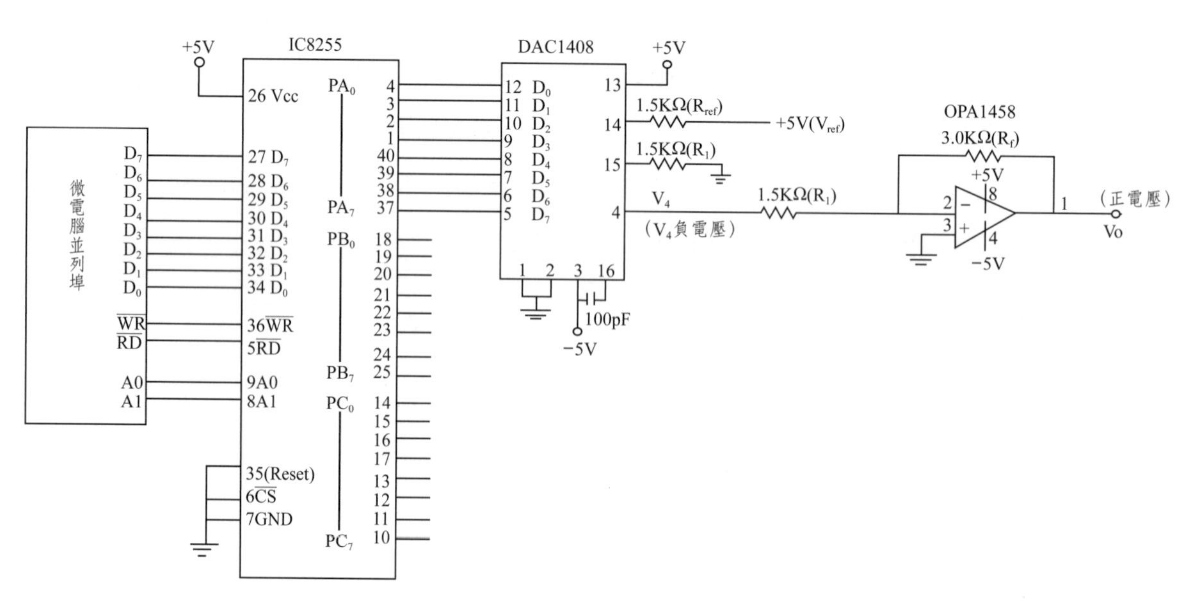

圖6-17 微電腦並列埠-8255-DAC1408-OPA數位／類比訊號轉換系統

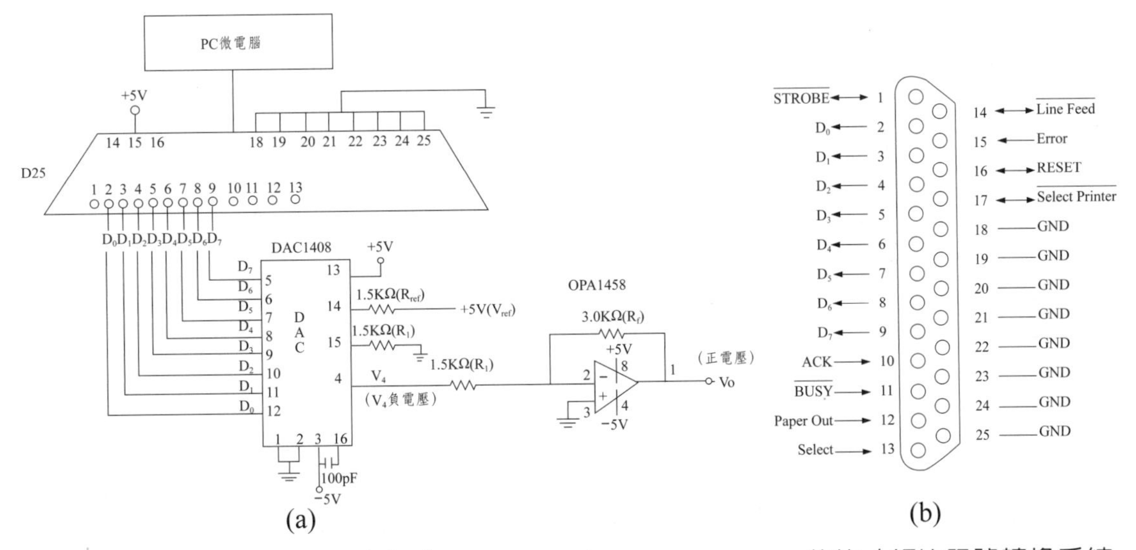

圖6-18　(a)微電腦-並列埠（Parallel Port）-DAC1408-OPA數位／類比訊號轉換系統及(b)並列埠接腳圖[135a]（(b)圖來源：http://en.wikipedia.org/wiki/Parallel_port）

6.6.2　單晶片微電腦-串列DAC系統

在單晶片微電腦電子線路中常和串列DAC組合成單晶片微電腦-串列DAC系統（Single-Chip Microcomputer-Serial DAC System）以將輸出的數位訊號轉換成類比電壓訊號以供應電化學儀器氧化還原電壓。此單晶片系統常用串列DAC晶片，而很少用並列DAC晶片，這是因爲一般單晶片微電腦接口不多（反之，大電腦接口相當多），若用串列DAC，微電腦只需3～4條接線連接DAC晶片的3～4個接口即可，而若用並列DAC則需用微電腦八條以上接線連接DAC晶片的八個以上的接口，使單晶片微電腦可接其他晶片數目大幅減少。

圖6-19爲單晶片微電腦PIC18F422/452-串列DAC TLC5615接線圖，由圖6-19(a)所示，串列DAC TLC5615只用四條線（數據輸入輸出線（DIN, DOUT），時序控制線SCLK和晶片起動線$\overline{CS}$）和單晶片PIC18F422/452連接即可將單晶片串列方式送來的數位訊號轉換成類比電壓訊號輸出給化學儀器。由圖6-19(b)TLC5615晶片內部結構可看出，這串列DAC晶片由單晶片微電腦送來的串列數位訊號先經16位元轉換暫存器（16 bit Shift Register）轉成並

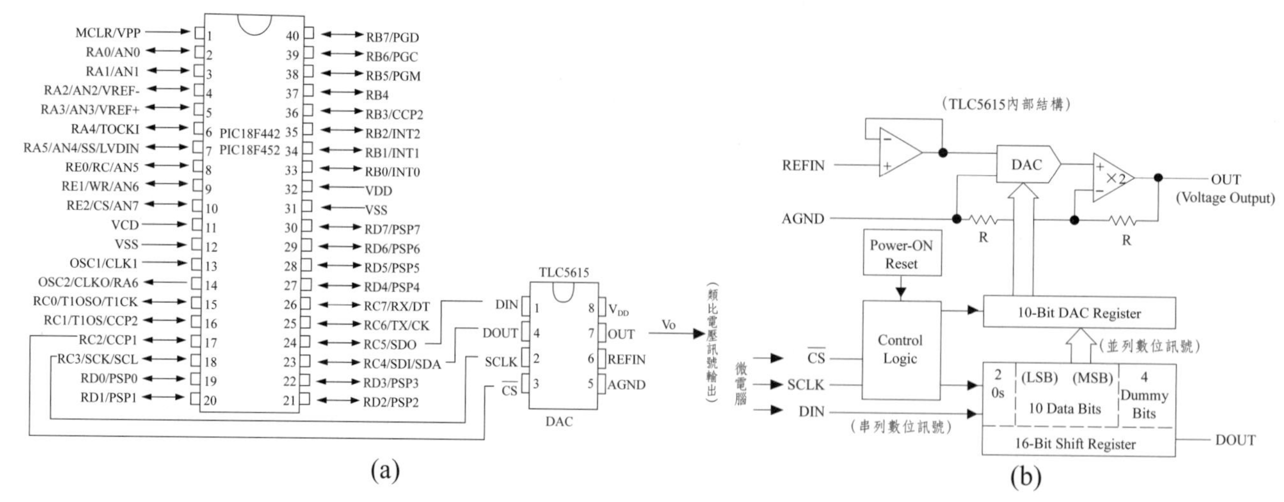

圖6-19 (a)單晶片微電腦PIC18F422/452-串列DAC TLC5615接線圖[135b]及(b) TLC5615晶片內部結構圖[135c]（參考資料：(a)https://www.maximintegrated.com/en/images/appnotes/3439/3439Fig01b.gif; (b)http://www.ti.com/lit/ds/symlink/tlc5615.pdf）

列數位訊號，再送到其內部的10位元並列DAC轉換成類比電壓訊號Vo輸出。

圖6-20爲單晶片微電腦PIC18F4550-串列DAC MCP4921接線圖，由圖所示，串列DAC MCP4921三條線（數據輸入線（SDI），時序控制線SCK和晶片起動線$\overline{CS}$）和單晶片連接就可將單晶片送來的串列數位訊號轉換成類比電壓訊號V_{OUTA}輸出到電化學儀器以進行化學氧化還原反應。

6.7 微電腦-DAC-ADC電化學偵測系統

數位／類比訊號轉換器（DAC）常用在電化學偵測系統中當可變掃瞄式電壓（從－5V到+5V）電源供應者。因一般元素之標準還原電位（Eo）約在－3V到+3V之間（如K^+，Fe^{3+}，Cu^{2+}，Ag^+，F_2之Eo分別約爲－2.92，－0.44，+0.34，+0.8，+2.87V），故可提供-5V到+5V之一般DAC晶片適合用在一般金屬及非金屬電化學氧化還原偵測。圖6-21爲微電腦-DAC-ADC電化學偵測系統（Microcomputer-DAC-ADC Electrochemical System）線路

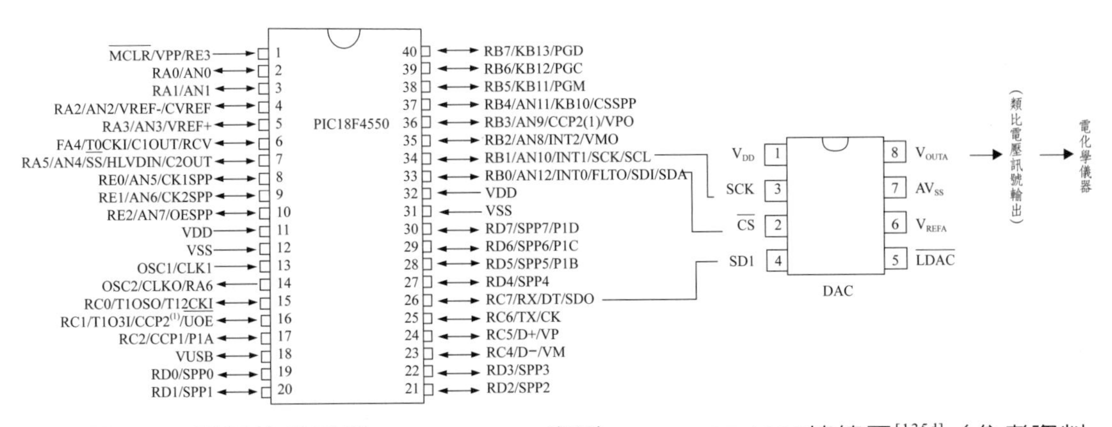

圖6-20　單晶片微電腦PIC18F4550-串列DAC MCP4921接線圖[135d]（參考資料：http://pic-tutorials.blogspot.tw）

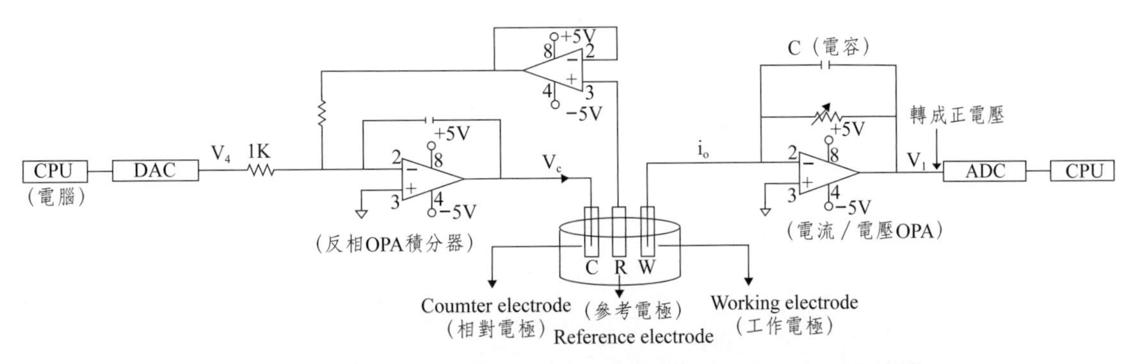

圖6-21　微電腦-DAC-ADC電化學偵測系統線路示意圖[137]

示意圖，在此系統中，微電腦可提供一連續數位訊號（D0～D7資料）輸入DAC晶片轉換成電壓V_4輸出給電化學系統中之參考電極（Reference Electrode, R）及輸入反相Opa積分器可得隨時間改變之不同連續電壓給相對電極（Counter Electrode, C）以使待測溶液中金屬或非金屬離子在工作電極（Working Electrode, W）產生還原或氧化，還原或氧化所產生還原或氧化電流經i_0電流／電壓轉換OPA（運算放大器）放大且轉換成電壓訊號，再進入類比／數位換器（ADC）轉換成數位訊號輸入微電腦中做數據處理及繪圖並計算待測溶液中金屬或非金屬離子之濃度及含量。

第 7 章

類比／數位轉換器（ADC）晶片
(Analog to Digital Converter (ADC) Chips)

一般化學實驗儀器所輸出的訊號爲類比訊號（Analog Signal, A）的電壓或電流由於輸入微電腦的訊號必須爲數位訊號（Digital Signal, D），故若要將此類比訊號（A）用微電腦做數據處理，必須將化學實驗儀器所輸出的類比訊號（A）先用類比／數位轉換器（Analog to Digital Converter, ADC）轉換成數位訊號（D），再輸入微電腦做數據處理。本章將介紹類比／數位轉換器（ADC）之種類、結構及功能並簡介各種微電腦-ADC系統。

7.1 類比／數位轉換器（ADC）簡介

類比／數位轉換器（Analog to Digital Converter, ADC）晶片[138-141]常用來將一化學儀器輸出的類比訊號（Analog Signal(a)，如電壓）轉換成數位訊號（Digital Signal, D）再輸入微電腦中做數據處理。圖7-1即爲一8位元ADC（如ADC0804）晶片將一化學儀器電壓之類比訊號V_{in}轉換成8位元數位訊號（D0～D7）再輸入微電腦做數據處理。8位元ADC晶片之輸出數位訊號D（由D0～D7輸出到微電腦）和其輸入電壓（V_{in}）之關係爲：

$$D = D^{max}(V_{in}/V_{FS}) \quad (7\text{-}1)$$

式中V_{FS}（Full Scale Voltage）爲ADC之所有輸出位元皆爲1訊號（5V, $D_0=D_1=D_2=D_3=D_4=D_5=D_6=D_7=1$）時之電壓。在$V_{FS}$時，$D = D^{max}$（在8位元ADC，$D^{max} = 2^8-1 = 255$）。例如一儀器輸入電壓爲1.0 V傳入一個$V_{FS}$爲5.0 V之8位元ADC晶片後，ADC晶片之輸出數位訊號D爲：

$$D = D^{max}(V_{in}/V_{FS}) = 255(1.0/5.0) = 51 \quad (7\text{-}2)$$

由第一章中圖1-30之(b)十進位→二進位換算法，此D=51換算成：$D_0=1$，$D_1=1$，$D_2=0$，$D_3=0$，$D_4=1$，$D_5=1$，$D_6=0$，$D_7=0$數位訊號，這些數位訊號經ADC晶片之D_0～D_7輸出接腳輸入微電腦（如圖7-1所示）。

圖7-2爲類比／數位轉換器轉換示意圖及早期立體聲音系統使用的4通道多線路類比數位轉換器實物圖。

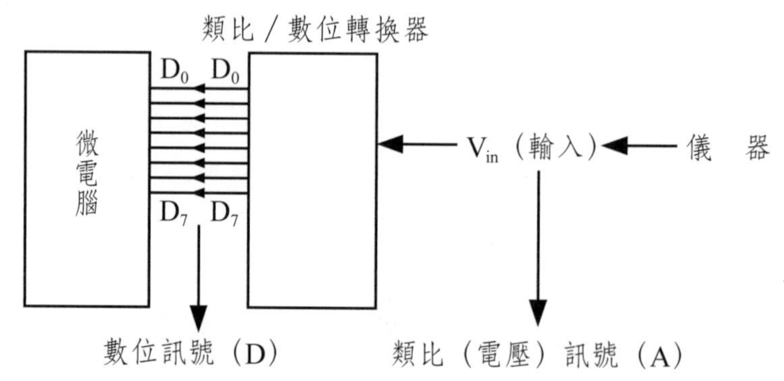

圖7-1 類比／數位轉換器晶片類比訊號輸入及數位訊號輸出系統

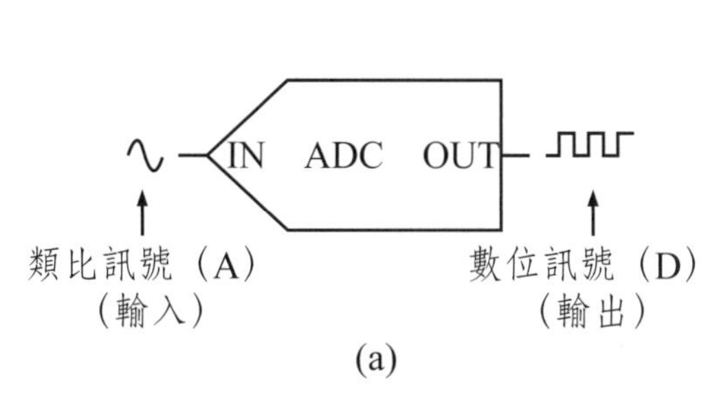

(a)

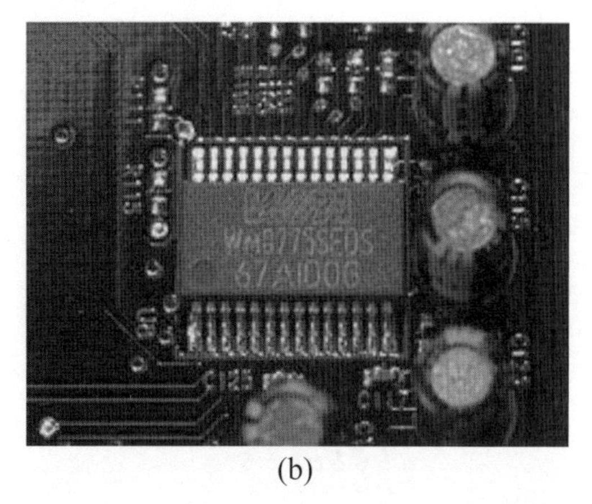

(b)

圖7-2　類比／數位轉換器(a)轉換示意圖及(b)早期立體聲音系統使用的4通道多線路類比數位轉換器實物圖[138]（原圖來源：http://en.wikipedia.org/wiki/Analog-to-digital_converter）

7.2　類比／數位轉換器種類與轉換原理

各種ADC晶片若依其工作原理及線路之不同可分下列幾類：

(A)連續近似ADC（Successive Approximation ADC）

(B)積分雙斜率ADC（Dual Slope Integration ADC）

(C)ΔΣADC（Sigma-Delta ADC）

(D)快閃ADC或直接比較ADC（Flash ADC or Direct Comparative ADC）

(E)電壓／頻率轉換ADC（Voltage to Frequency Converter ADC）

以下將對這幾種不同ADC晶片之內部結構及工作原理簡單說明：

7.2.1　連續近似ADC

圖7-3為連續近似ADC（Successive Approximation ADC）晶片之系統圖及內部結構圖，此連續近似ADC由DAC，比較器及控制器所組成。當一儀器訊號V_{in}從比較器負端進入，然後利用圖7-3(a)之控制器或圖7-3(b)之SAR（Successive Approximation Register，連續近似暫存器）輸入D0～D7數位

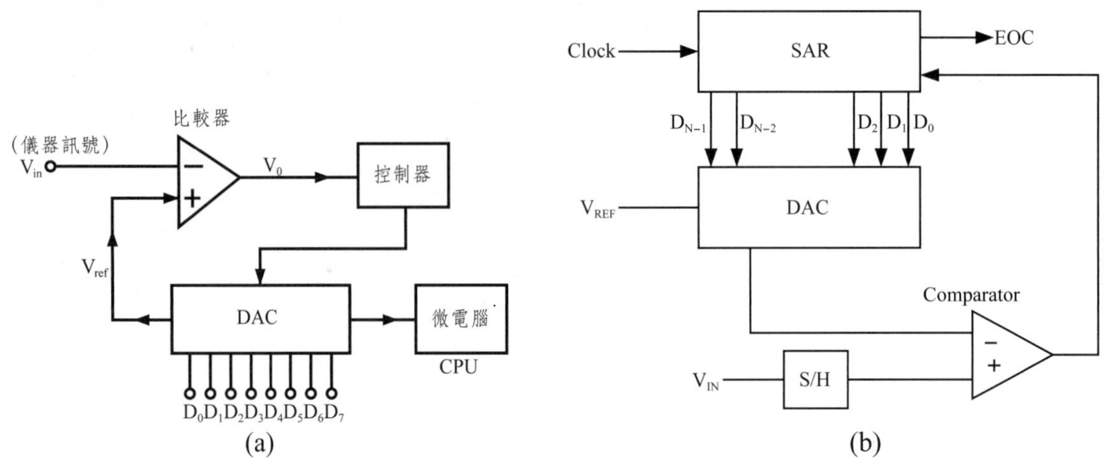

圖7-3 連續近似ADC（Successive Approximation ADC）(a)系統圖[140]及(b)結構圖[142b]

訊號（D值）到DAC並使DAC輸出電壓V_{ref}，當$V_{ref} < V_{in}$時，比較器輸出V_0為0（即0 V），此時持續增加DAC之D值直到$V_{ref} \geqq V_{in}$時，比較器輸出V_0為1（即5 V）且將訊號1（5 V）傳入控制器（或SAR）使控制器（或SAR）控制DAC停止增加D值，此時DAC之D值即為儀器訊號V_{in}經此ADC系統轉換所得之數位訊號，此D值即可讀入電腦（如圖7-3(a)）。常用的ADC0804晶片即為此種連續近似ADC之一種。

7.2.2 積分雙斜率ADC

圖7-4(a)為積分雙斜率ADC（Dual Slope Integration ADC）晶片之內部線路示意圖，其由OPA電容積分器，計數器及控制器所組成。如圖所示，若先用控制器使S1開關接a點和儀器訊號V_{in}輸入線連接，使儀器訊號V_{in}先進入OPA電容積分器，使其電容器C充電（Charging）t_1時間，使其電容器之電壓達到Vc^m（如圖7-4(b)），然後利用控制器使S1開關改接b點由一參考電壓V_{ref}經反相OPA之輸出端輸出負電壓經S1開關進入電容器C，使電容器開始放電（Discharging）並起動計數器開始數，持續放電至電容器之電壓由Vc^m到Vc=0為止，並經控制器使S2開關停止放電並中止計數器計數，此時計數器計數值為D值而放電至Vc=0所需時間為t_2，如圖7-4(b)所示，充電及放電電壓形成雙斜率關係，故此ADC被稱為積分雙斜率ADC，充電及放電兩者之關係如

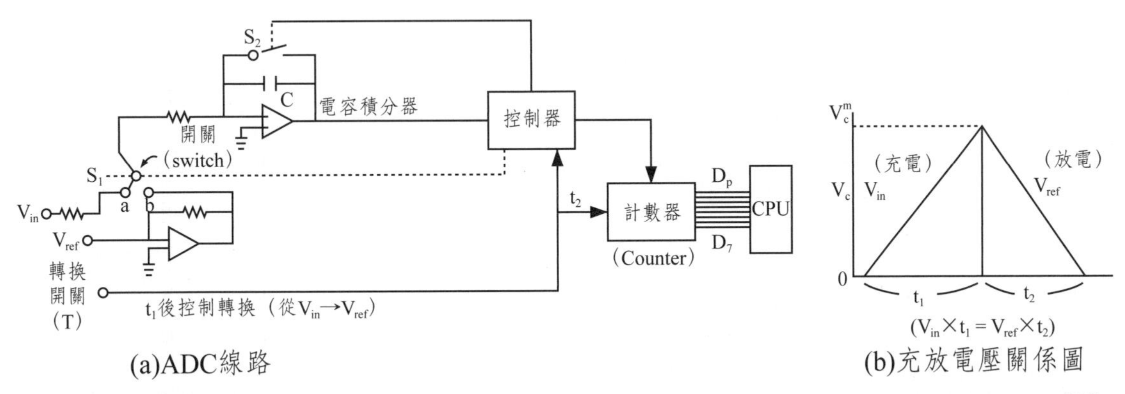

圖7-4　積分雙斜率ADC（Dual Slope Integration ADC）(a)線路及(b)充放電壓關係圖[140]

下：

$$V_{in} \times t_1 = V_{ref} \times t_2 \tag{7-3}$$

而放電時間t_2和計數器計數值爲D值之關係爲：

$$t_2 = \lambda D \tag{7-4}$$

式中λ爲比例常數（固定值），由式7-3代入式7-4可得：

$$D = t_2 / \lambda = (V_{in} \times t_1)/(V_{ref} \times \lambda) \tag{7-5}$$

式7-5中V_{ref}，t_1及λ爲已知固定值，故式7-3可改寫爲：

$$D = V_{in} \times (t_1 / (V_{ref} \times \lambda)) = V_{in}K \tag{7-6}$$

式中K爲常數且$K = t_1 / (V_{ref} \times \lambda)$。式7-6即爲此積分雙斜率ADC由儀器類比電壓訊號V_{in}轉換成數位訊號D之關係式。圖7-5(a)爲實際積分雙斜率ADC晶片內部結構線路圖，而圖7-5(b)則爲積分雙斜率ADC TCL7135晶片接腳圖。

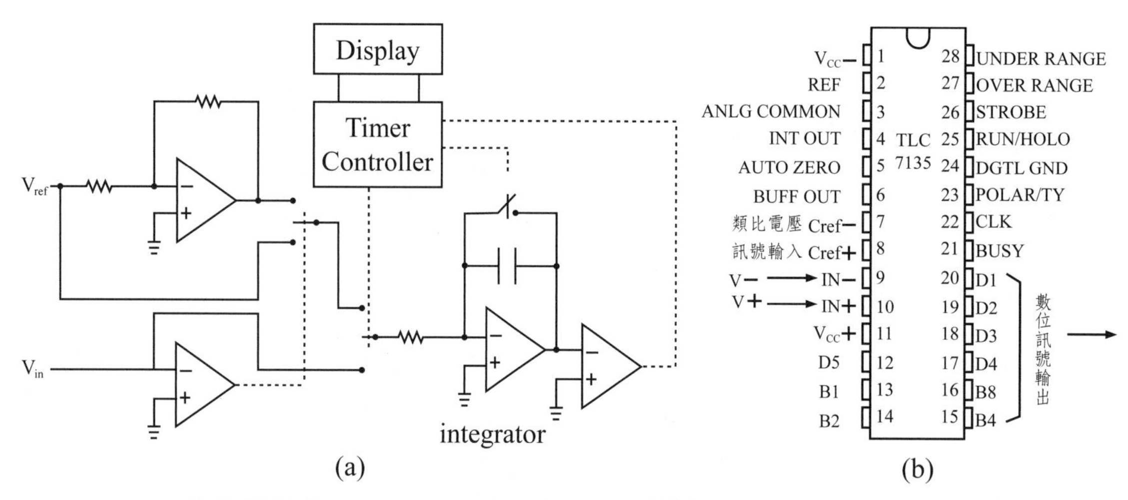

圖7-5　積分雙斜率ADC晶片內部結構線路圖[142c]及積分雙斜率ADC TCL7135晶片接腳圖[142d]（原圖來源：(a)http://www.asdlib.org/online Articles/elabware/Scheeline_ADC/ADC_ADC_Dual_Slope.html; (b)http://www.ti.com/lit/ds/symlink/tlc7135.pdf）

7.2.3　ΣΔ ADC

ΣΔ ADC（Sigma Delta ADC）為一價格低常用在將交流電波類比訊號轉換成數位訊號輸出的類比／數位訊號轉換器。圖7-6為ΣΔ ADC之工作原理及步驟，如圖所示，交流電波類比訊號首先進入ΣΔ ADC之ΣΔ調變器（ΣΔModulator），將交流電波訊號成方形波訊號，然後將方形波訊號導入由數位濾波器（Digital Filter）和降頻數位濾波器（Decimator）組成的數位／降頻（低通）濾波器（Digital/Decimation(Low-pass) Filter），濾去高頻讓低頻訊號通過並轉換成以串列方式輸出的數位訊號。

ΣΔ調變器（Sigma Delta Modulator）可說是ΣΔ ADC心臟部分，圖7-7為ΣΔ調變器內部結構圖。如圖所示，ΣΔ調變器主要由訊差放大器（Difference Amplifier）、一位元數位／類比訊號轉換器（1-bit DAC）、積分器（Integrator）及比較器（Comparator）組成。交流電波訊號X_1首先進入訊差放大器之正（+）極與進入負（−）極的1-bit DAC所輸出之類比訊號X_4相減，所得訊號再進入積分器積分，積分訊號再進入比較器和設定好的參考電壓V_{REF}

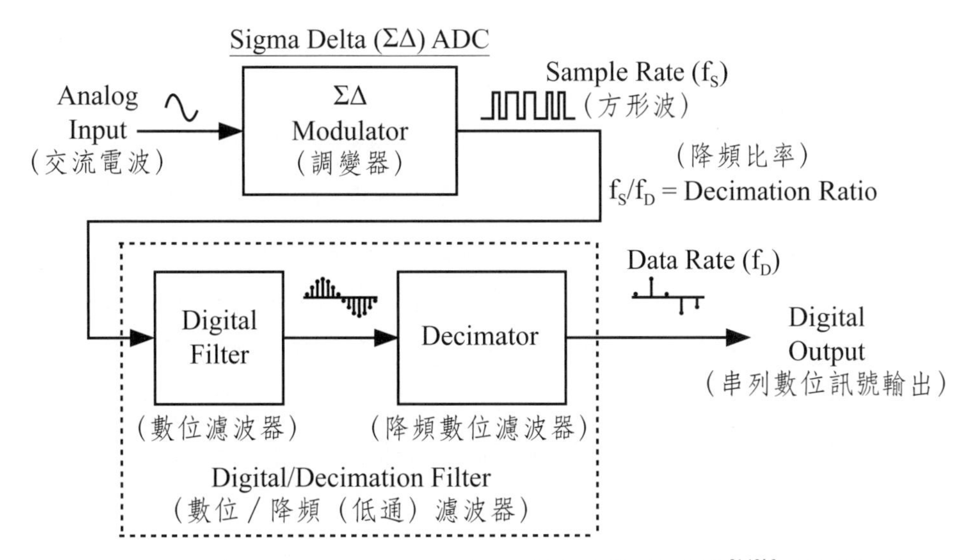

圖7-6　ΣΔ ADC（Sigma Delta ADC）之工作原理及步驟[142h]（原圖來源：http://www.ti.com.cn/cn/lit/an/zhct138/zhct138.pdf; Bonnie Baker工程師，ΔΣ ADC工作原理，德州儀器，（2011））

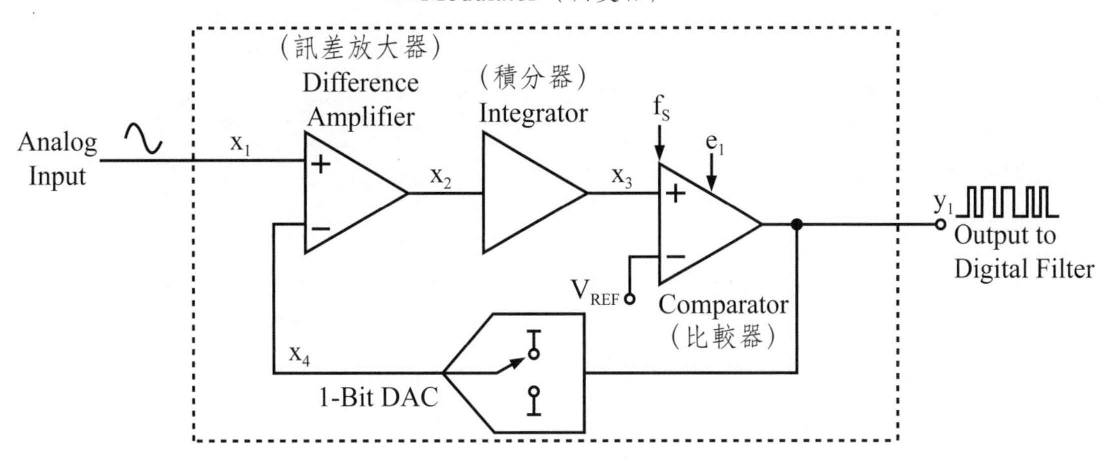

圖7-7　ΣΔADC（Sigma Delta ADC）之ΣΔ調變器（ΣΔModulator）內部結構[142h]（原圖來源：http://www.ti.com.cn/cn/lit/an/zhct138/zhct138.pdf；Bonnie Baker工程師，ΔΣADC工作原理，德州儀器（2011））

相比，就可得高（1）或低（0）之方形波。由ΣΔ調變器輸出之方形波再經ΣΔ ADC之數位／降頻（低通）濾波器轉換成數位訊號輸出。

ΣΔ ADC晶片很多，其中用在交流電音波轉換成數位音波之ΣΔ ADC晶片較多。圖7-8爲常用音波轉換的AD1879 ΣΔ ADC晶片之內部結構及接腳圖。如圖所示，此AD1879晶片含兩組ΣΔ調變器，適合常用左右（Left-Right）兩音響之兩輸入的交流電音波轉換成數位音波。常用的ADS1105串列ADC晶片亦爲ΣΔ ADC晶片，圖7-9爲ADS1105晶片內部結構，如圖所示，其具有12位元ΣΔ ADC元件並可經由其AIN0，AIN1，AIN2，AIN4四接腳接收四部化學儀器送出的V0，V1，V2，V3四組類比電壓訊號分別轉換成數位訊號，然後由其SDA接腳將數位訊號以串列方式輸出。

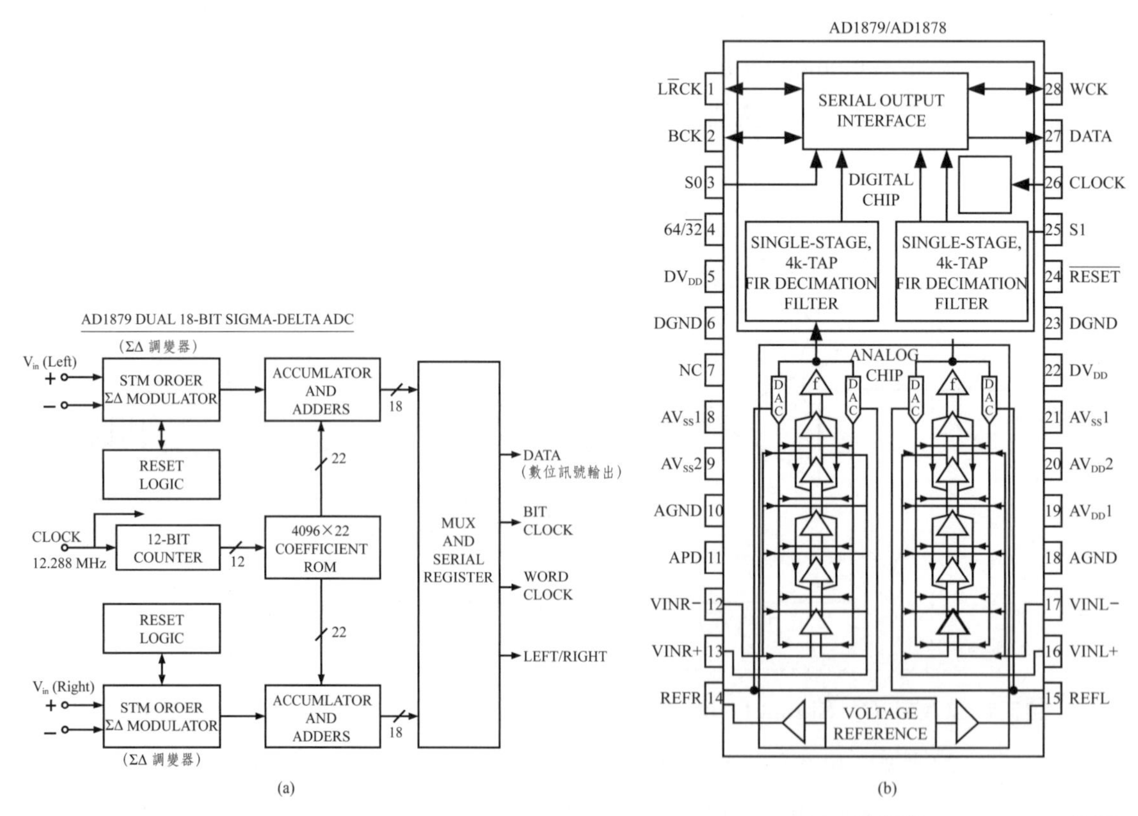

圖7-8 ΣΔADC（Sigma Delta ADC）AD1879晶片(a)內部結構[142i]及(b)接腳圖[142j]（原圖來源：(a)http://www.analog.com/media/en/technical-documentation/application-notes/292524291525717245054923680458171AN283.pdf；(b) www.datasheetspdf.com/ datasheet/AD1879.html）

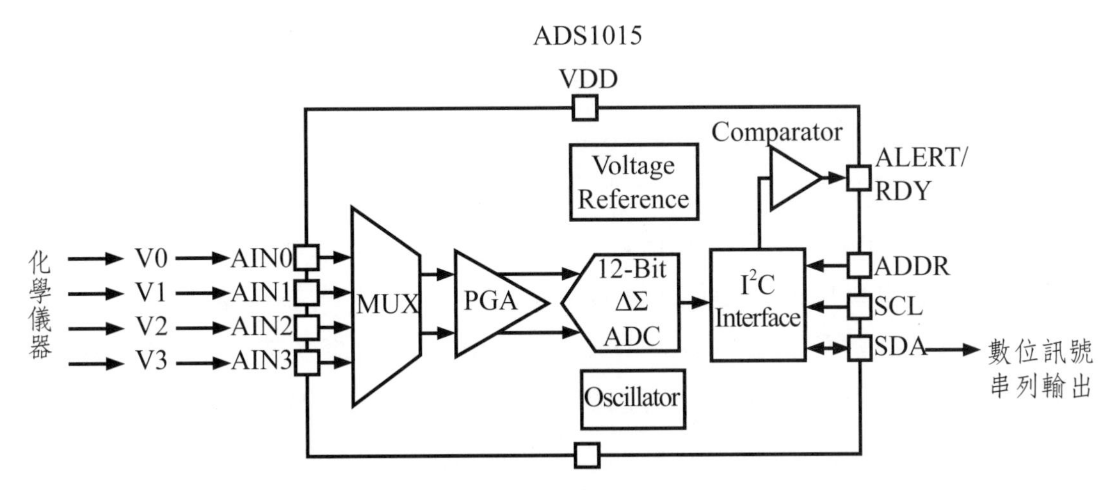

圖7-9 ADS1015 ΣΔADC晶片內部結構[148c]（原圖來源：http://www.ti.com.cn/cn/lit/ds/symlink/ads1015.pdf）

7.2.4 快閃ADC或直接比較ADC

雖然積分雙斜率ADC和以上所提之其他ADC晶片之類比／數位轉換所需時間Tr可快到毫秒（1 ms），但許多化學反應尤其是生化反應發生到完成所需時間常爲$<10^{-6}$秒（10^{-6} sec, μs），用以上所提之ADC就難以監測反應過程，故常需用轉換所需時間Tr相當短（$< 1\mu$s）的快閃ADC（Flash ADC），此種ADC因其是由輸入類比電壓訊號和許多比較器直接比較而轉換成數位訊號，故此快閃ADC又稱直接比較ADC（Direct Comparative ADC）。圖7-10爲快閃（直接比較）ADC之簡單線路及含解碼器（Decoder）線路示意圖，其由一連串比較器所組成（C_0～C_7），在這些比較器之負端接不同的參考電壓V_{ref}，當儀器訊號V_{in}進入各比較器中，當$V_{in} > V_{ref}$，此比較器輸出電壓V_{out}爲5V，轉成即數位訊號D=1，反之，當$V_{in} < V_{ref}$，比較器輸出電壓V_{out}爲0V，轉成即數位訊號D=0，即：

$$V_{in} > V_{ref};\quad V_{out} = 5V,\ D = 1 \tag{7-7}$$

$$V_{in}n < V_{ref};\quad V_{out} = 0V,\ D = 0 \tag{7-8}$$

以圖7-10(a)線路爲例，當V_{in} = 0.05 V時，比較器C_0之參考電壓爲0.02 V，即V_{ref}(0.02 V) < V_{in}(0.05V)，故輸出電壓V_{out}爲5V，其數位訊號D_0=1，同理，比較器C_1：V_{ref}(0.04 V) < V_{in}(0.05V)，V_{out}也爲5V，其數位訊號D_1=1，反之，其他比較器（C_2、C_3、C_4等）之參考電壓皆大於V_{in}（即V_{ref} > V_{in}，如比較器C_2，V_{ref}(0.06V) > V_{in}(0.05V)），故這些比較器之輸出電壓V_{out}皆爲0V且其數位訊號D也皆爲0（即D_2=D_3=D_4=D_5=D_6=D_7=0），換言之，V_{in} = 0.05 V時，很快轉換成數位訊號（D_7～D_0）爲00000011，這些數位訊號經數位碼器傳入微電腦。這些數位訊號亦可由數位碼器經解碼器（Decoder）形成由高位元（MSB）到低位元（LSB）排列的數位訊號輸出（如圖7-10(b)所示）。

此類比較器愈多其正確性就愈大，例如上述V_{in} = 0.05 V時，輸出數位訊號爲0000011，若只用圖7-10(a)線路ADC，其只有八個比較器，當另一個儀器訊號V_{in}' =0.056V，其輸出數位訊號亦爲0000011，這樣V_{in}及V_{in}'兩訊號就不能分辨了，但若在比較器C1及C2之間放更多比較器，參考電壓分得更細，V_{in}及V_{in}'兩訊號就可以分辨了，例如在C1及C2中間多放一個V_{ref} = 0.055V之比較器C1'，此時V_{in}(0.05V) < V_{ref}(0.055V)而V_{in}'(0.056V) > V_{ref}(0.055V)，

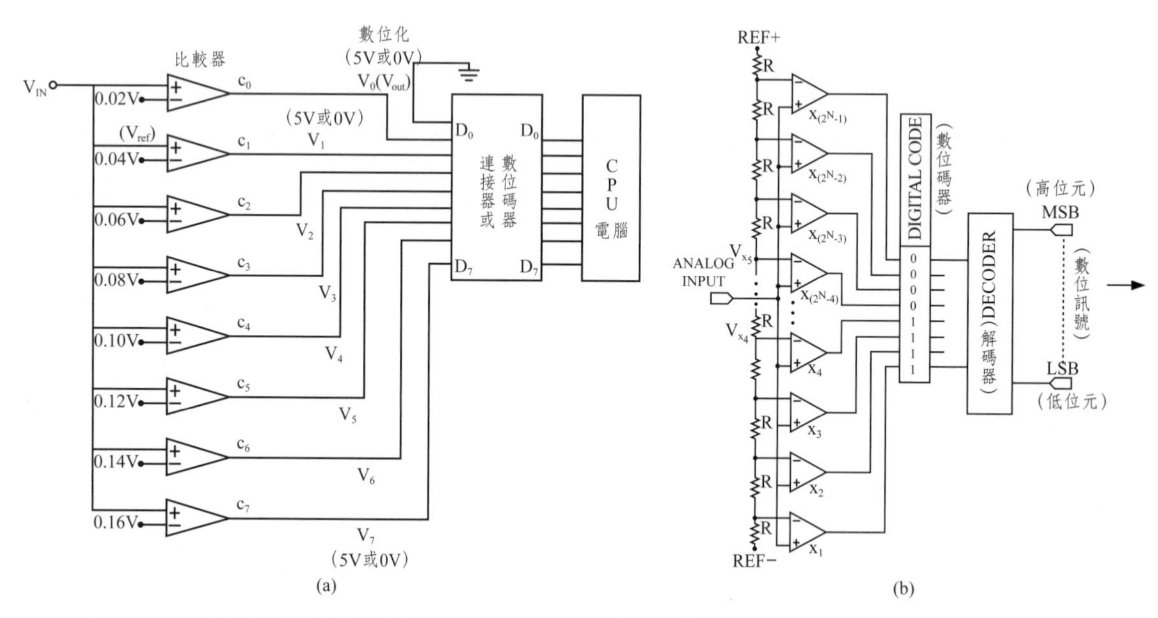

圖7-10　快閃（直接比較）ADC之(a)簡單線路[140]及(b)含解碼器（Decoder）線路示意圖[142f]

故V_{in}轉換後所得之數位訊號（D_7～D_0）爲00000011，而V_{in}'轉換後所得之數位訊號則爲00000111，就不同了。當然比較器愈多價格就愈貴，此直接比較ADC因轉換速度快，常用在高速電腦或高速電子線路中。然當比較器超過8個時（如12個），其D訊號不能直接送入一8位元（D_0～D_7）微電腦，故許多快閃（直接比較）ADC先利用一編碼器（Encoder）來編成二進位數位訊號，再輸出數位訊號。圖7-11即爲一含編碼器之快閃（直接比較）ADC線路圖及編碼器眞值表，其輸出D訊號用一編碼器來編成二進位數位訊號（如圖7-10(b)所示的D_2，D_1，D_0）以利輸入微電腦中。

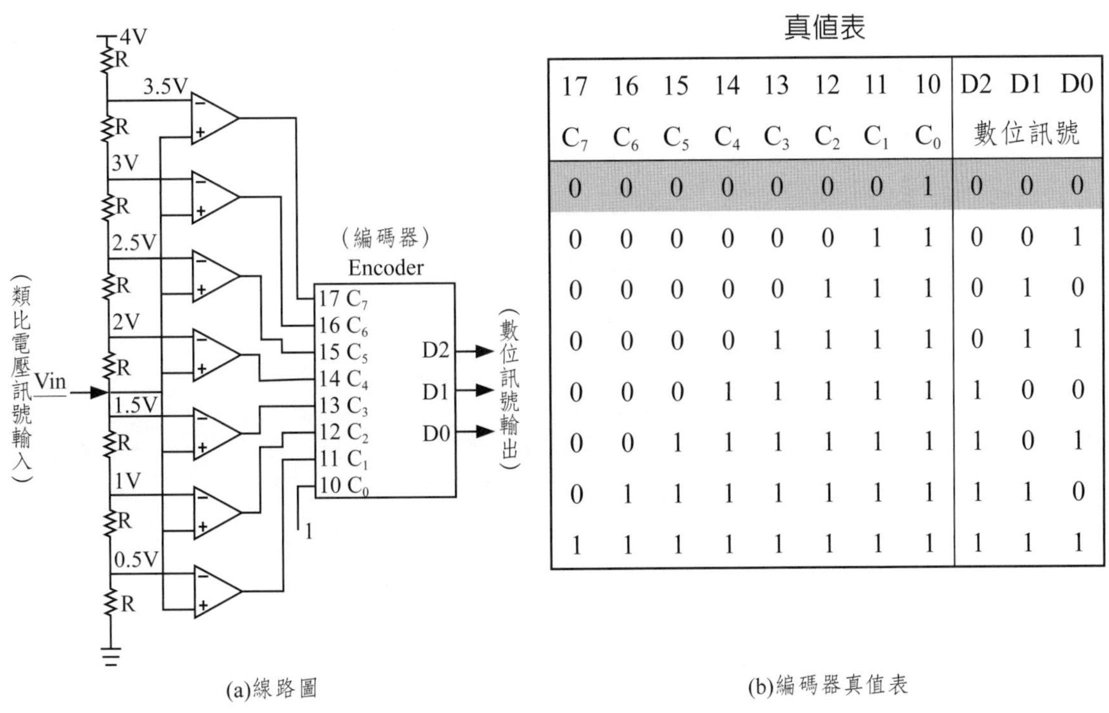

真值表

17	16	15	14	13	12	11	10	D2	D1	D0
C_7	C_6	C_5	C_4	C_3	C_2	C_1	C_0	數位訊號		
0	0	0	0	0	0	0	1	0	0	0
0	0	0	0	0	0	1	1	0	0	1
0	0	0	0	0	1	1	1	0	1	0
0	0	0	0	1	1	1	1	0	1	1
0	0	0	1	1	1	1	1	1	0	0
0	0	1	1	1	1	1	1	1	0	1
0	1	1	1	1	1	1	1	1	1	0
1	1	1	1	1	1	1	1	1	1	1

圖7-11　含編碼器（Encoder）之快閃（直接比較）ADC(a)線路圖及(b)編碼器眞值表[142e]（原圖表來源：http://electronics-course.com/flash-adc）

圖7-12爲八位元快閃（直接比較）ADC MAX1151晶片線路圖及接腳圖。如圖所示，此MAX1151晶片主要含放大器（Preamp）、比較器（Comparator）、解碼器（Decoder）、多工解訊器（Demultiplexer）、輸出緩衝器／鎖存器（Output Buffer/Latches）及AB兩組8位元數位訊號輸出埠（8 bit-Digital Output Ports）。

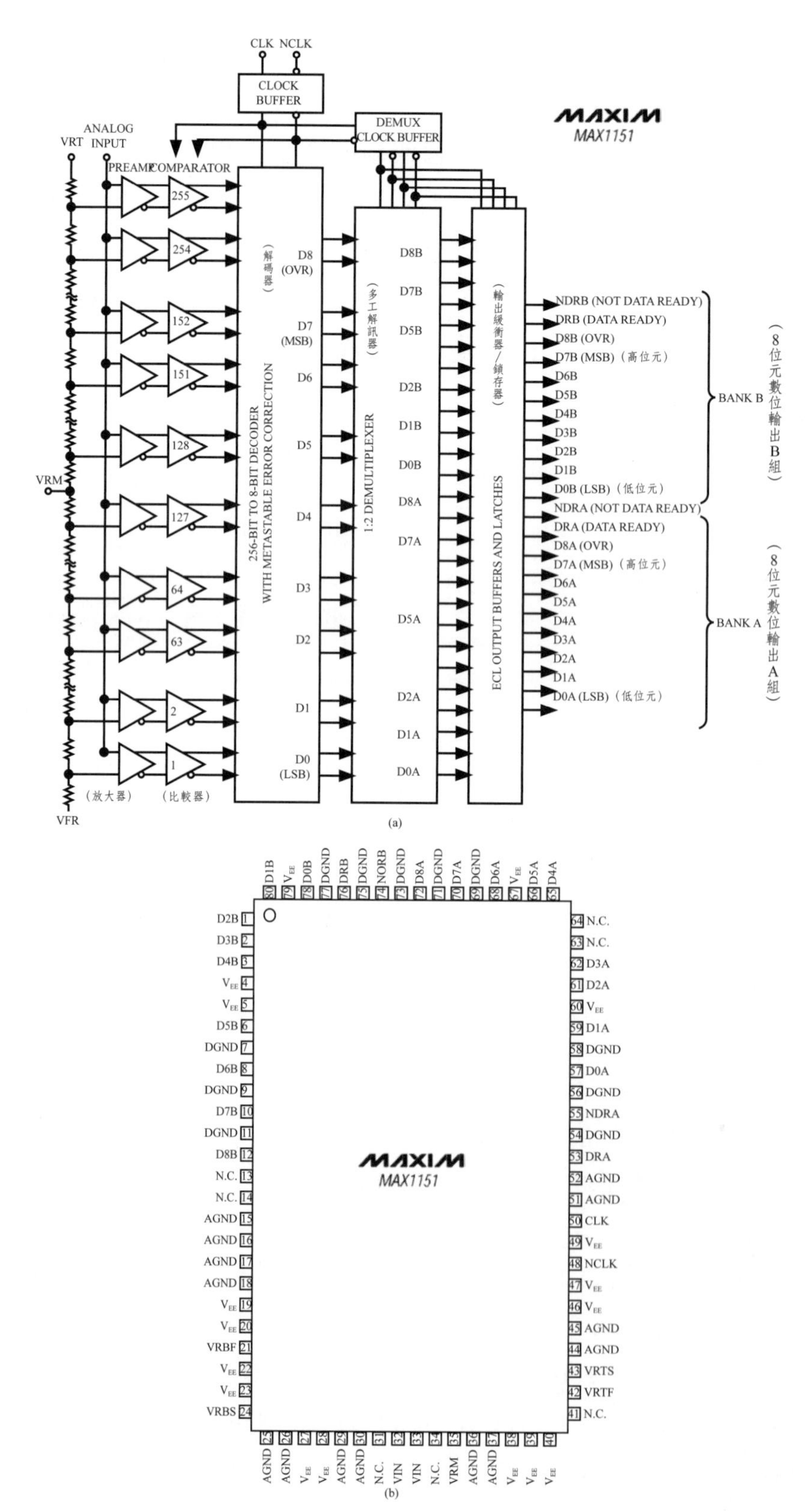

圖7-12　八位元快閃（直接比較）ADC MAX1151晶片(a)線路圖及(b)接腳圖[142g]

表7-1爲各種常用類比／數位轉換器（ADC）轉換速率及價格比較及舉例晶片表。由表7-1可看出快閃ADC（Flash ADC或稱直接比較ADC）之類比／數位轉換速率（Conversion Rate）最快，但也是比其他ADC價格較貴。一ADC將類比訊號轉換成數位訊號D值所需時間稱爲此ADC之轉換時間Tc（Conversion Time or Transfer Time），類比／數位轉換速率快，即轉換時間就短。由表7-1亦可知ADC08XX系列（如ADC0804）晶片價格較低且轉換速率也還不錯，故一般化學實驗室大都採用此ADC08XX系列晶片。

表7-1 各種類比／數位轉換器（ADC）轉換速率及價格比較[142k]

ADC種類	轉換速率（比較）	價格（比較）	晶片（舉例）
連續近似ADC（Successive Approximation ADC）	中速	較低價	ADC0804（ADC08XX系列）
積分雙斜率ADC（Dual Slope Integration ADC）	慢速	中價	TCL7135
ΣΔADC（Sigma-Delta ADC）	慢速	較低價	AD1879
快閃ADC或直接比較ADC（Flash ADC or Direct Comparative ADC）	快速	較高價	MAX1151（轉換速率：750Msps）

註：原表來源：http://ume.gatech.edu/mechatronics_course/ADC_F04.ppt；Msps（Million Samples per Second，每秒採樣百萬次）。

7.2.5 電壓／頻率轉換ADC

儀器訊號若要做長距離的傳送，就需要有電壓（V）-頻率(f)ADC轉換系統，將儀器電壓訊號轉換成頻率訊號以便做長距離的傳送，圖7-13爲利用IC晶片9400[242]所建立的電壓-頻率ADC（Voltage to Frequency Converter ADC）轉換系統線路圖，儀器訊號V_{in}經此電壓／頻率轉換晶片（IC 9400）轉成頻率訊號F_o由發送端（Transmitter）所接的發射器輸出，經長距離傳送由接受端（Receiver）之接收器接收再傳入計數器並將頻率訊號F_o轉換成數位訊號，然後將數位訊號傳入電腦做數據處理。除了IC9400晶片外，AD537，

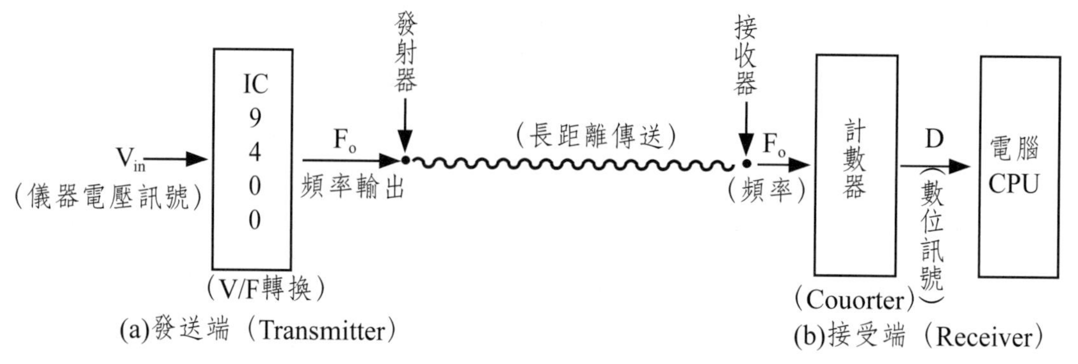

圖7-13 IC9400晶片組成的電壓(V)-頻率(f)ADC轉換及傳送線路[140]

IC 4151及IC 4046晶片亦為電壓／頻率轉換ADC，其中IC 4046及AD537因價格較低常配合計數晶片（如8253）用在一般電腦中做儀器訊號／數位轉換之ADC界面。IC9400晶片比一其他電壓-頻率轉換ADC晶片雖然價格要貴一點，但功能較強，其不只可做V/F轉換，亦可做F/V轉換，可將頻率F訊號轉回電壓訊號V。

7.3 並列及串列ADC晶片

類比／數位轉換器（ADC）晶片依其數位訊號輸出方式可概分(1)並列類比／數位轉換器（並列ADC）晶片，(2)串列類比／數位轉換器（串列ADC）晶片及(3)USB ADC晶片等三大類。USB ADC晶片也是利用串列方式輸出轉換所的數位訊號，所以USB ADC晶片亦可視為串列ADC之一種。本節將分別簡介此三種ADC晶片之結構及工作原理。

7.3.1 並列ADC晶片

並列ADC晶片（Parallel ADC Chips）即ADC晶片輸出的數位訊號（D0-D7）是以一次全部（D0-D7）輸出。換言之，ADC晶片是以D0～D7八支接腳對準微電腦D0～D7八支接腳一對一，一次輸送完畢。圖7-14為常見的並列ADC晶片：ADC0804，ADC0809及ADC0816。如圖7-14所示，這

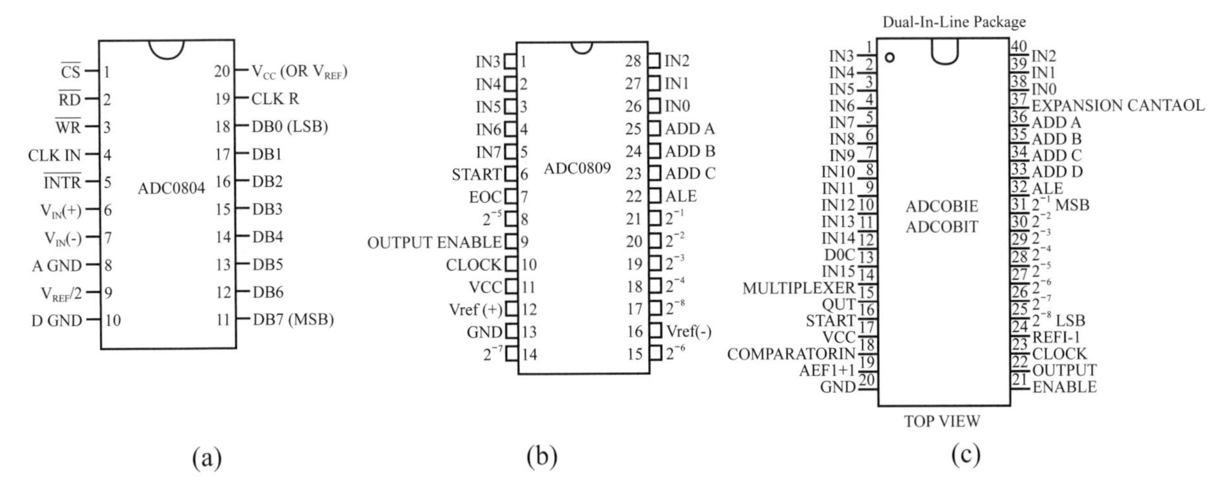

圖7-14　並列式(a)單頻道輸入ADC0804晶片[142]，(b)八頻道輸入ADC0809晶片[143]，及(c)十六頻道輸入ADC0816晶片[144]接腳（原圖來源：(a)http://www.circuitstoday.com/wp-content/uploads/2012/09/adc0804-pinout.png; (b) http://www.share-pdf.com/3f1fa4d305fb4174b2d28a991 a18ecba/im-of-fu_images/im-of-fu17x1.jpg; (c)http://circuits.datasheetdir.com/148/ADC0816-pinout.jpg）

些並列ADC晶片所不同的是有不同輸入電壓頻道數目，例如ADC0804晶片（圖7-14(a)）只有一個輸入電壓頻道（$V_{IN}^{(+)}$），只能輸入一個電壓訊號，換言之只能接1部化學儀器，而ADC0809晶片（圖7-14(b)）則有8個輸入電壓頻道（IN0-IN7接腳）可接8部化學儀器，可處理這8個輸入電壓訊號。至於ADC0816晶片（圖7-14(c)）則有16個輸入電壓頻道（IN0-IN15接腳）可接16部化學儀器，可處理16個輸入電壓訊號並轉換成數位訊號。

圖7-15爲ADC0804晶片之電壓類比輸入訊號／輸出數位訊號轉換測試線路，圖中利用可變電阻改變ADC0804晶片電壓類比輸入訊號，經ADC0804轉換成數位訊號（D0～D7）輸出，並由多組發光二極體排（LED排）顯示。快閃ADC亦以並列式輸出數位訊號，故快閃ADC晶片（如MAX1151晶片）亦爲並列式ADC晶片。

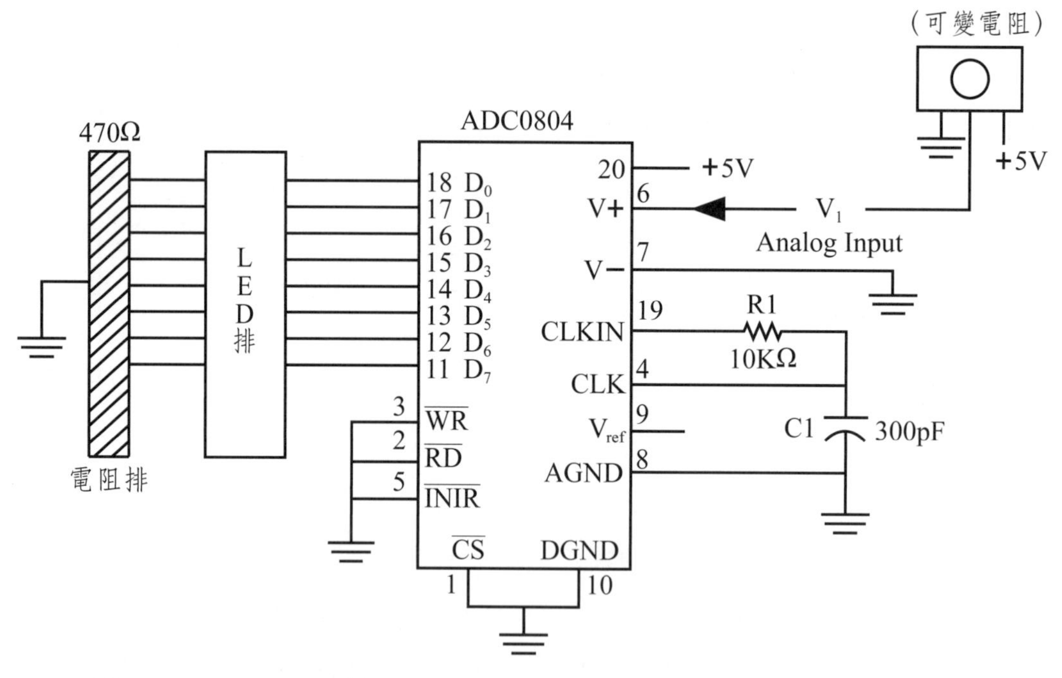

圖7-15 ADC0804晶片電壓類比輸入訊號／輸出數位訊號轉換測試線路

7.3.2 串列ADC晶片

串列ADC晶片（Serial ADC Chips）即ADC晶片輸出的數位訊號（D0～D7）是以一次一個（先D0，再D1、D2…D7一個一個）串列輸出。如圖7-16所示，ADC0832晶片為一可輸入由兩部化學儀器輸出的2個電壓訊號（V_1, V_2）之雙頻道（CH0, CH1）串列式ADC，其只用一支接腳（Do, Data Out-

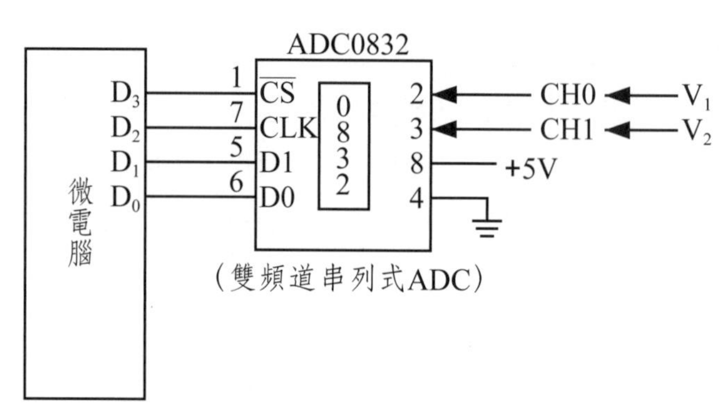

圖7-16 微電腦-串列式ADC0832晶片接線示意圖

put Pin）對準微電腦一支接腳（D0）將ADC轉換所得的數位訊號（D0～D7）一次一個位元串列輸送到微電腦中。

圖7-17為各種常見的串列ADC晶片：ADC0831，ADC0832，AD7798，ADC0834及ADC0838。如圖7-17所示，這些串列ADC晶片是有不同輸入電壓頻道數目，例如ADC0831晶片（圖7-17(a)）只有1個輸入電壓頻道（Vin），只可接1部化學儀器。AD7798晶片（圖7-17(c)）則有3個輸入電壓頻道（AIN1～AIN3）可接3部化學儀器。ADC0834晶片（圖7-17(d)）有4個輸入電壓頻道（CH0～CH3）可接4部化學儀器。ADC0838晶片（圖7-17(e)）有8個輸入電壓頻道（CH0～CH7）可接8部化學儀器，即可處理來自8部化學儀器的8個輸入電壓訊號。如圖7-18所示，這些多電壓頻道串列ADC晶片（如AD7798或AD7799晶片）之內部結構主要由電壓輸入頻道選擇器、放大器、內部ADC及串列輸出介面（Serial Interface）和控制邏輯（Control Logic）介面所組成。

一般串列ADC晶片之輸出傳輸線為3～4條線（資料輸出線DO，晶片起動線$\overline{CS}$，時序線CLK或資料輸入線DIN）。如前述圖7-16所示，串列ADC0832是以4條傳輸線（DO, DIN, CS, CLK）和微電腦連接傳送ADC轉換所得的數位訊號。然而由於USB和小型單晶片微電腦的發展，輸送所使用的資料傳輸線愈少愈好，所以有用3條傳輸線的SPI-ADC晶片（Serial Peripheral Interface（SPI）ADC Chip）及只用2條傳輸線就可以的I^2C-ADC晶片（Inter-Integrated Circuit（I^2C）-ADC Chip）的開發與發展。

圖7-19為用3條傳輸線（資料輸出線SDO，時序線SCK及晶片起動線$\overline{CS}$）輸出串列數位訊號的SPI-ADC型的LTC 2452晶片接腳圖和內部結構及連接SPI介面晶片或微電腦示意圖，如圖所示，這SPI-ADC晶片內部含有SPI介面（SPI Interface）。圖7-20則為應用LTC 2452 ADC晶片偵測惠斯登電橋（Wheatstone Bridge）a，b兩端電壓差之接線圖。

圖7-21為只用2條傳輸線（資料輸出線SDA及時序線SCL）輸出串列數位訊號的I^2C-ADC型之ADS1014晶片內部結構及輸出圖。如圖所示，其內部含I^2C介面（或稱TWI（Two Wire Interface）介面）。I^2C-ADC晶片（如ADS1014及ADC121C021晶片）可將其輸出數位訊號輸入I^2C介面晶片或微電腦做進一步處理。SPI介面及I^2C介面將在下一章（第8章）有進一步介紹。

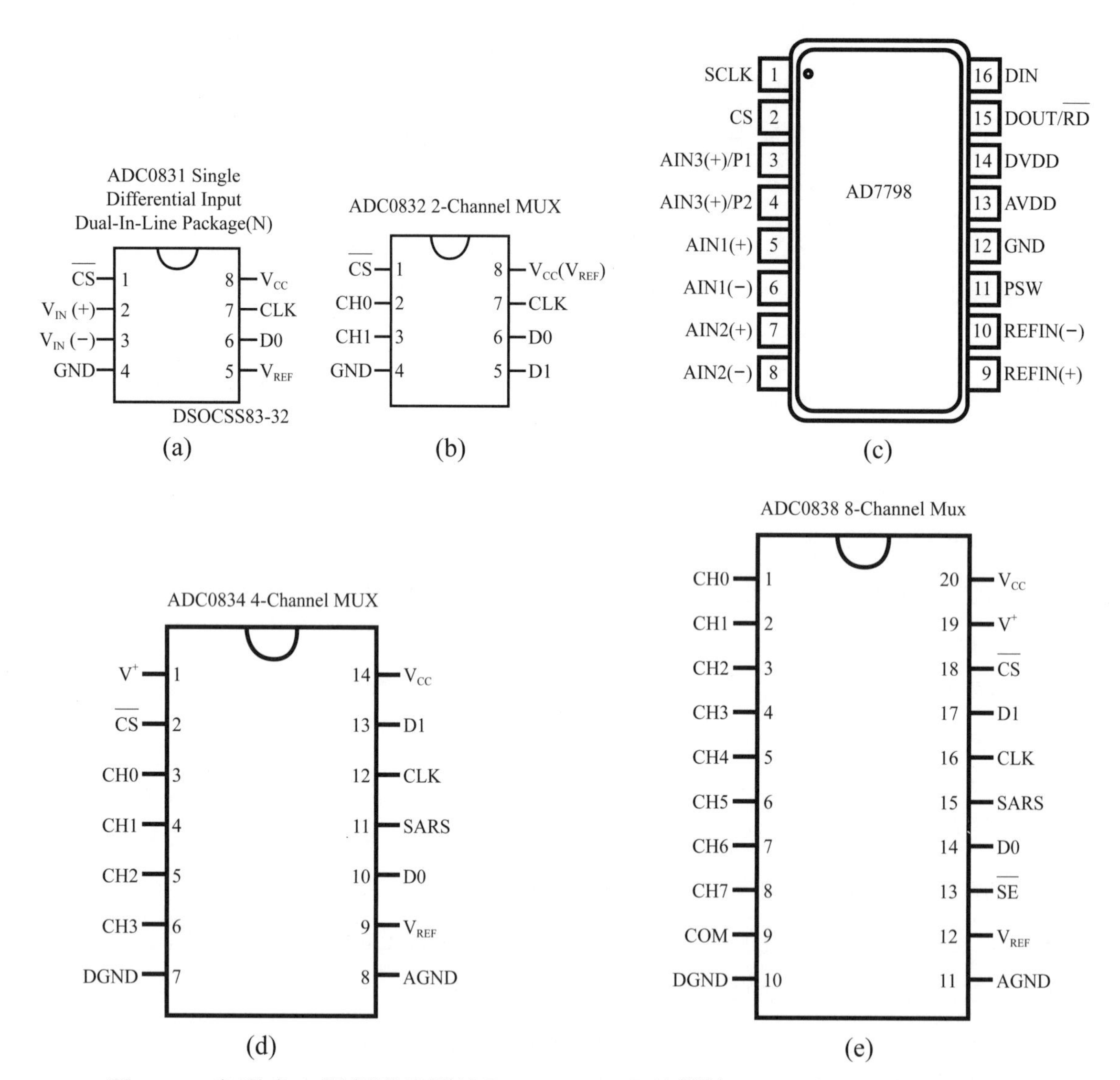

圖7-17　串列式(a)單頻道電壓輸入ADC0831晶片[145b]，(b)二頻道電壓輸入ADC0832晶片，(c)三頻道電壓輸入AD7798晶片，(d)四頻道電壓輸入ADC0834晶片[145a]，及(e)八頻道電壓輸入ADC0838晶片[146]（原圖來源：(a) http://www.futurlec.com/ADConv/ADC0831.shtml, (b)～(d):http://www.seekic.com/uploadfile/ic-data/200911282342113.jpg; (e)http://www.analog.com/static/imported-files/images/pin_diagrams/AD7798_AD7799_pc.gif）

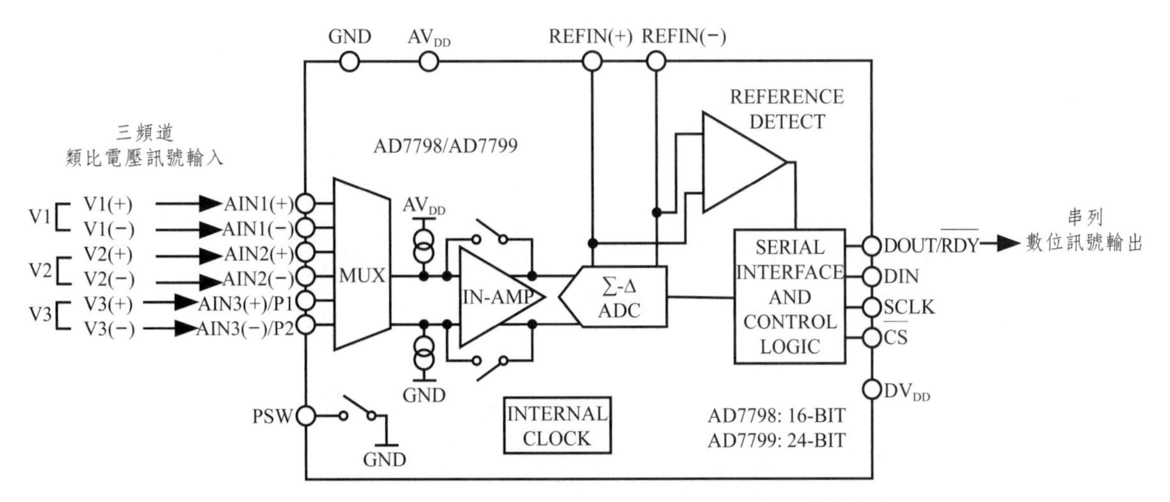

圖7-18　串列式AD7798或AD7799晶片之內部線路圖[147a]（原圖來源：http://www.analog.com/static/imported-files/images/functional_block_diagrams/AD7798_7799_fbs.png; http://www.analog.com/media/en/technical-documentation/data-sheets/AD7798_7799.pdf）

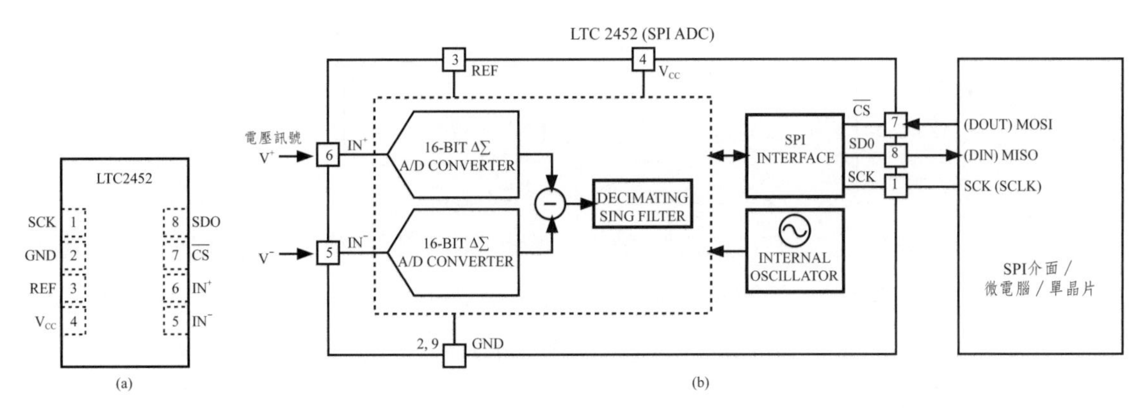

圖7-19　SPI-ADC型的LTC 2452晶片(a)接腳圖和(b)內部結構及連接SPI介面或微電腦示意圖[147b]（原圖來源：http://cds.linear.com/docs/en/datasheet/2452fd.pdf）

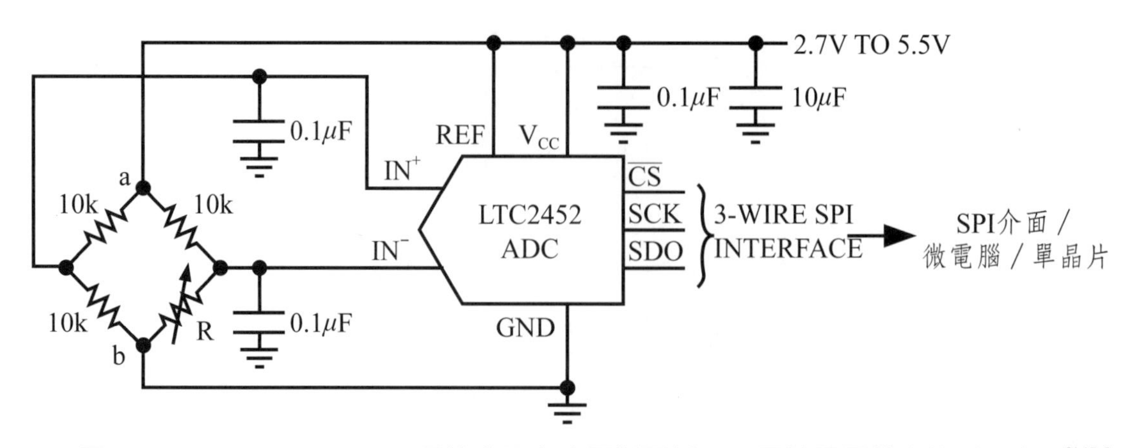

圖7-20　LTC2452 SPI-ADC晶片應用在惠更斯電橋a，b兩端電壓差之檢測示意圖[147c]（原圖來源：http://cds.linear. com/docs/en/datasheet/2452fd.pdf）

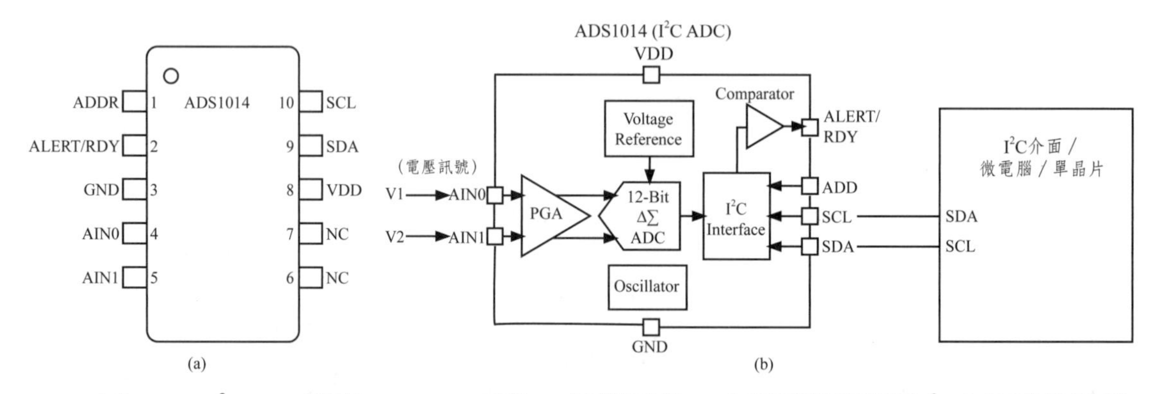

圖7-21　I^2CADC型的ADS1014晶片(a)接腳圖和(b)內部結構和連接I^2C介面或微電腦示意圖[147d]（原圖來源：http://www.ti. com/product/ADS1014；http://www.ti.com.cn/cn/lit/ds/symlink/ads1015.pdf）

7.3.3　USB ADC晶片

USB ADC晶片（USB ADC Chips）是指一可直接接USB接頭之ADC晶片（USB接頭和ADC晶片之間不需任何介面晶片），換言之，此晶片有D+，D-，VD（電源）及GND（接地）四個接腳，可直接接USB接頭。常見的USB ADC晶片有AK537及PCM2900晶片。圖7-22為AK537晶片之接腳圖及內部結構圖，如圖7-22(a)所示，AK537晶片之DP（即D+），DN（即D-），VD及

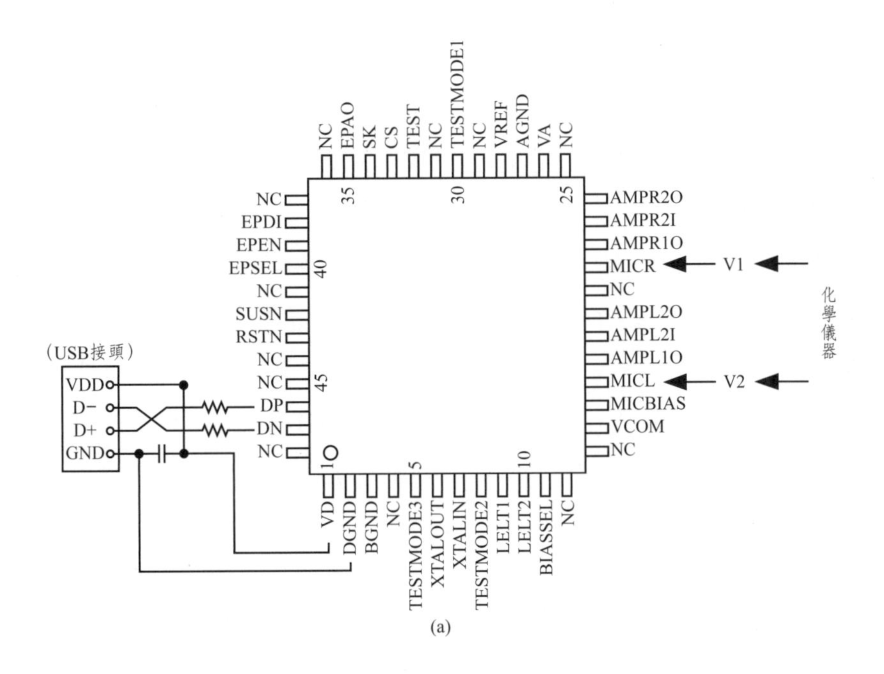

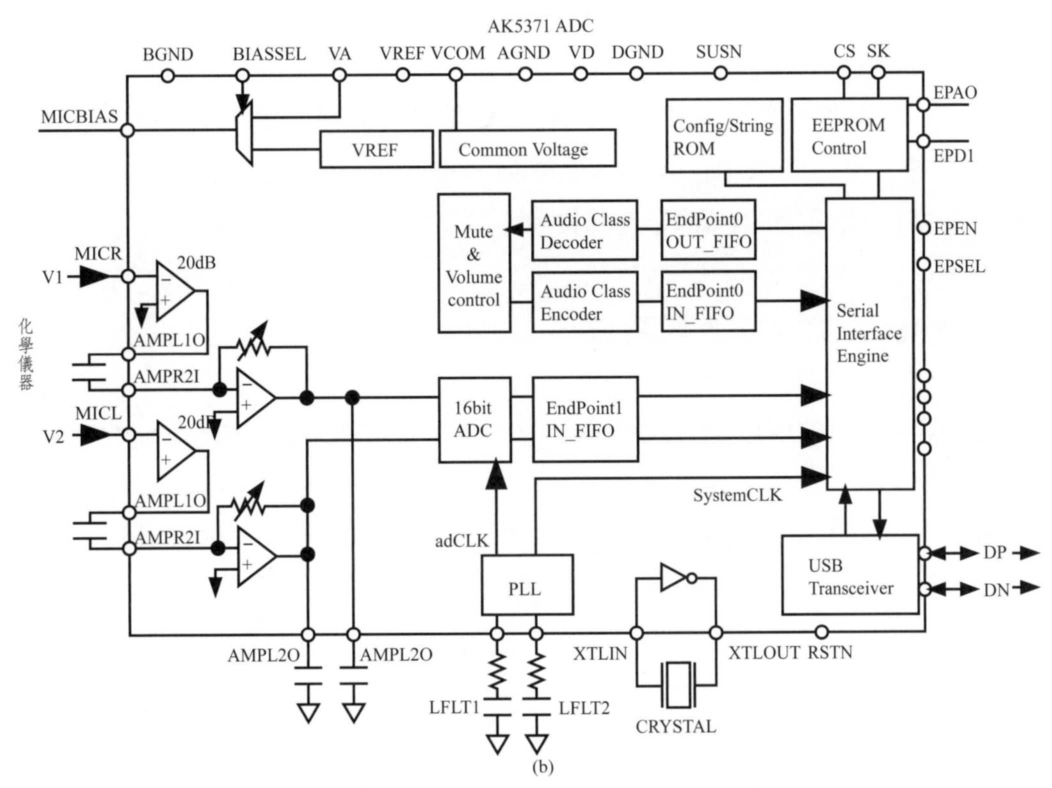

圖7-22 AK537 USB ADC晶片之(a)接腳圖及(b)內部結構圖（原圖來源：http://www.datasheetdir.com/AK5371+Audio-ADC-Converters）

DGND（即GND）支腳可直接接USB接頭，並可連接具有USB接頭之電子元件及微電腦。AK537為兩輸入頻道之ADC晶片，其MICR及MICL輸入支腳可分別接收由兩部化學儀器產生的電壓訊號V1及V2並分別轉換成數位訊號，然後由USB接頭串列輸出。

圖7-22(b)為AK537晶片之內部結構，由此結構可看出此晶片中有一個傳統16位元ADC，換言之，由化學儀器讀入的電壓訊號先經晶片中此16位元ADC轉換成數位訊號，然後再經晶片內串列介面組件（Serial Interface Engine）轉成串列訊號，再經-USB收發元件（USB Transceiver）將串列訊號經AK537晶片之DP（D+）及DN（D-）支腳所連接的USB接頭輸出。

7.4 微電腦-ADC系統

一般化學儀器所輸出的類比訊號（如電壓）需用類比／數位轉換器（ADC）將其轉換成數位訊號才可輸入微電腦做數據處理。然ADC和微電腦連接有三種方式：(1)USB ADC-微電腦系統，(2)微電腦-8255/6821-ADC（間接法）及(3)微電腦-ADC卡（直接法）。

7.4.1 USB ADC-微電腦系統

本節將介紹兩類USB ADC微電腦系統（USB ADC Systems）：(1)ADC／非同步串列（UART, Universal Asynchronous Receiver Transmitter）介面晶片-USB（USB/UART Bridge IC-ADC）微電腦系統，即在微電腦和ADC晶片之間接一USB/UART介面晶片（間接法），及(2)USB ADC晶片（不用介面晶片）-微電腦系統（直接法）。以下分別此兩類USB ADC微電腦系統之原理及結構。

7.4.1.1 ADC／非同步串列（UART）介面晶片-USB-微電腦系統

現在生產的微電腦或筆記型電腦大多改為用USB（Universal Serial Bus）接口為輸入輸出（I/O）界面。故傳統並列及串列ADC不能直接接到微電腦或筆記型電腦，必須將ADC的數位訊號輸出單元接UART介面改為由USB接口輸出。現在一般把現有的串列ADC先接上一USB/UART串列介面晶片，再接微電腦以組成ADC/UART串列介面-USB微電腦系統。

現在市售的USB Arduino ADC系統（USB Arduino ADC）即為一種USB/UART串列介面-ADC系統，可直接接微電腦。圖7-23即為接微電腦的USB Arduino ADC電路板實物圖，而圖7-24為微電腦-USB ADC-Arduino

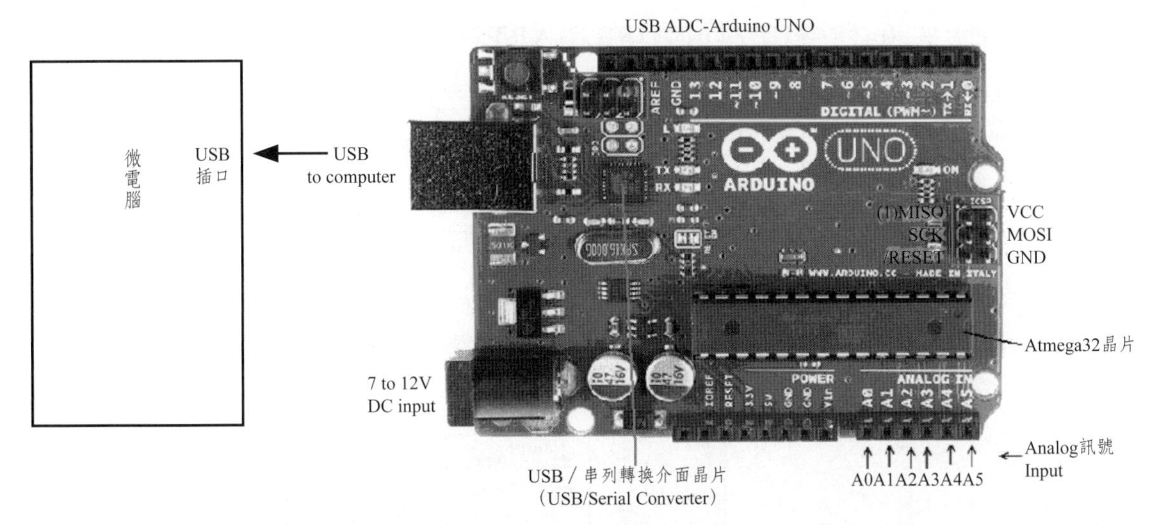

圖7-23　微電腦-USB ADC-Arduino UNO類比訊號輸入及轉換系統[150a]（原圖來源：http://arduino-info.wikispaces.com/QuickRef）

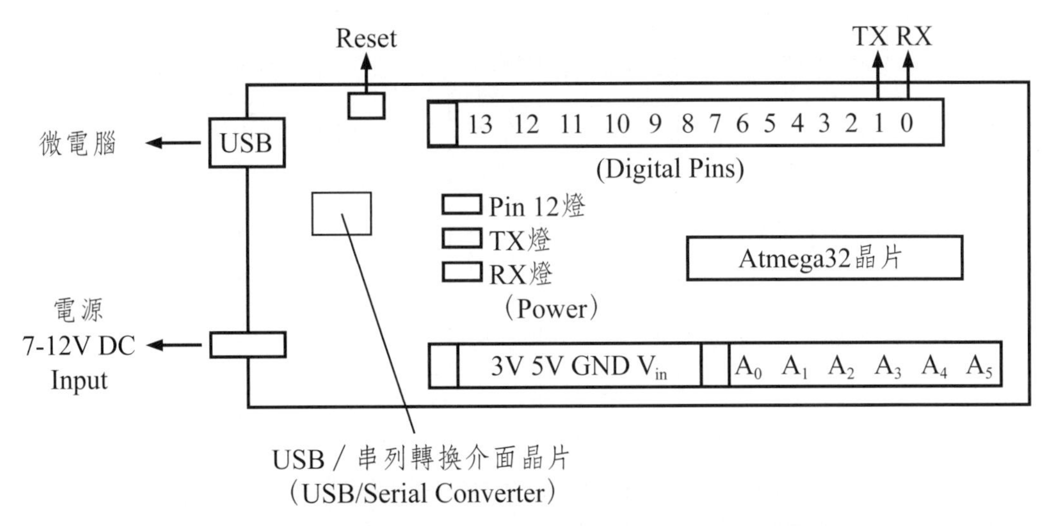

圖7-24　微電腦-USB ADC-Arduino UNO電路板配置圖

UNO電路板配置圖。USB Arduino ADC系統中主要晶片爲6頻道串列Atmega328 ADC微控晶片（Atmega32 Microcontroller）及USB／串列轉換介面晶片（USB/Serial Converter）晶片（如CP2102 USB/UART轉換晶片）。Atmega328 ADC微控晶片爲含六頻道ADC單晶片，如圖7-23所示，此USB ADC-Arduino UNO組件可轉換六個類比電壓訊號（Analog Inputs:A0-A5）分別轉成數位訊號並經USB接口輸出到微電腦做數據處理。

圖7-25爲ATmega32串列六頻道ADC晶片和USB／串列轉換元件BV104接線圖，而BV104內含CP2102 USB/UART轉換晶片。如圖7-25所示，ATmega328晶片之ADC0-ADC5支腳可接收由6部化學儀器輸入的類比電壓訊號（V0～V5）並轉換成6組數位訊號，再由ATmega328晶片之TX支腳輸入串列USB轉換元件BV104元件之RX支腳，而BV104元件之主件爲CP2102晶片，換言之，輸入BV104元件之RX支腳的串列訊號即可進入CP2102晶片之RXD支腳（如圖7-26(a)所示）並由CP2102晶片之D+，D-，VUSB和GND支腳與USB接頭連接，再由USB接頭以串烈方式輸入微電腦中做數據處理。圖

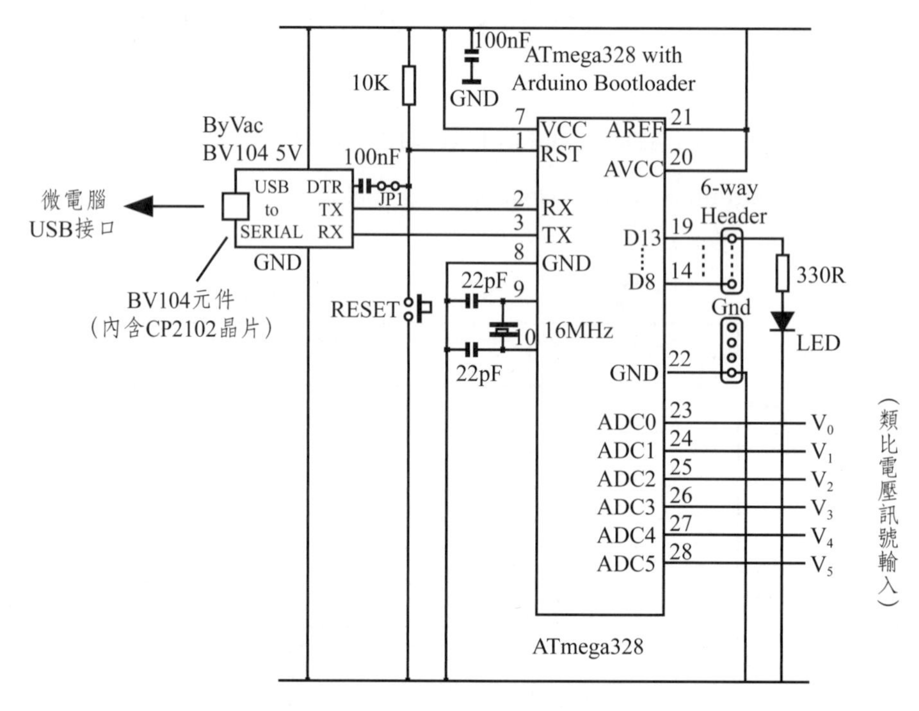

圖7-25　ATmega328串列六頻道ADC晶片-USB接線圖[150b]（原圖來源：http://www.vwlowen.co.uk/arduino/stand-alone/stand-alone-arduino.htm）

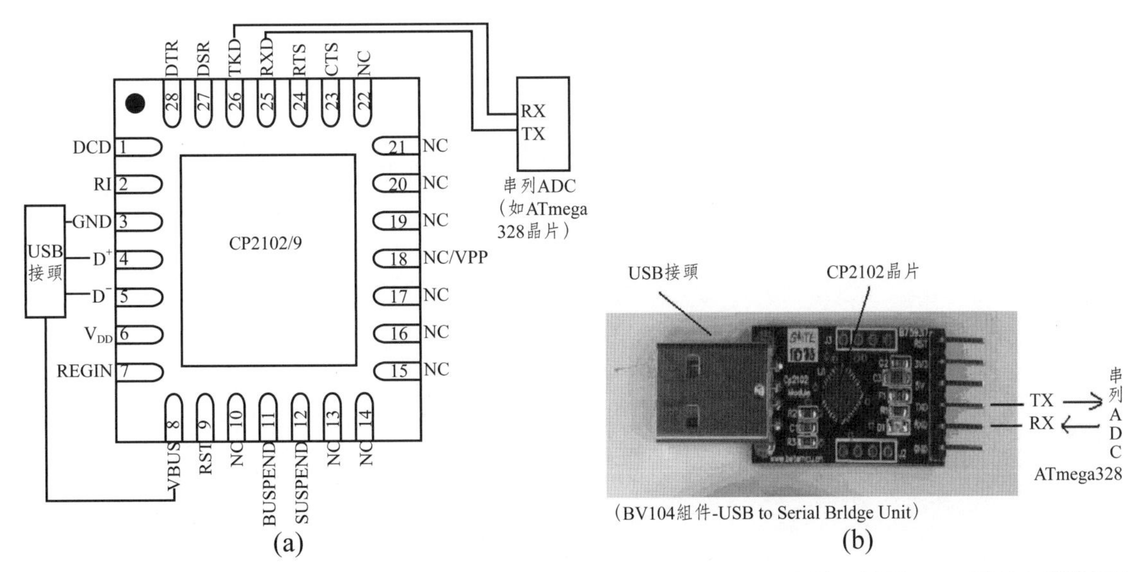

圖7-26 BV104串列USB轉換元件支之(a) USB-CP2102晶片-串列ADC連接圖[150c]和實物圖[150d]（原圖來源：(a)https://www.silabs.com/documents/public/data-sheets/CP2102-9.pdf (b)http://www.byvac. com/index.php/BV104）

7-26(b)爲BV104串列／USB轉換元件（內含CP2102晶片）之實物圖。

7.4.1.2 USB ADC晶片-微電腦系統

此USB ADC晶片-微電腦系統（USB ADC Chip- Microcomputer）即用具有USB接口之ADC晶片和微電腦直接連接所成的ADC-微電腦系統，此系統並不需要用前一節所用之串列／USB轉換元件或晶片。PCM2900晶片爲一常用之USB ADC晶片，圖7-27爲USB ADC PCM2900-微電腦系統及PCM2900晶片內部結構圖，如圖7-27(a)所示，PCM2900晶片之D+，D-，VUSB及DGNDU支腳可直接接USB接頭，以連接微電腦。PCM2900晶片之12（VinL）及13（VinR）兩支腳可接收兩部化學儀器產生的電壓訊號V1，V2並分別轉成數位訊號，然後經USB接頭以串列方式傳入微電腦做數據處理。圖7-27(b)爲PCM2900晶片之內部結構，由此結構可看出此晶片內有一個傳統的ADC元件，換言之，由化學儀器讀入的電壓訊號先經PCM2900晶片中ADC元件轉換成數位訊號，然後再經晶片內串列-USB轉換控制元件（USB Protocol Controller），最後經晶片之D+及D-支腳所接USB接頭傳入微電腦中。由圖

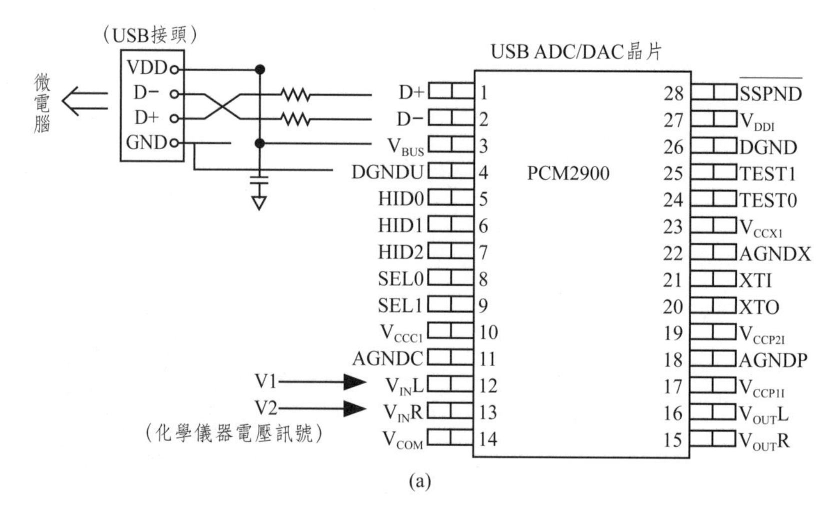

(a)

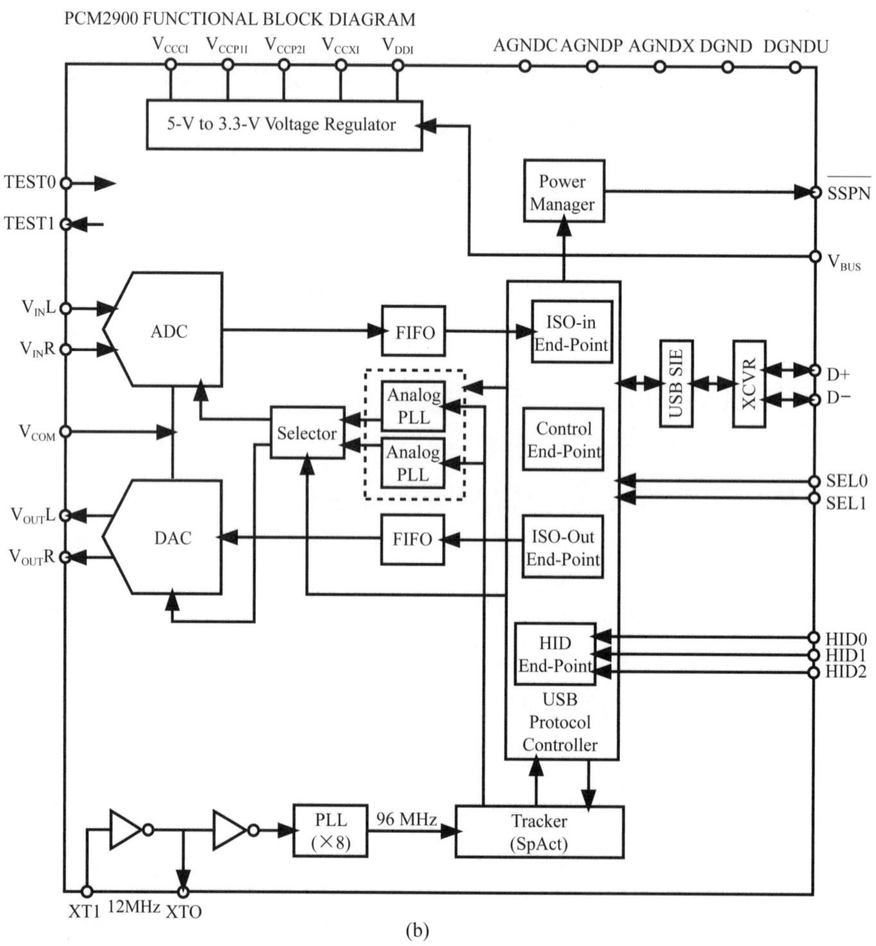

(b)

圖7-27　(a) USB ADC PCM2900-微電腦系統及(b)PCM2900晶片內部結構圖[150e]（原圖來源：http://www.ti.com/ lit/ds/ symlink/pcm2902.pdf）

7-27(b)亦可看出PCM2900晶片內部還含有一傳統DAC元件。換言之，此晶片還可當USB0DAC晶片（請見第六章第6-6節），嚴格來說，此PCM2900晶片爲USB ADC/DAC組合晶片（ADC/DAC Combination Chip）。這種ADC/DAC組合晶片將在本章7-5節再進一步說明。

圖7-28爲市售USB迷你DAQ ADC IO電路板結構圖（DAQ = Data Acquisition，資料擷取），此電路板中所含的ADC晶片可將由輸入輸出（I/O）接口輸入的類比電壓訊號V_1轉換成數位訊號，所得的數位訊號可經USB接頭傳入微電腦做數據處理，也可以透過電路板上之12C（^{12}C），SPI及UART接口將數位訊號傳送給其他晶片。這些12C（Inter-Integrated Circuit（I^2C）Interface），SPI（Serial Peripheral Interface）及UART（Universal Asynchronous Receiver/Transmitter介面將在下一章（第8章）介紹。這ADC IO電路板還會由PWM接口（Pulse Width Modulation，脈衝寬度調製）輸出脈衝（Pulse）。

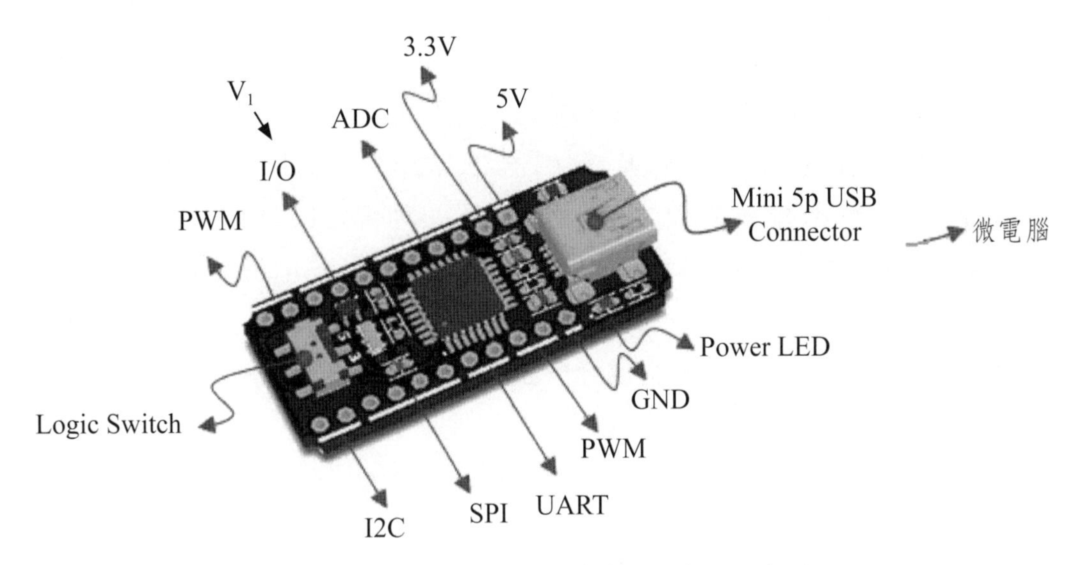

圖7-28　USB迷你DAQ ADC IO電路板結構圖（原圖來源：http://yp.518.com.tw/wholesale- detail_info-9293.html, DAQ:Data Acquisition，資料擷取）

7.4.2 微電腦-8255/6821-並列ADC

一般希望在微電腦界面接各種不同轉換晶片（如擬同時接上ADC及DAC兩晶片）時，都採用此微電腦-8255-並列ADC系統（Microcomputer-8255-Parallel ADC），因爲8255晶片爲一含三個輸出／輸入（O/I）埠（PA, PB, PC）之智慧型可程式界面晶片（Programmable Peripheral Interface（PPI）Chip），可將ADC及DAC兩晶片接在不同輸出／輸入（O/I）埠上（8255晶片將在下一章（第8章）介紹）。圖7-29爲儀器訊號-OPA-ADC0804-8255-CPU微電腦界面實際線路圖。如圖7-29所示，訊號進入ADC前先輸入一非反相運算放大器（OPA）先將訊號放大（這是因爲一般化學儀器輸出訊號相當弱）輸入ADC轉換成數位訊號，再將數位訊號輸入8255晶片PA（Port A），再由8255晶片資料線（D0～D7）輸入微電腦做數據處理。如圖7-29所示，8255晶片資料線（D0～D7）之數位訊號可直接進入微電腦並列埠資料線（D0～D7）或用並列／USB轉換晶片（如MCS7715晶片）先將數位訊號轉成USB串列訊號經由USB接頭輸入微電腦中。現在市售已有具有USB接口之8255介面卡，可以直接接具有USB接口之微電腦做數據處理。

另外，亦可組成微電腦並列埠-解碼器-IC8255-ADC系統，利用一解碼器控制8255晶片輸出輸入。圖7-30爲微電腦並列埠-IC74373（解碼器）-IC8255-ADC0804類比訊號輸入轉換系統（Microcomputer-Parallel Port-IC74373-IC8255-AD0804 System）。如圖7-30所示，在此系統中輸入類比電壓訊號V_1經ADC0804轉換成八位元（D0～D7）數位訊號進入IC8255晶片

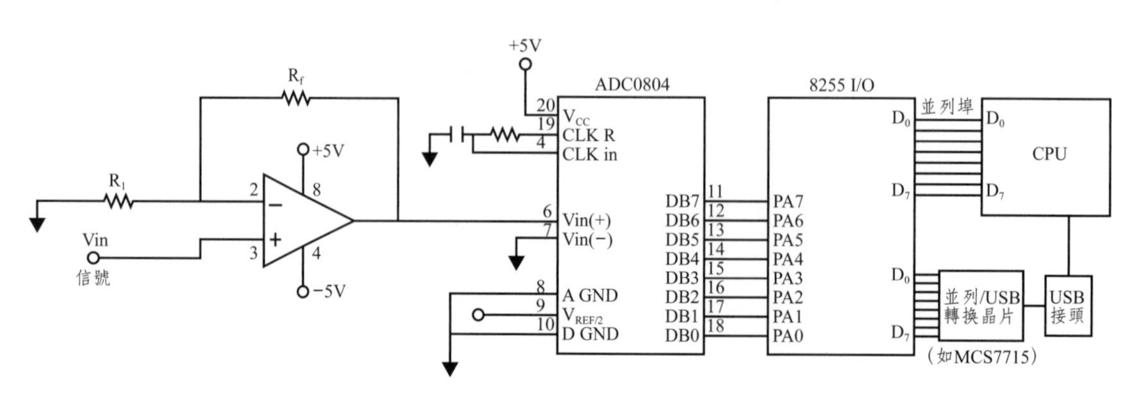

圖7-29 微電腦-8255-ADC-OPA類比訊號輸入及轉換成數位訊號系統

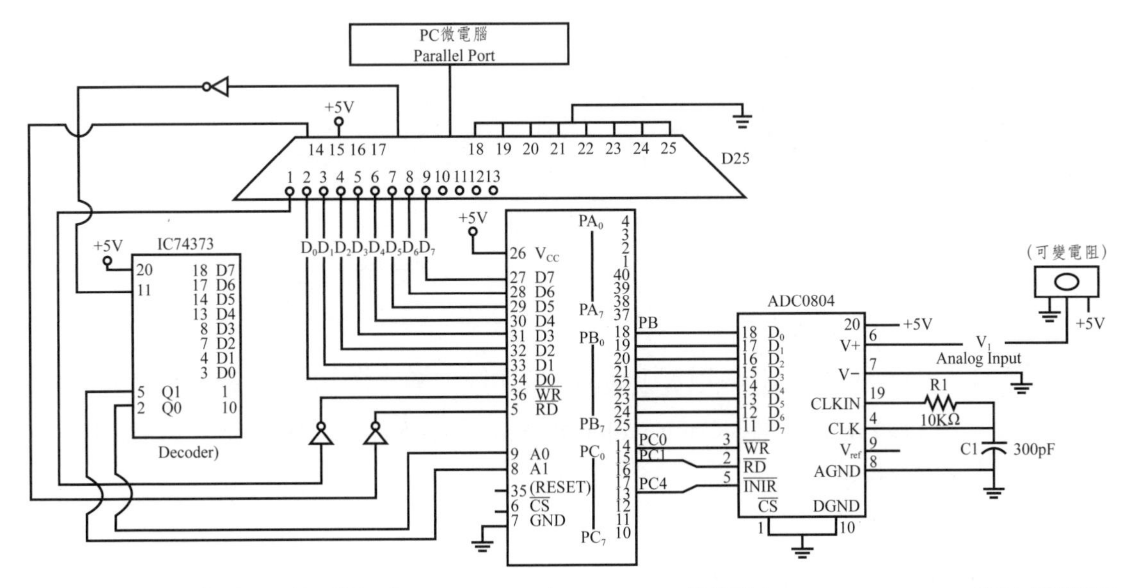

圖7-30　微電腦-並列埠（Parallel-port）-IC74373解碼器-IC8255-AD0804類比訊號輸入及轉換系統

再經微電腦並列埠進入微電腦並進入微電腦做數據處理。

微電腦-PIA6821-ADC系統也可用來處理分析儀器或控制儀器或實驗數據訊號收集及處理，PIA6821亦為輸出輸入PIA介面晶片（Peripheral Interface adaptor chip），此PIA6821介面晶片也將在下一章（第8章）較詳細介紹。現以ADC應用在分析實驗中酸鹼滴定為例，圖7-31(a)即為利用pH計-OPA-ADC-PIA6821-CPU微電腦界面系統（pHmeter-OPA-6821-Microcomputer system）來收集及處理酸鹼滴定（Acid-Base Titration）之pH計儀器訊號。酸鹼滴定中由pH計中之pH電極偵測滴定溶液中pH值，然後pH計將pH電極之電壓訊號傳入OPA放大，然後用ADC將放大後的電壓訊號轉換成數位訊號，然後透過PIA6821晶片傳入微電腦（CPU）並利用撰寫的電腦程式收集及處理酸鹼滴定之數位訊號，由電腦數據處理所得到的酸鹼滴定曲線如圖7-31(b)所示。

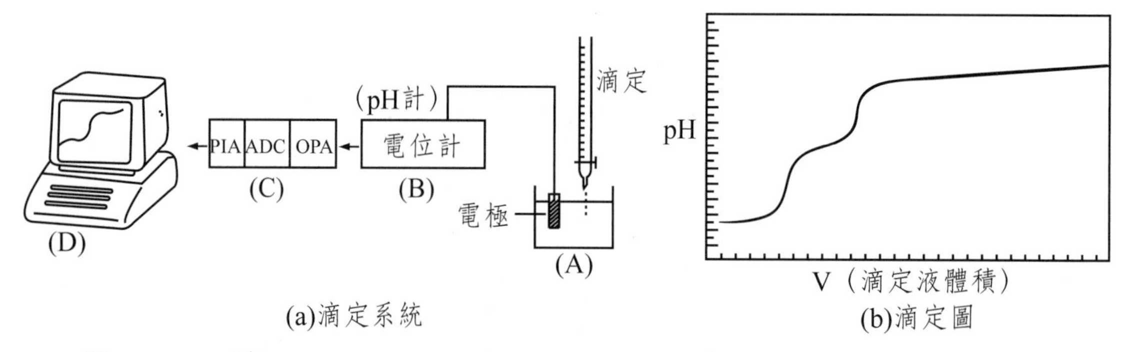

圖7-31 pH計-OPA-ADC-PIA（6821）-CPU(a)滴定系統及(b)顯示的滴定圖[148a]
（資料來源：F.E.Chou and J. S. Shih（本書作者），Chin. Chem., 48, 117 (1990)）

7.4.3 微電腦-串列ADC

串列ADC若具有USB接口即為USB ADC可直接接具有USB接口之微電腦，即如前文7-4.1節之圖7-27的USB ADC PCM2900-微電腦系統。但若無USB接口之串列ADC（如MAX187）要直接接微電腦，可利用串列式ADC直接接微電腦之並列埠組成微電腦-串列式ADC（Microcomputer-Serial ADC）系統去接收外面類比電壓訊號。圖7-32即為利用串列ADC MAX187晶片組成的串列ADC MAX187-PC微電腦介面，此介面MAX187晶片僅需用三條數線（訊號輸出線D_{out}、起動線$\overline{CS}$，及外部時鐘脈衝線SCLK）和微電腦並列埠連接，就可將外面類比電壓訊號V_{in}轉換成數位訊號（D0～D7）並以串列方式（先D0再D1…D7一個接一個）將數位訊號輸入微電腦中。

7.4.4 微電腦-ADC卡

在化學實驗中為擷取化學儀器（如pH計）類比訊號（如電壓或電流）可用市售微電腦ADC卡（Microcomputer-ADC Card）將類比訊號轉換成數位訊號較方便。圖7-33為微電腦-PI216（ADC）卡-OPA-pH計系統（Microcomputer-P1216(ADC card)-OPA-pH Meter System）。在此系統中pH計用來測定一酸鹼滴定過程中溶液之pH變化，此pH計所輸出電壓類比訊號先經運算放

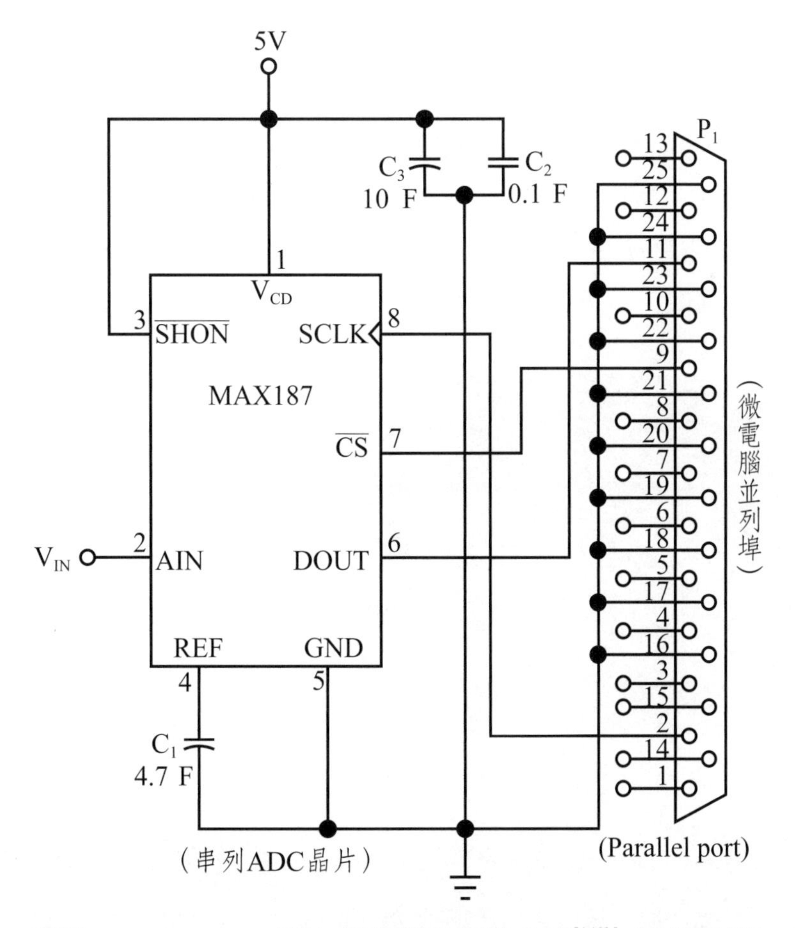

圖7-32 串列ADC MAX187晶片-微電腦並列埠介面[148b]（原圖來源：http://cocdig.com/docs/show-post-747.html）

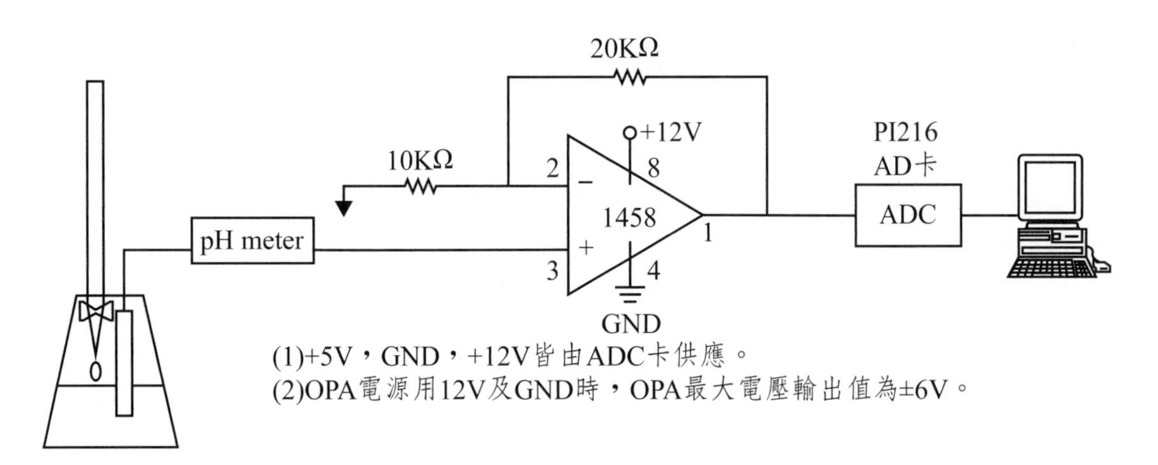

圖7-33 微電腦-PI216（ADC）卡-OPA-pH計-滴定類比訊號輸入及轉換系統

大器（OPA, Operational Amplifier）放大，然後輸入市售ADC卡將放大的電壓類比訊號（V）轉換成數位訊號（D0～D7）並輸出到微電腦做數據處理並繪出滴定圖。圖7-34爲PI216（ADC）卡實物圖及電壓輸入接腳圖。此PI216卡具有16頻道ADC（AD0～AD15）可供16個不同電壓訊號輸入，換言之，此ADC卡可接收16部化學儀器所產生的類比電壓訊號並分別轉換成數位訊號輸入微電腦做數據處理。

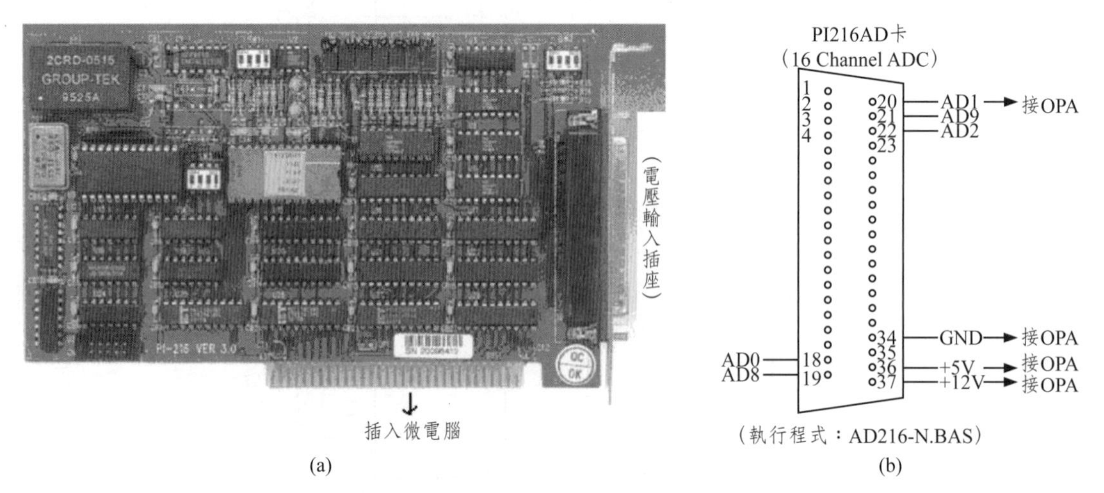

圖7-34 PI216（ADC）卡（輸入：16 Channels，輸出12位元）(a)實物圖[149]，及(b)電壓輸入插座接腳圖（(a)圖來源：http://www.100y.com.tw/product_jpg_big/A004531.jpg）

7.5 ADC/DAC組合晶片

在化學電子線路中常同時需要ADC及DAC兩種晶片，若能將ADC及DAC兩種功能都放在同一晶片，即ADC/DAC組合晶片（ADC/DAC Combination Chip），那將會簡化這些化學電子線路，尤其對電化學電子線路簡化不少。表7-2爲現在市面上常見的ADC/DAC組合晶片輸出／輸入特性。以AD5590之ADC/DAC組合晶片爲例，如表所示AD5590晶片含16頻道之ADC輸入線，其可接收16部化學儀器所輸出之電壓類比訊號並分別轉換成數位訊號，AD5590晶片又含有16條DAC輸出電壓線，可提供電化學儀器16種不同電壓以進行化學氧化還原反應之用。圖7-35爲AD5590組合晶片內部結構圖，如圖所示，AD5590晶片內部有ADC及DAC介面元件。16頻道輸入之電壓類比訊號VIN0～VIN15經ADC介面元件轉換所得的數位訊號可分別由晶片的ADOUT支腳以串列方式輸出。同時，AD5590晶片也可由其DOIN支腳接收外界16組串列數位訊號並以串列方式進入晶片中DAC介面元件並轉換成16種電壓類比訊號分別由其VOUT0～VOUT15支腳輸出。

表7-2　常見ADC/DAC組合晶片輸出／輸入特性[150f]

型號	ADC 頻道數	ADC數位 輸出模式	DAC 輸出數目	DAC輸出 電壓範圍
AD7293	4	SPI	8	-5 to 5V
AD5593R	8	Serial（一般串列）	8	0 to 5V
AD5592R	8	Serial（一般串列）	8	0 to 5V
AD7294-2	2	I^2C	4	0 to 5V
AD7292	8	SPI	4	0 to 5V
AD5590	16	Serial（一般串列）	16	0 to 5V
AD7294	6	I^2C	4	0 to 5V
ADT7517	4	I^2C, SPI	4	0 to 5V

（資料來源：http://www.analog.com/en/products/analog-to-digital-converters/precision-adc-10msps/ad-da-converter-combinations.html）
註：數位輸出模式SPI，I^2C將在第8章詳細介紹。

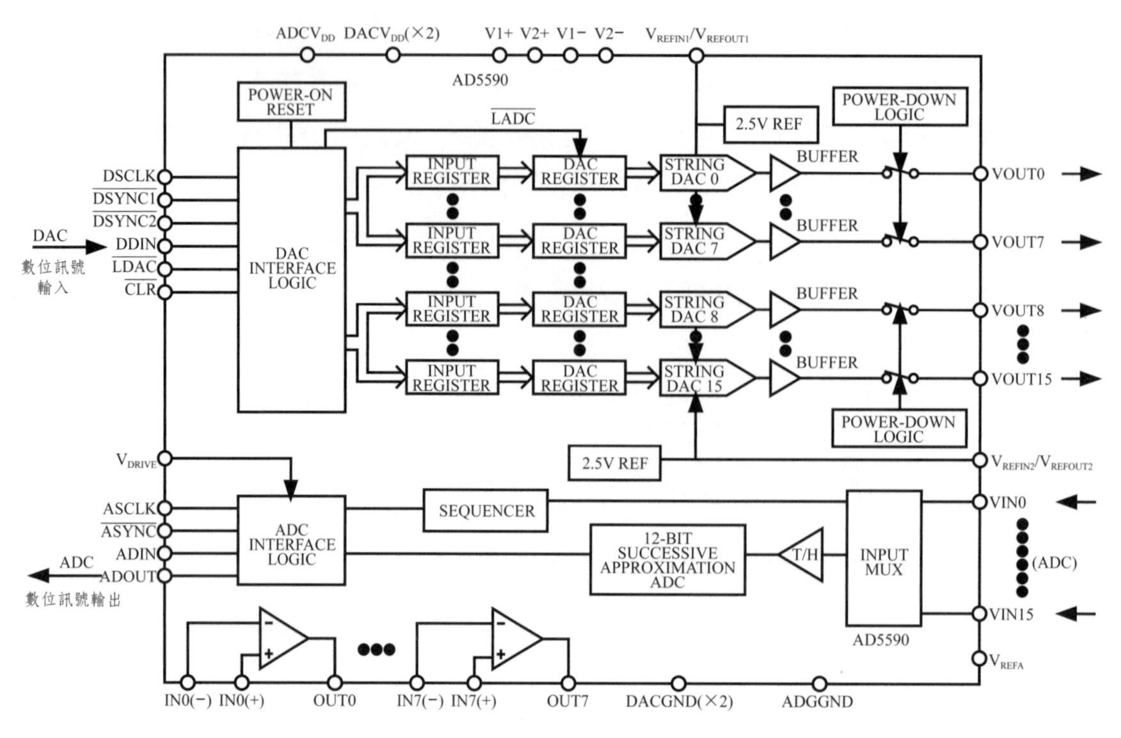

圖7-35 AD5590 ADC/DAC組合晶片內部結構圖[150g]（原圖來源：http://www.analog.com/ media/en/technical-documentation/data-sheets/AD5590.pdf）

第 8 章

訊號輸出輸入晶片
(Signal Input/Output Chips)

除了類比／數位轉換器（ADC）晶片及數位／類比轉換器（DAC）晶片外，微電腦介面通常還用許多輸入／輸出晶片（Input/Output Chips, I/O Chips），常見的有8255系列PPI晶片（Programmable Peripheral Interface chips）、6821系列PIA晶片（Peripheral Interface Adaptor Chips）、串列介面RS232系列I/O晶片、並列介面IEEE488系列I/O晶片及輸出輸入位址解碼器（Address I/O Decoder）晶片。本章將介紹這些I/O晶片之結構、工作原理及應用。除此，也將介紹微電腦-8255-ADC及微電腦-8255-DAC系統。同時簡介控制微電腦-8255輸出輸入的程式控制及可做爲電子線路中數位訊號輸出／輸入並隨時可存取之電子可擦式程式化唯讀記憶體EEPROM（Electrically-Erasable Programmable Read-Only Memory）及簡介USB／非同步串列（UART）介面晶片（USB/UART Bridge IC）和USB-SPI介面晶片（USB-Serial Peripheral Interface (SPI) Chips）USB-並列／串列轉換控制晶片（USB-Serial / Parallel Controller Chips）。

8.1 訊號輸出輸入晶片簡介

依訊號輸送方式輸出輸入晶片輸出輸入晶片（Input/Output Chips, I/O Chips）概可分爲並列輸出輸入晶片[151-156]（如8255IC及6821IC晶片）及串列輸出輸入晶片（如RS232有關晶片[157-160]）。

圖8-1爲由並列輸出輸入晶片組成的微電腦-並列訊號輸入輸出系統，如圖所示在此並列系統中並列輸出輸入晶片和外在晶片各位元是以1對1方式（位元D0對D，D7對D7）同時輸送所有位元（如D0～D7八位元）給對方。

圖8-2則爲由串列輸出輸入晶片組成的微電腦-串列訊號輸入輸出系統，在此串列輸出輸入系統（如RS232）中，串列輸出輸入晶片和外在儀器系統之輸入輸出晶片各位元是以一個一個依序（如先送D0，再送D1，然後D2，D3，…D7）輸送給對方。如圖8-2所示串列輸出輸入晶片收到所有位元之訊號後會經串列輸出輸入系統（如RS232）中之串列／並列轉換晶片（如MC6805晶片）轉成並列訊號，然後再傳入微電腦中央處理機（CPU）做數據處理。

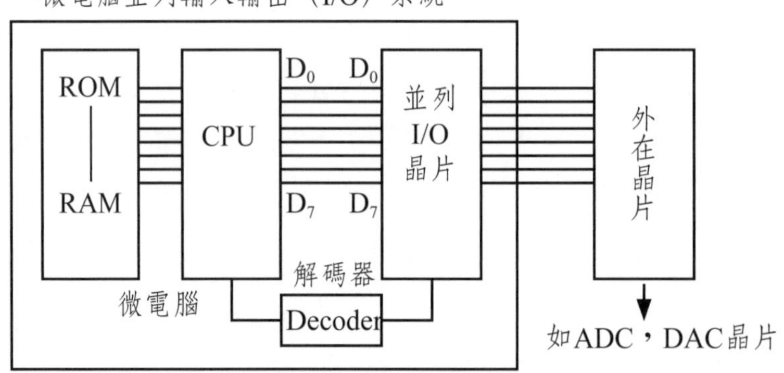

（並列I/O晶片：如8255，6821，IEEE488，可放在微電腦內或外）

圖8-1　微電腦-並列訊號輸入輸出系統

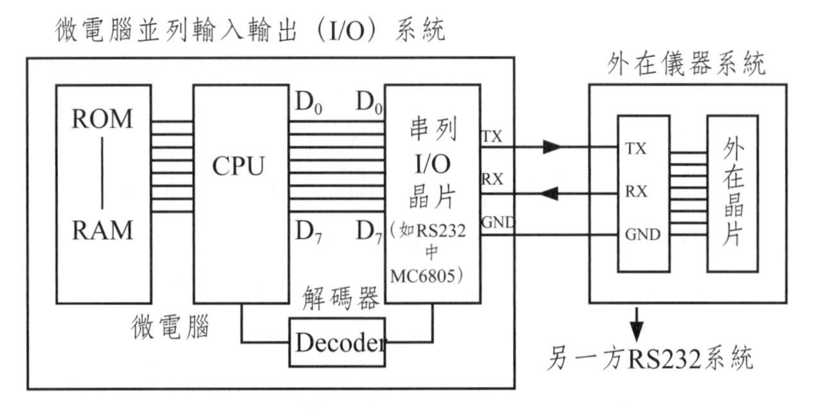

圖8-2　微電腦-串列訊號輸入輸出系統

8.2　PPI 8255輸出輸入晶片

PPI 8255晶片爲較常見的輸出輸入晶片，本節將介紹PPI 8255晶片之結構及功能和其外接類比／數位轉換器ADC和DAC訊號輸入輸出系統。

8.2.1　PPI 8255晶片結構及功能

PPI 8255晶片（Programmable Peripheral Interface Chip, PPI 8255）[151]及8155晶片皆爲一40支腳及含有三組8位元輸出／輸入（O/I）埠（Ports）之常用輸出／輸入晶片（8155和8255之主要不同是內部多一可暫存資料之暫存器），圖8-3(a)爲8255晶片基本結構及接線圖，其三個O/I埠爲Port A（PA），Port B（PB）及Port C（PC），其中Port A及Port B之每一O/I埠之位元（如PA0～PA7）皆輸出／輸入同步（即輸出時，8位元皆輸出，反之輸入亦然）。每一埠之位址取決於8255連接微電腦之位址解碼器（Decoder）和位址線A0（2^0線）及A1（2^1線）。

如表8-1所示，當解碼器位址爲640時，各埠位址爲640 + A0(2^0) + A1(2^1)，即Port A(A0=A1=0)位址= 640+0+0 =640，Port B(A0=1, A1=0)位址= 640+1+0 = 641，Port C(A0=0, A1=1)位址 = 640+0+2 = 642，而控制Ports A～C之晶片輸入輸出之內建控制埠（Control Port, CL, A0=A1=1）之

位址= 640 +1+2 = 643。圖8-3b為此晶片內建控制埠（CL）各位元所控制之Port，例如其D4位元控制Port A(PA)，D1控制Port B(PB)，D3位元控制PCH（Port C高位元C4～C7），D0位元控制PCL（Port C低位元C0～C3）等，而D5～D6控制PA及PCH之I/O模式，例如D5=D6=0，Mode 0，表示一般輸入輸出（I/O），而D5=1，D6=0，Mode 1，表示PC6/PC7可做交握式I/O，Mode 2則D6=1，D5=1 or 0，表示各埠可做雙向I/O傳送，較少用，D2則控制PB及PCL之I/O模式（D2=0, Mode 0；D2=1, Mode 1（PC2/PC3可做交握式I/O），D7=1表示8255各埠I/O起動。圖8-3(c)為PPI 8255晶片接腳圖。

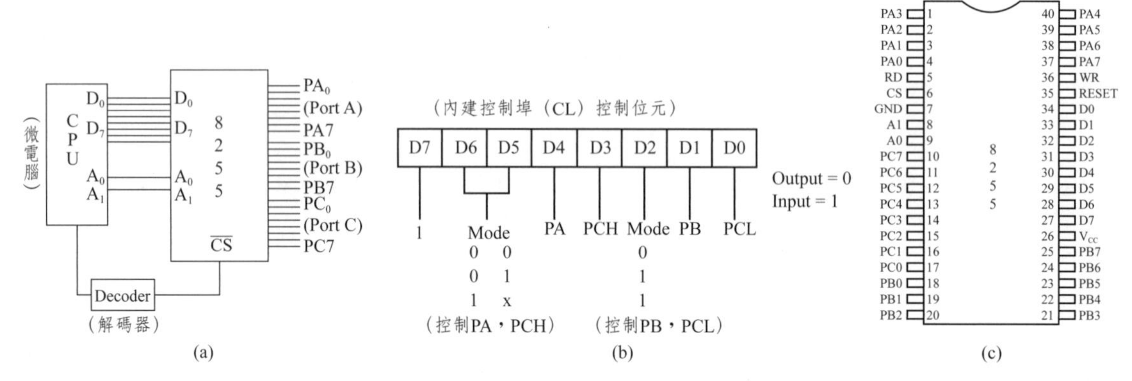

圖8-3 PPI 8255輸出輸入晶片之(a)基本結構及接線圖[154]，(b)內部控制阜控制位元，及(c)接腳圖[151]

表8-1 PPI 8255特性

8255特性：

(1)三個埠（ports）PA，PB，PC，一般每一port的各位元輸出或輸入需同步（同方向）。

(2)位址由A_0及A_1和Decoder（如位址640）

A_1	A_0	位址（Decoder 640）
0	0	port A (640 + 0 = 640)
0	1	port B (640 + 1 = 641)
1	0	port C (640 + 2 = 642)
1	1	內建控制埠（CL）（640 + 3 = 643)

(3)可依Modes 0，1，2來執行，Mode 0為一般輸出輸入，Mode 1，portA，portB一樣，portC之PC6/PC7及PC2/PC3可做交握式輸出／輸入，而Mode 2中port可做雙向I/O，Mode 2較少用。

PPI 8255晶片之較常用爲一般輸入輸出（Mode 0）及交握式輸入輸出（Mode 1），分別說明如下：

8.2.1.1 PPI 8255一般輸入輸出I/O（Mode 0）

PPI 8255晶片之內建控制埠（CL）各位元可控制各I/O埠之輸出或輸入，此晶片設定輸入=1，輸出=0，故若要設定Port A→輸出（控制位元D4=0（輸出）），Port B→輸入（控制位元D1=1（輸入）），Port C→輸出（控制位元D0=D3=0（輸出）），一般I/O爲Mode 0模式故D6=D5=D2=0，各控制位元表示如下：

```
D7  D6  D5  D4  D3  D2   D1  D0
1   └──┘    ↓   ↓   ↓    ↓   ↓
1   Mode    PA  CH  Mode PB  CL
1   0   0   0   0   0    1   0   = 130
(2^7)                        (2^0)
（位址PA = 640，PB = 641，PC = 642控制器 = 643）
```

這表示要設定內建控制埠（CL）各位元爲（D7）10000010（D0），此D7～D0數位訊號轉換成十進位值即爲130，故可用電腦程式控制指令給內建控制埠（CL，位址643）來設定Port A→輸出，Port B→輸入，Port C→輸出並起動PPI 8255晶片，其控制指令如下：

(1) 10 OUT 643，130（設定及起動8255IC指令，10爲指令行數）

若想由Port A（位址640）輸出150（十進位），其指令爲：

(2) 20 OUT 640，150（由Port A輸出150）

150（十進位）換算成二進位爲（D7）10010110（D0），即表示Port A各接腳輸出爲PA7=1，PA6=PA5=0，PA4=1，PA3=0，PA2=PA1=1，PA0=0（若電源爲5V則1=5V，0=0V）。

若想由Port B（位址641）輸入數位訊號（1或0），其指令爲：

(3) 30 Y=INP（641）（由Port B輸入數位訊號）

8.2.1.2 PPI 8255交握式輸入輸出I/O（Mode 1）

PPI 8255晶片在Mode 1時，Port A及Port B和在Mode 0一樣爲一般輸入

或輸出，但Port C中PC6/PC7及PC2/PC3可做交握式I/O（但此時Port A必為輸出）。圖8-4即以8253-8255交握式I/O系統為例，如圖8-4(a)所示，當計數器晶片8253之OUT1支腳送出0訊號，經NOT閘轉變成1訊號後為PPI8255之PC6支腳所接收，此時就會從8255之PC7支腳送出訊號1，經另一NOT閘轉變成0訊號而將8253之G1（Gate 1）關掉。

若此8253-8255交握式系統中，Port A及Port B皆定為輸出，8255晶片內建控制埠（CL，位址643）之Port A及Port B控制位元D4=D1=0（輸出，如圖8-4(b)所示），Port C則為輸出輸入皆可，其控制位元也定為D3=D0=0，而交握式I/O為Mode 1，Mode控制位元D6=0，D5=D2=1，故執行此8253-8255交握式輸入輸出（I/O）內建控制埠（CL）之各位元須設定為（D7）10100100（D0），此D7～D0數位訊號轉換成十進位值即為164，故其電腦程式起動及設定控制指令為：

```
OUT 643, 164
```

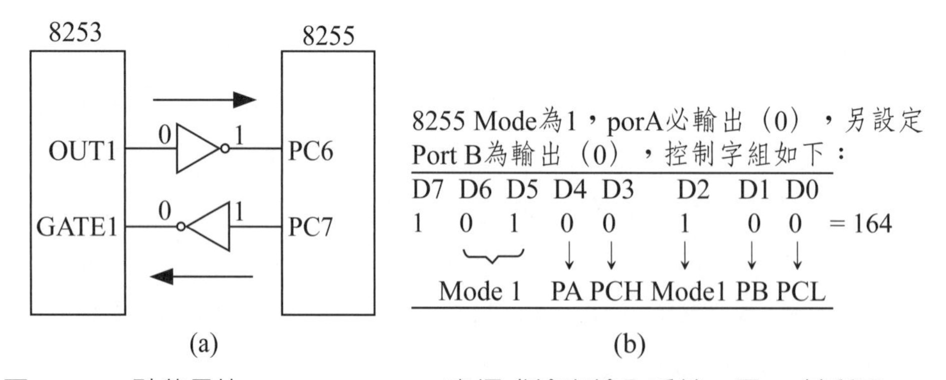

圖8-4　(a)計數晶片IC8253-PPI8255交握式輸出輸入系統，及(b)其所用8255控制位元組

8.2.2　微電腦-8255-ADC系統[161-162]

輸出輸入介面8255IC可接類比／數位轉換器（ADC）和接微電腦並列埠（Parallel Port）而成微電腦-8255-ADC系統（Microcomputer-8255-ADC

System），此系統可將外接化學分析儀器產生之類比（Analog）訊號（如電壓或電流）傳入類比／數位轉換器（ADC）轉成數位訊號，再將數位訊號傳入8255IC並轉傳至微電腦中。因現PC微電腦大都只用USB接口和外界晶片傳輸，而8255IC本身又無USB接腳，故此微電腦-8255-ADC系統如圖8-5所示，常先利用8255接並列／USB轉換晶片（如MCS7715）經USB接頭插入微電腦USB接口中。

圖8-5為微電腦-MCS7715-8255-ADC0804-OPA系統（Microcomputer-MCS7715-8255-ADC0804-OPA System）線路圖。如圖所示，化學分析儀器之類比電壓訊號V_{in}先經運算放大器（OPA）放大後輸入類比／數位轉換器（ADC）轉換成數位訊號再輸送至8255晶片PA埠（Port A），再由8255晶片資料線（D0-D7）輸送到並列／USB轉換晶片MCS7715中轉換成USB串列數位訊號，最後由MCS7715晶片所接的USB接頭將數位訊號輸入微電腦USB接口中做數據處理。現在市售有具有USB接頭之8255卡，可直接接具有USB接口之微電腦，故圖8-5中之8255-MCS7715-USB接頭部份可直接改用市售USB 8255卡。圖8-6為市售USB-8255卡實物圖。

8.2.3　微電腦-8255-DAC系統[163-165]

微電腦-8255-DAC系統（Microcomputer-8255-DAC System）乃是將8255連接數位／類比訊號轉換器（DAC, Digital/Analog Converter）及微電腦所成系統，此系統可將微電腦所輸出之數位訊號經IC8255傳入數位／類

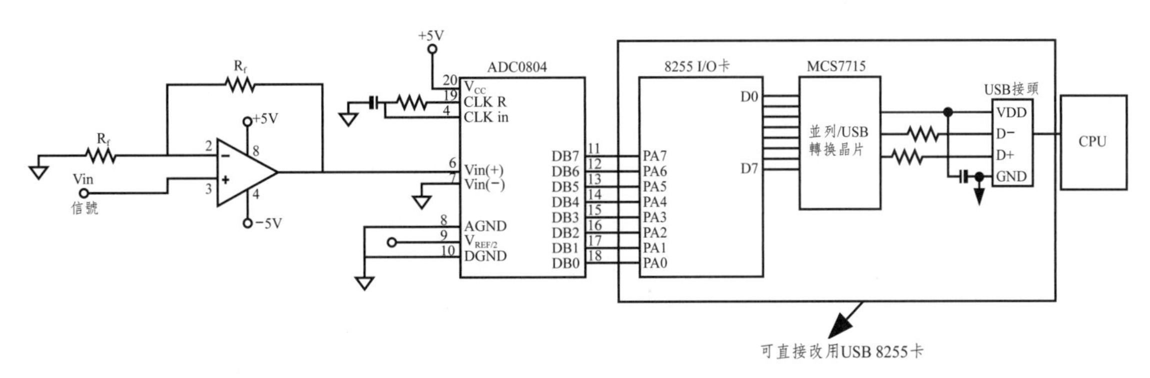

圖8-5　微電腦-MCS7715-8255-ADC0804-OPA系統線路圖[166]

圖8-6 USB 8255卡實物圖（原圖來源：https://i.ytimg.com/vi/AskcIzpl67w/maxresdefault.jpg）。

比轉換器（DAC）轉成類比訊號（如電壓）輸出。微電腦-8255-DAC系統常見的有微電腦-USB 8255卡-DAC1408-OPA系統（Microcomputer-USB 8255-DAC1408-OPA System），及微電腦並列埠-8255-DAC1408-OPA系統（Microcomputer Parallel port-8255-DAC1408-OPA system）兩類。圖8-7(a)為微電腦-USB 8255卡-DAC1408-OPA系統示意圖，而圖8-7(b)為微電腦並列埠-8255-DAC1408-OPA系統示意圖。

在這兩種系統中，微電腦之數位訊號（D0～D7）可透過USB接口以串列方式傳入USB 8255卡中（圖8-7(a)）或由微電腦並列埠將數位資料（D0～D7）以並列方式傳入8255晶片中（圖8-7(b)）。在圖8-7(a)中微電腦傳入USB 8255卡之串列數位訊號被USB 8255卡中USB串列／並列轉換器（如MCS7715晶片）轉成並列訊號再轉傳輸入DAC1408晶片，而在圖8-7(b)中微電腦並列埠則以並列方式傳入8255晶片中之並列訊號就由其Port A並列輸出到DAC1408晶片。這些並列訊號在DAC1408晶片中轉換成類比電壓訊號V4，因DAC1408輸出電壓V4為負電壓，可直接應用在電化學當陰極電源以還原水溶液中金屬離子M^{z+}（$M^{z+}+ze^{-}\rightarrow M$）。但若要正電壓輸出，就必須如圖8-7所示，將DAC輸出負電壓V4接一反相運算放大器（OPA）轉成放大正電壓Vo輸出。

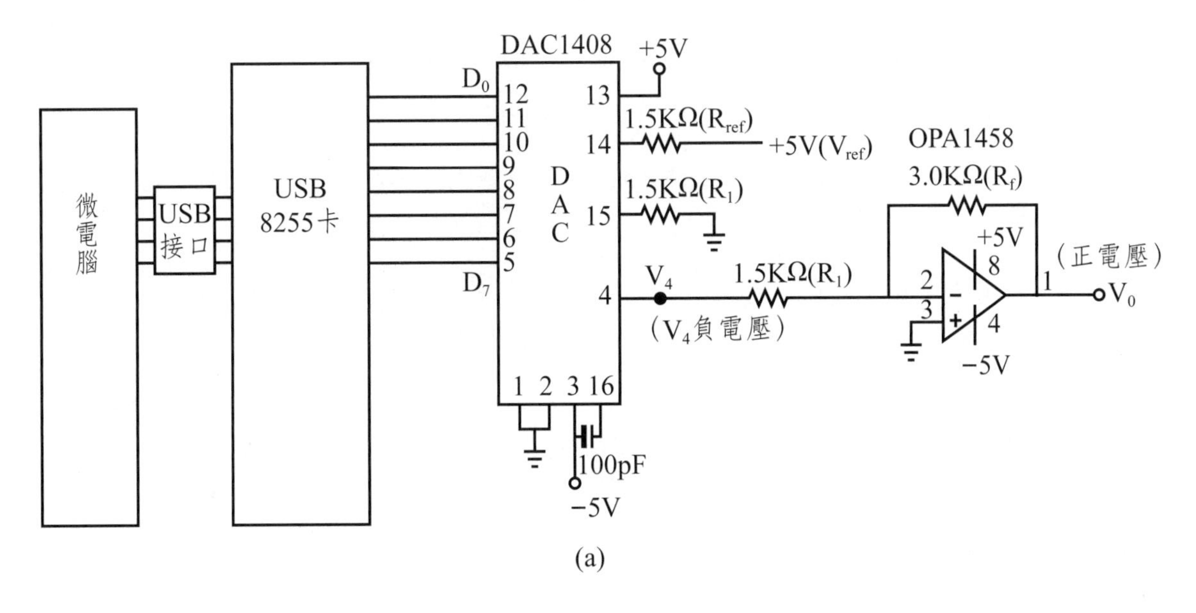

(a)

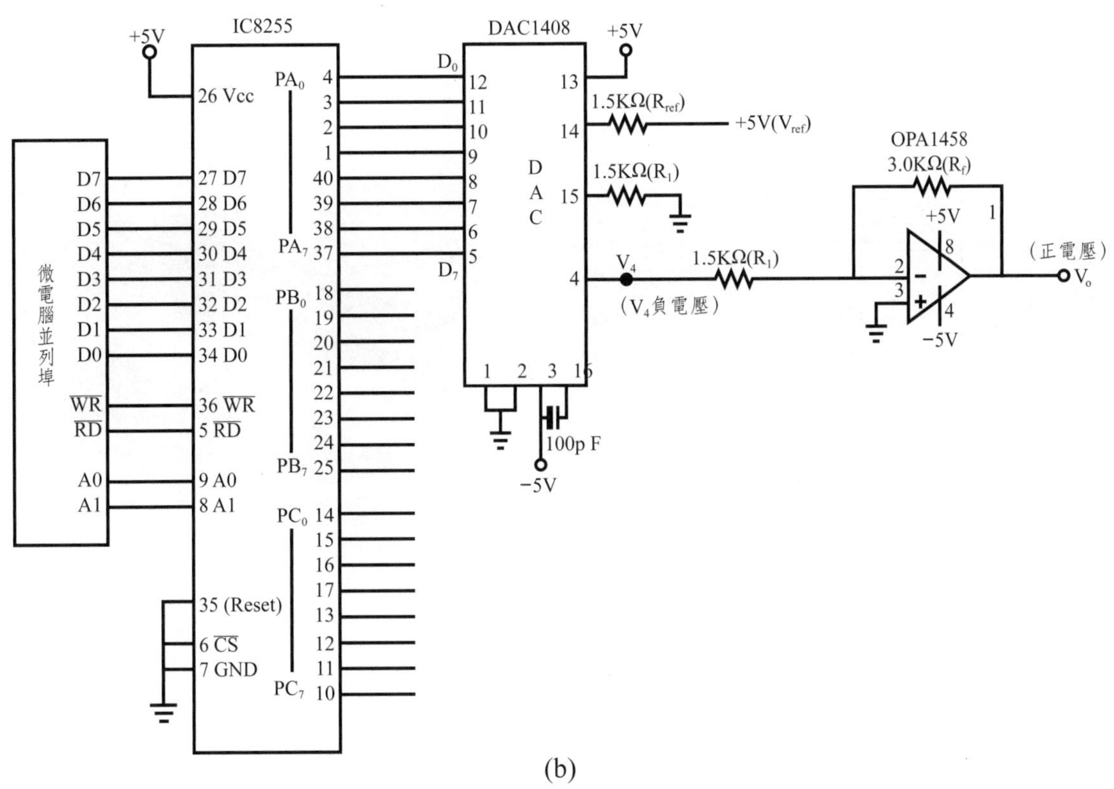

(b)

圖8-7 (a)微電腦USB 8255卡-DAC1408-OPA系統及(b)微電腦並列埠-8255-DAC1408-OPA系統

8.3 PIA 6821輸出輸入晶片[153-154]

PIA 6821晶片（Peripheral Interface Adaptor, PIA 6821）有兩個輸出／輸入（O/I）埠（Port A及Port B），這兩個O/I埠之八位元（8 bits）非同步，各位元輸出／輸入方向皆可不同，例如Port A中之PA0為輸出，PA1則可為輸入。這和IC8255各埠之各位元皆要同步有所不同。

8.3.1 PIA 6821晶片結構及功能

圖8-8(a)為PIA 6821晶片基本結構及接線圖，PIA 6821有三個控制線CS0，CS1及CS2，CS0及CS1分別接微電腦位址線A2及A3，而CS2則接解碼器（Decoder）。PIA 6821為PIA 6820之改良晶片，圖8-8(b)為PIA 6821和PIA6820晶片之實物圖。

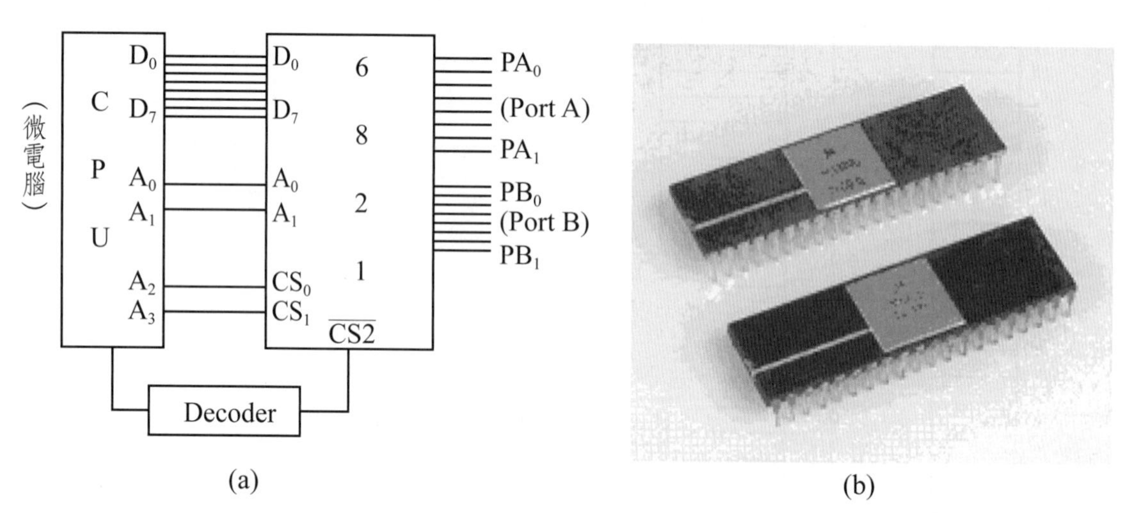

圖8-8　PIA 6821晶片(a)基本結構及接線圖，及(b)PIA 6821和6820晶片實物圖[153]

圖8-9為PIA 6821輸出輸入晶片之接腳圖，及特性說明。因PIA 6821每一O/I埠之八位元（8 bits）非同步，每一個埠需一個內建控制埠（CL Port），即利用CL(a)及CL(b)兩個內建控制埠分別控制Port A及Port B的各位元之輸出輸入。故如圖8-9(a)所示，需用兩條位址線A0及A1來控制Port A，CL(a)，

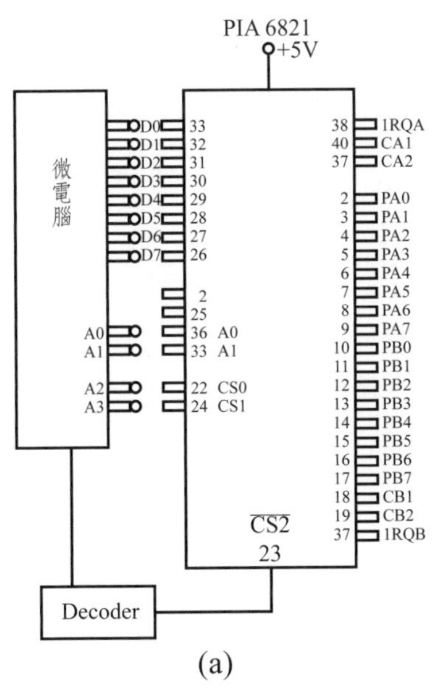

(a)

PIA 6821特性

(1)6821有二個ports（portA及B）

(2)每一個port八位元每個位元皆可獨立I/O，例如PA_1輸出，PA_2輸入。

(3)PA 6821位址

有4條位址張江A0，A1，A2，A3控制6821，其中A2 = A3 = 1時，6821才可啓動，在Decorder為640時，各ports位址

A3	A2	A1	A0	位址（Decorder630）
1	1	0	0	640 + 8 + 4(652portA)
1	1	0	1	640 + 8 + 4 + 1（653portA控制器CL(a)）
1	1	1	0	640 + 8 + 4 + 2(654portB)
1	1	1	1	640 + 8 + 4 + 3（655portB控制器CL(b)）

(b)

圖8-9　PIA 6821輸出輸入晶片之(a)接腳圖，及(b)特性

Port B及CL(b)。若解碼器（Decoder）位址爲640，因CS0及CS1分別接在位址線A_2及A_3且A_2=A_3=1，爲要使Port A工作，如圖8-9(b)所示，需設定A_1=A_0=0，故Port A之位址爲$640+A_2(2^2)+A_3(2^3)+0+0=652$，而Port A控制埠 CL(a)需設定$A_1$=0及$A_0$=1，其位址爲$640+A2(2^2)+A3(2^3)+0+1 =653$。Port B需設定$A_1$=1及$A_0$=0，其位址爲$640+A_2(2^2)+A_3(2^3)+A_1(2^1)+0 =654$，而Port B控制埠CL(b)需設定$A_1$=1及$A_0$=1，其位址爲$640+A_2(2^2)+A_3(2^3)+A_1(2^1)+A_0(2^0)=655$。

表8-2爲起動及設定PIA6821晶片之Port A及Port B所用的指令，其設定Port A之單數位元（PA_1, PA_3, PA_5, PA_7）爲輸入，而設定Port A之雙數位元（PA_0, PA_2, PA_4, PA_6）爲輸出，而設定所有Port B皆輸出。PIA6821輸入爲0，輸出爲1，這和8255剛好相反，8255輸入爲1，輸出爲0，表8-2(a)顯示內建控制埠CL(a)對Port A各位元設定情形，控制埠CL(a)各位元呈現（PA7）01010101（PA0）二進位數據，即等於十進位數據D爲85。要執行Port A（位址652），必先起動Port A之控制埠CL(a)（位址653），表8-2(b)第10行指令爲起動CL(a)控制埠：OUT 653, 4（即內建控制埠CL(a)之D_2（2^2）位元 = 1）。表8-2(b)第20行爲Port A（位址652）輸出（各雙數位元=1）及輸入

表8-2 6821晶片起動設定及輸出／輸入指令[153]

設定port A（舉例）：PA1，PA3，PA4，PA7為輸入（0）
（輸入＝0，輸出＝1）PA0，PA2，PA4，PA6為輸出（1）

(a)port A各位元輸出／輸入情形：

PA7	PA6	PA5	PA4	PA3	PA2	PA1	PA0
0	1	0	1	0	1	0	1→D = 85
	(2^6)		(2^4)		(2^2)		(2^0)

(b)啓動及設定6821各埠

10 OUT 653,4（內建控制埠CL(A)D_2 = 1，以啓動port A）
20 OUT 652,85（port A之1, 3, 5, 7輸入，0, 2, 4, 6輸出）
30 OUT 655,4（內建控制埠CL(B)D_2 = 1，以啓動port B）
40 OUT 654,255（使port B各位元皆輸出(1)）

註：各埠位址：Port A(652); CL(A)(653); Port B(654); CL(B)(655)

（各單數位元=0）之指令（OUT 652, 85）。同樣地，要執行Port B輸出，先要起動Port B之控制埠CL(b)（位址655），即用表8-2(b)第30行指令：OUT 655，4（即CL(b)之$D_2(2^2)$位元=1）。而表8-2(b)第40行指令爲使所有Port B（位址654）之八位元皆輸出（$D_7=D_6=D_5=\cdots=D1=D0=1$，即皆輸出電壓5V），Port B各位元呈現11111111二進位數據，即等於十進位數據爲255，故指令爲：OUT 654, 255。

8.3.2 微電腦-IC6821-ADC系統

和8255IC一樣，輸出輸入介面PIA6821亦可接類比／數位轉換器（ADC）和微電腦並列埠（Parallel Port）而成微電腦-IC6821-ADC系統（Microcomputer-IC6821-ADC System）[167]，此系統可輸入外接化學分析儀器之類比（Analog）訊號（如電壓或電流）到ADC晶片轉換成數位訊號，再將數位訊號傳入PIA6821，然後轉傳入微電腦中做數據處理。此系統可應用在化學實驗中，圖8-10爲微電腦-PIA 6821-ADC-OPA-電位計滴定實驗系統，在此滴定系統中用電位計（Potentiometer）偵測滴定過程中滴定溶液的電位變化並將電位變化訊號經運算放大器（OPA）放大，再由類比／數位轉換器（ADC）將此放大的類比電壓訊號轉成數位訊號由PIA6821介面輸入微電腦中做數據處理並由印表機印出滴定曲線。圖8-11則爲微電腦-PIA 6821-ADC-

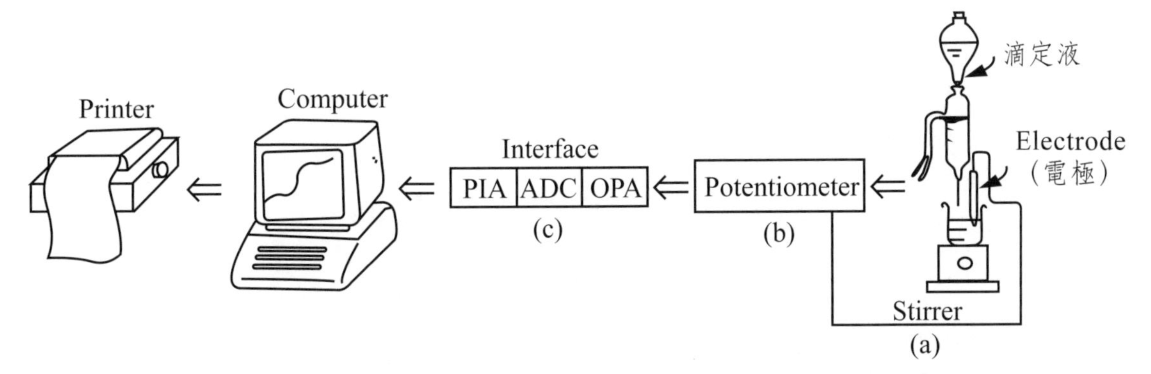

圖8-10　微電腦-PIA 6821-ADC-OPA-電位計滴定實驗系統[167]

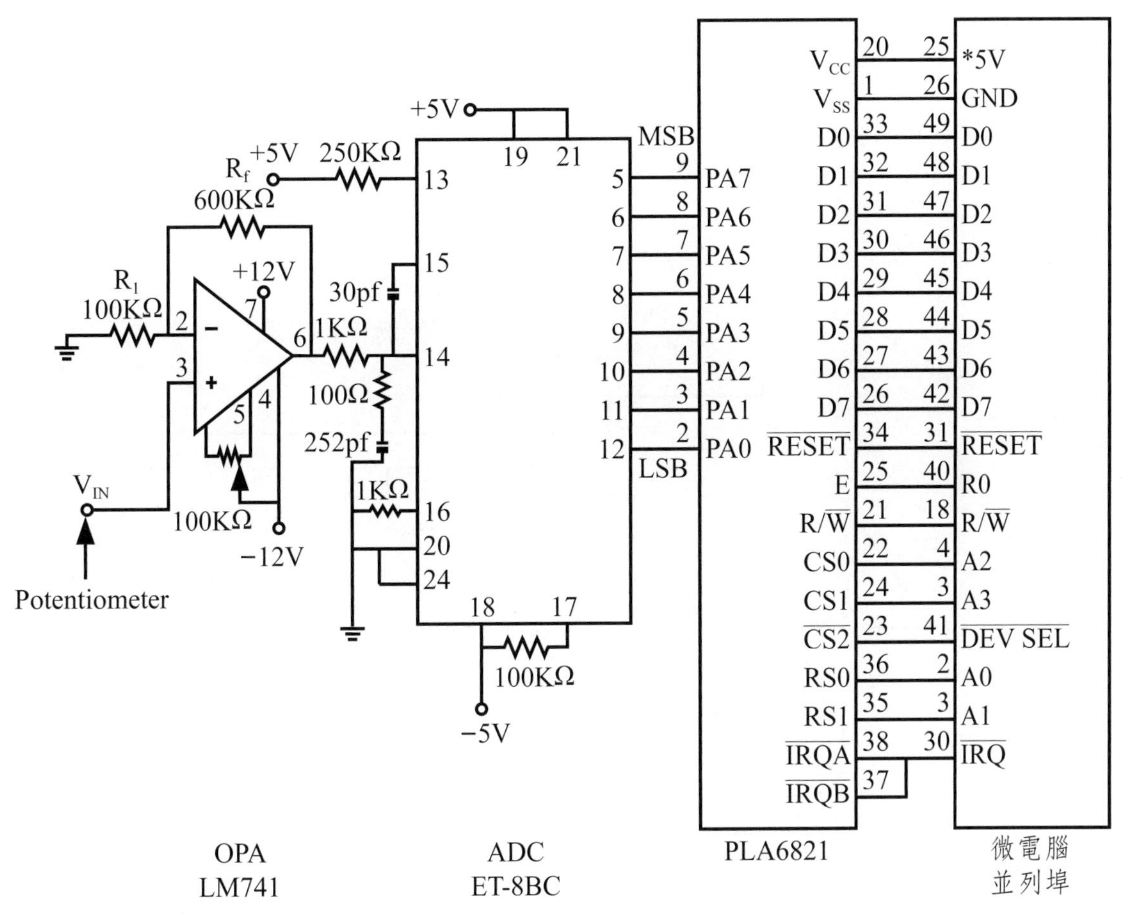

圖8-11　微電腦並列埠-PIA 6821-ADC-OPA系統電子線路接線圖[167]

OPA系統（Microcomputer-IC6821-ADC-OPA System）電子線路之實際接線圖。

8.4 微電腦並列埠介面

微電腦並列埠介面（Computer Parallel Port Interface）亦常被用來做數位訊號輸出輸入之用。圖8-12爲微電腦並列埠（Parallel Port）介面接線圖。此並列埠可並列輸出輸入D0～D7八位元數位訊號。

本節將介紹如何利用此微電腦並列埠（Parallel Port）介面組成的(1)微電腦並列埠介面-繼電器系統，(2)微電腦並列埠介面-IC8255-ADC0804系統及(3)微電腦並列埠介面-IC74373解碼器-IC8255-DAC-OPA系統，分別說明如下：

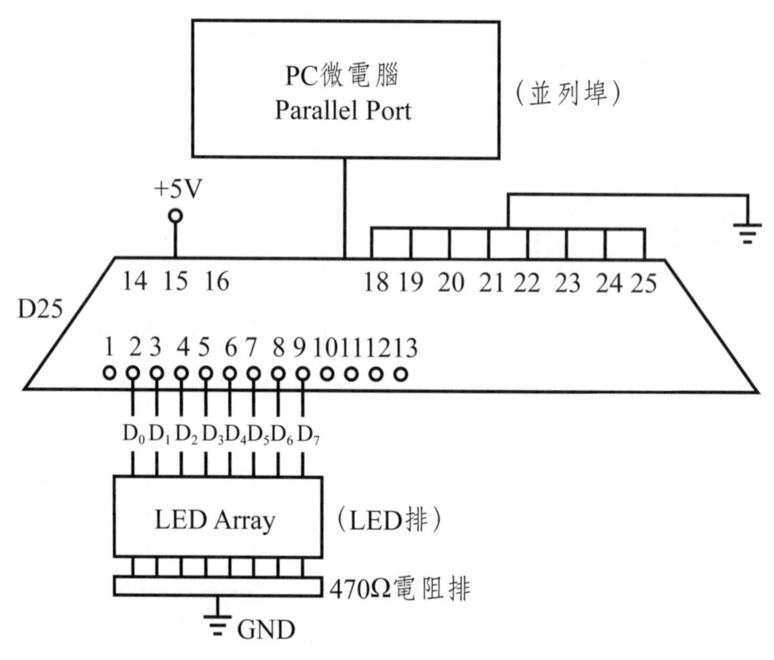

圖8-12　微電腦並列埠（Parallel Port）介面接線圖

8.4.1 微電腦並列埠介面-繼電器系統

圖8-13爲利用微電腦並列埠，繼電器及反相驅動晶片IC2003所組成的微電腦並列埠介面-繼電器系統接線圖。利用並列埠接頭D25之Do，D1，D2（Pins 2,3,4）接腳分別接IC2003以選擇性驅動CH0，CH1，CH2繼電器並起動接在各繼電器之電子線路及使所接的發光二極體（LED）發光。例如，當D25之Do（Pin 2）輸出1數位訊號到反相驅動晶片IC2003之Pin 1, IC2003晶片Pin 16就會輸出0訊號起動CH0繼電器（Input = 1），而使CH0繼電器之NO變成和其COM相連接，換言之，NO就有電流流動而使接在CH0繼電器NO端的電子線路系統S0起動並使發光二極體LED0發光。同樣，此系統亦可用來起動電子線路系統S1及S2。

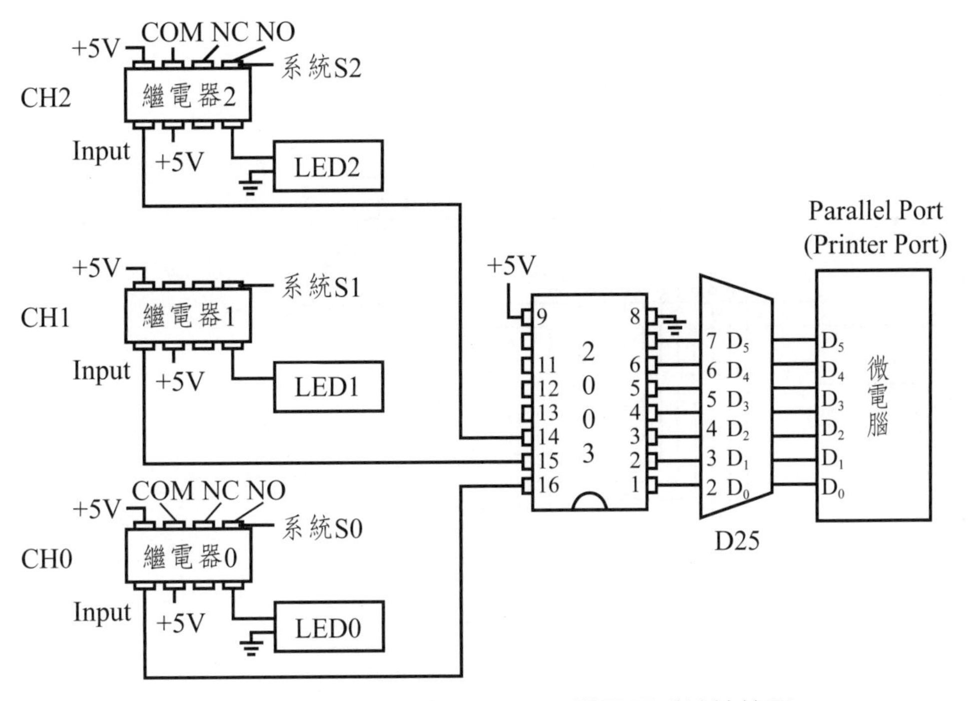

圖8-13　微電腦並列埠-IC2003-繼電器系統接線圖

8.4.2 微電腦並列埠介面-IC8255-ADC0804系統

圖8-14為微電腦並列埠-IC8255-ADC0804系統（Microcomputer-Parallel Port-IC8255-ADC0804 System），可用於電壓類比訊號輸入及轉換成數位訊號並輸入微電腦。在此系統中將IC8255晶片及一解碼器（Decoder）晶片IC74373接在微電腦的並列埠上，此解碼器晶片利用其Q0及Q1接IC8255之輸出輸入埠控制線A0及A1以控制IC8255各埠（PA，PB，PC埠）何者接收外來數位訊號。當一外來類比電壓訊號V_1進入此系統的類比／數位轉換器（ADC0804）轉成並列數位訊號，然後利用解碼器控制此並列數位訊號輸入IC8255之PB埠，然後此數位訊號由IC8255之資料埠（D0～D7）輸出到微電腦並列埠進入微電腦做數據處理。

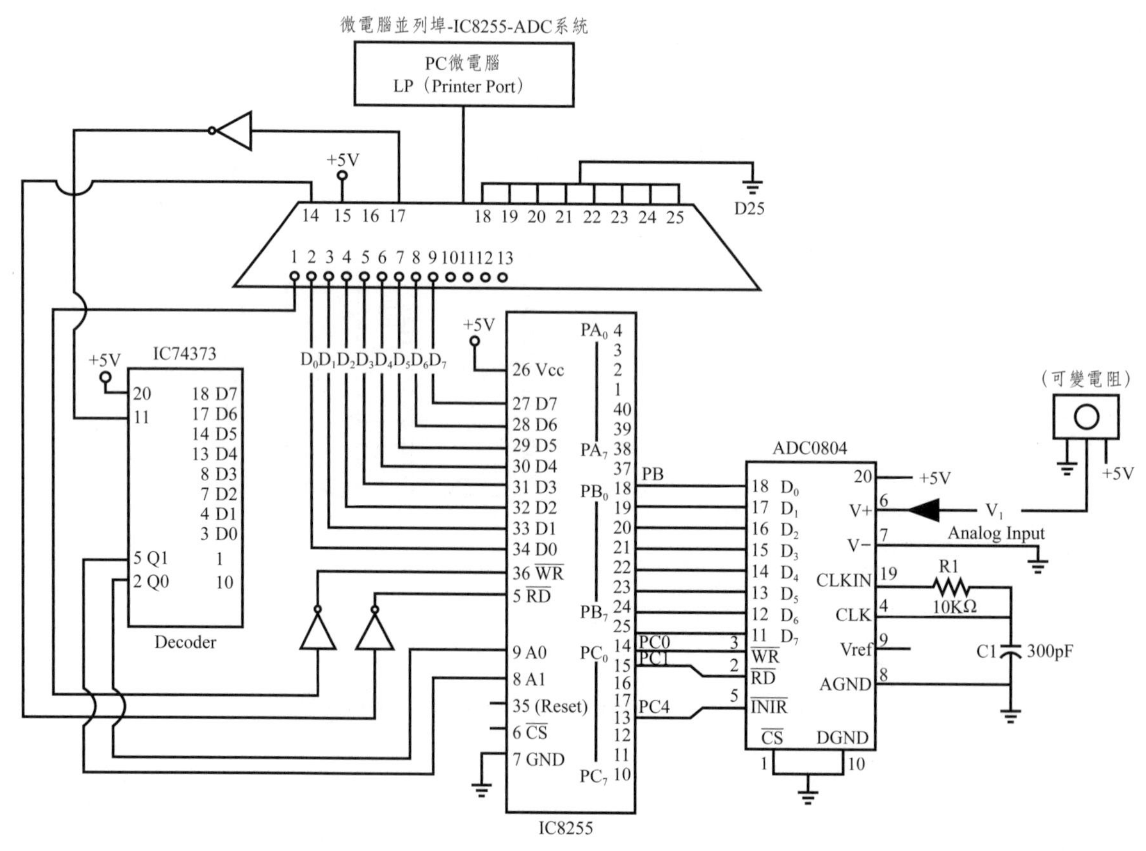

圖8-14　微電腦並列埠（Parallel Port）-IC8255-ADC0804電壓類比訊號輸入及轉換系統

8.4.3 微電腦並列埠介面-IC74373解碼器-IC8255-DAC-OPA系統

圖8-15爲微電腦並列埠-IC74373解碼器-IC8255-DAC-OPA系統（Microcomputer-Parallel Port(Printer Port)-IC74373 decoder-IC8255-DAC-OPA System），可用於微電腦數位訊號輸出及轉換成類比訊號（如電壓）輸出。如圖8-15所示，由微電腦並列埠輸出的數位訊號（D0～D7）輸入IC8255晶片之資料埠（D0～D7）並利用解碼器74373控制將此數位訊號經由IC8255之Port A埠傳入DAC1408晶片並轉換成類比電壓訊號V_4（負電壓），再用反相運算放大器（OPA）轉成正電壓Vo輸出。

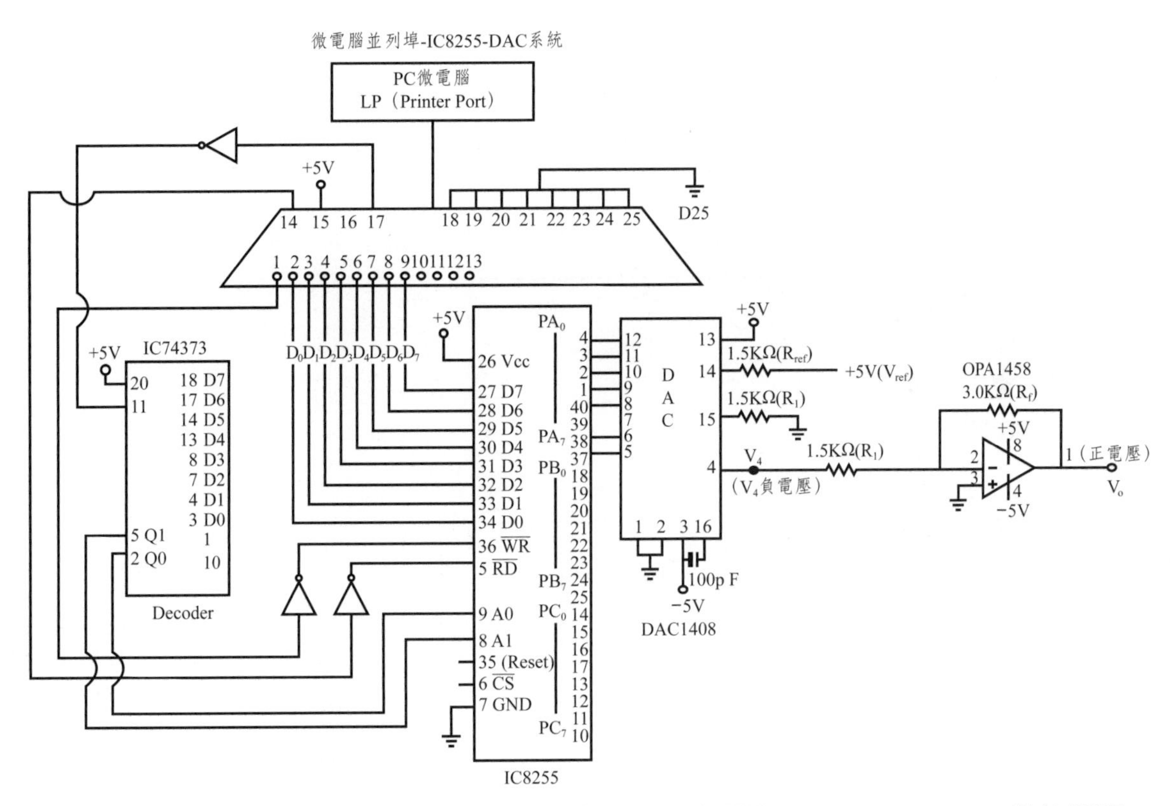

圖8-15　微電腦並列埠（Parallel Port）-IC74373解碼器-IC8255-DAC-OPA數位訊號輸出及換成類比訊號輸出系統

8.5 微電腦輸出輸入位址解碼器[157-159]

微電腦輸出輸入位址解碼器（Address I/O Decoder）[160]常用來啓動各種晶片，其中包括輸出輸入I/O晶片（如IC 8255）及各種ROM及RAM晶片。依功能分類，解碼器概分單位址及多位址解碼器兩類。圖8-16爲位址703之單位址解碼器設計線路圖，首先規劃微電腦位址703換算成二進位之位址線：（A9）10 1011 1111（A0），將二進位爲0之位元A6及A8（即A6=A8=0）接一NOT閘（IC7404），再接上NAND閘7430或7400晶片，而其他位址線就直接接此7430或7400兩NAND晶片。因爲要起動任何晶片通常是由解碼器送出0訊號才可啓動，故如圖8-16所示，兩NAND晶片輸出皆爲0，同時在NAND晶片輸出端接OR1閘IC7432晶片，若IC7432輸出爲0表示兩NAND晶片皆輸出爲0。另外，微電腦之AEN，IOW或IOR皆要送出0訊號才可寫（Write）或讀（Read），在微電腦起動I/O匯流排時，其AEN輸出端就會輸出0訊號，爲要

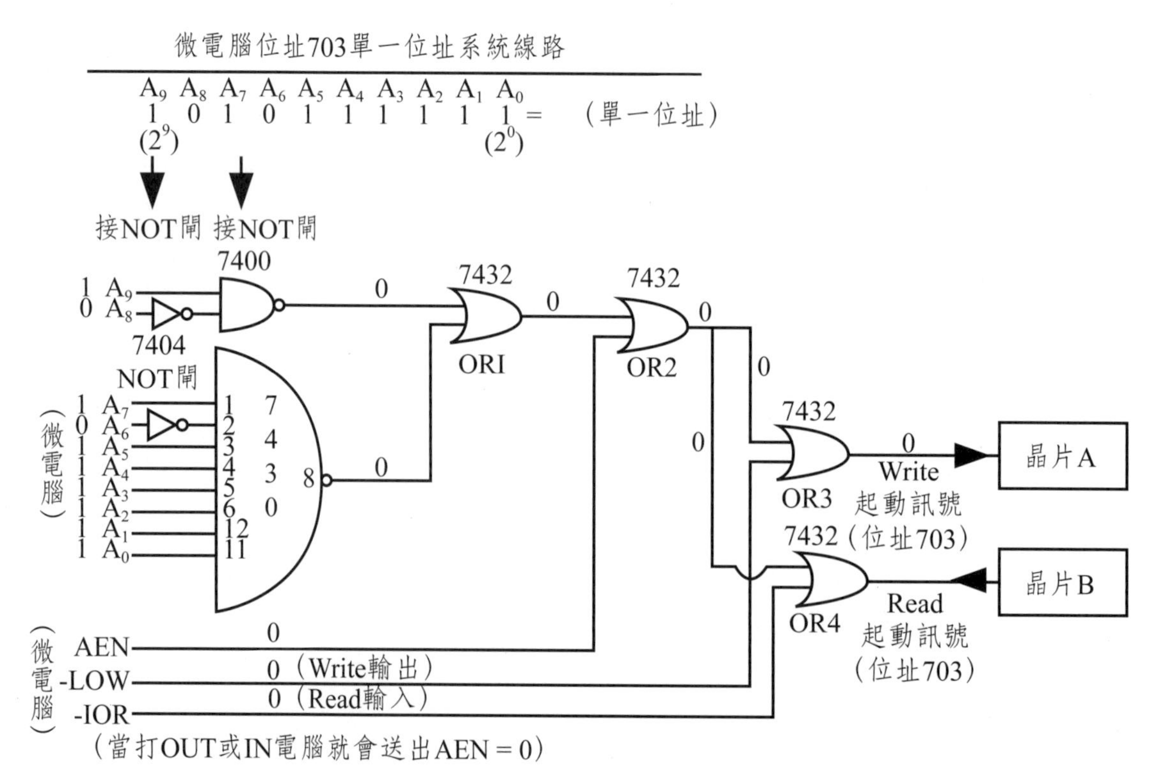

圖8-16 微電腦單位址（位址703）解碼器設計線路圖[154]

確定AEN輸出0訊號，將AEN輸出端和OR1輸出端一起連接OR2閘，若OR2閘輸出爲0表示AEN輸出0訊號。同理爲要確定IOW及IOR也送出0訊號，IOW及IOR輸出端分別和OR2閘輸出端一起和OR3及OR4閘連接，OR3閘輸出端即爲703 Writer接腳口輸出0訊號時，可將數位訊號輸出到外界晶片（晶片A），做寫（Write）動作。反之OR4閘輸出端即爲703 Read接腳口輸出0訊號時，可接收由外界晶片（晶片B）傳入的數位訊號，做讀（Read）動作。

因爲微電腦單位址解碼器只能啓動單一位址資料讀或寫，爲要啓動更多位址資料讀寫，需設計多位址解碼器，而多位址解碼器常由一單一位址解碼器及多工選擇晶片（如IC74138晶片）組成。圖8-17爲由632單一位址解碼器及IC74138組成的多位址（位址632-639）解碼器設計線路圖。如圖所示，這632單一位址解碼器由NAND閘IC7430組成並和OR閘IC7432晶片連接以輸出訊號0給IC74138之G_{2A}及G_{2B}接腳。再用微電腦位址線A0，A1，A2分別接IC74138之A，B，C接腳。由表8-3 IC74138之眞值表，可用位址線A0，A1，A2輸入的訊號選擇IC74138輸出爲0之輸出腳（Y0～Y7）。換言之，如表8-4所示，控制位址線A0，A1，A2輸出訊號可選擇讀寫哪一位址資料或起動接在Y0～Y7輸出端哪一個晶片，例如當A0，A1，A2爲100時，就可啓動接在輸出腳Y1位址爲633之晶片做讀寫動作。如圖8-17所示，此多位址解碼器有8個輸出啓動位址（632～639）可接8個晶片並啓動這些晶片讀寫動作。

8.6　串列介面RS232[157-159]

如圖8-18(a)所示，微電腦輸出數位資料給外界系統可經串列埠（Serial Port）及並列埠（Parallel Port）分別以串列式及並列式輸出。串列式輸出（圖8-18(b)）是指微電腦數位資料（D0～D7）是一個接一個成串（先D0，再D1，然後D2，D3…D7）分次輸出，而並列式輸出（圖8-18(c)）是指微電腦數位資料（D0～D7）一次就全部將所有位元資料（D0～D7）輸出給對方。如圖8-18所示，最常用的串列埠所用的串列介面爲RS232串列介面（Serial Interface RS232）及USB（Universal Serial Bus）介面，而最常用的並列介面爲IEEE-488並列介面（Parallel Interface IEEE488）。

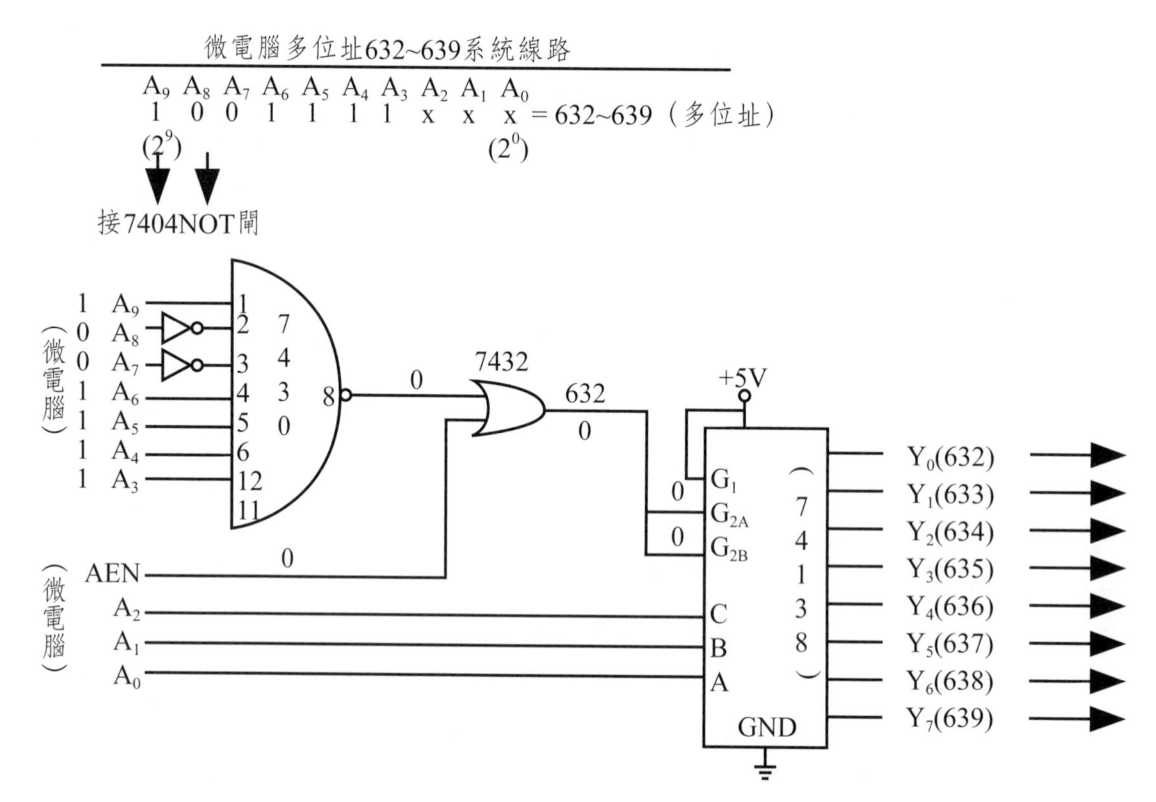

圖8-17　微電腦多位址（位址632～639）解碼器設計線路圖[154]

表8-3　IC74138真值表（Truth Table）[154]

$G_1 = 1\ G_{2A} = G_{2B} = 0$												
C	B	A	Y_0	Y_1	Y_2	Y_3	Y_4	Y_5	Y_6	Y_7	啓動	
0	0	0	0	1	1	1	1	1	1	1	Y_0	ON(0)
0	0	1	1	0	1	1	1	1	1	1	Y_1	ON
0	1	0	1	1	0	1	1	1	1	1	Y_2	ON
0	1	1	1	1	1	0	1	1	1	1	Y_3	ON
1	0	0	1	1	1	1	0	1	1	1	Y_4	ON
1	0	1	1	1	1	1	1	0	1	1	Y_5	ON
1	1	0	1	1	1	1	1	1	0	1	Y_6	ON
1	1	1	1	1	1	1	1	1	1	0	Y_7	ON

Input　　　　Output

表8-4　IC74138控制位元[154]

A_2(C)	A_1(B)	A_0(A)	位址
0	0	0	632(Y_0)
0	0	1	633(Y_1)
0	1	0	634(Y_2)
0	1	1	635(Y_3)
1	0	0	636(Y_4)
1	0	1	637(Y_5)
1	1	0	638(Y_6)
1	1	1	639(Y_7)

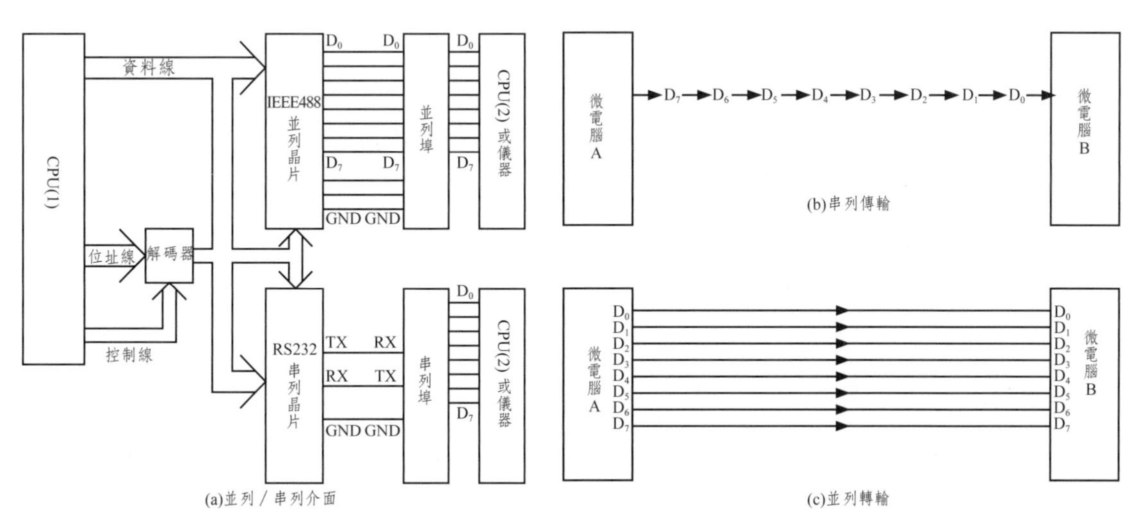

圖8-18　微電腦-並列埠IEEE488）／串列阜（RS232）(a)並列／串列介面，(b)串列傳輸，及(c)並列傳輸

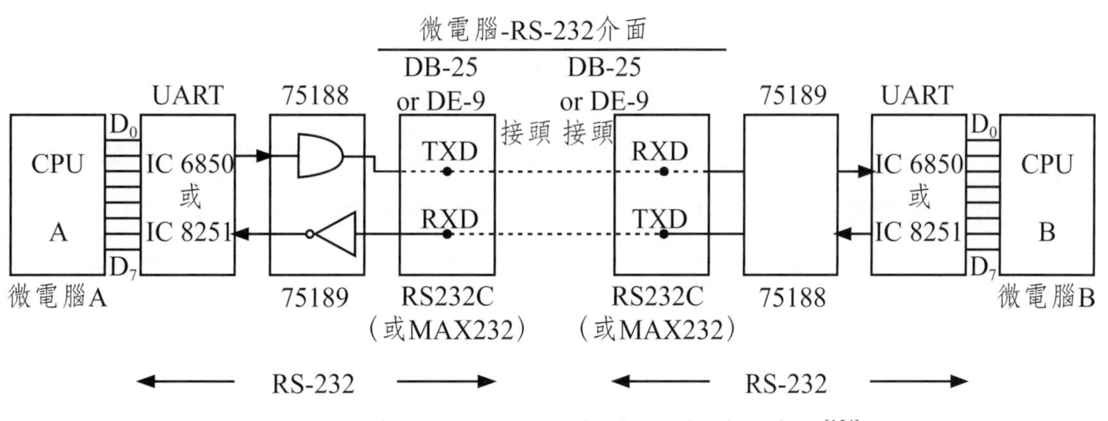

圖8-19　微電腦-RS 232C串列介面線路示意圖[154]

圖8-19爲微電腦-RS 232C串列介面線路示意圖。如圖8-19所示，RS232系統由(1)RS232介面晶片或系統（如RS232C或MAX232），(2)連接器（如IC75188及IC75189晶片），(3)接頭（如DS-25（25 Pins）或DE-9（9 Pins））及(4)通用非同步收發器（UART（Universal Asynchronous Receiver Transmitter），常又稱爲ACIA（Asynchronous Communication Interface Adapter），如IC6850或IC8251，8250晶片）組成。如圖8-19所示，微電腦A之八位元數位資料（D0～D7）輸出到UART晶片轉成串列訊號，再經連接器晶片（如IC75188晶片）到串列介面晶片或系統（如RS232C或

MAX232），最後由串列介面晶片或系統發射端（TXD）經接頭（如DS-25或DE-9）接線傳至對方之串列介面晶片或系統（如RS232系統）的接受端（RXD），再經對方連接器到其通用非同步接送器晶片（UART）轉換成並列訊號傳入微電腦B之資料線（Data Bus）。圖8-20為RS232系統之MAX232串列介面晶片接線圖及接頭。而圖8-21則為UART晶片功能及UART晶片

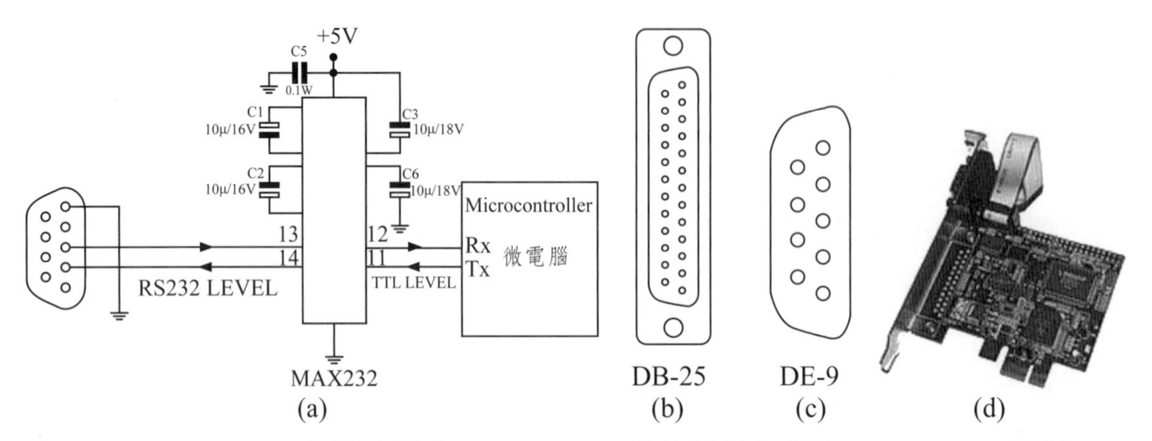

圖8-20 RS232串列介面之(a)MAX232晶片接線圖[168]，(b)25pins接頭DB-25[157]，(c)9pins接頭DE-9[169]及RS232C串列介面實物圖[157]（原圖來源：(a) http://www.coolcircuit.com/circuit/ rs232_driver/max232.gif; (b) http://en. wikipedia. org/wiki/RS-232; (c) http://en.wikipedia.org/ wiki/Joystick; (d) http://en.wikipedia.org/wiki/RS-232）

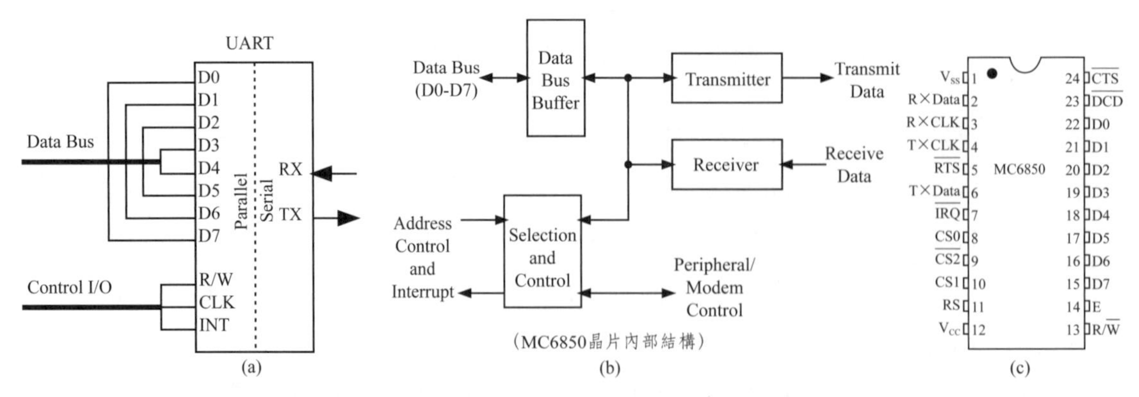

圖8-21 UART晶片（又稱ACIA晶片）(a)功能[170b]，及(b)MC6805 ACIA晶片之內部結構圖和接腳圖[157b]（原圖來源：(a)https://learn.sparkfun.com/tutorials/serial-communication/uarts; (b)http://www.classiccmp.org/dunfield/r/6850.pdf）

MC6805 ACIA之內部結構圖和接腳圖。如圖8-21(a)所示，UART晶片為可做為並列-串列轉換器（Parallel to Serial Converter）或串列-並列轉換器（Serial to Parallel Converter）。

現在PC微電腦大都以USB接口和外面電子組件以串列方式傳送數位訊號，然在長距離傳送的電子組件仍然需用RS232介面，故具有USB接口的USB RS232卡應運而生。圖8-22(a)為可直接接微電腦USB接口的迷你USB RS232卡之實物圖。然若為舊式具有DE-9接頭之RS232卡，就需用圖8-22(b)之USB-RS232轉接頭，以便可轉接USB接口。

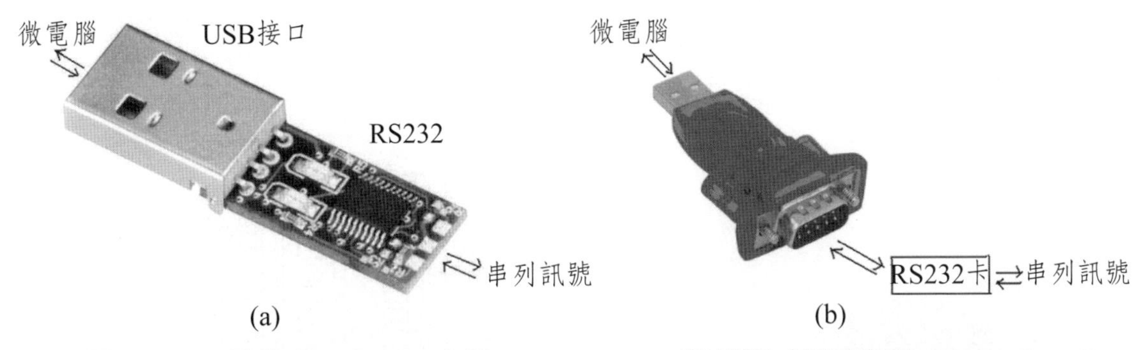

圖8-22　(a)迷你USB-RS232卡及(b)USB-RS232轉接頭（原圖來源(a)https://media.digikey.com/Photos/FTDI%20(Future%20Tech%20Devices)/MFG_USB-RS232-PCB.jpg; (b) https://cbu01.alicdn.com/img/ibank/2017/697/300/4312003796_526009247.310x310.jpg）

8.7　並列介面IEEE488[155-156]

IEEE-488並列介面（Parallel Interface IEEE488）亦常為微電腦-微電腦及微電腦-化學儀器之間訊號轉換介面。IEEE-488是國際電工與電子工程師學會（Institute for Electrical and Electronic Engineers, IEEE）於1987年為微電腦與各種電子儀器傳遞信息建立的國際標準。如圖8-23所示，IEEE-488並列介面是以並列介面匯流排和外在裝置（如外在微電腦，印表機及如電化學儀器等其他儀器）並列（Parallel）連接（各位元以1對1，即D0對D0，D7對D7）傳送。圖8-24(a)為IEEE-488並列介面之實物圖。

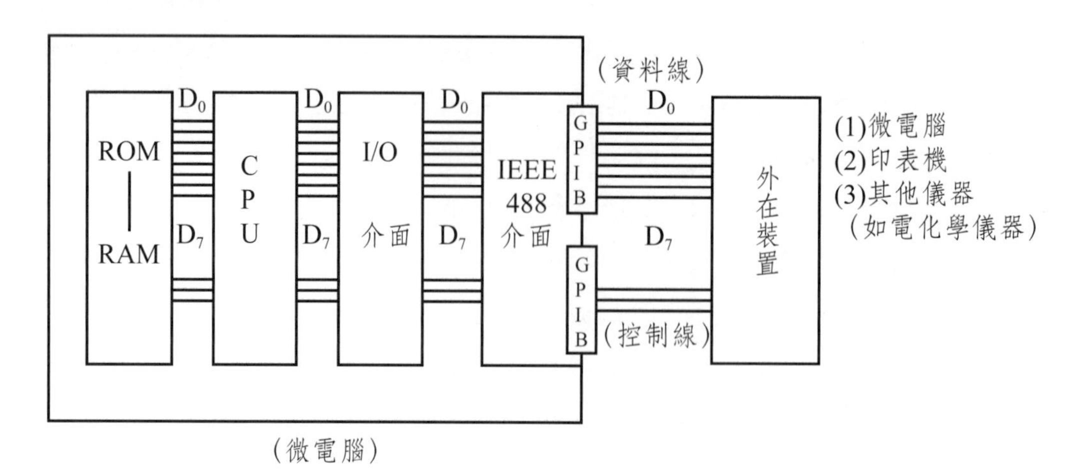

圖8-23 微電腦-並列介面IEEE488輸出輸入系統

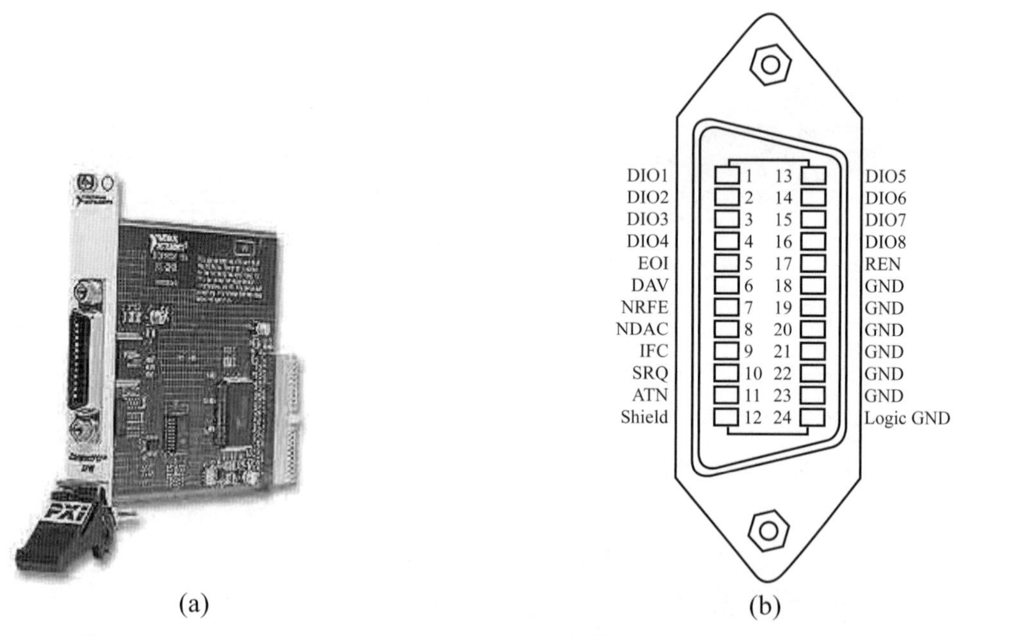

圖8-24 IEEE-488並列介面之(a)實物圖[171]及(b)GPIB接頭接腳圖[172]（原圖來源：(a) http:// zimmers. net/anonftp /pub/cbm/schematics/cartridges/vic20/ieee-488/1110010.png; (b) http://tempest.das.ucdavis.edu/mmwave/multiplier/GPIB.html）

IEEE-488介面和外界系統連接之GPIB介面匯流排（General Purpose Interface Bus）如圖8-24(b)所示，此介面匯流排接線頭共有24支接腳，8位元雙向傳輸的平行介面，可以並接15個裝置互相連繫，作業長度範圍爲20公尺。圖8-25(a)、(b)為IEEE 488之GPIB接頭實物圖，而圖8-25(c)則為IEEE 488-USB轉接頭，使IEEE 488介面可以接具有USB接口之晶片或電子線路系統。

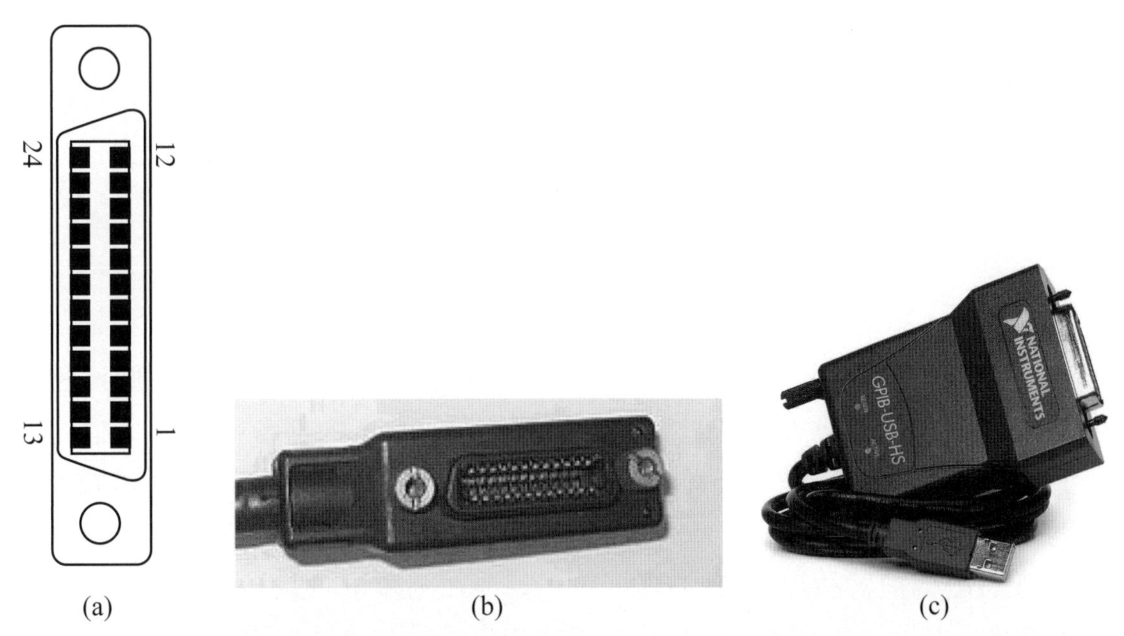

圖8-25 IEEE-488並列介面之(a)及(b)二種GPIB接線頭實物圖[155]和(c) IEEE488(GPIB)-USB轉接器實物圖[173]（原圖來源：(a)(b) http://en.wikipedia.org / wiki/IEEE-488; (c) http://www.ni.com/zh-tw/support/model.gpib-usb-hs.html）

8.8 並列-串列轉換晶片[174-175]

除了8.6節所介紹的通用非同步收發器（UART，如IC6850或IC8251，IC8250）晶片[174]可做為並列-串列轉換器（Parallel to Serial Converter）或串列-並列轉換器（Serial to Parallel Converter）外，還有一些其他並列／串列轉換器晶片（如IC74165晶片[175]）及串列／並列轉換器晶片（如IC74595晶片[175]）常用在化學儀器中做並列訊號及串列訊號間之轉換。如圖8-26所示，IC74165晶片可將並列訊號轉換成串列訊號（圖8-26(a)），而IC74595晶片可將串列訊號轉換成並列訊號（圖8-26(b)）。

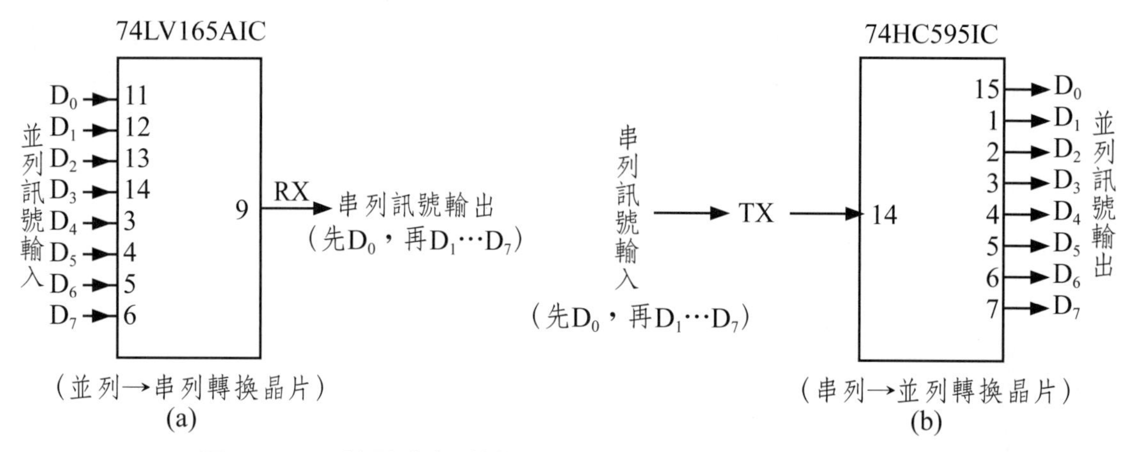

圖8-26 (a)並列／串列轉換晶片，及(b)串列／並列轉換晶片

一般化學儀器的偵測器輸出訊號有串列數位訊號及電壓類比訊號兩種。圖8-27所示，偵測器A輸出的爲串列訊號，偵測器A內部含有感測元件、類比／數位轉換器（ADC）及並列／串列轉換器晶片。一般輸出串列訊號的偵測器（如偵測器A）之感測元件輸出類比訊號（如電壓V_{in}），經偵測器內部之並列ADC轉換器晶片（如ADC0804）轉成並列數位訊號，然後再經並列／串列轉換器晶片（如IC74165晶片）轉換成串列數位訊號輸出（感測元件輸出類比訊號亦可用串列ADC（如ADC0832）直接轉換成串列數位訊號輸出）。然後偵測器A所輸出的串列數位訊號再經MAX232介面傳至串列／並列轉換器晶片（如IC74595晶片或UART晶片（如IC6850））轉成並列數位訊號，然後進入微電腦輸入／輸出（I/O）介面晶片（如IC8255）並輸入微電腦中做數據處理。然而一般輸出類比訊號的偵測器（如圖8-27的偵測器B）只要接上並列ADC轉換器晶片即可轉成並列數位訊號並I/O界面晶片並輸入微電腦中做數據處理。現在PC微電腦大都具有USB接口，就可如圖8-27的化學偵測器C將產生的電壓訊號V_{in}輸入USB ADC晶片（如CM2900）轉成串列數位訊號經USB接口輸入微電腦中做數據處理。

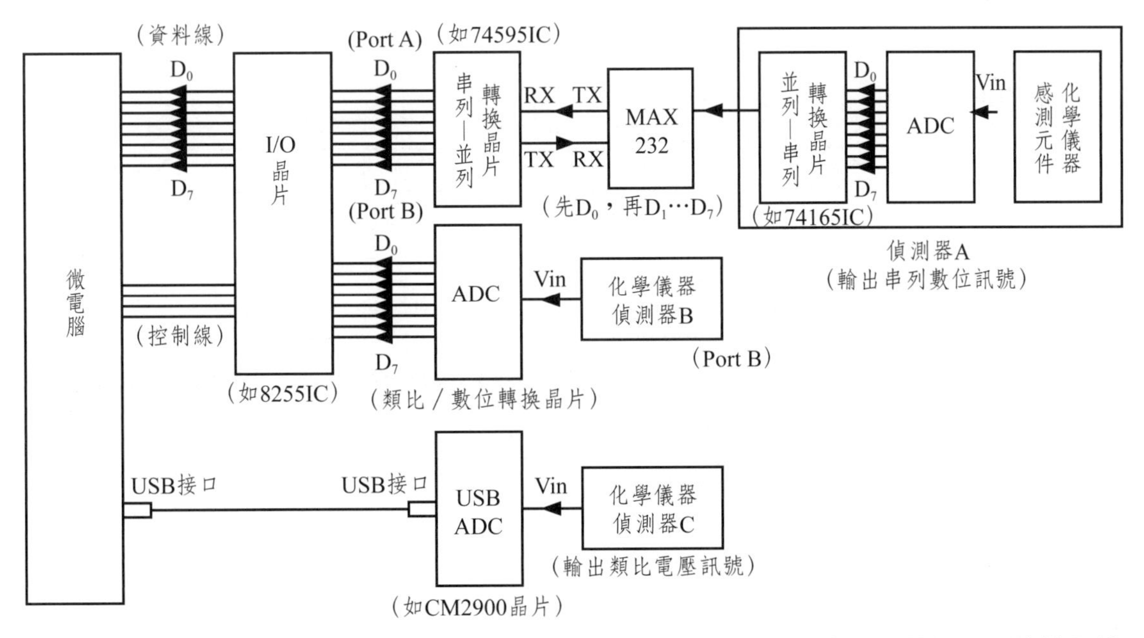

圖8-27　輸出串列訊號之化學儀器的MAX232-串列介面或輸出電壓類比訊號輸入微電腦結構

8.9　電子可擦式程式化唯讀記憶體EEPROM晶片[176]

本節將介紹在電子線路數位訊號輸出／輸入中隨時可存取之電子可擦式程式化唯讀記憶體EEPROM（Electrically-Erasable Programmable Read-Only Memory）。一般電子可擦式程式化唯讀記憶體EEPROM晶片主要含記憶體陣列（Memory Array，或稱Memory Cell（記憶體群組）或Cell matrix（記憶細胞矩陣））和控制元件所組成，記憶體陣列為EEPROM晶片主體，而記憶體陣列是由許多（如1024個）基本記憶單元（Bit）所組成。如圖8-28所示，每一個單一基本記憶單元包含有：儲存電晶體（Storage Transistor or Memory Transistor）和選擇電晶體（Select Transistor），並透過控制線進行資料的寫入與抹除。儲存電晶體中除一般電晶體的閘極（控制閘極，Control Gate）外，還加了一個浮動閘極（Floating Gate）。本節將簡介EEPROM之資料寫入及抹除機制和EEPROM晶片種類。

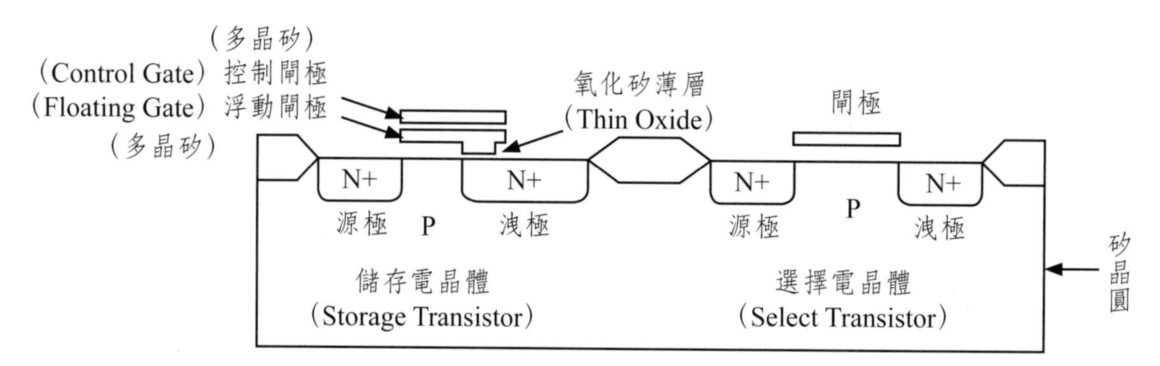

圖8-28　一般電子可擦式程式化唯讀記憶體EEPROM晶片基本記憶單元構造結構圖[176a]（原圖來源：https://www.google.com.tw/#q=+2014_12_08c2c58a.pdf&spf=1495527983331）

8.9.1　EEPROM之資料寫入及抹除

一般EEPROM晶片之資料寫入及抹除（Data Writing and Erasure of EEPROM）有四種工作模式：讀取模式、寫入模式、擦拭模式、校驗模式。讀取時，晶片只需要V_{cc}低電壓（一般+5V）供電，而校驗只是爲保證寫入正確，在每寫入一塊資料後，都需要進行類似於讀取的校驗步驟，若錯誤就重新寫入。然而寫入和擦拭步驟則需使用V_{pp}高電壓特殊處理，現就常見的EEPROM資料的寫入與抹除步驟說明分別如下：

1.EEPROM資料寫入機制

如圖8-29(a)所示，在寫入模式中，在EEPROM儲存電晶體之控制柵加高電壓（如+18V或+25V）時，浮動閘極中的電子跑到上層，下層出現空穴。由於感應，便會吸引電子，會強迫電子從洩極（接地，0V）注入浮動閘極，代表寫入資料，此狀態爲1。

2.EEPROM資料抹除機制

如圖8-29(b)所示，在抹除模式中，在洩極加高壓（如18V），控制閘極爲0V，將電子從浮動閘極中拉出注入洩極中，代表抹除資料，此狀態爲0。

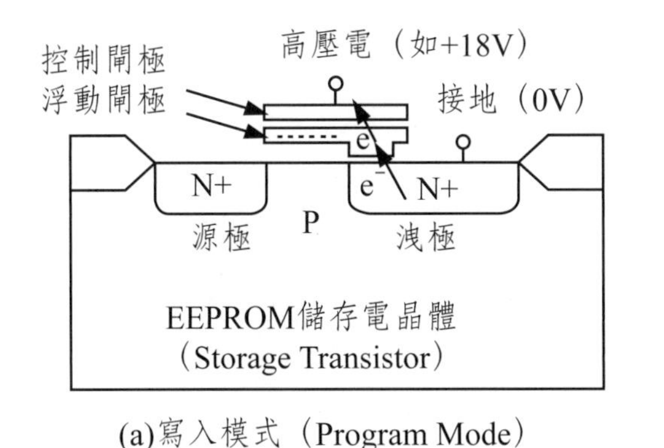

(a)寫入模式（Program Mode）

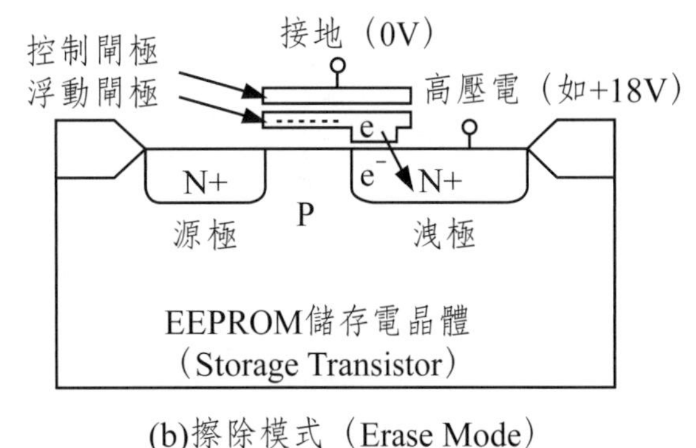

(b)擦除模式（Erase Mode）

圖8-29　一般EEPROM晶片基本記憶單元(a)資料寫入及(b)資料擦除機制示意圖[176a]
（原圖來源：https://www.google.com.tw/#q=+2014_12_08c2c58a.pdf&spf=1495527983331）

8.9.2　串列和並列EEPROM

EEPROM晶片依其通訊口通訊方式可分爲串列（Serial）與並列（Parallel）兩類。除電源線外，序列通訊口只使用1～4隻接線來傳遞訊號，所需接腳較並列通訊口少，序列通訊EEPROM晶片通常用來儲存資料，而執行用的程式則通常放在並列式的EEPROM晶片中，以利存取。EEPROM晶片繁多，本節就以AT93C46及ATC28C256晶片分別爲串列及並列EEPROM晶片爲例說明如下：

8.9.2.1　串列EEPROM晶片

串列EEPROM晶片顧名思義是數位資料輸入輸出此晶片時，資料訊號（如D0～D7）是以串列式一個一個依序（先D0，再D1…D7）輸入輸出，故輸入及輸出分別只要一個接腳即可。如圖8-30(a)所示，串列EEPROM 93C46/93C06晶片中，資料訊號由晶片接腳DI串列輸入，而由接腳DO串列輸出。一般串列EEPROM晶片通訊口只使用1～4條接線（DI（輸入）、DO（輸出）、CLK（時序）、CS（晶片選擇））來傳遞訊號，所需接腳較並列式EEPROM晶片少，串列EEPROM通常用來儲存資料。圖8-30(b)爲串列EEPROM 93C46晶片實物圖，而圖8-31爲串列IC 93C46/93C06 EEPROM

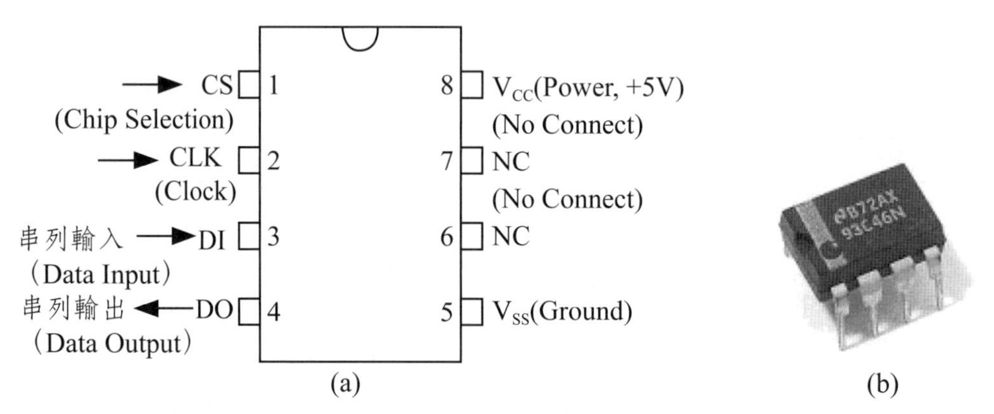

圖8-30 串列IC 93C46/IC93C06 EEPROM晶片(a)接腳圖[176b]及(b)實物圖[176c]（原圖來源：(a) http://htmlimg2.alldatasheet.com/htmldatasheet/74910/MICROCHIP/93C46/404/1/93C46.png; (b) http://2.bp.blogspot.com/-dqtNNaKN3a4/UHG-B92kD-I/AAAAAAAAAB0/t4h8rA3D-B0/s200/A20495B.jpg）

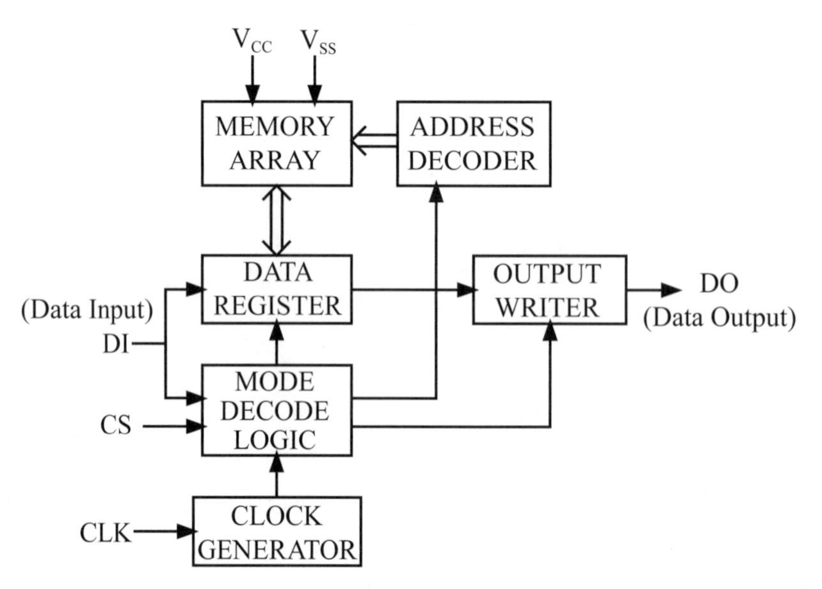

圖8-31 串列IC 93C46/93C06 EEPROM晶片內部結構[176b]（原圖來源：http://htmlimg2.alldatasheet.com/htmldatasheet/74910/MICROCHIP/93C46/404/1/93C46.png）

晶片內部結構示意圖。由圖8-31所示，93C46晶片內部含記憶體陣列（Memory Array，含1024個基本記憶單元（bit））、控制元件（如數據輸入暫存器（Data Register）、輸出編寫器（Output Writer）、晶片選擇解碼元件（Mode Decode Logic）、位址解碼器（Addresses Decoder）和時序控制元件（Clock Generator）。

8.9.2.2　並列EEPROM晶片

並列EEPROM晶片是指資料訊號（如D0～D7）是同時由晶片各接腳（如圖8-32(a)AT28C256晶片之I/O0-I/O7八個接腳）同時將資料訊號（如D0～D7，八個訊號）輸出或輸入。除了要多個接腳來做資料訊號輸出輸入外，如圖8-32(a)所示，並列EEPROM AT28C256晶片還需多個接腳（A0～A14）來接位址線（Addresses）以控制資料輸出輸入位置，故一般並列EEPROM晶片所需接腳要比串列EEPROM晶片多很多。通常執行用的程式則放在並列EEPROM晶片中，以利快速存取。圖8-32(b)為並列EEPROM AT28C256晶片實物圖，而圖8-33為並列EEPROM AT28C256晶片內部結構之示意圖，其除

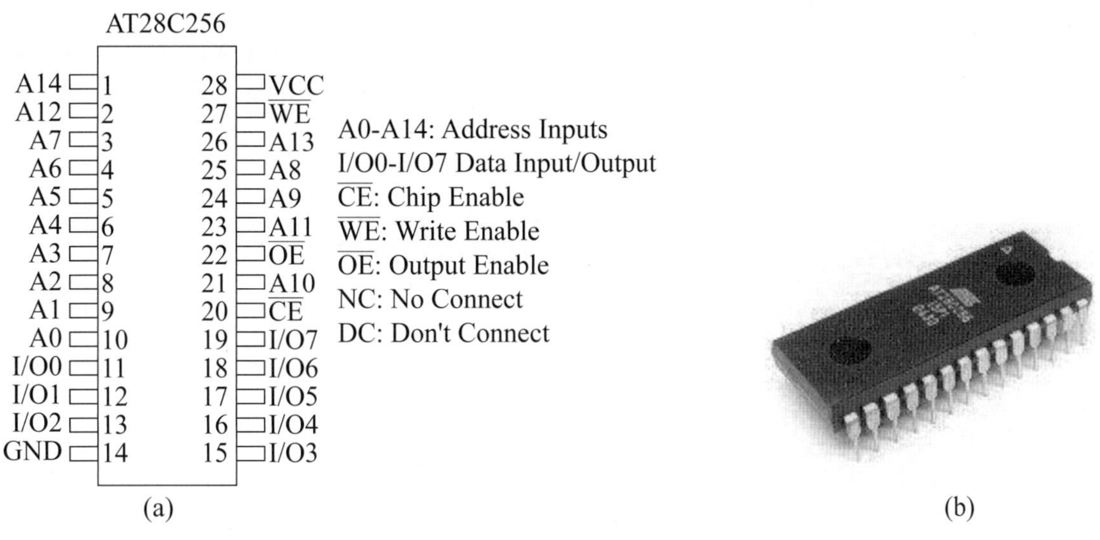

圖8-32　並列IC AT28C256 EEPROM晶片(a)接腳圖[176d]及(b)實物圖[176e]（原圖來源：(a) ww1.microchip.com/downloads/en/DeviceDoc/doc0006.pdf; (b)https://76.my/Malaysia/atmel-dip-28-at28c256-15pu-eeprom-ic-ubitronix-1605-26-ubitronix@4.jpg）

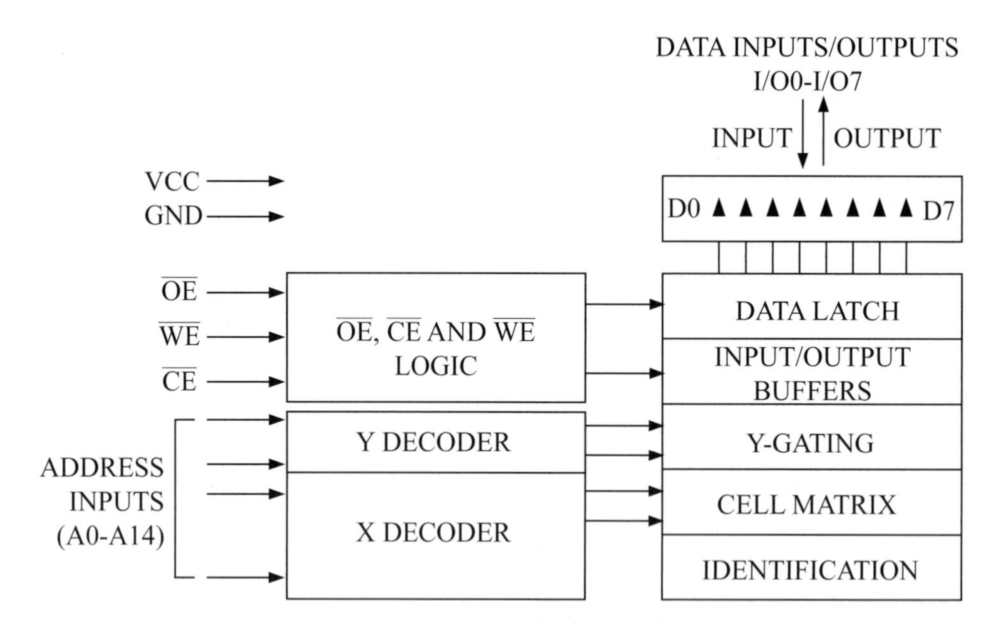

圖8-33　並列AT28C256 EEPROM晶片內部結構[176d]（原圖來源：ww1.microchip.com/downloads/en/DeviceDoc/doc0006.pdf）

含記憶細胞矩陣（Cell Matrix）外，還包括CE、OE、WE LOGIC元件（含控制晶片CE、輸出OE及編寫選擇WE單元），位址解碼器（Addresses X, Y Decoders）及控制數據（Data）輸出輸入元件（DATA LATCH，INPUT/OUTPUT BUFFERS，Y-RATING，IDENTIFICATION單元）。

8.10　USB-串列介面晶片[177]

傳統串列晶片（如RS232中MAX232晶片，串列ADC晶片，串列DAC晶片及單晶片微電腦）無接USB接腳，不能直接接一般電腦及筆記型電腦或電子線路板之USB接口，必需在這類晶片和USB接頭中間接一轉接介面晶片，即USB-串列介面晶片（USB (Universal Serial Bus)-Serial Interface Chips）。常用的USB-串列介面晶片有USB／非同步收發器（Universal Asynchronous Receiver/Transmitter(UART)）介面晶片（USB/UART Bridge IC），USB-I^{2}C（12C）介面晶片（USB-Inter-Integrated Circuit

(I^2C) Interface Chips）及USB-串列周邊介面SPI晶片（USB-Serial Peripheral Interface(SPI) Chips）等三類，以下分別簡介這三類USB-串列介面晶片之功能及結構。

8.10.1　USB／非同步收發器（UART）介面晶片

圖8-34爲USB／非同步收發器（UART）介面晶片（USB/UART Bridge IC）接USB微電腦及串列晶片之系統示意圖。UART介面晶片內之UART元件將由外部串列晶片（如RS232，單晶片，串列ADC及DAC）傳來的串列訊號傳成USB串列訊號經USB接頭傳出到電腦或其他電子元件。

常見的USB-UART介面晶片爲FT232BM，CP2102及CY7C64225晶片。圖8-35爲USB-FT232BM-RS232（含MX232）介面接線圖，數位訊號由RS232介面之MX232晶片傳入FT232BM UART介面晶片，再將USB串列訊號由USB接頭傳出到微電腦。反過來，微電腦數位訊號可由USB接頭輸入FT232BM介面晶片，再由RS232介面輸出。圖8-36爲USB-CP2102-RS232介面接線圖。由圖中所示，RS232介面或其他串列晶片所傳來的數位訊號進入CP2102介面晶片內的UART元件，再經晶片內的USB元件（USB Controller及USB Transceiver）處理後，再將USB串列訊號傳到USB接頭輸出到微電腦。圖8-37爲USB-CY7C64225介面晶片內部結構圖，可看出CY7C64225介面晶片內部亦含UART元件以接收外部串列晶片訊號及USB控制器（USB Controller）和USB接送器（USB Transceiver）元件將USB串列訊號再傳到

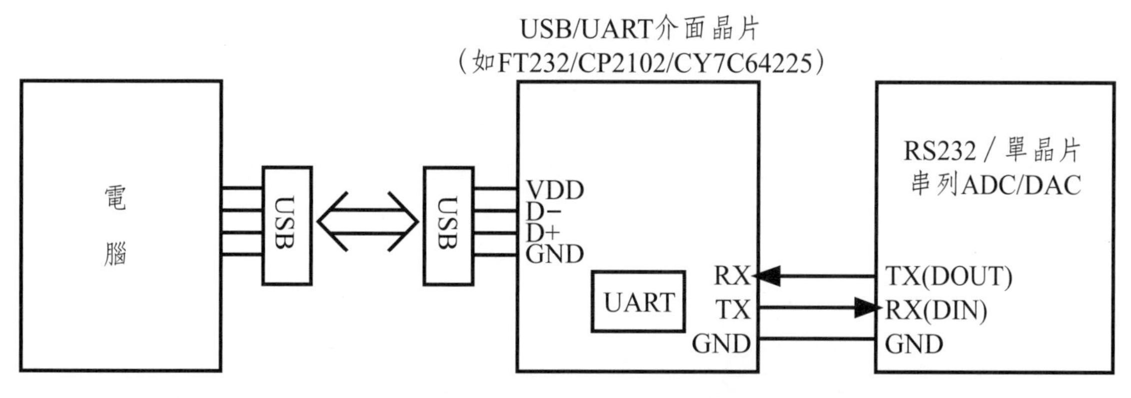

圖8-34　微電腦-USB-非同步串列（UART）介面晶片-串列晶片系統示意圖

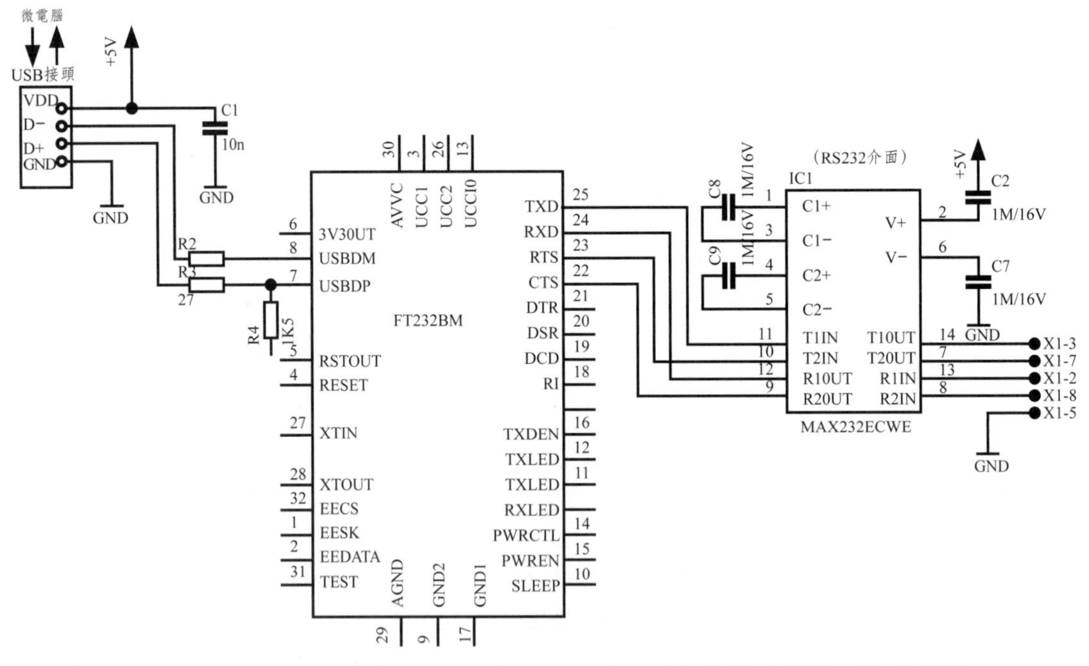

圖8-35　USB-FT232BM-RS232（含MX232）介面接線圖[177e]（原圖來源：http://tehnosite.narod. ru/ft.files/ USB_sch.jpg）

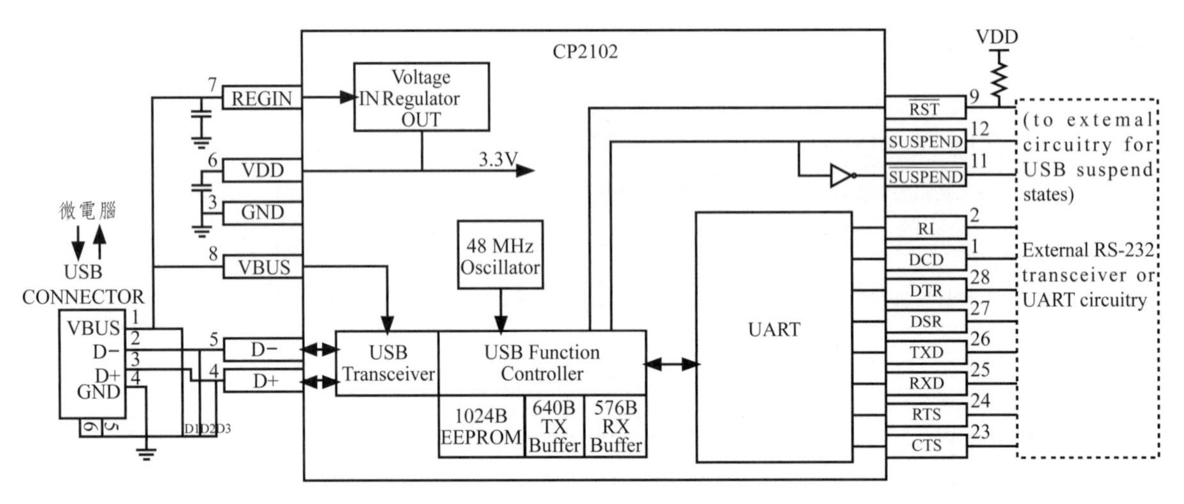

圖8-36　USB-CP2102-RS232介面接線圖[177f]（原圖來源：https://www.sparkfun.com/datasheets/IC/cp2102.pdf）

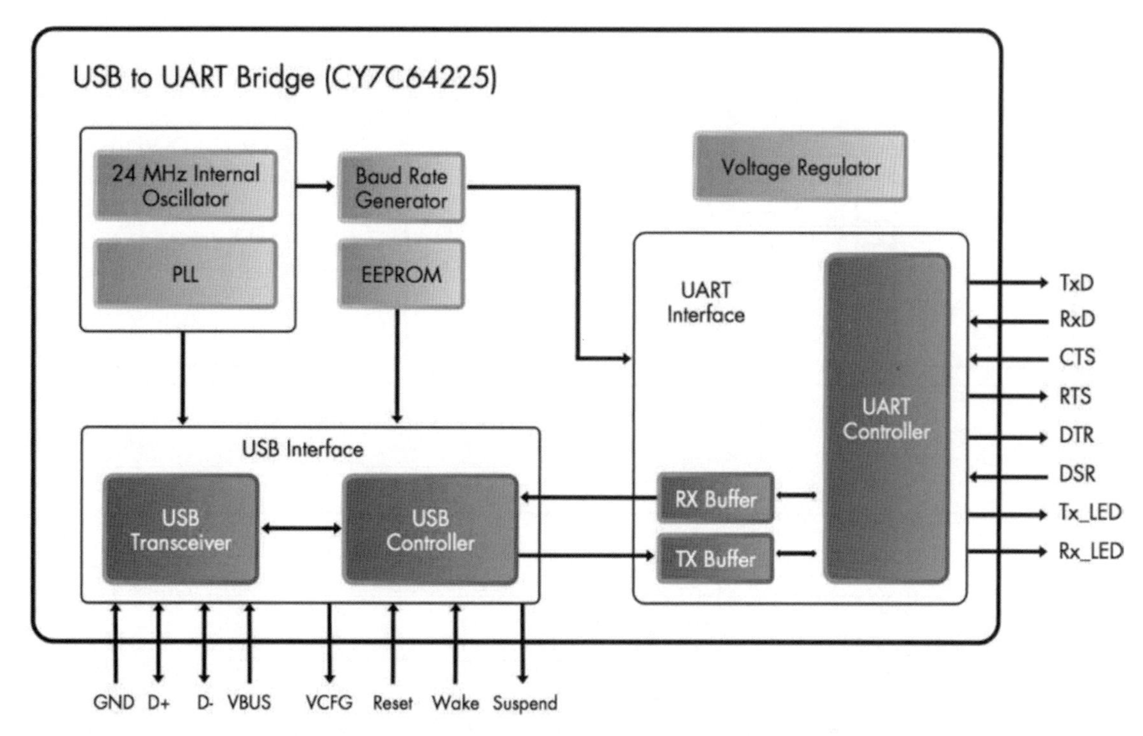

圖8-37　USB-CY7C64225介面晶片內部結構圖[177g]（原圖來源：http://www.cypress.com/products/ usb-uart-controller-gen-1）

USB接頭輸出。

8.10.2　USB-I²C介面晶片

如圖8-38所示，在USB-I²C介面晶片（Inter-Integrated Circuit（I²C）Interface Chips）中，I²C（俗稱12C或I2C）介面晶片中只用兩條線（資料線SDA及時序線SCL）輸入外部串列晶片串列訊號，再經其USB頭傳出到微電腦，故I²C介面有時又被稱TWI介面（Two Wire Interface），這是I²C介面的優點，另一優點是一般而言傳輸速度（可到5Mbps）比UART/RS-232快。I²C（Inter-Integrated Circuit）為一種串列積體電路通訊匯流排（I²C Bus）。MCP2221及USB2I2C晶片為常用之I²C介面晶片。如圖8-39所示，在MCP2221 I²C介面晶片中有一I²C主元件（I²C Master）可接收及處理由外部串列晶片串列訊號，再將處理過的訊號進入其BUS MATRIX及USB控制元件

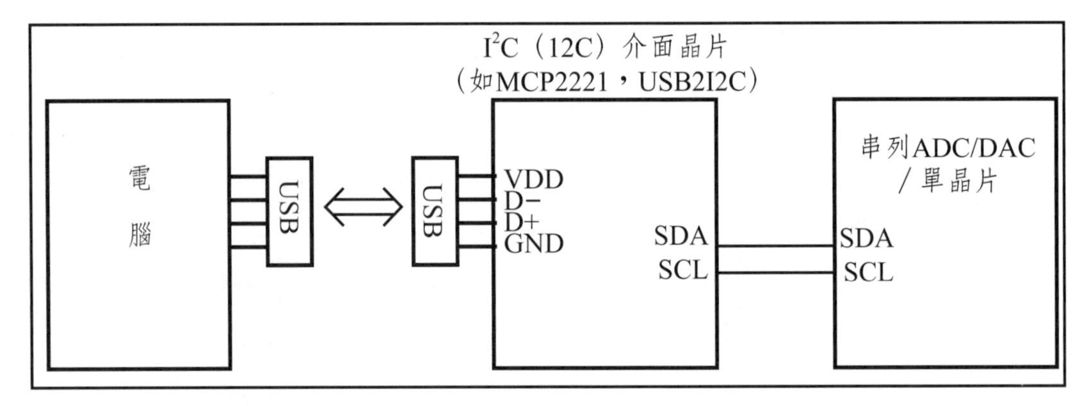

圖8-38 USB-I²C（12C）介面晶片-串列晶片傳輸系統

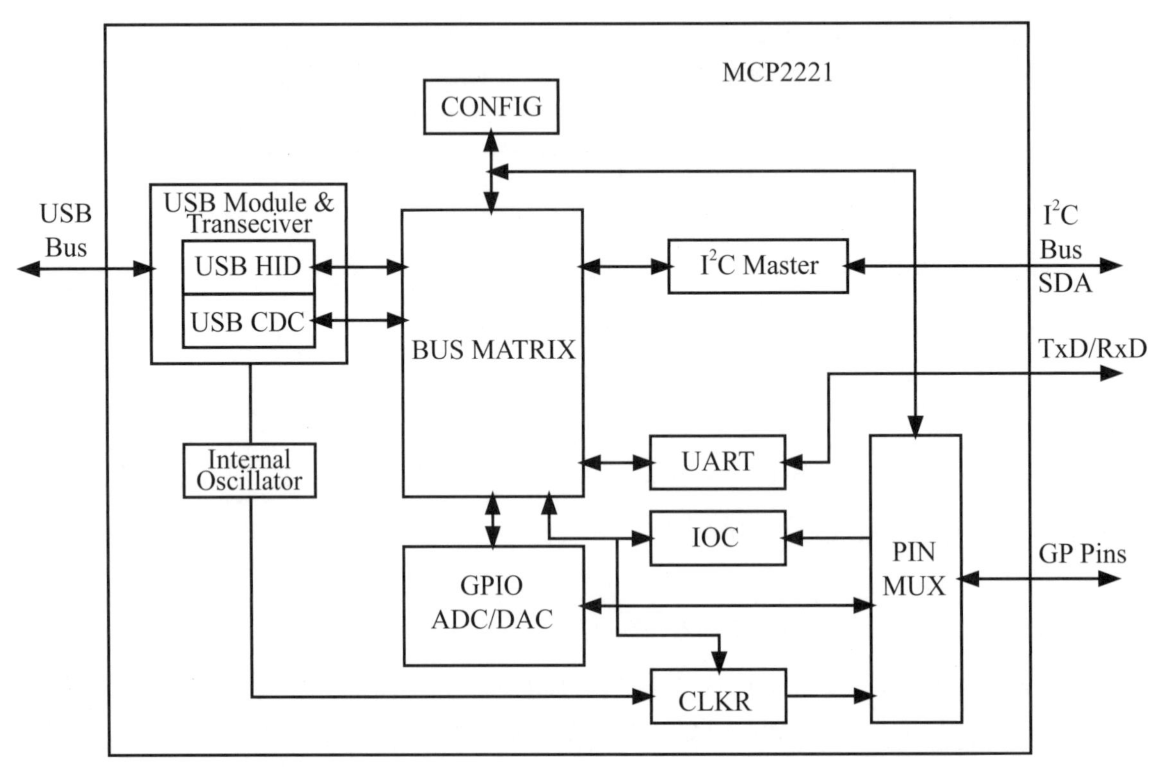

圖8-39 USB-I²C（12C）介面晶片MCP2221內部結構[177h]（原圖來源：ww1.microchip.com/downloads/en/DeviceDoc/20005292B.pdf）

（USB Module）處理，最後由其所接的USB頭傳出。

圖8-40為USB-I^2C（12C）介面晶片MCP2221-ADS1015串列ADC系統圖。如圖所示，ADS1015串列ADC可接收四部化學儀器輸出之類比電壓訊號V0，V1，V2，V3並分別轉換成數位訊號，再經其SDA支腳以串列方式輸入MCP2221 I^2C介面晶片之SDA支腳，然後再經I^2C元件及USB控制元件處理並由其所接的USB頭傳出USB串列訊號到微電腦或其他電子線路。

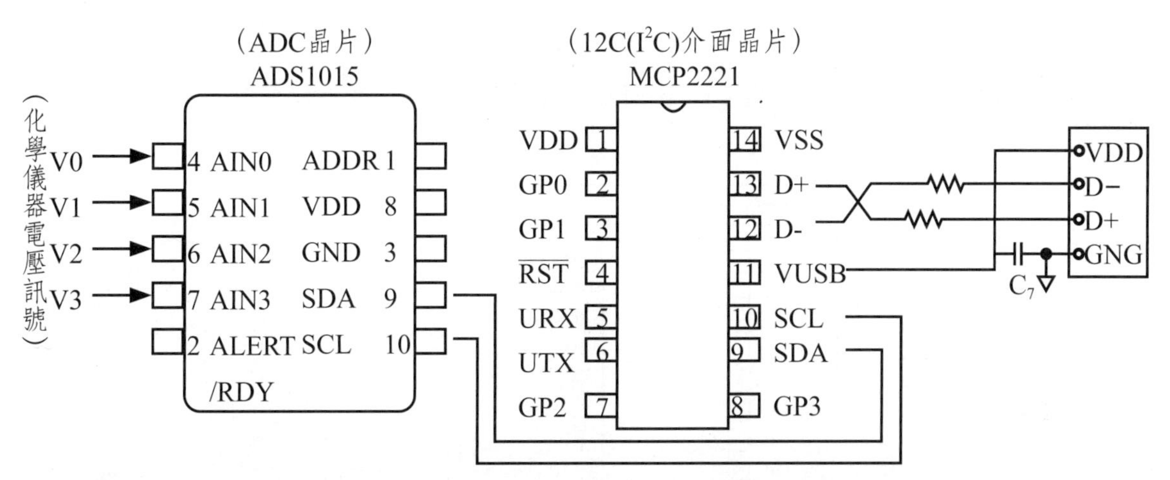

圖8-40　USB-I^2C（12C）介面晶片MCP2221-ADS1015串列ADC系統[177i-j]（參考資料：ww1.microchip.com/downloads/en/DeviceDoc/20005292B.pdf; http://www.ti.com.cn/cn/lit/ds/symlink/ads1015.pdf）

8.10.3　USB-SPI介面晶片

圖8-41為微電腦-USB-SPI介面晶片-串列晶片系統示意圖。如圖所示，含USB接口的USB-SPI介面晶片（USB-Serial Peripheral Interface（SPI，串列周邊介面）Chips）是以三條傳輸線（資料線MISO（DIN），MOSI（DOUT）及時序線SCK）或四條（多加$\overline{CS}$起動線）與外部串列晶片（如單晶片，串列ADC/DAC）連接。MCP2210晶片為常見的USB-SPI介面晶片，圖8-42為USB-SPI介面晶片MCP2210-單晶片微電腦AT8951/52傳輸系統圖，MCP2210-SPI介面晶片經其MISO（DIN）支腳接收外部單晶片AT8951/52所傳串列訊號，再經MCP2210介面晶片內部（圖8-43(a)）之SPI主元件（SPI

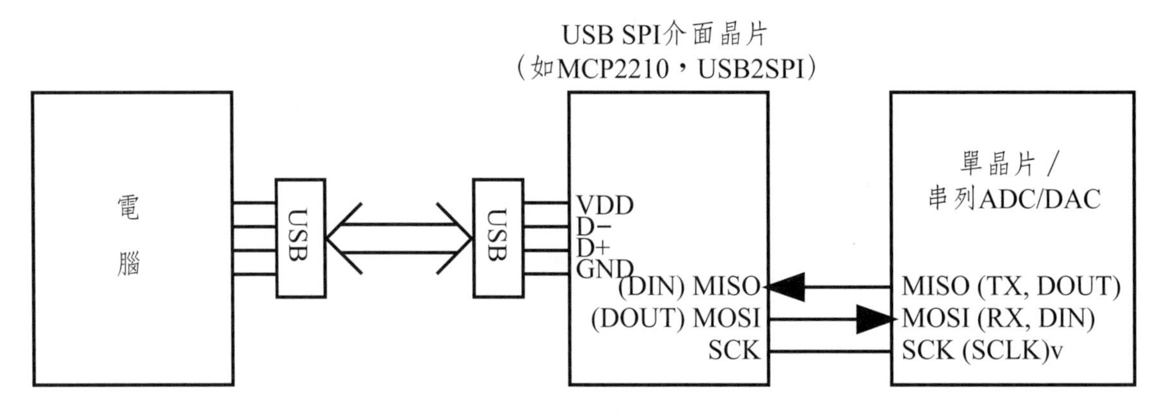

圖8-41　微電腦-USB-SPI介面晶片-串列晶片系統示意圖

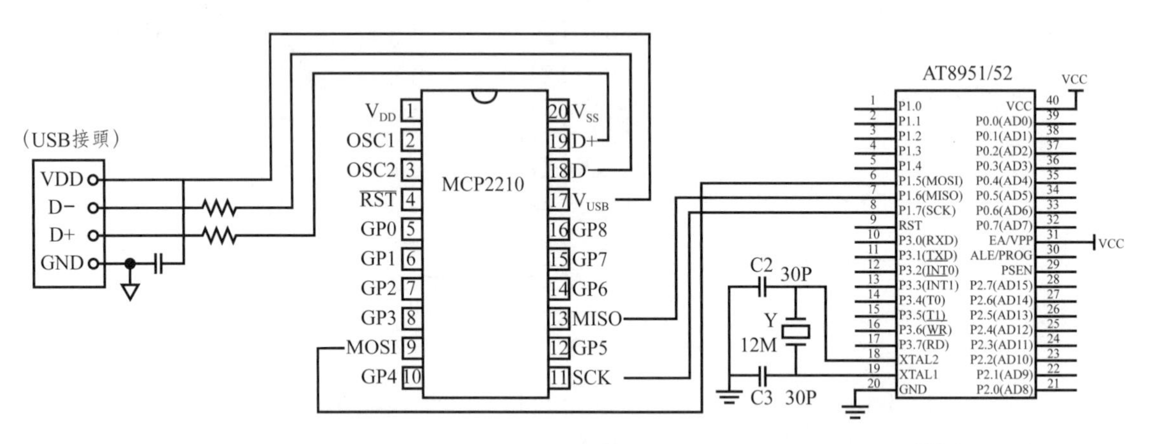

圖8-42　USB-SPI介面晶片MCP2210-單晶片AT8951/52傳輸系統圖[178a]（參考資料：http://www.go-gddq.com/html/QiTaDanPianJi/2013-01/1005318.htm）

Master）接收及處理由外部串列晶片輸入的串列訊號，再將處理過的訊號進入晶片內的控制元件（Control Unit）及USB控制元件（USB Protocol Controller與USB XCVR）處理，最後USB串列訊號由其所接的USB頭傳出。圖8-43(b)爲MCP2210晶片之實物圖。

USB2SPI爲另外一常見的USB-SPI介面晶片，此晶片可用4條或2條傳輸線和外部串列晶片連接。圖8-44爲USB2SPI介面晶片（4線）-串列晶片系統示意圖，以MISO（DIN），MOSI（DOUT），SCK及$\overline{CS}$用4條傳輸線和外部串列晶片連接，其和USB接頭之實際接線圖如圖8-45所示。如圖8-46所示，USB2SPI介面晶片亦可和I^{2}C介面晶片一樣只用2條傳輸線（資料線SDA及時

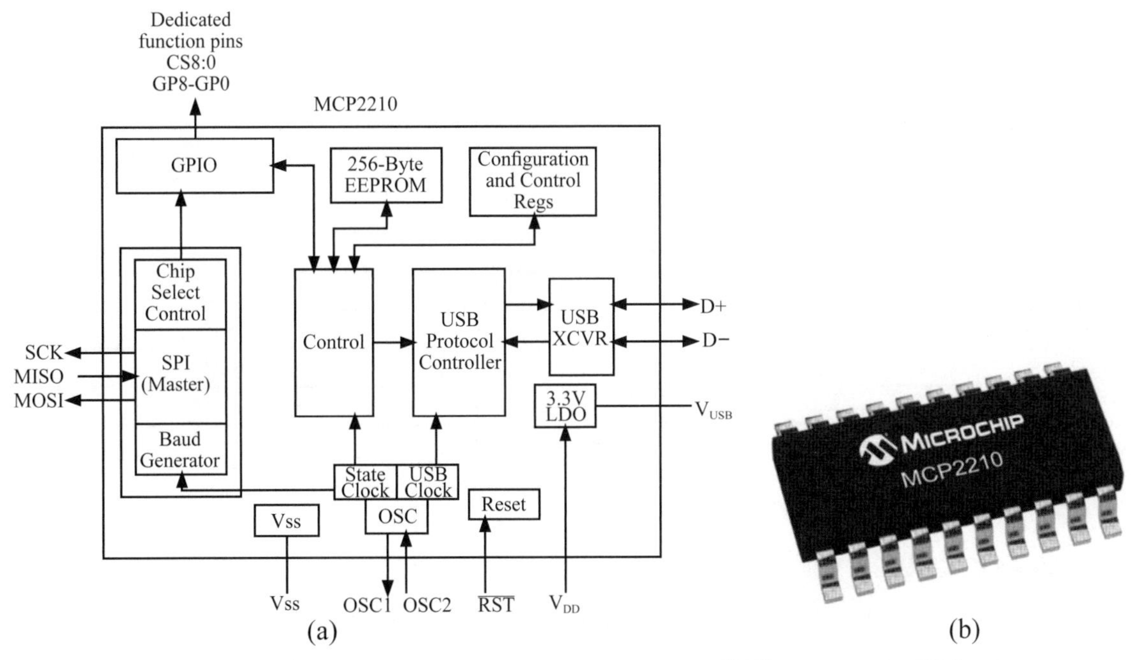

圖8-43　USB-SPI介面晶片MCP2210(a)內部結構圖[178b]及(b)實物圖[178c]（原圖來源：(a)http://www.mouser.tw/new/microchip/microchipmcp2210/, (b)http://www.microchip.com/www products/en/MCP2210）

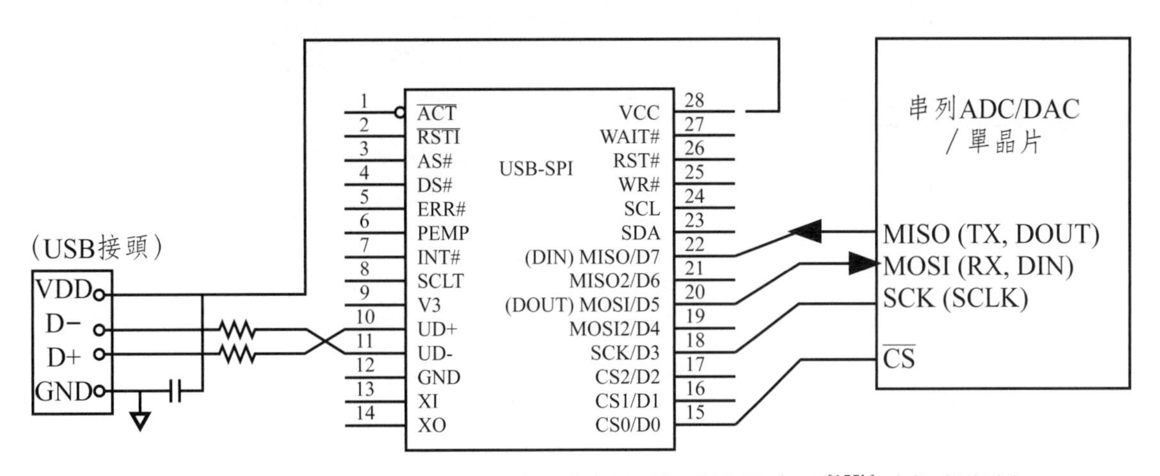

圖8-44　USB-SPI介面晶片（4線）-串列晶片系統示意圖[177b]（參考資料：http://www.usb-i2c-spi.com/cn/rar/USB2SPI/USB2SPI_DS3.0CT.pdf）

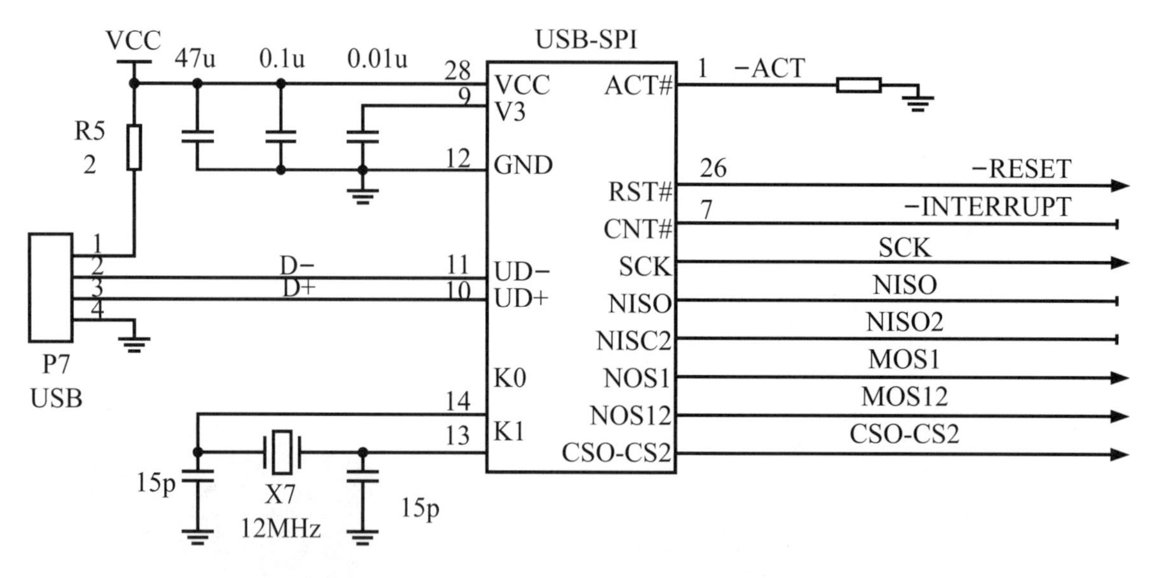

圖8-45　USB-SPI介面晶片和USB接頭接線圖[178d]（原圖來源：http://www.icpdf.com/icpdf_datasheet_6_datasheet/USB2SPI_pdf_6920392/USB2SPI_16.html）

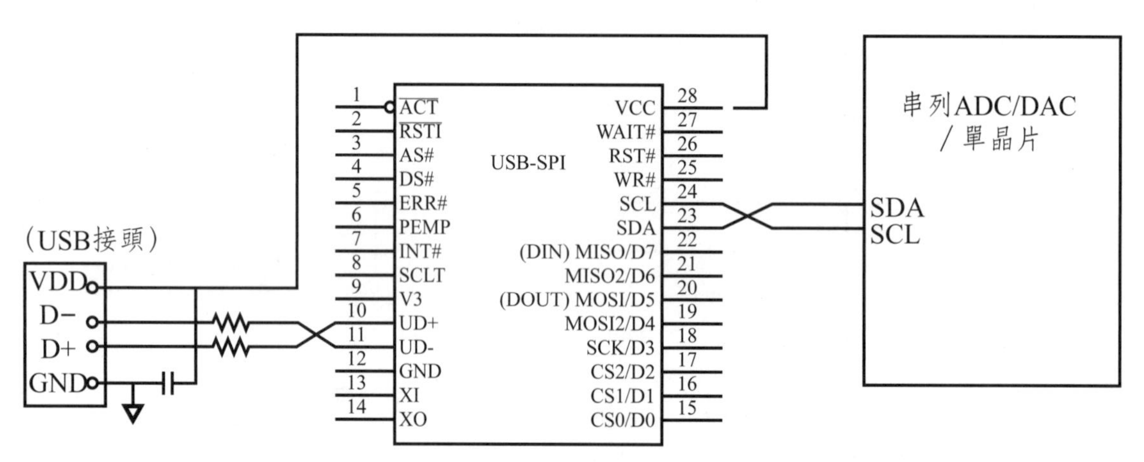

圖8-46　USB-SPI介面晶片（2線）-串列晶片系統示意圖[177b]（參考資料：http://www.usb-i2c-spi.com/cn/rar/USB2SPI/USB2SPI_DS3.0CT.pdf）

序線SCL）和外部串列晶片連接。

現在許多具有USB接頭之電子線路板都有UART，I^2C及SPI介面組件及接口，可接各種串列晶片或電子元件。圖8-47爲主具有UART，I^2C（12C）及SPI介面接口之ARDUINO UNO USB串列ADC電路板實物圖。

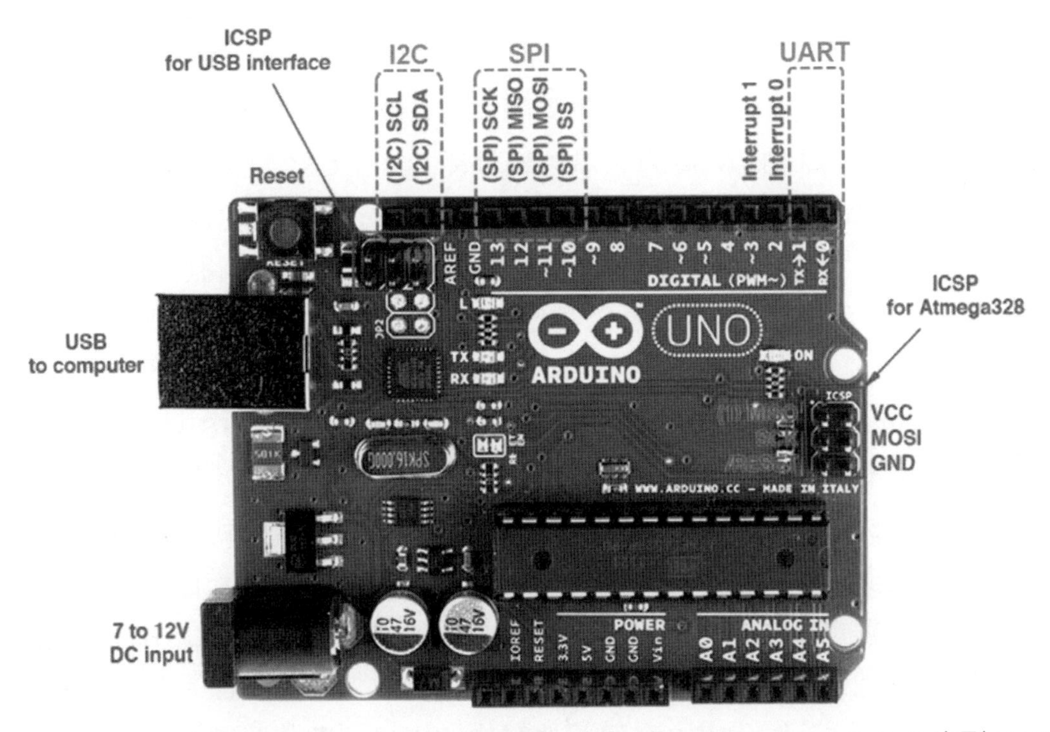

圖8-47　具有UART，I^2C（12C）及SPI介面接口之ARDUINO UNO USB串列ADC電路板實物圖[178e]（原圖來源：http://makerpro.cc/2016/07/learning-interfaces-about-uart-i2c-spi/）

8.11　USB-並列／串列轉換晶片

現今微電腦大都是用USB接口和外部電子線路組件傳輸的，但外界許多電子線路組件仍然爲傳統的並列或串列接口。雖然能另購並列埠或串列埠卡，但卻相當不方便，尤其筆記型電腦更是空間有限很難另插卡。故在電腦USB接口和傳統的電子組件之間的USB-並列／串列轉換晶片（USB-Serial/Parallel

Controller Chips）應運而生。本節將簡單舉例介紹(1)USB-並列／串列轉換晶片，(2)USB-並列轉換晶片及(3)USB-串列轉換晶片等三種類型晶片，分別說明如後：

8.11.1 MCS7715-USB並列／串列轉換晶片

MCS7715晶片爲可做USB／並列轉換及USB／串列轉換之雙功能晶片。圖8-48爲MCS7715-USB-並列／串列轉換晶片（MCS7715-USB Serial and Parallel Controller Chip）之接線圖及內部結構示意圖。由圖8-48(a)可知，MCS7715晶片可接USB接頭和並列晶片及串列晶片。如圖8-48(b)所示，MCS7715晶片可將由USB接頭從微電腦所接收的USB串列數位訊號經其內部非同步串列元件（UART）轉換成並列數位訊號並由其並列埠（Parallel Port）之PD0～PD7接腳轉傳至外部並列晶片。同時，由USB接頭所接收的微電腦串列數位訊號亦可由其UART元件之TX接腳轉傳至外部串列晶片。反之，MCS7715晶片的並列埠（PD0～PD7）接收由外部並列晶片所輸入的並列數位訊號經其UART元件轉換成串列數位訊號，再經USB介面（USB Interface）元件轉換成USB串列數位訊號，並由MCS7715晶片的USB接頭輸送至微電腦。同樣地，MCS7715晶片的RX接腳可接收外部串列晶片輸入的串列數位訊號經其UART元件及USB介面元件轉成USB串列數位訊號，再由USB接頭

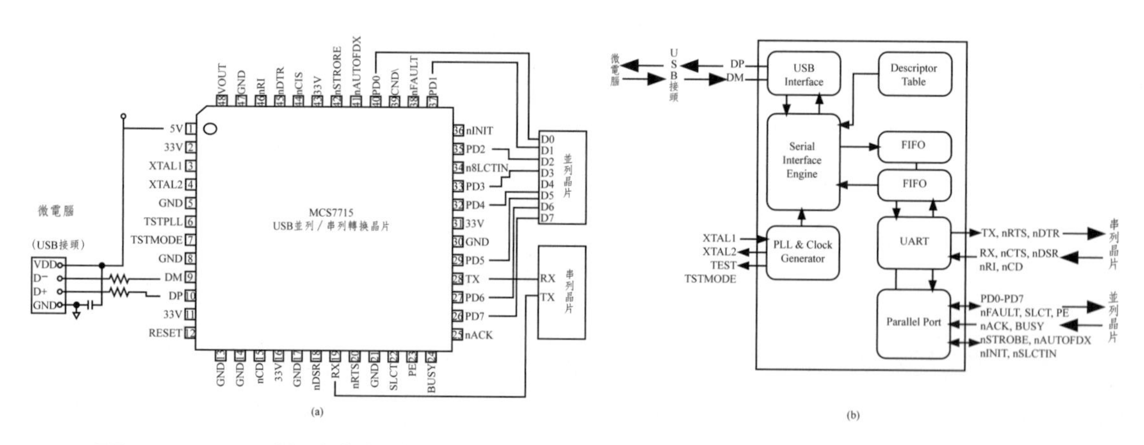

圖8-48 USB-並列／串列轉換晶片MCS7715(a)接線圖及(b)內部結構示意圖[178f]（原圖來源：http://v-comp.kiev.ua/download/MCS7715.pdf）

轉傳至微電腦。

8.11.2　FT245 USB／並列轉換控制晶片

雖然現在大多數微電腦皆以USB接口和外界電子設備串列傳輸，但現在仍然有許多電子晶片或設備是沒USB接口且和外界仍以並列方式傳輸，故此類並列電子晶片或設備若要和只具USB接口之微電腦連接，需要一USB／並列轉換介面晶片做橋樑連接USB微電腦和這類並列電子晶片或設備。FT245R晶片即常用之USB／並列轉換介面晶片。圖8-49爲FT245R USB／並列轉換控制晶片（FT245 USB-/Parallel Controller Chip）之接腳圖及內部結構圖。如圖8-49(a)所示，微電腦所輸出的串列數位訊號經USB接口輸入FT245R USB/並列轉換晶片中並經此晶片中輸入／輸出控制元件（FIFO Controller，圖8-49(b)）轉成並列數位訊號（D0～D7）輸出到外部並列晶片。反之，一外部並列晶片所輸出之並列數位訊號可輸入FT245R晶片中轉成串列數位訊號再經由此晶片之USB接口輸入微電腦中做數據處理。

8.11.3　CH340 USB／串列轉換控制晶片

許多以串列方式做輸出／輸入傳送的串列電子元件（包括舊式RS232介面）或晶片不具有USB接口，不能和現只用USB接口和外界傳輸的微電腦連接使用。故在此類串列電子元件或晶片必先連接一USB／串列轉換晶片做橋樑才可接微電腦。CH340晶片爲常見的USB／串列轉換晶片。圖8-50爲CH340 USB／串列轉換控制晶片（CH340 USB/Serial Controller Chip）之接腳圖及USB-CH340-MAX232接線圖。如圖8-50(a)所示，CH340晶片可以接USB接頭再插入微電腦同時也可接串列晶片，其可將微電腦串列訊號轉傳給串列晶片，反之，CH340晶片亦可將串列晶片輸出之串列訊號轉傳給微電腦。圖8-50(b)爲CH340晶片用來連接MAX232晶片（RS232主元件）和微電腦之接線圖，由圖所示，此USB-CH340-MAX232系統之MAX232仍然可用傳統的DB9接頭和外界電子元件或設備連接傳輸串列訊號。

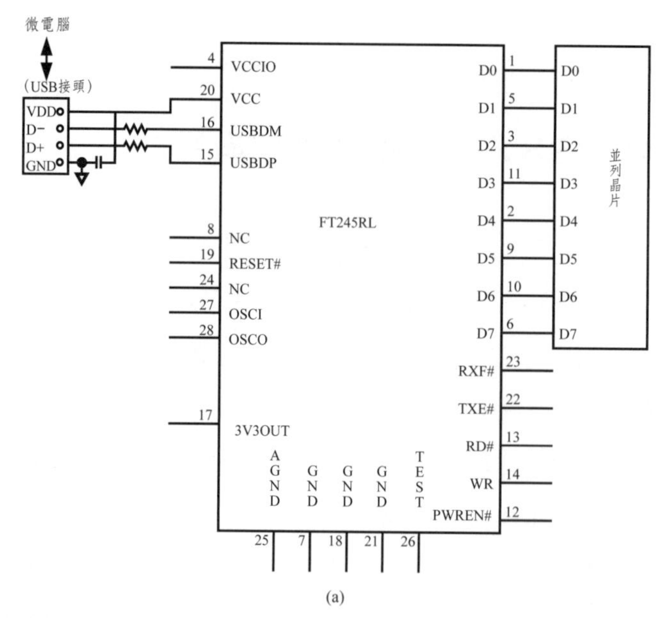

(a)

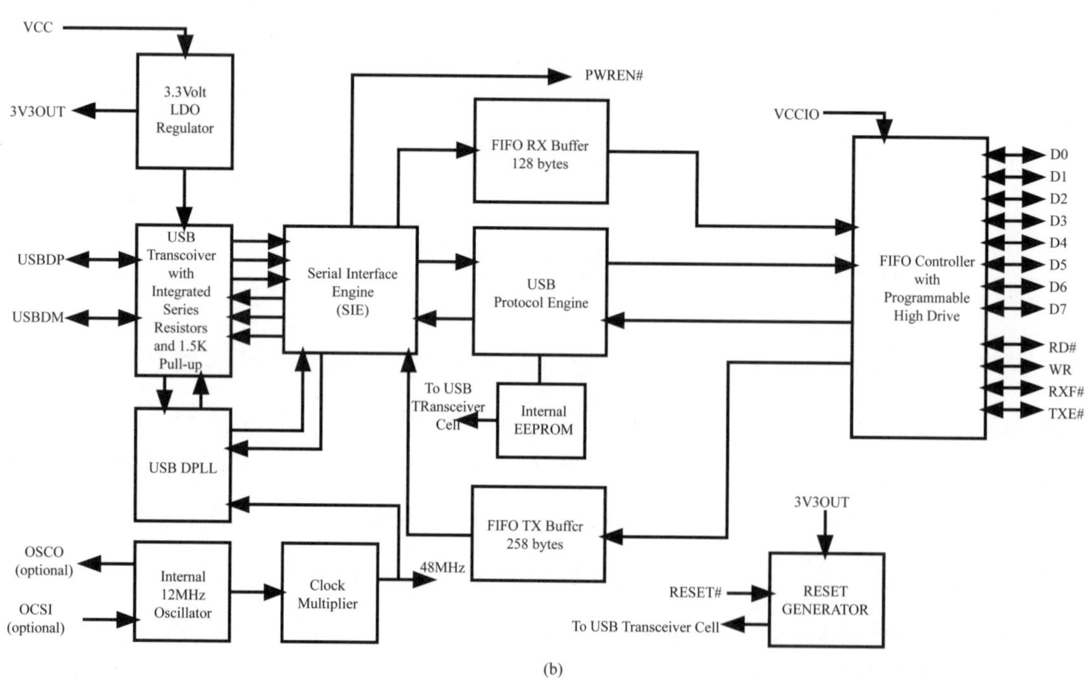

(b)

圖8-49　FT245RUSB/並列轉換控制晶片(a)接腳圖及(b)內部結構示意圖[178g]（原圖來源：http://www. ftdichip.com/Support/Documents/DataSheets/ICs/DS_FT245R.pdf）

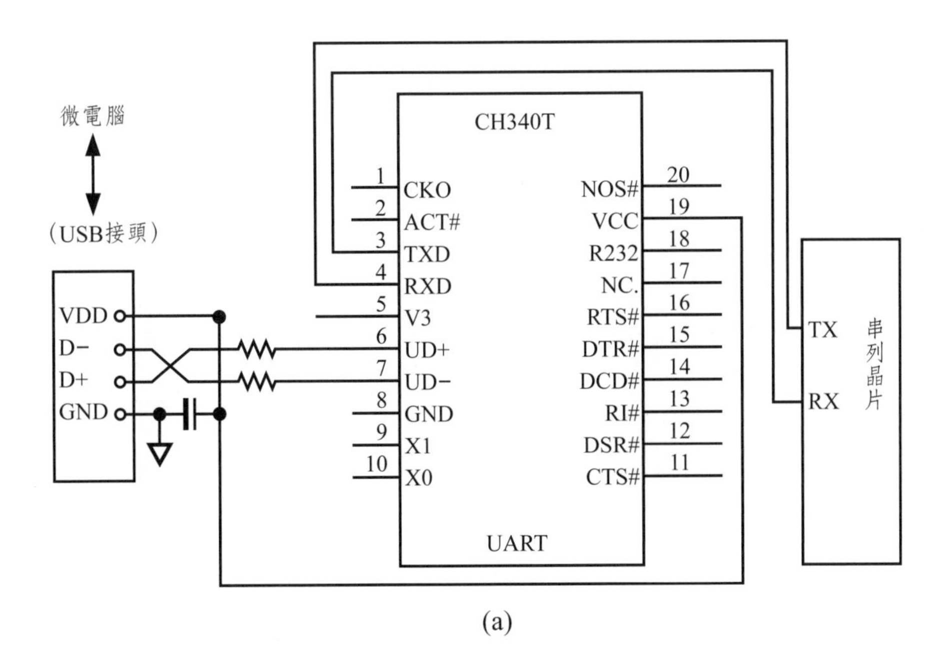

(a)

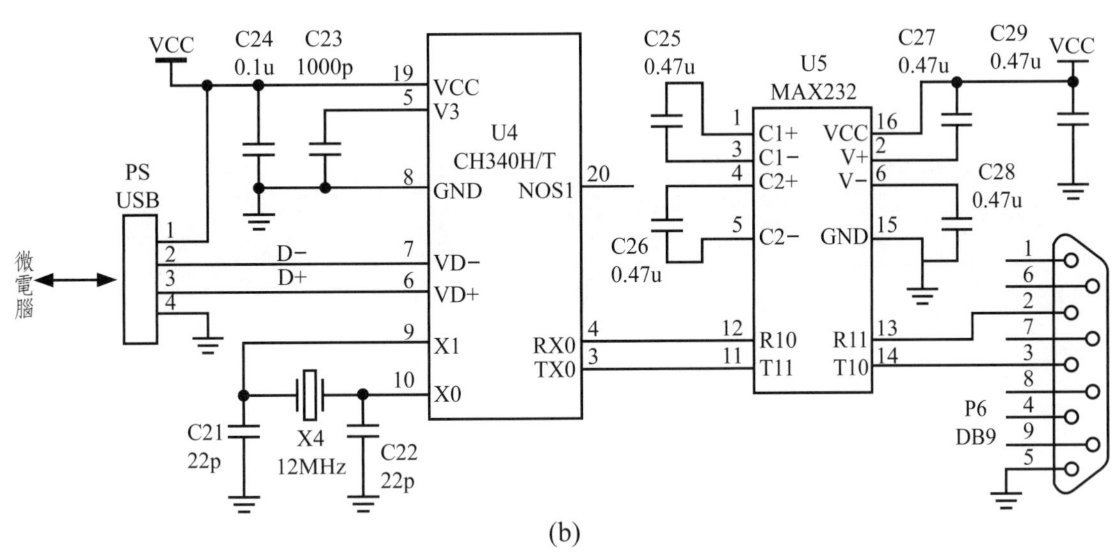

(b)

圖8-50 CH340 USB/串列轉換控制晶片(a)接腳圖及(b)USB-CH340-MAX232接線圖圖[178h]（原圖來源：https://cdn.sparkfun.com/datasheets/Dev/Arduino/Other/CH340DS1.PDF）

第 9 章

MCS-51單晶片微電腦

(MCS-51 Single-Chip Microcomputers)

單晶片微電腦（Single-Chip Microcomputers或稱One-Chip Microcomputers，簡稱單晶片）為一含微電腦各主要組件（如CPU（中央處理機）、RAM、ROM、I/O線及位址／資料線）的單一晶片，可說是麻雀雖小五臟俱全的單晶片電腦。市售單晶片微電腦種類相當多，其中以由英特爾（Intel）公司生產的MCS-51單晶片微電腦系列及微晶片公司（Microchip Technology）生產的PIC（Peripheral Interface Controller）單晶片微電腦系列和Motorola公司生產的MC68XX單晶片為目前較常用之單晶片微電腦。目前生產的MCS-51單晶片微電腦晶片內部有不含及含有類比／數位轉換器（ADC）機型，而許多PIC單晶片微電腦晶片內部則含類比／數位轉換器（即「內建ADC（In-Built ADC）」。含「內建ADC」PIC單晶片微電腦晶片則在下一章（第10章）介紹，而第11章將介紹含內建ADC之MC68XX單晶片。本章將介紹MCS-51系列各種單晶片微電腦晶片之結構、功能及應用。

9.1 單晶片微電腦簡介

單晶片微電腦（Single-Chip Microcomputers(μC)）[179-184]常用在體積小的化學感測器中做數據處理及自動控制之用，單晶片微電腦爲一晶片就如一部微電腦，它如圖9-1及表9-1所示，具有一般微電腦基本結構：含CPU（中央處理機）、RAM、ROM、I/O線及位址／資料線，可說是麻雀雖小五臟俱全。表9-1所列的爲由Intel及Microchip兩公司所生產常用各種八位元單晶片微電腦之結構及所用執行程式語言（如BASIC或Assembly）。單晶片微電腦應用在許多自動控制系統，例如飛彈、飛機、人造衛星、汽車、紅綠燈、霓虹燈及其他控制系統，在這些自動控制系統若用傳統体積大的大電腦相當不方便，反之，用体積小的單晶片微電腦就相當方便。表9-1中MC8671單晶片微電腦（MC8671 Microcomputer, MC8671或μC8671）爲人類最早（在西元七十年代）製造之單晶片微電腦之一，8671μC也是表中唯一可用BASIC語言撰寫執行程式之單晶片微電腦，表中其他單晶片微電腦皆需撰寫組合語言（Assem-

表9-1　Intel及Microchip所生產常用8bit單晶微電腦内部組件[185]

單晶微電腦	CPU	ROM	RAM	I/O線	住址線	資料線	程式語言	ADC
8671	8bit	4k	124×8	32	A_0~A_{15}	D_0~D_7	BASIC	—
8048	8bit	1K	64×8	27	A_0~A_{12}	D_0~D_7	Assembly	—
8748	8bit	EPROM(1K)	64×8	16	A_0~A_{12}	D_0~D_7	Assembly	—
8051	8bit	4K	128×8	32	A_0~A_{15}	D_0~D_7	Assembly	—
8751	8bit	EPROM(4K)	128×8	32	A_0~A_{15}	D_0~D_7	Assembly	—
8951	8bit	EEPROM(4K)	128×8	32	A_0~A_{15}	D_0~D_7	Assembly	—
16C71	8bit	EPROM(1K)	36	13	住址／資料線共用（3條）		Assembly	4ADC
16C74	8bit	EPROM(4K)	192	24	A_0~A_{15}	（24條）	Assembly	8ADC
16F84	8bit	EEPROM(1K)	36	13	A_0~A_{15}	（13條）	Assembly	—
16F877	8bit	EEPROM(4K)	368	27	A_0~A_{15}	（27條）	Assembly	8ADC

*16位元單晶微電腦：8096（Intel），MC68HC16（Motorola），TMS9940（T1），MPD70320（NEC），32位元單晶微電腦：68300系列（Motorola）

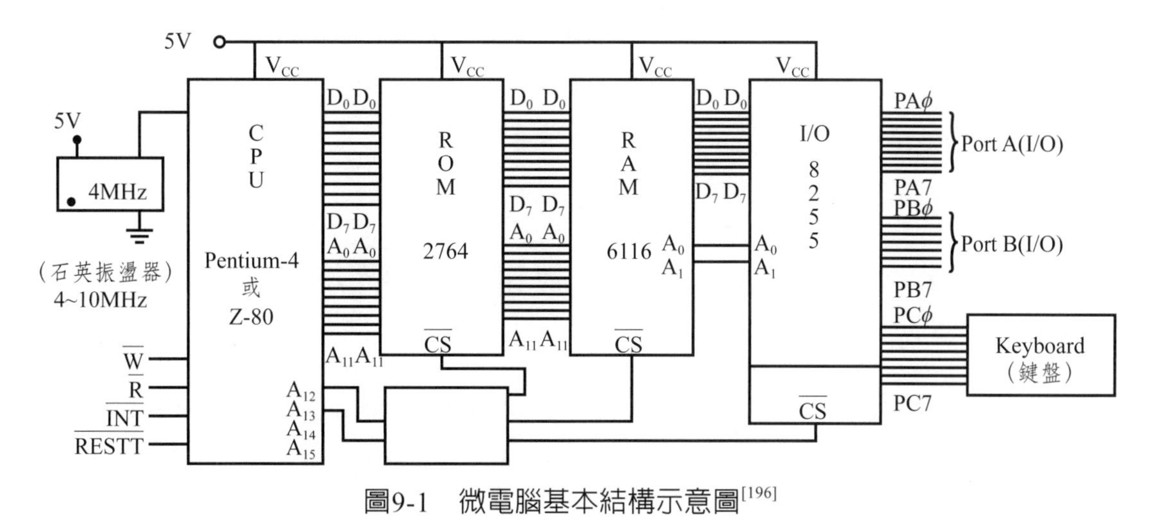

圖9-1 微電腦基本結構示意圖[196]

bly）執行程式。

早期許多單晶片微電腦（如MC8048及MC8051單晶片微電腦（MC8048 and MC8051 Microcomputers））中之執行程式燒錄進單晶片微電腦後就不能更換，而後來生產具有EPROM之單晶片微電腦（如表中之8748，8751，16C71，16C74）就可用紫外線管照射將其中舊程式去除，可重新燒錄新的程式進去，可多次重複燒錄。然而用紫外線管照射終究太麻煩，西元1990左右各電子科技公司終於推出含EEPROM之單晶片微電腦（如表9-1中MC8951及PIC16F877），不必再用紫外線管照射，直接可用一指令就可將舊程式去除。

另外，許多單晶微電腦（如8748，8751及8951）若要輸入一類比電壓訊號，必先接一ADC將此類比訊號轉換成數位訊號始可輸入單晶片微電腦中，比較麻煩，所以含ADC之單晶片微電腦就陸續被開發出來，如以MCS-51為骨架含內建ADC的C8051F35X、ATmega32/81、80C552、C505單晶片及MCS-96系列的8797、80C196單晶片和Microchip公司生產的PIC16C71，16C74及16F877皆為常用含內建ADC之單晶片微電腦。表9-1中所列的皆為8位元之單晶片微電腦，然實際上市售有16位元單晶片微電腦（如Intel生產的8096及Motorola生產的MC68HC16）及32位元單晶片微電腦（如Motorola生產的68300及6508系列產品），但因16位元及32位元單晶片微電腦比8位元單晶片微電腦價格貴很多，所以一般學術界及一般自動控制系統以用8位元單晶片微電腦最為普遍。本章及下二章（第10及11章）將分別介紹化學感測器中較常用之Intel生產的MCS-51系列及Microchip生產的PIC單晶片微電腦（Peripheral Interface Controller）-PIC16C7x、PIC16F8x、PIC18FXX單晶片微電腦和Motorola公司生產的MC68XX單晶片。

9.2 MCS-51單晶片微電腦結構及功能[179]

MCS-51系列單晶片微電腦（MCS-51 Single-Chip Microcomputers）如表9-2所示主要包括8031、8051、8751和8951等晶片，而和MCS-51系列結構類似的MCS-52系列單晶片微電腦（MCS-52 One-Chip Microcomputers）有

表9-2 MCS-51及MCS-52系列單晶微電腦晶片內部結構[186]

MC5-51 系列	CPU	並列口	串列口	資料線	位址埠	中斷源（線）	RAM	ROM
80C31	8位元	4×8位元	1	8條	16條	5	128 位元組	無
80C51	8位元	4×8位元	1	8條	16條	5	128 位元組	4KB ROM
87C51	8位元	4×8位元	1	8條	16條	5	128 位元組	4KB EPRON
89C51	8位元	4×8位元	1	8條	16條	5	128 位元組	4KB EEPRON
MC5-52 系列								
80C32	8位元	4×8位元	1	8條	16條	6	256 位元組	無
80C52	8位元	4×8位元	1	8條	16條	6	256 位元組	4KB ROM
87C52	8位元	4×8位元	1	8條	16條	6	256 位元組	4KB EPRON
89C52	8位元	4×8位元	1	8條	16條	6	256 位元組	4KB EEPRON

（參考資料：www.baike.com/wiki/MCS-51單片機）

8032、8052、8752和8952等產品。如表9-2所示，所有MCS-51系列和MCS-52系列單晶片微電腦皆爲含8位元CPU之和8條資料線（Data Bus）之8位元微電腦，並皆含4×8位元並列口（並列埠（Parallel Ports）），1個串列口（Serial Port），16條位址線（Address Bus）。MCS-51系列和MCS-52系列晶片主要不同的爲(1)MCS-51系列有5條中斷線，而MCS-52系列則有6條中斷線及(2)MCS-51系列之RAM爲128位元組（Bytes），而MCS-52系列則有256位元組RAM。

同一系列各晶片主要不同在ROM，例如8031及8032單晶片皆無ROM（需外加），8051及8052單晶片皆有4KB之ROM，而8751和8752皆有4KB之EPROM（Erasable Programming ROM），照UV光可去除程式，可重複讀寫使用，然8951和8952皆有4KB之EEPROM（Electrically-Erasable Programmable ROM），只要給一指令就去除程式，可重複讀寫，使用方便，故8951和8952單晶片爲此兩系列中目前較常用之單晶片，然MCS-51系列和MCS-52系列單晶片結構類似，故本章以介紹MCS-51系列單晶片微電腦之結構及功能和應用爲主，並介紹以IC8051骨架改良而成的具有內建式ADC之單晶片（如C8051F35X、ATmega32/81及80C55280C552單晶片）。

圖9-2及圖9-3分別爲單晶片微電腦8051及8951單晶片內部結構圖，其皆含CPU，RAM，ROM，5個中斷控制器，一個串列UART組件及4個並列輸入／輸出埠（P0, P1, P2, P3 I/O Ports）。這IC8051及IC8951單晶片不同之處爲8051單晶片含一般ROM，不能重複讀寫，只能寫入程式一次，而8951單晶片則含可重複讀寫之EEPROM，只要一指令即可將原來程式拭去，而可重新寫入新程式。圖9-4爲單晶片微電腦8031，8051/8351/8751，及8951單晶片之接腳圖。而圖9-5爲8031，8051，8751及8951單晶片之實物圖。

9.3　單晶片μC 8951-ADC 類比／數位轉換器輸入系統[197-202]

單晶μC 8951因本身內部並無類比／數位轉換器（ADC）元件，故並不能直接接收類比訊號（如電壓訊號）而必需外加一類比／數位轉換器（ADC）

8051內部結構圖
Address/Data
P0 P2 P1 P3
時脈
產生器
128bytes
RAM
4K bytes
ROM
4個8bits I/O ports
CPU
Timer 0
Timer 1
T 0
T 1
UART
匯流排控制器
中斷
控制器
Timer 1
Timer 0
UART
TXD RXD
RD WR ALE PSEN
INT0 INT1

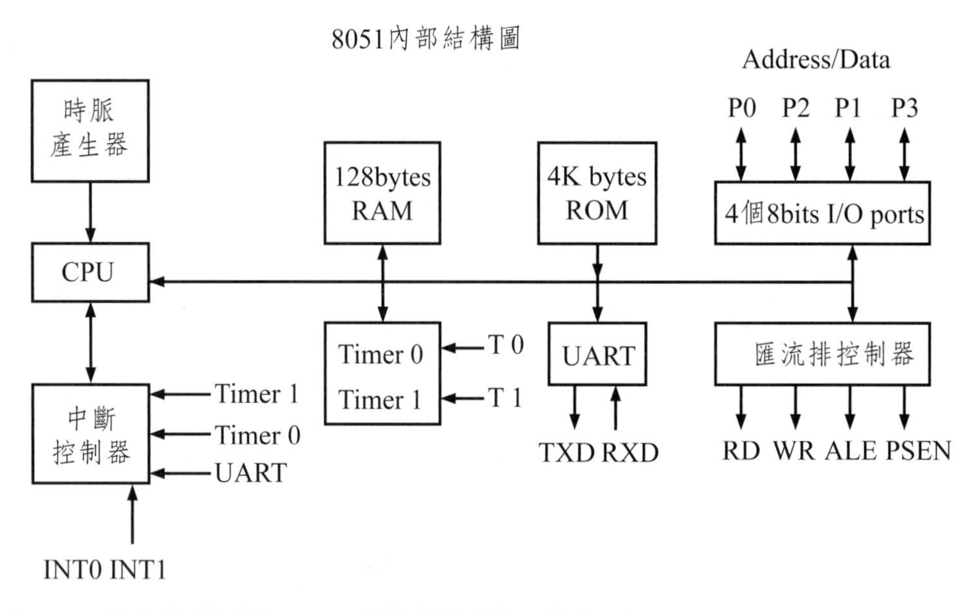

圖9-2　單晶片微電腦8051內部結構圖[187]（原圖來源：http://project.wingkin.net/wp-content/uploads/2011/05/structure.gif）

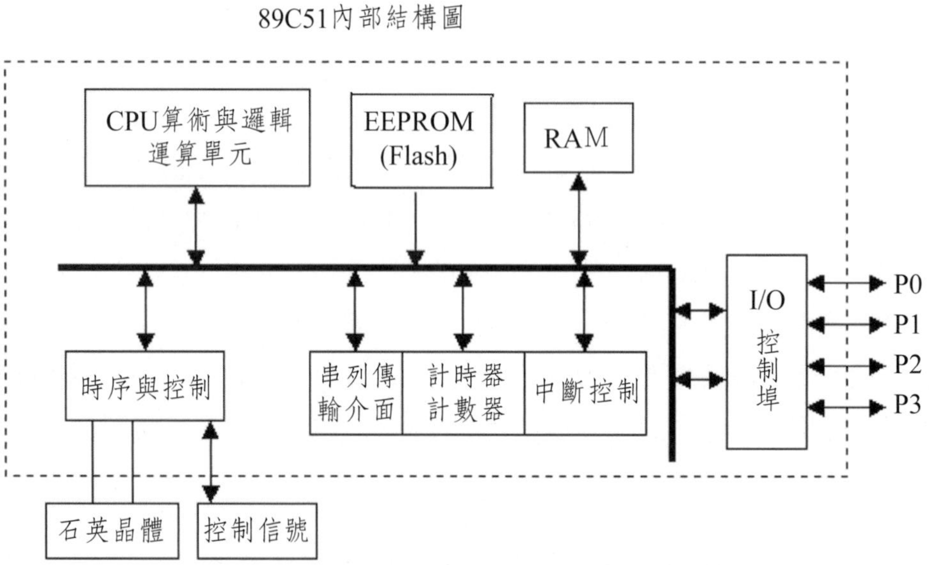

89C51內部結構圖
CPU算術與邏輯
運算單元
EEPROM
(Flash)
RAM
I/O
控
制
埠
P0
P1
P2
P3
時序與控制
串列傳
輸介面
計時器
計數器
中斷控制
石英晶體
控制信號

圖9-3　單晶片微電腦80C51內部結構圖[188]（原圖來源：http://n90020071.myweb.hinet.net/8051.files/2.gif）

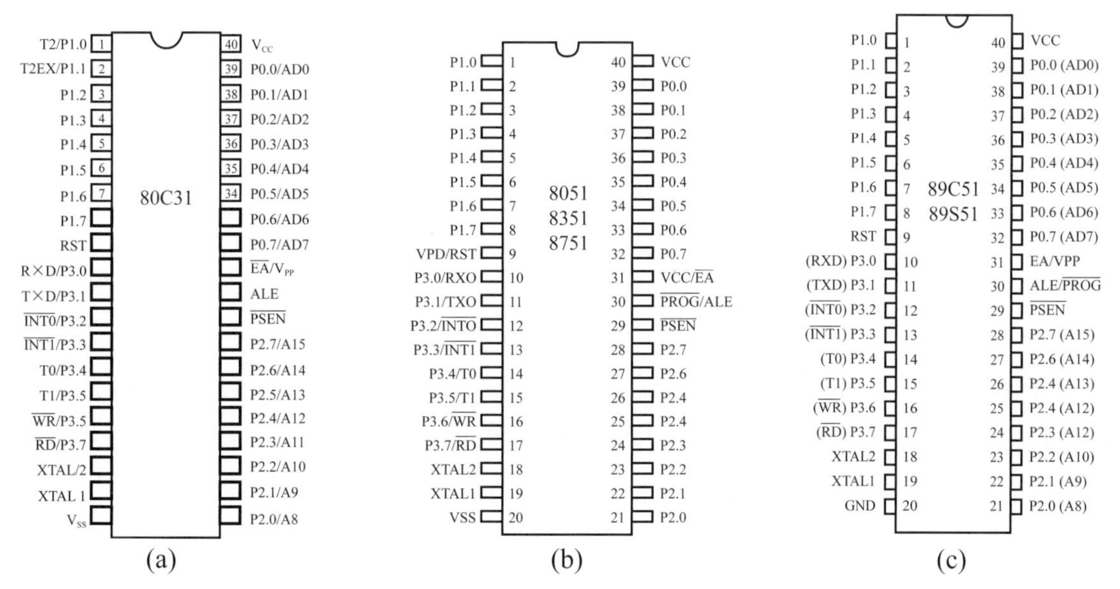

(a)　(b)　(c)

圖9-4　單晶片微電腦(a)8031[189]，(b)8051/8351/8751[190]，及(c)8951[191]晶片之接腳圖（原圖來源：(a) http://circuits.datasheetdir.com/17/80C31-pinout.jpg; (b) http://www.me.ntust.edu.tw/DGteaching/高維文/微處理機/.../team07.htm; (c) http://designer.mech.yzu.edu.tw/）

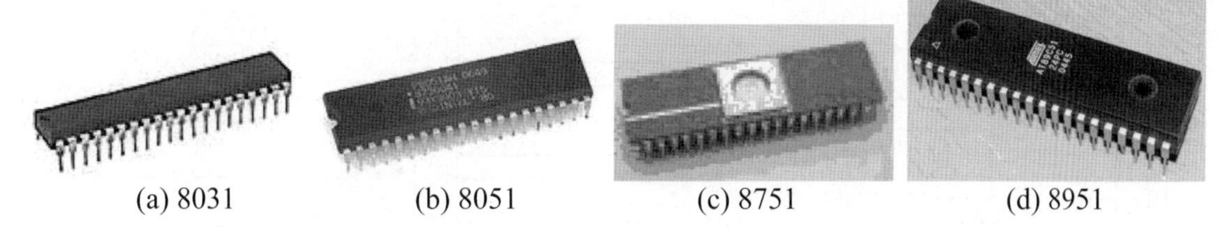
(a) 8031　(b) 8051　(c) 8751　(d) 8951

圖9-5　單晶片微電腦(a)8031[192]，(b)8051[193]，(c)8751[194]，及(d)8951[195]晶片之實物外觀圖（原圖來源：(a) http://www.jameco.com/1/1/25437-8031-microcontroller-8-bit-32-i-o-8mhz-dip-40-intel-series.html；(b) zh.wikipedia.org/zh-tw/英特爾8051；(c) http://www.cpu-zone.com/8751/DSCF1882_small.JPG；(d) http://www.engineersgarage.com/electronic-components/at89c51-microcontroller-datasheet）

以接收化學儀器所發出的類比訊號。本節將介紹單晶μC 8951接(1)並列式ADC及(2)串列式ADC之兩系統。

9.3.1 單晶片μC 8951-並列ADC系統[197,199-200]

在單晶片μC 8951-並列ADC系統（Single-Chip μC 8951-Parallel ADC System）中並列ADC（如ADC 0804）將外部類比訊號轉換所得的數位訊號是以ADC之8位元接腳（DB0～DB7）一對一同時傳送到單晶片μC 8951之8位元接腳（如P0.0～P0.7）。圖9-6(a)爲單晶片微電腦8951-並列ADC0804系統（One-Chip μC 8951-Parallel ADC 0804 System）接線圖，在圖中由化學儀器輸入的類比電壓訊號V_{in}進入ADC0804晶片並轉換成數位訊號（D0～D7）再經由ADC0804之資料線（D0～D7）並列輸送進入單晶μC 8951之Port 0埠（P0.0～P0.7）並由LED（發光二極體，Light Emitting Diode）排顯示這8位元數位訊號（D0～D7）。圖9-6B之電腦程式T51AD04.ASM 爲燒錄在μC8951晶片中執行圖9-6(a)線路之執行程式。

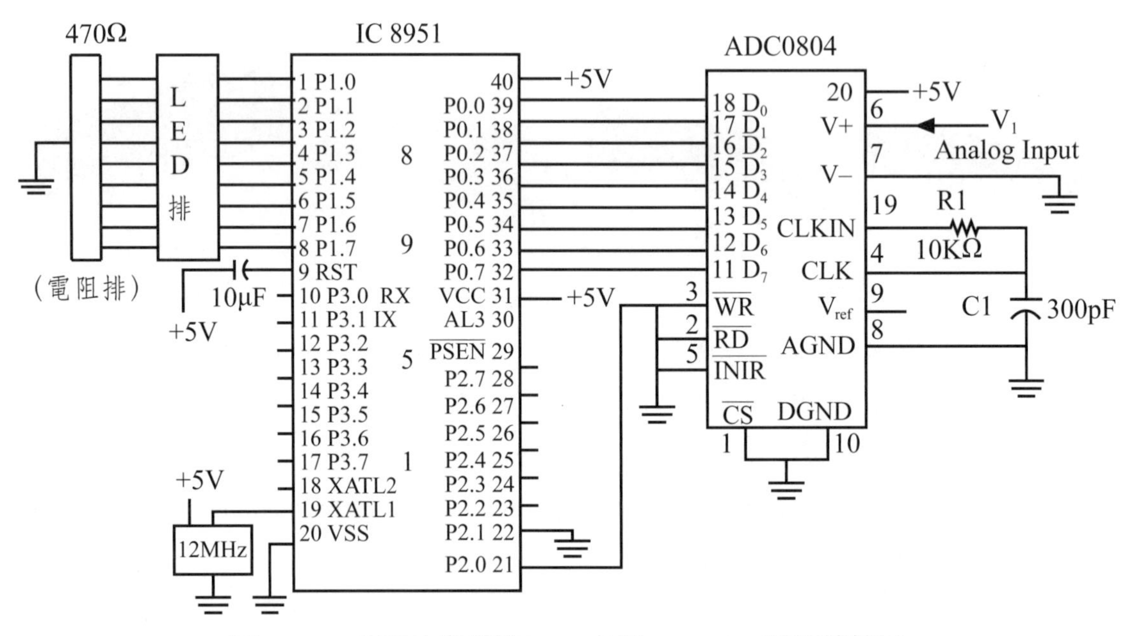

圖9-6(a) 單晶片微電腦8951-並列ADC0804系統接線圖

μC8951-ADC0804 **執行程式(在 Windows 記事本(NOTEPAD.EXE)中撰寫)**
[程式 T51AD04.ASM]

```
;T51AD04;DR.JENG-SHONG SHIH
;AD0804-PORT0-8951
;ADC_RD /GND
;ADC_WR PORT2.0
;ADC_INTR/GND;PORT2.1/GND

        ORG 00H
        MOV R5,#EEH
INT:    NOP
CYC01:  MOV A,#01H
        MOV P1,A
        MOV R3,#20H
LOOP1:  NOP
        MOV R1,#40H
BUS1:   MOV R2,#99H
BUS01:  DJNZ R2,BUS01
        MOV R2,#99H
BUS02:  DJNZ R2,BUS02
        MOV R2,#99H
BUS03:  DJNZ R2,BUS03
        DJNZ R1,BUS1
        MOV R2,#99H
        DJNZ R3,LOOP1
CYC02:  NOP
        MOV  P2,#00111111B
        SETB P2.0
        NOP
        CLR  P2.0
CHK0:   MOV  A,P2
        JNB  A.1,AD0
        JMP  CHK0
AD0:    NOP
        CLR  P2.0
        MOV  A,P0
        SETB P2.0
        MOV  P1,A
        MOV  P0,#FFH
        MOV R4,#20H
LOOP2:  NOP
        MOV R1,#40H
BUS2:   MOV R2,#99H
BUS11:  DJNZ R2,BUS11
        MOV R2,#99H
BUS12:  DJNZ R2,BUS12
        MOV R2,#99H
BUS13:  DJNZ R2,BUS13
        DJNZ R1,BUS2
        DJNZ R4,LOOP2
CYC03:  MOV  A,#80H
        MOV  P1,A
        MOV R4,#30H
LOOP3:  NOP
        MOV R1,#40H
BUS3:   MOV R2,#99H
BUS21:  DJNZ R2,BUS21
        MOV R2,#99H
BUS22:  DJNZ R2,BUS22
        MOV R2,#99H
BUS23:  DJNZ R2,BUS23
        DJNZ R1,BUS3
        DJNZ R4,LOOP3
        DJNZ R5,INT
        END
```

圖9-6(b)　μC8951-ADC084執行程式

9.3.2　單晶片μC 8951-串列ADC系統[201-202]

在單晶片μC 8951-串列ADC系統（Single-Chip μC 8951-Serial ADC System）中ADC輸出的8位元數位訊號（D0～D7）各位元是以一個接一個依次（先D0，再D1，D2，…D7）傳送給單晶μC 8951。圖9-7(a)爲單晶微電腦

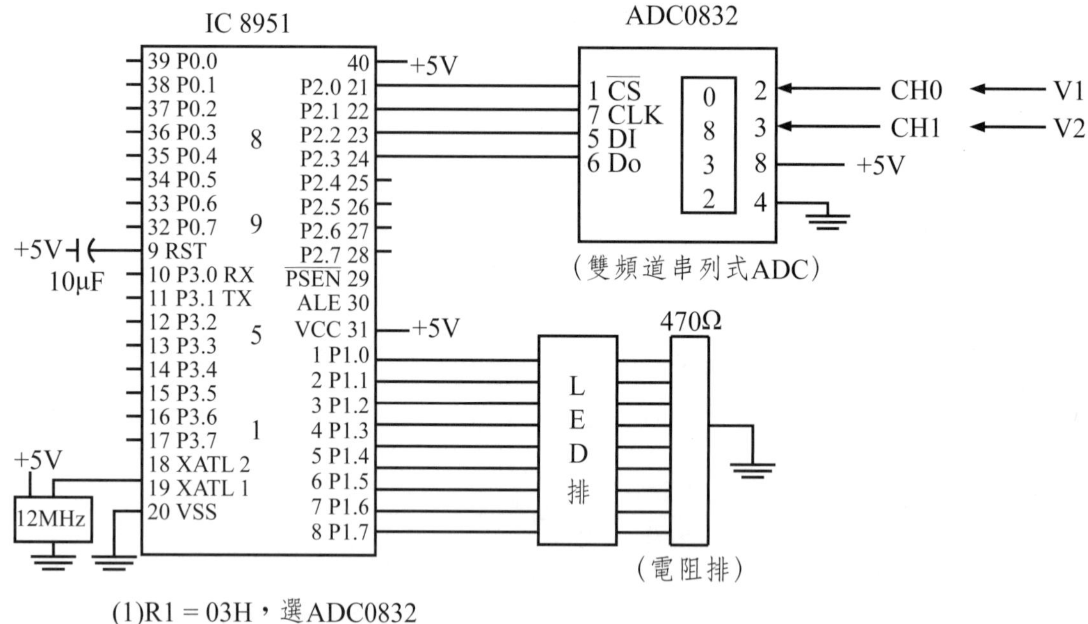

(1)R1 = 03H，選ADC0832
(2)R2 = 03H，選CH0；R2 = 07H，選CH1
(R1，R2為8951之暫存器)

圖9-7(a)　單晶片微電腦8951-串列ADC0832系統接線圖

8951-串列ADC0832系統（Single-Chip μC 8951-Serial ADC0832 System）接線圖，此串列ADC0832有兩個輸入頻道（CH0及CH1）可接及轉換兩部化學儀器之類比電壓訊號V1或V2。由化學儀器輸出之類比電壓訊號經ADC0832轉換成數位訊號（D0～D7）後，用ADC0832之D0接腳（Data Output Pin）將此8位元數位訊號（D0～D7）以串列式一個接一個依次（先D0，再D1，D2，…D7）傳送給單晶μC 8951之P2.2接腳。然後由μC 8951之Port 1埠（P1.0～P1.7）所接之LED排顯示這8位元數位訊號（D0～D7）。圖9-7(b)之電腦程式A51S32.ASM爲燒錄在μC8951晶片中執行圖9-7(a)線路之執行程式。

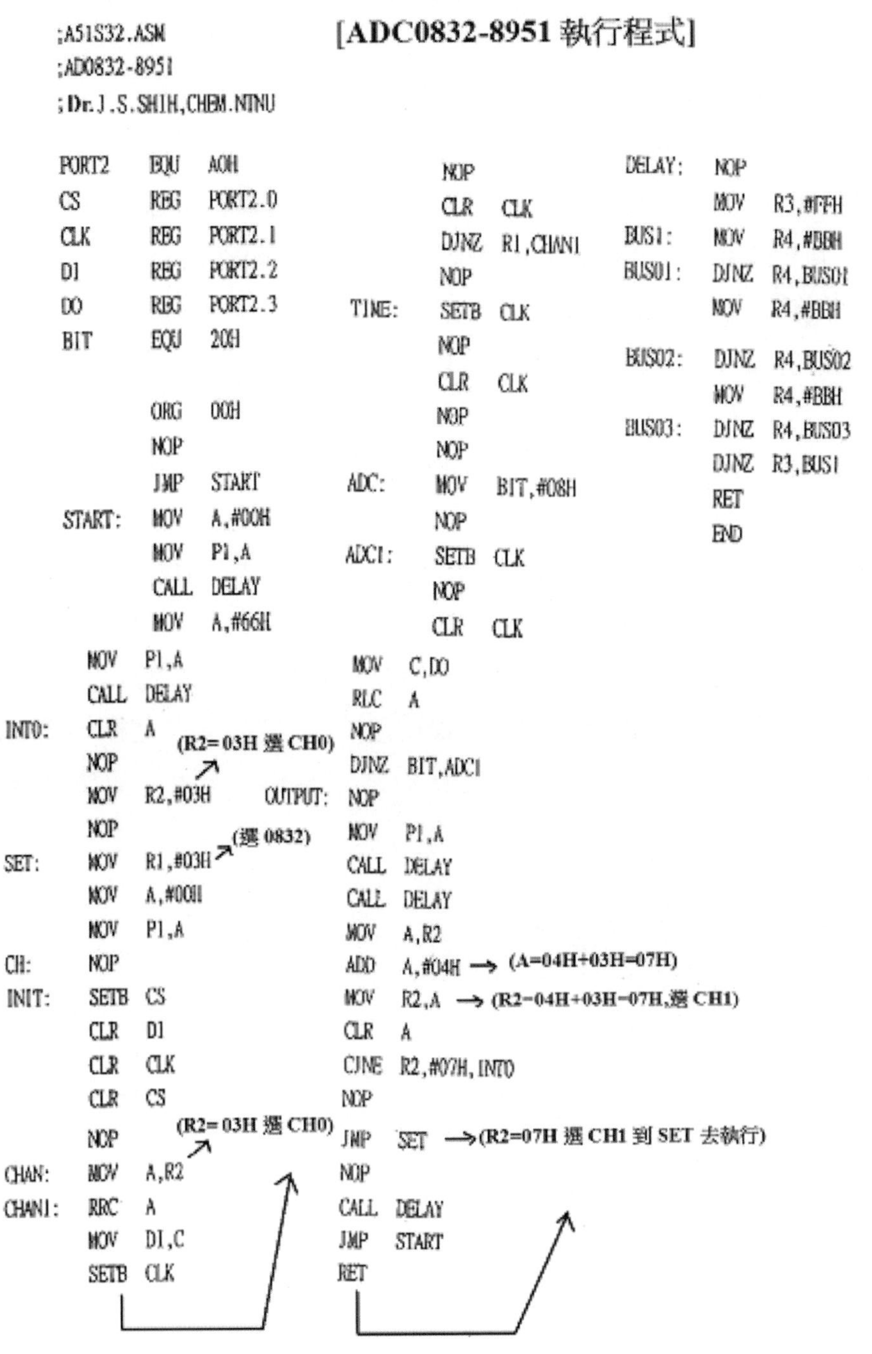

μC8951-ADC0832 執行程式 A51S32

(在 Windows(如 Windows XP)中 DOS 執行 PE.EXE 或記事本(NOTEPAD.EXE)中撰寫)

[ADC0832-8951 執行程式]

```
;A51S32.ASM
;AD0832-8951
;Dr.J.S.SHIH,CHEM.NTNU

PORT2   EQU   A0H
CS      REG   PORT2.0
CLK     REG   PORT2.1
DI      REG   PORT2.2
DO      REG   PORT2.3
BIT     EQU   20H

        ORG   00H
        NOP
        JMP   START
START:  MOV   A,#00H
        MOV   P1,A
        CALL  DELAY
        MOV   A,#66H
        MOV   P1,A
        CALL  DELAY
INT0:   CLR   A
        NOP               (R2= 03H 選 CH0)
        MOV   R2,#03H
        NOP
SET:    MOV   R1,#03H     (選 0832)
        MOV   A,#00H
        MOV   P1,A
CH:     NOP
INIT:   SETB  CS
        CLR   DI
        CLR   CLK
        CLR   CS
        NOP               (R2= 03H 選 CH0)
CHAN:   MOV   A,R2
CHAN1:  RRC   A
        MOV   DI,C
        SETB  CLK
        NOP
        CLR   CLK
        DJNZ  R1,CHAN1
        NOP
TIME:   SETB  CLK
        NOP
        CLR   CLK
        NOP
        NOP
ADC:    MOV   BIT,#08H
        NOP
ADC1:   SETB  CLK
        NOP
        CLR   CLK
        MOV   C,DO
        RLC   A
        NOP
        DJNZ  BIT,ADC1
OUTPUT: NOP
        MOV   P1,A
        CALL  DELAY
        CALL  DELAY
        MOV   A,R2
        ADD   A,#04H  → (A=04H+03H=07H)
        MOV   R2,A    → (R2=04H+03H=07H,選 CH1)
        CLR   A
        CJNE  R2,#07H,INT0
        NOP
        JMP   SET     →(R2=07H 選 CH1 到 SET 去執行)
        NOP
        CALL  DELAY
        JMP   START
        RET
DELAY:  NOP
        MOV   R3,#FFH
BUS1:   MOV   R4,#BBH
BUS01:  DJNZ  R4,BUS01
        MOV   R4,#BBH
BUS02:  DJNZ  R4,BUS02
        MOV   R4,#BBH
BUS03:  DJNZ  R4,BUS03
        DJNZ  R3,BUS1
        RET
        END
```

圖9-7(b)　單晶微電腦8951-串列ADC0832系統之參考執行程式

9.4 單晶片μC8951訊號輸出系統

單晶片μC8951微電腦可直接輸出並列及串列數位訊號，本節就介紹單晶μC8951(1)輸出並列數位訊號到數位／類比轉換器（DAC）再轉換成類比電壓訊號輸出之單晶片μC8951-數位／類比轉換器系統（Single-Chip μC 8951-DAC）及(2)直接接繼電器製成的單晶μC8951-繼電器多頻道控制系統，和(3)輸出串列數位訊號到RS232介面傳至PC微電腦之μC8951-RS232介面-PC微電腦系統，與(4)輸出並列數位訊號到微電腦並列埠之μC8951-PC微電腦並列埠系統。

9.4.1 單晶片μC8951-數位／類比轉換器（DAC）[197-198,203a]

圖9-8(a)爲單晶片微電腦8951-DAC1408系統（Single-Chip μC 8951-DAC1408 System）接線圖，如圖所示，單晶片μC8951微電腦由其Port 1埠（P1.0～P1.7）輸出8位元之數位訊號（D0～D7）到DAC1408轉換成類比電壓訊號（V_4負電壓）輸出，此V_4負電壓可直接應用當電化學陰電極電源以還原化學溶液中金屬離子。如圖所示若將此DAC1408接一反相運算放大器

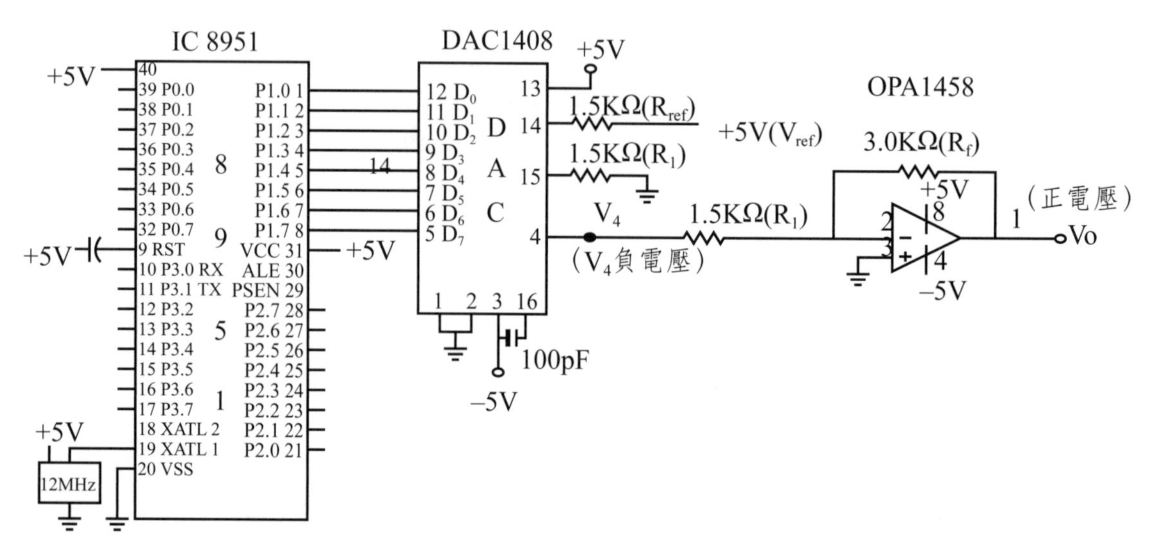

圖9-8(a) 單晶片微電腦8951-DAC1408-OPA系統接線圖

（OPA）可將此V_4負電壓轉換成正電壓Vo輸出。圖9-8(b)之組合語言電腦程式T51DA01.ASM爲執行圖9-8(a)線路而燒錄在μC8951單晶片之執行程式。

μC8951-DAC1408 執行程式

(在Windows (如 Windows XP), DOS 中執行 PE.EXE 或記事本(NOTEPAD.EXE) 中撰寫)

```
T51DA01.ASM
;DR.JENG-SHONG SHIH

        ORG   00H
        MOV   R5,#EEH
INT:    ANL   P1,#00000000B
CYC01:  MOV   A,#44H
        MOV   P1,A
        NOP
        CALL DELAY
        NOP
CYC02:  NOP
        MOV A,#66H
        NOP
        MOV P1,A
        NOP
        CALL DELAY
        NOP
CYC03:  NOP
        MOV A,#BBH
        MOV P1,A
        NOP
        CALL DELAY
        NOP
CYC04:  NOP
        MOV A,#DDH
        MOV P1,A
        NOP
        CALL DELAY
        NOP
CYC05:  NOP
        MOV A,#FFH
        MOV P1,A
        NOP
        CALL DELAY
        NOP
        DJNZ R5,INT
        RET

DELAY:  NOP
        MOV R3,#AAH
LOOP1:  NOP
        MOV R1,#40H
BUS1:   MOV R2,#99H
BUS01:  DJNZ R2,BUS01
        MOV R2,#99H
BUS02:  DJNZ R2,BUS02
        MOV R2,#99H
BUS03:  DJNZ R2,BUS03
        DJNZ R1,BUS1
        MOV R2,#99H
        DJNZ R3,LOOP1
        RET
```

圖9-8(b)　單晶片微電腦8951-DAC1408系統的之參考執行程式

9.4.2 單晶片μC8951-繼電器多頻道控制系統

單晶片μC8951微電腦不只可接ADC及DAC轉換器用以接收及轉換化學儀器輸出及輸入訊號，亦可接繼電器組成單晶μC8951-繼電器多頻道控制系統（Single-Chip μC 8951-Multichannel Control System）以起動及控制各種電子線路系統。圖9-9(a)為單晶片微電腦8951-繼電器六頻道控制系統圖，如圖中所示，由單晶片μC895微電腦的Port 0埠-接腳（如P0.0）輸出數位訊號1經接在各頻道繼電器的反相電壓電流增強晶片IC2003轉成數位訊號0以起動所接的繼電器及其所接之電子線路系統。例如單晶片μC8951微電腦從Port 0埠輸出數位訊號0000 0001（只有Port 0.0接腳輸出1，其他為0），進入IC2003晶片經反相轉換（0→1，1→0）由IC2003支腳11-16輸出1111 1110，只有Pin 16（支腳16）輸出為0，換言之只起動和支腳16相接的繼電器1及電子線路系統1。同理，若單晶μC8951輸出0000 1000（Port 0.3為1）則起動繼電器4及電子線路系統4。

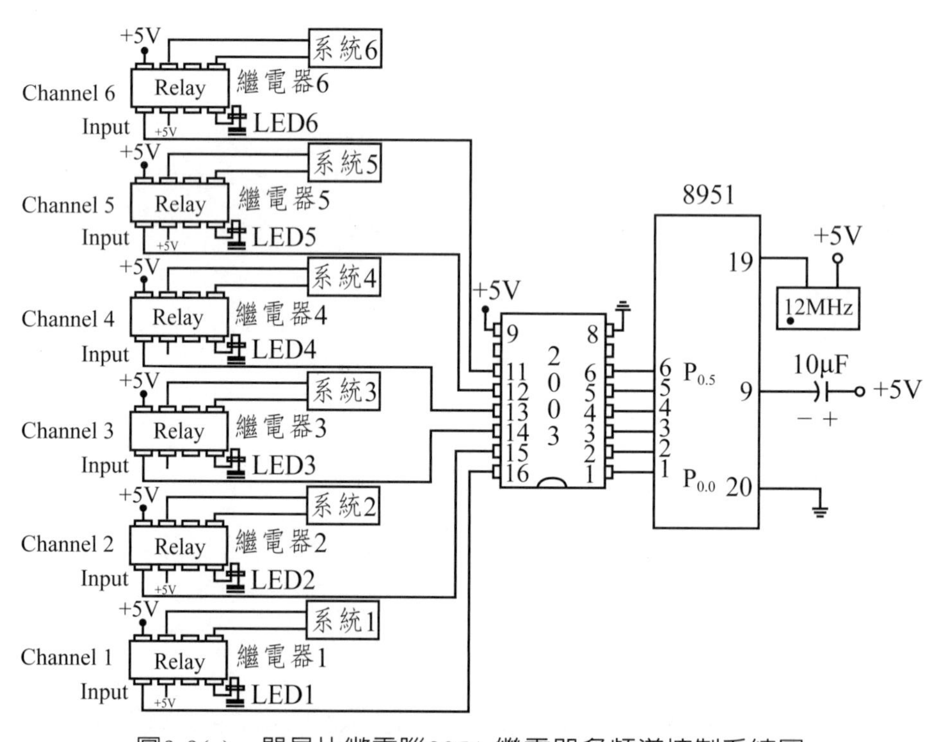

圖9-9(a) 單晶片微電腦8951-繼電器多頻道控制系統圖

圖9-9(b)為簡單的單晶片微電腦8951-繼電器-LED（發光二極體，Light emitting Diode）控制系統圖，而圖9-9(c)為電腦程式T51-CH6.ASM，其用來執行單晶微電腦8951-繼電器-LED控制系統（圖9-9(b)系統）而燒錄在單晶片μC8951之執行程式。

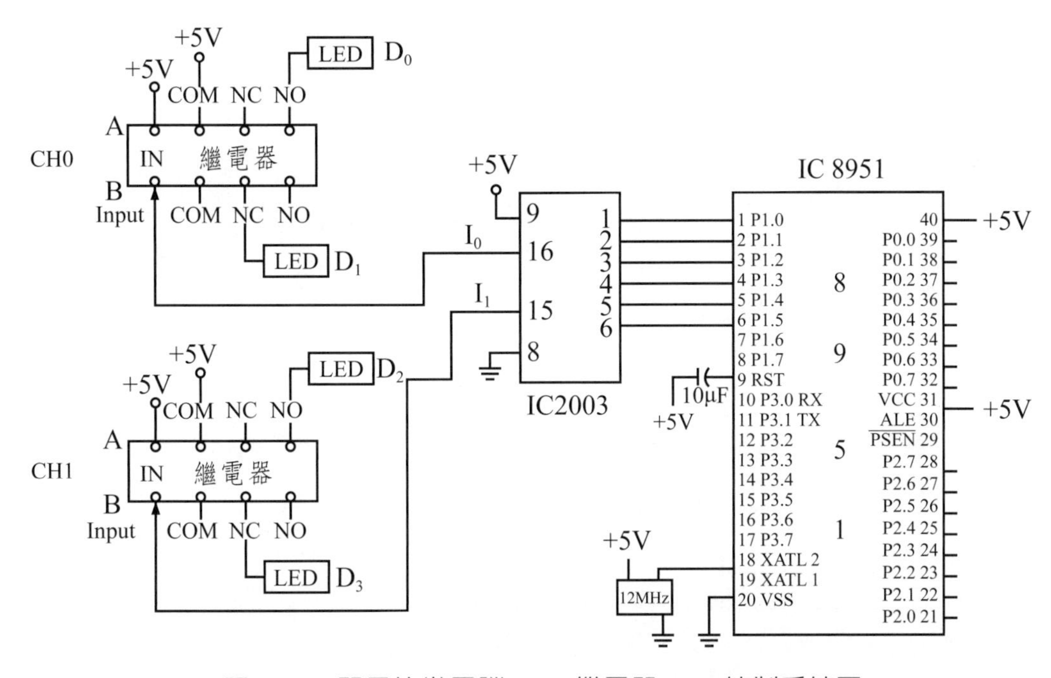

圖9-9B　單晶片微電腦8951-繼電器-LED控制系統圖

9.4.3　單晶片μC8951-RS232介面-PC微電腦系統

單晶片μC8951可透過RS232介面和PC微電腦連接形成單晶片μC8951-RS232介面-PC微電腦系統（Single-Chip μC 8951-RS232-PCMicrocomputer System），μC8951單晶片之串列數位訊號可經由RS232介面輸入PC微電腦做數據處理及繪圖。圖9-10為單晶片μC8951-RS232（主晶片MAX232）介面-PC微電腦接線圖。如圖所示，數位訊號（D0～D7）依串列方式一個一個由μC 8951的TXD接腳輸入MAX-232晶片再經25 pin接頭輸入PC微電腦做數據處理。反之，PC微電腦之數位訊號（D0～D7）依串列方式經MAX-232晶片由μC 8951的TXD接腳輸入μC8951單晶片微電腦中。

μC8951--繼電器-LED 執行程式 T51-CH6.ASM
(在 Windows 記事本(NOTEPAD.EXE)中撰寫)

```
;T51-CH6.ASM
;DR.JENG-SHONG SHIH

        ORG   00H
        NOP
        JMP   START
START:  MOV   A,#00H
        MOV   P1,A
        CALL  DELAY
INT0:   NOP
        NOP
        MOV   A,#01H
        MOV   P1,A
CH:     NOP
INIT:   RL    A
        NOP
        CALL  DELAY
        MOV   P1,A
        NOP
        NOP
        CJNE A,#20H,INIT
        CALL DELAY
        JMP   START
        RET
DELAY:  NOP
        MOV R3,#FFH
BUS1:   MOV R4,#BBH
BUS01:  DJNZ R4,BUS01
        MOV R4,#BBH
BUS02:  DJNZ R4,BUS02
        MOV R4,#BBH
BUS03:  DJNZ R4,BUS03
        DJNZ R3,BUS1
        RET
        END
```

圖9-9C　單晶微電腦8951-繼電器-LED控制系統之參考執行程式

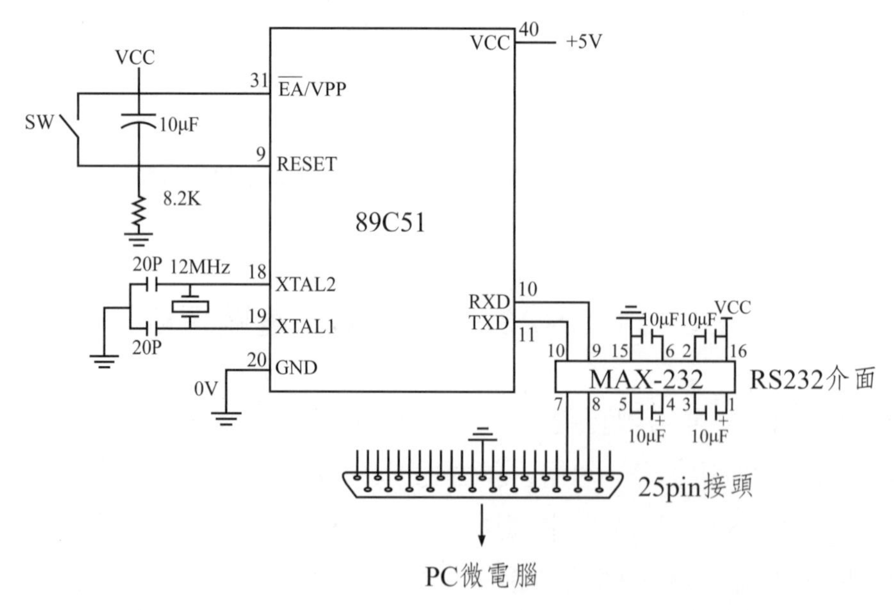

圖9-10　單晶片μC8951-RS232（MAX232）介面-PC微電腦接線圖[203c]（參考資料：designer.mech.yzu.edu.tw/.../(2001-06-21)%20單晶片實習－VB與RS23）

9.4.4 單晶片μC8951-PC微電腦並列埠系統

單晶片μC8951亦可接PC微電腦之並列埠（Parallel Port，以前常接印表機故又稱Printer Port）形成單晶片μC8951-PC微電腦並列埠系統（Single-Chip Microcomputer 8951-PC Microcomputer Parallel Port System，圖9-11）。如圖9-11所示，三位元數位訊號可由μC8951晶片之P1.5～P1.7輸出分別經PC微電腦之Parallel Port接頭DB25之7，6，10進入PC微電腦做數據處理。反之，PC微電腦可由-Parallel Port可將數位訊號輸入μC8951晶片以控制或起動接在μC8951晶片之電子線路系統或化學儀器。

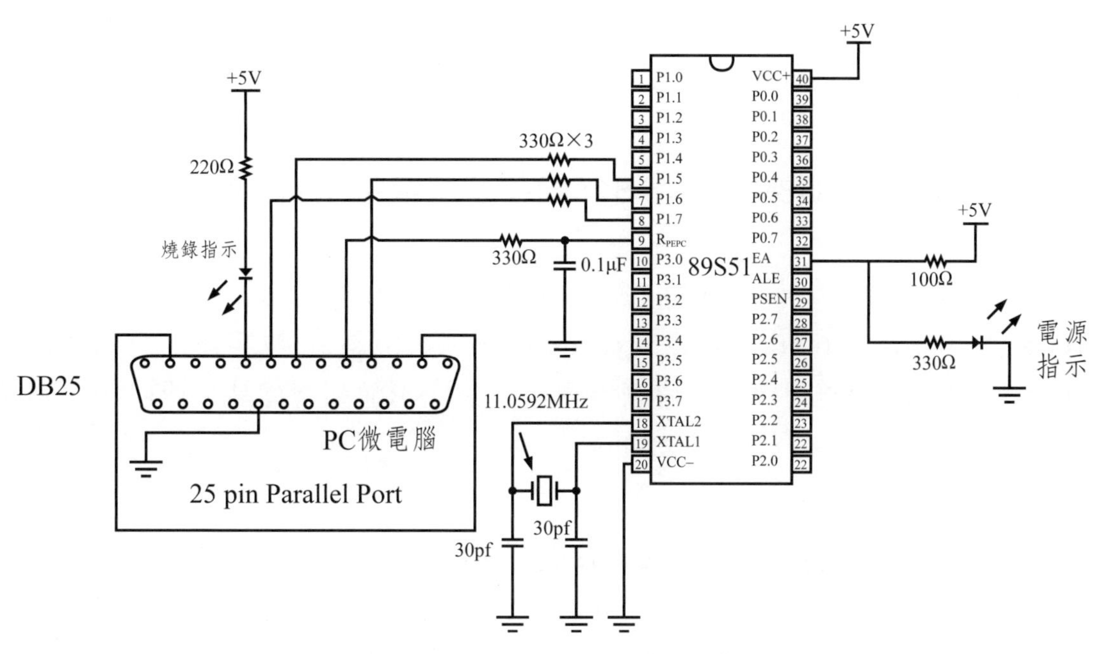

圖9-11 單晶片μC8951-PC微電腦Parallel Port接線圖[203g]（參考資料：http://a.share.photo.xuite.net/miaoichi/1a83e69/8033965/315467708_m.jpg）

9.5 單晶片μC8951-USB系統

因近年來PC微電腦都用USB接口做輸出輸入介面，而單晶片μC8951又無USB接口，若要將μC8951晶片中之數位訊號傳至PC微電腦，可在單晶片μC8951和PC微電腦中間接一USB轉換介面晶片（如FT245BH、CH375B及CH340G晶片）做橋梁組成μC8951-USB介面-PC微電腦系統，在此系統中μC8951輸出之數位訊號先輸入USB轉換介面晶片中轉成USB數位訊號，再由USB介面晶片之USB接腳傳入PC微電腦。另外，亦可改裝μC8951晶片內部結構製成具有USB元件及USB接腳之改良型晶片，此具USB改良型μC8951晶片即為USB-AT89C51晶片。本節將介紹(1) μC8951-USB轉換介面-PC微電腦系統及(2) USB-AT89C51晶片。

9.5.1 單晶片μC8951-USB介面-PC微電腦系統

本小節將簡單介紹單晶片μC8951-USB介面-PC微電腦系統（Single-Chip μC 8951-USB Interface-PC Microcomputer System）。在此系統通常在μC8951和USB接頭間連接可傳輸串列訊號之USB並列轉換晶片或USB串列轉換晶片當USB介面。分別說明如下：

9.5.1.1 單晶片μC8951-USB並列轉換晶片-PC微電腦系統

圖9-12及圖9-13分別為利用FT245BH及CH375B兩USB並列轉換晶片和單晶片μC8951連接所成的(1)單晶片μC8951-FT245BM USB並列介面-PC微電腦系統及(2)單晶片μC8951-CH375B USB並列介面-PC微電腦系統。在圖9-12及圖9-13中數位訊號（D0～D7）分別由μC8951單晶片之Port 1（P1.0～P1.7）及Port 2（P2.0～P2.7）將並列數位訊號（D0～D7）輸入USB並列轉換晶片FT245BM及CH375B（D0～D7接腳）並轉成USB串列訊號以串列方式分別由FT245BM及CH375B的USBDM/USBDP及UD-/UD+接腳（USB接腳）經所接USB接頭之D-及D+傳入PC微電腦做數據處理或繪圖。

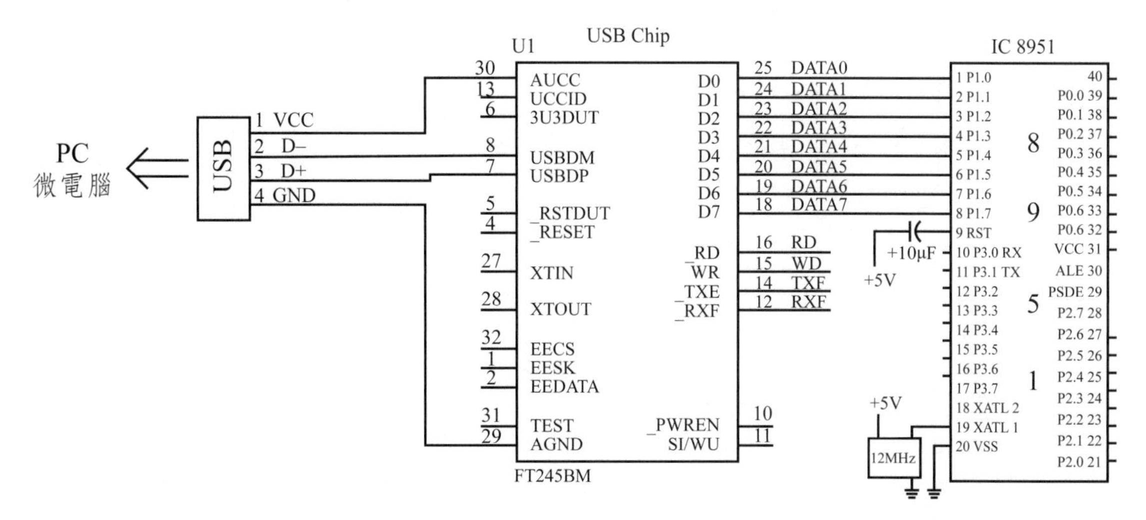

圖9-12 單晶片μC8951-FT245BM USB/並列介面-PC微電腦接線圖[203d]（參考資料：http://www.ianstedman.co.uk/Projects/PIC_USB_Interface/PIC_USB_SchematicV2.png）

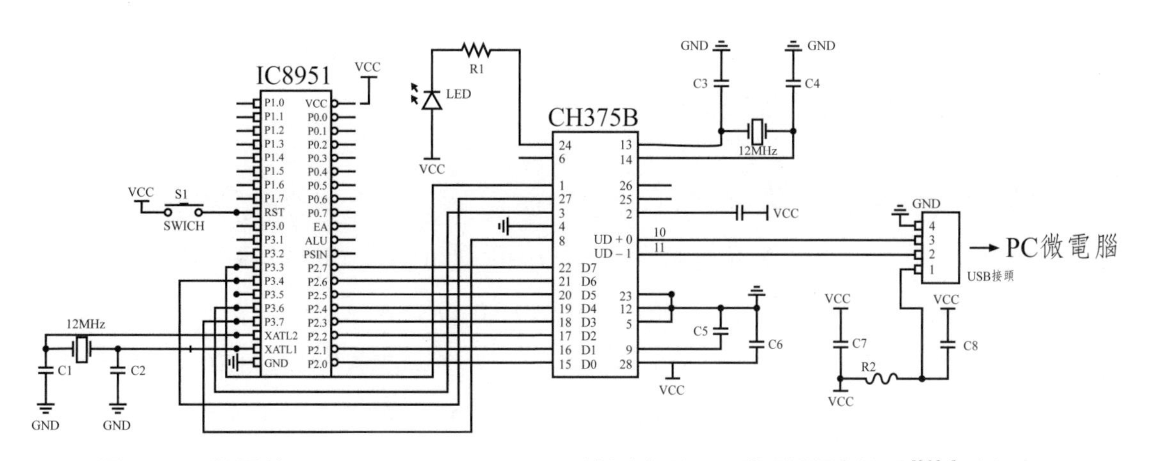

圖9-13 單晶片μC8951-CH375B USB/並列介面-PC微電腦接線圖[203e]（參考資料：http://www.shs.edu.tw/works/essay/2010/11/2010111223330284.pdf）

9.5.1.2 單晶片μC8951-USB串列轉換晶片-PC微電腦系統

圖9-14爲單晶片μC8951和USB串列轉換晶片（如CH340G）所組成的單晶片μC8951/52-CH340G USB串列介面-PC微電腦系統接線圖。如圖所示，串列數位訊號可由晶片μC8951/52之TXD接腳輸出到USB串列轉換晶

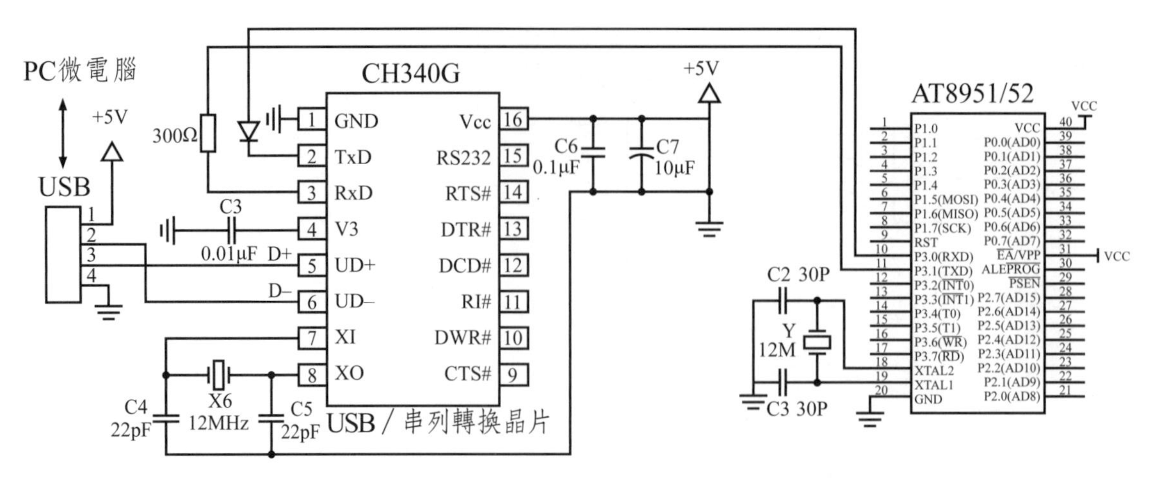

圖9-14　單晶片μC8951-CH340G USB／串列介面-PC微電腦接線圖（資料來源：http://blog.csdn.net/dcx1205/article/details/10818729）

片CH340G之RXD接腳，然後再由CH340G晶片轉成USB串列數位訊號並由CH340G之UD+及UD–接腳所連接的USB接頭轉傳至微電腦。

9.5.2　USB-AT89C51晶片

因現在大部分電子儀器都以USB接頭與外界晶片或微電腦連接，愛特梅爾（ATmel）公司開發可直接接USB接頭之USB-AT89C51晶片（USB-AT89C51 Chip）系列單晶片（如AT89C5130A/31A-M單晶片），AT89C51爲改良型μC8951晶片。圖9-15爲可直接接USB接頭之AT89C5130A/31A-M單晶片接腳圖。如圖所示，可從AT89C5130A/31A-M單晶片之D+，D-兩接腳直接接USB接頭，可直接接具有USB接頭之PC微電腦或電子線路系統（如一些化學偵測器及手機）。

9.6　單晶片微電腦MC8951化學實驗自動控制系統

本節將介紹由單晶片微電腦8951（Microcomputer8951, MC8951）組成的化學實驗自動控制系統：(1)MC8951溫度自動控制系統（MC8951Tem-

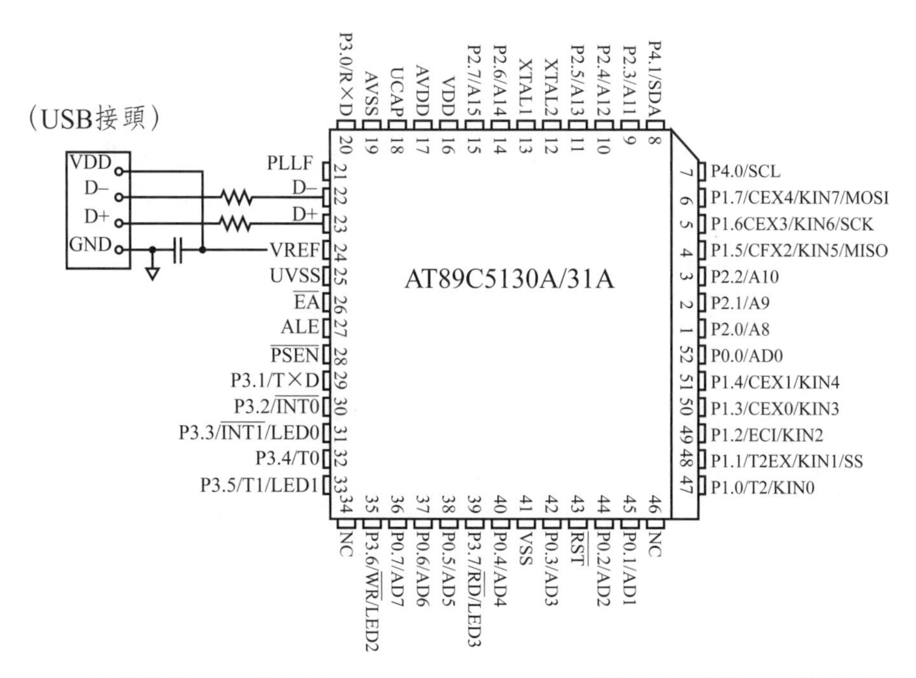

圖9-15　可直接接USB接頭之AT89C5130A/31A-M單晶片接腳圖（原圖來源：http://www.atmel.com/images/doc4337.pdf）

perature Auto-Controlling Systems），(2)MC8951光度自動控制系統（MC8951 Optical Controlling Systems），(3)MC8951自動酸鹼滴定系統（MC8951 Auto- Acid/Base Titration System），(4)MC8951液位控制系統（MC8951 Liquid Leveling System），(5)MC8951中斷異常控制系統（MC8951 for System Interrupt/Abnormality）。其中含MC8951供水中斷後自動斷電裝置（MC8951Automatic Power-off Device after Stopping Water Supply）和MC8951微電腦化學氣體儲存槽控制系統（MC8951Control system for Chemical Gas Storage Tank）。分別說明如下：

9.6.1　MC8951溫度自動控制系統

MC8951溫度自動控制系統（MC8951Temperature Auto-Controlling System）可有直接比較法之(1)MC8951組成 MC8951-比較器／繼電器溫度自動控制系統，及ADC轉換法的(2)MC8951-ADC0804溫度自動控制系統。分別說明如下：

9.6.1.1 MC8951-比較器／繼電器溫度自動控制系統

如圖9-16所示，在MC8951-比較器／繼電器溫度自動控制系統中，先用熱電偶（Thermocouple）或熱阻晶片LM334偵測化學實驗反應槽或實驗室中之溫度（T）並以類比電壓訊號V_1輸出，然後利用比較器晶片IC339比較輸出電壓V_1和用可變電阻輸出的特定電壓Vc（以特定電壓設定欲控制之特定溫度Tc）比較。此系統可測出環境溫度（T）高於或低於擬控制溫度Tc並加以控制。

若V_1 < Vc表示 T < Tc 則 比較器輸出電壓Vo = 5V，即輸入MC8951之Port2.7腳爲1，然後利用撰寫的MC8951電腦程式由MC8951之Port2.0輸出1的訊號（輸出電壓5V）以起動所接之固體繼電器A（SSR, Solid State Relay）並使所接的110V加熱器起動使測化學實驗系統加熱。

反之，若V_1 > Vc表示T > Tc則比較器輸出電壓Vo=0V，即輸入MC8951之Port2.7腳爲0，然後利用電腦程式由MC8951之Port2.0輸出0的訊號（輸出電壓0V）以關閉所接之固體繼電器A及使所接的110V加熱器關閉並由MC8951之Port0.1輸出1的訊號（輸出電壓5V）以起動所接固體繼電器B及冷氣機使化學實驗系統降溫。達到溫度控制目的。

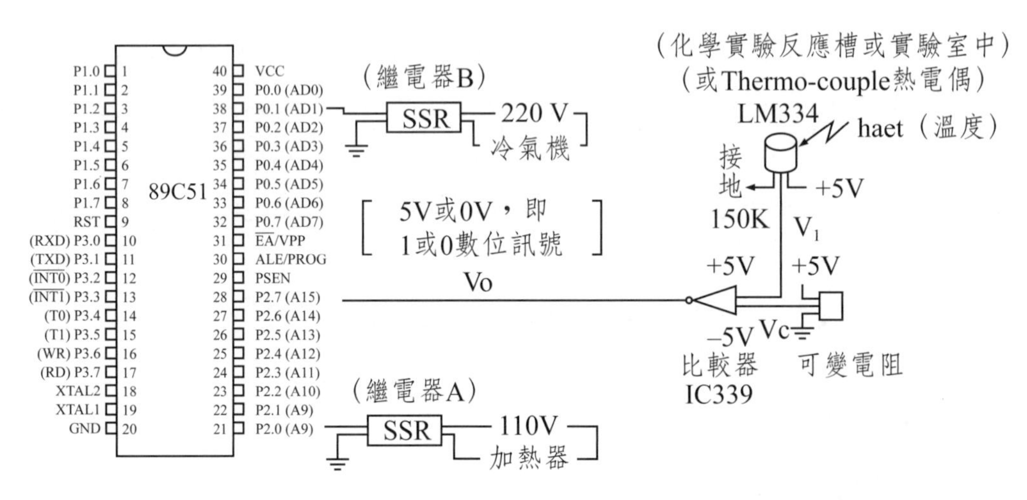

圖9-16 MC8951-比較器／繼電器溫度自動控制系統線路圖

9.6.1.2　MC8951-ADC0804溫度自動控制系統

如圖9-17所示，在MC8951-ADC0804-繼電器溫度自動控制系統中，先利用熱電偶或熱阻晶片LM334所輸出的溫度電壓訊號V和溫度（T）關係建立V-T標準曲線，以便得知擬控制的溫度Tc相對的電壓訊號Vc。然後利用類比／數位轉換器ADC0804將這些電壓訊號V轉換成8位移數位訊號D輸入MC-8951Port0埠（P0.0～P0.7），同時由MC8951之Port1埠輸出D之二進位訊號到其所接之LED排顯示並建立溫度T、電壓訊號V和數位訊號D關係圖（包括擬控制的溫度Tc，電壓訊號Vc和數位訊號Dc）。

當實際溫度T_1小於擬控制的溫度Tc，則$V_1 < Vc$ 和$D < Dc$，此時利用撰寫的MC8951電腦程式由MC8951之Port 2.0支腳輸出1訊號（輸出電壓5V）以起動接在此支腳的繼電器A及加熱器加熱使溫度升高。

然當實際溫度T_1大於擬控制的溫度Tc，則$V_1 > Vc$和$D > Dc$，MC8951電腦由Port 2.0支腳輸出0訊號（輸出電壓0V）以關閉繼電器A並關閉加熱器並由Port3.4支腳輸出1訊號（輸出電壓5V）以起動其所接的繼電器B及冷氣機使溫度下降，以達到溫度控制目的。

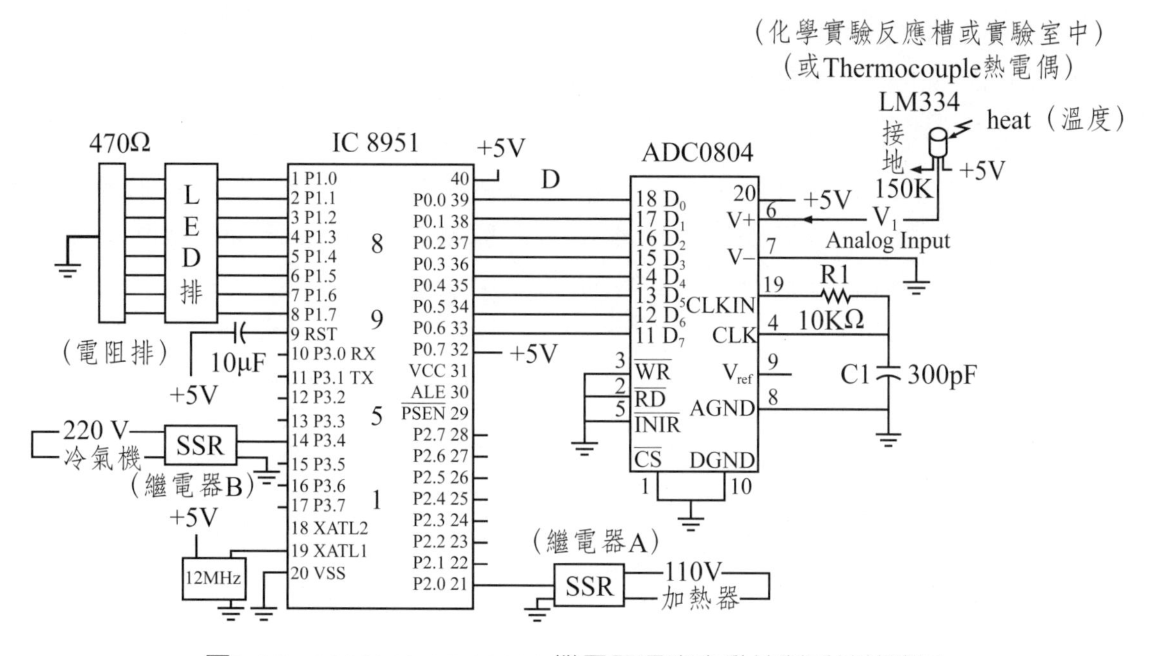

圖9-17　MC8951-ADC0804-繼電器溫度自動控制系統線路圖

9.6.2 MC8951光度自動控制系統

在光化學實驗或照光場所，光度自動控制相當重要。本節將介紹由單晶片微電腦MC8951所組成的單晶片微電腦MC8951光度自動控制系統（MC8951 Optical Controlling Systems）。在單晶片微電腦光度自動控制系統中都必須先利用光偵測器監測實驗或照光場所之光度，所以本節先介紹常見的光偵測器。

一般常見的光偵測器（Optical Detectors）如圖9-18所示有(1)光導體偵測器（Photoconductivity Transducer），(2)光二極體（Photo-diode），及(3)光電倍增管（Photomultiplier Tube）光偵測器。

光導體偵測器如圖9-18(a)所示，是利用光波照射一光敏物質（如CdS或PbS光敏電阻（Photoresistor）），而使此光敏物質之導電度（Conductivity）增加，進而使其輸出電壓增加。CdS及PbS晶片分別為常用於偵測可見光和紅外線之光敏物質。

光電二極體如圖9-18(b)所示是利用紫外線／可見光照射到二極體，會使帶負電之n極中電子往外接電壓（偏電壓V_{bias}）正極移動，同時也會使p極帶正電的電洞往外接電壓負極移動而形成電流（i），此電流和照射到光電二極體之光強度有一正比例關係。

光電倍增管如圖9-18(c)所示是利用光照射到光電倍增管之Ag-Cs陰極會使Ag原子激化，而激化Ag*再將能量傳給Cs並使激化Cs*產生離子化（$Cs^* \rightarrow Cs^+ + e^-$）並從陰極放出電子，此陰極電子連續射向多個放大電極（Dynode, D）撞出更多電子，最後傳至陽極並由陽極輸出強大電子流，一般

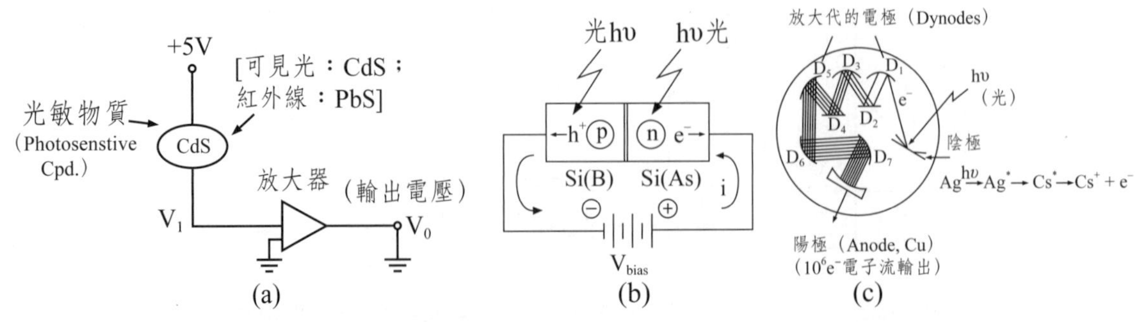

圖9-18　(a) CdS/PbS光導體偵測器，(b)光二極體，及(c)光電倍增管光偵測器

市售光電倍增管受一光子照射後最後會從陽極輸出約10^6～10^7個電子。

利用各種光偵測器所輸出之電壓或電流和光強度（光度）關係圖可建立電壓或電流和光度標準曲線，然後利用此標準曲線及光偵測器所輸出之電壓或電流可估算出一光源之光度。光度L的標準單位爲燭光（Candela，簡寫爲cd），其定義爲：黃綠色光光源在某一方向上輸出功率爲1/683瓦／球面度的發光強度，具體來說，1燭光大約是一支普通蠟燭發出光來的強度[203b]。MC8951光度自動控制系統（MC8951 Automatically Optical Controlling System）依使用ADC（類比／數位轉換器）與否可分(1) MC8951-ADC0804光度自動控制系統及(2) MC8951-比較器光度自動控制系統，分別說明如下：

9.6.2.1 MC8951-ADC0804光度自動控制系統

圖9-19爲MC8951-ADC0804光度自動控制系統之結構示意圖。如圖所示，首先利用化學實驗系統之光照射CdS晶片或其他光感測元件而產生電流或電壓訊號V_1。然後將此電壓訊號輸入類比／數位轉換器（Analog to Digital Converter）ADC0804晶片轉換成數位訊號D，再輸入單晶片微電腦MC8951並將此數位訊號D由MC8951之Port 1埠輸出到其所接之LED排顯示並建立實際光度L，電壓訊號V_1和數位訊號D關係圖並找出擬控制的光度Lc、電壓訊號Vc和數位訊號D_c關係。

當一實驗系統之光照到光感測元件之光度$L < Lc$（擬控制的光度），光感測元件輸出電壓訊號將$V_1 < Vc$輸入單晶片微電腦之數位訊號也將$D < D_c$。此時如圖9-19所示，經電腦程式設使從單晶片微電腦MC8951的Port 2.0接腳輸出1（即輸出Vo= 5 V）而使接在Port 2.0接腳的固體繼電器（SSR, Solid State Relay）起動並點亮所接的110V燈泡以增加實驗系統之光強度。

反之，當一實驗系統之光度$L > Lc$（擬控制的光度），光感測元件輸出電壓訊號將$V_1 > Vc$輸入單晶片微電腦之數位訊號也將$D > D_c$。此時單晶片微電腦MC8951的Port 2.0接腳輸出0（即輸出Vo= 0 V）而使其所接的固體繼電器中斷並使繼電器所接的燈泡關掉以下降實驗系統之光強度，達到化學實驗系統光度自動控制的目的。

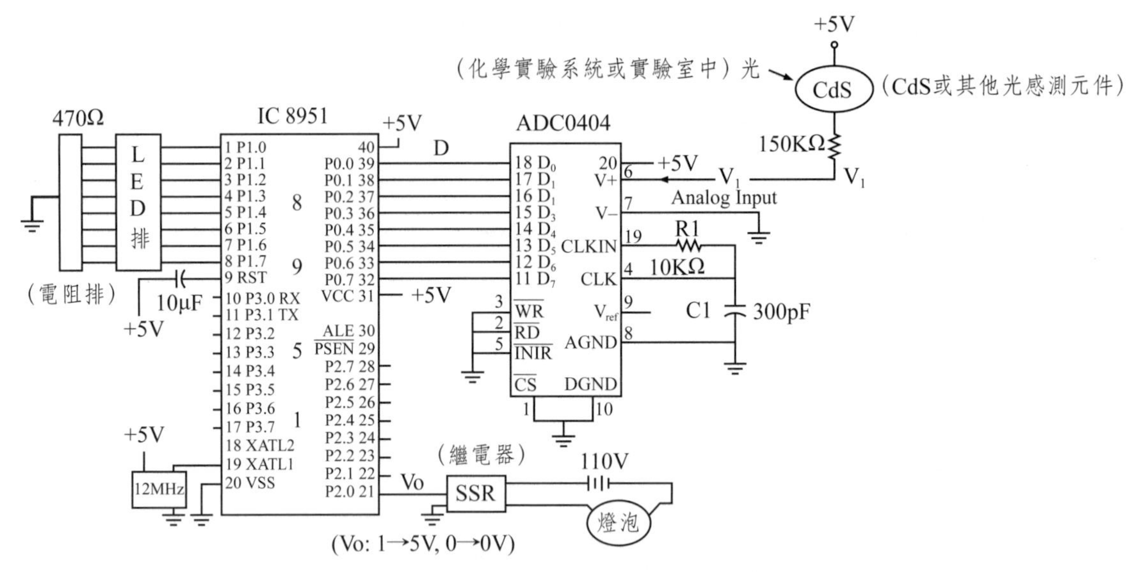

圖9-19 MC8951-ADC0804光度自動控制系統

9.6.2.2 MC8951-比較器光度自動控制系統，

如圖9-20所示，MC8951-比較器光度自動控制系統是利用比較器（如IC339晶片）比較從化學實驗系統之光（光度L）照射光感測元件（如CdS晶片）產生的電流或電壓訊號V_1和可變電阻控制的電壓訊號Vc相比較（此Vc值為擬控制的光度Lc照射光感測元件所產生的電壓訊號）。

(1) 若$V_1 < Vc$（由於L<Lc），則比較器晶片會輸出1訊號（$V_2 = 5V$）經MC8951微電腦之Port 0.5支腳輸入微電腦中，然後經執行電腦程式由MC8951微電腦之Port 2.0支腳輸出1訊號（即Vo = 5V）以起動接在Port 2.0支腳的固體繼電器（SSR）起動並點亮接在繼電器之110V燈泡以增加實驗系統之光強度。

(2) 反之，$V_1 > Vc$（當L>Lc），則比較器晶片會輸出0訊號（$V_2 = 0V$）經MC8951微電腦之Port 0.5支腳輸入微電腦中，並由微電腦Port 2.0支腳輸出0訊號（即$V_2 = 0V$）到接在Port 2.0支腳的固體繼電器（SSR）中斷並關掉其所接的燈泡以降低實驗系統之光強度，達到光度自動控制機制。

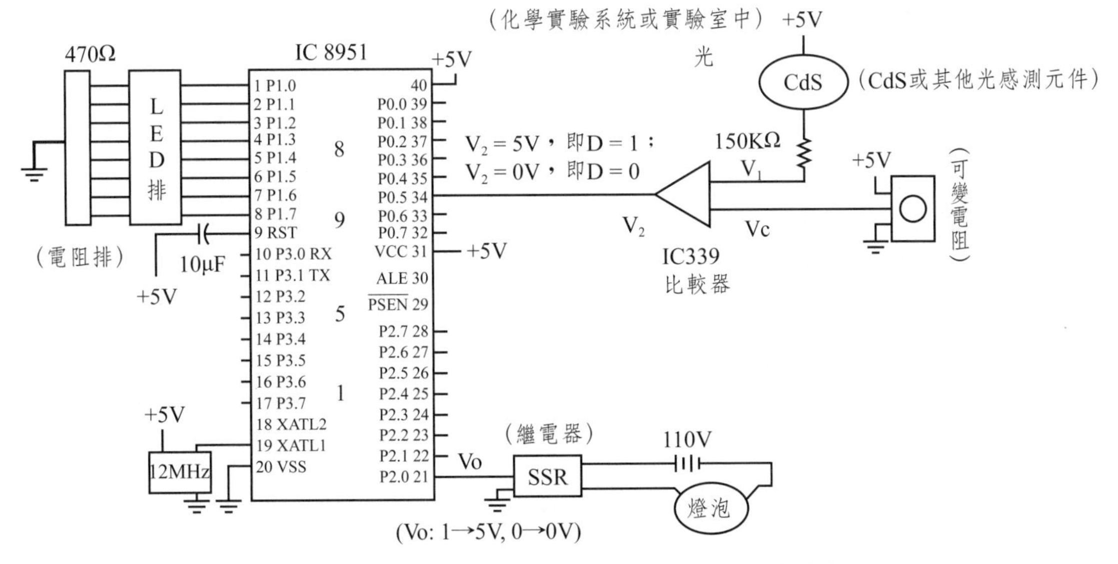

圖9-20　MC8951-比較器光度自動控制系統

9.6.3　MC8951自動酸鹼滴定系統

圖9-21(a)爲MC8951自動酸鹼滴定系統（MC8951 Auto-Acid/Base Titration System）之結構示意圖，而圖9-21(b)爲鹼滴定酸溶液之滴定曲線。滴定開始時首先由MC8951微電腦之Port 2.6腳輸出數位訊號1（5V）訊號使其所接之固體繼電器（SSR）起動因而開啓接在滴定管之電子開關H1使鹼滴定液流下來開始滴定，再由MC8951微電腦之Port 2.0輸出1訊號（5V）到其所接計時器開始計時（T=0），同時利用含pH電極及電位計所組成的pH計來檢測滴定過程中溶液pH變化，將此pH計之電位計輸出電壓V_1輸入運算放大器（OPA）放大成V_{in}電壓訊號並輸入類比／數位轉換器ADC0804轉成八位元數位訊號D，然後輸入單晶片微電腦MC8951。開始滴定時數位訊號爲Do，而當到達滴定終點P（圖9-21(b)）時溶液pH及數位訊號D都會急速變化（數位訊號D急速變化成Dp（圖9-21(b)），然後透過執行微電腦程式由 MC8951微電腦之Port 2.6腳輸出數位訊號0（0V）訊號使其所接之固體繼電器（SSR）關閉滴定管之電子開關H1終止滴定，同時由MC8951微電腦之Port 2.5腳輸出數位訊號1點亮其所接之LED燈。並由MC8951微電腦之Port 2.0輸出0到其所接計時器中止計時並讀出滴定時間T，然後由其滴定液流速F可計算到達滴定終點

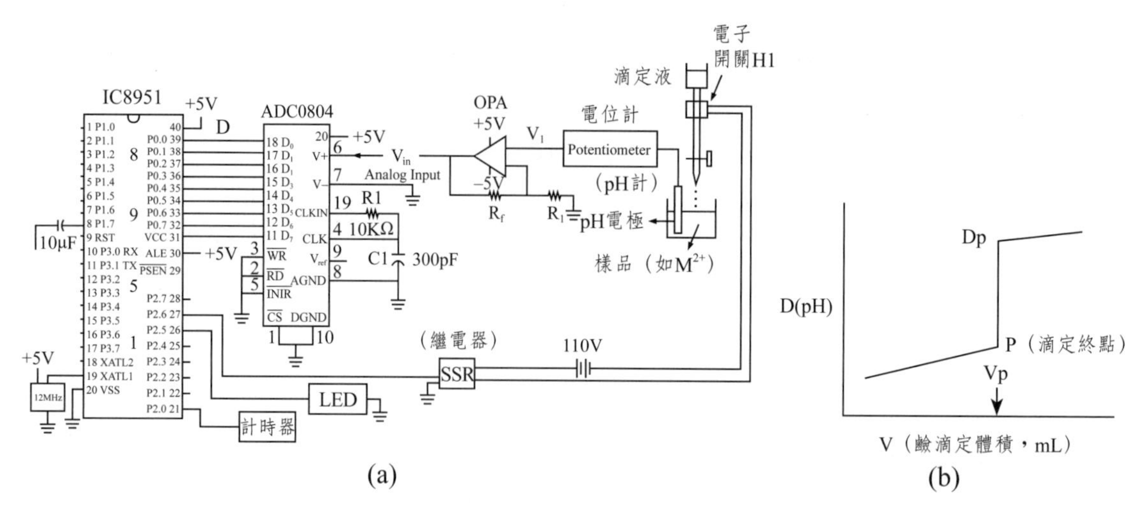

圖9-21　MC8951自動酸鹼滴定系統(a)結構示意圖及(b)滴定曲線

時所用滴定液體積Vp = F×T並推算溶液中待測物質含量。

9.6.4　MC8951液位控制系統

圖9-22為MC8951液位控制系統（MC8951 Liquid Leveling System）基本結構圖。一般液面控制所控制的為高液位（如圖9-22之S1）及低液位（如圖9-22之S2），在高低兩液位都需有導電偵測及發出警告系統，本系統即用導電板及MC8951當導電偵測及發出警告系統。執行步驟如下：

(1) 起動：按接在MC8951微電腦之P2.7支腳之按鈕P1輸出1（5V）訊號並由MC8951微電腦之P0.0支腳輸出1（5V）訊號以起動其所接的固體繼電器A並開啓其所接的電子控制開關H1以注入液體。

(2) 當注入液體達到高液位S1時，使S1導電板浸濕導電並輸出1（5V）到MC8951微電腦之P0.5支腳，然後由微電腦之P1.0支腳輸出1（5V）訊號點亮其所接藍色警告燈R1並由微電腦之P0.0支腳輸出0（0V）訊號以中斷其所接的固體繼電器A（SSR）並關閉其所接電子控制開關H1以中止注入液體。

(3) 當要取出（洩出）液體時，按接在微電腦P2.0支腳之按鈕P2輸入5V（數位訊號1）到微電腦之P2.0支腳並由微電腦之P2.1支腳輸出1

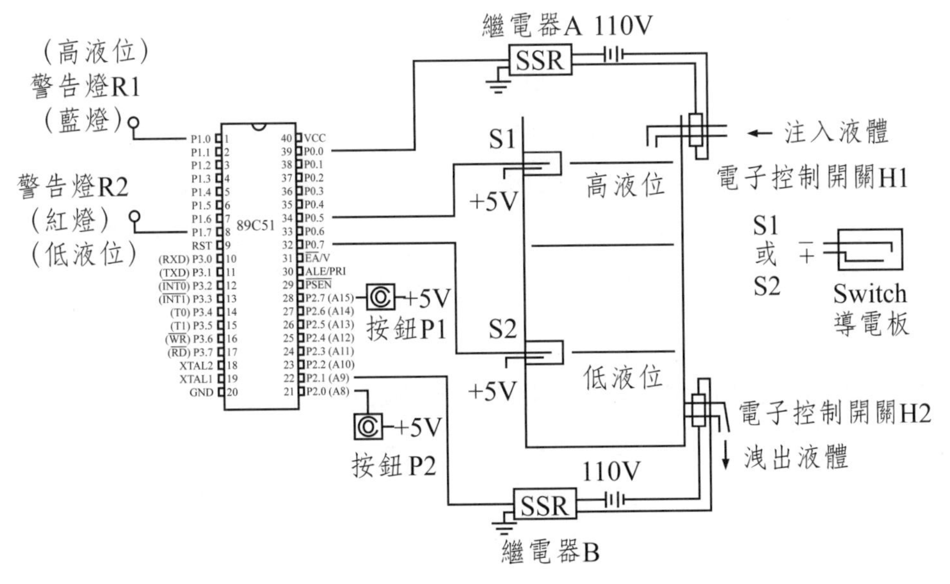

圖9-22 MC8951液位控制系統

（5V）訊號以起動其所接的固體繼電器B並使其所接的電子控制開關H2以洩出液體。

(4) 當洩出液體使液位低至低液位S2以下時，使S2導電板變乾不導電並輸入使接在S2的MC8951微電腦之P0.7支腳的電壓爲0V（即訊號0），然後由微電腦之P1.7支腳輸出1（5V）訊號點亮其所接紅色警告燈R2並由微電腦之P2.1支腳輸出0（0V）訊號以中斷其所接的固體繼電器B（SSR）並關閉其所接電子控制開關H2以中止洩出液體。同時，由接在MC8951微電腦之P0.0支腳輸出1（5V）訊號以起動其所接的固體繼電器A並開啓其所接的電子控制開關H1以注入液體。

(5) 重複(2)～(4)步驟。

9.6.5 MC8951中斷／異常控制系統

本節將介紹如何利用MC8951微電腦組成(1)供水中斷後自動斷電（停水斷電）系統，及(2)化學氣體儲存槽控制之中斷／異常控制系統（Single-Chip Microcomputer for System Interrupt/Abnormality）。在實驗室中在有機物液體蒸餾中常遇停水，若不立即斷電中斷加熱，有機物蒸氣將會充滿整個實驗室，若遇火花就有爆炸之可能，故必須有停水斷電系統，停水時立即斷電避免釀成災難。而化學工廠中化學氣體儲存槽最令人擔心是漏氣、高壓及高溫問題，漏氣會使有毒或會燃燒氣體到處擴散釀成危害，高壓及高溫則隨時都有爆炸可能，故一個可偵測及控制漏氣、壓力及溫度之化學氣體儲存槽控制系統是必要的，以下將分別說明此兩系統之結構及控制方法：

9.6.5.1 MC8951供水中斷後自動斷電裝置

圖9-23為裝在蒸餾系統上之MC8951供水中斷後自動斷電裝置（停水斷電）系統（MC8951 Automatic Power-off Device after Stopping Water Supplies）基本結構圖。(1)在有水時，圖9-23中之導電板會導電並輸出5V（數位訊號1）進入MC8951微電腦之P0.0支腳並由MC8951微電腦之P2.0支腳輸出5V（數位訊號1）以起動所接之固體繼電器（SSR）進而起動所接的加熱器以加熱蒸餾。(2)停水時，導電板不會導電，因而輸出0V（數位訊號0）進入MC8951微電腦之P0.0支腳並由MC8951微電腦之P2.0支腳輸出0V（數位訊號0）以中斷所接之固體繼電器（SSR）進而關閉所接的加熱器以停止加熱中止蒸餾，以達到停水斷電之目的。

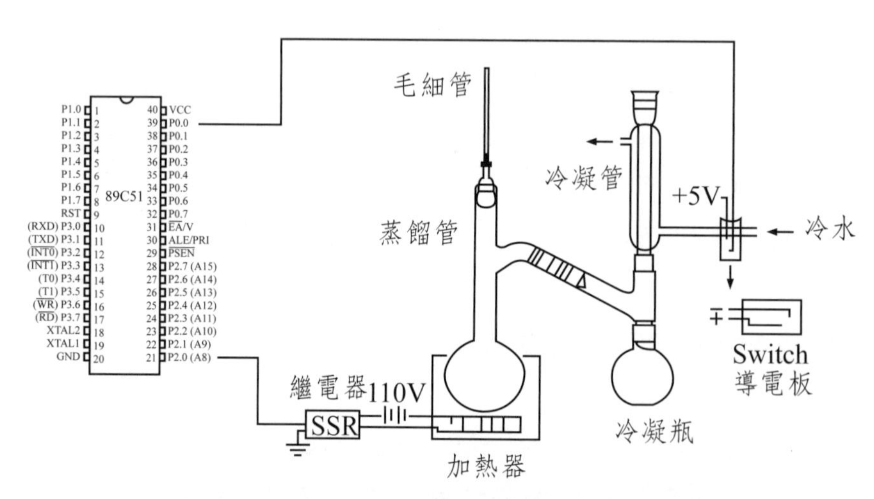

圖9-23　MC8951供水中斷後自動斷電裝置系統

9.6.5.2　MC8951微電腦化學氣體儲存槽控制系統

圖9-24為MC8951微電腦化學氣體儲存槽控制系統（MC8951Control system for Chemical Gas Storage Tank）。平時，化學工廠中化學氣體儲存槽上常用溫度感測器（C1）檢測儲存槽溫度及使用壓力感測器（C2）偵測儲存槽內壓力，並在儲存槽和反應槽間之管線上貼裝氣體感測器（C3）以檢側是否漏氣。溫度，壓力和氣體感測器所輸出的電壓訊號V1，V2及V3分別進入串列ADC0834之CH0及CH1支腳並轉成數位訊號，再以串列方式傳入單晶片MC8951。MC8951可將這些數位數據輸入大電腦顯示。但若這些數位訊號異常時，分別由MC8951之P1.0，P1.1及P1.2送出1（5V）訊號以起動S1,S2及S3固體繼電器（SSR）並分別開起所接之警報器及紅色警示燈。若是管線上氣體感測器（C3）顯示管線上氣體外洩，MC8951之P1.7送出1（5V）訊號使磁簧繼電器S4之COM和NC分離，而使接在繼電器S4的上下兩組NC之連接管線開關P1及P2關閉，切斷管線化學氣體輸送。

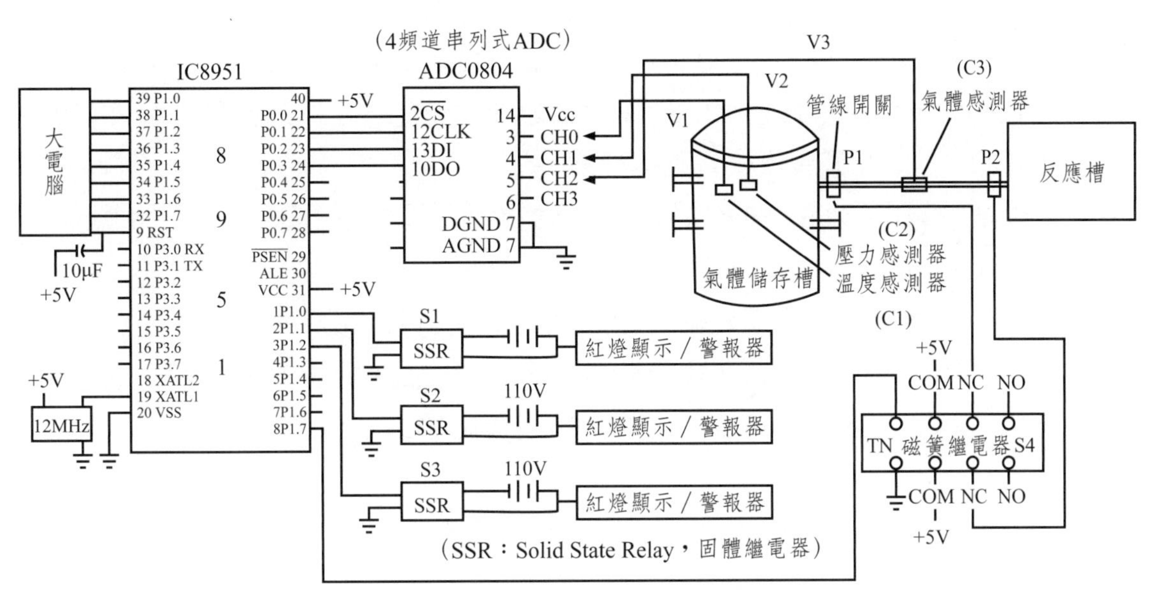

圖9-24　MC8951微電腦化學氣體儲存槽控制系統

9.7 內建ADC式MCS-51單晶片微電腦

MC8951單晶片雖然功能強用途廣，但儀器出來的類比電壓訊號不能直接輸入MC8951單晶片做處理而需先用類比／數位轉換器（ADC）將儀器類比電壓訊號轉換成數位訊號，再輸入MC8951單晶片做處理，故發展以MCS-51爲骨架內建ADC式單晶片微電腦（ADC In-Built ADCMCS-51 Single-Chip Microcomputers）。本節將介紹常見的內建ADC式MCS-51單晶片：(1)內建ADC式C8051F35X單晶片微電腦，(2)內建ADC式80C552單晶片微電腦，(3)內建ADC式ATmega32/81單晶片微電腦，及(4)內建ADC式C505單晶片微電腦。分別說明如下：

9.7.1 內建ADC式C8051F35X單晶片微電腦

常見的以8051單晶片爲骨架的內建ADC式C8051F35X系列單晶片微電腦（ADC In-Built C8051F35X Single-Chip Microcomputers）如表9-3所示有C8051F350、C8051F351、C8051F352及C8051F353等單晶片微電腦。表9-3爲這些C8051F35X單晶片微電腦內部組件。

圖9-25爲C8051F350及C8051F352單晶片微電腦兩種型號之接腳圖，如圖所示C8051F350及C8051F352單晶片皆具有八個內建ADC（ADC0-ADC7），可直接接收八部化學儀器之類比電壓訊號並分別轉換成數位訊號。而由圖9-26所示，C8051F351及C8051F353單晶片則也具有八個內建ADC（ADC0-ADC7），可直接接收八部化學儀器之類比電壓訊號。

9.7.2 內建ADC式80C552單晶片微電腦

圖9-27爲以8051單晶片爲骨架的內建ADC式80C552單晶片微電腦（ADC In-Built 80C552 Single-Chip Microcomputer）接腳圖。如圖所示，80C552單晶片具有八個內建ADC（ADC0～ADC7），可直接接收八部化學儀器之類比電壓訊號並分別轉換成數位訊號。

表9-3　內建ADC型C8051F 35X單晶片微電腦[203j]

Ordering Part Number	MIPS (Peak)	Fiash Memory	RAM	Calbrated Internal 24.5 MHz Oscitator	Clock Multiplier	SMBus/12C	SPI	UART	Timers (15-bit)	Programmatie Counter Array	Digital Port VDs	24-bit ADC	16-bit ADC	Two 8-bit Current Output DACs	Internal Votage Reference	Teiperature Senscr	Analcg Corrparator	Lead-free (RoHS Compliant)	Package
C8051F350-GQ	50	8kB	766	✓	✓	✓	✓	✓	4	✓	17	✓	—	✓	✓	✓	✓	✓	LOFP = 32
C8051F351-GM	50	8kB	766	✓	✓	✓	✓	✓	4	✓	17	✓	—	✓	✓	✓	✓	✓	OFN = 28
C8051F352-GQ	50	8kB	766	✓	✓	✓	✓	✓	4	✓	17	—	✓	✓	✓	✓	✓	✓	LOFP = 32
C8051F353-GM	50	8kB	766	✓	✓	✓	✓	✓	4	✓	17	—	✓	✓	✓	✓	✓	✓	OFN = 28

（參考資料：https://www.silabs.com/Support%20Documents/TechnicalDocs/C8051F35x.pdf）

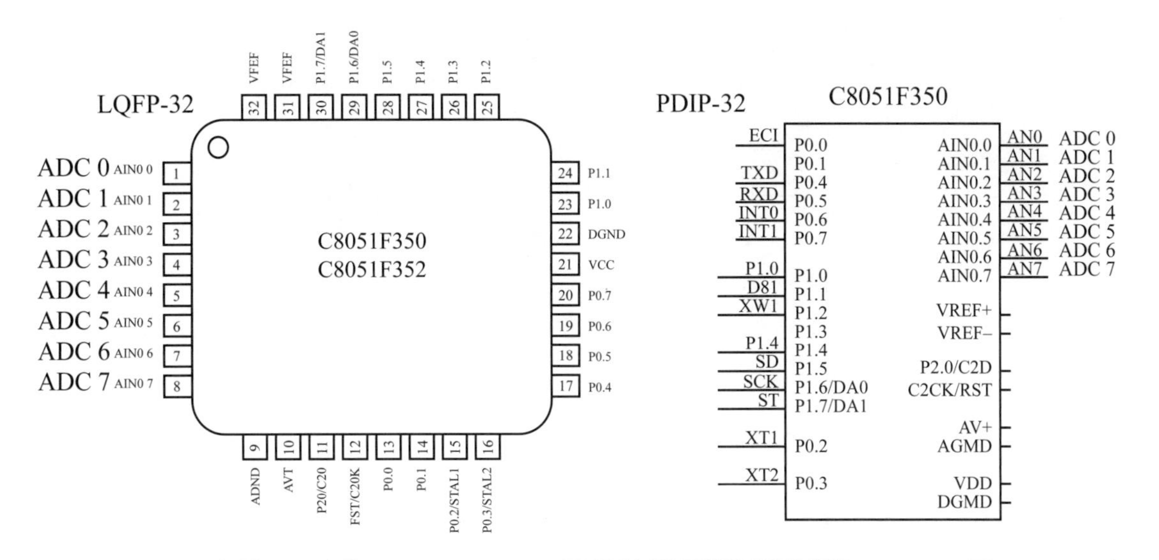

圖9-25　內建ADC式C8051F350/352單晶片微電腦兩種型號LQFP-32及PDIP-32之接腳圖[203k]（參考資料：https://www. silabs.com/Support%20Documents/TechnicalDocs/C8051F35x.pdf）

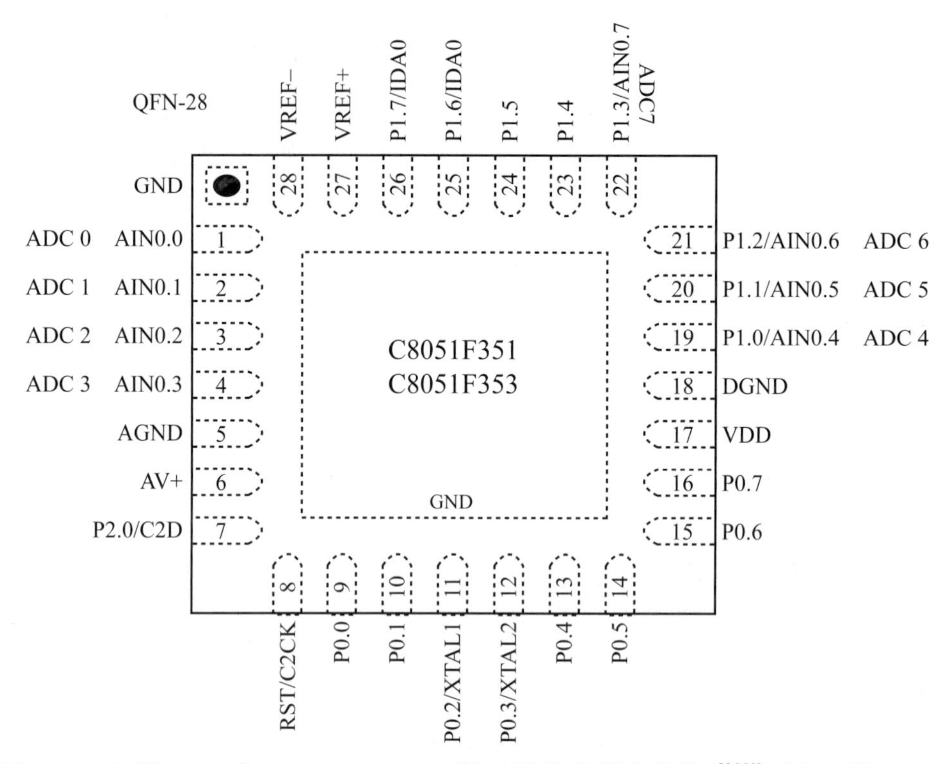

圖9-26 內建ADC式C8051F351/353單晶片微電腦接腳圖[2031]（參考資料：https://www.silabs. com/Support%20Documents/TechnicalDocs/C8051F35x.pdf）

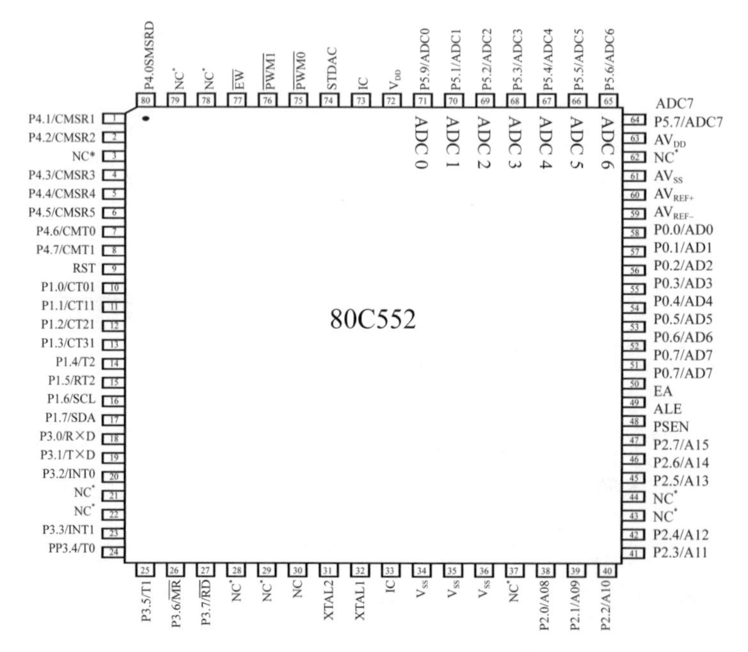

圖9-27 內建ADC式80C552單晶片微電腦接腳圖[203m]（參考資料：http://pdf1.alldatasheet.com/ datasheet-pdf/view/15872/PHILIPS/P80C552EBA.html）

9.7.3　內建ADC式ATmega32/81單晶片微電腦

圖9-28及圖9-29分別爲由MCS-51爲基礎開發出來的內建ADC式ATmega32及ATmega81單晶片微電腦（ADC In-Built ATmega32/81 Single-Chip μC）接腳圖。由圖9-28兩種型號（PDIP/TOPP）ATmega32單晶片之接腳圖中可看出其具有八個內建ADC（ADC0～ADC7），可直接接收八部化學儀器之類比電壓訊號並分別轉換成數位訊號。而由圖9-29所示，內建ADC式ATmega81單晶片則具有六個內建ADC（ADC0～ADC5），可直接接收六部化學儀器之類比電壓訊號。

9.7.4　內建ADC式C505單晶片微電腦

圖9-30爲以8051單晶片爲骨架的內建ADC式C505單晶片微電腦（ADC In-Built C505 Single-Chip Microcomputer）接腳圖。如圖所示，C505單晶片具有八個內建ADC（ADC0～ADC7），可直接接收八部化學儀器之類比電壓訊號並分別轉換成數位訊號。

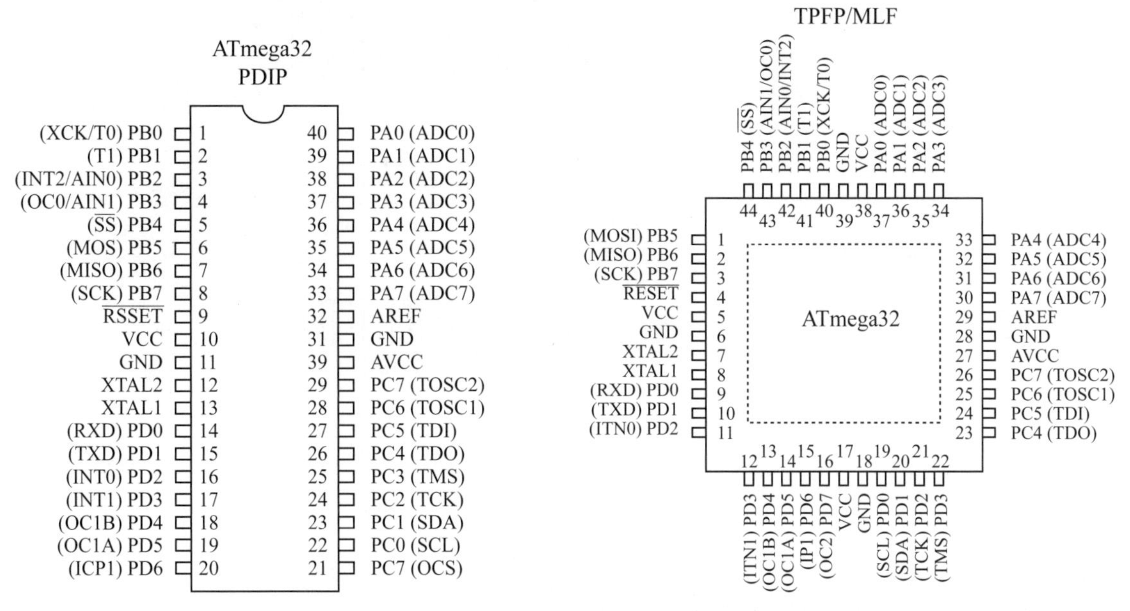

圖9-28　內建ADC式ATmega32單晶片微電腦兩種型號PDIP及TQFP之接腳圖[203h]

（參考資料：http://www.atmel.com/ images /doc2503.pdf）

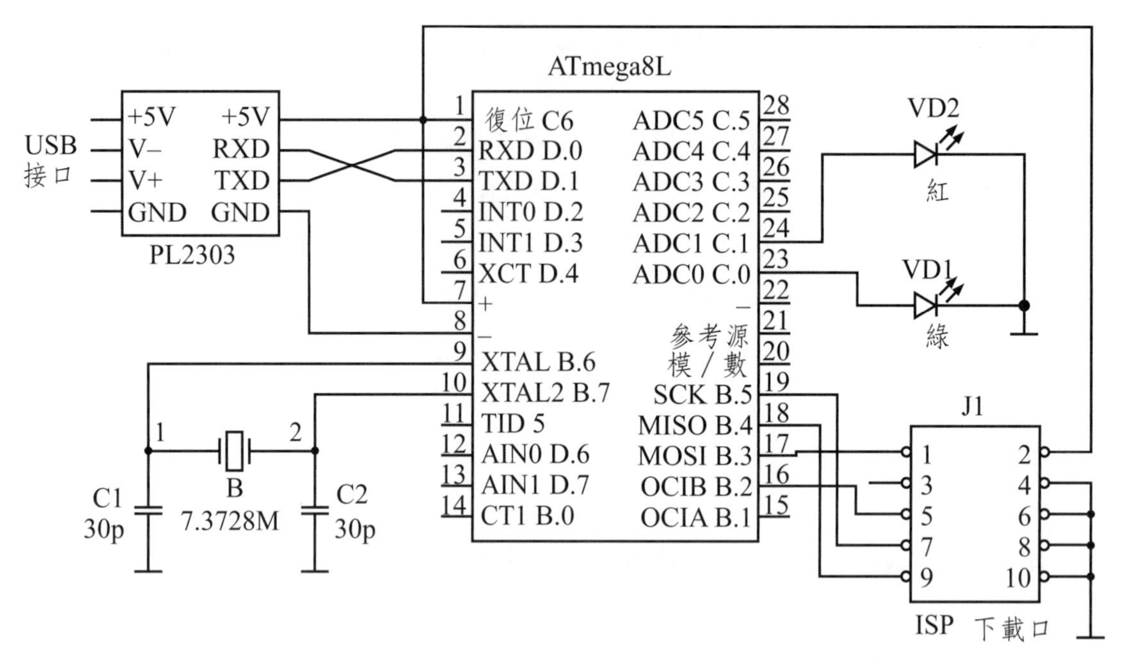

圖9-29　內建ADC式ATmega81單晶片微電腦接腳圖[203i]（參考資料：http://www.go-gddq.com）

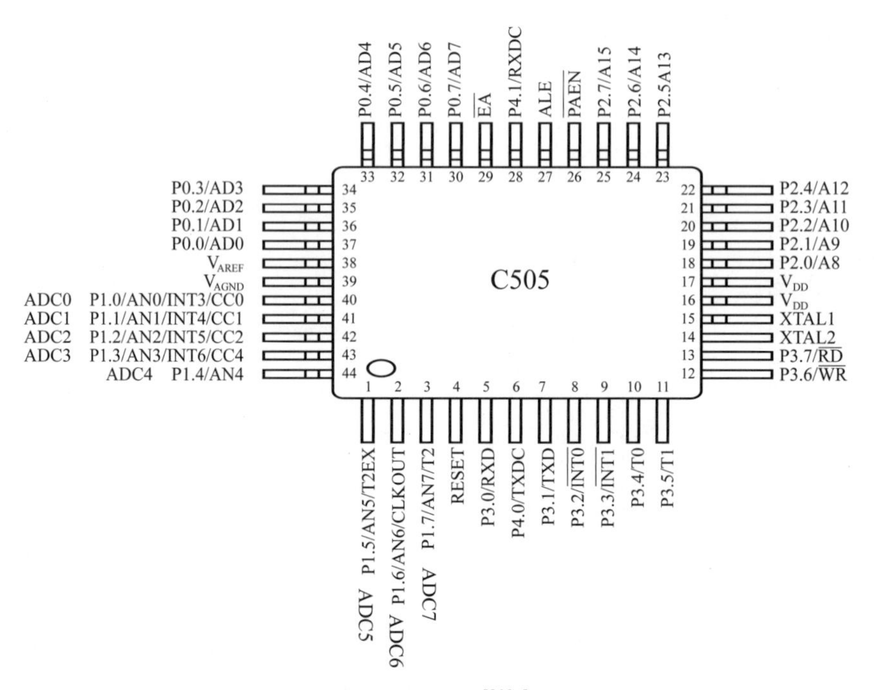

圖9-30　內建ADC式C505單晶片微電腦接腳圖[203n]（參考資料：http://www.infineon.com/dgdl/Infineon-C505DB-DS-v01_01-en.pdf?fileId=db3a304412b407950112b41a77922aa7）

9.8　無線電（RF）型MCS-51單晶片微電腦

無線電（RF）型MCS-51單晶片微電腦（Radio Frequency(RF) MCS-51 Single-Chip Microcomputers）是以MCS-51單晶片爲骨架所構成且可當無線電（RF）收發器之單晶片，其中較著名的如表9-4所示的CC1XXX，C2XXX及CC85XX系列無線電（RF）型單晶片。如表所示，CC1XXX系列單晶片只能發射 < GHz無線電波，而C2XXX及CC85XX系列單晶片則能發射2.4 GHz無線電波。

在無線電（RF）型C2XXX系列單晶片（RF-C2XXX Single-Chip Microcomputers）中，較常見的爲CC2541單晶片，因爲如圖9-31所示，CC2541單晶片除可當無線電收發器（Transceiver）可發射2.4GHz外，還具有6個內建ADC可由其6個接腳AVDD1～AVDD6接收6部化學儀器（如化學感測器）所輸出的電壓訊號V1～V6並在CC2541單晶片中轉換成數位訊號，再轉換成無線電波發出。

如圖9-32所示，CC2541晶片內部結構內部含有單晶片8051之CPU和I^2C介面，因而CC2541晶片亦可經SCL及SDA兩接腳和具有I^2C介面（Inter-In-

表9-4　無線電（RF）型MCS51骨架單晶片一覽表[204a,b]

發射RF頻率	單晶片系列	單晶片型號
< GHz	CC1xxx系列	CC1020, CC1101, CC1110, CC1111,
		CC1100E, CC1120, CC1200, CC1125
	CC430	CC430
2.4 GHz	CC2xxx系列	CC2500, CC2510, CC2520, CC2511
		CC2530, CC2531, CC2533, CC2538
		CC2540, CC2541, CC2550, CC256x
		CC2570, CC2571
	CC85xx系列	CC8520, CC8521, CC8530, CC8531

（參考資料：http://www5.epsondevice.com/cn/ic_partners/ti/cc_series.html;http://www.ti. com/lit/ug/swru250m/swru250m.pdf）

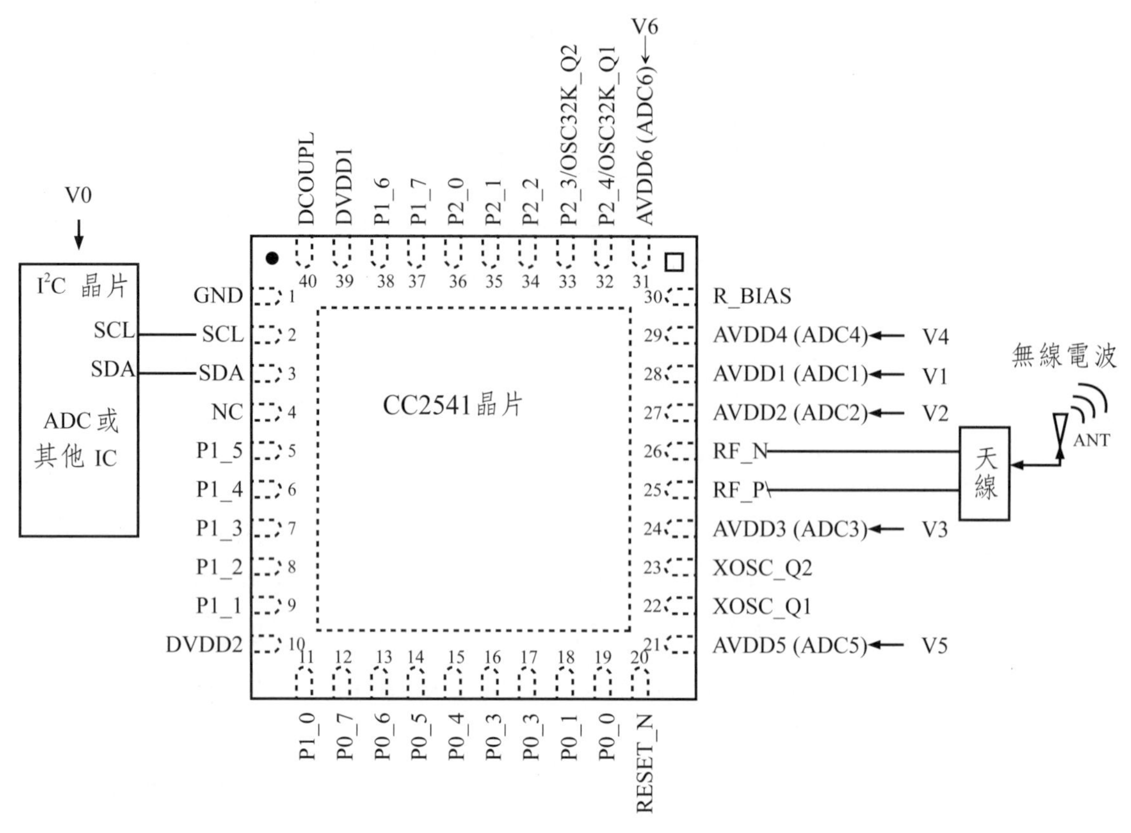

圖9-31 無線電（RF）型CC2541單晶片接受電壓訊號及發射無線電波接腳圖[204c]
（參考資料：http://www.ti.com/lit/ds/symlink/cc2541.pdf）

tegrated Circuit（I²C）Interface）或稱TWI（Two-Wire Interface）之串列晶片連接並接收這些串列晶片所輸出之數位訊號。故如圖9-33路線I所示，偵測空氣污染氣體之化學感測器所輸出的類比電壓訊號V_0可直接接到CC2541晶片之內建ADC1接腳AVDD1（路線I）進入內建ADC轉成數位訊號，亦可如圖9-33路線II所示，將化學感測器所輸出的類比電壓訊號V_0先經I²C型串列ADC晶片轉成數位訊號，再經SDA及SCL兩連線進入CC2541單晶片中。這些由路線I或路線II所得之數位訊號再經CC2541單晶片中的無線電產生合成器（Frequency Synthesizer）轉成頻率訊號，然後經單晶片中無線電發射器（Transmitter）將頻率訊號轉成無線電波經天線發射出去。

CC2541單晶片當無線電產生／控制晶片主要是此晶片可發出高達2.4 GHz無線電波，其涵蓋現在無線網路（Wireless Internet）及手機（Cell

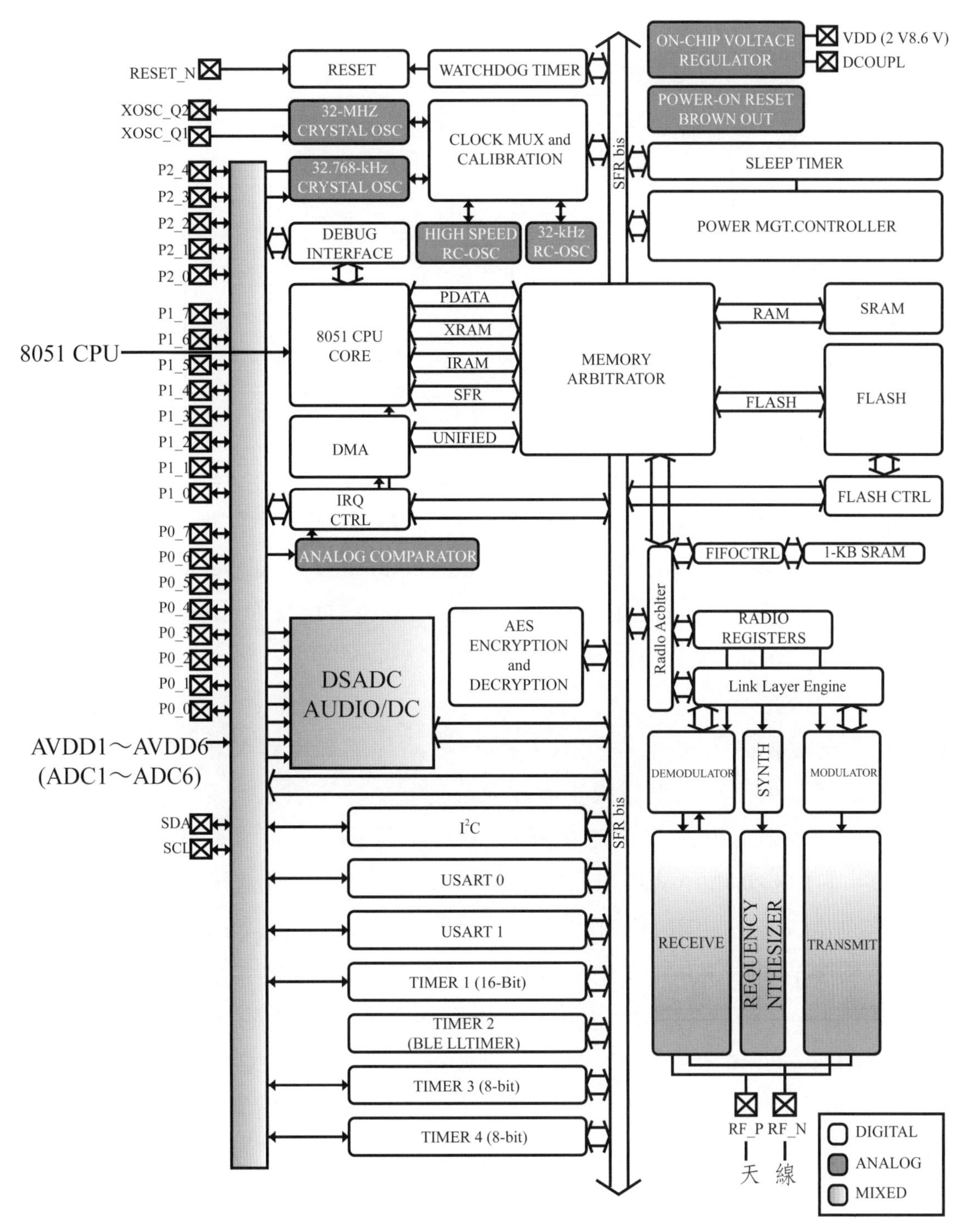

圖9-32　無線電（RF）型CC2541單晶片內部結構[204c]（原圖來源：http://www.ti.com/lit/ds/symlink/cc2541.pdf）

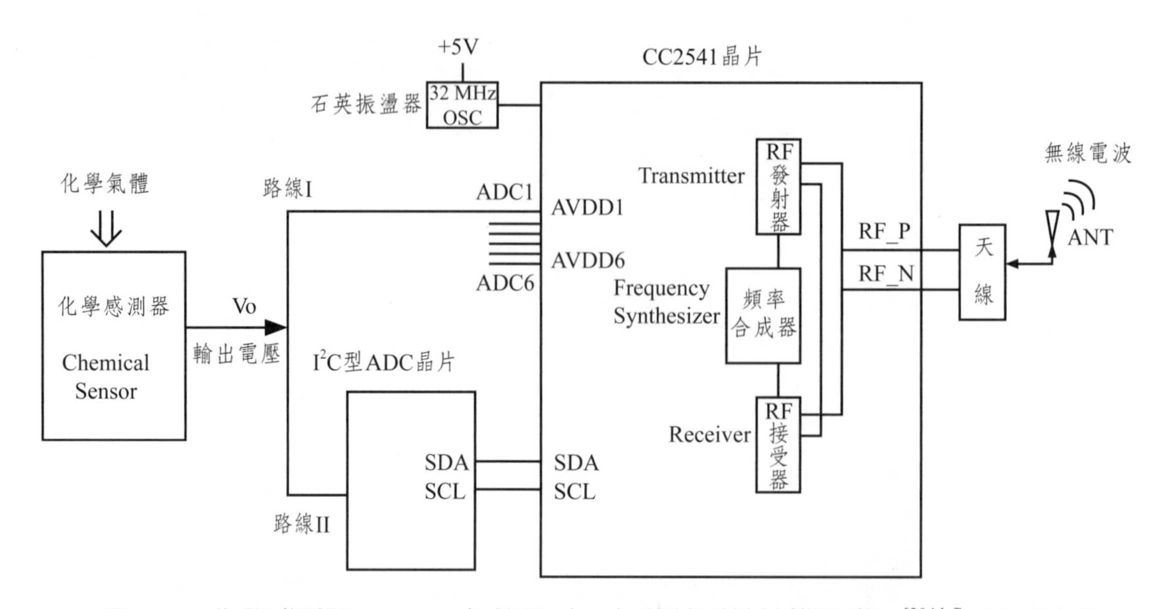

圖9-33　化學感測器-CC2541無線電（RF）傳輸系統結構示意圖[204d-f]（參考資料：(a)http://www.ti.com/ww/tw/more/solutions/co_sensor.shtml; (b) http://www.mouser.hk/new/Texas-Instruments/ti-cc2541; (c)http://www.farnell.com/datasheets/1719493.pdf

Phone）波段範圍，換言之，用CC2541單晶片無線電轉換化學感測器訊號所得的無線電波可用無線網路或手機接收及傳輸。

圖9-34爲利用無線電波產生器的CC2541單晶片及可當恆電位器（Potentiostat）的LMP91000晶片和三電極（工作電極（Working Electrode, W）、相對電極（Counter Electrode, C）及參考電極（Reference Electrode, R））所組成的無線電（RF）電化學氣體感測器結構示意圖。當待測空氣污染氣體（如CO）在一特定外加電壓在工作電極（W）所產生氧化或還原電流訊號，經LMP91000晶片之I/V放大器轉成電壓訊號傳入CC2541單晶片中，經CC2541單晶片中無線電產生合成器轉成頻率訊號，再經無線電發射器轉成無線電波經天線發射出去。

無線電（RF）型CC85XX系列單晶片（RF-CC85XX Single-Chip Microcomputers）除和CC2XXX系列單晶片一樣可當無線電收發器（RF Transceiver）且具有6個內建ADC和I²C介面（Inter-Integrated Circuit（I²C）Interface）外，還有SPI介面（Serial Peripheral Interface（SPI）可和SPI晶片

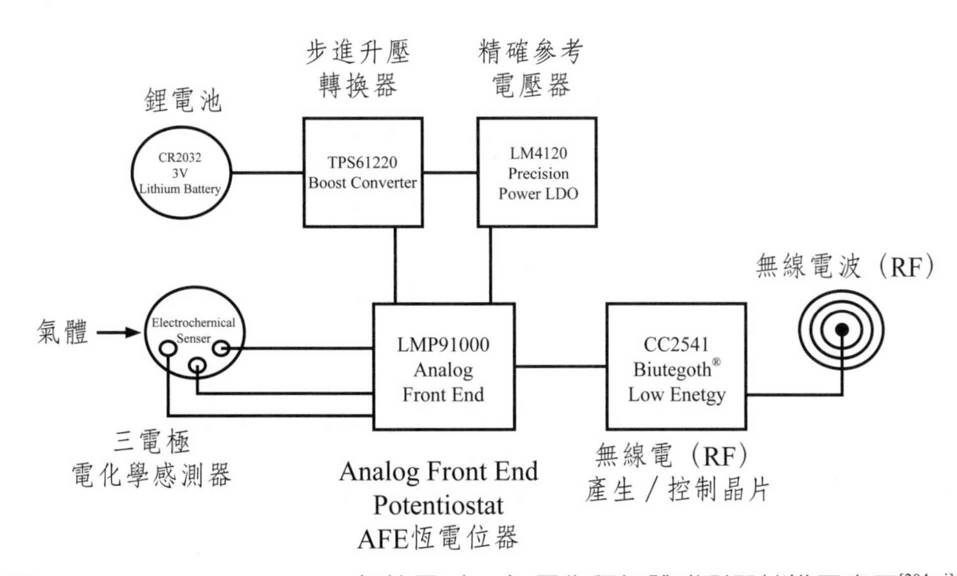

圖9-34 LMP91000-CC2541無線電（RF）電化學氣體感測器結構示意圖[204g-j]（原圖來源http://www.wpgholdings.com/yosung/news_detail/zhtw/program/15880; 參考資料：http://www.ti.com/ww/tw/more/solutions/co_sensor.shtml; http://www.ti.com/ww/tw/more/solutions/co_sensor. shtml; http://www.farnell.com/datasheets/1719493.pdf）

連接，同時，在CC85XX系列單晶片中CC8521及CC8531單晶片還具有USB_P和USB_N接腳，可以直接連接USB接頭，以USB接口和微電腦或其他USB電子線路連線。圖9-35爲USB-無線電（RF）型CC8521/31單晶片（USB-RF CC8521/31 Single-Chip Microcomputers）接線圖。

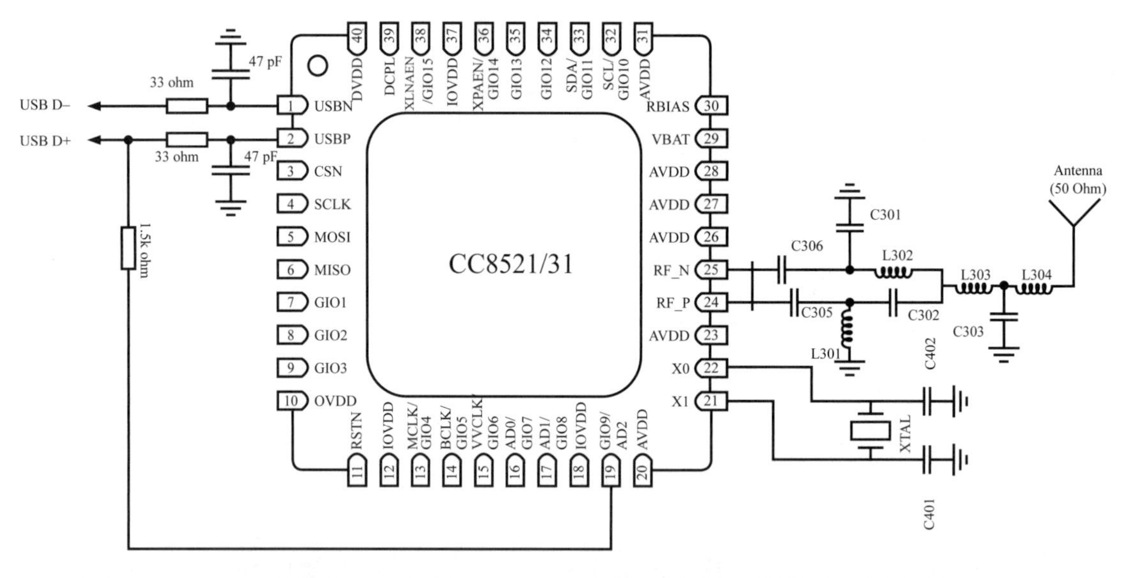

圖9-35　USB-無線電（RF）型CC8521/31單晶片接線圖[204k]（原圖來源：http://www.ti.com/ds_dgm/ images/alt_swrs091f.gif）

第 10 章

PIC單晶片微電腦
(PIC Single-Chip Microcomputers)

PIC16Fxx\PIC16Cxx\17C7XX\ PIC18FXX[205-216]]系列單晶片微電腦爲常用單晶片微電腦，皆爲微晶片公司（Microchip Technology）生產的PIC微控晶片（Peripheral Interface Controller）系列單晶片微電腦。這些PIC單晶片微電腦中有許多爲具有內建ADC單晶片微電腦，這是指單晶微電腦晶片中含有「內建」類比／數位轉換器（即「內建ADC（In-Built ADC）」），可直接接收各種化學儀器所輸出之類比電壓訊號。上章介紹之單晶微電腦8951晶片雖然價格低廉及功能也很強廣受學子們愛用，但因8951晶片無內建ADC需外接ADC才可接收外來化學儀器類比電壓訊號，所以上章所介紹的內建ADC式MCS-51及本章所介紹的內建ADC式PIC單晶微電腦應運而生。常見的內建ADC式PIC單晶微電腦晶片有PIC 16C71，PIC 16F74及PIC 16F877晶片（型號含F表示含EEPROM，如16F877）和爲因應現在電腦皆用USB和外界輸出輸入而發展的可直接用USB和PC電腦連線之內建ADC式PIC18FXX USB單晶片微電腦。本章除將介紹各種具有內建ADC之PIC16F(c)XX、PIC17CXX及可直接用USB和PC電腦連線之內建ADC式PIC18FXX USB單晶片微電腦晶片之結構、功能及應用，也將介紹一些常用但沒內建ADC但常用做特殊用途之PIC單晶微電腦（如PIC 16F84）晶片。

10.1 內建ADC式PIC16-18F(c)XX單晶片微電腦簡介[206-216]

常見內建ADC式PIC單晶片微電腦（ADC In-Built PIC Single-Chip Microcomputers）如表10-1所示的有(1)含EPROM及4-8ADC之PIC16C7x系列（如PIC16C71、PIC16C710及PIC16C74），(2)含EEPROM及5-8ADC之PIC16F7x系列（如PIC16F73、PIC16F74及PIC16F77），(3)含EEPROM及5-8ADC之PIC16F87x系列（如PIC16F877、PIC16F876及PIC16F874），(4)含EPROM及12ADC之PIC17C75x系列（如PIC17C752及PIC17C756），(5)含EPROM及5-8 ADC之PIC18Cxx系列（如PIC18C242、PIC18C252、PIC18C442及PIC18C452），(6)含EEPROM及5-8 ADC之PIC18FXX2系列和(7)含EEPROM、USB接口及10-13 ADC之USB式PIC18Fxx系列（如PIC18F2XJ50/4XJ50，PIC18F2450/4450及

表10-1　常見各種含內建ADC之PIC單晶片微電腦[208,210,214]

廠牌	單晶片微電腦系列	ADC	晶片型號
PIC (Mikrochip)	PIC16C7X系列	4~8ADC	PIC16C71, PIC16C711, PIC16C710, PIC16C72, PIC16C73, PIC16C73A, PIC16C74, PIC16C74A
	PIC16F7X系列	5~8ADC	PIC16F73, PIC16F74, PIC16F76, PIC16F77
	PIC16F87X系列	5~8ADC	PIC16F873, PIC16F874, PIC16F876, PIC16F877
	PIC17C75X系列	12ADC	PIC17C752, PIC17C756
	PIC18CXX系列	5~8ADC	PIC18C242, PIC18C252, PIC18C442, PIC18C452
	PIC18FXX2系列	5~8ADC	PIC18F242, PIC18F252 PIC18F442, PIC18F452
	USB式PIC18FXX系列	10~13ADC	PIC18F2XJ50/4XJ50 PIC18F2450/4450 PIC18F2455/2550/4455/4550 PIC18F2XK20 PIC18F4XK20

PIC18F2455/2550/4455/4550）。然較常用的內建ADC式PIC單晶片微電腦為PIC 16C71X系列、PIC 16F7X系列及PIC 16F87X系列單晶片微電腦晶片。本節將分別介紹內建ADC式PIC16C(F)XX、PIC 17C7XX及PIC 18FXXX單晶微電腦晶片之功能及應用。

10.1.1　內建ADC式PIC 16C7X系列單晶片微電腦[207-209]

內建ADC式PIC 16C7X系列單晶片微電腦可概分兩類：(1)PIC16C71晶片系列及(2)PIC16C72-74晶片兩類，其內部結構分別說明如下：

10.1.1.1　內建ADC 式PIC 16C71X系列單晶片微電腦

圖10-1(a)為內建ADC PIC單晶片微電腦PIC16C71X（ADC In-Built PIC 16C71X Single-Chip Microcomputers）晶片（PIC16C71、PIC16C710、PIC16C711及PIC16C715）接腳圖，而圖10-1(b)為含EPROM之PIC16C71晶片實物圖。如表10-2所示，這些PIC16C71X皆含4個內建ADC及EPROM。換言之，因有4個內建ADC（接腳AN0～AN3）皆可直接接收4部化學儀器輸出之類比電壓訊號並轉換成數位訊號，同時因有EPROM儲存執行程式可隨時寫入或照紫外線光消除。然因只有兩個I/O埠RA，RB（I/O Port）能做並列傳送數位數據（D0～D7），而因無串列埠（Serial Port）不能做串列傳送（D0，

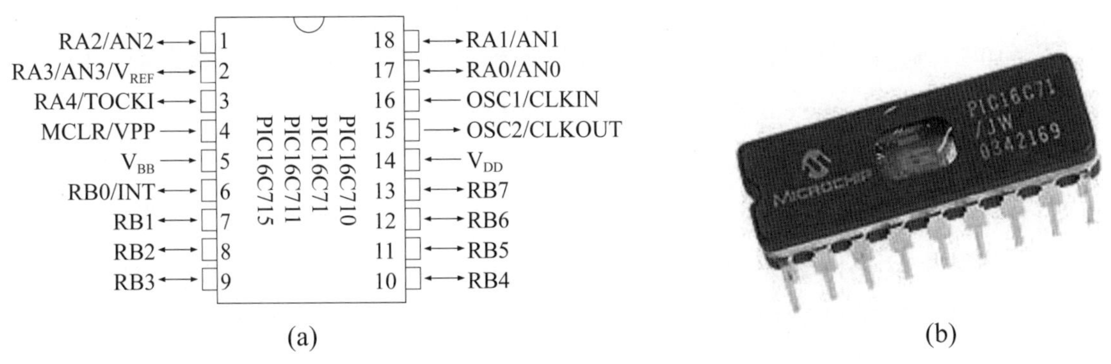

圖10-1　內建ADC PIC單晶片微電腦(a)PIC16C71X晶片接腳圖，及(b)含EPROM之PIC16C71晶片實物圖[207]（原圖來源：(a)(b)http://www.futurlec.com/Microchip/PIC16C71.shtml）

表10-2 內建ADC之PIC16C71X組件[208]

晶片型號	ROM(a)(位元)	RAM(b)(位元)	ADC	I/O埠(串列埠)(c)	I/O埠(並列埠)(d)
PIC16C71	EPROM(14×1K)	36×8	4(AN0-AN3)	-	RA, RB
PIC16C710	EPROM(14×512)	36×8	4(AN0-AN3)	-	RA, RB
PIC16C711	EPROM(14×1K)	68×8	4(AN0-AN3)	-	RA, RB

(a)ROM: Read Only Memory (Program Memory)；(c)串列埠：Serial Communication Port
(b)RAM: Random Access Memory (Data Memory)；(d)並列埠：Parallel Port

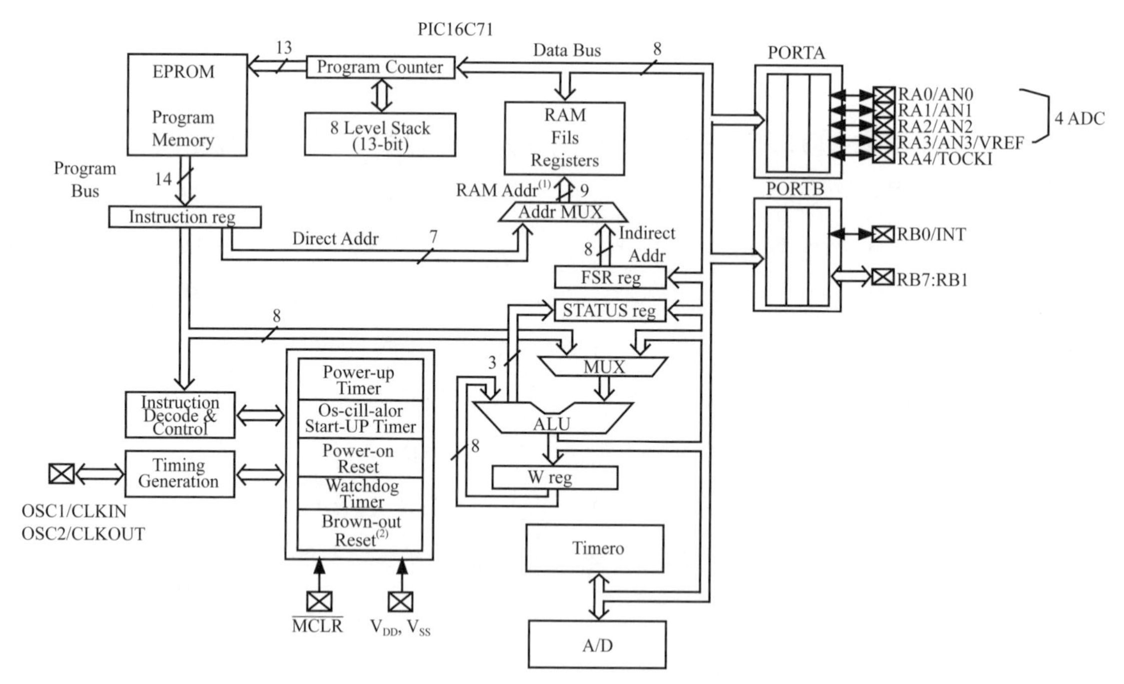

圖10-2 單晶片微電腦PIC16C71晶片內部結構線路圖[208]（原圖來源：http://datasheets. chipdb.org/Microchip/PIC16C7X.PDF）

D1…D7一個一個傳送），換言之不能接RS232及其他串列系統，是其缺點，然因其體積小又有內建ADC相當好用。圖10-2為單晶片微電腦PIC16C71晶片內部結構線路圖，可見PIC16C71晶片體積雖小，其內容結構相當複雜。

10.1.1.2 內建ADC式PIC 16C72-74系列單晶片微電腦[208-210]

表10-3為內建ADC PIC單晶片微電腦PIC16C7X（ADC In-Built PIC

16C7X Single-Chip Microcomputers）晶片（PIC16C72、PIC16C73/PIC-16C73A及PIC16C74/PIC16C74A）內部組件，其中PIC16C72及PIC16C73/PIC16C73A皆有5個內建ADC，而PIC16C74/PIC16C74A則含8個內建ADC。如表10-3所示，所有此PIC16C7X單晶片微電腦皆含EPROM，可重複讀寫，寫入及去除執行程式。圖10-3為單晶片微電腦(a)PIC16F72，(b)PIC16F73/PIC16F73A，及(c)PIC16C74/PIC16C74A接腳圖。

表10-3　內建ADC之PIC16C72-74組件[208]

晶片型號	ROM（位元）	RAM（位元）	ADC	I/O埠（串列埠）(a)	I/O埠（並列埠）
PIC16C72	EPROM(14×2K)	128×8	5(AN0-AN4)	-	RA, RB, RC
PIC16C73	EPROM(14×4K)	192×8	5(AN0-AN4)	Yes(RC6(T), RC7(R))	RA, RB, RC
PIC16C73A	EPROM(14×4K)	192×8	5(AN0-AN4)	Yes(RC6(T), RC7(R))	RA, RB, RC
PIC16C74	EPROM(14×4K)	192×8	8(AN0-AN7)	Yes(RC6(T), RC7(R))	RA, RB, RC, RD, RE
PIC16C74A	EPROM(14×4K)	192×8	8(AN0-AN7)	Yes(RC6(T), RC7(R))-	RA, RB < RC, RD, RE

(a)T = TX, Transmitter; R = RX, Reciver

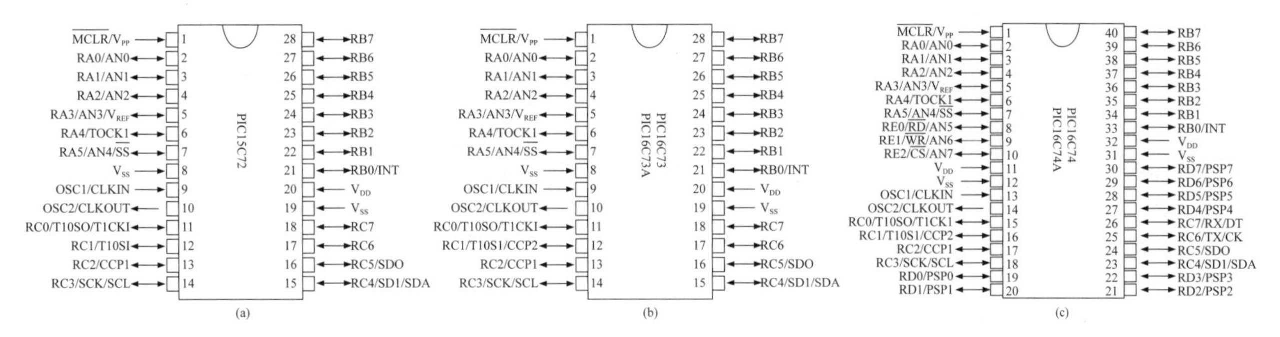

圖10-3　單晶片微電腦(a)PIC16C72，(b)PIC16F73/PIC16C73A[208]，及(c)PIC16C74/PIC16C74A接腳圖[209]（原圖來源(a)、(b)http://datasheets.chipdb.org/Microchip/PIC16C7X.PDF; (c)http://www.futurlec.com/Microchip/PIC16C74.shtml）

10.1.2 內建ADC式PIC 16F7X系列單晶片微電腦[210]

內建ADC式 PIC 16F7X系列單晶片微電腦（ADC In-Built PIC 16F7X Single-Chip Microcomputers）如表10-4所示具有Flash EEPROM、RAM、5-8個內建ADC及串列埠（Serial port）和3～5個並列輸入／輸出埠（I/O Ports）。PIC 16F7X系列中常見的有PIC 16F73、PIC 16F74、PIC 16F76及PIC 16F77，其中以PIC 16F74應用較廣。PIC 16F7X系列因有Flash EE-PROM只要一指令即可去除晶片內的程式並可重寫入新程式，而串列埠使其可接RS232或其他串列傳送系統以做串列訊號傳送。當然由其並列埠（Parallel Port）亦可做所有數據訊號位元（D0～D7）一起輸送的並列傳送。圖10-4爲具有8個內建ADC之單晶片微電腦PIC16F74（40 Pins）之DIP型及I/PT型晶片實物圖，而圖10-5爲單晶片微電腦PIC16F74/ PIC16F77（40 pins）之PDIP型，QFP型，及PLCC型晶片的接腳圖。

表10-4 內建ADC之PIC16F7X組件[210]

晶片型號	ROM（位元）	RAM（位元）	ADC	I/O埠（串列埠）(a)	I/O埠（並列埠）
PIC16F73	Flash EEPROM (14×4K)	192×8	5(AN0-AN4)	Yes(RC6(T), RC7(R))	RA, RB, RC
PIC16F74	Flash EEPROM (14×4K)	192×8	8(AN0-AN7)	Yes(RC6(T), RC7(R))	RA, RB, RC, RD, RE
PIC16F76	Flash EEPROM (14×8K)	368×8	5(AN0-AN4)	Yes(RC6(T), RC7(R))	RA, RB, RC
PIC16F77	Flash EEPROM (14×8K)	368×8	8(AN0-AN7)	Yes(RC6(T), RC7(R))	RA, RB, RC, RD, RE

(a)T = TX, Transmitter; R = RX, Reciver

圖10-4　單晶片微電腦PIC16F74（40 pins）(a)DIP型[217]，及(b)I/PT型[218]晶片實物圖（原圖來源：(a) http://media.digikey.com/Renders/~~Pkg.Case%20or%20Series/40-DIP_sml.jpg; (b) http://www.wvshare.com/product/PIC16F74-I-PT.html）

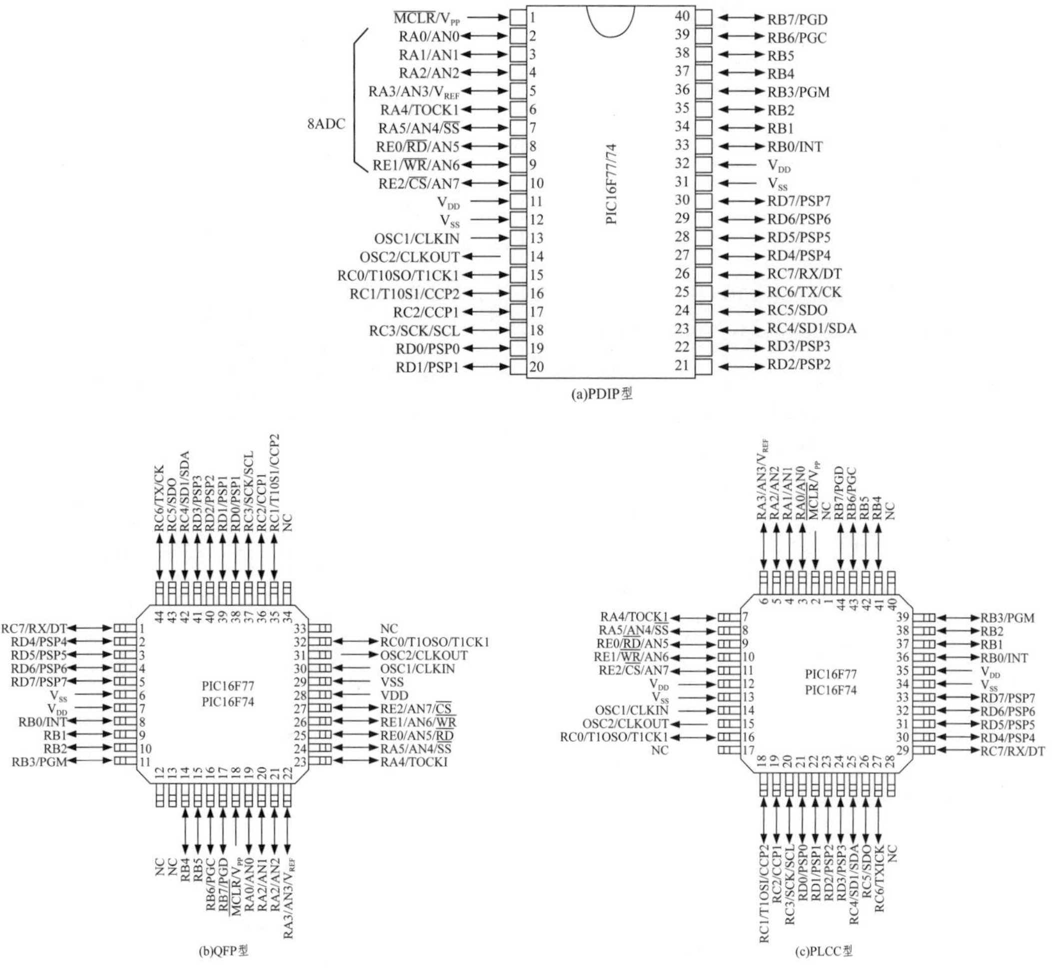

圖10-5　單晶片微電腦PIC16F74/ PIC16F77（40 pins）(a) PDIP型，(b) QFP型，及(c) PLCC型晶片接腳圖[210]（原圖來源：http://ww1.microchip.com/downloads/en/DeviceDoc/30325b.pdf）

10.1.3 內建ADC式PIC 16F87X系列單晶片微電腦[211-216]

內建ADC式PIC 16F87X系列單晶片微電腦（ADC In-Built PIC 16F87X Single-Chip Microcomputers）如表10-5所示，皆含Flash ROM、EEPROM、RAM、串列埠及5～8內建ADC和3～5個輸入／輸出埠（I/O Ports），圖10-6爲單晶片微電腦PIC16F873/PIC16F876（28 Pins）及(b)PIC16F874/PIC16F877（40 Pins）晶片接腳圖。PIC 16F87X系列單晶片微電腦中以PIC

表10-5　內建ADC之PIC16F87X組件[211]

晶片型號	Flash ROM (Program Memory)	EEPROM (Data Memory)	RAM（位元）	ADC	I/O埠（串列埠）(a)	I/O埠（並列埠）
PIC16F873	14×4K	128	192×8	5(AN0-AN4)	Yes(RC6(T), RC7(R))	RA, RB, RC
PIC16F874	14×4K	128	192×8	8(AN0-AN7)	Yes(RC6(T), RC7(R))	RA, RB, RC, RD, RE
PIC16F876	14×8K	256	368×8	5(AN0-AN4)	Yes(RC6(T), RC7(R))	RA, RB, RC
PIC16F877	14×8K	256	368×8	8(AN0-AN7)	Yes(RC6(T), RC7(R))	RA, RB, RC, RD, RE

(a)T = TX, Transmitter; R = RX, Reciver

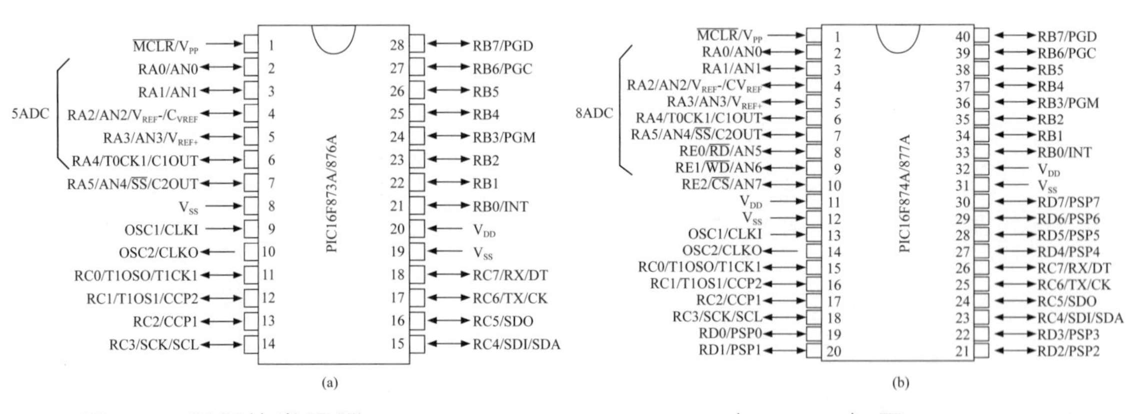

圖10-6　單晶片微電腦(a)PIC16F873/PIC16F876（28 pins）及(b)PIC16F874/PIC16F877（40 pins）晶片接腳圖[211c]（原圖來源：http://ww1.microchip.com/downloads/en/DeviceDoc/39582C.pdf）

16F877晶片較常用，圖10-7爲單晶片微電腦PIC16F877晶片之接腳圖及實物圖。PIC 16F877晶片具有8個內建ADC（可輸入8部化學儀器之類比電壓訊號並轉換成數位訊號）、並列埠、串列埠（可接RS232做串列傳送）、五個輸入輸出埠（I/O Ports A, B, C, D, E）及EEPROM（只要一指令即可去除晶片內的程式並可重寫入新程式），而圖10-8爲PIC16F877晶片之內部結構線路圖。

10.1.4　內建ADC式PIC 17C7XX系列單晶片微電腦

內建ADC式 PIC 17C7XX系列單晶片微電腦（ADC In-Built PIC 17CXXX Single-Chip Microcomputers）如表10-6所示，具有EPROM程式記憶體（Program Memory）及資料記憶體（Data Memory）和12～16個內建ADC。其所含內建ADC數目比PIC16F(c)XX單晶片多，可接收更多（12～16）部化學儀器類比電壓訊號轉換成數位訊號做數據處理。

如表10-6所示，PIC 17C7XX系列單晶片有PIC17C75系列（含PIC17C752，PIC17C756A）和PIC17C76X系列（含PIC17C762及PIC17C766單晶片），其中PIC17C752/PIC17C756A含12個內建ADC，而PIC17C762及PIC17C766則含16個內建ADC。圖10-9及圖10-10分別爲PIC17C75系列及PIC17C76X系列單晶片之接腳圖及實物圖。

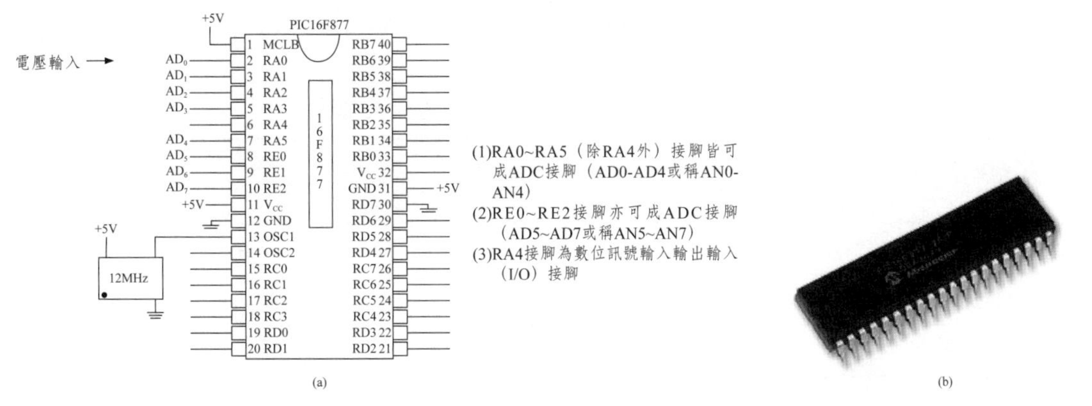

圖10-7　單晶片微電腦PIC16F877晶片之(a)接腳圖[219]，及(b)實物圖[212]（原圖來源：(a) http://www.voti.nl/wloader/index_1.html; (b) http://www.circuitstoday.com/introduction-to-pic-16f877）

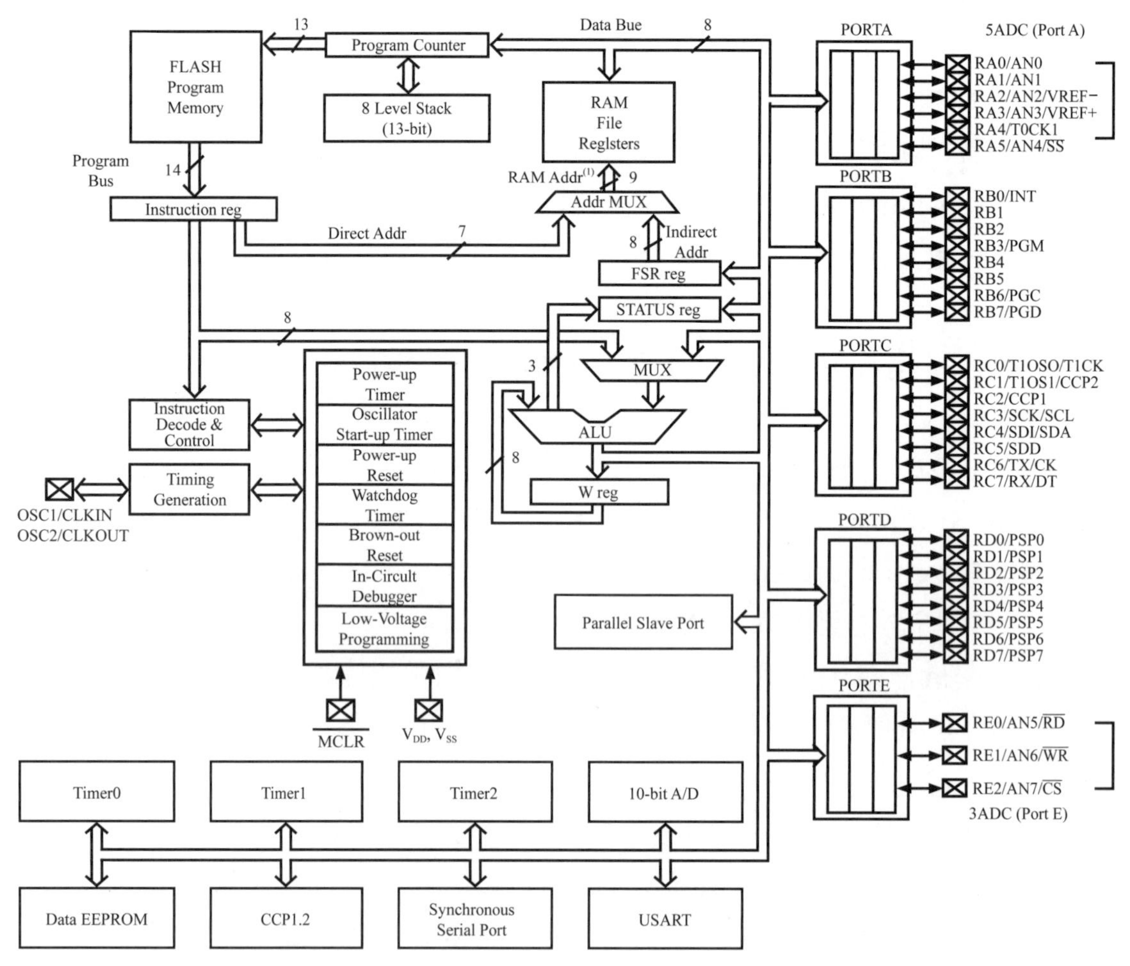

圖10-8　單晶片微電腦PIC16F877晶片之內部結構線路圖[220]（原圖來源：http://www.alldatasheet.com/view.jsp?Searchword=Pic16f87x）

表10-6　PIC17CXXX單晶片微電腦內部結構組件[212b]

PIC型號	EPROM（×16位元）（Program Memory）	EPROM（×8位元）（Data Memory）	內建ADC
PIC17C75X			
PIC17C752	8K	678	12
PIC17C756A	16K	902	12
PIC17C76X			
PIC17C762	8K	678	16
PIC17C766	16K	902	16

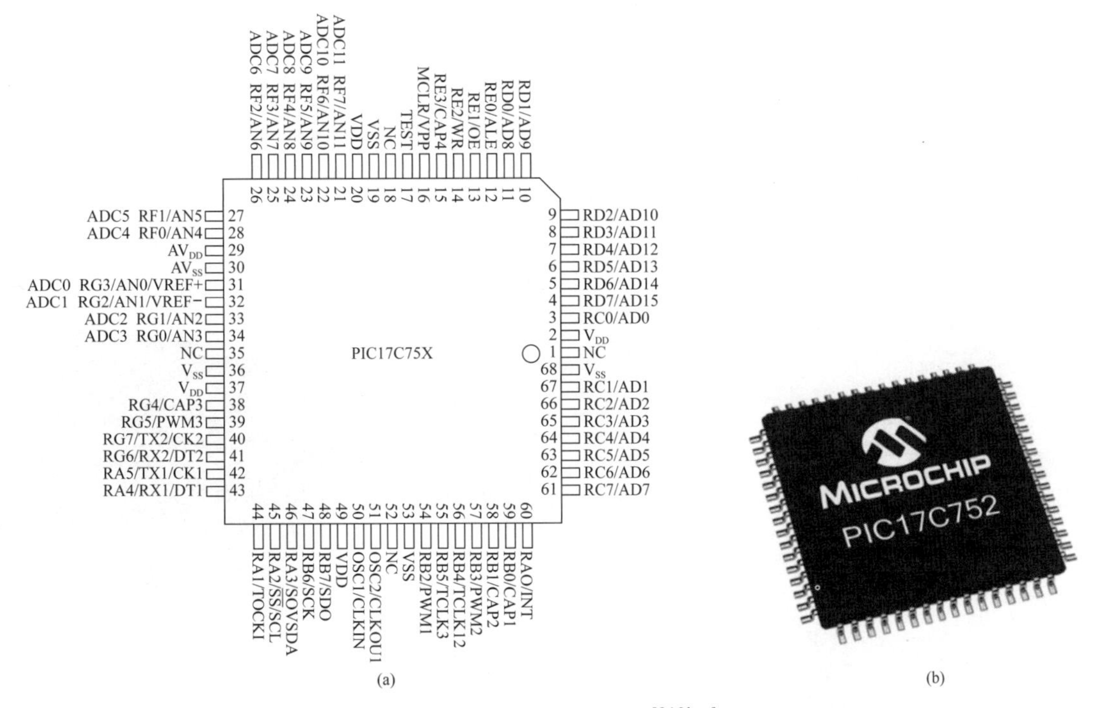

圖10-9　PIC17C75系列單晶片接腳圖及實物圖[212b-c]（原圖來源：(a)http://ww1.microchip.com/downloads/en/DeviceDoc/30289b.pdf(PIC17C7XX), (b)http://www.microchip.com/_images/ics/medium-PIC17C752-TQFP-64.png）

10.1.5　內建ADC式PIC 18FXXX系列單晶片微電腦

內建ADC式PIC 18FXXX系列單晶片微電腦（ADC In-Built PIC 18FXXX Single-Chip Microcomputers）爲具有FLASH EEPROM（快閃EEPROM記憶體）之單晶片常見之PIC 18FXXX單晶片依有無USB接腳可概分(1)無USB接腳PIC 18FXXX單晶片，及(2)USB-PIC 18FXXX單晶片。如表10-7所示，PIC18FXX2系列單晶片爲無USB接腳單晶片，而PIC18F2XJ5系列，PIC18F4XJ50系列，PIC18FX450系列及PIC18F2455/2550/4455/4550單晶片則爲USB-PIC 18FXXX單晶片。

如表10-7所示，無USB接腳PIC18FXX2系列單晶片含PIC18F242，PIC18F252，PIC18F442及PIC18F452單晶片。PIC18F242和PIC18F252含5個內建ADC，而PIC18F442及PIC18F452則含8個內建ADC。圖10-11爲

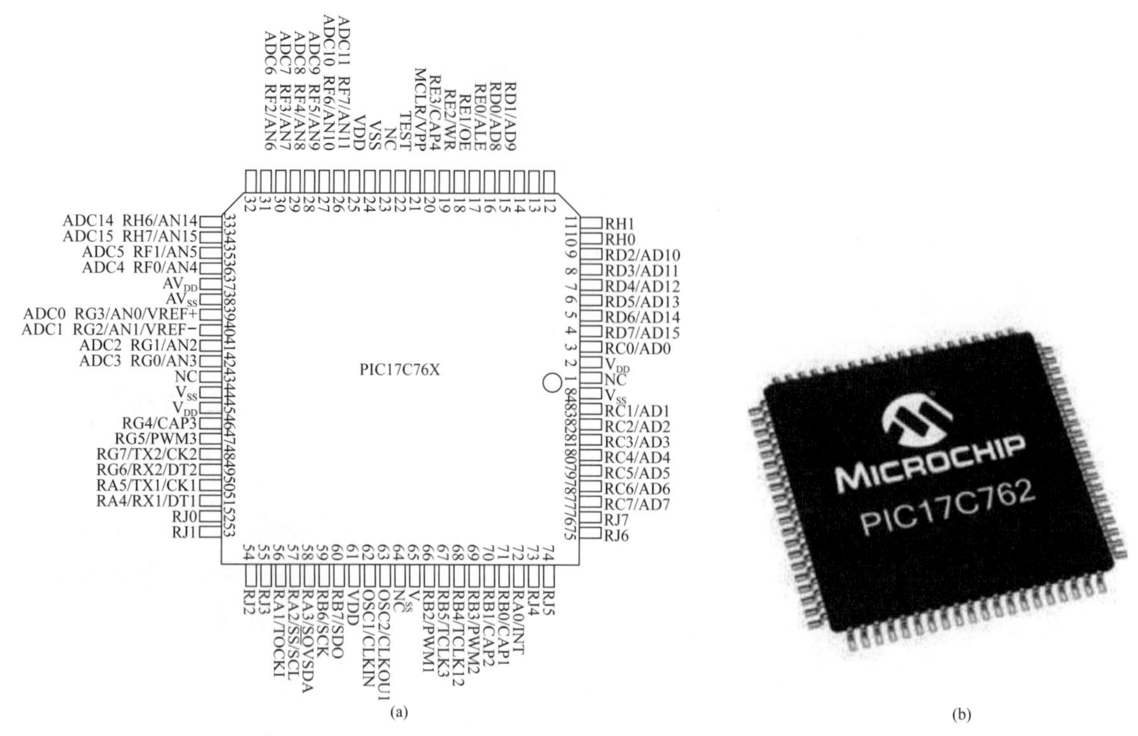

圖10-10 PIC17C76X系列單晶片接腳圖及實物圖[212b-c]（原圖來源：(a)http://ww1.microchip.com/downloads/en/DeviceDoc/30289b.pdf(PIC17C7XX) (b) http://www.microchip.com/wwwproducts/ en/PIC17C762

PIC18F442/PIC18F452單晶片之接腳圖，由圖顯示有8個內建ADC接腳可接收8部化學儀器類比電壓訊號並轉換成數位訊號。

USB-PIC18FXXX單晶片中如表10-7所示，PIC18F2XJ5系列（含PIC18F24J50/25J50/26J50單晶片）皆有10個內建ADC，PIC18F4XJ50系列（含PIC18F44J50/45J50/46J50單晶片）皆有13個內建ADC，PIC18FX450系列含PIC18F2450及PIC18F4450分別有10及13個內建ADC，而PIC18F2455/2550及PIC18F4455/4550單晶片則分別有10及13個內建ADC。圖10-12為USB-PIC18F24J50接腳圖，由圖顯示PIC18F24J50單晶片具有10個內建ADC接腳可接收10部化學儀器類比電壓訊號並轉換成數位訊號和可接USB接頭的D+，D−接腳，可用來連接PC微電腦或其他電子組件之USB接口做USB串列數位訊號傳送。

表10-7　PIC 18FXXX系列單晶片微電腦內部結構組件[214]

型號	ROM (bytes)	RAM (bytes)	內建ADC	USB
PIC18FXX2				
PIC18F242	FLASH　16K	768	5	--
PIC18F252	FLASH　32K	1536	5	--
PIC18F442	FLASH　16K	768	8	--
PIC18F452	FLASH　32K	1536	8	--
PIC18F2XJ50				
PIC18F24J50	FLASH　16K	3776	10	Y
PIC18F25J50	FLASH　32K	3776	10	Y
PIC18F26J50	FLASH　64K	3776	10	Y
PIC18F4XJ50				
PIC18F44J50	FLASH　16K	3776	13	Y
PIC18F45J50	FLASH　32K	3776	13	Y
PIC18F46J50	FLASH　64K	3776	13	Y
PIC18FX450				
PIC18F2450	FLASH　16K	768	10	Y
PIC18F4450	FLASH　16K	768	13	Y
PIC18F2455	FLASH　24K	2048	10	Y
PIC18F2550	FLASH　32K	2048	10	Y
PIC18F4455	FLASH　24K	2048	13	Y
PIC18F4550	FLASH　32K	2048	13	Y

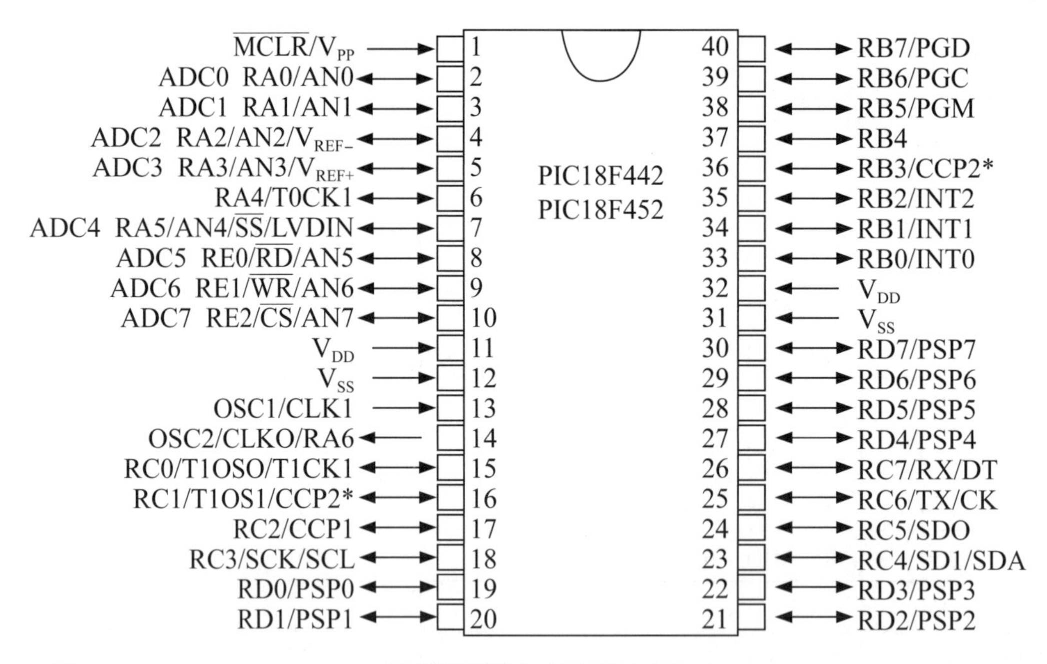

圖10-11　PIC18F442/452接腳圖[214c]（原圖來源：http://ww1.microchip.com/downloads/en/ DeviceDoc/39564c.pdf）

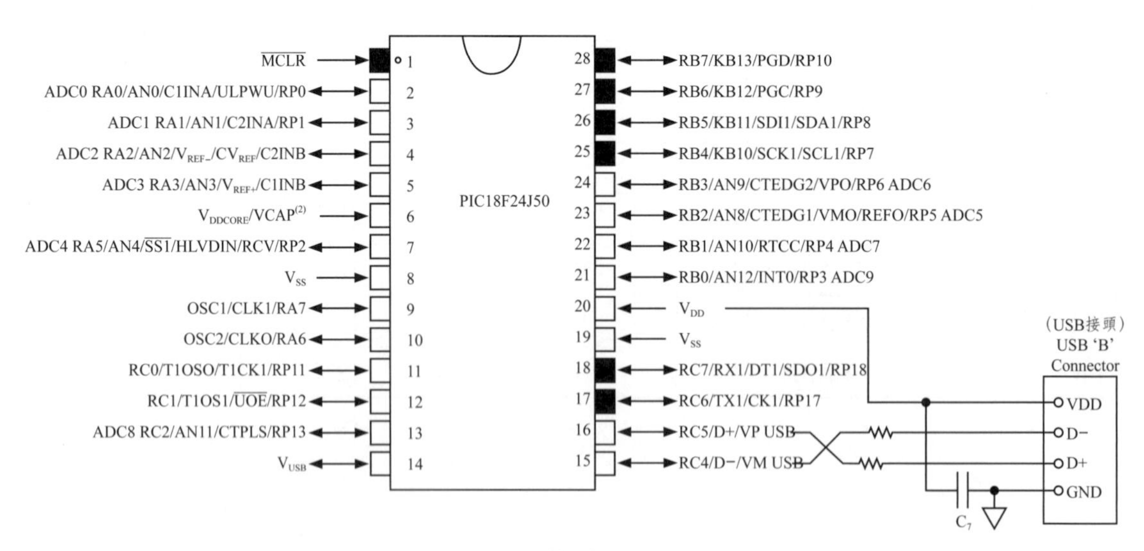

圖10-12　USB-PIC 18F24J50接腳圖[214a]（參考資料：http://ww1.microchip.com/downloads/en/DeviceDoc/39931b.pdf）

10.2　單晶片微電腦PIC16C71[206-207]

單晶片微電腦PIC16C71（PIC16C71 Single-Chip Microcomputer）有4個內建ADC及二個輸入／輸出埠（PA, PB I/O Ports），圖10-13為PIC16C71晶片之4個ADC接腳圖及設定ADC輸入ADCON1指令。

(1) 若要用內建ADC接收化學儀器輸出之類比電壓訊號：

可設定圖10-13中PIC16C71晶片之RA0，RA1，RA2，RA3全接ADC（類比訊號輸入），可用下列指令：

MOV ADCON1,#00H　　　（10-1）

然後可用ADCON0的D5及D4兩位元來選擇ADC所用指令如下：

```
MOV   ADCON0,#41H     (D5D4 = 00H for ADC0)     (10-2)
MOV   ADCON0,#49H     (D5D4 = 01H for ADC1)     (10-3)
MOV   ADCON0,#51H     (D5D4 = 10H for ADC2)     (10-4)
MOV   ADCON0,#59H     (D5D4 = 11H for ADC3)     (10-5)
```

(2) 若要設定圖10-13中PIC16C71晶片之RA0，RA1，RA2，RA3四接腳為輸出腳，可用下列指令：

MOV　!RA,#0FH　　　（10-6）

即控制RA的八位元為0000 1111（即0FH），其中RA0，RA1，RA2，RA3皆為1（即輸出）。

圖10-14為單晶片微電腦PIC16C71之內建ADC測試線路圖，如圖所示，單晶片PIC16C71之4個內建ADC（AD0, AD1, AD2, AD3）接收四個電壓訊號V_0～V_3並轉換成數位訊號再經PIC16C71之PORT B所接LED（發光二極體，Light emitting diode）陣列顯示。同時設定若各ADC（AD0～AD3）之輸入電

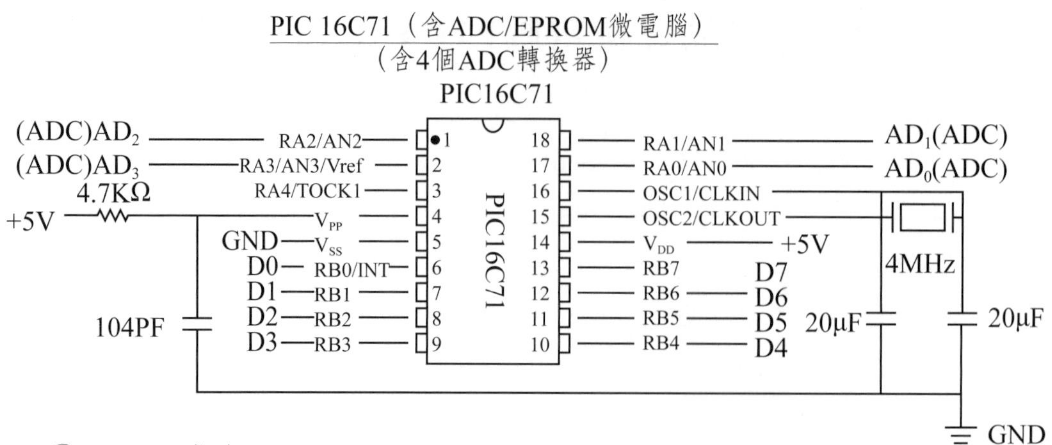

①ADCON1指令：

#00：RA0~RA3全為類比（電壓）輸入（即當AD0~AD3（ADC轉換器））

#01：RA0~RA2為類比輸入，RA3接參考電壓支腳

#10：RA0, RA1為類比輸入，RA2，RA3為數位輸入輸出（I/O）支腳

#11：RA0, RA1, RA2, RA3全為數位輸入輸出（I/O）支腳

②!RA指令：!RA, #0FH為RA0, RA1, RA2, RA3全為輸入，
而RA4為輸出（RA：輸入＝1，輸出＝0）

圖10-13　單晶片微電腦PIC16C71接腳圖及設定ADC輸入ADCON1指令法

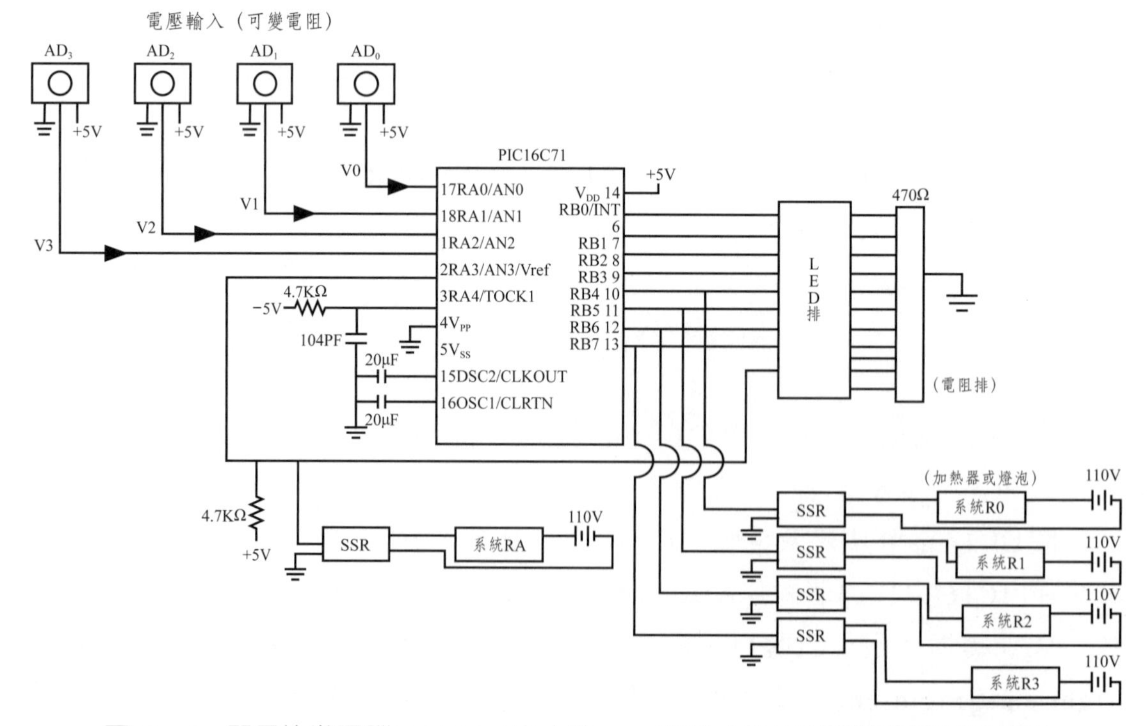

圖10-14　單晶片微電腦PIC16C71之內建ADC電壓／數位訊號轉換顯示系統圖

壓超過一定值（如>2.5伏特）就分別由RB0,RB1,RB2,RB3四接腳輸出1訊號起動所接的四個固體繼電器（Solid state relay）並啓動所接的R0,R1,R2,R3等四個加熱器或電燈泡。圖10-15爲四個類比電壓訊號經四個ADC接腳輸入單晶微電腦PIC16C71並由RB埠輸出顯示之執行程式（SRC檔）。

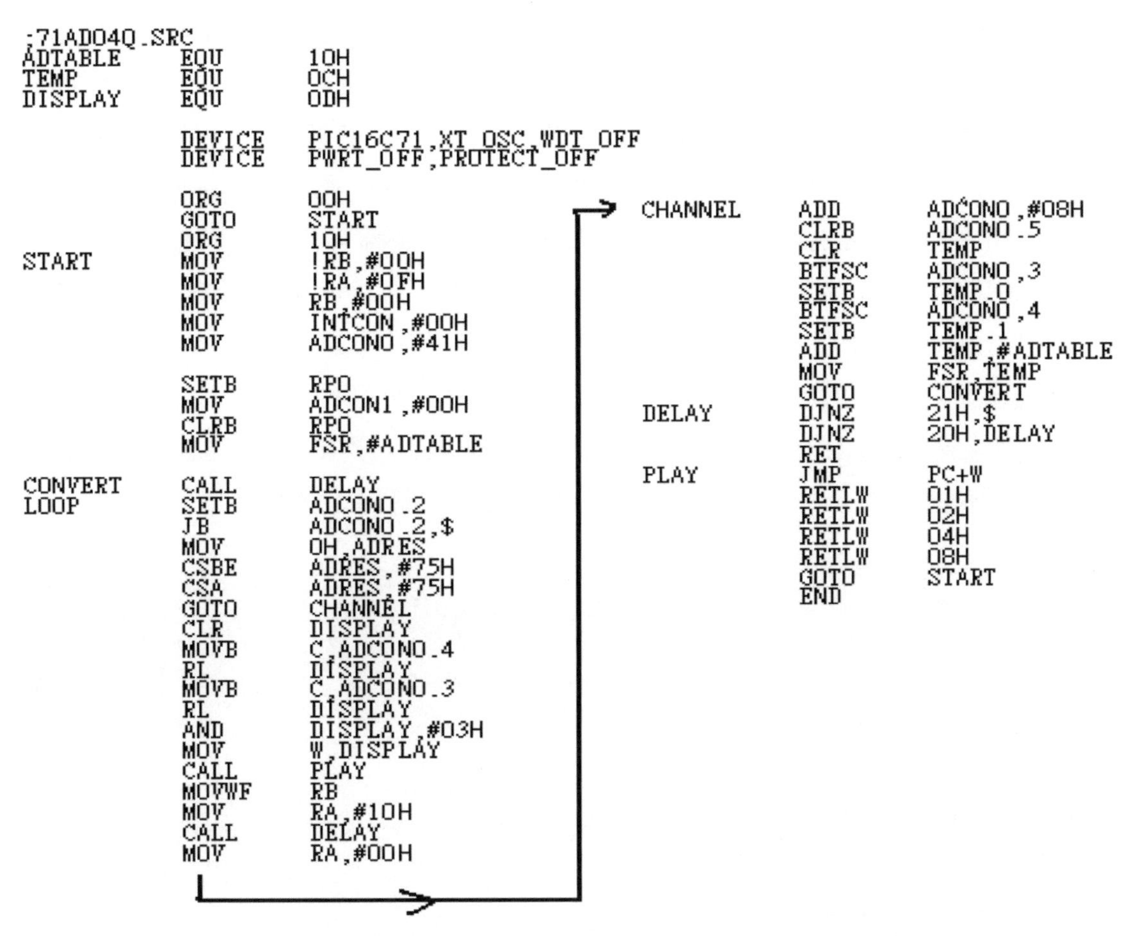

```
;71AD04Q.SRC
ADTABLE     EQU      10H
TEMP        EQU      0CH
DISPLAY     EQU      0DH

            DEVICE   PIC16C71,XT_OSC,WDT_OFF
            DEVICE   PWRT_OFF,PROTECT_OFF

            ORG      00H
            GOTO     START
            ORG      10H
START       MOV      !RB,#00H
            MOV      !RA,#0FH
            MOV      RB,#00H
            MOV      INTCON,#00H
            MOV      ADCON0,#41H

            SETB     RP0
            MOV      ADCON1,#00H
            CLRB     RP0
            MOV      FSR,#ADTABLE

CONVERT     CALL     DELAY
LOOP        SETB     ADCON0.2
            JB       ADCON0.2,$
            MOV      0H,ADRES
            CSBE     ADRES,#75H
            CSA      ADRES,#75H
            GOTO     CHANNEL
            CLR      DISPLAY
            MOVB     C,ADCON0.4
            RL       DISPLAY
            MOVB     C,ADCON0.3
            RL       DISPLAY
            AND      DISPLAY,#03H
            MOV      W,DISPLAY
            CALL     PLAY
            MOVWF    RB
            MOV      RA,#10H
            CALL     DELAY
            MOV      RA,#00H

CHANNEL     ADD      ADCON0,#08H
            CLRB     ADCON0.5
            CLR      TEMP
            BTFSC    ADCON0,3
            SETB     TEMP.0
            BTFSC    ADCON0,4
            SETB     TEMP.1
            ADD      TEMP,#ADTABLE
            MOV      FSR,TEMP
            GOTO     CONVERT
DELAY       DJNZ     21H,$
            DJNZ     20H,DELAY
            RET
PLAY        JMP      PC+W
            RETLW    01H
            RETLW    02H
            RETLW    04H
            RETLW    08H
            GOTO     START
            END
```

圖10-15　四類比電壓訊號經內建四ADC接腳輸入單晶片微電腦PIC16C71並由RB埠輸出顯示之執行程式

10.3 單晶片微電腦PIC16F/C74[209-210]

在內建ADC式PIC 16F7X系列單晶片微電腦中，較被常用的爲PIC16F/C74單晶片微電腦（PIC16F/C74 Single-Chip Microcomputer），PIC16F74和PIC16C74接腳相同，但PIC16F74內部具有EEPROM，而PIC16C74則含EPROM。如圖10-16所示，PIC16F/C74晶片具有8個內建ADC，可接收8部化學儀器所輸出的類比電壓訊號轉換成數位訊號並做數據處理。同時PIC16F/C74晶片具有5個輸入輸出埠（RA, RB, RC, RD, RE, I/O Ports）。這8個內建ADC接在RA0～RA5（除RA4外）及RE0-RE2接腳可接收來自這8部化學儀器之電壓訊號。圖10-17爲單晶微電腦PIC16F74晶片內部結構線路圖，其含Flash EEPROM及8個八位元內建ADC，線路還相當複雜。

表10-8爲規劃PIC16F/C74晶片之RA及RE各接腳輸入輸出之ADC0N1指令表，例如若要這8接腳（RA0～RA5（除RA4外）及RE0～RE2）都設定可接收類比電壓訊號（A, Analog）如表10-8所示，可用下列指令：

MOV ADCON1 #000H （10-7）

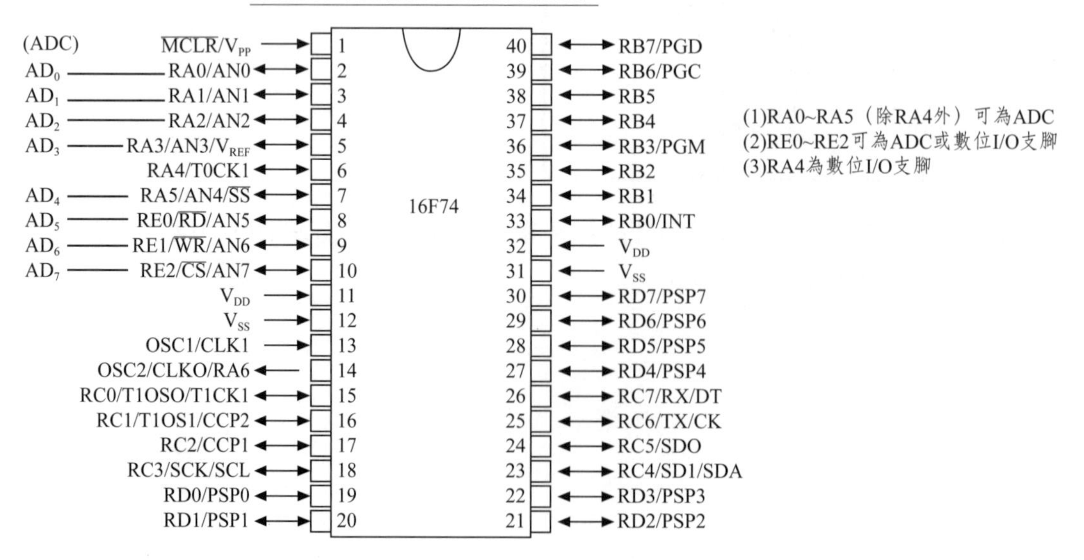

圖10-16 單晶片微電腦PIC16F74之8個ADC及輸入輸出埠接腳圖[210]

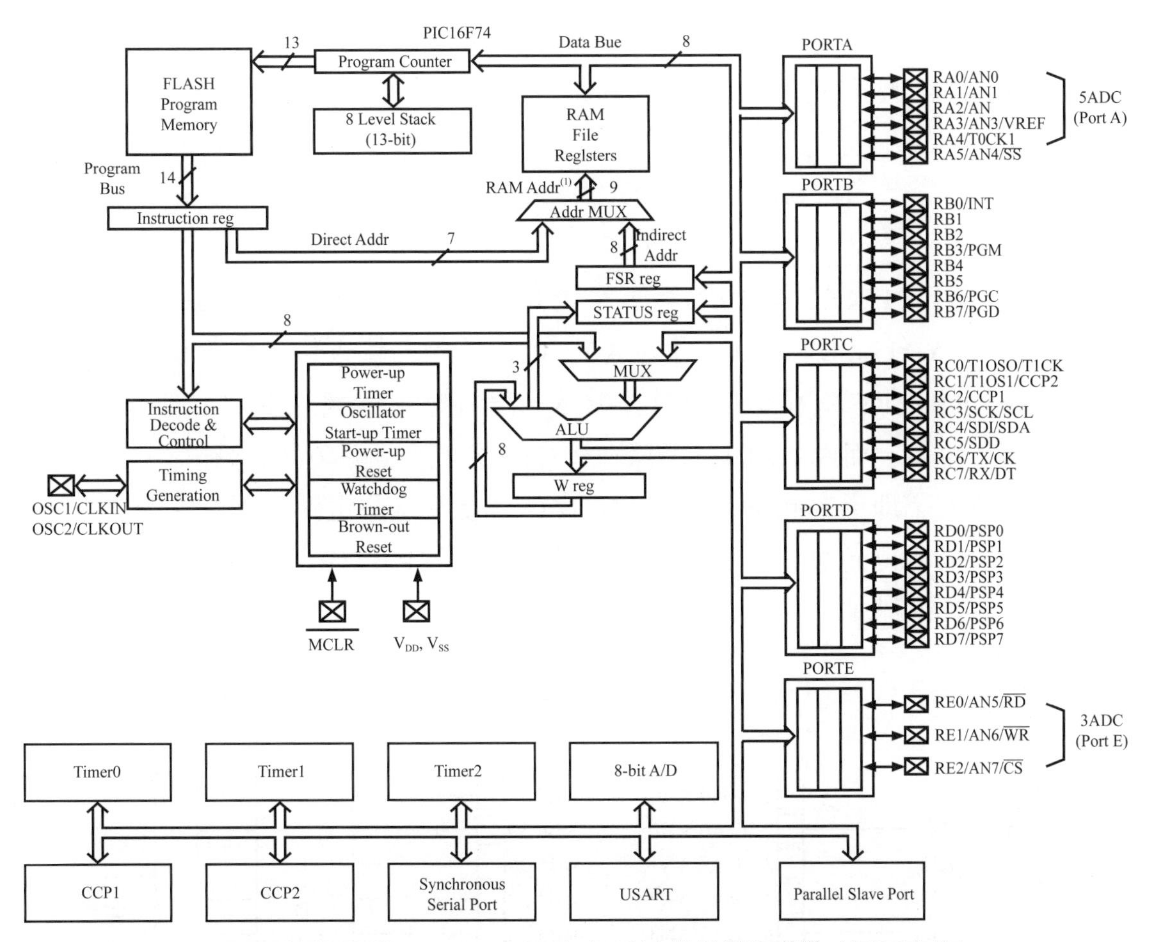

圖10-17 單晶片微電腦PIC16F74晶片內部結構線路圖[210]（原圖來源：http://ww1.microchip.com/ downloads/en/DeviceDoc/30325b.pdf）

表10-8 ADCON1指令設定PIC16F/C74之RA及RE接腳輸入輸出規劃[210]

ADCON1	RA0	RA1	RA2	RA3	RA5	RE0	RE1	RE2
000	A	A	A	A	A	A	A	A
001	A	A	A	V_{REF}	A	A	A	A
010	A	A	A	A	A	D	D	D
011	A	A	A	V_{REF}	A	D	D	D
100	A	A	D	A	D	D	D	D
101	A	A	D	V_{REF}	D	D	D	D
11X	D	D	D	D	D	D	D	D

註：(a)A = Analog（類比輸入）；D = Digital（數位輸入輸出（I/O））
(b)RA4為數位輸入輸出（I/O）接腳
(c)舉例：ADCON1為000H時，RA0~RA5（RA4除外）及RE0~RE2全為類比（電壓）輸入(A)

若只要設定RA0-RA5（除RA4外）可接收類比電壓訊號（A），但RE0-RE2卻爲數位訊號（D）輸出輸入，其指令爲：

MOV　　ADCON1 #010H　　（10-8）

圖10-18爲PIC16C74-LED顯示系統圖。如圖所示，由PIC16C74之ADC接腳（AD0, AD1, AD2, AD3，即RA0～RA3接腳）輸入類比電壓訊號V_0, V_1, V_2, V_3並由RB及RC埠所接的LED排顯示，這些電壓訊號可由+5V或+6V電源接可變電阻而得，而圖10-19爲燒錄在PIC16C74執行圖10-18線路之執行程式74AD01.SRC，即用來起動單晶片PIC16C74接收這些電壓訊號（V_0, V_1, V_2, V_3）並轉換成八位元數位訊號，這些數位訊號再由RB及RC埠輸出並由LED排顯示之電腦執行程式。

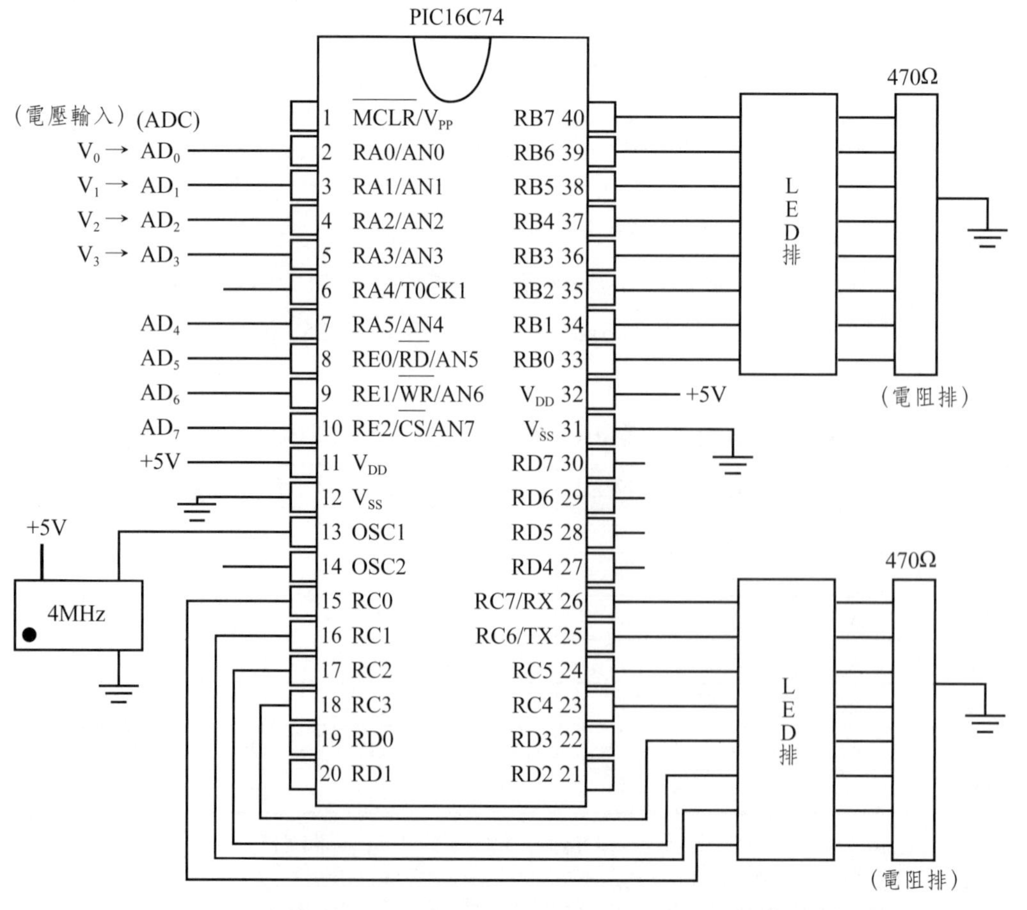

圖10-18　電壓輸入（內建ADC）PIC16C74-LED排顯示系統圖

74AD01.SRC程式（PIC16C74）

4 ADC頻道設定：
(1)RA0~RA3及RA5為ADC輸入
(2)ADC轉換數位值由RB埠輸出。
當ADC轉換值大於#75H由RA4輸出1

```
ADTABLE   EQU     30H
TEMP      EQU     2CH
DISPLAY   EQU     20H

          DEVICE  PIC16C74,XT_OSC,WDT_OFF
          DEVICE  PWRT_OFF,PROTECT_OFF

          ORG     00H
          GOTO    START
          ORG     10H
START     MOV     !RB,#00H          → 設定RB（RB0~RB7）皆為輸出（0為輸出）
          MOV     !RA,#2FH          → 設定RA0~RA3及RA5為ADC，RA4為數位輸出
          MOV     RB,#00H           → RB輸出#0H
          MOV     INTCON,#00H       → 去除中段功能
          MOV     ADCON0,#41H       → D0 = 1(A/D ON)，D1 =（AD轉換），D2 = 0（AD轉換完成）
                                      D5D4D3(000, AD0; 001, AD1; 010, AD2; 100, AD3), D6 = D7 = 0（即先選AD0）
          SETB    RP0               → 設暫存器RP0腳 = 1
          MOV     ADCON1,#02H       → ADCON1 = 010: RA0~RA3為ADC; RE0~RE2為數位I/O
          CLRB    RP0               → 將設定值放在暫存器RP第一頁
          MOV     FSR,#ADTABLE      → #ADTABLE = #30H放入FSR暫存器
CONVERT   CALL    DELAY
LOOP1     SETB    ADCON0.2          → A/D開始轉換
          JB      ADCON0.2,$        → 判斷A/D轉換是否完成
          MOV     0H,ADRES          → 將轉換所得DADA放入暫存器0H
          CLR     DISPLAY
          MOV     RB,ADRES          → DADA放入暫存器ADRES，並由RB輸出
          CSA     ADRES,#75H        → ADRES(DATA)值 > #75H跳過下一指令
          CSBE    ADRES,#75H        → ADRES(DATA)值 ≤ #75H跳過下一指令
          GOTO    LOOP2
CHANNEL   ADD     ADCON0,#08H       → ADCON0加#8H（D5D4D3變001轉成AD1，轉頻道每次加#8H）
          CLRB    ADCON0.5          → 令ADCON0之D5 = 0
          CLR     TEMP              ┐
          BTFSC   ADCON0,3          │
          SETB    TEMP.0            │ 各頻道A/D轉換值分別放入位址
          BTFSC   ADCON0,4          │ 為10H，11H，12H，13H之暫存器
          SETB    TEMP.1            │
          ADD     TEMP,#ADTABLE     │
          MOV     FSR,TEMP          ┘
          GOTO    CONVERT
LOOP2     SETB    RP0
          MOV     TRISE,#00H
          MOV     TRISD,#00H
          CLRB    RP0
          CLR     DISPLAY
          CALL    DELAY
          MOV     RD,#00H
          CALL    DELAY
          MOVB    C,ADCON0.4
          RL      DISPLAY
          MOVB    C,ADCON0.3
          RL      DISPLAY
          AND     DISPLAY,#03H
          MOV     W,DISPLAY
          CALL    PLAY
          MOVWF   RD
          MOV     RA,#10H           → DATA > #75H，由RA4輸出1
          CALL    DELAY
          MOV     RA,#00H
          GOTO    CHANNEL
DELAY     DJNZ    21H,$
          DJNZ    20H,DELAY
          RET
PLAY      JMP     PC+W
          RETLW   01H               → AD0動作完成
          RETLW   02H               → AD1動作完成
          RETLW   04H               → AD2動作完成
          RETLW   08H               → AD3動作完成
          GOTO    START
          END
```

圖10-19　執行程式74AD01.SRC（電壓訊號V_0，V_1，V_2，V_3分別經各ADC接腳輸入單晶片微電腦PIC16C74並由RB及RC埠輸出顯示）

10.4 資料儲存PIC 16F84單晶片微電腦[221-223]

資料儲存PIC 16F84單晶片微電腦（Data storage PIC16F84 Single-Chip Microcomputer）雖然並不具有內建ADC，但卻爲少見可做爲資料儲存及自動讀寫的PIC單晶微電腦。本節將介紹PIC 16F84單晶片微電腦（PIC16C84 Single-Chip Microcomputer）(1)資料儲存及自動讀寫方法和(2)外接ADC之PIC 16F84-串列ADC系統以接收化學儀器所輸出的類比電壓訊號。

10.4.1 PIC 16F84單晶片微電腦資料儲存

圖10-20爲PIC16F84單晶片微電腦數據讀寫儲存（Data Storage of μC PIC 16F84）裝置圖。PIC16F84單晶片微電腦爲一18 pins含兩個輸入輸出埠（I/O Ports, RA, RB）之晶片。如圖10-20所示，可由RA埠之RA0, RA1, RA2及RA3接腳接收由選碼器所輸入的數位訊號（1(5.0V)或0(0.0V)）進入PIC16F84晶片中儲存並做讀寫並由接在RB埠之LED排顯示。PIC16F84之資料讀寫如圖10-21所示，是由PIC16F84晶片中資料讀寫控制暫存器（EECON1，位址爲08）控制。

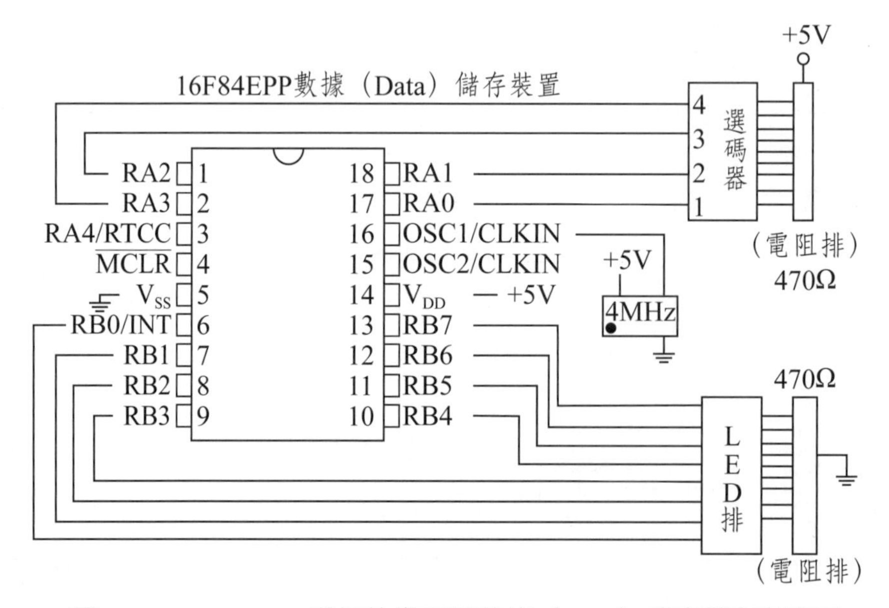

圖10-20 PIC16F84單晶片微電腦數據（Data）讀寫儲存裝置圖

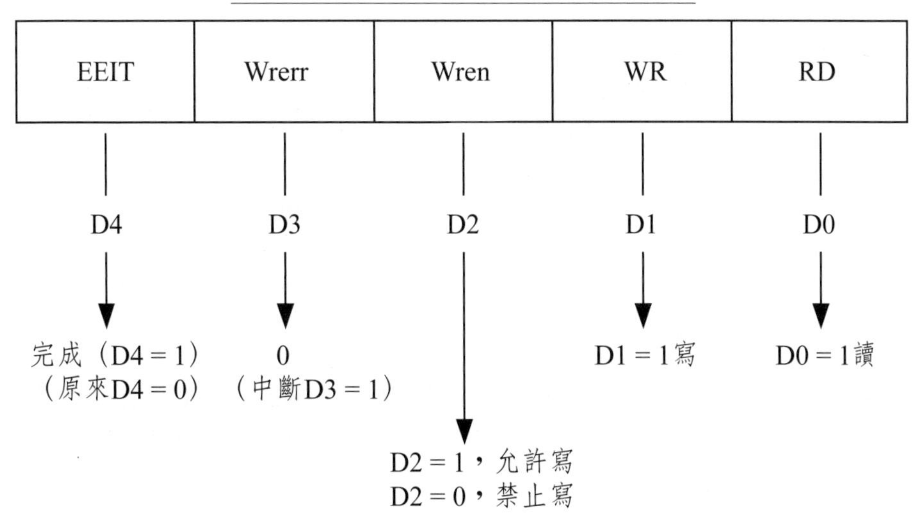

圖10-21　PIC16F84單晶片微電腦讀寫控制暫存器（EECON1）各位元設定

圖10-22爲執行圖10-20之PIC16F84讀寫儲存系統的執行電腦程式程式T84S01.SRC。首先由PIC16F84之RA埠（RA0～RA3）接收由解碼器輸入的數位訊號並放入EEPROM之EEDATA暫存器中之執行指令爲：

MOVF　RA, W　[由Port A(RA0-RA3)輸入數位訊號到主暫存器W]（10-9）
MOVWF　EEDATA　[將W值放入EEDATA暫存器中]　（10-10）

若要將數據（Data）寫入（Write）到EEPROM就要依圖10-21所示，執行下列EECON1指令：

SETB　EECON1.2　[EECON1之D2=1,Write設定]　（10-11）
SETB　EECON1.1　[EECON1之D1=1,Write開始寫]　（10-12）

反之，要從EEPROM讀出（Read）數據（Data），執行指令爲：

SETB　EECON1.0　[EECON1之D0=1,Read開始讀]　（10-13）

```
;T84S01.SRC;16F84
;DR. JENG-SHONG SHIH
        DEVICE  PIC16F84,XT_OSC,WDT_OFF
        DEVICE  PWRT_OFF,PROTECT_OFF
        ORG     00H
        GOTO    START
        ORG     10H
START   MOVLW   0FH      )定RA埠各bits為輸入(1)
        TRIS    RA       )
        MOVLW   00H      )定RB埠各bits為輸出(0)
        TRIS    RB       )
        MOVLW   07AH     )將07AH值放入W暫存器，
        MOVWF   7        )再放入R7暫存器
LOOP0   MOVLW   99H      )將99H值放入W暫存器，
        MOVWF   RB       )再由RB埠輸出
        MOVLW   05AH     )將05AH放入W暫存器，
        MOVWF   5        )再放入R5暫存器
        MOVLW   40H      )放40H至R6暫存器
        MOVWF   6        )
        CALL    DELAY
INPUT   MOVF    RA,W     →由RA埠輸入
        MOVWF   RB       →再由RB埠輸出
EEPROM  NOP
WRITE0  MOV     EEADR,#00H →選EEPROM位址00H
LOOP1   MOVF    RA,W     →由RA埠輸入並放入W暫存器
WRITE1  MOVWF   EEDATA   →將W暫存器之值放入EEPROM
                           之EEDATA中
        SETB    EECON1.2 →EECON1 bit2定為1
                          (Write設定)
        SETB    EECON1.1 →EECON1 bit1定為1
                          (開始寫)
        NOP
READ1   SETB    EECON1.0 →設定Read
        MOV     W,EEDATA )→EEPROM資料讀入
        MOVWF   RB       )W暫存器並由
                         )RB埠輸出
        CALL    DELAY
WRITE2  INCF    EEADR,1  →EEPROM位址加1
                          (即01H)
        MOV     EEDATA,#41H → 讀入#41H
        SETB    EECON1.2 )
        SETB    EECON1.1 )→寫設定並開始寫
        NOP
READ2   SETB    EECON1.0 )
        MOV     W,EEDATA )→讀EEPROM（位址01H）
        MOVWF   RB       )  資料並由RB埠輸出
        CALL    DELAY
WRITE3  INCF    EEADR,1  → 選位址02H
        MOV     EECON2,#55H )
        SETB    EECON1.2    ) 寫#55H
        SETB    EECON1.1    ) 到EEPROM
        NOP
READ3   SETB    EECON1.0 )
        MOV     W,EEDATA ) 讀位址02H資料
        MOVWF   RB       ) 並由RB埠輸出
        CALL    DELAY    )
WRITE4  INCF    EEADR,1  → 選位址03H
        MOV     EECON2,#88H )
        SETB    EECON1.2    ) 寫#88H
        SETB    EECON1.1    ) 到EEPROM
        NOP
READ4   SETB    EECON1.0 )
        MOV     W,EEDATA ) 讀位址03H資料
        MOVWF   RB       ) 再由RB埠輸出
        CALL    DELAY    )
        INCF    EEADR,1
        DECFSZ  6
        GOTO    LOOP1
        DECFSZ  5
        GOTO    INPUT
        DECFSZ  7
        GOTO    LOOP0
        NOP
DELAY   MOVLW   04AH     )
        MOVWF   8        )
DELAY1  MOVLW   0FFH     )
        MOVWF   9        )
DELAY2  MOVLW   0FFH     )
        MOVWF   10       ) 延遲
DELAY3  DECFSZ  10       ) 程式
        GOTO    DELAY3   )
        DECFSZ  9        )
        GOTO    DELAY2   )
        DECFSZ  8        )
        GOTO    DELAY1
        RETURN
        END
```

圖10-22　PIC16F84單晶片微電腦讀寫執行程式

若要將接收的數據（Data）由接在RB（Port B）之LED排顯示，執行指令為：

MOV　W, EEDATA　[由EEPROM中EEDATA暫存器存入主暫存器W]　（10-14）

MOVWF　RB　[由Port B輸出]　（10-15）

10.4.2　PIC 16F84-串列ADC0832系統

因為PIC 16F84晶片沒有內建ADC不能直接接收化學儀器所輸出的類比電壓訊號，必須外接一ADC始可接收類比電壓訊號，然因PIC 16F84晶片只有18支接腳（Pins），故為減少接腳使用數常用外接串列ADC組成如圖10-23所示的接-串列ADC0832組成PIC 16F84-串列ADC0832系統（PIC 16F84-Serial ADC0832 system）。如圖10-23所示，此串列ADC0832 晶片有2個類比訊號輸入（Analog Input）通道（CH0及CH1）可接收2部化學儀器之類比電壓訊號（V1及V2）並轉成數位訊號。首先執行燒錄在PIC 16F84晶片中自撰電腦程式（如圖10-24之84AD12C.SRC程式）使ADC0832晶片接收類比電壓訊號後轉換成數位訊號（D0～D7）並以串列方式（一個接一個，先D0，後D1，D2…D7）由ADC0832腳6之D0腳（Data Output Pin）傳送至PIC 16F84晶片之RA3腳並一個接一個放入PIC 16F84晶片之DATA暫存器中，指令如下：

MOVB　C, RA.3　（10-16）

RLF　DATA　（10-17）

如圖10-23所示，最後將存在PIC 16F84晶片之DATA暫存器之數位訊號傳送到PIC 16F84晶片之Port B（RB0～RB7）輸出並由接在Port B之LED排顯示。指令如下：

MOV　RB, DATA　（10-18）

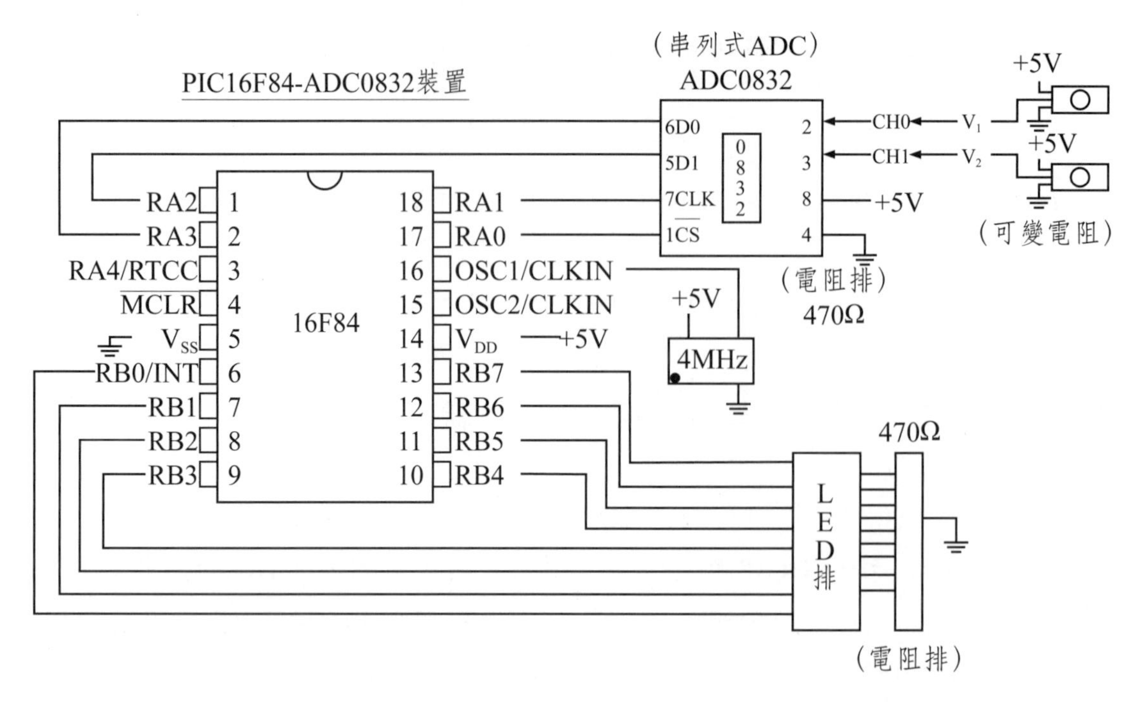

圖10-23　PIC16F84單晶片微電腦-串列ADC0832電壓類比訊號輸入轉換系統圖

此系統可由PIC 16F84晶片之R1及R2暫存器選擇ADC0832及其CH0及CH1，指令如下：

MOV R1, #03H　[選ADC0832]　(10-19)

MOV R2, #03H　[選ADC0832之CH0]　(10-20)

MOV R2, #07H　[選ADC0832之CH1]　(10-21)

程式84AD12ASRC（圖10-24）為燒錄在PIC16F84以執行圖10-23之PIC16F84單晶片微電腦-串列ADC0832電壓類比訊號輸入轉換系統。

10.5　單晶片微電腦PIC16F877輸入／輸出系統[211,224]

單晶片微電腦PIC16F877為目前Microchip公司產品中功能較強及較常用的含8個內建ADC及含串列埠的單晶片微電腦。本節將介紹(1)單晶片微

```
;84AD12A.SRC-16F84-AD0832
;DR. JENG-SHONG SHIH
.
DATA EQU  10H
BIT  EQU  20H
R1   EQU  30H
R2   EQU  40H

        DEVICE  PIC16F84,XT_OSC,WDT_OFF
        DEVICE  PWRT_OFF,PROTECT_OFF

        ORG     00H
        NOP
        GOTO    START
START   MOVLW   08H
        TRIS    RA
        MOVLW   00H
        TRIS    RB
        CLR     DATA
        NOP
        NOP
CH0     MOV     R2,#03H
        CALL    CH
        MOV     R2,#07H
        CALL    CH
        GOTO    START
        RET
CH      MOV     R1,#03H
        CALL    INIT
        CALL    CHAN
        CALL    TIME
        CALL    ADC
        MOV     RB,DATA
        CALL    DELAY
        RETURN
INIT    SETB    RA.0
        CLRB    RA.2
        CLRB    RA.1
        CLRB    RA.0
        NOP
        RETURN
CHAN    RRF     R2
        MOVB    RA.2,C
        SETB    RA.1
        NOP
        CLRB    RA.1
        DECFSZ  R1
        GOTO    CHAN
        RETURN
TIME    SETB    RA.1
        NOP
        CLRB    RA.1
        RETURN
ADC     MOV     BIT,#08H
        NOP
ADC1    SETB    RA.1
        NOP
        CLRB    RA.1
        MOVB    C,RA.3
        RLF     DATA
        NOP
        DECFSZ  BIT
        GOTO    ADC1
        NOP
        RETURN
DELAY   MOVLW   0AAH
        MOVWF   8
DELAY1  MOVLW   0FFH
        MOVWF   9
DELAY2  MOVLW   0FFH
        MOVWF   10
DELAY3  DECFSZ  10
        GOTO    DELAY3
        DECFSZ  9
        GOTO    DELAY2
        DECFSZ  8
        GOTO    DELAY1
        RETURN
        END
```

圖10-24　PIC16F84-串列ADC0832電壓類比訊號輸入轉換和顯示之執行程式

電腦PIC16F877輸入／輸出系統（PIC16F877 Single-Chip Microcomputer Input/Output Systems）用以輸入及輸出類比訊號及數位訊號，(2)單晶片PIC16F877-數位／類比轉換器（DAC）（PIC 16F877-DAC System），(3)單晶片PIC16F877-繼電器多頻道控制系統（PIC16F877-Multichannel Relay System），(4)單晶片PIC16F877-RS232介面-PC微電腦系統（Single-Chip PIC16F877-RS232-PC Microcomputer System），及(5)單晶片PIC16F877-USB介面-PC微電腦系統（Single-Chip PIC16F877-USB-PC Microcomputer System）。

10.5.1 單晶片PIC16F877電壓訊號輸入轉換系統

單晶片微電腦PIC16F877晶片含8個內建ADC（AD0～AD7）可連接8部化學儀器及接收這8部化學儀器所輸出的類比電壓訊號並轉換成數位訊號。圖10-25為單晶片微電腦PIC16F877電壓訊號輸入轉換系統（Voltage Input System of μC 16F877）。如圖10-25所示，8個內建ADC（AD0～AD7）之接腳分別為PIC16F877之A0，A1，A2，A3，A5，E0，E1，E2接腳（A4除外）。以下為控制PIC16F877各接腳之輸入輸出的執行指令：

1.設定A0，A1，A2，A3， A5，E0，E1，E2接腳

PIC16F877之ADCON1暫存器就是控制這些A0，A1，A2，A3，A5，E0，E1，E2接腳（A4除外）元件（如表10-9所示），例如要使這些接腳設定成為ADC類比訊號輸入（Analog Input）接腳就用如下ADCON1指令控制：

```
banksel ADCON1       [設定ADCON1暫存器]                          (10-22)
movlw B' 0000 0000   [設定這些接腳全為ADC]                       (10-23A)
movlw B' 0000 0010   [設定A0-A5（A4除外）為ADC，而，
                     E0-E2為數位D傳送]                           (10-23B)
```

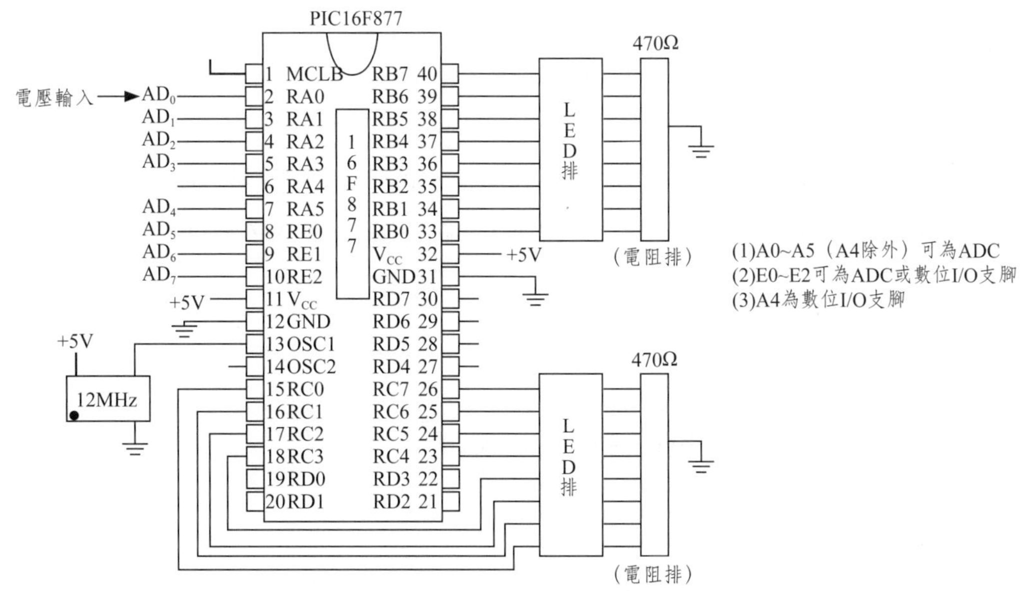

圖10-25　單晶片微電腦PIC16F877電壓訊號輸入轉換系統

表10-9　ADCON1的b0-b3選擇PIC16F877之AN0-AN7接腳[224]

$b_3b_2b_1b_0$	AN7 RE2	AN6 RE1	AN5 RE0	AN4 RE3	AN3 RA3	AN2 RA2	AN1 RA1	AN0 RA0
0000	A	A	A	A	A	A	A	A
0001	A	A	A	A	V_{REF}	A	A	A
0010	D	D	D	A	A	A	A	A
0011	D	D	D	A	V_{REF}	A	A	A
0100	D	D	D	D	A	D	A	A
0101	D	D	D	D	V_{REF}	D	A	A
011x	D	D	D	D	D	D	D	D
1000	A	A	A	A	V_{REF}	V_{REF}	A	A
1001	D	D	A	A	A	A	A	A

註：(a)A = Analog（類比輸入）；D = Digital（數位輸入輸出（I/O））

2.選擇ADC0-ADC7中任一通道

PIC16F87之暫存器ADCON0就是用來選擇通道中任一通道（如AD0）以輸入類比電壓訊號，用下列指令執行：

```
banksel   ADCON0                                                    (10-24)
movlw   B'10ccc001(ccc = 000 for AD0, ccc = 111for AD7)            (10-25)
```

式中ccc爲Bits 3,4,5用於選擇通道，Bit 0 = 1爲起動ADC功能，Bit7=1爲ADC轉換速率=F_{OSC}/32。（F_{OSC}爲PIC16F87晶片所用石英振盪頻率（如12 MHz））

3.A/D轉換

A/D轉換（AD_ Convert）執行指令如下：

```
Banksel   ADCON0                                      (10-26)
Bsf       ADCON0, GO（執行）                          (10-27)
Wait                                                  (10-28)
btfsC     ADCON0, GO（若已轉換完成跳過下指令）        (10-29)
goto      Wait（若未完成回Wait）                      (10-30)
movf      ADRESH,W                                    (10-31)
（轉換D值存在ADRESH暫存器並轉存到W主暫存器）
movwf   AD_Status                                     (10-32)
（將在W暫存器D值轉存到AD_Status暫存器儲存）
```

4.將A/D轉換值顯示（Display）在Port B所接LED顯示器

```
movf      AD_Status,W                                 (10-33)
（將在AD_Status暫存器中之A/D轉換值D轉到W主暫存器）
Banksel   PORT B                                      (10-34)
Movwf     PORT B（轉換D值顯示在Port B所接LED顯示器）  (10-35)
```

5.整個A/D轉換程式（程式887ADII.ASM）

以下程式877AD11.ASM（圖10-26）為燒錄在PIC16F877以執行圖10-25單晶片微電腦PIC16F877電壓類比訊號輸入轉換和LED顯示系統之執行程式

[程式877AD11.ASM]

```
;877AD11.ASM ;Written by Dr.Jeng-Shong Shih

list p=16f877,R=DEC
include"p16f877.inc"

AD_Status    EQU    0020
Delay1       EQU    0021
Delay2       EQU    0022

        org     0000
        nop
        goto    MainLine
MainLine
        call    initial

MainLoop
        call    AD_Convert
        call    Display
        call    Delay
        call    Delay
        movlw   0000
        banksel PORTB
        movwf   PORTB
        call    Delay
        call-   Delay
        goto    MainLoop
initial
        banksel PORTB
        clrf    PORTB
        banksel TRISB
        clrf    TRISB

        banksel T1CON
        clrf    T1CON
        clrf    TMR1H
        clrf    TMR1L
        clrf    INTCON
        bsf     INTCON,PEIE
        nop
        banksel PIE1
        clrf    PIE1
        banksel TMR1L
        clrf    TMR1L
        movlw   00f8
        movwf   TMR1H
        movlw   002f
        movwf   TMR1L
        bsf     T1CON,TMR1ON
        banksel ADCON1
        movlw   B'00000000'
        movwf   ADCON1

        bsf     TRISA,0
        banksel ADCON0
        movlw   B 10000001
        movwf   ADCON0
        banksel INTCON
        bsf     INTCON,GIE
        return
AD_Convert
        banksel ADCON0
        bsf     ADCON0,GO
Wait
        btfsC   ADCON0,GO
        goto    Wait
        movf    ADRESH,W
        movwf   AD_Status
        return

Display
        movf    AD_Status,W
        banksel PORTB
        movwf   PORTB
        return
Delay
        movlw   04ff
        movwf   Delay1
        clrf    Delay2
Delayloop
        decfsz  Delay2,F
        goto    Delayloop
        decfsz  Delay1,F
        goto    Delayloop
        return
        END
```

圖10-26 PIC16F877單晶片微電腦電壓類比訊號輸入轉換和顯示之執行程式

圖10-27爲PIC16F877多頻道ADC轉換系統，利用16F877多個內建ADC同時轉換多個由外界輸入的類比電壓訊號V0，V1，V2，V3進入16F877多個內建ADC並進行類比／數位訊號轉換成數位訊號，然後將這些數位訊號經由PIC16F877之Port B（RB）及Port C（RC）輸出，再由接在Port B（RB）及Port C（RC）之LED排顯示。圖10-28爲執行16F877多頻道ADC轉換系統（圖10-27）而燒錄在16F877晶片之執行程式877MUT-AD88.ASM。

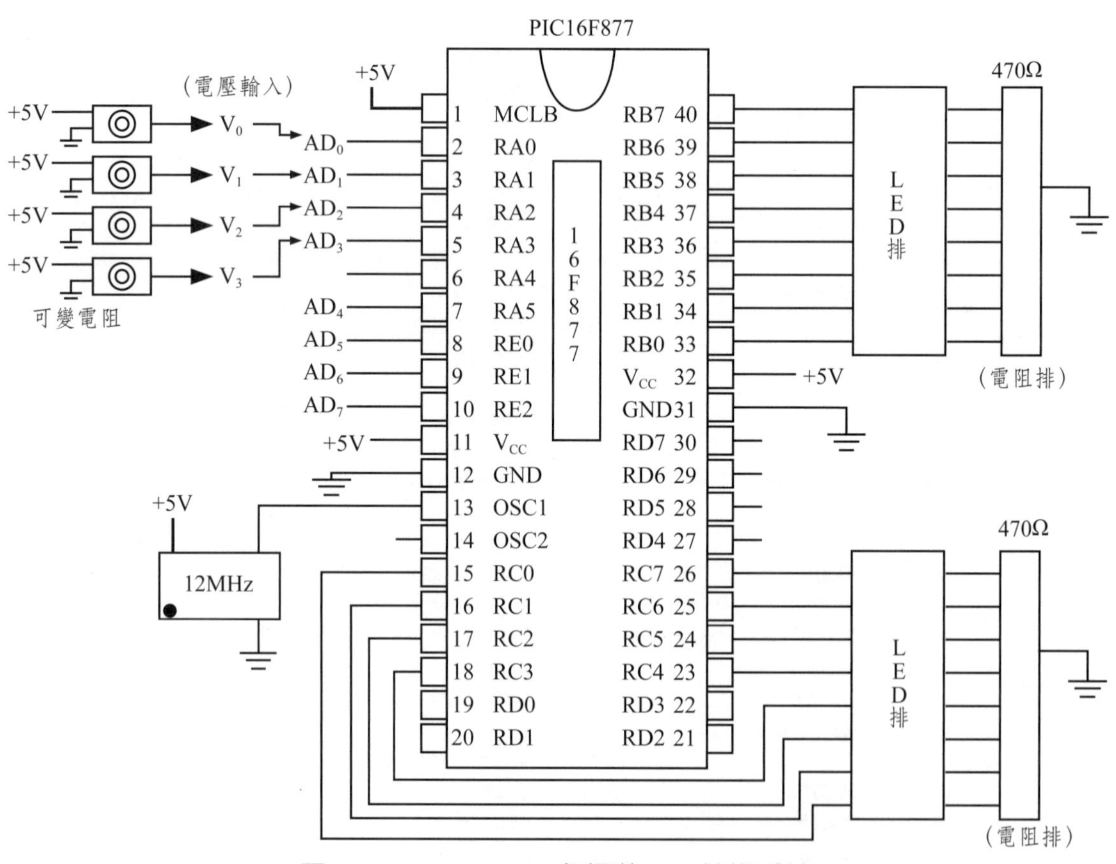

圖10-27 PIC16F877多頻道ADC轉換系統

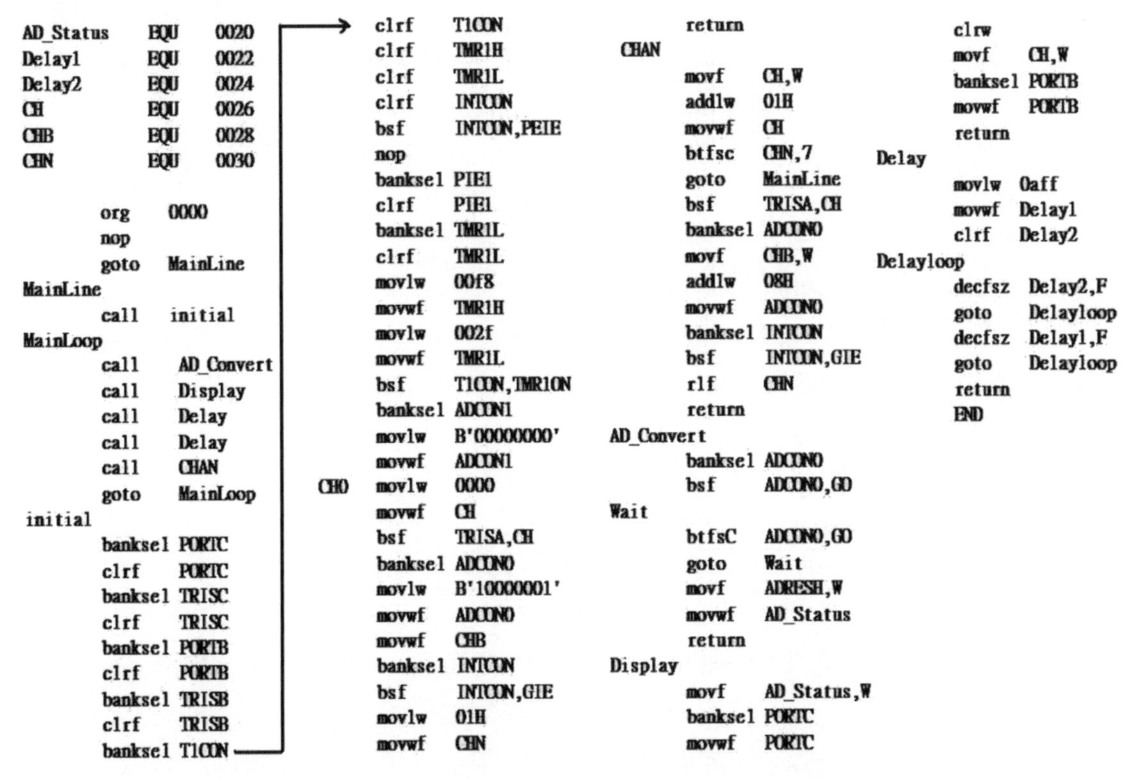

```
;877MUT-AD88.ASM ; MULT-CHANNEL 8 ADC
;Written by Dr.Jeng-Shong Shih
list p=16f877,R=DEC
include"p16f877.inc"

AD_Status   EQU   0020
Delay1      EQU   0022
Delay2      EQU   0024
CH          EQU   0026
CHB         EQU   0028
CHN         EQU   0030

        org     0000
        nop
        goto    MainLine
MainLine
        call    initial
MainLoop
        call    AD_Convert
        call    Display
        call    Delay
        call    Delay
        call    CHAN
        goto    MainLoop
initial
        banksel PORTC
        clrf    PORTC
        banksel TRISC
        clrf    TRISC
        banksel PORTB
        clrf    PORTB
        banksel TRISB
        clrf    TRISB
        banksel T1CON
        clrf    T1CON
        clrf    TMR1H
        clrf    TMR1L
        clrf    INTCON
        bsf     INTCON,PEIE
        nop
        banksel PIE1
        clrf    PIE1
        banksel TMR1L
        clrf    TMR1L
        movlw   00f8
        movwf   TMR1H
        movlw   002f
        movwf   TMR1L
        bsf     T1CON,TMR1ON
        banksel ADCON1
        movlw   B'00000000'
        movwf   ADCON1
CH0     movlw   0000
        movwf   CH
        bsf     TRISA,CH
        banksel ADCON0
        movlw   B'10000001'
        movwf   ADCON0
        movwf   CHB
        banksel INTCON
        bsf     INTCON,GIE
        movlw   01H
        movwf   CHN
        return
CHAN
        movf    CH,W
        addlw   01H
        movwf   CH
        btfsc   CHN,7
        goto    MainLine
        bsf     TRISA,CH
        banksel ADCON0
        movf    CHB,W
        addlw   08H
        movwf   ADCON0
        banksel INTCON
        bsf     INTCON,GIE
        rlf     CHN
        return
AD_Convert
        banksel ADCON0
        bsf     ADCON0,GO
Wait
        btfsC   ADCON0,GO
        goto    Wait
        movf    ADRESH,W
        movwf   AD_Status
        return
Display
        movf    AD_Status,W
        banksel PORTC
        movwf   PORTC
        clrw
        movf    CH,W
        banksel PORTB
        movwf   PORTB
        return
Delay
        movlw   0aff
        movwf   Delay1
        clrf    Delay2
Delayloop
        decfsz  Delay2,F
        goto    Delayloop
        decfsz  Delay1,F
        goto    Delayloop
        return
        END
```

圖10-28　PIC16F877多頻道ADC轉換系統之執行程式

10.5.2　單晶片PIC 16F877-數位／類比轉換器（DAC）

單晶片微電腦PIC16F877晶片可直接輸入類比電壓訊號，但卻不能直接輸出類比電壓訊號，必須接一數位／類比轉換器（DAC）而組成單晶PIC16F877-數位／類比轉換器（DAC）系統（Single-Chip Microcomputer PIC16F877-DAC System）。圖10-29爲PIC16F877-數位／類比轉換器DAC1408電壓輸出系統（PIC16F877-DAC1408-Voltage Output System）接線圖，在此系統中，數位／類比轉換器DAC1408接在PIC16F87晶片上之Port B埠以接收由單晶微電腦PIC16F87所輸出的數位訊號（D0～D7）並轉換成類比電壓訊號V_4，這V_4輸出電壓爲負（-）電壓可用來供應電化學陰（電）極之

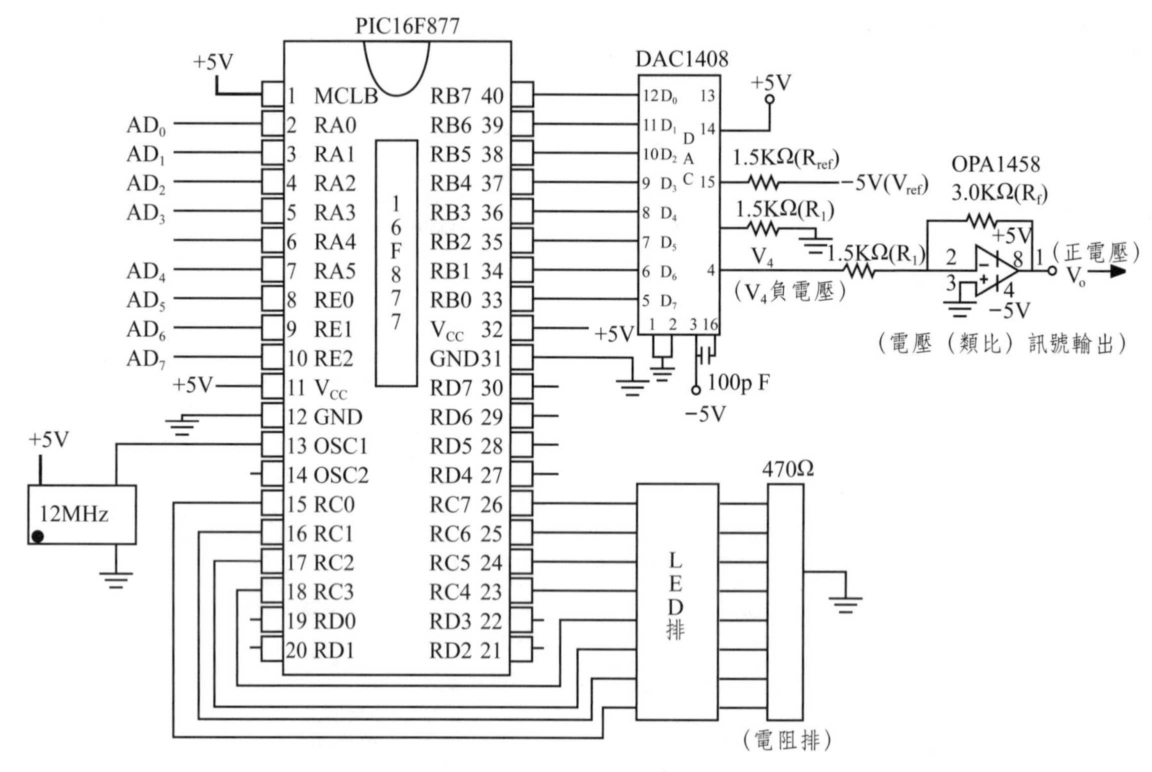

圖10-29　單晶片微電腦PIC16F877-數位／類比轉換器（DAC1408）電壓輸出系統

電源以還原樣品中金屬離子產生還原電流。若要得正（+）電壓就在DAC1408電壓V_4輸出端再接一反相負迴授運算放大器（Operational Amplifier, OPA，見圖10-29）就可產生放大的正電壓Vo輸出。如圖10-29所示，16F877晶片所輸出到DAC晶片之數位訊號（D0～D7, 1或0）可由接在PIC16F87晶片Port C埠上之LED顯示器顯示。

10.5.3　單晶片PIC 16F877-繼電器多頻道控制系統

單晶片微電腦（μC）16F877晶片亦可利用其所輸出的數位訊號（1或0）以控制繼電器（Relay）之起動與關閉，藉以起動及選擇接在多頻道繼電器之不同電子儀器系統。圖10-30(a)為由PIC16F87晶片接繼電器所組成的單晶片微電腦PIC16F877-繼電器多頻道控制系統（Single-Chip Microcomputer PIC16F877-Multichannel Relay System）。如圖10-30(a)所示，由

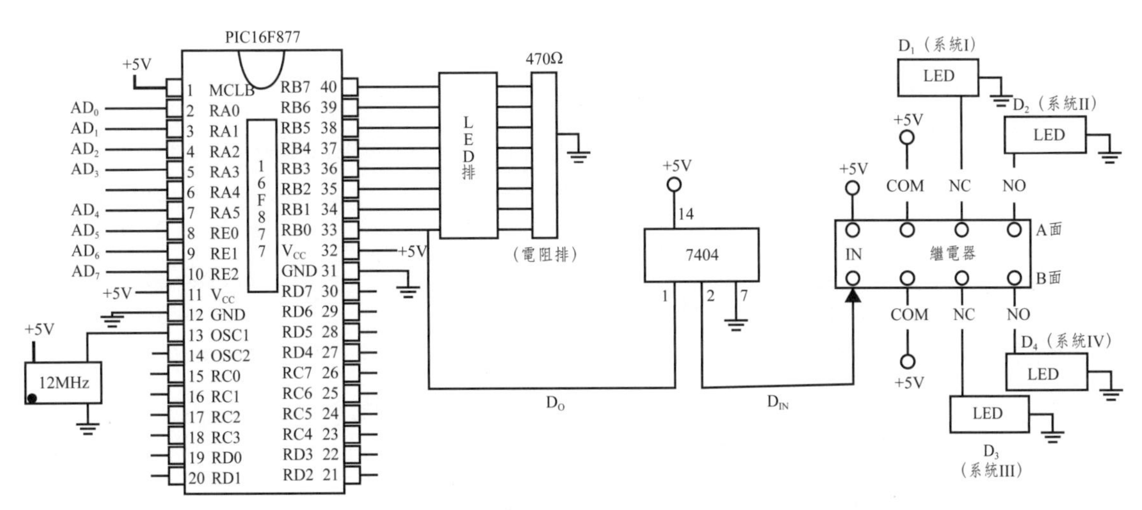

圖10-30(a)　單晶片微電腦PIC16F877-繼電器多頻道控制系統

PIC16F877晶片之Port B埠的RB0輸出D0先經反閘（NOT）7404晶片轉成D_{IN}訊號再進入一雙排式繼電器（Relay）之輸入（IN）端。當D0 =0，則D_{IN} =1，使繼電器（Relay）之A面及B面的COM和NO連接在一起而起動接在NO的A面系統II及B面的系統IV並點亮所接的LED（D_2及D_4）。反之，如圖10-30(a)所示，當PIC16F877晶片RB0輸出D0為1，經反（NOT）閘（NOT）可得D_{IN} =0，使繼電器（Relay）之A面及B面的COM和NC連接並起動連在NC的A面系統I及B面的系統III並點亮所接的LED（D_1及D_3）。圖10-30(b)為此PIC16F877-繼電器多頻道控制系統（圖10-30(a)）燒錄在PIC16F877晶片之自撰執行程式（程式877MC11.ASM）。

除接一個繼電器外，PIC16F877單晶片亦可接多個繼電器組成由反相驅動晶片IC2003控制的PIC16F877單晶片微電腦多頻道控制系統。如圖10-31所示，PIC16F877微電腦以C0～C3&D0/D1各六支腳先接驅動晶片IC2003，再接六顆繼電器（Relay 01～Relay 06）以控制所接六個頻道電子線路（CH1～CH6）。例如由PIC16F877之C0～C3&D0/D1輸出010101（D1）到IC2003會由IC2003之11～16支腳輸出101010（16支腳），會起動16，14，12支腳所接的Relay 01，Relay 03，Relay 05等三個繼電器（各繼電器底端以0訊號起動）及起動CH1，CH3，CH5等三個頻道電子線路。反之，若由C0～C3&D0/D1輸出101010（D1）則到IC2003會由11～16支腳輸出010101

[程式877MD11.ASM]

```
;877MC11.ASM ;Written by Dr.Jeng-Shong Shih;OCT,14,2003
list p=16f877,R=DEC
include"p16f877.inc"

AD_Status     EQU     0020
Delay1        EQU     0021
Delay2        EQU     0022
BIT           EQU     0023

        org      0000
        nop
        goto     MainLine
MainLine
        call     initial

MainLoop
        movlw    0000
        banksel  PORTB
        movwf    PORTB
        call     Display
        call     Delay
        call     Delay
        goto     MainLoop
initial
        banksel  PORTB
        clrf     PORTB
        banksel  TRISB
        clrf     TRISB
        banksel  T1CON
        clrf     T1CON
        clrf     TMR1H
        clrf     TMR1L
        clrf     INTCON
        bsf      INTCON,PEIE
        nop
        banksel  PIE1
        clrf     PIE1
        banksel  TMR1L
        clrf     TMR1L
        movlw    00f8
        movwf    TMR1H
        movlw    002f
        movwf    TMR1L
        bsf      T1CON,TMR1ON
        banksel  ADCON1
        movlw    B'00000000'
        movwf    ADCON1
        bsf      TRISA,0
        banksel  ADCON0
        movlw    B'10000001'
        movwf    ADCON0
        banksel  INTCON
        bsf      INTCON,GIE
        return
Display
        addlw    0001
        movwf    BIT
        banksel  PORTB
        movwf    PORTB
RL      call     Delay
        rlf      BIT,w
        banksel  PORTB
        movwf    PORTB
        call     Delay
        btfss    BIT,7
        goto     RL
        return
Delay
        movlw    0fff
        movwf    Delay1
        clrf     Delay2
Delayloop
        decfsz   Delay2,F
        goto     Delayloop
        decfsz   Delay1,F
        goto     Delayloop
        return
        END
```

圖10-30(b)　PIC16F877-繼電器多頻道控制系統之執行程式

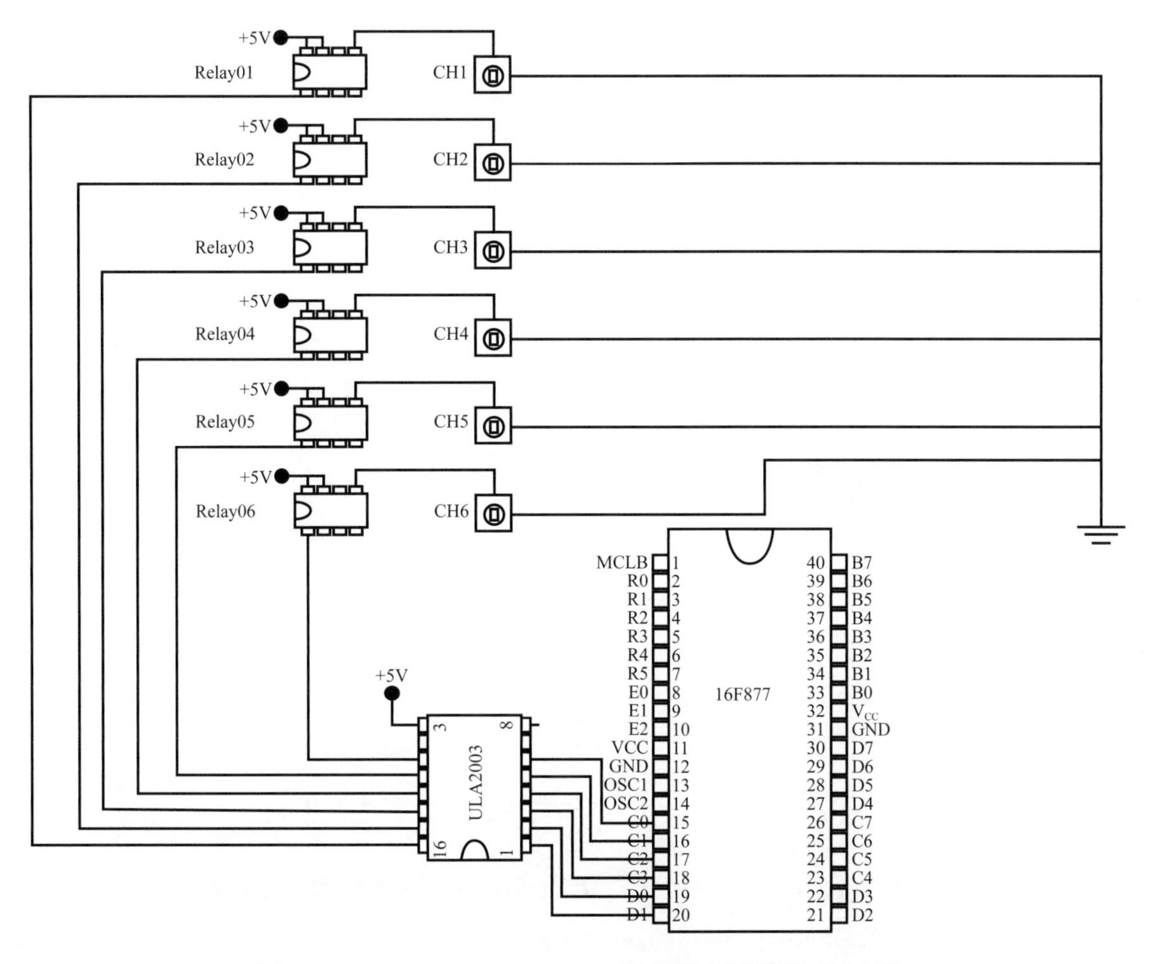

圖10-31　PIC16F877-IC2003-繼電器多頻道控制系統

（16支腳）並起動15，13，11支腳所接的Relay 02，Relay 04，Relay 06等三個繼電器及起動CH2，CH4，CH6等三個頻道電子線路。如此，可利用PIC16F877微電腦各支腳輸出不同而起動或關閉不同頻道電子線路，達到控制多頻道電子儀器系統之目的。

10.5.4　單晶片PIC16F877-RS232介面-PC微電腦系統

單晶片μC16F877可接RS232介面連接PC微電腦形成單晶片PIC16F877-RS232介面-PC微電腦系統（Single-Chip PIC16F877-RS232-PCMicrocomputer System）。圖10-32爲單晶片PIC16F877-RS232（主晶片MAX232）介

面-PC微電腦接線圖。如圖所示，PC微電腦之數位訊號（D0～D7）依串列方式經MAX-232晶片由PIC16F877的RE2接腳接收並輸入PIC16F877單晶片微電腦。

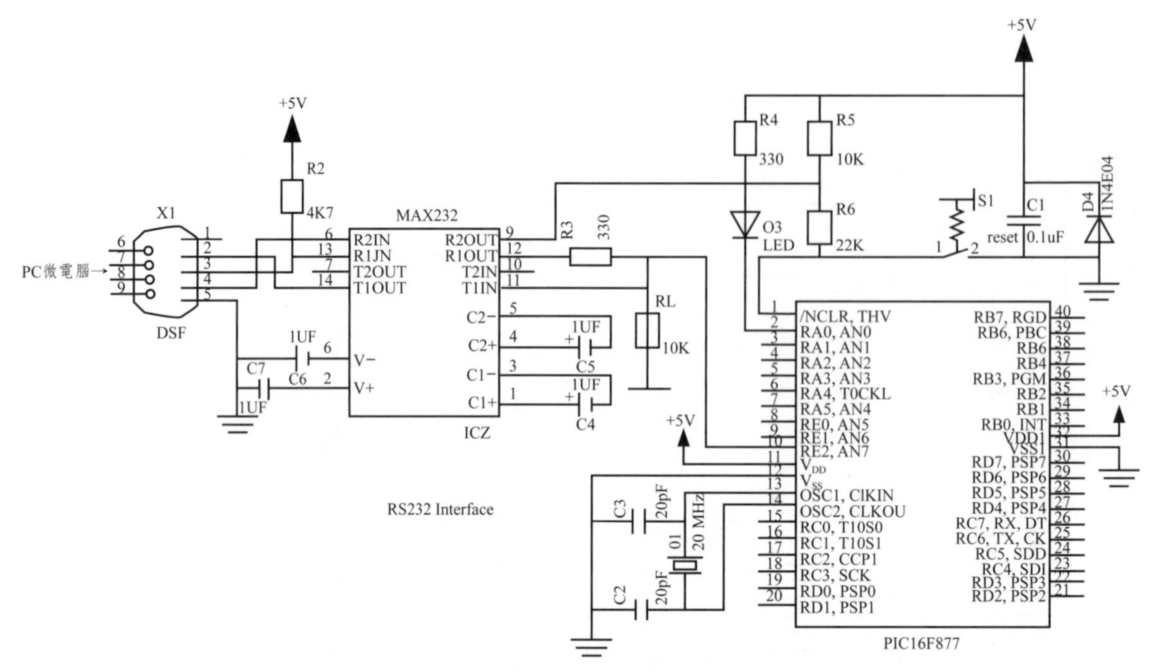

圖10-32 單晶片μC 16F877-RS232介面-PC微電腦系統接線圖[212]（參考資料：http://www.voti.nl/wloader/index_1.html）

10.5.5 單晶片PIC16F877-USB介面-PC微電腦系統

單晶片PIC16F877亦可接USB轉換介面晶片再連接PC微電腦形成單晶片PIC16F877-USB介面-PC微電腦系統（Single-Chip PIC16F877-USB-PC Microcomputer System）。在此系統通常在PIC16F877和PC微電腦間連接USB／並列轉換晶片（如FT245BH晶片）或USB／串列轉換晶片（如PL2303晶片）以傳送由單晶片PIC16F877輸出的並列或串列數位訊號轉傳輸入PC微電腦。分別說明如下：

10.5.5.1　PIC16F877-USB／並列轉換晶片FT245-PC微電腦

圖10-33為晶片PIC16F877-FT245 USB／並列介面-PC微電腦系統接線圖。在圖10-33中PIC16F877單晶片可由其Port D之DATA0-DATA7接腳輸出其並列數位訊號（D0～D7）到USB／並列轉換晶片FT245BH之D0～D7接腳中並轉成USB串列訊號，然後由FT245BH晶片的USBDM及USBDP接腳經所接USB接頭之D-及D+傳入PC微電腦做數據處理或繪圖。反之，PC微電腦透過其USB接口可將USB串列數位訊號依串列方式傳入FT245BH晶片中並轉成並列數位訊號，然後再將並列數位訊號，透過FT245BH晶片的D0～D7接腳並列輸出到PIC16F877單晶片（透過DATA0～DATA7接腳接收）。

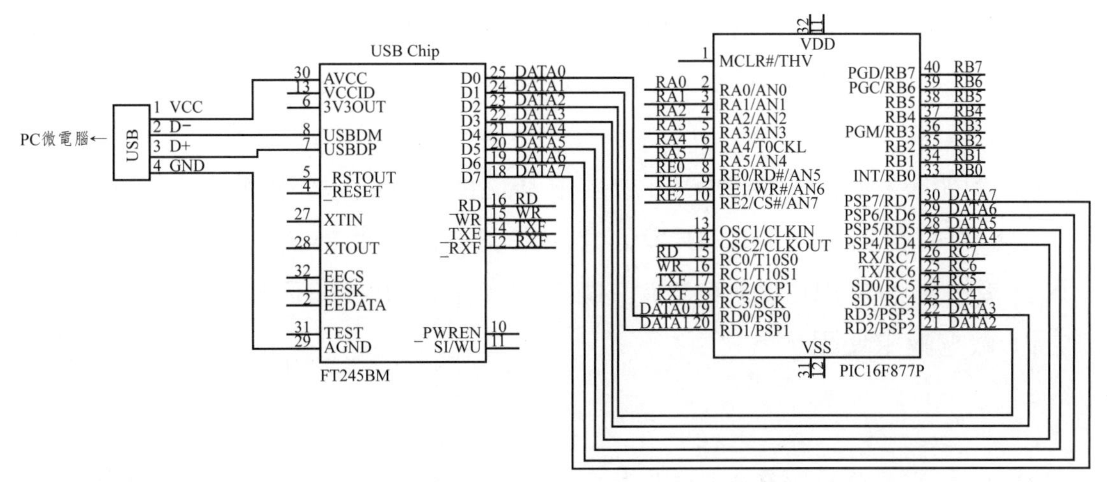

圖10-33　單晶片μC16F877-FT245 USB/並列介面-PC微電腦系統接線圖[213]（參考資料：http://www.ianstedman.co.uk/Projects/PIC_USB_Interface/PIC_USB_SchematicV2.png）

10.5.5.2　PIC16F877-USB/串列轉換晶片PL2303-PC微電腦

圖10-34(a)為單晶片PIC16F877-PL2303 USB/串列轉換介面-PC微電腦系統示意圖。如圖10-34(a)所示，單晶片PIC16F877可透過其RX接腳輸出串列訊號以串列方式輸出到PL2303 USB/串列晶片之RXD接腳，再經由其D+及D−接腳所接的USB接頭傳入PC微電腦做數據處理。反之，PC微電腦亦可由其USB接口輸出串列數位訊號經USB接頭進入PL2303晶片中，再由PL2303晶片

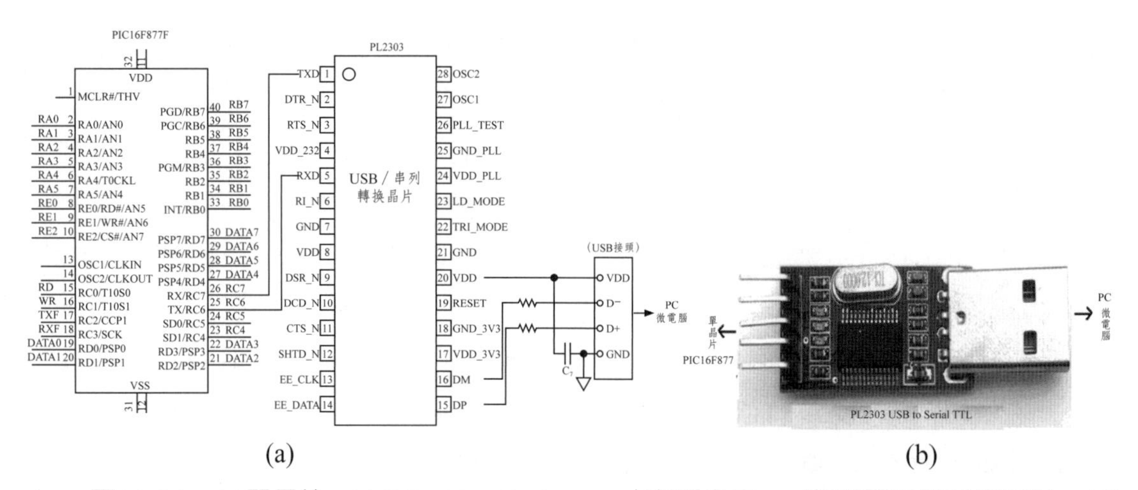

圖10-34 (a)單晶片μC16F877-PL2303 USB／串列介面-PC微電腦系統示意圖及(b)市售PL2303 USB／串列介面卡實物圖（原圖來源：http://www.instructables.com/id/MICRO-CONTROLLER-to-PC-Communication-Via-PL2303-US/）

之TXD接腳傳入單晶片PIC16F877（由其之RX接腳接收串列數位訊號）。圖10-34(b)爲市售PL2303 USB/串列介面卡實物圖，此PL2303 USB/串列介面卡可直接接單晶片PIC16F877並由此介面卡之USB接頭直接插入具有USB接口之PC微電腦中使用。

10.6 USB內建ADC式PIC18FXX單晶片微電腦[214]

爲因應現在電腦皆用USB接口和外界輸出輸入而不用傳統RS232介面，故Microchip公司發展可直接用USB接口和PC電腦連線之內建ADC式且具有EEPROM可重複讀寫程式之PIC18FXX USB內建ADC式單晶片微電腦晶片（USB-ADC In-Built PIC18FXX Single-Chip Microcomputers）。此類具有USB接口之單晶片不只可直接接具有USB接頭之PC微電腦，亦可直接接具有USB接頭之其他電子線路系統（如一些化學偵測器及手機）。本節將介紹三類常見的USB內建ADC式PIC18FXX單晶片：(1) USB PIC18F2XJ50/4XJ50，(2)USB PIC18F2450/4450及(3)USB PIC18F2455/2550/4455/4550單晶片微電腦。

10.6.1 USB內建ADC式PIC18F2XJ50/4XJ50單晶片微電腦[214]

表10-10爲常見PIC 18F2XJ50及PIC 18F4XJ50-USB-內建ADC式且含FLASH ROM單晶片微電腦之內部組件。分別說明如下：

10.6.1.1 USB內建ADC式PIC18F2XJ50單晶片

如表10-10所示，常見PIC 18F2XJ50單晶片有PIC18F24J50、PIC18F25J50及PIC18F26J50，而如圖10-35所示，它們都有USB接腳（D+，D-，VDD（電源），VSS（接地））可和表10-11及圖10-35(a)中USB連接頭之四接點及接線（D+（綠），D-（白），VDD（紅），VSS（黑））連接。同時，此三種PIC 18F2XJ50單晶片皆含有10個內建ADC接腳可接收外在10部化學儀器類比電壓訊號並轉換成數位訊號。同時，PIC18F2XJ50/4XJ50單晶片微電腦內部皆有兩個ECCP組件（Enhanced Capture/Compare/PWM Modules）可輸出1～4個脈衝寬度調變PWM（Pulse Width Modulation）訊號，輸出一個固定電壓的類比訊號，換言之，PIC18F2XJ50/4XJ50單晶片可輸出固定電壓的類比訊號。圖10-35(b)爲PIC18F2XJ50 USB-單晶片之實物圖，而圖10-36爲USB接頭之實物圖。

表10-10 常見PIC 18F2XJ50/4XJ50 USB-單晶片微電腦內部組件[214]

PIC18F/LF(1) Device	Pinx	Program Flash Memory (bytes)	SRAM (bytes)	Remappable Pins	Timera 8/16-Bit	ECCP(PWM)	EUSART	MSSP			10-Bit A/D (ch)	Comparators	Deep Sleep	PMP/PSP	CTMU	RTCC	USB
									SPI w/DMA	I²C™							
PIC18F24J50	28	16K	3776	16	2/3	2	2	2	Y	Y	10	2	Y	N	Y	Y	Y
PIC18F25J50	28	32K	3776	16	2/3	2	2	2	Y	Y	10	2	Y	N	Y	Y	Y
PIC18F26J50	28	64K	3776	16	2/3	2	2	2	Y	Y	10	2	Y	N	Y	Y	Y
PIC18F44J50	44	16K	3776	22	2/3	2	2	2	Y	Y	13	2	Y	Y	Y	Y	Y
PIC18F45J50	44	32K	3776	22	2/3	2	2	2	Y	Y	13	2	Y	Y	Y	Y	Y
PIC18F46J50	44	64K	3776	22	2/3	2	2	2	Y	Y	13	2	Y	Y	Y	Y	Y

（原表來源：http://ww1.microchip.com/downloads/en/DeviceDoc/39931b.pdf）

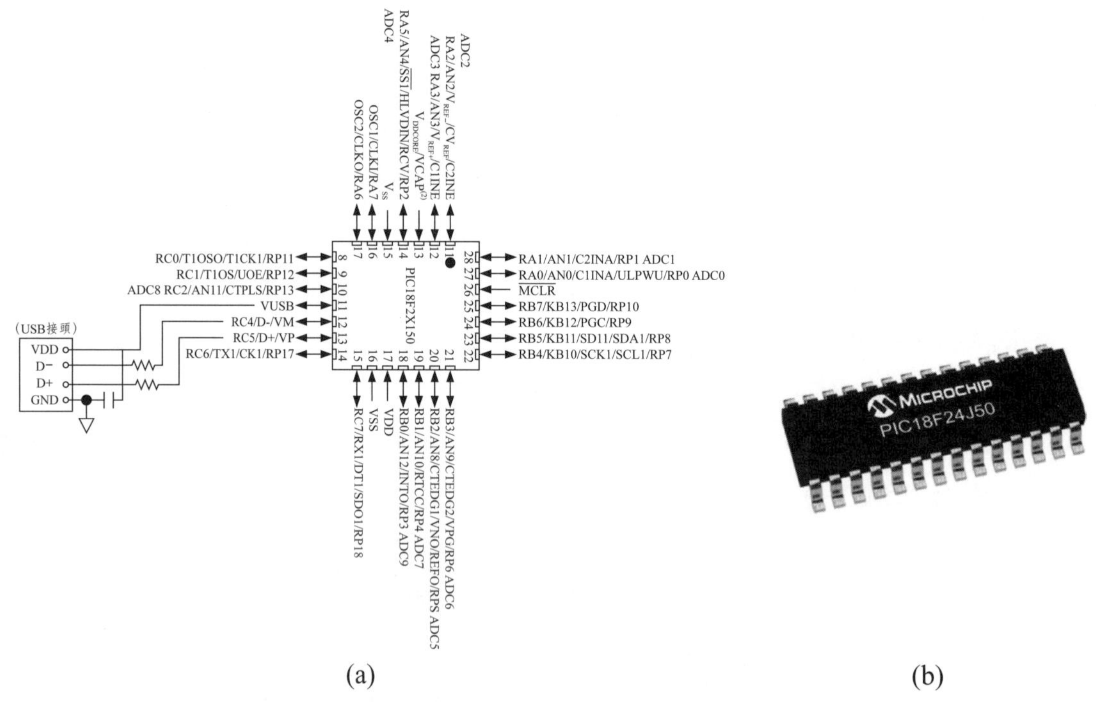

圖10-35　PIC 18F2XJ50USB-單晶片微電腦(a)接線圖及(b)PIC 18F24J50晶片實物圖[214]（原圖來源：(a)http://ww1. microchip.com/downloads/en/DeviceDoc/39931b.pdf, (b) http://www.microchip.com/www products/en/PIC18F24J50）

表10-11　標準USB連接器接點

接點	功能（主播）	功能（裝置）	
1	V_{zx}(4.75 − 5.25V)	V_{zx}(4.4 − 5.25V)	紅
2	D-	D-	白
3	D+	D+	綠
4	接地	接地	黑

圖10-36　USB接頭外觀及接線圖

10.6.1.2　USB內建ADC式PIC18F4XJ50單晶片

常見PIC18F4XJ50 USB-單晶片微電腦由表10-10所示為PIC18F44J50、PIC18F45J50及PIC18F46J50單晶片。如圖10-37(a)所示，它們也都有USB接腳（D+，D-，VDD（電源），VSS（接地））可和USB連接頭接線。這些PIC 18F4XJ50 USB-單晶片皆有44接腳且皆有13個ADC接腳可接收外在13部化學儀器電壓訊號並轉換成數位訊號。因為PIC18F4XJ50系列USB-單晶片微電腦功能強，除具有13個內建ADC，還可接USB接頭且消耗功率低及具有FLASH ROM可快速抹除舊程式讀寫新程式，很受歡迎，市面上許多PIC18F4XJ50輸出輸入模組應運而生，圖10-37(b)為由PIC18F46J50單晶片所組成的PIC18F46J50-USB模組實物圖。

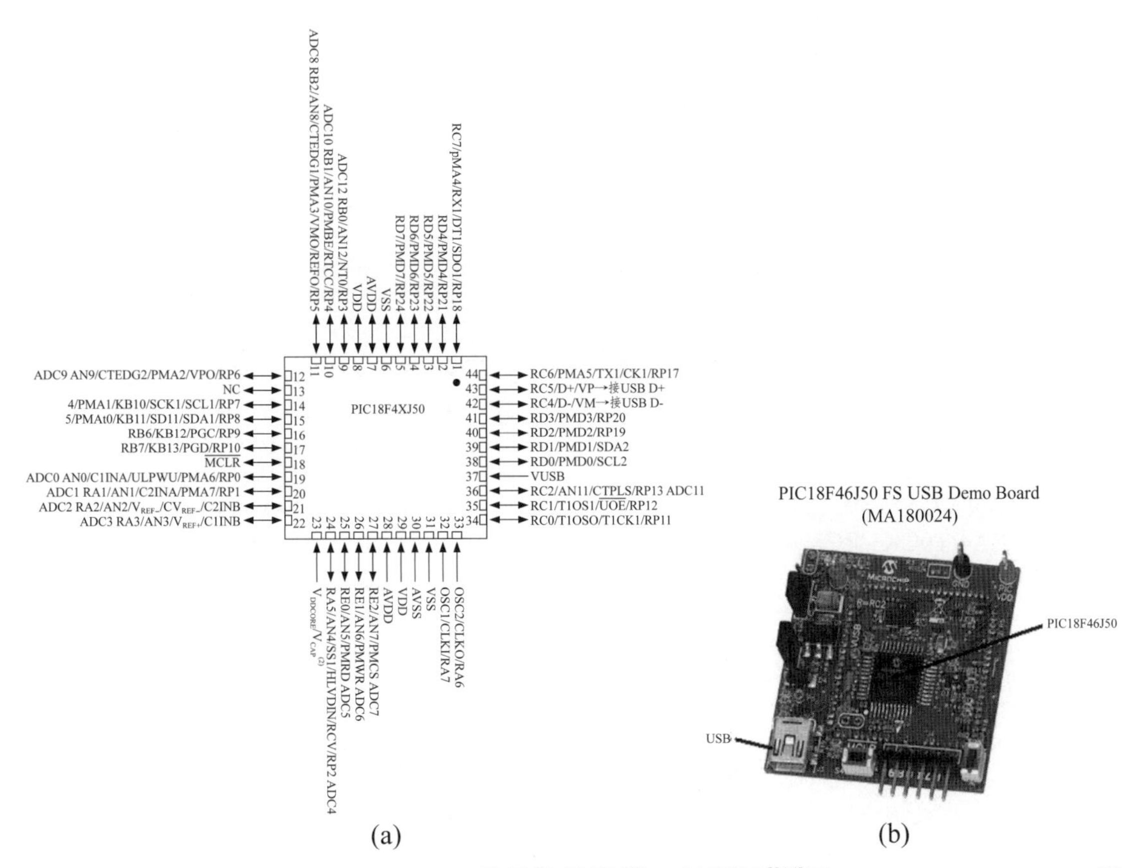

圖10-37　PIC 18F4XJ50 USB-單晶片微電腦(a)接腳圖[214]及(b)PIC18F46J50-USB模組實物圖（原圖來源：http://ww1.microchip.com/downloads/en/DeviceDoc/39931b.pdf）

10.6.2 USB內建ADC式PIC18F2450/4450單晶片微電腦[215]

表10-12為USB PIC18F2450及PIC18F 4450單晶片微電腦內部組件表，而圖10-38及圖10-39分別為USB PIC18F2450及PIC18F 4450單晶片接腳圖。如表10-12及圖10-38和圖10-39所示，兩單晶片一樣可具有接USB接腳且分別具有10個及13個內建ADC可接收外在10及13部化學儀器所輸入之類比電壓訊號轉成數位訊號做數據處理。同時，PIC18F2450/PIC18F 4450單晶片微電腦亦可輸出脈衝寬度調變PWM訊號，可輸出固定電壓的類比訊號。

表10-12 PIC 18F2450/4450 USB-單晶片微電腦內部組件[215]

Device	Program Memory		Data Memory SRAM (bytes)	I/O	10-Bit A/D (ch)	CCP	EUSART	USB
	Flash (bytes)	#Single-Word Instructions						
PIC18F2450	16K	8192	768*	23	10	1	1	Y
PIC18F4450	16K	8192	768*	34	13	1	1	Y

*Includes 256 bytes of dual access RAM used by USB module and shared with data memory

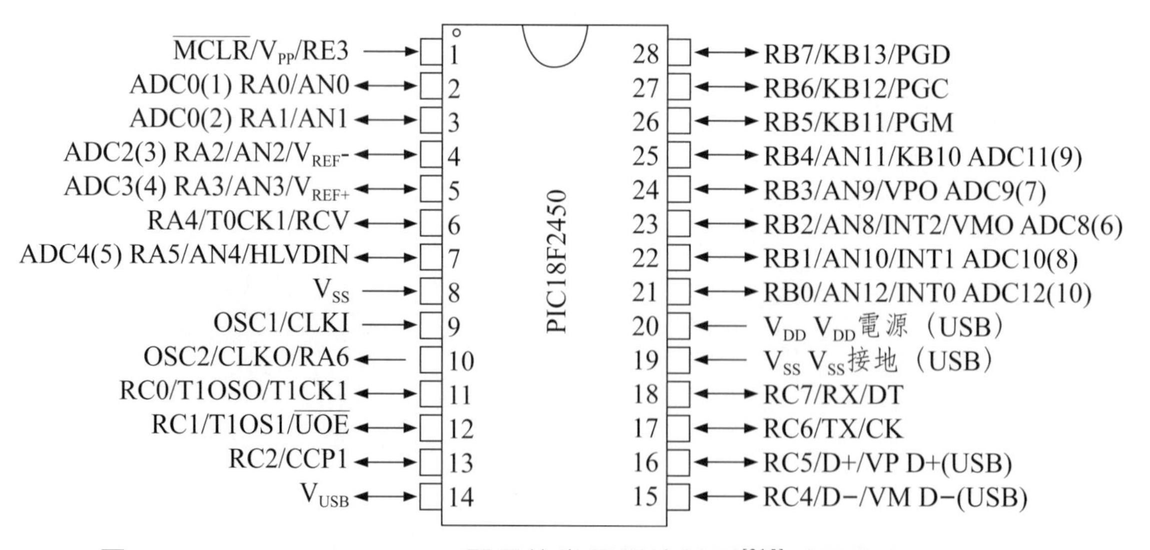

圖10-38 USB PIC18F2450單晶片微電腦接腳圖[215]（原圖來源：http://ww1.microchip.com/downloads/en/DeviceDoc/39760d.pdf）

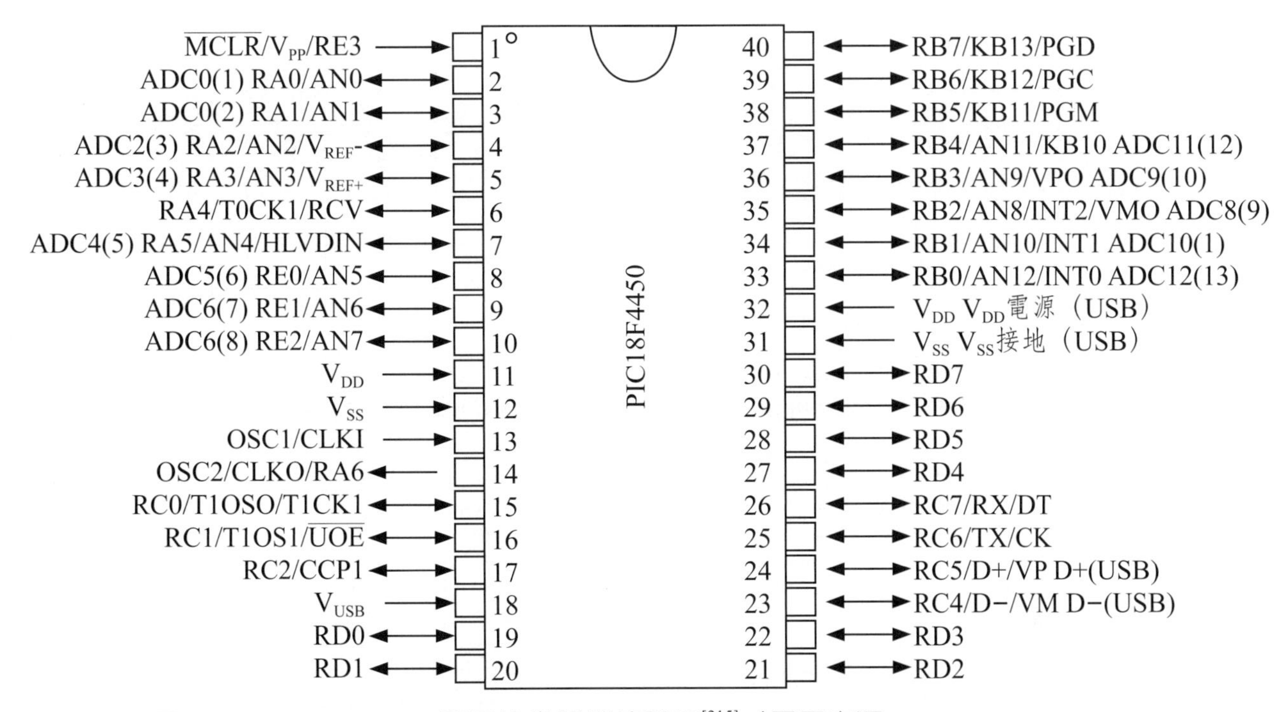

圖10-39　PIC18F 4450單晶片微電腦接腳圖[215]（原圖來源：http://ww1.microchip.com/downloads/en/DeviceDoc/39760d.pdf）

10.6.3　USB內建ADC式PIC18F2455/2550/4455/4550單晶片微電腦[216a]

USB PIC18F2455/2550及PIC18F 4455/4550單晶片微電腦之內部元件如表10-13所示，皆可接USB接頭及分別具有10個及13個內建ADC（如圖10-40及圖10-41所示）可接收外在10及13部化學儀器所輸入之類比電壓訊號。另外，PIC18F2455/2550及PIC18F 4455/4550單晶片微電腦亦可輸出脈衝寬度調變PWM訊號，可輸出固定電壓的類比訊號。

表10-13 PIC18F2455/2550/4455/4550單晶片微電腦內部組件[216]

Device	Program Memory		Data Memory		I/O	10-Bit A/D (ch)	CCP/ECCP (PWM)	USB	MSSP		EUSART	Comparators	Timers 8/16-Bit
	Flash (bytes)	#Single-Word Instructions	SRAM (bytes)	EEPROM (bytes)					SPI	Master I^2C^{TM}			
PIC18F2455	24K	12288	2048	256	24	10	2/0	Y	Y	Y	1	2	1/3
PIC18F2550	32K	16384	2048	256	24	10	2/0	Y	Y	Y	1	2	1/3
PIC18F4455	24K	12288	2048	256	35	13	1/1	Y	Y	Y	1	2	1/3
PIC18F4550	32K	16384	2048	256	35	13	1/1	Y	Y	Y	1	2	1/3

（原表來源：http://ww1.microchip.com/downloads/en/DeviceDoc/39632e.pdf）

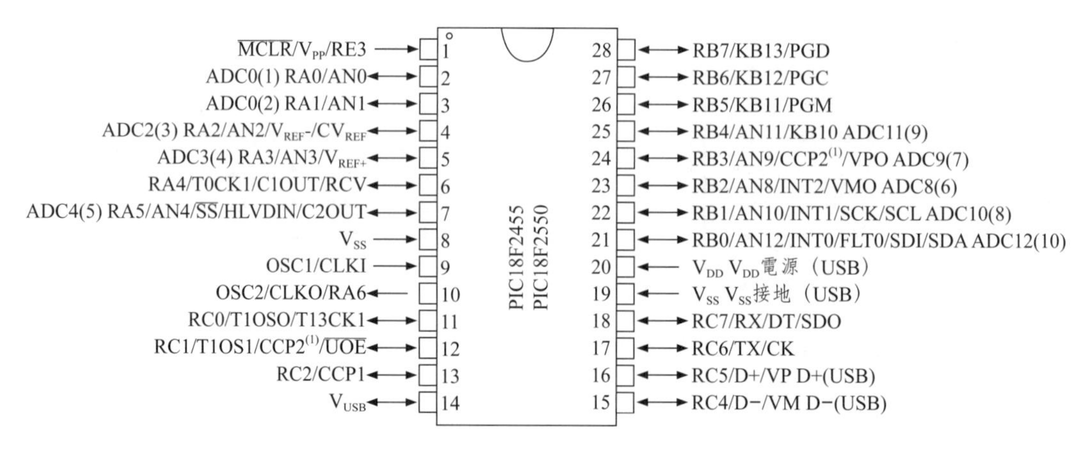

圖10-40 PIC18F2455/2550單晶片微電腦接腳圖[216a]（原圖來源：http://ww1.microchip.com/downloads/en/DeviceDoc/39632e.pdf）

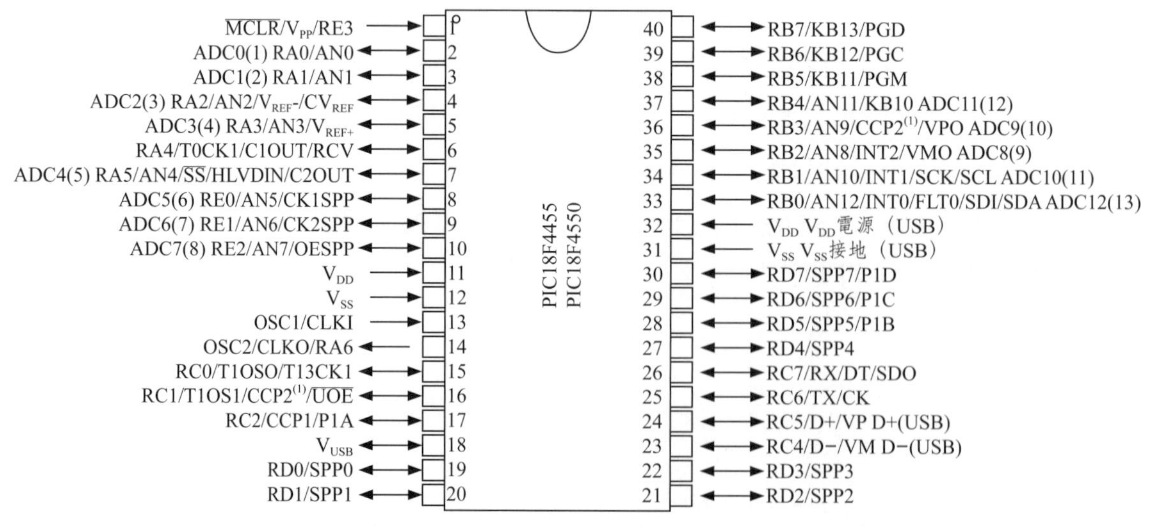

圖10-41 PIC18F4455/4550單晶片微電腦接腳圖[216a]（原圖來源http://ww1.microchip.com/downloads/en/DeviceDoc/39632e.pdf）

10.7 PIC16F877單晶片在化學自動控制系統之應用

單晶片微電腦PIC16F877因體積小且具有內建ADC，很適合做爲化學實驗系統的各種狀態參數（如溫度、光度及壓力）自動控制之用。PIC16F877爲化學實驗室常用的單晶片微電腦。本節將介紹應用單晶片微電腦PIC16F877建立化學實驗所用的單晶片微電腦PIC16F877自動控制系統（PIC16F877 Single-Chip Microcomputer Auto-Controlling System），其中包括溫度（Temperature Auto-Controlling）、光度（Optical Controlling）及液位（Liquid Leveling）微電腦自動控制系統和建立PIC16F877單晶片微電腦自動滴定（Auto-Titration System）、自動沉澱滴定系統、系統中斷／異常（System Interrupt /abnormality）及多頻道控制系統Multichannel Controlling System）。

10.7.1 PIC16F877溫度自動控制系統

單晶片微電腦PIC16F877含有8個內建ADC，所以由熱電偶或熱電阻晶片LM334所測溫度輸出電壓訊號可直接輸入此單晶片微電腦接腳，並和繼電器分別組成PIC16F877-繼電器溫度自動控制系統（PIC16F877-Relay Temperature Auto-Controlling System，如圖10-42所示）。

如圖10-42所示。在此系統中首先皆先建立化學實驗反應槽或實驗室之溫度（T）和熱電阻晶片LM334或熱電偶偵測所得電壓訊號V之V-T標準工作曲線，以便得知擬控制的溫度Tc相對的電壓訊號Vc。然後將熱電阻晶片LM334在化學實驗反應槽溫度T或Tc下所輸出的電壓訊號V或Vc先後分別輸入PIC16F877之RAo（ADo）接腳進入PIC16F877內建ADC將這些電壓訊號V或Vc轉換成數位訊號D或D_c。這些數位訊號D或D_c可由PIC16F877之Port C埠所接的LED排顯示得知。

當實際溫度$T < Tc$時，$V < Vc$及$D < D_c$，由PIC16F877（圖10-42）之RB7接腳輸出1以起動其所接的固體繼電器（SSR）S1及加熱器，以便加熱使反應槽或實驗室溫度升高。反之，當實際溫度$T > Tc$時，$V > Vc$及$D > D_c$，由PIC16F877之RB7接腳輸出0以關閉其所接的固體繼電器S1及加熱器，並由

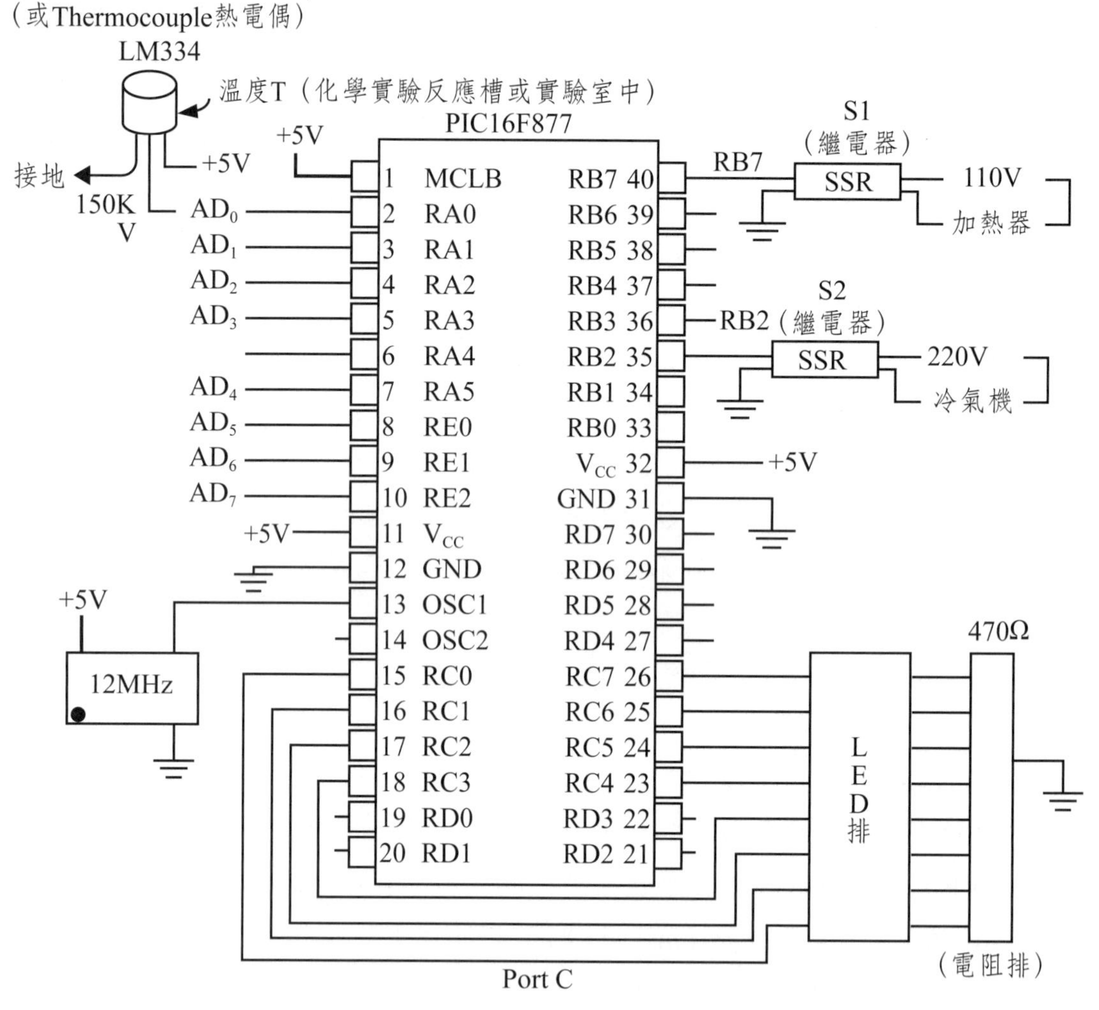

圖10-42　PIC16F877-繼電器溫度自動控制系統線路圖

RB2接腳輸出1訊號以起動其所接的固體繼電器S2及冷氣機以降低反應槽或實驗室溫度，以達到溫度控制目的。

10.7.2　PIC16F877光度自動控制系統

在化學實驗室中常進行光化學實驗，光化學實驗中控制實驗系統之光度是很重要的。在化學實驗室中可用PIC16F877微電腦及光敏元件（如CdS感光晶片）組成PIC16F877光度自動控制系統（PIC 16F877 Optical Controlling Systems），其結構如圖10-43所示，化學照光實驗系統之光（光度

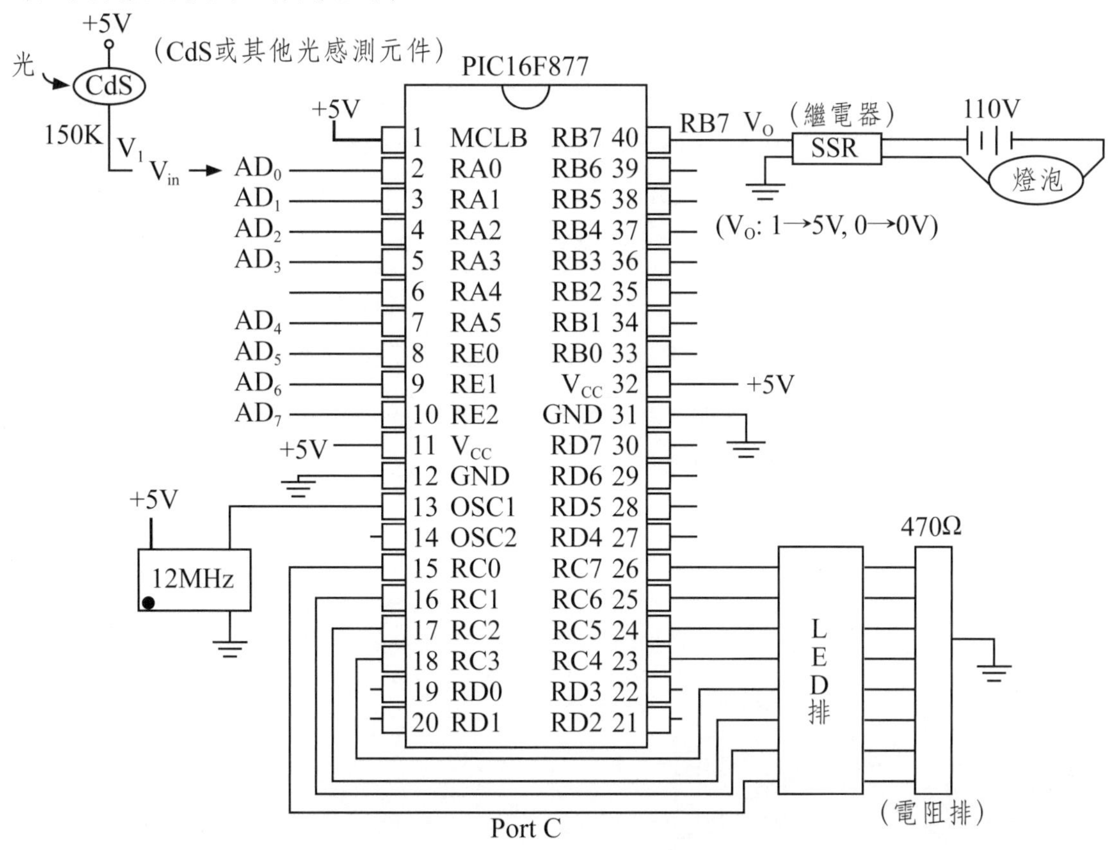

圖10-43　PIC16F877光度自動控制系統

L）照在CdS或其他光感測元件所產生的輸出電壓V_1輸入微電腦PIC16F877之RA0（AD0）接腳並進入內建ADC0並轉換成數位訊號D（數位訊號D由PIC16F877之PortC埠輸出到其所接之LED排顯示）。然後與擬控制之光度Lc照射光感測元件所產生的輸出電壓Vc並經內建ADC0轉換成數位訊號Dc做比較。若D < Dc，即V < Vc，L < Lc，則執行微電腦電腦程式由PIC16F877的RB7腳輸出數位訊號1（即Vo=5V），以起動所接的固體繼電器（SSR）並點亮所接之燈泡或照光系統以增加化學實驗系統之光度。反之，當D > Dc，即V>Vc，L > Lc，則由PIC16F877的RB7腳輸出數位訊號0（即Vo=0V），以中斷所接之固體繼電器並關閉所接之燈泡或照光系統，下降化學照光實驗系統之光度，以達光度自動控制之功用。

另外，亦可利用PIC16F877及比較器組成PIC16F877-比較器光度自動控制系統。如圖10-44所示，將化學實驗系統之光照在CdS或其他光感測元件所產生的輸出電壓V_1和一擬控制光度照射在光感測元件產生輸出電壓Vc（用可變電阻設定）比較。當V1 < Vc時，比較器輸出電壓V = 5V，即數位訊號D=1經微電腦PIC16F877之RB7接腳輸入微電腦中，並執行電腦程式由PIC16F877之D7接腳輸出數位訊號1（即Vo = 5V），以起動接在RD7接腳之固體繼電器（SSR）並點亮所接之燈泡或照光系統以增加化學實驗系統之光度。反之，當V1 > Vc時，比較器輸出電壓V = 0V，即數位訊號D = 0經微電腦PIC16F877之B7接腳輸入微電腦中並由PIC16F877之RD7接腳輸出數位訊號 0（即Vo=9V），以中斷接在PIC16F877之RD7接腳之固體繼電器並關閉所接之燈泡或照光系統，下降化學實驗系統之光度。

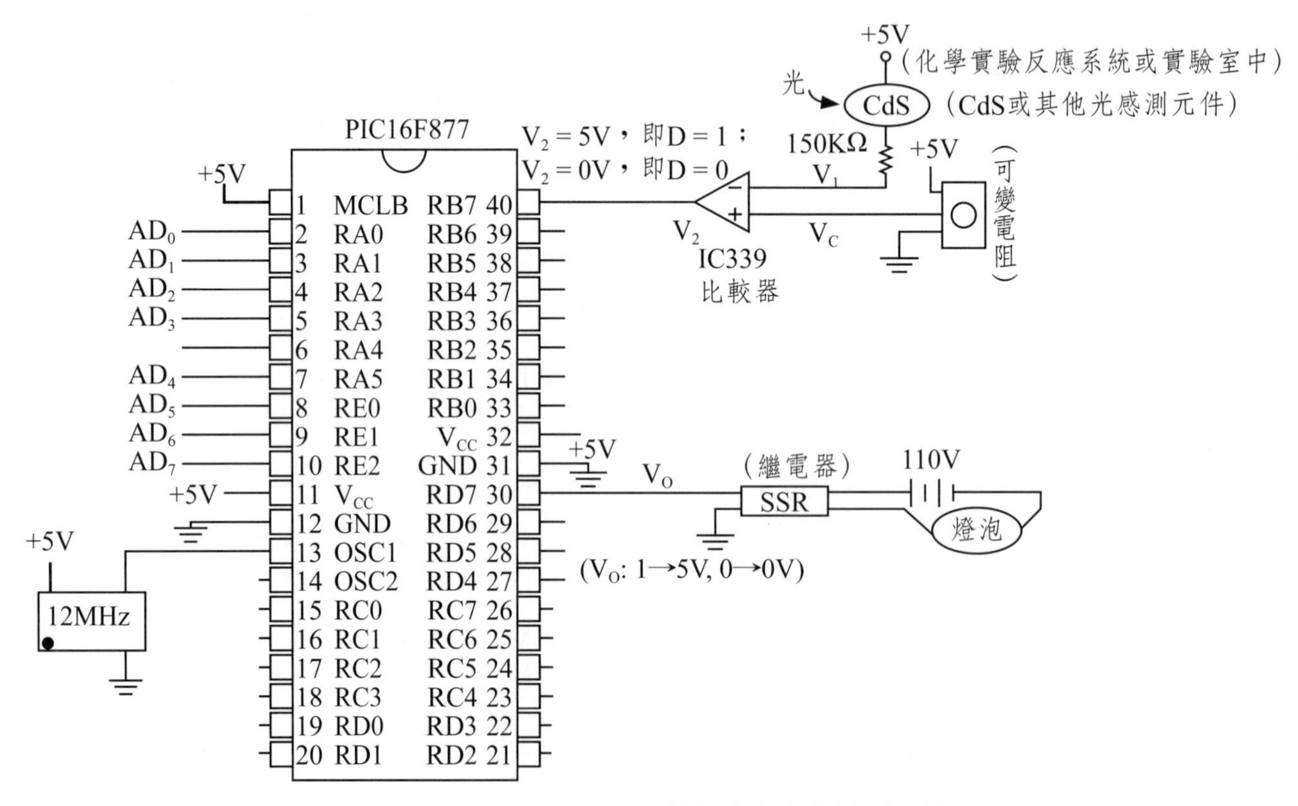

圖10-44　PIC16F877-比較器光度自動控制系統

10.7.3　PIC16F877自動酸鹼滴定系統

圖10-45(a)為PIC16F877自動酸鹼滴定系統（PIC16F877 Auto-Acid/Base Titration System）之基本結構示意圖。以用鹼滴定液滴定酸溶液為例，滴定開始時由PIC16F877微電腦之C5腳輸出1（5V）訊號以起動其所接固體繼電器（SSR）並開啟滴定系統之電子開關H1開始滴定，並由PIC16F877微電腦之B0腳輸出1（5V）訊號起動所接計時器開始計時T=0。此時pH計也開始輸出電壓V_1到運算放大器（OPA）放大成V_{in}輸入PIC16F877微電腦之內建ADC（ADo）接腳A0並轉換成數位訊號D。如圖10-45(b)滴定曲線所示，到達滴定終點時溶液pH及數位訊號D都會急速變化成Dp，並由PIC16F877微電腦之B0腳輸出0（0V）訊號中斷所接計時器停止計時，可得到達滴定終點所需滴定時間Tp，並由PIC16F877微電腦之D5腳輸出1（5V）以點亮其所接LED顯示滴定完成並由PIC16F877微電腦之C5腳輸出0（0V）訊號以關閉其所接固體繼電器（SSR）並關閉滴定系統之電子開關H1停止滴定。再由滴定液流速F可計算到達滴定終點時所用鹼滴定液體積Vp = F×Tp並推算溶液中酸分析物濃度。

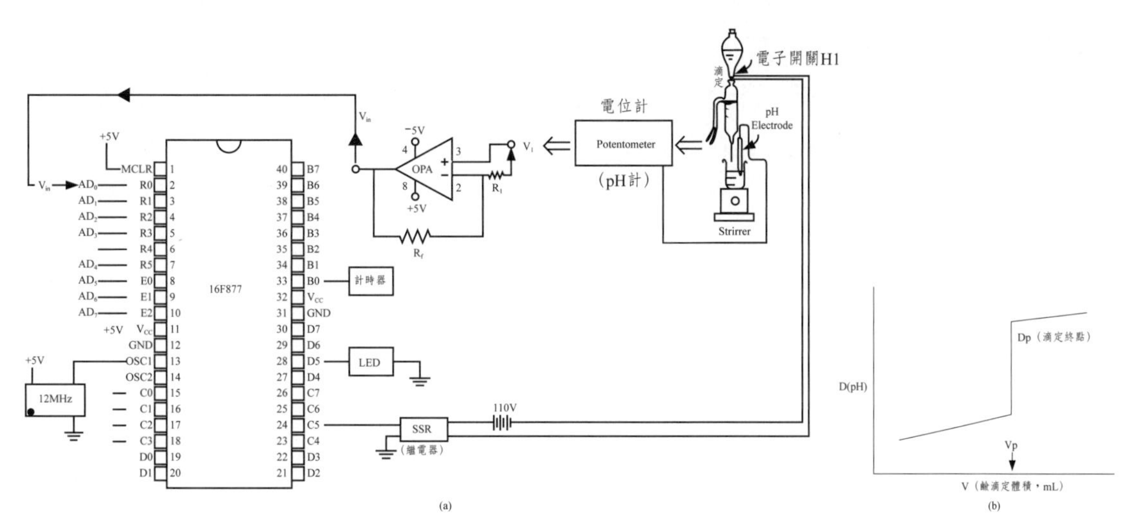

圖10-45　PIC16F877自動酸鹼滴定(a)系統結構圖及(b)滴定圖

10.7.4 PIC16F877自動沉澱滴定系統

化學滴定法除酸鹼滴定外，還常用沉澱滴定法以測定未知樣品中金屬離子含量。圖10-46(a)爲PIC16F877微電腦自動沉澱滴定系統（PIC16F877 Auto-Precipitation Titration System）用來測定樣品中Ag^+離子含量之電子線路示意圖。以用Cl^-滴定液滴定Ag^+溶液（滴定反應：$Ag^+ + Cl^- \rightarrow AgCl$（沉澱））爲例，滴定開始時首先由PIC16F877微電腦之Port C-5腳輸出1（5V）訊號以起動其所接固體繼電器（SSR）並開啓滴定系統之電子開關H1開始滴定，並由PIC16F877微電腦之B0腳輸出1（5V）訊號起動所接計時器開始計時T=0。如圖10-46(b)所示，隨著Cl^-滴定液加入和Ag^+離子反應沉澱使樣品中Ag^+離子含量減少，因而樣品溶液之導電度減小，故可由圖10-46(a)中之導電度計偵測其導電度C之減小，並可如圖10-46(a)所示將導電度計之輸出電壓V1經運算放大器（OPA）放大成Vo輸入PIC16F877微電腦之內建ADC（ADo）轉換成數位訊號D，此數位訊號D會隨滴定過程中導電度之減小而變小（圖10-46(b)）。而如圖10-46(b)所示，當到達滴定終點P（滴定液體積爲Vp，導電度爲Cp）時，若再滴入Cl^-時導電度開始回升，此時PIC16F877微電腦會由B0腳輸出0（0V）訊號中斷所接計時器停止計時，可得到達滴定終點所需滴定時間T，並由PIC16F877微電腦之B5腳輸出1（5V）以點亮其所接LED顯示滴定完成。再由Cl^-滴定液流速F可計算到達滴定終點時所用Cl^-滴定液體積$Vp = F \times T$並推算樣品中Ag^+離子含量。

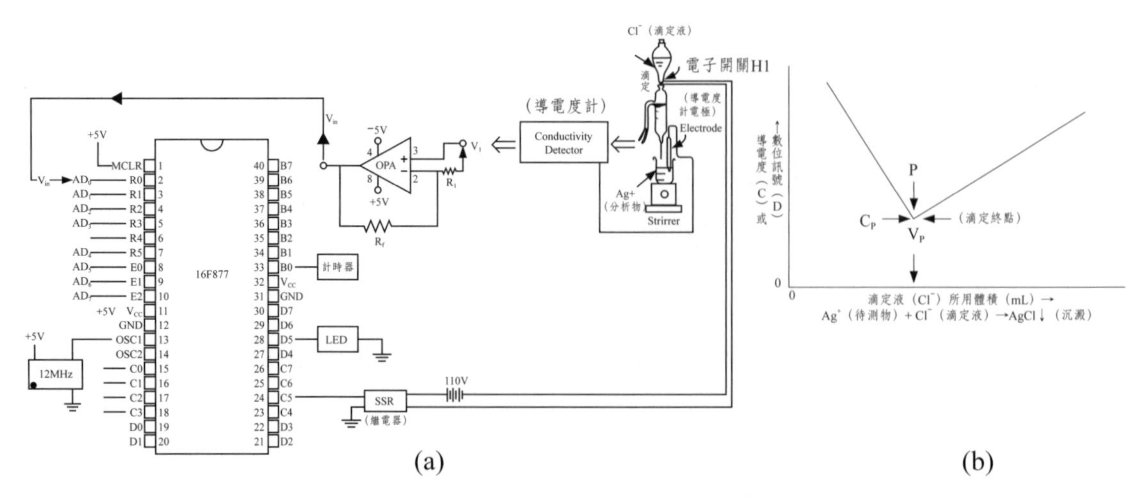

圖10-46 PIC16F877自動沉澱滴定系統(a)結構圖及(b)滴定曲線

10.7.5　PIC16F877液位控制系統

圖10-47爲PIC16F877液位控制系統（PIC16F877Liquid Leveling System）基本結構圖。其執行步驟爲(1)按接在PIC16F877微電腦之B0腳的按鈕P1輸入5V（數位訊號1）到PIC16F877，此時會並由PIC16F877微電腦之B7支腳輸出1（5V）訊號以起動其所接的固體繼電器A並開啓其所接的電子控制開關H1以注入液體。(2)當加到高液位S1時，會使S1導電板浸濕導電並輸入1（5V）到PIC16F877微電腦之B3腳並由PIC16F877之B7支腳輸出0（0V）訊號以中斷繼電器A並關閉電子控制開關H1以停止注入液體並由PIC16F877之C0腳輸出1（5V）以點亮藍燈R1。(3)若要從塔中洩出液體，只要按按鈕P2輸入5V到PIC16F877微電腦之C7腳就會由C4腳輸出1（5V）以起動其所接之繼電器B並開啓電子控制開關H2以洩出液體。(4)若液體洩到所定低液位S2時以下時，使S2導電板變乾不導電即會輸入0（0V）到PIC16F877之B2腳並由C4腳輸出0（0V）以中斷其所接之繼電器B及關閉電子控制開關H2以停止洩出液體並由D0腳輸出5V點亮紅燈R2。同時由PIC16F877之B7支腳輸出1（5V）訊

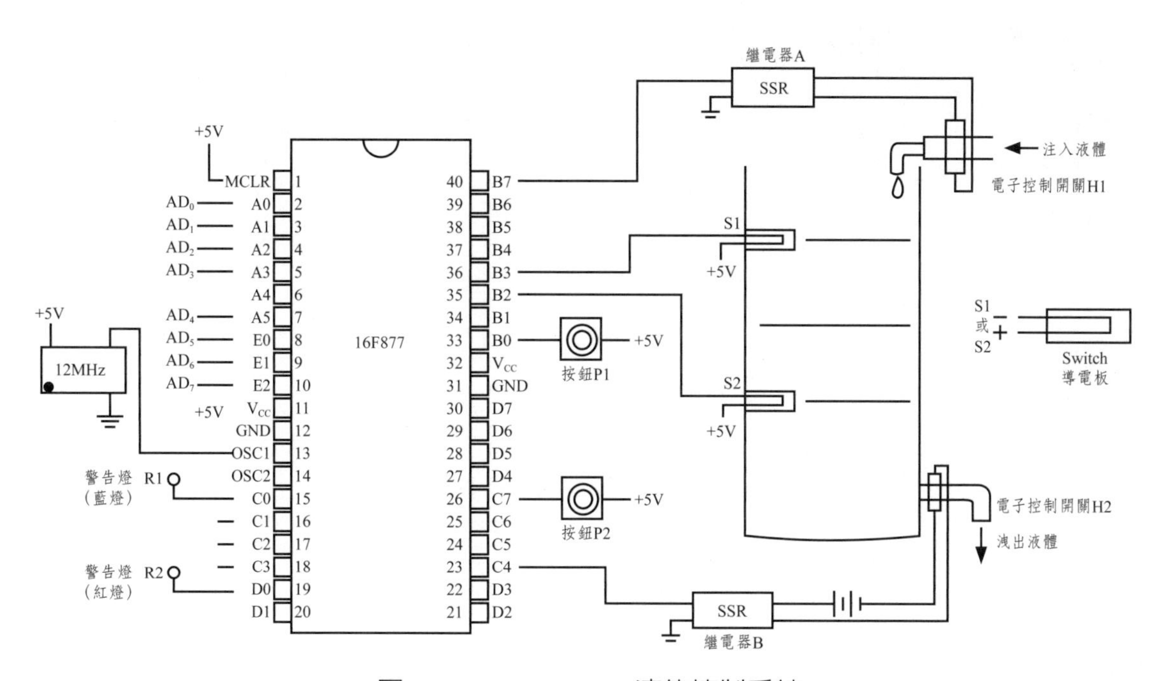

圖10-47　PIC16F877液位控制系統

號以起動其所接的繼電器A並開啓其所接的電子控制開關H1以注入液體。(5)重複(2)～(4)步驟。

10.7.6 PIC16F877供水中斷後自動斷電裝置

圖10-48爲裝在蒸餾系統上之PIC16F877供水中斷後自動斷電裝置（停水斷電）系統（PIC16F877 Automatic Power-off Device after Stopping Water Supplies）基本結構圖。(1)在有水時，圖10-48之導電板會導電並輸出5V（數位訊號1）進入PIC16F877微電腦之B3支腳並由PIC16F877微電腦之D3支腳輸出5V（數位訊號1）以起動所接之固體繼電器（SSR）進而起動所接的加熱器以加熱蒸餾。(2)停水時，導電板不會導電，因而輸出0V（數位訊號0）進入PIC16F877微電腦之B3支腳並由16F877微電腦之D3支腳輸出0V（數位訊號0）以中斷所接之固體繼電器（SSR）進而關閉所接的加熱器以停止加熱中止蒸餾，以達到停水斷電之目的。

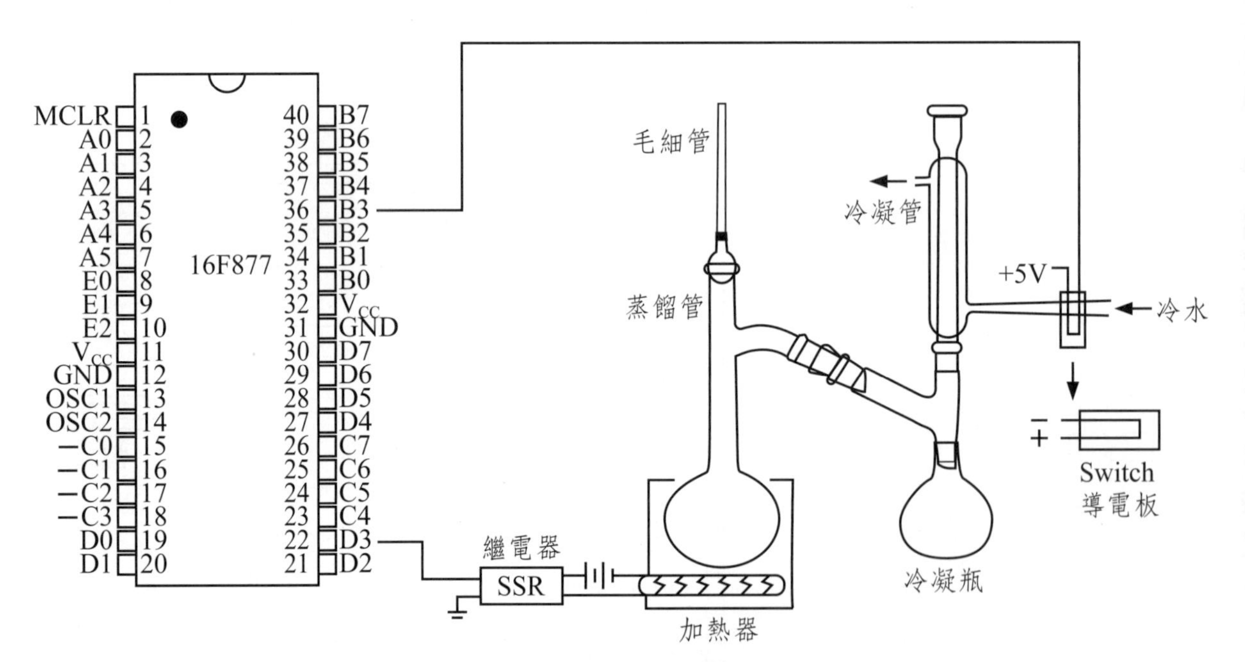

圖10-48　16F877供水中斷後自動斷電裝置系統

10.7.7 PIC16F877微電腦化學反應器控制系統

圖10-49爲PIC16F877微電腦化學反應器控制系統（PIC16F877Control System for Chemical Reactor）。一般化學反應器爲防止化學反應太過激烈會引起溫度竄高及大量氣體產生易引起化學反應器爆炸，通常在反應器中配置有偵測溫度、氣體或壓力感測器。如圖10-49所示，正常時，PIC16F877之C1及B1腳發出1訊號（5V）以分別起動S2及S1之固體繼電器（SSR）以開啓加熱器加熱和起動攪拌棒使反應進行，而溫度及氣體（或壓力）感測器之電壓訊號V1及V2分別傳入PIC16F877之A0（AD0）及A1（AD1）腳，經其內建ADC分別轉換成數位訊號D0及D1。若發現D0數值大於溫度設定值DT（即D0 > DT）或D1大於氣體含量或壓力設定值DP（即D1 > DP），這表示化學反應異常，此時，立即由PIC16F877之C0腳發出1訊號（5V）以起動固體繼電器S3並打開其所接的冷卻系統將冷水灌入化學反應器中以中止化學反應。同時，由PIC16F877之C1及B1腳分別發出0訊號（0V）以關閉S2及S1之SSR繼電器以關掉加熱器降低反應器溫度和關掉攪拌器，使反應中止。

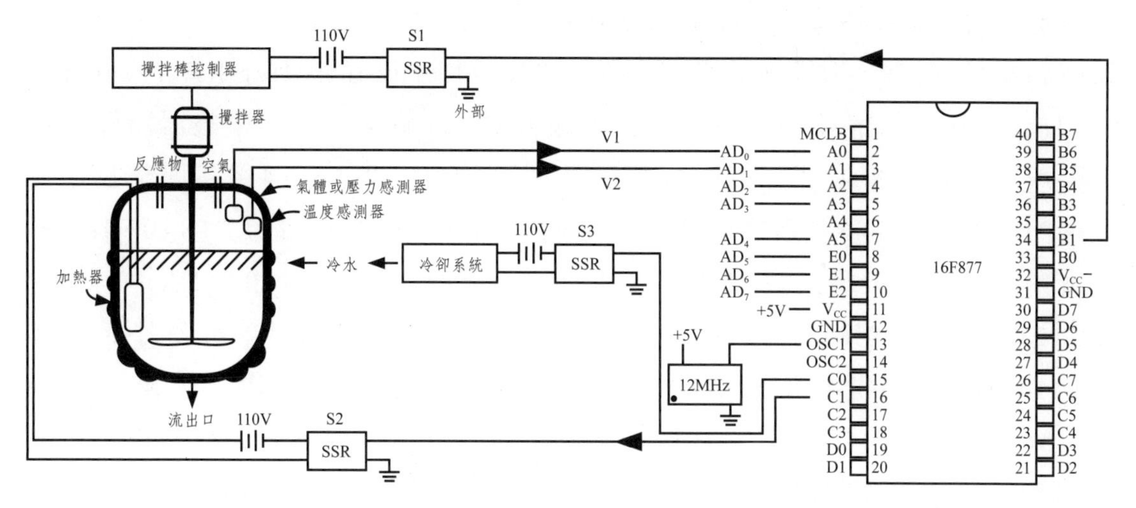

圖10-49 PIC16F877微電化學反應器控制系統[216b]（參考資料：https://zh.wikipedia.org/zh-tw/化學反應器）

10.8 PIC單晶片無線電系統

因為化學環境檢測常需將化學偵測儀器放在野外做現場實測，而偵測所得的化學儀器電壓或電流訊號希望能轉換成無線電波訊號由遠處野外傳至化學實驗室之PC微電腦做數據處理，故希望能用有內建ADC能轉換電壓或電流訊號成無線電波之PIC微電腦或系統。PIC單晶片無線電系統（PIC Single-Chip-Radio Frequency(RF) System）可分(1)無線電PIC單晶片（Radio-Frequency(RF) PIC Chip），為由PIC微電腦控制器-無線電發射器組合而成的單一晶片（PIC Microcontroller-RF Transmitter Integrated Single Chip）及(2)由PIC單晶片和無線電收發器晶片連線而成的PIC微電腦-無線電收發器系統（PIC Microcomputer RF Transceiver System），本節將簡介這兩種PIC單晶片無線電系統。

10.8.1 無線電PIC單晶片

無線電PIC單晶片（Radio-Frequency(RF) PIC Chip），即由PIC微電腦控制器-無線電發射器組合單一晶片（PIC Microcontroller-RF Transmitter Integrated Single Chip）。這無線電PIC單晶片能將化學儀器所輸出的電壓或電流訊號轉換成無線電波傳回化學實驗室。表10-14為各種常見之無線電PIC單晶片及發射無線電波頻率範圍。圖10-50為PIC12LF1840T48A無線電單晶片系統架構及實物圖。如圖所示，這PIC12LF1840T48A單晶片含PIC12LF1840微控制器（Microcontroller）及OOK/FSK無線電發射器（RF Transmitter，發射418/434/868MHz無線電波）兩部分，壓下按鈕（Push Button）可起動PIC12LF1840微控制器並由無線電發射器射出無線電波。因PIC12LF1840微控制器具有4個內建ADC（類比／數位轉換器）可接收4部化學儀器所輸出的類比電壓訊號並轉成數位訊號，再轉成無線電波傳出去。

圖10-51為這PIC12LF1840T48A無線電單晶片電壓訊號輸入及無線電波發射接腳圖，如圖所示，4部化學儀器所輸出的類比電壓訊號V1～V4可分別由PIC12LF1840T48A之4內建ADC接腳AN0～AN3進入晶片中，然後再

表10-14　各種常見之無線電PIC單晶片發射無線電波頻率[216c]

無線電PIC單晶片型號	PROGRAM MEMORY	FREQUENCY
PIC12LF1840T48A	7.1K	418-868 MHz
PIC12LF1840T39A	7.1K	310-928 MHz
PIC12F529T48A	3K	8-868 MHz
PIC12F529T39A	2.3K	310-928 MHz

參考資料：http://ww1.microchip.com/downloads/en/DeviceDoc/41612b.pdf

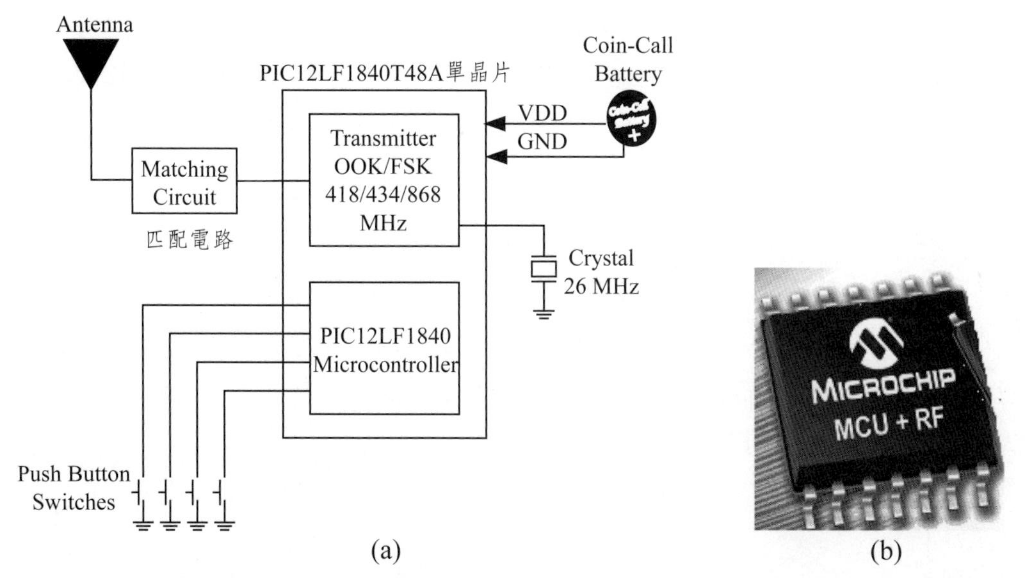

圖10-50　PIC12LF1840T48A無線電單晶片(a)系統架構及(b)實物圖[216d]（原圖來源：http://ww1.microchip.com/downloads/en/DeviceDoc/41612b.pdf）

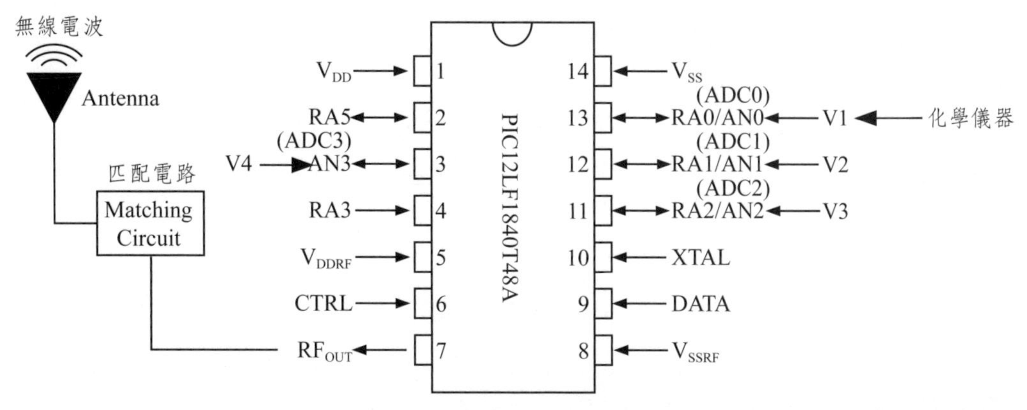

圖10-51　PIC12LF1840T48A無線電單晶片電壓訊號輸入及無線電波發射接腳圖[216e]（參考資料：http://ww1.microchip.com/downloads/en/DeviceDoc/41594A.pdf）

轉成數位訊號及無線電波，最後無線電波經其RF_{OUT}接腳傳至發射匹配電路（Matching Circuit）及天線發射出去。

10.8.2 PIC微電腦-無線電收發器系統

PIC微電腦-無線電收發器系統（PIC Microcomputer RF Transceiver System）乃將具有內建ADC之PIC單晶片和無線電收發器晶片連在一起而組成的無線電收發器系統，如圖10-52(a)所示，利用PIC16F877單晶片和可發射315~433.92MHz之KST-TX01無線電發射器（RF Transmitter）連接成PIC16F877-TX01無線電發射系統，其可由PIC16F877之內建ADC支腳AN0接收類比電壓訊號V_{IN}並轉換成數位訊號，然後由PIC16F877之TX接腳傳入KST-TX01無線電發射器轉成無線電波發射出去。反之，若將PIC16F877單晶片和可接收315-433.92MHz之KST-RX806無線電接收器（RF Receiver）連接成如圖10-52(b)所示的PIC16F877-KST-RX806無線電接收系統。在此無線電接收系統中KST-RX806無線電接收器會接收外來的無線電波轉成數位訊號再傳入PIC16F877單晶片之RX接腳做數據處理並將數據在所接的液晶顯示器（LCD）顯示。

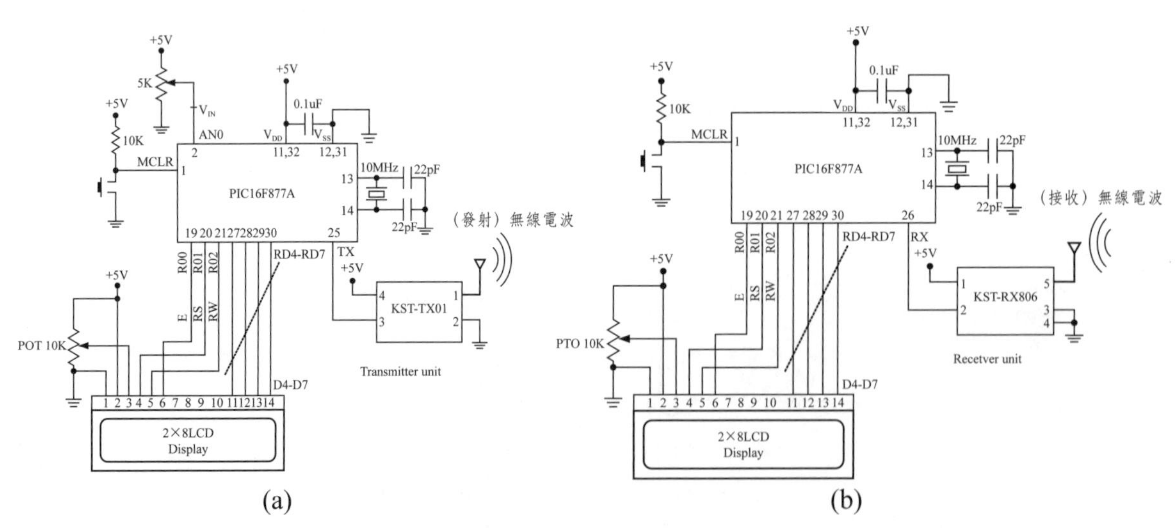

圖10-52 PIC16F877單晶片和(a)無線電發射器及(b)無線電接收器連線系統[216f]（原圖來源：http://embedded-lab.com/blog/wireless-data-transmission-between-two-pic-microcontrollers-using-low-cost-rf-modules/）

PIC單晶片亦可和有無線電發射及接收雙功能的無線電收發器（RF Transceiver）晶片（如MRF24J40MA）連接變成可發射及接收無線電波之PIC收發系統。圖10-53為 PIC單晶片和MRF24J40MA無線電收發器晶片（可收發2.4GHz無線電波）連線圖，如圖所示，在這PIC-MRF24J40MA無線電收發系統，外部儀器（如化學儀器）所輸出的電壓訊號V_{IN}可由PIC單晶片（PIC MCU）之內建ADC支腳AN0（ADC0）輸入並轉成串列數位訊號，此串列數位訊號以串列方式由PIC單晶片SDO支腳輸出到MRF24J40MA無線電收發器晶片之SDI支腳並轉換成無線電波，無線電波由MRF24J40MA晶片之RFP及RFN支腳接匹配電路（Matching Circuit）經天線輸出。反之，外來無線電波訊號可經天線和匹配電路進入MRF24J40MA晶片之RFP及RFN支腳，然後轉換成串列數位訊號，再由MRF24J40MA晶片SDO支腳輸出到PIC單晶片SDI支腳做數據處理，這最後之數據可用顯示器顯示或傳至大電腦做數據處理或繪圖製表顯示。

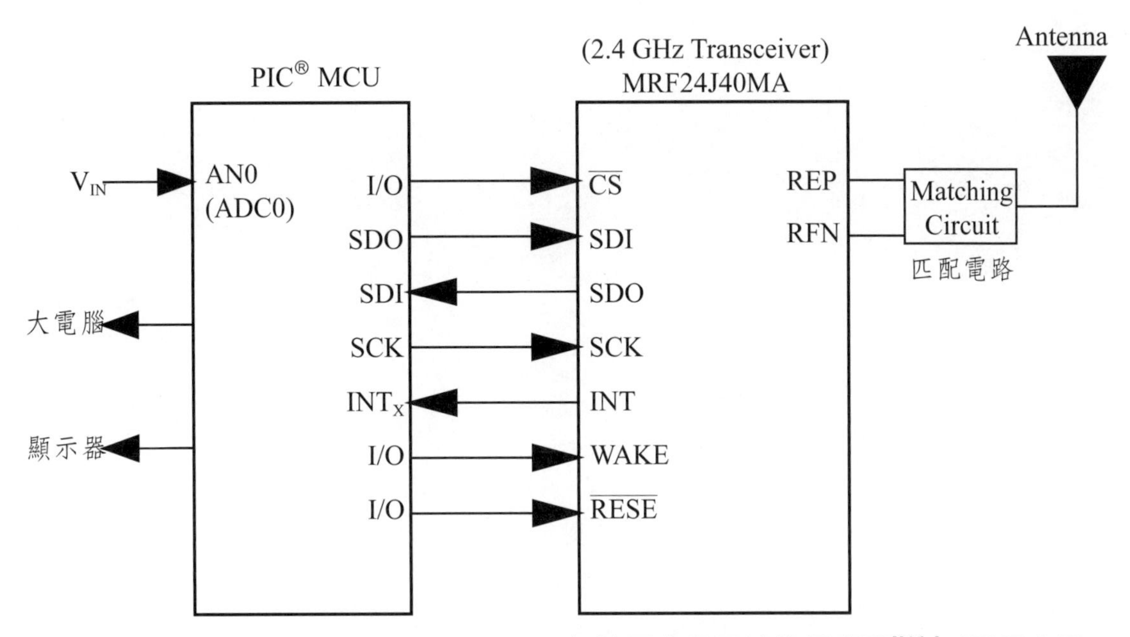

圖10-53　PIC單晶片和MRF24J40MA無線電收發器連線示意圖[216g]（原圖來源：http://ww1.microchip.com/downloads/en/DeviceDoc/70329b.pdf）

第 11 章

MC68XX單晶片微電腦及數位訊號處理器（DSP）晶片
(MC68XX Single-Chip Microcomputers and Digital Signal Processor (DSP) Chip)

MC68XX單晶片微電腦（MC68XX Single-Chip Microcomputers）[225-228]爲Motorola公司生產的MOS型單晶微電腦，常用的MC68XX單晶片微電腦主要爲MC68(7)05系列單晶微電腦及MC68HC11系列單晶片微電腦。此兩系列單晶片微電腦種類繁多，而一般化學儀器所用的常爲具有內建ADC之兩系列單晶片微電腦，故本章只介紹(1)內建ADC式MC68(7)05R系列單晶片微電腦（In-Built ADC MC68(7)05R One-Chip Microcomputers）及(2)內建ADC式MC68HC11系列單晶片微電腦（In-Built ADC MC68HC11 Single-Chip Microcomputers）。除了8 bit（CPU）內建式ADC MC68HC11系列單晶片微電腦外，本章還將介紹16 bit（CPU）內建ADC式MC68HC16系列及32bit（CPU）內建ADC式 MC68300系列單晶片微電腦和具有USB接口的USB MC68HC908單晶片，此類具有USB接口的單晶片可直接接具有USB接口之PC微電腦或電子線路系統（如一些化學偵測器及手機）。本章也將簡單介紹內部結構類似單晶片微電腦但可快速處理數位信號之數位信號處理器（Digital Signal Processor, DSP）晶片。

11.1 MC68XX單晶片微電腦簡介

表11-1為常見內建ADC式MC68XX單晶片微電腦系列之晶片型號。常用的內建ADC式MC68XX單晶片微電腦主要為(1)MC6805系列單晶微電腦及(2)MC68HC11系列單晶片微電腦。內建ADC式MC6805系列最常用為MC6805R2及MC6895R3單晶片微電腦，而MC68HC11系列單晶片微電腦種類甚多且皆具有內建ADC及EEPROM，可輕易將電腦程式讀寫及擦拭重寫新程式。

表11-1 常見各種含內建ADC之MC68XX單晶片微電腦

廠牌	單晶片微電腦系列	晶片型號
Motorola	MC6805系列（含內建ADC）	MC6805R2, MC6805R3
	MC68H11系列（含EEPROM及含內建ADC者）	MC68HC11, MC68HC11A8, XC68HC11C0, MC68HC11E1, MC68HC11E9, XC68HC11E20, MC68HC811E2, MC68HC11G0, MC68HC11J6, MC68HC11K1, MC68HC11KA1, MC68HC11K4, MC68HC11A4, MC68HC11L1, MC68HC11L6, XC68HC11N4, XC68HC11P2

11.2　內建ADC式MC68(7)05R系列單晶片微電腦

表11-2為內建ADC式MC68(7)05R系列單晶片微電腦（ADC In-Built MC68(7)05R Single-Chip Microcomputers）各種型號晶片之內部組件。這些系列單晶片微電腦皆具有4個內建ADC及4個輸入輸出埠（I/O Ports）和64-112 Bytes RAM及2048-3776Bytes ROM或EPROM，其中MC68705R3及MC68705R5單晶片微電腦具有EPROM可重複讀寫，因而此兩種單晶片為此MC68(7)05R系列單晶片微電腦中較常被使用之型號晶片。圖11-1為內建ADC式單晶片微電腦MC6805R2，MC6805R3，及MC68075R3/R5晶片接腳圖，而圖11-2為較常用具有EPROM的單晶片微電腦MC68705R3晶片內部結構線路圖。

表11-2　內建ADC之MC68(7)05R單晶片微電腦組件

晶片型號	ROM (Bytes)	RAM (Bytes)	ADC	I/O Ports
MC6805R2	2948	64	4	Ports A, B, C, D
MC6805R3	3776	112	4	Ports A, B, C, D
MC6870R3	3776 (EPROM)	112	4	Ports A, B, C, D
MC68705R	3776 (EPROM)	112	4	Ports A, B, C, D

單晶片微電腦MC68705在化學上應用很廣，因其有4個內建ADC（類比／數位轉換器），可用來讀取4部化學儀器輸出的類比訊號（如電壓訊號）分別直接輸入單晶片微電腦MC68705之4個內建ADC轉成數位訊號（如D0～D7），可用來計算原來各化學儀器輸出的類比訊號（如電壓）值。圖11-3為應用單晶片微電腦MC68705做溫度測定及控制之系統，如圖所示，利用熱敏電阻（如LM334）感受化學實驗環境中溫度，溫度愈高熱敏電阻輸出電壓V_1愈大，此V_1電壓然後輸入非反相運算放大器OPA放大成Vo輸出電壓並輸入MC68705 Port D之PDo/AN0（內建ADC0接腳）並經內建ADC0轉成

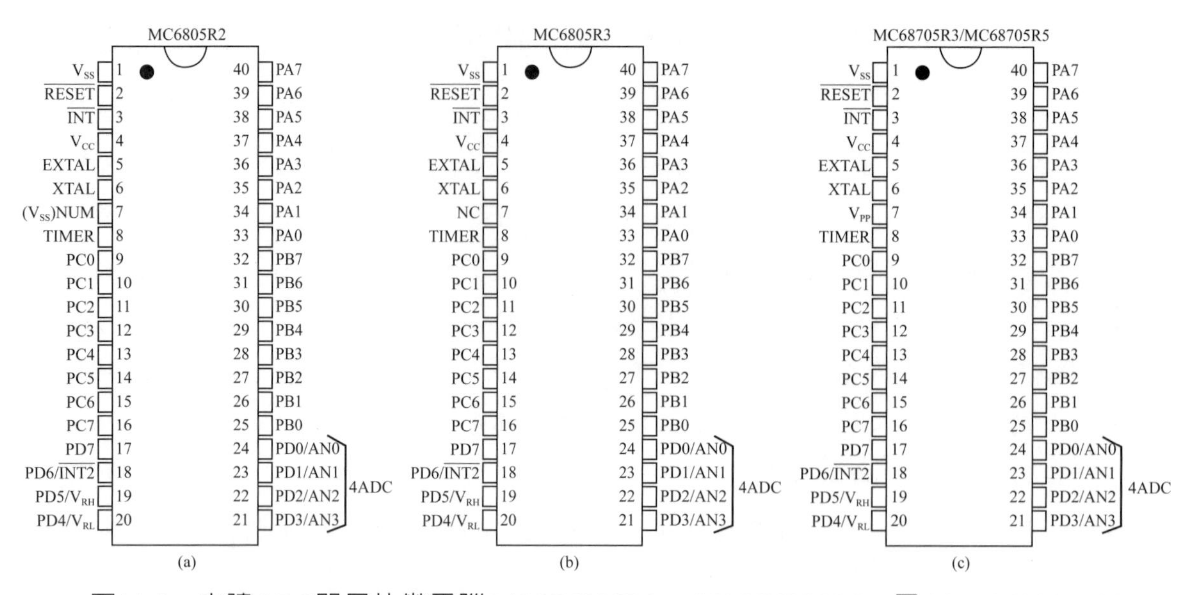

圖11-1　內建ADC單晶片微電腦(a)MC6805R2，(b)MC6805R3，及(c)MC68075R3/R5晶片接腳圖[227b]（原圖來源：http://cache.freescale.com/files/microcontrollers/doc/data_sheet/MC68-7-05R-U.pdf）

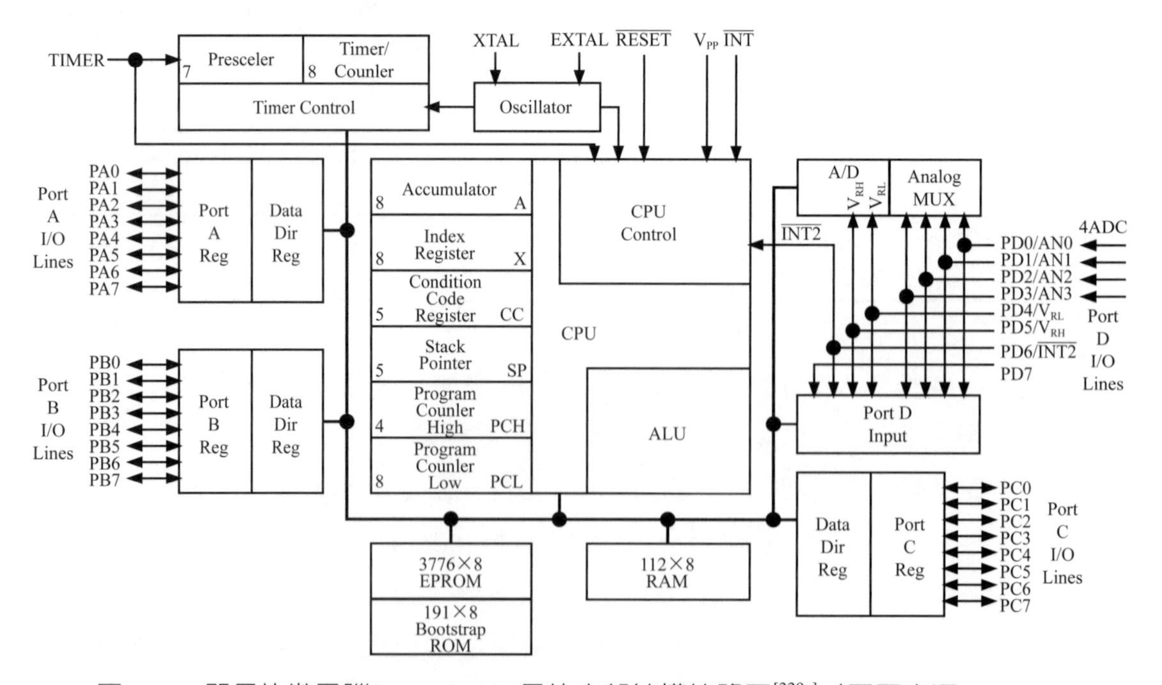

圖11-2　單晶片微電腦MC68705R3晶片內部結構線路圖[229a]（原圖來源：http://www.alldatasheet.com/datasheet-pdf/pdf/100554/MOTOROLA/MC68705R3.html）

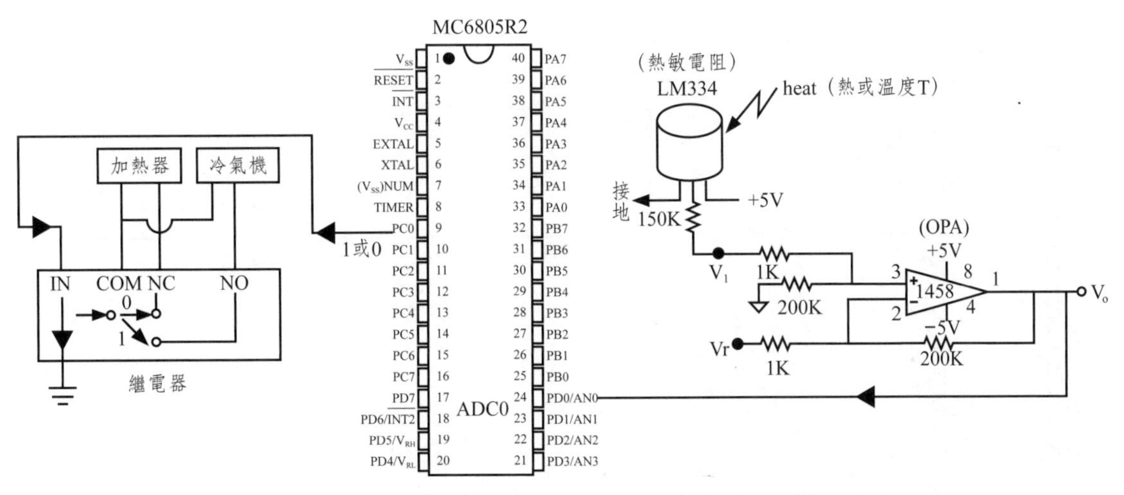

圖11-3　單晶片微電腦MC68705溫度測定及控制系統

數位訊號（D0～D7），並經計算成D值，以此建立溫度（T）和D值關係圖。若要控制化學實驗環境溫度在Tc，依T-D關係圖其D值應為Dc值。若環境溫度T > Tc，就由MC68705之PCo輸出1訊號以使PCo所接的繼電器COM和NO連接並起動接在繼電器NO端的冷氣機以降低環境溫度。反之，當環境溫度T < Tc時，就由MC68705之PCo輸出0訊號使繼電器COM和NC連接並起動接在繼電器NC端的加熱器以升高化學實驗環境溫度。以此控制化學實驗環境溫度。

單晶片微電腦MC68705亦可用來控制化學儀器之運轉。圖11-4為單晶片微電腦MC68705-數位／類比轉換器（DAC）線路圖。如圖所示，由MC68705之Port A並列輸出D0~D7數位訊號到DAC1408轉換成類比訊號（V_4負電壓），此V_4負電壓可直接輸入需負電壓之化學儀器A（如電鍍儀器或電化學儀器負電極）以進行化學還原反應。又如圖所示，此V_4負電壓亦可再經反相OPA（運算放大器）轉成正電壓Vo輸出，此正電壓Vo可輸入需正電壓之化學儀器B（如電化學儀器正電極）以進行化學氧化反應或起動化學儀器運轉。

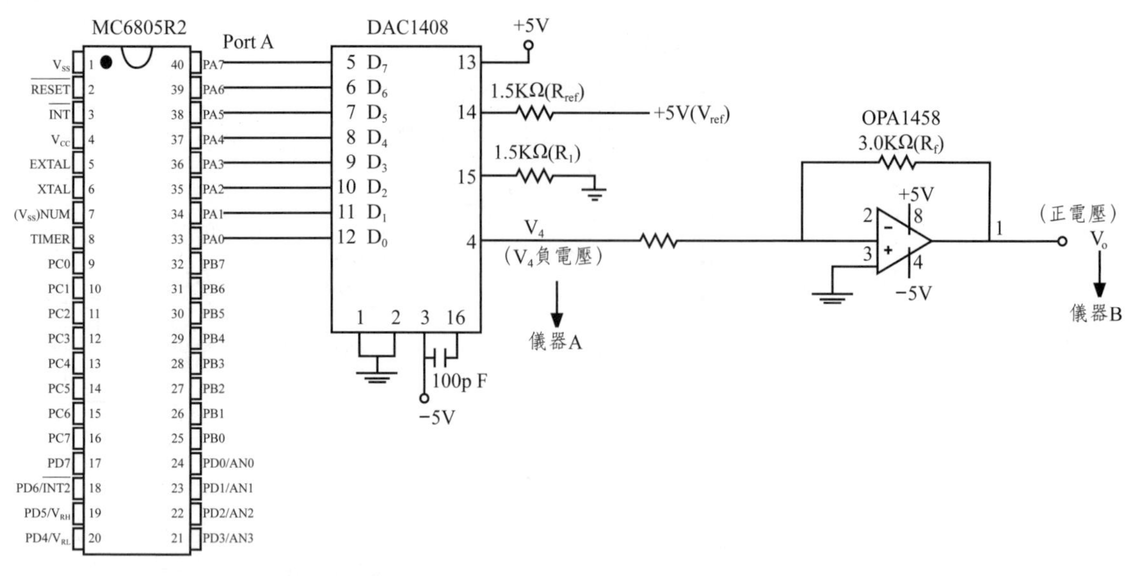

圖11-4　單晶片微電腦MC68705-數位／類比轉換器（DAC）線路圖

11.3　內建ADC式MC68HC11系列單晶片微電腦[226]

表11-3為內建ADC式MC68HC11系列單晶片微電腦（ADC In-Built MC68HC11 Single-Chip Microcomputers）常見18種晶片型號微電腦內部組件。如表11-3所示，這些MC68HC11系列單晶微電腦含4～12個內建ADC且皆含EEPROM及串列埠（Serial Port）。圖11-5為較常用的48 Pins及52 Pins單

表11-3　內建ADC及含EEPROM及MC68HC11系列單晶片微電腦組件[226]

晶片型號	EEPROM	EPROM	RAM	ADC	Serial（串列）
MC68HC11A1	512	…	256	8	Yes
MC68HC11A8	512	8K	256	8	Yes
XC68HC11C0	512	…	256	4	Yes
MC68HC11E1	512	…	512	8	Yes
MC68HC11E9	512	12K	512	8	Yes
MC68HC11E20	512	20K	768	8	Yes
MC68HC811E2	2048	…	256	8	Yes
MC68HC11F1	512	…	1K	8	Yes

（接下頁）

（接上頁，表11-3）

晶片型號	EEPROM	EPROM	RAM	ADC	Serial（串列）
PC68HC11G0	512	…	…	8	Yes
PC68HC11J6	512	16K	…	8	Yes
MC68HC11K1	640	…	768	8	Yes
MC68HC11KA1	640	…	768	8	Yes
MC68HC11K4	640	24K	768	8	Yes
MC68HC11KA4	640	24K	768	8	Yes
MC68HC11L1	512	…	512	8	Yes
MC68HC11L6	512	16K	512	8	Yes
XC68HC11N4	640	24K	768	12	Yes
XC68HC11P1	640	32K	1K	8	Yes

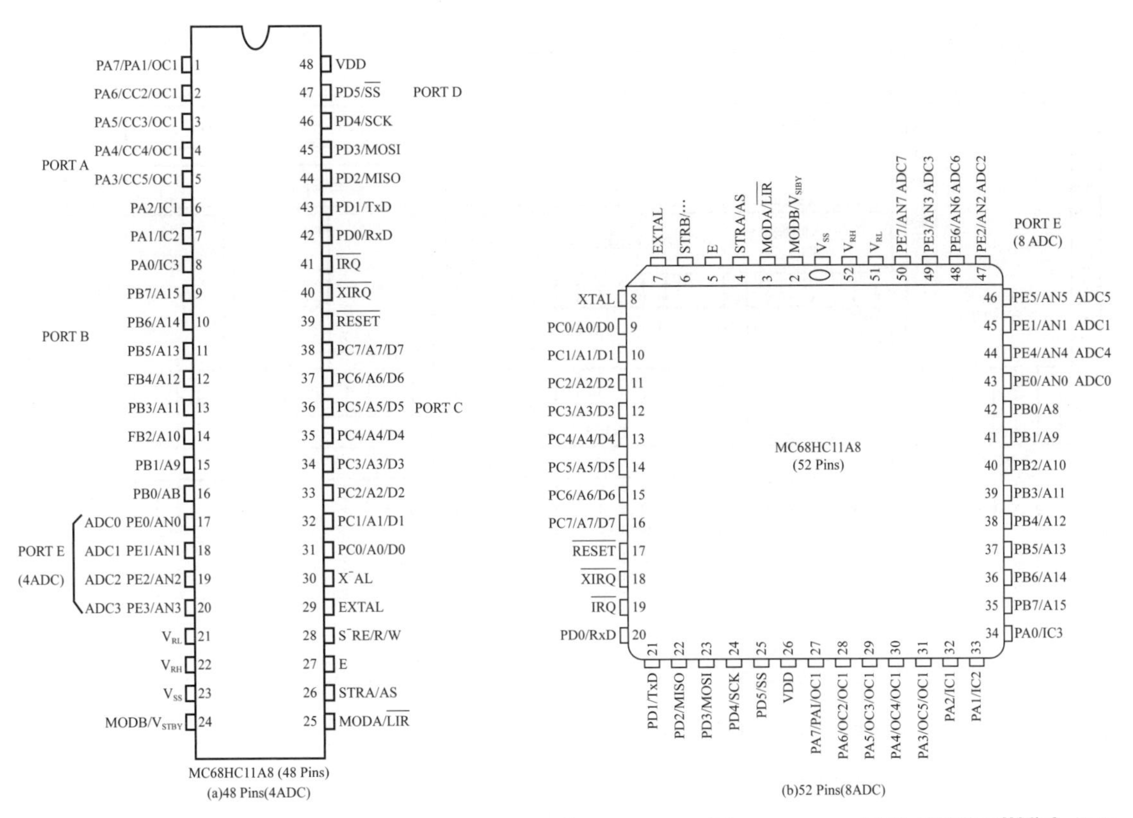

圖11-5　單晶片微電腦MC68HC11A8之(a)48Pins及(b)52Pins晶片接腳圖[226bc]（原圖來源：(a)http://html.alldatasheet.com/html-pdf/4184/MOTOROLA/MC68HC11/259/1/MC68HC11.html (b) http://www.seekic.com/uploadfile/ic-data/20091814328199.jpg）

晶片微電腦MC68HC11晶片之接腳圖，其中48 Pins MC68HC11A8單晶片含4個內建ADC，而52 Pins MC68HC11A8單晶片則含8個內建ADC。圖11-6則為48 Pins含8個內建ADC之MC68HC11A8單晶片之內部結構線路圖，其8頻道內建ADC可用來接收8部化學儀器所輸出類比電壓訊號並轉換成數位訊號做數據處理。同時MC68HC11A8晶片具有SPI介面（Serial Peripheral Interface）可以和串列DAC晶片或其他串列晶片連接應用。

單晶片微電腦MC68HC11A8晶片應用亦相當廣泛。本節將介紹MC68HC11A8晶片應用在(1)MC68HC11A8內建ADC-熱敏電阻溫度測量／控制系統，(2)MC68HC11A8-串列／並列DAC晶片系統，及(3)MC68HC11A8-RS232介面系統。分別說明如下：

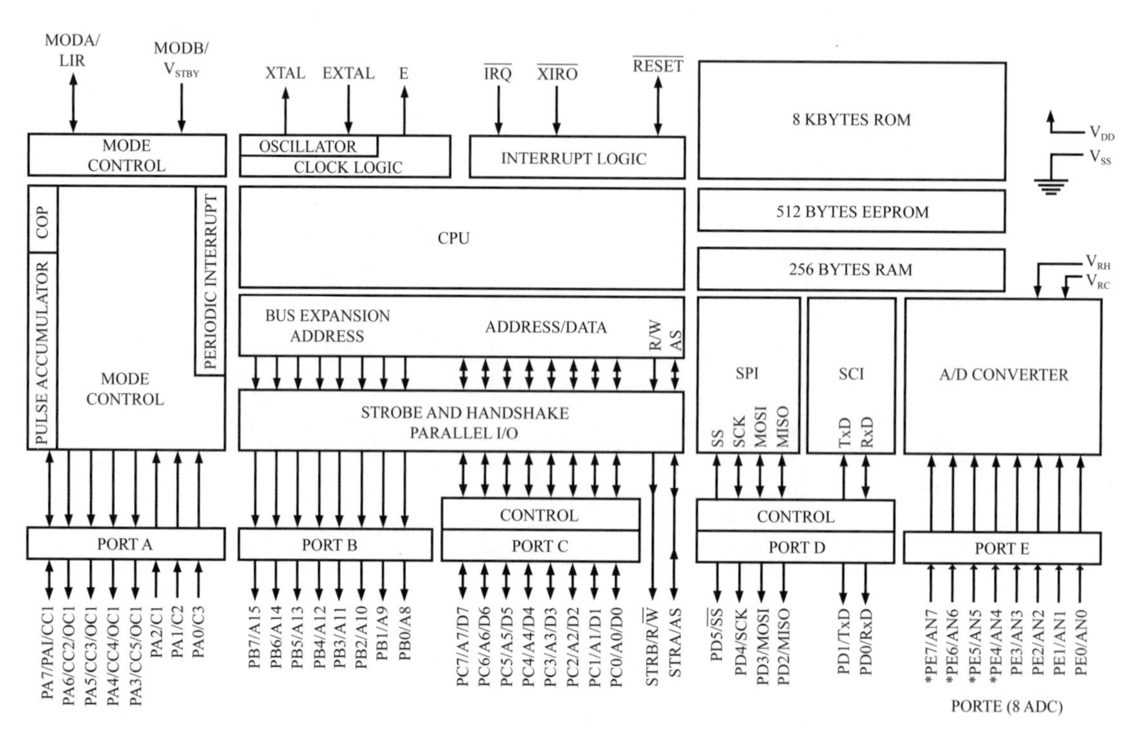

圖11-6 單晶片微電腦MC68HC11A8晶片之內部結構圖B[229c]（原圖來源：MC68HC11A8.pdf-Adobe Reader MC68HC11A8 HCMOS Single-Chip Microcontroller）

11.3.1　MC68HC11A8內建ADC-熱敏電阻溫度測量／控制系統

圖11-7爲利用MC68HC11A8晶片及熱敏電阻LM334組成的單晶片微電腦MC68HC11A8晶片溫度測量及控制系統。由圖所示，熱敏電阻LM334受環境溫度T而輸出電壓V_1，溫度愈高，V_1愈大，然後將V_1輸入非反相（正相）運算放大器（OPA）放大成輸出電壓Vo並輸入MC68HC11A8內建ADC（類比／數位轉換器）ADC0中轉成數位訊號D，可用來估算化學實驗環境溫度T。若想利用此系統控制化學實驗環境溫度（控制在Tc），可經由撰寫電腦程式，當環境溫度T ＞ Tc時，依圖11-7所示，由MC68HC11A8之Port C的PC0接腳輸出1訊號以起動其所接的繼電器COM和NO連接並使接在繼電器NO之冷氣機起動以降低化學實驗環境溫度。反之，當T ＜ Tc時，Port C的C0接腳輸出0訊號，以使繼電器COM和NC連接並使接在繼電器NC之加熱器起動以升高環境溫度，達到控制環境溫度之目的。

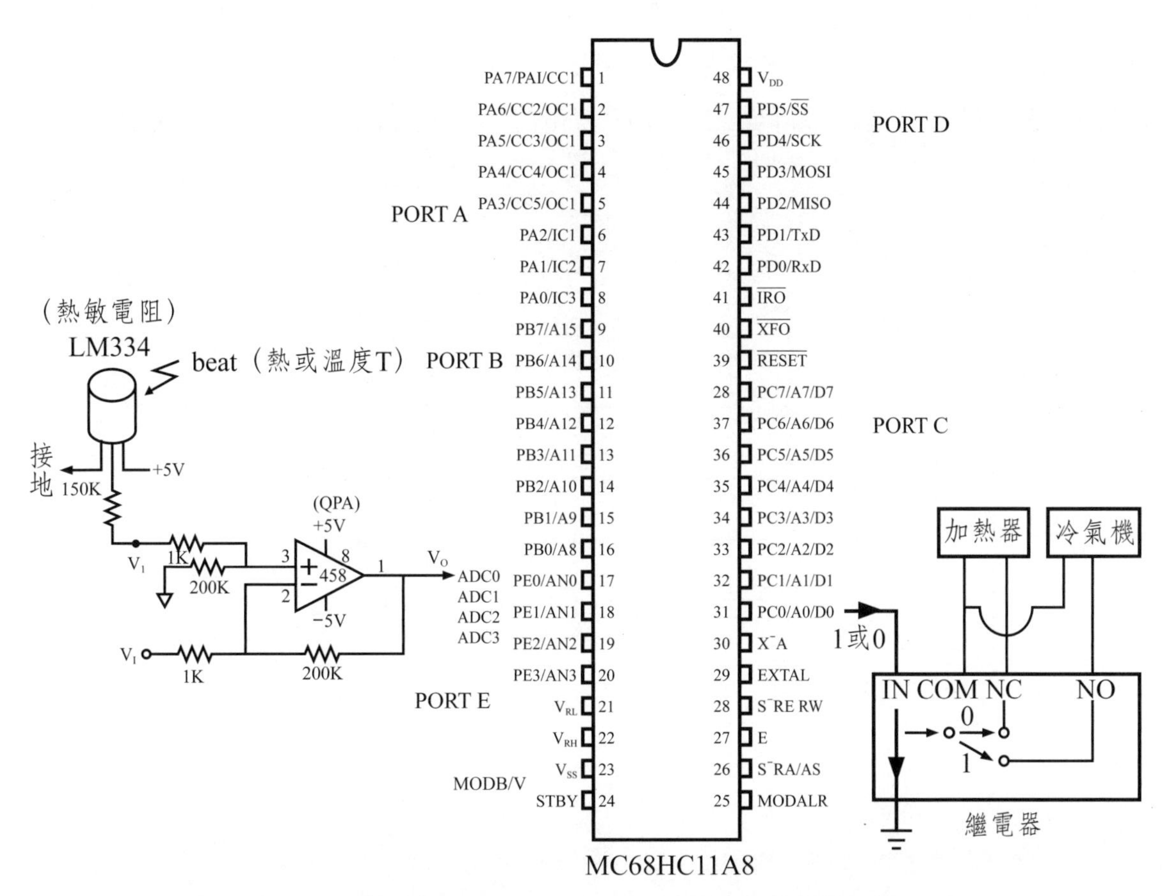

圖11-7　單晶片微電腦MC68HC11A8晶片溫度測量及控制系統

11.3.2 MC68HC11A8-串列／並列DAC晶片系統

單晶片微電腦MC68HC11A8亦可和數位／類比轉換器（DAC）組成MC68HC11A8-DAC系統以輸出數位訊號並轉換成電壓類比訊號可提供電化學儀器電極所需電壓或起動化學儀器運轉。MC68HC11A8-DAC系統依DAC種類可分MC68HC11A8-串列DAC系統及MC68HC11A8-並列DAC系統。分別說明如下：

11.3.2.1 MC68HC11A8-串列DAC系統

MC68HC11A8晶片因具有SPI介面（Serial Peripheral Interface）可以和串列DAC晶片（如AD5530/5531晶片）連接應用。圖11-8單晶片微電腦MC68HC11A8晶片-串列DAC-AD5530/5531晶片接線圖，在此系統中，單晶片微電腦MC68HC11A8由MOSI支腳以串列式輸出數位訊號（D0～D7，先傳D0再傳D，D2…D7一個一個傳）給串列DAC AD5530或5531晶片之SDIN由腳，並在DAC晶片中轉換成電壓類比訊號V_{out}輸出到化學儀器以供應化學儀器所需電壓（如供應電化學儀器之電極所需電壓以進行氧化還原反應）或起動儀器使其運轉。

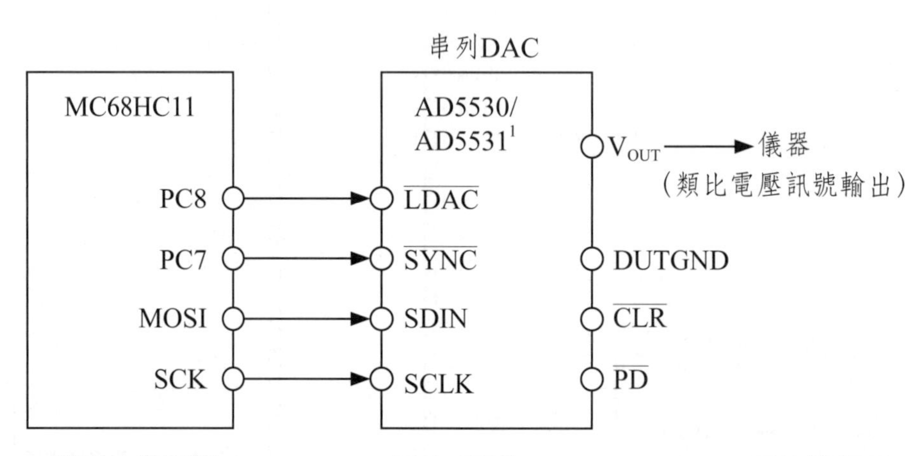

圖11-8 單晶片微電腦MC68HC11A8晶片-串列DAC-AD5530/5531晶片接線圖

11.3.2.2　MC68HC11A8-並列DAC系統

圖11-9爲單晶片微電腦MC68HC11A8晶片-並列DAC-8562晶片接線圖，在此系統中，由MC68HC11A8之Port A PA0～PA7支腳以並列式同時輸出數位訊號D0～D7到並列DAC-8562晶片之DB0～DB7並轉換成電壓類比訊號V_{out}輸出到化學儀器以供應電化學電極所需電壓以產生氧化還原反應或起動化學儀器。

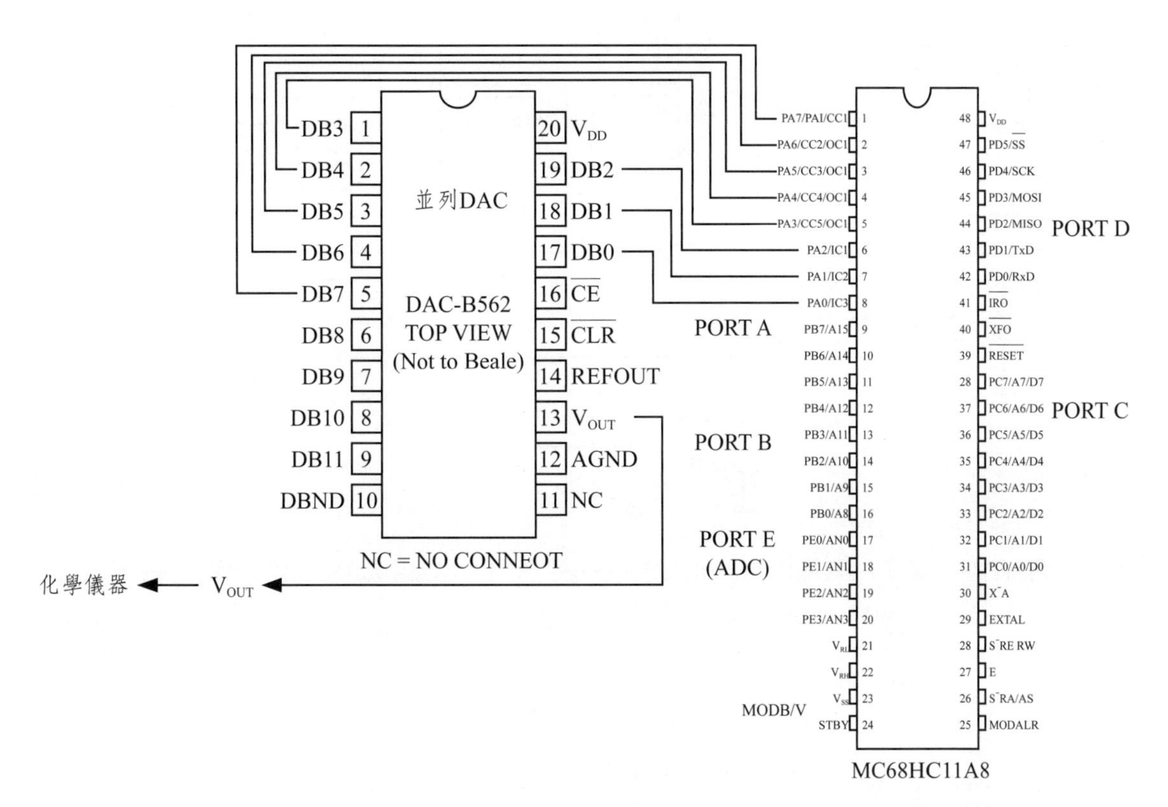

圖11-9　單晶片微電腦MC68HC11A8晶片-並列DAC-8562晶片接線圖

11.3.2.3　MC68HC11A8-RS232介面系統

單晶片微電腦MC68HC11A8晶片亦可接MAX 232組成的RS232介面，用於和外界電子儀器線路系統。圖11-10爲單晶片微電腦MC68HC11A8晶片MAX232組成RS232介面串列輸出系統線路圖。如圖所示，由MC68HC11A8之Port D PD1/TXD支腳以串列式輸出數位訊號D0～D7傳入MAX232之T2IN

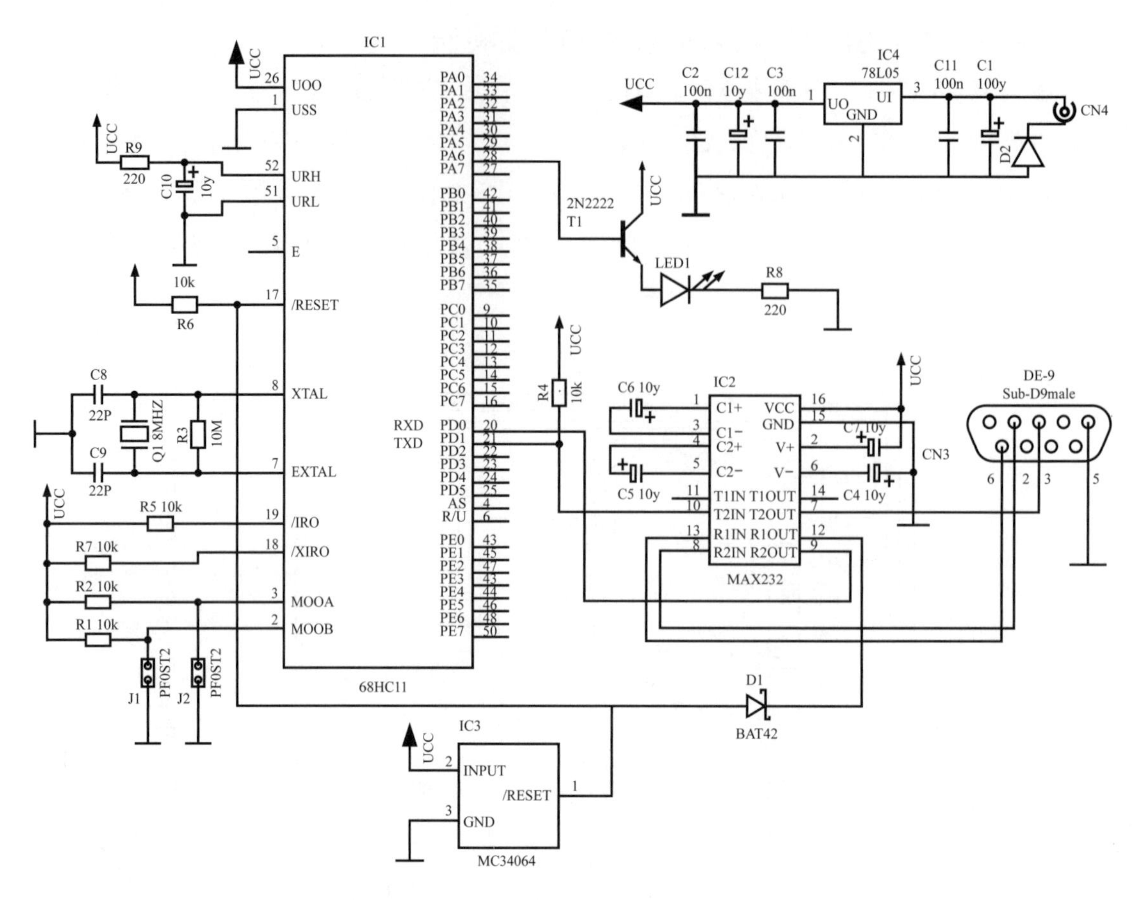

圖11-10 單晶片微電腦MC68HC11A8晶片MAX232組成RS232介面串列輸出系統線路圖[229d]（原圖來源：https://www.mikrocontroller.net/attachment/105420/mk3-sch.gif）

支腳並由MAX232之T2OUT支腳轉輸出到DE-9接線座以串列式一個一個分別傳出數位訊D0～D7輸入外界電子儀器。反之，外界電子儀器亦可用串列式將數位訊號D0～D7一個一個經DE-9輸入MAX232之R2IN，再傳入MC68HC11A8之Port D PD0/RXD支腳傳入MC68HC11A8單晶片微電腦中數據處理及運算。

11.4 內建ADC式16位元MC68HC16系列單晶片微電腦

前面所介紹的MC68XX、MC68(7)05R、MC68HC11系列以及前兩章所介紹的PIC（如16F877、16F74及16C71）及MCS-51（如8951）單晶片微電腦都屬於8位元CPU之單晶片微電腦，本節所介紹則爲內建ADC式16位元（CPU）MC68HC16系列單晶片微電腦（16 Bit ADC In-Built MC68HC16 Single-Chip Microcomputers）。

表11-4爲常見的16位元MC68HC16系列單晶片微電腦內部組件，其中包含RAM、ROM、I/O線外，都具有串列口及8頻道內建ADC（Analog to Digital Converter，類比／數位轉換器），可接收8部化學儀器之類比電壓信號並轉換成數位訊號，可計算各化學儀器所輸出之類比電壓信號值。

表11-4 內建ADC 16位元MC68HC16系列單晶片微電腦內部組件[229e]

型號	CPU（位元）	RAM (B)	ROM (B)	串列口	內建ADC	I/O口線
MC68HC16Y1	16	2048	48K	SCI, SPI	8	24
MC68HC16Z1	16	1024	48K	SCI, SPI	8	16
MC68HC16Z3	16	4096	8K	SCI, SPI	8	16

SCI：Serial Control Interface串列控制介面；SPI：Serial Peripheral Interface串列週邊介面
（參考資料：http://www.zymcu.com/moto rola_file/motorola04.htm）

圖11-11爲單晶片微電腦MC68HC16晶片接腳圖，有116支腳（Pins），其中含16條資料線（Data Bus, DATA0～DATA15），24條位址線（ADDR0～ADDR23），串列口（TXD及RXD）及8個內建ADC接口（AN0～AN7）。

圖11-12則爲單晶片微電腦MC68HC16晶片內部結構圖，如圖所示，除CPU16，RAM，ROM外，主要有六個I/O埠（PORT），即PORT GP、PORT QS、PORT AD、PORT C、PORT E、PORT F等六個I/O埠，及含GPT（General-Purpose Timer）、QSM（Queued Serial Module）、ADC（Analog to Digital Converter）、SIM（System Integration Module）、EBI（External Bus Interface）及Clock等單元（UNIT）。

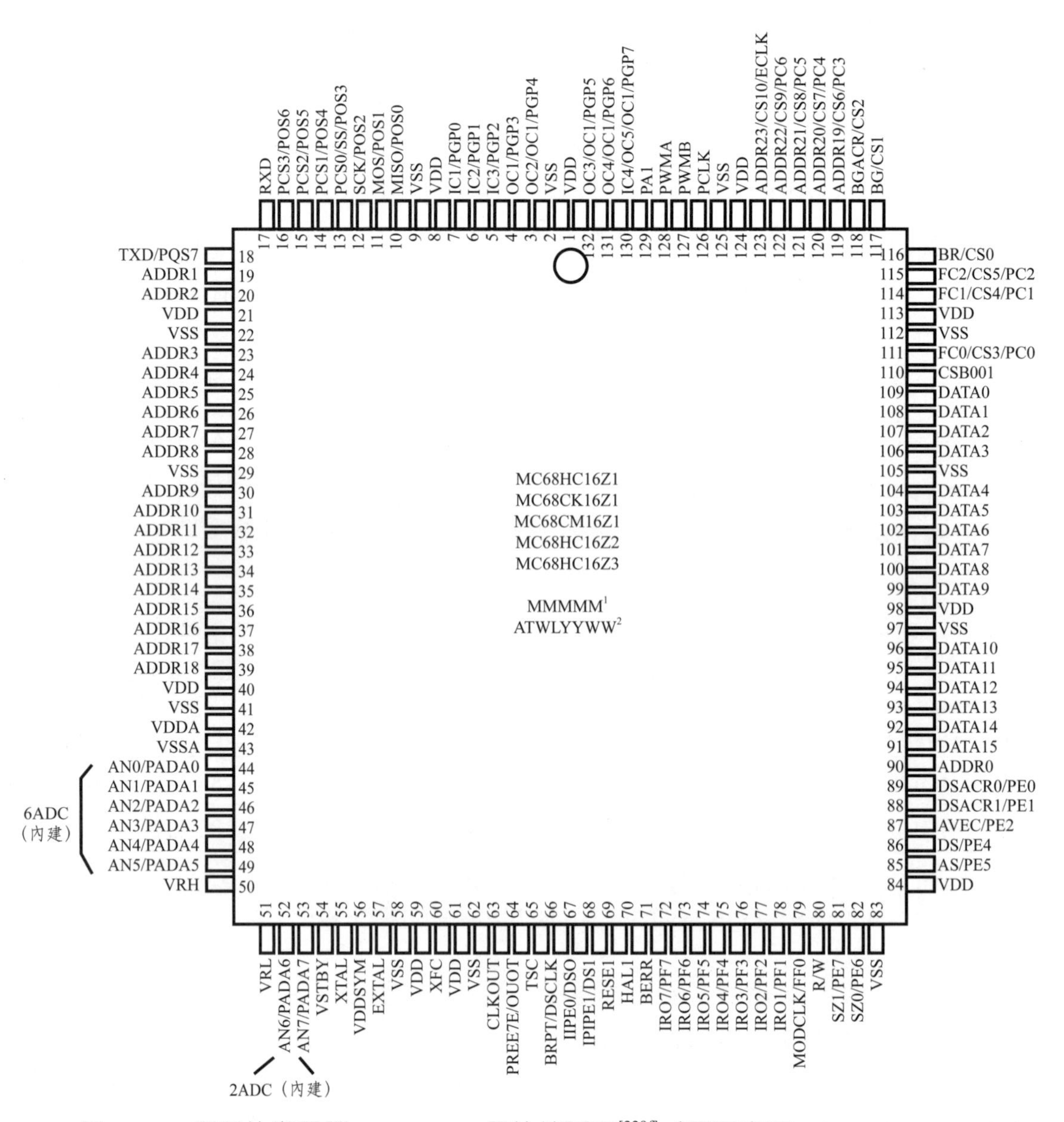

圖11-11　單晶片微電腦MC68HC16晶片接腳圖[229f]（原圖來源：http://www.carhelp.info/forums/attachment.php?attachmentid=134044&d=1395071355）

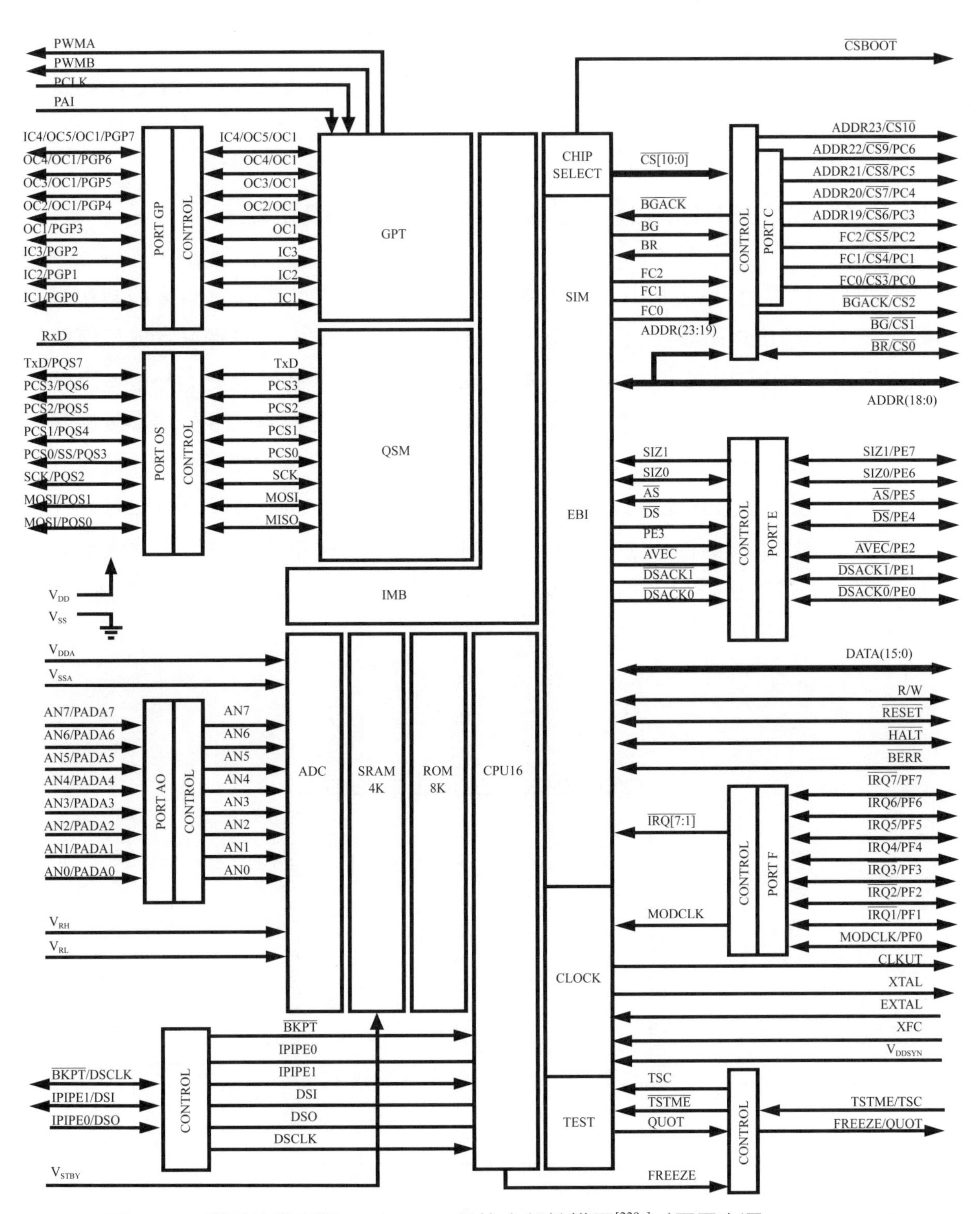

圖11-12　單晶片微電腦MC68HC16晶片內部結構圖[229g]（原圖來源：http://datasheet.eeworld.com.cn/part/MC68HC16Z3,MOTOROLA,50249.html）

MC68HC16單晶片應用很廣，本節將介紹(1)MC68HC16溫度控制／電壓訊號接收系統，(2)串列ADC-MC68HC16系統，(3)RS232-MC68HC16系統及(4)MC68HC16-DAC系統，分別說明如下：

11.4.1 MC68HC16溫度控制／電壓訊號接收系統

圖11-13為應用MC68HC16單晶片微電腦測定溫度及實驗室溫度控制和接收化學儀器輸出電壓類比訊號系統，如圖11-13(a)所示，化學實驗室或反應槽中之溫度T可用熱敏電阻（如LM334或LM335）測定，溫度愈高，熱敏電阻輸出電壓類比訊號V_1愈高，這電壓類比訊號可輸讀入MC68HC16單晶片微電腦之內建ADC0（AN0支腳）並將此電壓類比訊號轉換成數位訊號D以及並建立溫度T和數位訊號D關係。以由MC68HC16單晶片數位訊號D顯示值即可知此時化學實驗室或反應槽中之溫度T。若要控制化學實驗室或反應槽中之溫度為Tc，單晶片數位訊號相對為Dc。若單晶片數位訊號D > Dc（即溫度太高，T > Tc），就可由MC68HC16單晶片之DATA10支腳輸出1訊號到所接的繼電器

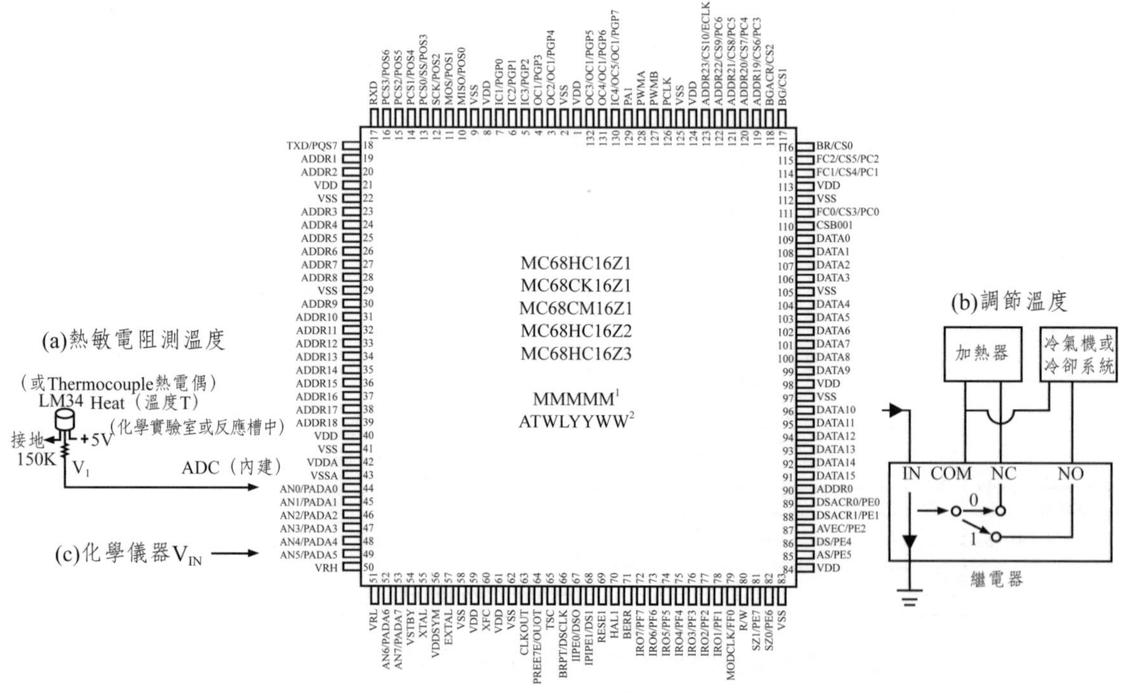

圖11-13　應用MC68HC16單晶片微電腦測定溫度及實驗室溫度控制

（如圖11-13(b)所示），使繼電器之IN = 1，使繼電器COM和NO連接並起動接在NO之冷氣機或冷卻系統，可使化學實驗室或反應槽溫度降低。反之，當D < Dc（即溫度太低，T < Tc），則由MC68HC16單晶片之DATA10支腳輸出0訊號到所接的繼電器（即IN = 0），此時繼電器的COM和NC連接而使接在NC之加熱器起動，可使化學實驗室或反應槽溫度上升，達到溫度控制之目的。

如圖11-13(c)所示，MC68HC16單晶片亦可由其內建ADC5（AN5支腳）接收由化學儀器輸入的電壓類比訊號V_{in}並轉換成數位訊號D，此數位訊號D值可用來計算原始由化學儀器輸入的電壓類比訊號V_{in}值。MC68HC16單晶片有8個內建ADC，可接收8部化學儀器輸出電壓訊號並轉換成數位訊號以估算8部化學儀器輸出電壓訊號值。

11.4.2 串列ADC-MC68HC16系統

對一般輸出類比電壓訊號之化學儀器其訊號除可如前所述的直接單晶片微電腦內建ADC接口進入微電腦中處理外，亦常將輸出類比電壓之化學儀器先接一串列ADC先將其類比電壓訊號轉換成數位訊號再以串列傳輸方式經單晶片微電腦串列接口RX接收。如圖11-14所示，化學儀器輸出類比電壓訊號V_{in}先進入串列ADC AD7476或AD7477或AD7478轉換成數位訊號並由串列ADC之SDATA輸出串列數位訊號（一個一個位元（如先D_0再D1，D2…D7））輸入到MC68HC16單晶片微電腦之RX接口進入微電腦做數據處理。

11.4.3 RS232-MC68HC16系統

不少化學儀器輸出的爲電壓訊號，但有些化學儀器則輸出串列數位訊號，而許多串列化學儀器是以連接RS232介面輸出其串列數位訊號，MC68HC16可用來連接RS232介面以接收化學儀器串列訊號並做數據處理。如圖11-15所示，串列數位訊號由儀器輸出口TX以串列方式輸入RS232系統再傳入MC68HC16單晶片微電腦之RX接口進入微電腦做數據處理並以此估算串列化學儀器輸出之信號值及變化。此系統亦可連接PC微電腦，然現今大部分PC

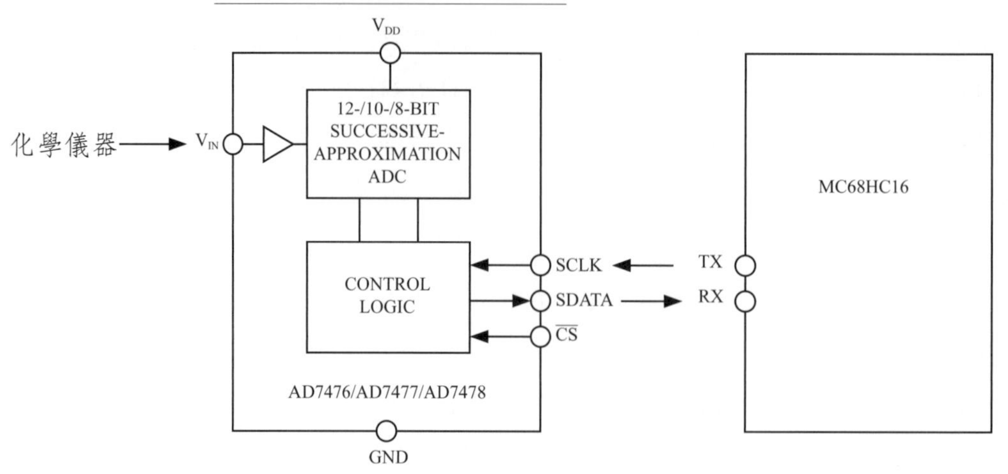

圖11-14　化學儀器-串列ADC-MC68HC16系統及(b)串列化學儀器-RS232-MC68HC16系統

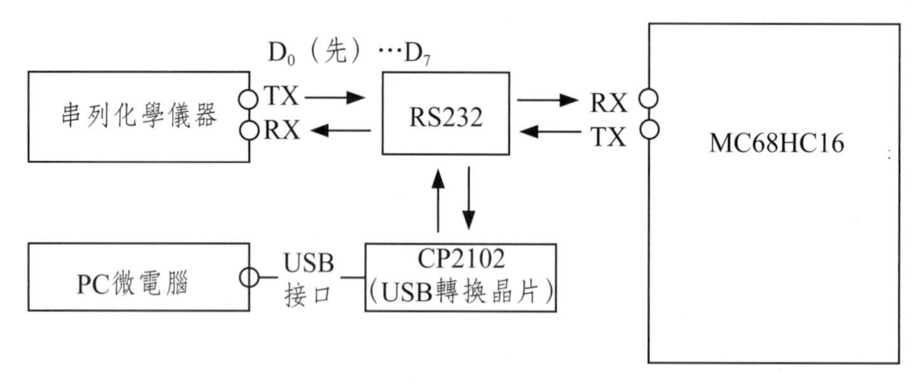

圖11-15　串列化學儀器-RS232-MC68HC16系統

微電腦訊號皆用USB接口和外界輸送，而RS232介面及MC68HC16單晶片皆無USB接口，故需如圖11-15所示，由RS232介面接上一USB轉換晶片（如CP2102）將RS232串列訊號轉成USB串列數位訊號，經USB接口傳入PC微電腦。

11.4.4　MC68HC16-DAC系統

MC68HC16單晶片亦可接DAC（Digital to Analog Converter，數位／類比轉換器）以便產生類比電壓訊號供應電化學儀器使用。圖11-16為MC68HC16單晶片-DAC-OPA類比電壓訊號輸出系統。如圖所示，由MC68HC16單晶片之DATA0～DATA7七個接腳輸出並列D0～D7數位訊號到DAC1408晶片並經轉換成類比電壓訊號，由DAC晶片輸出類比負電壓V_4，以供應電化學儀器以進行還原反應或供應電鍍裝置以電鍍金屬於模板上。如圖所示，若再接反相運算放大器OPA1458，可將DAC輸出之負電壓放大轉換成正電壓Vo由OPA輸出，可供應電化學儀器之氧化電極電源以進行化學氧化反應，亦可用來起動或控制化學儀器。

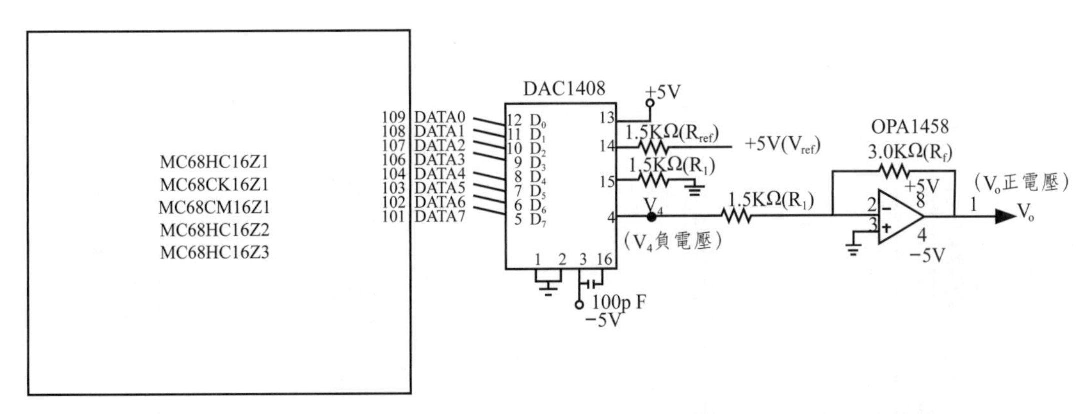

圖11-16　MC68HC16單晶片-DAC-OPA類比電壓訊號輸出系統圖

11.5　內建ADC式32位元MC68300系列單晶片微電腦[229h-229k]

MC68300系列單晶片微電腦為具有32位元CPU之內建ADC式32位元MC68300系列單晶片微電腦（32 Bit ADC In-Built MC68300 One-Chip Microcomputers），表11-5為常見之內建ADC式32位元MC68300系列單晶片微電腦晶片型號。圖11-17為MC68300單晶片系列中含16個內建ADC之MC68F375晶片接腳及內部結構示意圖。其接腳主要為十個輸送埠（Port），

表11-5 常見內建ADC之32位元MC68300系列單晶片微電腦[229h]

廠牌	單晶片微電腦系列	晶片型號
Motorola	32位元 MC68300系列 （含內建ADC）	MC68300、MC68331M MC68332、MC68334 MC68336、MC68CK338 MC68F375、MC68376 MC68349、MC68328 MC68356

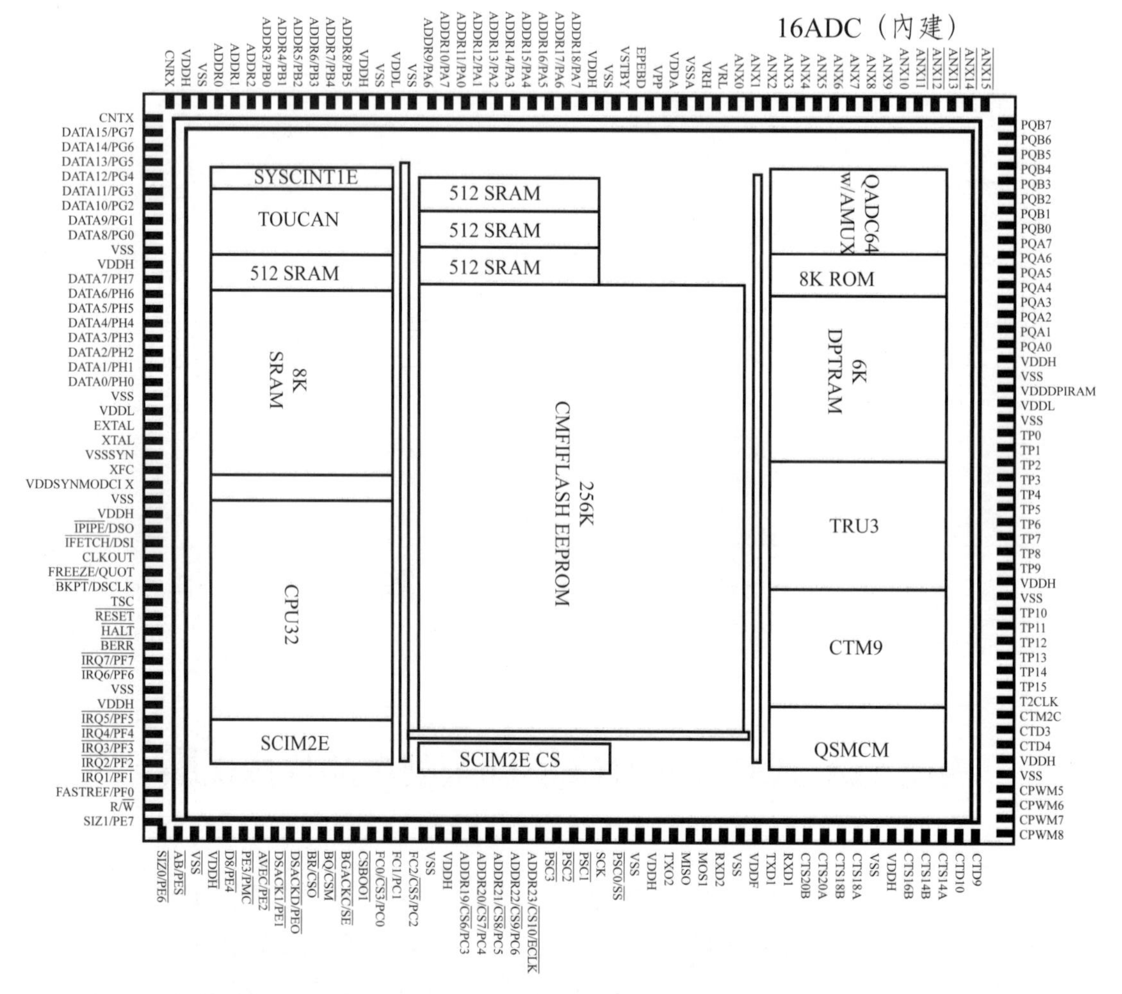

圖11-17 單晶片微電腦MC68F375晶片接腳及內部結構示意圖[229i]（原圖來源：www.nxp.com/products/.../32-bit-microcontroller:MC68F375）

即為PA，PB，PC，PQA，PQB，PQS，PE，PF，PG，PH，其中PA，PB，PC接SCIM2E（Single Chip Integration Module）模組常用來當位址線（Address Buses），而PQA，PQB，PQS接QADC（Queued Analog-to-digital Converter）模組，PE，PF亦接SCIM2E模組，PG，PH則接SCIM2E模組。另外，其ANX接口（ANX0～ANX15）則為16個內建ADC類比電壓輸入口，RXD及TXD則為串列數位訊號輸入及輸出接口，其他為各種控制（如時序）接口。圖11-18為單晶片微電腦MC68F375晶片內部結構及訊號傳輸圖。

單晶片微電腦MC68F375晶片應用相當廣泛，如圖11-19所示，可利用單晶片MC68F375之內建16個內建ADC去接收16部化學儀器類比電壓訊號V0～V15（如圖中之(A)）並轉成數位訊號做數據處理。亦可接MC68F375內建

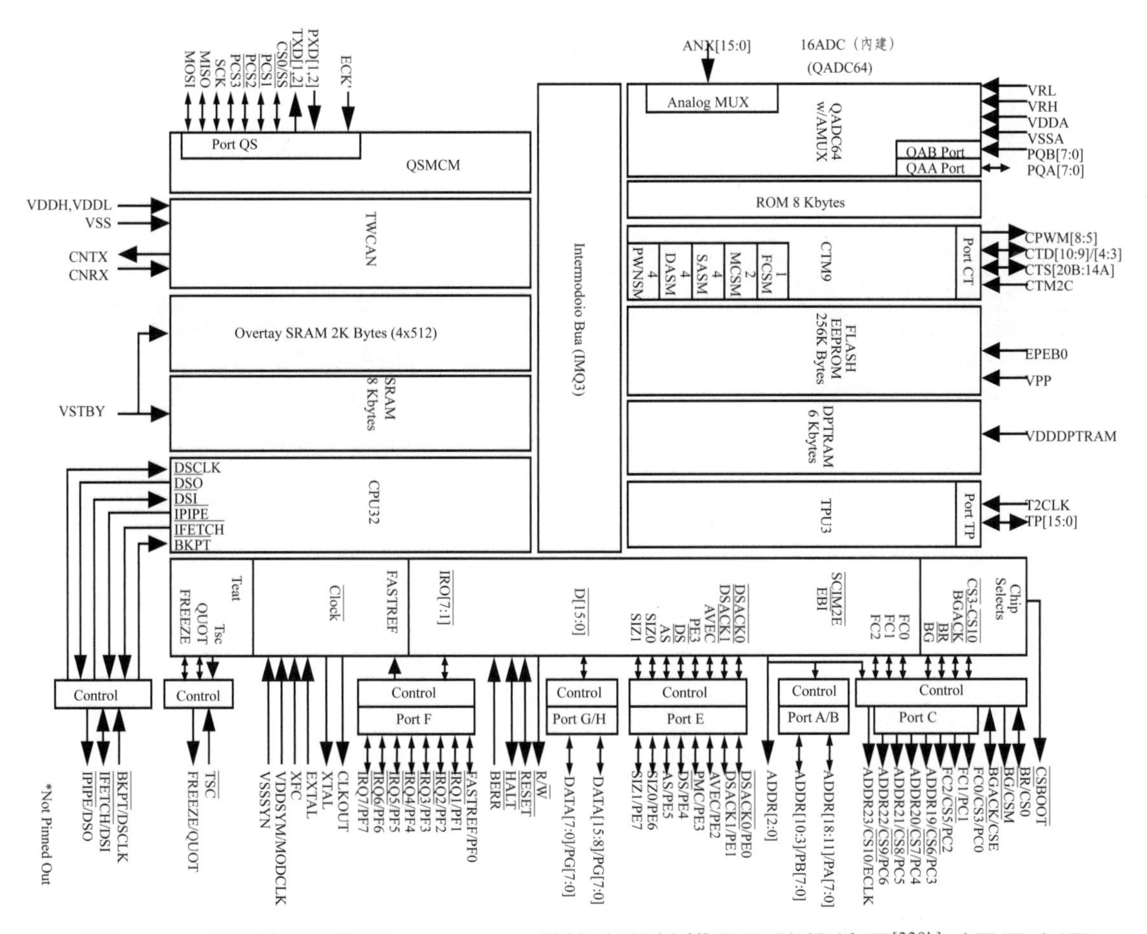

圖11-18　單晶片微電腦MC68F375晶片內部結構及訊號傳輸圖[229k]（原圖來源：www.nxp.com/products/.../32-bit-microcontroller:MC68F375）

ADC做化學實驗室或反應槽溫度測定（如圖中之(B1)）及溫度控制（如圖中之(B2)），如圖中之(A)所示，當以熱敏電阻LM334組成的溫度測定器輸出電壓訊號V15輸入內建ADC（經ANX15支腳）轉成數位訊號以估算溫度值。若溫度T高於設定值Tc，就會就如圖中之(B2)所示由單晶片之DATA14接口輸出1訊號，使得接在DATA14之繼電器起動（IN ＝ 1）並使繼電器之COM和NO連接，而起動接在NO之冷氣機，使實驗室或反應槽溫度降低。反之，當溫度T低於設定值Tc，單晶片之DATA14接口輸出0訊號，使得其所接之繼電器IN ＝ 0並使繼電器之COM和NC連接，而起動接在NC之加熱器起動而使實驗室或反應槽溫度升高，達到溫度控制目的。

如圖11-19之(C)、(D)所示，亦可透過MC68F375晶片之DATA12及DATA10支腳輸出1數位訊號以分別起動DATA12支腳所接之繼電器並使接在繼電器之化學儀器起動，也使接在DATA10支腳之LED（Light Emission Diode）發光。

單晶片MC68F375亦可如圖11-19中之(E)所示，由接腳DATA0～DATA7

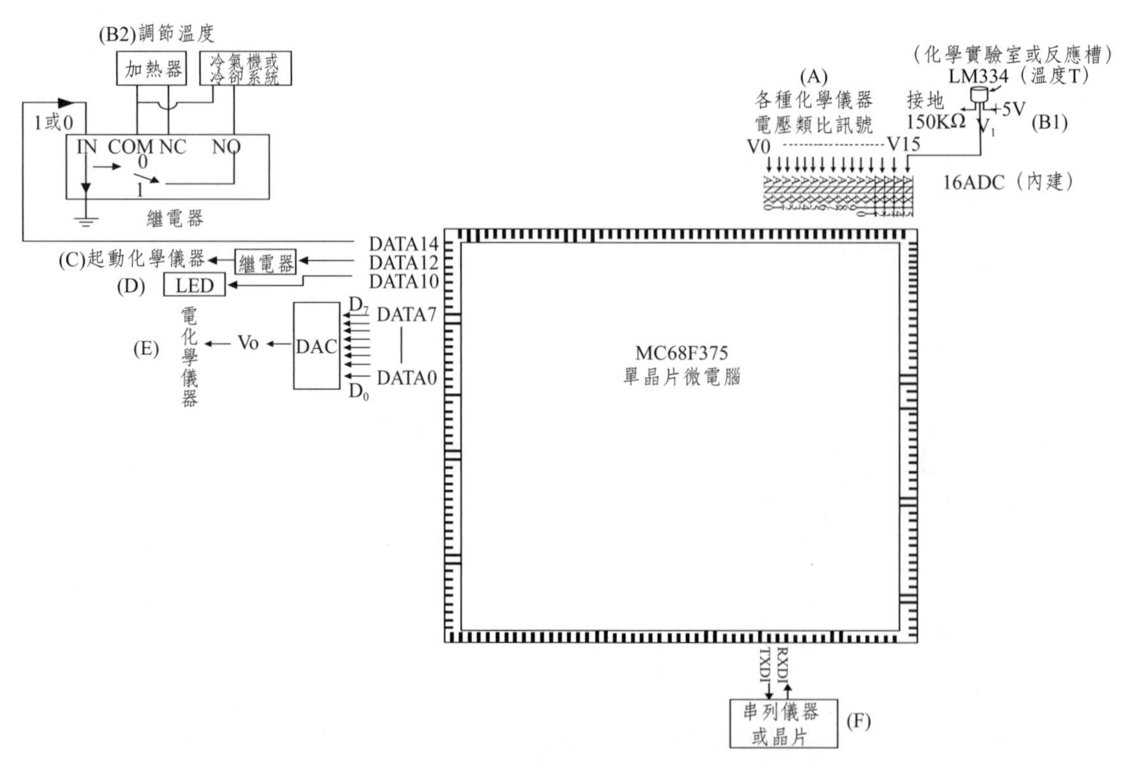

圖11-19　單晶片微電腦MC68F375之應用

輸出並列數位訊號（D0～D7）透過DAC轉成類比電壓訊號Vo，以供電化學儀器進行氧化還原反應。單晶片MC68F375也可如圖11-19中之(F)所示，透過其接腳RXD1及TXD1和外界串列儀器或晶片做數位訊號串列式傳送。

11.6　USB-MC68XX單晶片系統

現在幾乎大部分桌上型及筆記型PC微電腦都以USB接口和外界傳輸，故若MC68XX單晶片要與PC微電腦連線形成USB-MC68XX單晶片系統（USB-MC68XX Single-Chip Microcomputer Systems）就需用(1)具有USB接腳之-MC68XX單晶片（如MC68HC908J88、MC68HC908JB8、MC68HC908JB12及MC68HC908KH12）或(2)在不具有USB接腳之單晶片（如MC68HC11A8）和PC微電腦USB接口中間添加一USB／並列轉換晶片（如FT245晶片）或USB／串列轉換晶片（如CH340晶片）做橋梁組成PC微電腦-USB轉換晶片-單晶片系統（如PC微電腦-FT245-MC68HC11A8及PC微電腦-CH340-MC68HC11A8系統）。這兩類USB-MC68XX單晶片系統將簡單介紹並說明如下：

11.6.1　USB MC68HC908單晶片

MC68HC908系列單晶片種類很多，有些具有USB接口，例如MC68HC908J88、MC68HC908KH12及MC908JB/JW系列單晶片皆為USB MC68HC908單晶片（USB MC68HC908 Single-Chip Microcomputer）。表11-6為具有USB接口之MC908JB/JW系列單晶片一覽表。由表11-6中可看出MC908JB/JW（或稱MC68HC908JB/JW）系列單晶片皆具有1-32K之快閃ROM（FLSH EEPROM）及128B-1KB之RAM和USB接口。圖11-20為USB MC68HC908JB16及MC68HC908JW32單晶片和並列／串列晶片連接之接線圖，由圖可看出此兩單晶片皆有D+及D–接腳可接USB接頭以連接PC微電腦，同時也都具有PTA，PTB，PTC，PTD，PTE數位資料傳輸埠（DATA Ports）可與外界並列晶片做並列傳輸，也皆有串列接口可和外界串列晶片做串列傳輸。

表11-6 具USB接口MC908JB/JW系列單晶片一覽表[230a]

DEVICE	FLASH ROM	RAM	USB
MC908JB1DWE	1KB	128B	1
MC908JB8FBE	8KB	256B	1
MC908JB8ADWE	8KB	256B	1
MC908JB8JDWE	8KB	256B	1
MC908JB8EPE	8KB	256B	1
MC908JB12JDWE	12KB	384B	1
MC908JB16DWE	16KB	384B	1
MC908JB16FAE	16KB	384B	1
MCHC908JW32FAE	32KB	1KB	1
MCHC908JW32FC	32KB	1KB	1

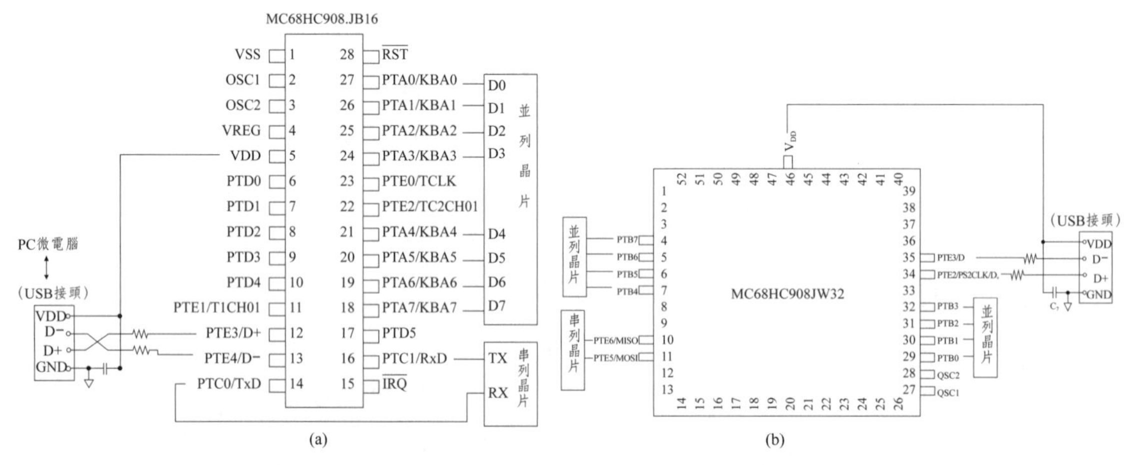

圖11-20 (a)USB MC68HC908JB16及(b)MC68HC908JW32單晶片和並列／串列晶片連接之接線圖[230i-j]（原圖來源：(a)http://www.kynix.com/uploadfiles/pdf2286/MC908JB16JDW.pdf; (b)http://www.nxp.com/docs/en/data-sheet/MC68HC908JW32.pdf）

除MC908JB/JW系列單晶片外，MC68HC908J88及MC68HC908KH12為常見之具有USB接口之單晶片。圖11-21(a)為USB MC68HC908J88單晶片之接腳圖，而圖11-21(b)則為USB MC68HC908J88-RS232介面接線圖。由圖

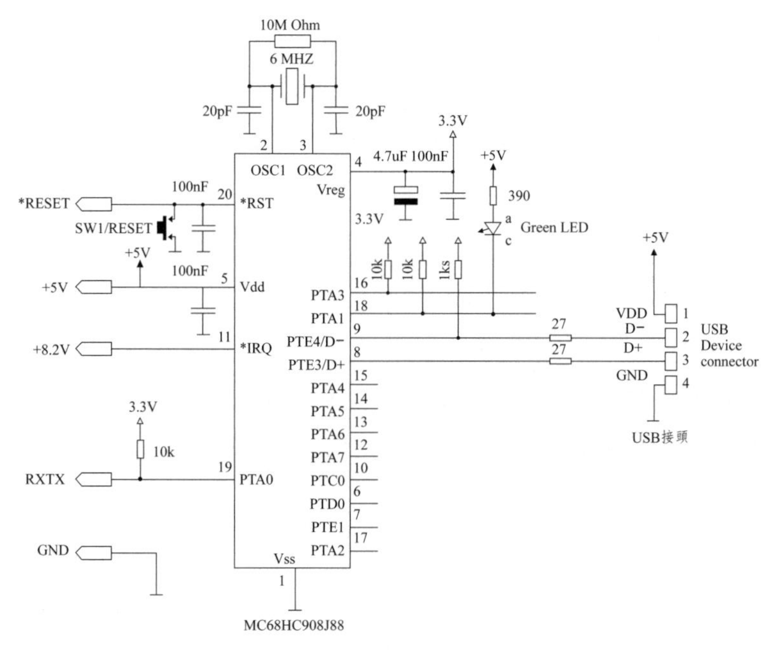

圖11-21(a)　USB MC68HC908J88單晶片之接腳圖[230b]（原圖來源:http://www.sparetimelabs.com/funwith08/schematics-controller.gif）

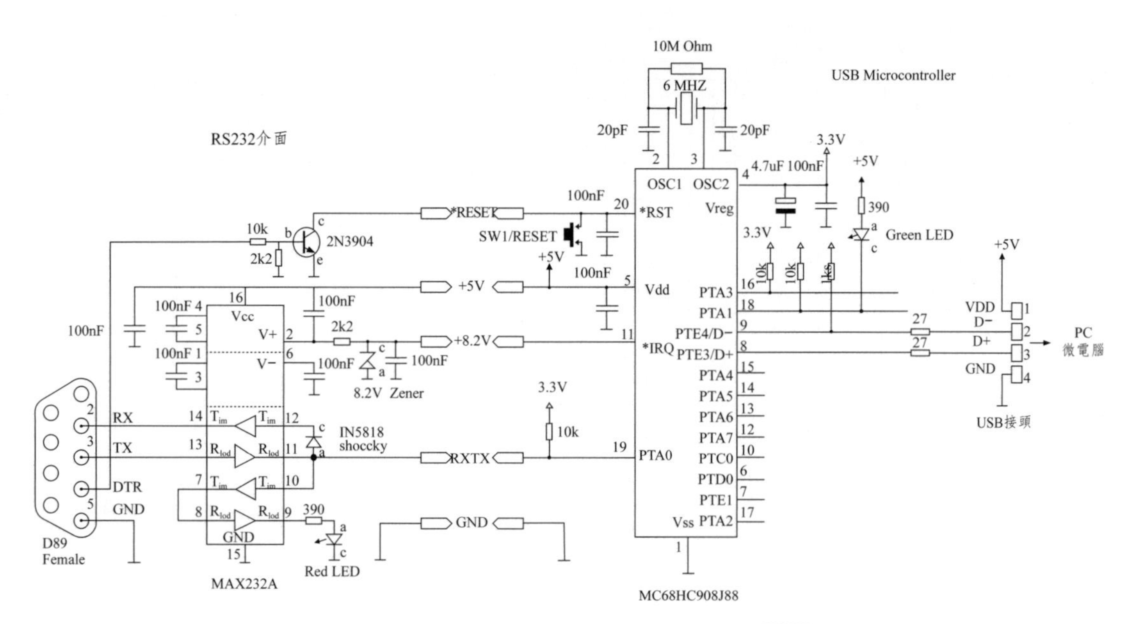

圖11-21(b)　USB MC68HC908J88-RS232介面接線圖[230b]（原圖來源:http://www.sparetimelabs.com/funwith08/schematics-controller.gif）

11-21(b)可看出MC68HC908J88單晶片可當USB微控制器（USB Microcontroller），可控制及接收RS232界面之主件MAX232晶片送出的串列數位訊號並由單晶片之USB接頭轉送到PC微電腦中。反之，此系統中MC68HC908J88單晶片亦可接收由PC微電腦USB接口送出的串列數位訊號並轉傳入RS232介面，再由RS232介面之DB9接頭傳出到其他串列電子元件或晶片。

如圖11-22所示，MC68HC908KH12為具有5個USB接口之單晶片，換言之，MC68HC908KH12單晶片和一般PC微電腦一樣具有多個輸出輸入USB接口，因而如圖11-22所示，當MC68HC908KH12單晶片接上鍵盤（Keyboard）就可組成一部類似PC微電腦的迷你微電腦。

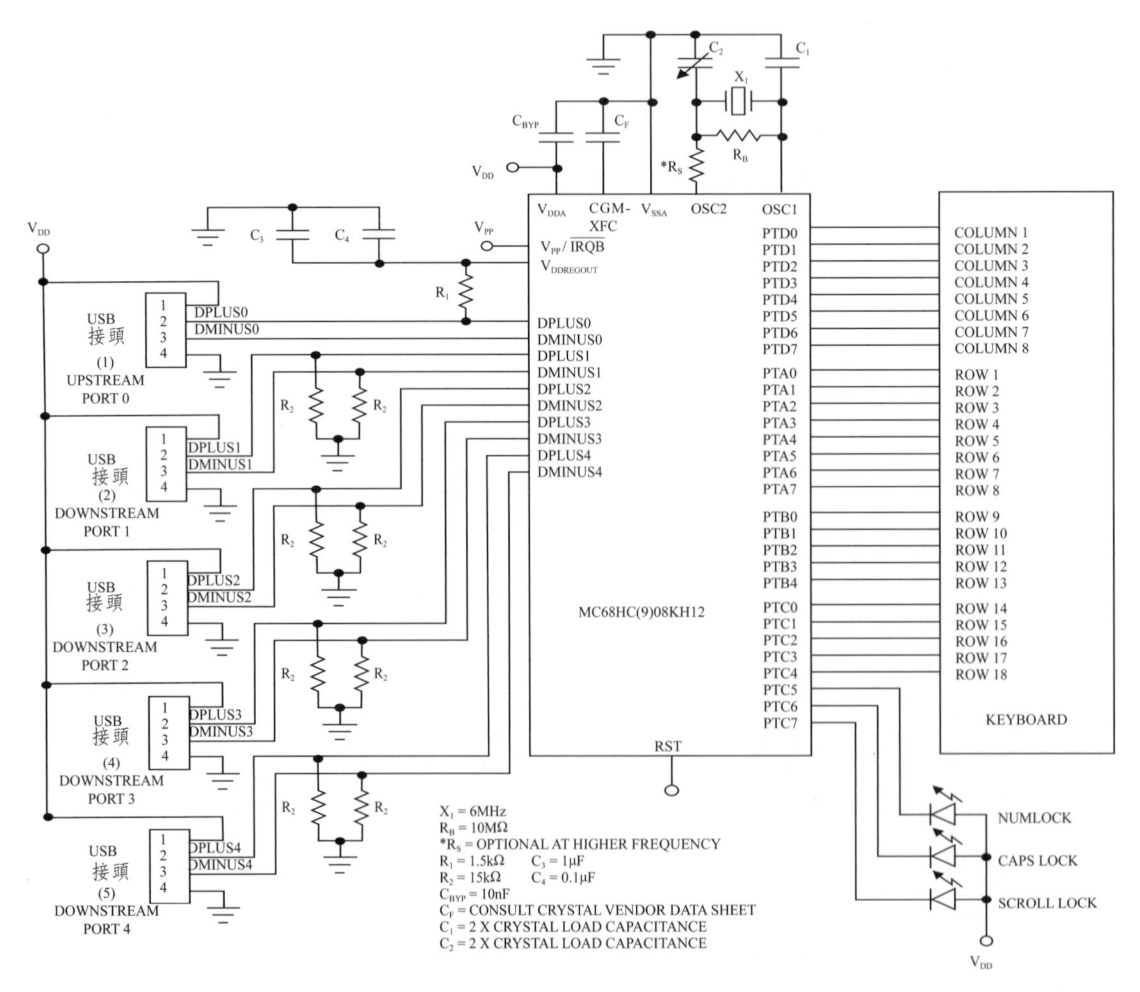

圖11-22 USB MC68HC908KH12單晶片連接5個USB接頭及鍵盤圖[230c]（原圖來源：http://www.nxp.com/docs/en/application-note/AN1748.pdf）

11.6.2 MC68XX單晶片-USB／並列／串列轉換晶片系統

雖然部分MC68XX單晶片（如MC68HC908JB/JW系列）具有USB接口，但大部分MC68XX單晶片並無USB接口。若此類無USB接口之MC68XX單晶片想接具有USB接口之PC微電腦，必須在單晶片和PC微電腦USB接口中間添加一USB／並列轉換晶片（如FT245晶片）或USB／串列轉換晶片（如CH340晶片）做橋樑形成MC68XX單晶片-USB並列／串列轉換晶片系統（MC68XX Single-Chip Microcomputer-USB Serial/Parallel Controller Chip Systems）。例如圖11-23的USBPC微電腦-FT245MC68HC11A8並列系統及圖11-24的USBPC微電腦-CH340-MC68HC11A8串列系統。

如圖11-23所示，這並不具有USB接口之MC68HC11A8單晶片若接上

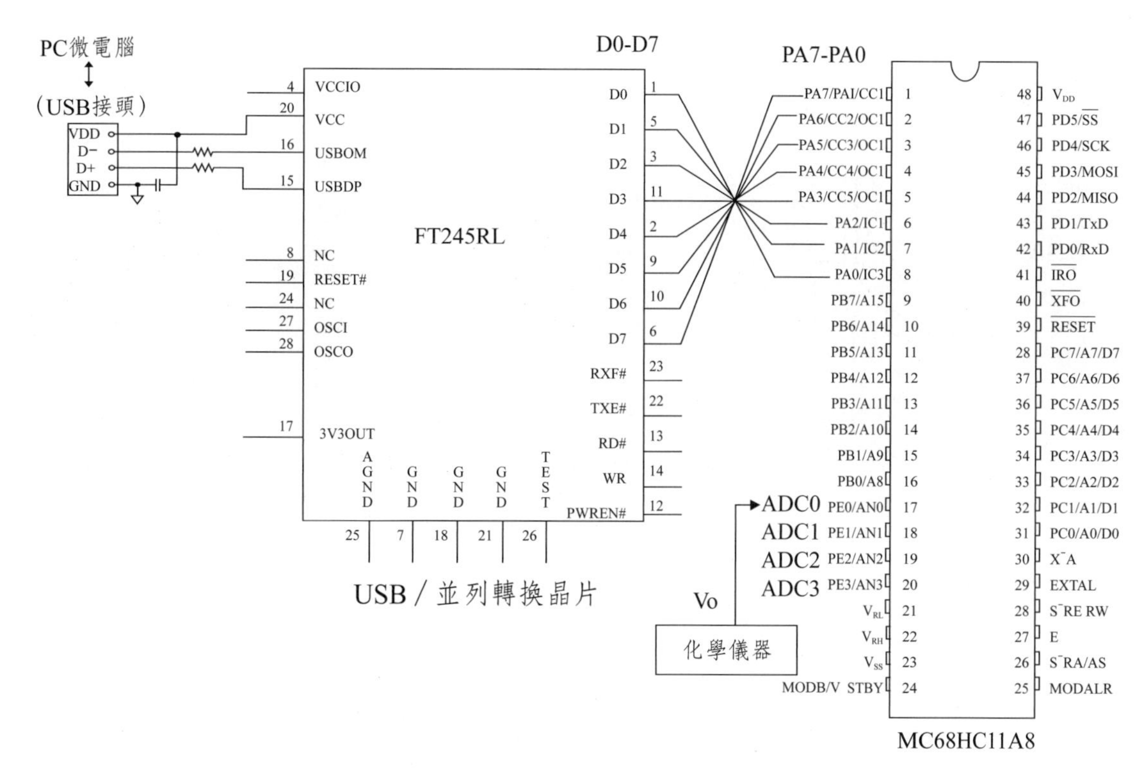

圖11-23 USB／並列轉換晶片FT245和MC68HC11A8單晶片連線圖[230d-e]（資料來源：https://cdn.sparkfun.com/datasheets/Dev/Arduino/Other/CH340DS1.PDF; http://html.alldatasheet.com/html-pdf/4184/MOTOROLA/MC68HC11/259/1/MC68HC11.html）

FT245 USB／並列轉換晶片形成MC68HC11A8-FT245-USB接頭-PC微電腦系統，如圖所示，由MC68HC11A8單晶片內建ADC接腳（如ADC0）接受化學儀器輸出之電壓訊號Vo轉換所得的數位訊號（D0～D7），就可由單晶片PA埠（PA Port）之PA0～PA7接腳輸出，經FT245晶片之D0～D7接腳傳入FT245晶片內並轉成USB串列數位訊號，再由其USB接口傳入PC微電腦中做數據處理。反之，由PC微電腦USB接口輸出之USB串列數位訊號進入FT245晶片中並轉成並列數位訊號，再由FT245之D0～D7接腳傳出經MC68HC11A8單晶片之PA0-PA7接腳並列傳入MC68HC11A8單晶片中。

如圖11-24所示，這不具具有USB接口之MC68HC11A8單晶片若接上

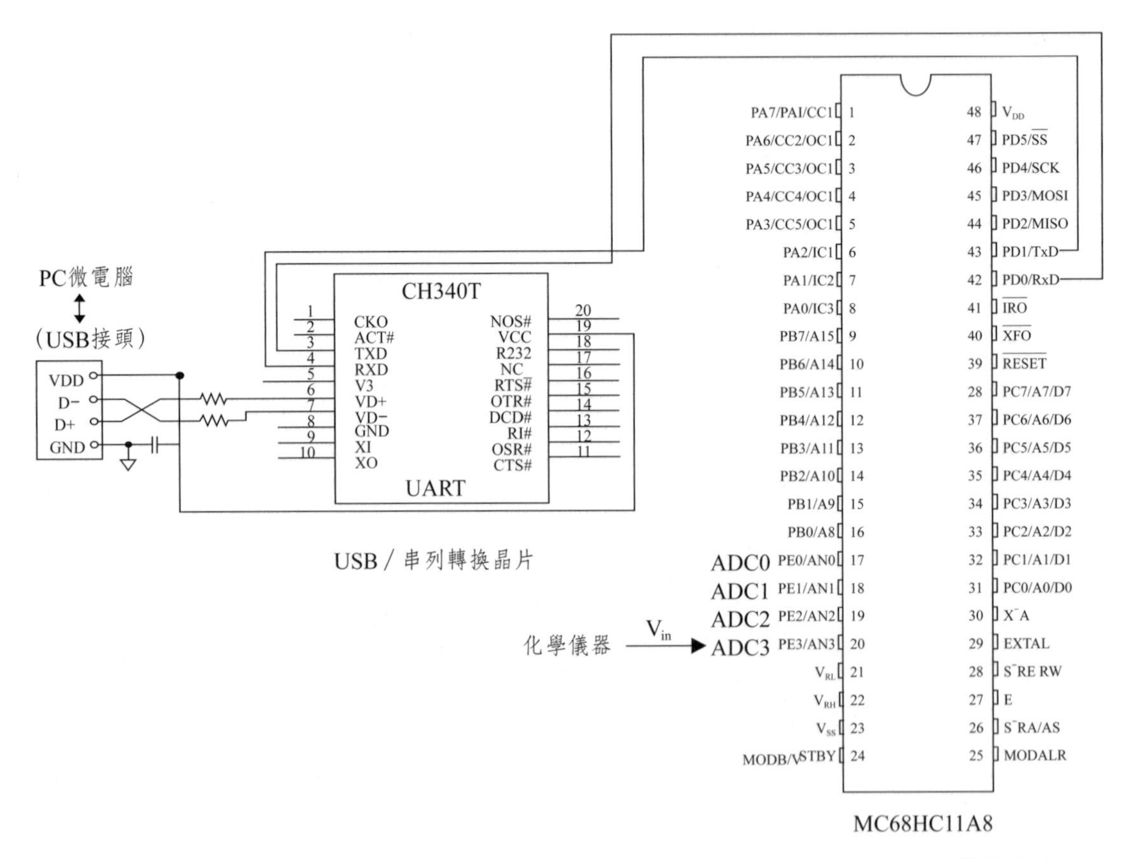

圖11-24 USB／串列轉換晶片CH340和MC68HC11A8單晶片連線圖[230f-g]（資料來源：http://www. ftdichip.com/Support/Documents/DataSheets/ICs/DS_FT245R.pdf; http://html.alldatasheet.com/html-pdf/4184/MOTOROLA/MC68HC11/259/1/MC68HC11.html）

CH340 USB／串列轉換晶片形成MC68HC11A8-CH340-USB接頭-PC微電腦系統，如圖所示，由MC68HC11A8單晶片內建ADC接腳（如ADC3）接受化學儀器輸出之電壓訊號V_{in}轉換所得的數位訊號（D0～D7），就可由單晶片之TXD接腳以串列方式一個接一個輸出，經CH340晶片之RXD接腳傳入CH340晶片中轉成USB串列數位訊號，再經CH340晶片之USB接腳轉傳入PC微電腦中做數據處理。反之，由PC微電腦USB接口輸出之USB串列數位訊號進入CH340晶片中，再由CH340晶片之TXD接腳傳出經單晶片之RXD接腳傳入MC68HC11A8單晶片中。

11.7 數位訊號處理器（DSP）晶片[229l-229r]

由於一般單晶片微電腦晶片（如8751、PIC、MC68XX）之指令執行速度較慢，效能較低，需要較長的計算時間，不能達到即時運作且不適用於高等數學運算。近年來，發展結構類似單晶片微電腦晶片但可快速處理數位信號之數位信號處理器（DSP, Digital Signal Processor）晶片。本節僅對常用DSP晶片之結構做簡單介紹。

數位信號處理器（DSP）晶片爲對於輸入之數位信號可做快速的處理之晶片，它常是具有專門計算能力的一種晶片。晶片中通常設計有硬體乘法器，移位暫存器等元件，可快速處理數位信號。數位訊號處理器集合了許多複雜的電路在它小小的晶片上，這些體積小數位訊號處理器，具有高速的運算速度、大儲存空間及高速定址能力，以及許多功能強大的指令控制系統等的優點，讓數位訊號處理技術在訊號處理上的優越性能顯現無疑。DSP爲了達成其快速的計算能力，其晶片在設計時通常採用16位元的字元長度輸送，並以32位元設計中央處理單元（CPU）內的累進器（Accumulator）與暫存器（Register）等。

DSP晶片和單晶片微電腦晶片一樣都具有CPU、ROM、RAM且亦常有內建ADC，但DSP晶片則具有快速的計算能力之計算及儲存單元元件（如高位元累進器，記憶體，硬體乘法器及擴充精準暫存器）和特殊硬體及指令設計，適用於高等控制技巧。而一般單晶片微電腦晶片卻只是具有一般計算能力之計算及儲存單元，指令執行速度較DSP慢，整體效能較低。需要較長的計算時間，不能達到即時運作，不適用於高等數學運算。但單晶片微電腦晶片每種結構與80X86都類似，容易學習。如8751、PIC、MC68XX等在圖書館或網路上，都可找到資料及程式庫，而DSP晶片周邊元件及資料並不是非常充足（尤其在高頻應用上）。較難適用在簡單的控制應用。目前DSP軟體資源還是很缺乏。價格也較一般單晶片高。

近幾年來，隨著超大型積體電路技術與計算機技術的蓬勃發展，讓即時數位訊號處理有迫切的要求，而使各廠商相繼推出了一系列的數位訊號處理器（DSP），較常見數位信號處理器DSP晶片爲德州儀器（TI）公司生產的TMS320系列（包括TMS320C1X、TMS320C2X TMS320C2XX、TMS320C5X、TMS320C54X、TMS320C240及TMS320F2833x系列）。這些系列的CPU都是屬於32位元的結構且內含32位元的累進器。同時，這些系列DSP晶片具有32位元記憶體結構及40位元的擴充精準暫存器。

圖11-25爲DSP晶片TMS32020之接腳圖、內部結構示意圖及實物圖，由圖11-25(a)及(b)顯示此DSP晶片幾乎和一般單晶片微電腦一樣具有ROM，RAM及CPU主件（含ALU（Arithmetic Logic Unit，計算邏輯元件）及ACC（Accumulator，累進器））和時序元件（Timer）等組件以及16條位址線

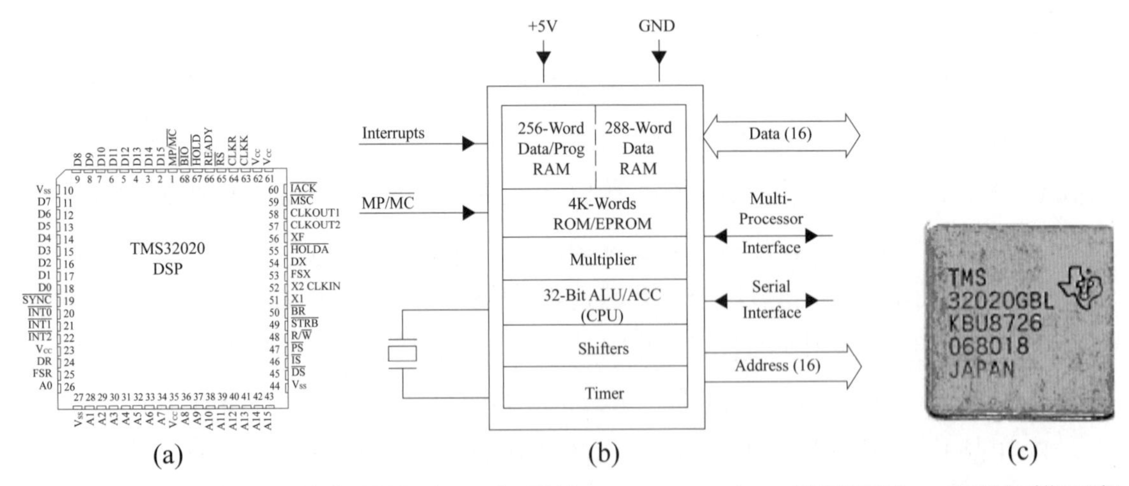

圖11-25 數位信號處理器（DSP）晶片TMS32020之(a)接腳圖及(b)內部結構示意圖[230h]和TMS32020晶片實物圖[229o]（原圖來源：(a)、(b)http://html.alldatasheet. com/html-pdf/29038/TI/TMS32020/22/1/TMS32020.html, (c) https://zh.wikipedia.org/zh-tw/德州儀器TMS320）

（A0-A15）和16條資料線（D0-D15）可對外做並列傳輸，還有串列介面（Serial Interface）可對外做串列傳輸。

數位信號處理器（DSP）晶片以TMS320F2833x系列晶片較常見，表11-7爲TMS320F2833x系列中三種DSP晶片（TMS320F28335、TMS320F28334及TMS320F28332）之內部結構組件特性，這些DSP晶片皆有相同32位元CPU，16位元1K OTP-ROM（One-Time Programmable-Read-Only Memory(ROM)），Boot-ROM，16頻道內建12-Bit ADC，6通道DMA（Direct Memory Access），3個32-Bit CPU計時器，一個串列周邊介面（SPI, Serial Peripheral Interface），一個串列通訊介面（SCI, Serial Communication Interface），88個通用輸入／輸出接腳（GPIO, General-purpose Input/Output），16/32 Bit外部記憶體界面，6通道的直接存取記憶體，PWM（Pulse Width Modulation）脈衝輸出，六個32-bit捕捉器輸入或輔助PWM輸出，二個32-Bit QEP（Quadrature Encoder Pulse）通道（每通道四個輸入），看門狗計時器及二個控制單元區域網路（eCAN, Enhanced Controller Area Network）。這些DSP晶片不同的是：時脈（TMS320F28335及TMS320F28334爲150MHz，而TMS320F28332爲100MHz），指令週期（TMS320F28335及TMS320F28334爲6.67ns而TMS320F28332爲10ns）及晶片內部16位元SRAM（Static Random Access Memory，TMS320F28335及TMS320F28334爲34K，而TMS320F28332爲26K）。

表11-7　數位信號處理器（DSP）晶片TMS320F2833x特性[229q]

特　性	TMS320F28335	TMS320F28334	TMS320F28332
CPU位元	32	32	32
時脈	150MHz	150MHz	100MHz
指令週期	6.67ns	6.67ns	10ns
OTP ROM（16位元）	1K	1K	1K
晶片內部SRAM（16位元）	34K	34K	26K
Boot ROM(8K×16)	有	有	有

（接下頁）

（接上頁，表11-7）

特　性	TMS320F28335	TMS320F28334	TMS320F28332
6通道DMA	有	有	有
12-Bit ADC	16	16	16
串列周邊介面（SPI）	1	1	1
串列通訊介面（SCI）	1	1	1
多通道緩衝串列（McBSP）	2	2	1
通用輸入／輸出接腳GPIO	88	88	88
16/32 Bit外部記憶體界面	有	有	有
6通道的直接存取記憶體	有	有	有
PWM輸出	ePWM 1/2/3/4/5/6	ePWM 1/2/3/4/5/6	ePWM 1/2/3/4/5/6
32-bit捕捉器輸入或輔助PWM輸出	6	6	4
32-Bit QEP通道（每通道四個輸入）	2	2	2
看門狗計時器	有	有	有
控制單元區域網路（eCAN）	2	2	2

（原表來源http://www.ncudsp.com.tw/C2000/easyDSPF28335.html）

註：OTP.ROM: One-Time Programmable-Read-Only Memory, SRAM: Static Random Access Memory; SRAM: Static Random Access Memory; DMA (Direct Memory Access); SPI: Serial Peripheral Interface; SCI: Serial Communication Interface; McBSP: Multichannel Buffered Serial Port; GPIO (General-purpose Input/Output); PWM: Pulse Width Modulation; QEP: Quadrature Encoder Pulse; eCAN: Enhanced Controller Area Network.

圖11-26爲TMS320F2833x/TMS320F2823x晶片接腳圖及TMS320F28335實物圖。如圖11-26(a)所示，這DSP晶片之接腳共176支腳（Pins），其主要含(1)做各種輸入／輸出用之88個通用輸入／輸出接腳GPIO0~GPIO87（GPIO, General-purpose Input/Output），其中含GPIO18-25及GPIO35-36之串列輸入RX／輸出TX接腳（串列I/O）及控制接腳，以及(2)含16個內建12-Bit ADC接腳。

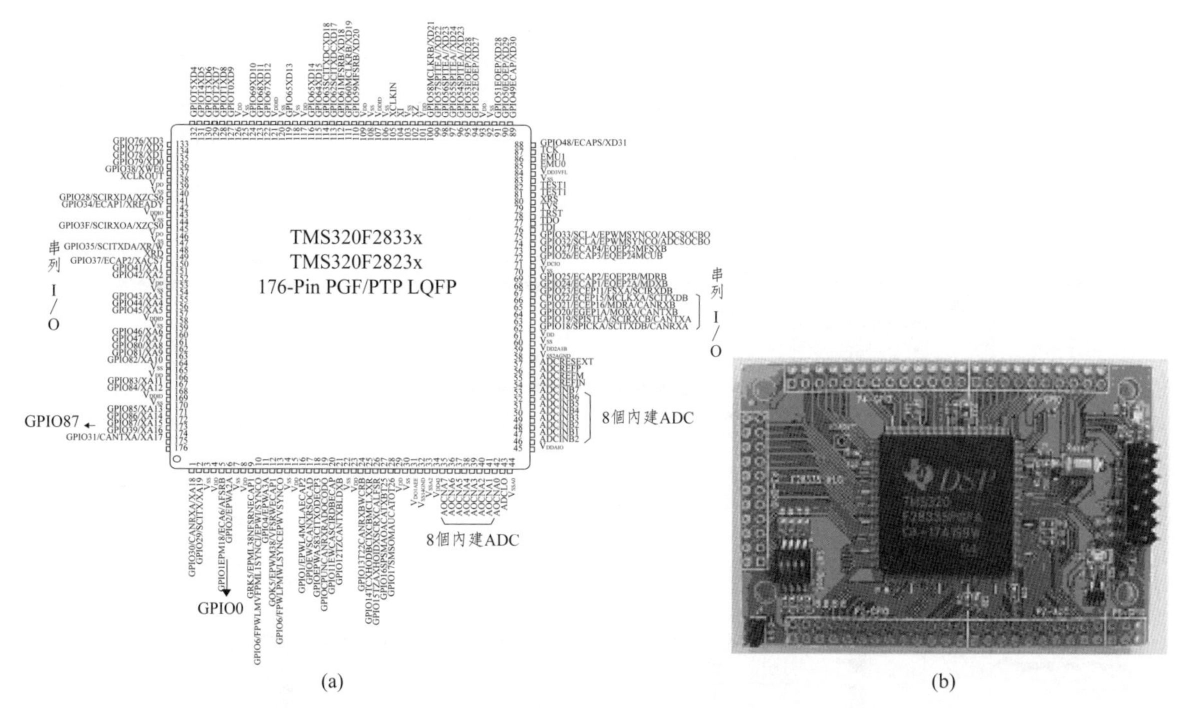

圖11-26 TMS320F2833x/TMS320F2823x晶片接腳圖[229r]及TMS320F28335實物圖[229p]（原圖來源：(a) http://www.ti.com/lit/ds/symlink/tms320f28332.pdf; (b) http://www.mcudsp.com.tw/C2000/F28335.jpg）。

圖11-27爲TMS320F2833x/TMS320F2823x晶片內部結構圖，其中主要含32位元CPU及3個CPU計時器（CPU Timer），6個DMA通道（6-channel Direct Memory Access），SRAM（Static RAM）及OTP-ROM: One-Time Programmable-Read-Only Memory，各種控制88個GPIO輸入／輸出模組，內建12-Bit ADC及各種周邊網路（Peripheral Bus），記憶網路（Memory Bus）及DMA網路（DMA Bus）。

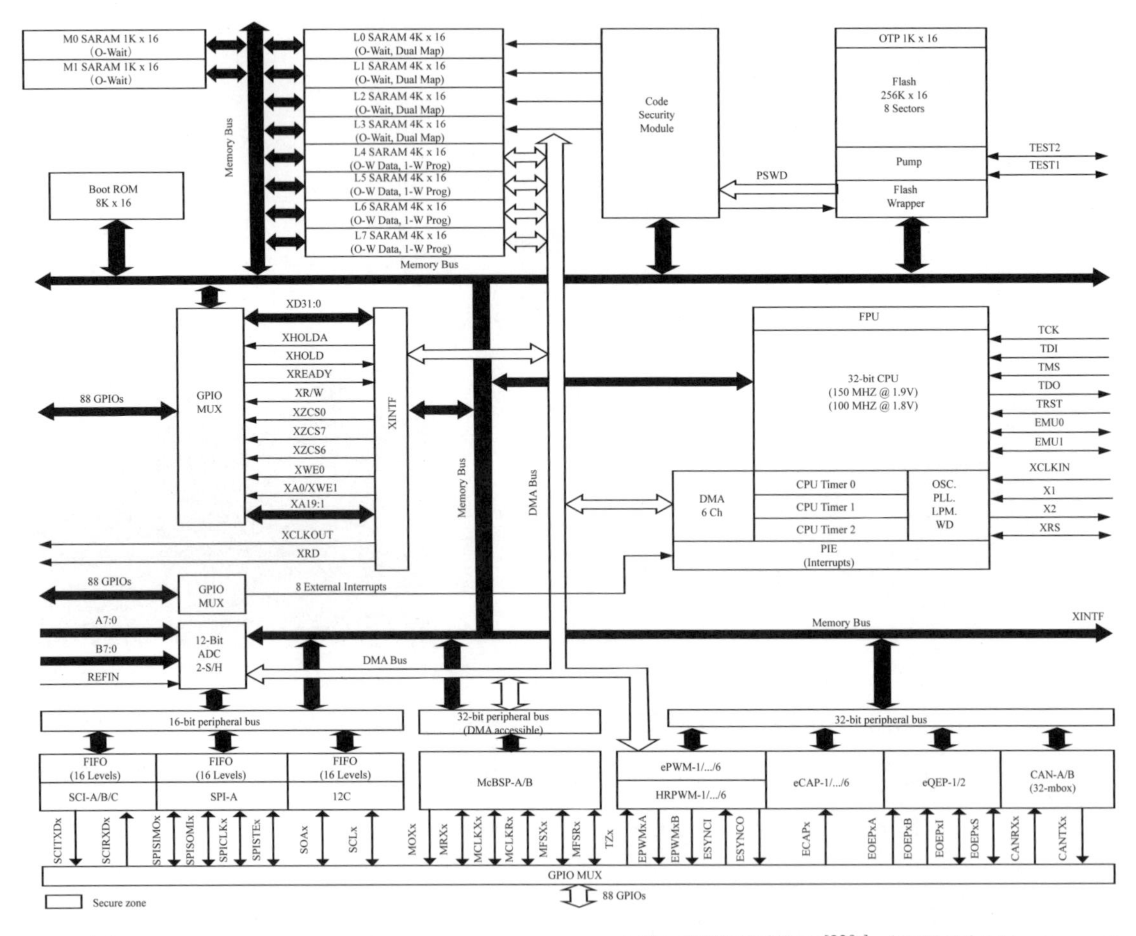

圖11-27　TMS320F2833x/TMS320F2823x晶片內部結構圖[229r]（原圖來源：http://www.ti.com/lit/ds/symlink/tms320f28332.pdf）

第12章

Raspberry Pi（樹莓派）微電腦

(Raspberry Pi Microcomputer)

Raspberry Pi微電腦（樹莓派微電腦，Raspberry Pi Microcomputer）爲只有一張信用卡大小的單板微電腦。它由英國的樹莓派（Raspberry Pi）基金會所開發。Raspberry Pi微電腦含中央處理機（CPU）、SD卡（當硬碟）、兩個USB介面、HDMI（支援聲音輸出）、RCA端子輸出支援及輸出輸入埠（I/O Port）。Raspberry Pi微電腦和一般微電腦一樣可做數位訊號輸出輸入及透過USB介面及I/O埠可接類比／數位轉換器（ADC）及數位／類比轉換器（DAC）做化學實驗儀器類比訊號（如電壓訊號）之類比／數位訊號轉換和輸出輸入傳送。本章將介紹Raspberry Pi微電腦結構、功能及各種訊號輸出輸入系統（如Raspberry Pi Microcomputer-ADC及Raspberry Pi Microcomputer-DAC）之工作原理及應用。

12.1 Raspberry Pi微電腦簡介[231-232]

本節將介紹Raspberry Pi微電腦之結構（Structure of Raspberry Pi Microcomputer）、Raspberry Pi微電腦作業系統安裝（Setup of Raspberry Pi Microcomputer Operating System）及Raspberry Pi計算和輸入輸出指令（Comments for Calculation and Input/Output）。

12.1.1 Raspberry Pi微電腦結構

圖12-1爲Raspberry Pi微電腦實物及內部結構（Structure of Raspberry Pi Microcomputer）示意圖。如圖12-1(b)所示，Raspberry Pi微電腦主要組件爲中央微處理機（CPU，32位元ARM11晶片）、SD卡（當硬碟）、USB接口（可接鍵盤、印表機、Mouse、掃瞄器及USB-ADC和USB-DAC晶片和其他裝置）、Ethernet RJ45網路接口、HDMI接口（接螢幕）、音頻（AUDO）輸出口、視頻（VIDIO）輸出口、CSI（Camera Serial Interface）接口（接Camera）及GPIO（General Purpose Input and Output）通用輸入輸出（I/O）接口（數位訊號I/O輸出口）。圖12-2爲Raspberry Pi

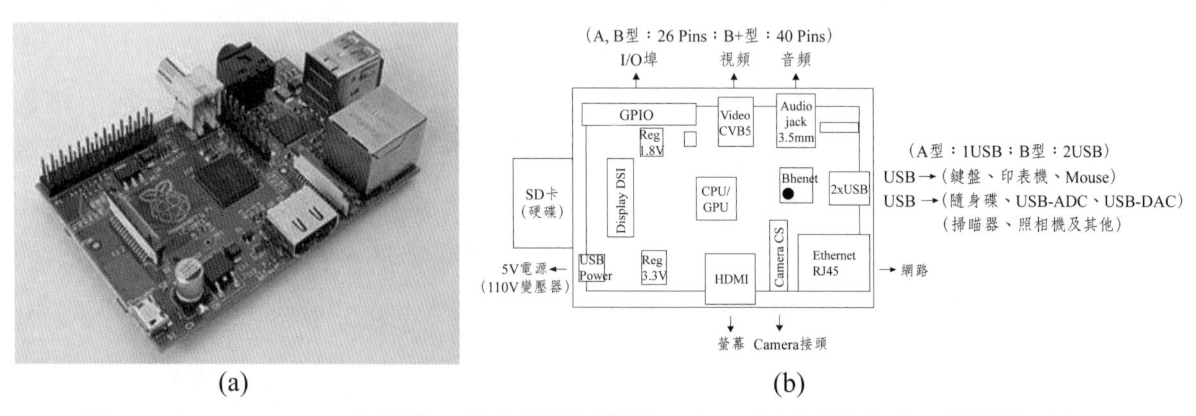

(a) (b)

圖12-1 Raspberry Pi微電腦(a)實物結構圖[231a]，及(b)內部結構示意圖[231b-232]（參考資料：(a) http://en.wikipedia. org/wiki/Raspberry_Pi; (b) (1)M. Richardson and S.Wallace, Getting Started with Raspberry Pi, O'Reilly (2012)，(2)李凡希（譯），愛上Raspberry Pi）

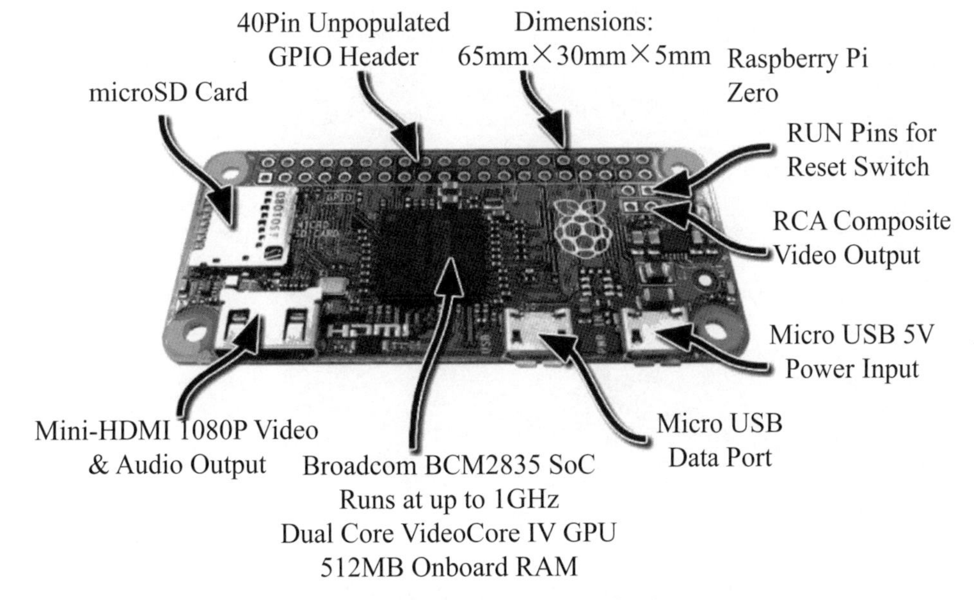

圖12-2　Raspberry Pi Zero微電腦板面結構圖[231c]（原圖來源：Introducing the Raspberry Pi Zero; https://www.raspberrypi.com.tw/tag/bcm2835/）

Zero型微電腦板面結構圖，其包括ARM架構BCM2835處理器、SD卡、HDMI接口、GPIO輸入輸出（I/O）接口、RCA視頻輸出端子及USB接口。

12.1.2　Raspberry Pi微電腦作業系統安裝[233]

12.1.2.1　建立「Raspberry Pi.Noobs作業系統（Operating System）」

(1) 由PC電腦從網路Download作業系統下載網址為：http://www.raspberrypi.org/downloads/。

(2) 進去後，可看到如下圖畫面，選Noobs下載「Noobs_V1_3_10.Zip」。

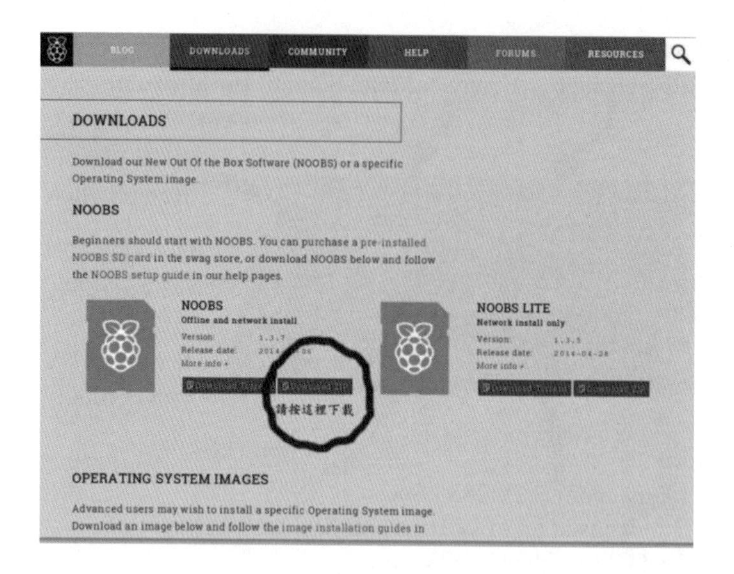

(3) 存入：C:\Users\user\Downloads\NOOBS_v1_3_7.zip

12.1.2.2 Format SD Card

(1) 將SD（SanDisk）卡插入具有USD接口之讀卡器並連接到PC電腦（如圖12-3所示），觀察在PC電腦中「我的電腦」中SD卡配到的磁碟機代號爲何。假設是「F:」。

(2) 由網路Download FormatF: https://www.sdcard.org/downloads/formatter_4/eula_windows/。

(3) 將SDFormatter.exe存於C硬碟中："C:\Program Files（x86）\SDA\SD Formatter\SDFormatter.exe"。

(4) 在PC電腦Windows上建SDFormatter捷徑。

(5) 開SDFormatter捷徑：選「格式化」→完成。

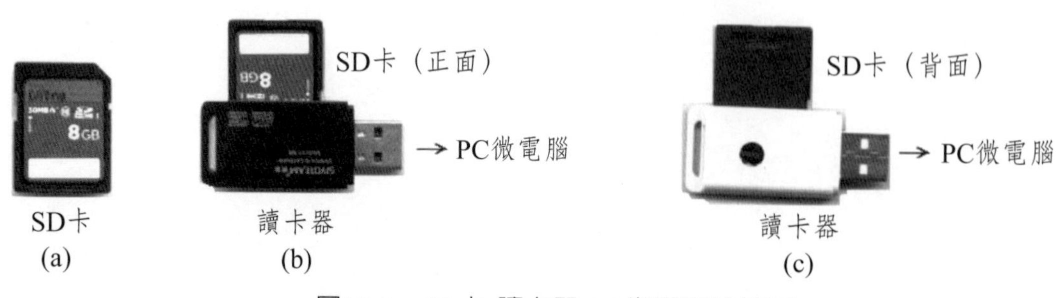

圖12-3　SD卡-讀卡器-PC微電腦接線圖

12.1.2.3 將Raspberry Pi.Noobs至燒錄SD卡

(1) 將SD卡插入USD讀卡器並連接到PC電腦，SD卡成F:Disk。

(2) 開PC電腦C:\Users\user\Downloads\NOOBS_v1_3_7.zip。

(3) 開NOOBS_v1_3_7.ZiP→全選所有檔案→複製。

(4) 開PC電腦選Disk F:（SD卡）→貼上（需約10分鐘）。

(5) 檢查是否所有檔案已在SD卡（F:Disk）上？

12.1.3 Raspberry Pi微電腦操作系統

首先，如圖12-4所示，將已燒錄Raspberry Pi作業系統之SD卡插入Raspberry Pi微電腦並接(1)螢幕、(2)鍵盤、(3)Mouse。

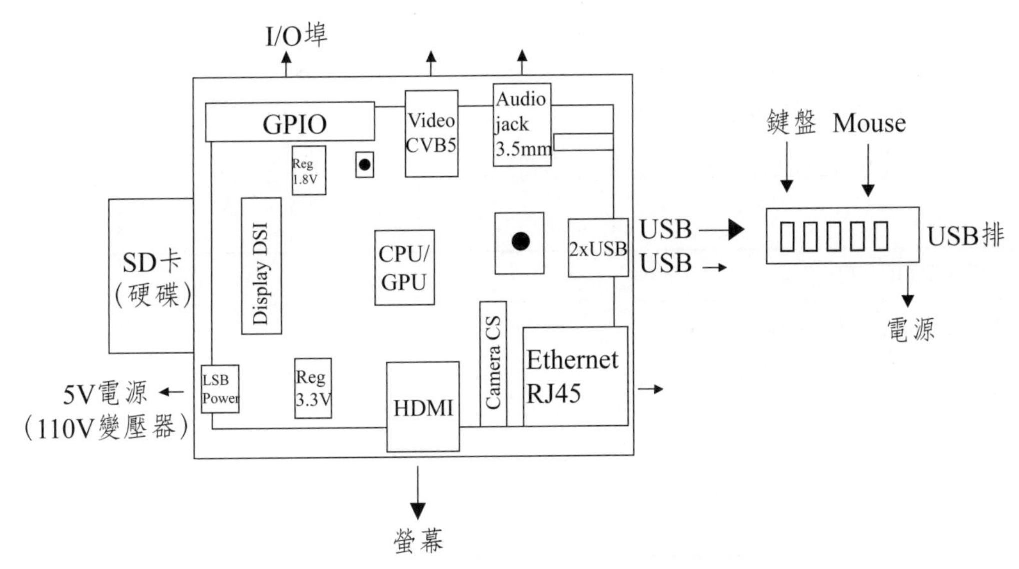

圖12-4 Raspberry Pi微電腦周邊介面接線示意圖

然後依下列步驟執行Raspberry Pi微電腦開機及關機：

12.1.3.1 第一次開機

(1) 接好圖12-4接線系統後，打開電源：螢幕會出現主目錄：

□ INSTALL

□ 1. RASPBIAN（RECOMMENDED）
□
□
□

(2) 選擇1. RASPBIAN（RECOMMENDED）→按「INSTALL」→ Confirm按「Yes」。

(3) 出現Welcome To Your Respbian
Extracting Filesystem（掃描）

0% ■ 100%（需一段時間）

(4) 出現OS(ES) Installed successfully→按「OK!」。

(5) 出現一連串列印式資料。

(6) 出現Setup Options選項表格如下：

□ SETUP OPTIONS

□ 1. Expand Filesystem
□ 2.Change User Password
□ 3.
□ 4.
□ 5.
□ 6.
<Select> <Finish>

(7) 選擇1. Expand Filesystem→按<Select> → 按「OK!」。

(8) 選擇2.Change User Password→打入kkkk1234（新密碼，原密碼：raspberry）
→New Password：打入 kkkk1234 → Return
[若用原來密碼：raspberry，則跳過此(8)步驟]

(9) 回上面SETUP OPTIONS表格→按<Finish>。

(10) 出現一連串列印式資料→最後出現：PI@raspberry pi-$。

(11) PI@raspberry pi-$（寫指令）→（例如打入）PI@raspberry pi-$ python（執行python語言），若不寫指令則跳過此步驟。

(12) 關閉系統（退出系統）：

→打入：PI@raspberry pi-$ sudo shutdown - h now

（即：PI@raspberry pi-$ sudo shutdown（空一格）- h now）

12.1.3.2 第二次以後開機執行步驟

(1)開電源：出現一連串列印式資料。

(2)最後出現：raspberrypi login:→打入 pi →raspberrypi login: pi→Return。

(3)出現：password：→打入 kkkk1234（或用原密碼：raspberry）→password：kkkk1234（或

原密碼：raspberry→Return

(4)出現：PI@raspberry pi-$（寫指令）→（例如打入）PI@raspberry pi-$ python（執行python語言）。

(5)關閉系統（退出系統）：

→打入：PI@raspberry pi-$ sudo shutdown - h now

（即：PI@raspberry pi-$ sudo shutdown（空一格）- h now）

12.1.4 Raspberry Pi微電腦計算及輸入輸出指令[232]

進入Python計算系統指令（Python Comments for Calculation）

(1)Raspberry Pi微電腦開電源：出現pi@raspberrypi-$。

(2)pi@raspberrypi-$ python（打入python, Enter）。

(3)>>>（得：提示符號）。

(4)>>> 5+6+12（打入加法，Enter），得：23。

(5)>>> 12*5（打入乘法，，按Shift*, Enter），得：60。

(6)>>> 100/2（打入乘法，，按 /, Enter），得：50。

(7)>>> 10**3（打入次方，，按Shift*, Enter），得：1000。

(8)>>> import math（打入import math，平方根及對數計算，Enter）。

(9)>>> math.sqrt(100)（打入sqrt(100)平方根，Enter）得：10。

(10) >>> math.log(1000)（打入log(1000)自然對數，Enter）得：6.9077。

(11) >>> exit()（打入退出計算系統符號exit()，回到pi@raspberrypi-$系統）。

(12) pi@raspberrypi-$。

(13) pi@raspberrypi-$ sudo shutdown-h now（關閉Raspberry Pi微電腦）。

12.2 Raspberry Pi微電腦GPIO輸出輸入系統[232,234-235]

本節將介紹Raspberry Pi微電腦通用GPIO（General Purpose Input and Output）輸出輸入系統（Raspberry Pi Microcomputer GPIO Input/Output System）之(1) Raspberry Pi-微電腦GPIO數位訊號輸出輸入系統（Raspberry Pi Microcomputer GPIO Digital Signal Input/Output System）及(2)Raspberry Pi-微電腦GPIO繼電器多頻道控制系統（Raspberry Pi Microcomputer-GPIO Multichannel Relay System）。

12.2.1 Raspberry Pi微電腦GPIO數位訊號輸出輸入系統

圖12-5及圖12-6分別爲B型及B+型Raspberry Pi微電腦之GPIO輸入輸出（I/O）埠接腳圖。如圖所示，B型及B+型Raspberry Pi微電腦分別有25個GPIO及27個GPIO輸入輸出（I/O）接腳（每個接腳皆可做輸入或輸出之用）。

如圖12-7所示，利用GPIO輸入輸出（I/O）埠之GPIO18及GPIO23設定當輸入口以輸入數位訊號（1=5V, 0=0V），而GPIO24及GPIO25當輸出口以輸出數位訊號（1=5V, 0=0V）以點亮（訊號1）或關閉（訊號0）LED燈。

3.3V	1	2	5.0V
GPIO 0 (SDA)	3	4	5.0V
GPIO 1 (SCL)	5	6	GROUND
GPIO 4	7	8	UARTO TX
GROUND	9	10	UARTO RX
GPIO 17	11	12	GPIO 18
GPIO 21	13	14	GROUND
GPIO 22	15	16	GPIO 23
3.3V	17	18	GPIO 24
GPIO 10	19	20	GROUND
GPIO 9	21	22	GPIO 25
GPIO 11	23	24	GPIO 8
GROUND	25	26	GPIO 7

圖12-5　B型[234]Raspberry Pi微電腦之GPIO輸入輸出（I/O）埠接腳圖（原圖來源：http://www.themagpi.com/issue/issue-9/article/webiopi-raspberry-pi-rest-framework/）

3.3V	1	2	5V
GPIO 2(12C1_SDA)	3	4	5V
GPIO 3(12C1_SCL)	5	6	GND
GPIO 4(GPCLKO)	7	8	GPIO 14(UART_TXD)
GND	9	10	GPIO 15(UART_RXD)
GPIO 17	11	12	GPIO 18
GPIO 27	13	14	GND
GPIO 22	15	16	GPIO 23
3.3V	17	18	GPIO 24
GPIO 10(SPI_MOSI)	19	20	GND
GPIO 9(SPI_MISO)	21	22	GPIO 25
GPIO 11(SPI_SCLK)	23	24	GPIO 8(SPI_CE0)
GND	25	26	GPIO 7(SPI_CE1)
ID_SD	27	28	ID_SC
GPIO 5	29	30	GND
GPIO 6	31	32	GPIO 12
GPIO 13	33	34	GND
GPIO 19	35	36	GPIO 16
GPIO 26	37	37	GPIO 20
GND	39	40	GPIO 21

圖12-6　B+型[235]Raspberry Pi微電腦之GPIO輸入輸出（I/O）埠接腳圖（原圖來源：http://www.rs-online.com/designspark/electronics/eng/blog/introducing-the-raspberry-pi-b-plus）

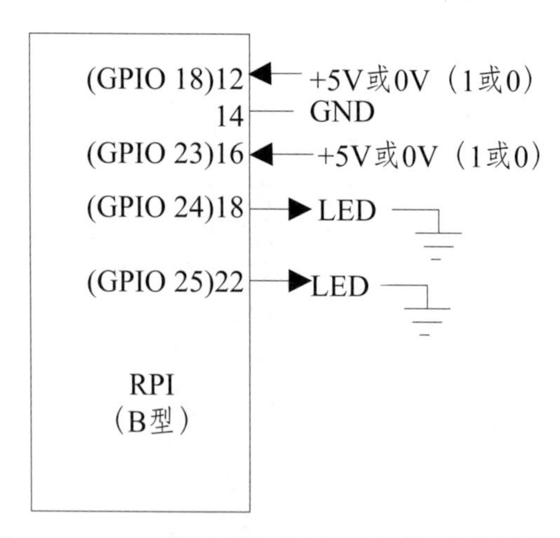

圖12-7 GPIO輸入輸出（I/O）埠接線圖

執行Raspberry Pi微電腦之GPIO輸入輸出指令如下：

1.開機指令：

(1)開電源：出現pi@raspberrypi-$。

(2)pi@raspberrypi-$ sudo su（打入sudo su, Enter）。

(3)出現root@ raspberrypi：

2.由GPIO25口輸出指令：

(4)root@ raspberrypi：/home/pin# cd/sys/class/gpio/gpio25#（打入，Enter）。

(5)出現root@ raspberrypi：/sys/class/gpio/gpio25#。

(6)root@ raspberrypi：/sys/class/gpio/gpio25# echo out > direction（打入，Enter）。

(7)root@ raspberrypi：打入/sys/class/gpio/gpio25# echo 1 > value（由gpio25輸出1，點亮LED）。

(8)root@ raspberrypi：打入/sys/class/gpio/gpio25# echo 0 > value（由gpio25輸出0，關閉LED）。

3.更換I/O口（GPIO25改為Gpio24）指令：

(9) root@ raspberrypi：/sys/class/gpio/gpio25# echo 24 > /sys/class/gpio/ export（打入，Enter）。

(10) root@ raspberrypi：/sys/class/gpio/gpio25# cd /sys/class/gpio/gpio24#（打入，Enter）。

(11) 可得：root@ raspberrypi : /sys/class/gpio/gpio24#。

4.由GPIO24口輸入指令：

(12) root@ raspberrypi：/sys/class/gpio/gpio24# echo in > direction（打入，Enter）。

(13) root@ raspberrypi：打入/sys/class/gpio/gpio24# cat value（cat輸入）。

(14) 可得：0（gpio24接地）或1（gpio24接+5V）。

5.更換I/O口（GPIO24改為GPIO18）指令：

(15) root@ raspberrypi：/sys/class/gpio/gpio24# echo 18 > /sys/class/gpio/ export（打入，Enter）。

(16) root@ raspberrypi：/sys/class/gpio/gpio24# cd /sys/class/gpio/gpio18#（打入，Enter）。

(17) 可得：root@ raspberrypi : /sys/class/gpio/gpio18#。

6.由GPIO18口輸入指令：

(18) root@ raspberrypi：/sys/class/gpio/gpio18# echo in > direction（打入，Enter）。

(19) root@ raspberrypi：打入/sys/class/gpio/gpio18# cat value（cat輸入）。

(20) 可得：0（gpio18接地）或1（gpio18接+5V）。

7.轉換成pi@raspberrypi-$指令：

(21) root@ raspberrypi：/sys/class/gpio/gpio18# exit（打入exit, En-

ter）。

(22) 可得：pi@raspberrypi-$。

8.關機指令：

(23) pi@raspberrypi-$ sudo shutdown -h now（關機）。

12.2.2 Raspberry Pi微電腦-繼電器多頻道控制系統

Raspberry Pi微電腦之GPIO輸入輸出埠接上繼電器（Relay）可組裝成圖12-8線路圖，如圖所示，利用Raspberry Pi微電腦之GPIO17及GPIO18透過IC2003反相增益器晶片分別接上繼電器A及繼電器B以建立一繼電器多頻道控制系統以起動或關閉各頻道之電子線路及所接之LED燈D0~D3。以GPIO17接口-IC2003接腳1-IC2003接腳16-繼電器A控制系統為例，其步驟如下：

(1) root@ raspberrypi：/home/pin# cd/sys/class/gpio/gpio17#（打入，Enter）。

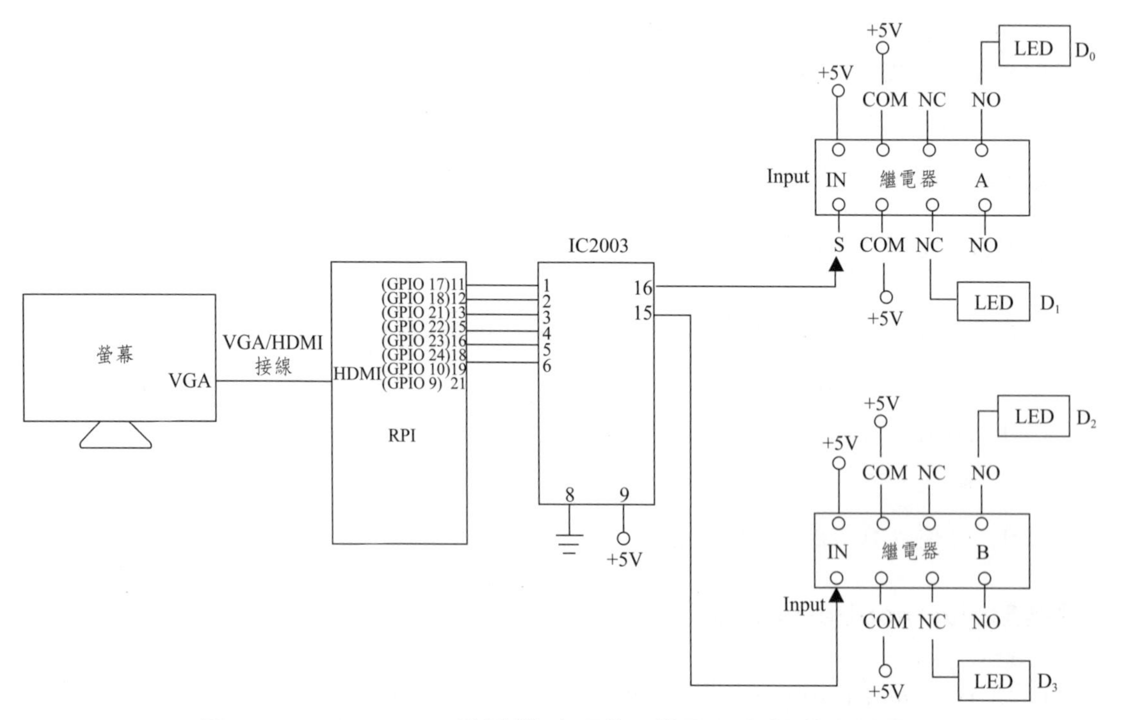

圖12-8 Raspberry Pi微電腦（B型）-繼電器多頻道控制系統

(2) 出現root@ raspberrypi：/sys/class/gpio/gpio17#。

(3) root@ raspberrypi：/sys/class/gpio/gpio17# echo out > direction（打入，Enter）。

(4) root@ raspberrypi：打入/sys/class/gpio/gpio17# echo 1 > value（由gpio17輸出1，IC2003接腳1接收1信號，IC2003接腳16輸出0信號（IC2003為反相增益器晶片），繼電器A之S端接收0信號，繼電器A的IN通道就有+5V到S端電流因而起動繼電器A）。

(5) root@ raspberrypi：打入/sys/class/gpio/gpio17# echo 0 > value（由gpio17輸出0，IC2003接腳1信號0，IC2003接腳16輸出1信號，IN通道不會有電流，即關閉繼電器A）。

起動繼電器A會使繼電器A之COM及NO接通而使接在NO之LED D_0點亮，而使接在NC之LED D1熄滅。反之，關閉繼電器A會使COM及NC接通而COM及NO不通，故會使接在NC之LED D1點亮，而使接在NO之LED D0熄滅。

12.3　Raspberry Pi微電腦-ADC類比／數位轉換器系統

Raspberry Pi微電腦ADC類比／數位轉換器系統（Raspberry Pi Microcomputer-Analog/Digital Converter System）依類比／數位轉換器（ADC）所接Raspberry Pi微電腦位置可概分為(1)ADC接在GPIO的Raspberry Pi-GPIO-串列ADC類比／數位轉換器系統及(2)ADC接在USB接口的Raspberry Pi-USB-ADC類比／數位轉換器系統（Raspberry Pi Microcomputer-USB-ADC System）兩類，本節將分別介紹此兩系統結構及應用。

12.3.1　Raspberry Pi-GPIO-串列ADC類比／數位轉換器系統

因為Raspberry Pi之GPIO輸出輸入接腳（Pins）不多，所以接在GPIO的ADC都採用串列ADC，本節將介紹常見接在Raspberry Pi微電腦之GPIO介面之Raspberry Pi微電腦-GPIO-串列ADC類比／數位轉換器系統（Raspberry

Pi Microcomputer- GPIO-Serial ADC System），常見的有(1)Raspberry Pi微電腦-GPIO-串列ADS1015（Raspberry Pi Microcomputer-GPIO-Serial ADS1015 System）系統及(2)Raspberry Pi微電腦-GPIO-串列ADC0832（Raspberry Pi Microcomputer-GPIO-Serial ADC0832 System）系統於後：

12.3.1.1 Raspberry Pi微電腦-GPIO-串列ADS1015系統

本小節將介紹Raspberry Pi-GPIO-串列ADS1015系統，圖12-9為Raspberry Pi微電腦（B型）GPIO-串列ADS1015電壓輸入轉換系統圖。如圖所示，一化學儀器所輸出的電壓類比訊號V1進入含I²C介面之類比／數位轉換器（I²C-ADC）串列晶片ADS1015之A0接腳並經ADS1015轉換成數位訊號，再由ADS1015之SDA接腳以串列式（先D0，再D1，D2，……D7）進入Raspberry Pi微電腦之GPIO0（SDA）接腳輸入Raspberry Pi微電腦中做數據處理

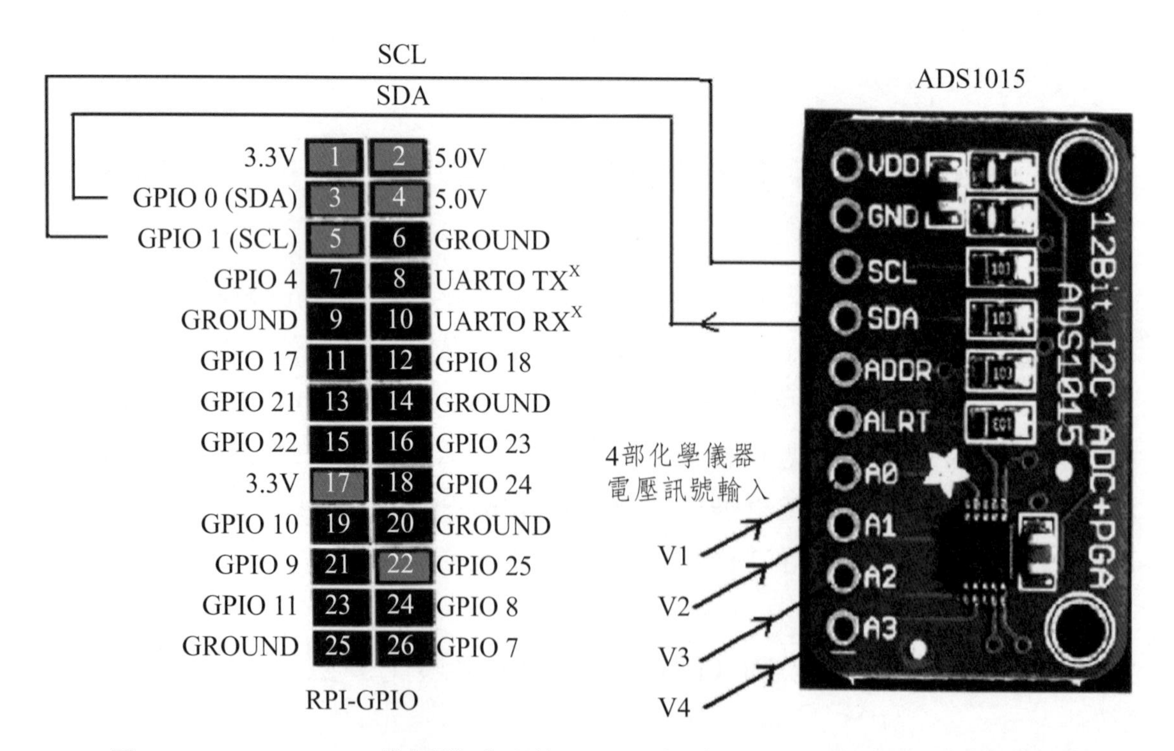

圖12-9 Raspberry Pi微電腦（B型）GPIO-串列ADS1015電壓輸入轉換系統[236-237]

（參考資料：RPI: http://www.briandorey.com/docs/adcpi-launch/adcpi.jpg; ADS1015:http://www.adafruit.com/images/970x728/1083-00.jpg）

及顯示。爲使時序一致，ADS1015之SCL接腳和Raspberry Pi微電腦之GPIO1（SCL）接腳相接。此ADS1015串列晶片有4個輸入電壓頻道A0，A1，A2，A3可輸入4部化學儀器所產生的電壓訊號V1，V2，V3，V4，並轉換成數位訊號，再分別由其SDA接腳輸出。

圖12-10及圖12-11分別爲將ADS1015輸入Raspberry Pi微電腦之數位訊號顯示在LED排（圖12-10）及螢幕上（圖12-11）之接線圖。

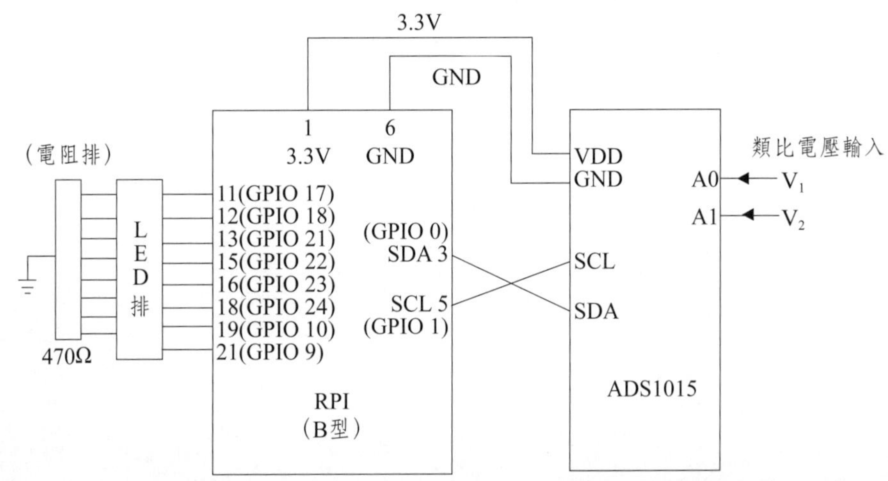

圖12-10　Raspberry Pi微電腦（B型）GPIO-串列ADS1015電壓輸入及轉換所得數位訊號顯示系統

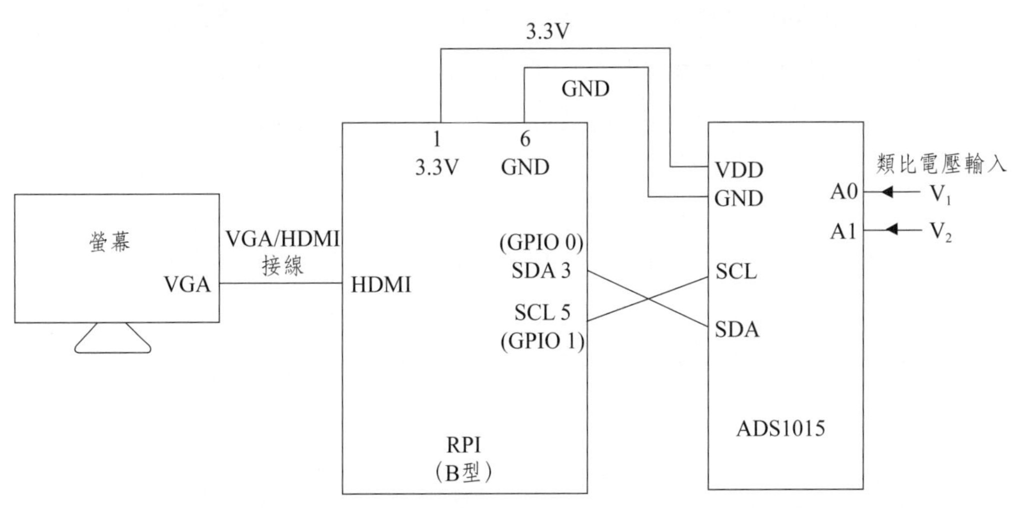

圖12-11　Raspberry Pi微電腦（B型）GPIO-串列ADS1015系統接線圖[231-232]（參考資料：(1)M. Richardson and S. Wallace, Getting Started with Raspberry Pi, O'Reilly (2012)，(2)李凡希（譯），愛上Raspberry Pi）

12.3.1.2 Raspberry Pi微電腦GPIO-串列ADC0832系統[238]

圖12-12爲Raspberry Pi微電腦（B型）GPIO-串列ADC0832系統及接線圖。串列ADC0832具有兩個輸入頻道（CH0及CH1）可分別輸入由兩部化學儀器所輸出的兩電壓訊號。如圖12-12所示，由ADC0832之CH0或CH1所輸入之電壓訊號（$V_{in(1)}$或$V_{in(2)}$）經ADC0832轉換成數位訊號經ADC0832之D0及D1進入Raspberry Pi微電腦之GPIO0（SDA）接腳進入Raspberry Pi微電腦中做數據處理。爲使時序一致，ADC0832之CLK接腳和Raspberry Pi微電腦之GPIO1（SCL）接腳需相接。

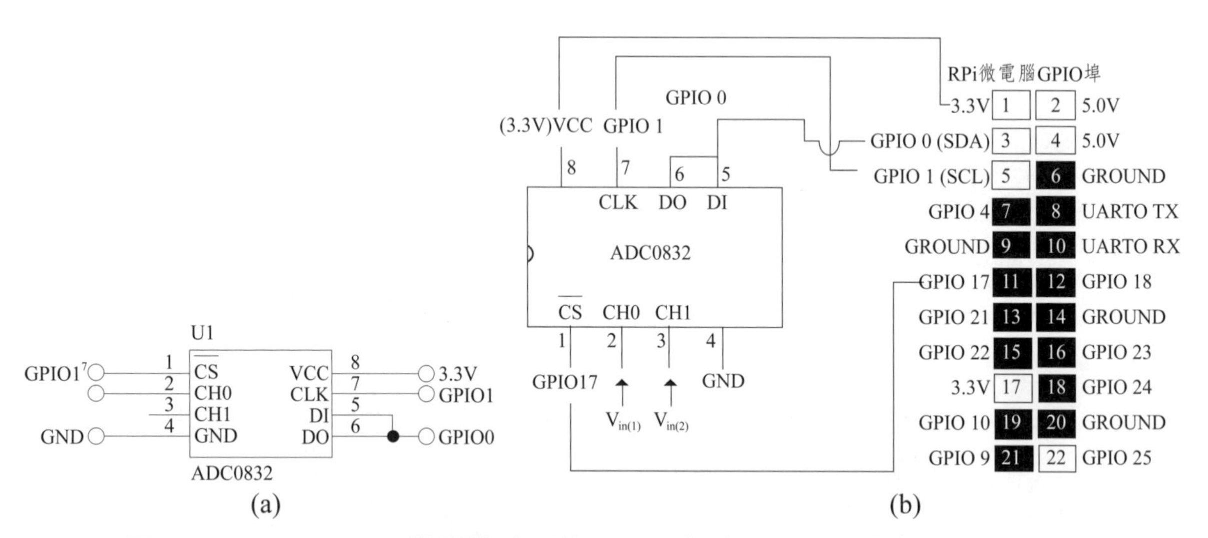

圖12-12 Raspberry Pi微電腦（B型）GPIO-串列ADC0832系統之(a)ADC0832的接腳圖及(b)系統接線圖[238]（參考資料：http://www.sunfounder.com/index.php?c=case_in&a=detail_&id=94&name=Raspberry%20Pi）

12.3.2 Raspberry Pi-USB-ADC類比／數位轉換器系統

具有USB接口之USB ADC晶片或組件可透過USB接頭連接Raspberry Pi微電腦組成Raspberry Pi微電腦-USB-ADC類比／數位轉換器系統（Raspberry Pi Microcomputer-USB-ADC System）。常見的Raspberry Pi微電腦-USB-ADC系統爲如圖12-13所示的Raspberry Pi微電腦USB-Arduino ADC系統，而圖12-14爲整個Raspberry Pi微電腦USB-Arduino ADC系統接線圖。

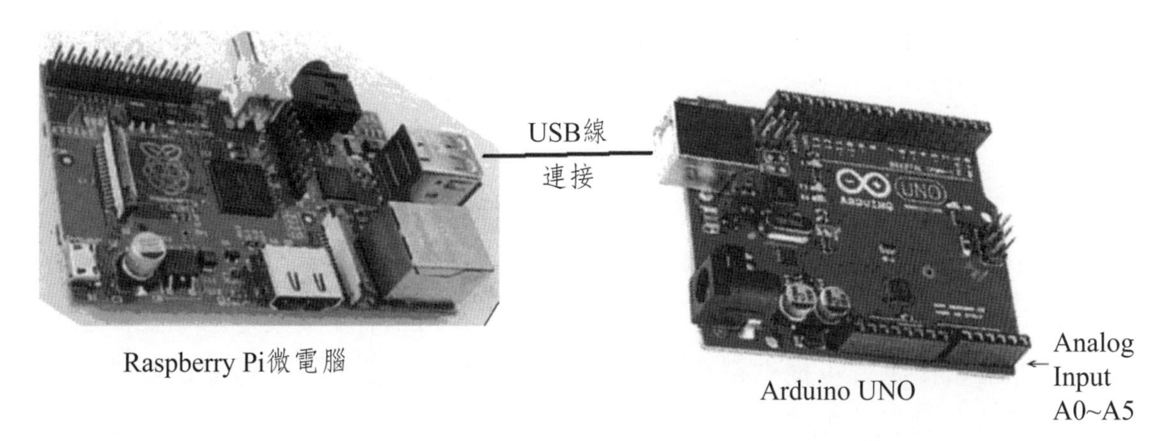

圖12-13 Raspberry Pi微電腦USB[230]-Arduino ADC[239]系統（參考資料：RPI: http://en.wikipedia.org/wiki/Raspberry_Pi; Arduino UNO (b) http://en. wikipedia.org/wiki/Arduino）

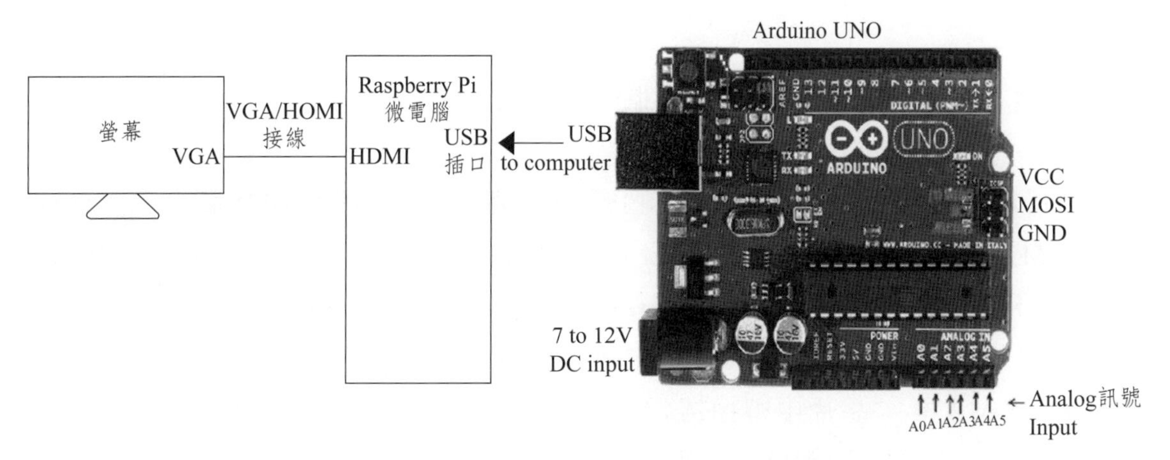

圖12-14 Raspberry Pi微電腦USB-Arduino ADC系統接線圖[240]（Arduino UNO參考資料：http://arduino-info.wikispaces.com/QuickRef）

如圖12-13所示，Arduino ADC組件有A0～A5六個類比輸入（Analog Input）接口可接受六部化學儀器所輸出的電壓類比訊號，Arduino ADC接收此電壓類比訊號後將其轉換成數位並利用USB連線傳入Raspberry Pi微電腦做數據處理並顯示在其所接的螢幕上。

12.4 Raspberry Pi微電腦-DAC數位／類比轉換器系統[241]

Raspberry Pi微電腦可連接數位／類比轉換器（DAC）組成Raspberry Pi微電腦-DAC系統（Raspberry Pi Microcomputer-DAC System）。在此系統中Raspberry Pi微電腦輸出數位訊號（D）到DAC晶片轉換成電壓類比訊號輸出，此電壓類比訊號可提供電化學儀器工作電極電位產生氧化還原反應或使化學儀器運轉。為減少輸出輸入接腳，在此系統中常用串列DAC，而DAC晶片或組件可接在Raspberry Pi微電腦之USB接口或GPIO輸出輸入埠。但若要接在USB接口必須用具有USB接腳之USB DAC晶片（如PCM2706C）或USB-DAC組件。以下就Raspberry Pi微電腦-USB DAC晶片系統及Raspberry Pi微電腦GPIO接口-串列DAC系統介紹如下：

12.4.1 Raspberry Pi微電腦-USB DAC晶片系統

圖12-15為Raspberry Pi微電腦經USB接口連接具有USB接腳之串列DAC（PCM2706C）所組成的Raspberry Pi微電腦-USB-串列DAC（PCM2706C）系統（Raspberry Pi Microcomputer-USB-Serial DAC PCM2706C System）接線圖。如圖所示，Raspberry Pi微電腦輸出數位訊號經USB介面傳入串列DAC PCM2706C晶片中轉換成電壓類比訊號$V_{out}(1)$及$V_{out}(2)$兩頻道輸出，可分別供應兩部電化學儀器（儀器A及儀器B）之工作電極之電壓。

12.4.2 Raspberry Pi微電腦GPIO接口-串列DAC系統

圖12-16則為利用B+型Raspberry Pi微電腦之GPIO輸出輸入埠接串列DAC PCM5102之Raspberry Pi微電腦-GPIO-串列DAC PCM5102系統（Raspberry Pi Microcomputer-GPIO-Serial DAC PCM5102 System）接線圖及實物圖。如圖所示，由B+型Raspberry Pi微電腦之GPIO輸出輸入埠第40支腳（GPIO 21）輸出數位訊號給串列DAC PCM5102並轉換成類比電壓訊

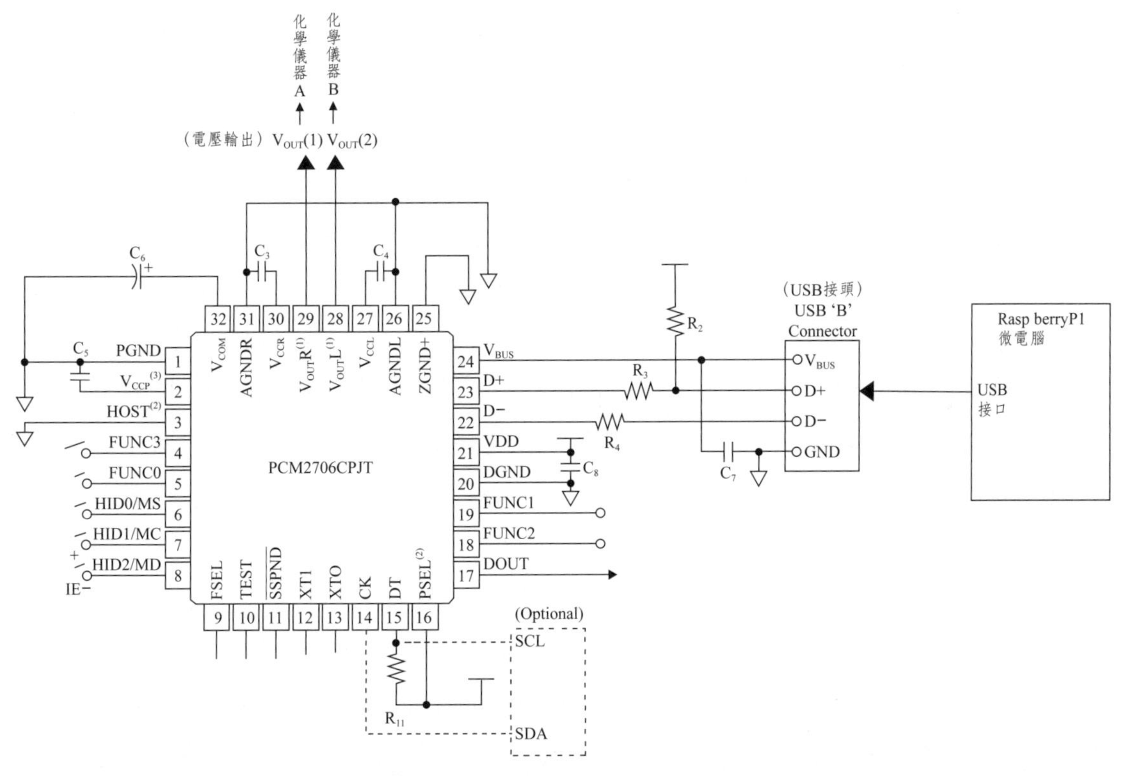

圖12-15 Raspberry Pi微電腦--USB-串列DAC PCM2706C系統接線圖[241]（參考資料：http://www.ti.com/product/pcm2704c）

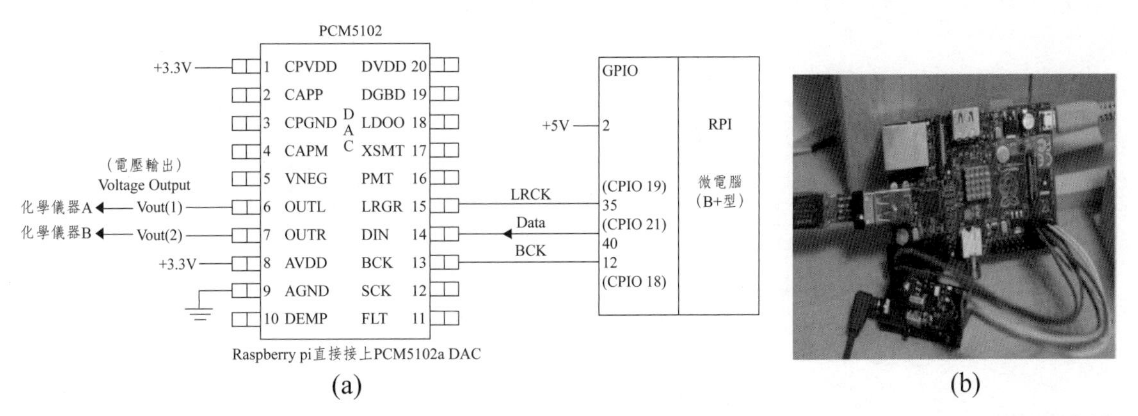

圖12-16 B+型Raspberry Pi微電腦-GPIO-串列DAC PCM5102(a)系統接線圖[242]及實物圖[243]（參考資料：(a)http://www.tjaekel.com/T-DAC/raspi_rca_plus.html; (b)http://www.andaudio. com/phpbb3/ viewtopic.php?f=18&t=119340&start=25）

號（$V_{out(1)}$及$V_{out(2)}$）兩頻道輸出，並將此兩頻道類比電壓訊號輸入兩化學儀器（儀器A及儀器B）中以供應化學儀器工作電極之電壓或起動化學儀器。

另一個常用的例子爲串列DAC晶片PCM1794A和Raspberry Pi微電腦所組成的Raspberry Pi微電腦-串列DAC PCM1794A系統（Raspberry Pi Microcomputer-GPIO-Serial DAC PCM1794A System）。圖12-17爲Raspberry Pi微電腦-GPIO-串列DAC PCM1794系統接線圖。如圖12-17所示，Raspberry Pi微電腦之GPIO的BCK，LRCK，DATA及SCK四接腳分別接到串列DAC PCM1794A晶片相對接腳上，Raspberry Pi微電腦之數位訊號是經由其中DATA接腳以串列輸送方式（輸送速率則由Raspberry Pi微電腦經BCK,LRCK及SCK接腳控制）傳入DAC PCM1794A晶片晶片中並轉換成兩組類比電流訊號（I_{outL}及I_{outR}），然後再經兩I/V轉換器（I/V Converter，如Operational Amplifier（OPA））轉成兩組類比電壓訊號（V1及V2）並輸入兩電化學儀器（電化學儀器A及電化學儀器B）之電極，可進行氧化還原反應。

現市面上有由B+型Raspberry Pi微電腦面板和串列DAC PCM1794面板兩電路板所連接形成的Raspberry Pi微電腦GPIO-串列DAC系統，應用相當廣。圖12-18爲Raspberry Pi微電腦面板和串列DAC面板兩電路板接連成的Raspberry Pi微電腦-串列DAC PCM1794A系統（Raspberry Pi Microcomputer-GPIO-Serial DAC PCM1794A System）RPi-DAC系統圖及實物圖。

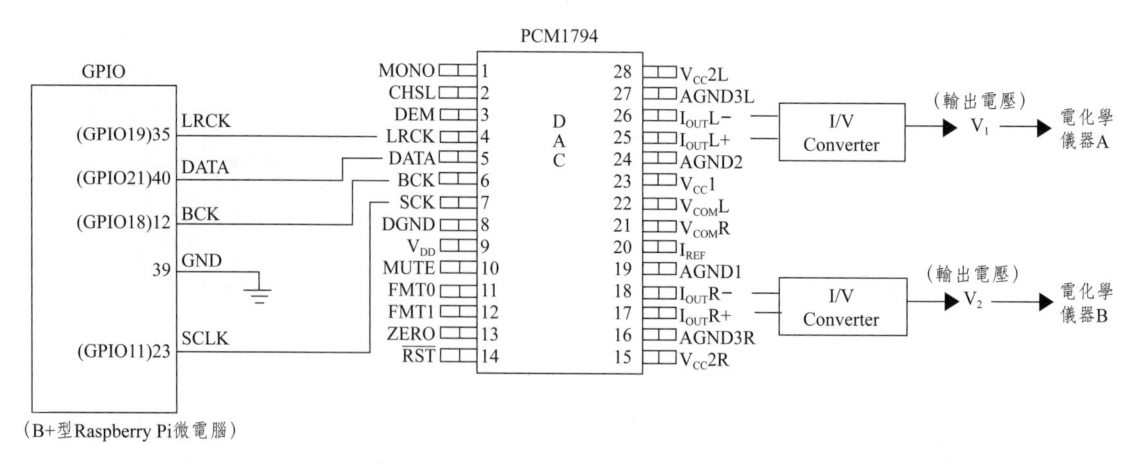

圖12-17 Raspberry Pi微電腦-GPIO-串列DAC PCM1794系統接線圖[245]（參考資料：http://www.tjaekel.com/T-DAC/raspi_dual.html）

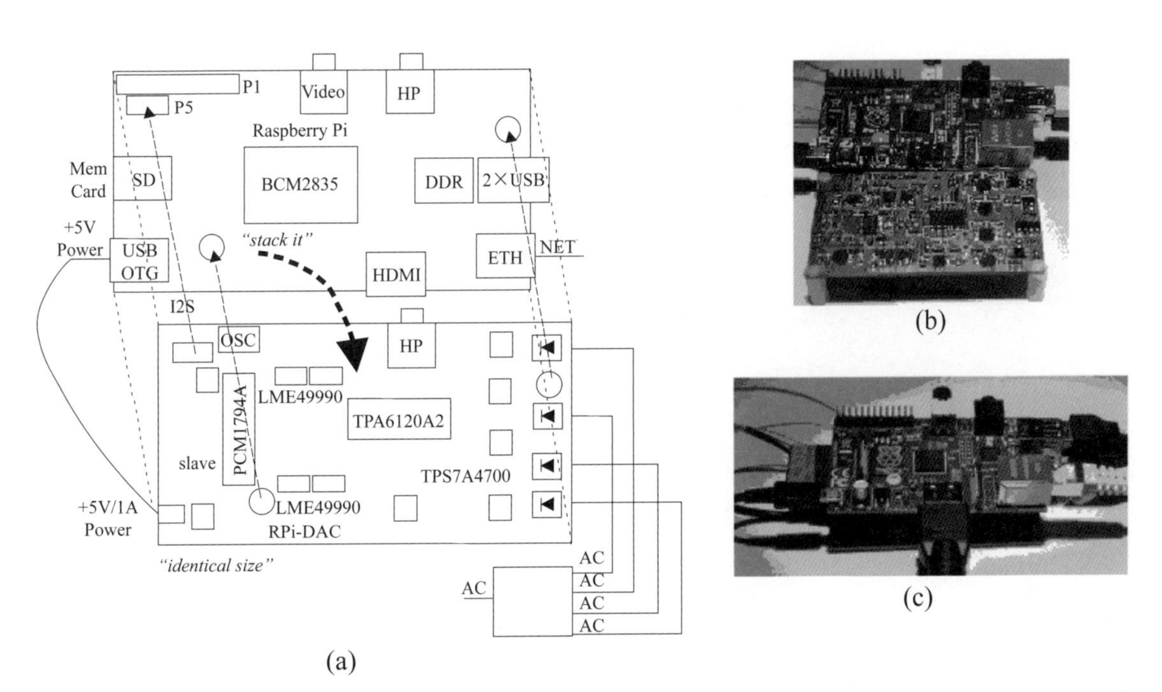

圖12-18　Raspberry Pi微電腦面板-串列DAC PCM1794A面板(a)RPi-DAC系統圖，(b) Raspberry Pi微電腦板和串列DAC PCM1794A板實物圖及(c)雙板結合實物圖[244]（原圖來源：http://www. tjaekel.com/ T-DAC/raspi. html）PCM1794A-24bit DAC; LME49990-low noise opamp: TPA6120A - headphone amp; TPS7A4700 - low noise LDOs）

參考文獻

第一章

1. R. T. Grauer and P. K. Suqure “Microcomputer Applications” McGraw-Hill (1987)
2. A. P. Malvino, “Digital Computer Electronics: An Introduction to Microcomputers” Tata McGraw-Hill,. http://www.coinjoos.com/books/Digital-Computer-Electronics-An-Introduction-To-Microcomputers-b y-Jerald-A-Brown-Albert-Paul-Malvino-book-0074622358
3. M. Rafiquzzaman, Fundamentals of Digital Logic and Microcomputer Design, 5th. Ed.,Wiley-Interscince,http://www.amazon.com/gp/product/0471727849/ref=pd_lpo_k2_dp_sr_1?pf_rd_p=1278548962&pf_rd_s=lpo-top
4. William T. Barden “The Z-80 Microcomputer Handbook, http://www.amazon.com/Z-80-Microcomputer-Handbook-William-Barden/dp/0672215004
5. 施正雄，第一章分析儀器導論，儀器分析原理與應用，國家教育研究院主編，五南出版社（2012）。
6. 陳瑞龍，8051單晶片微電腦，全華科技圖書公司（1989）。
7. 蔡樸生，謝金木，陳珍源，MCS-51原理設計與產品應用，文京圖書公司（1997）。
8. 吳金戌，沈慶陽，郭庭吉，8051單晶片微電腦實習與應用，松崗電腦圖書公司（1999）。
9. 鍾富昭，PIC16C71單晶片微電腦，聯和電子公司（1991）。
10. 吳一農，PIC16F84單晶片微電腦入門實務，全華科技圖書公司（2000）。
11. 何信龍，李雪銀，PIC16F87X快速上手，全華科技圖書公司（2000）。
12. 周錫民，何明德，葉仲紘，單晶片6805應用實務，松崗電腦圖書公司（1991）。
13. 施正雄，單晶微電腦在化學實驗控制上之應用，Chemistry（Chin.Chem. Soc.）, 47, 320（1989）。
14. 施正雄，第十六章、微電腦界面（二）-輸出輸入元件、計數器及單晶微電腦，儀器分析原理與應用，國立教育研究院主編，五南出版社（2012）。
15. Wikipedia, the free encyclopedia,http://en.wikipedia.org/wiki/Relay
16. Wikipedia, the free encyclopedia,http://en.wikipedia.org/wiki/Decoder
17. Wikipedia, the free encyclopedia,http://en.wikipedia.org/wiki/Logic_gate

18. Wikipedia, the free encyclopedia, http://en.wikipedia.org/wiki/Operational_amplifier
19. 施正雄，第十五章微電腦界面（一）—邏輯閘、運用放大器及類比／數位轉換器，儀器分析原理與應用，國家教育研究院主編，五南出版社（2012）。
20. http://en.wikipedia.org/wiki/Operational_amplifier_applications.
21. 蔡錦福，運算放大器，全華科技圖書公司。
22. Wikipedia, the free encyclopedia,http://en.wikipedia.org/wiki/Digital-to-analog_ converter
23. Wikipedia, the free encyclopedia, http://upload. wikimedia.org/wikipedia/ commons/ thumb/3/32/8_bit_DAC.jpg/220px-8_bit_DAC.jpg
24. Wikipedia, the free encyclopedia, http://en.wikipedia.org/wiki/Analog-to- digital_Converter
25. http://uk.farnell.com/telcom-semiconductor/tc9400cpd/ic-f-v-v-f-converter-9400-dip14/ dp/9762736.
26. Wikipedia, the free encyclopedia, http://en.wikipedia.org/wiki/Intel_8255
27. Wikipedia, the free encyclopedia, http://en.wikipedia.org/wiki/Peripheral_Interface_Adapter
28. Wikipedia, the free encyclopedia, http://upload.wikimedia.org/wikipedia/ commons/ thumb/3/33/ Motorola_MC6820L_MC6821L.jpg/220px-Motorola _MC6820L_MC6821L.jpg
29. Wikipedia, the free encyclopedia, http://en.wikipedia.org/wiki/Electronic_oscillator
30. Wikipedia, the free encyclopedia, http://en.wikipedia.org/wiki/555_timer_IC
31. Wikipedia, the free encyclopedia, http://en.wikipedia.org/wiki/Counter;
32. (a)Wikipedia, the free encyclopedia, http://en.wikipedia.org/wiki/ Semiconductor; (b)zh.wikipedia.org/zh-tw/半導體
33. P. Malvino, Electronic Principles, 3rd., McGraw-Hill, New York. USA,
34. 莊謙本，電子學（上），CH2-5，全華科技圖書公司（1985）。
35. 施正雄，第十七章、微電腦界面（三）—半導體、二極体／電晶體及濾波器，儀器分析原理與應用，國家教育研究院主編，五南出版社（2012）。
36. Wikipedia, the free encyclopedia, http://en.wikipedia.org/wiki/Intrinsic_semiconductor
37. Wikipedia, the free encyclopedia, http://en.wikipedia.org/wiki/Extrinsic_semiconductor
38. (a)Wikipedia, the free encyclopedia, http://en.wikipedia.org/wiki/Diode; (b)zh.wikipedia.org/zh-tw/二極管
39. Wikipedia, the free encyclopedia,http://en.wikipedia.org/wiki/Photodiode
40. Wikipedia, the free encyclopedia,http://en.wikipedia.org/wiki/Light-emitting_diode

41. Wikipedia, the free encyclopedia,http://en.wikipedia.org/wiki/Organic_light- emitting_diode

42. Wikipedia, the free encyclopedia,http://en.wikipedia.org/wiki/Transistor,

43. http://en.wikipedia.org/wiki/Field-effect_transistor.

44. http://en.wikipedia. org/wiki/Bipolar_junction_transistor.

45. zh.wikipedia.org/zh-tw/雙極性電晶體

46. (a)http://encyclobeamia.solarbotics.net/articles/phototransistor.html;
(b)https://solarbotics.com/product/17700/

47. (a)Wikipedia, the free encyclopedia,http://en.wikipedia.org/wiki/Fermi_level:
(b) http://www.jin-hua.com.tw/webc/html/products/03.aspx?kind=241)

第二章

48. Wikipedia, the free encyclopedia,http://en.wikipedia.org/wiki/Logic_gate

49. http://misterlandonsclassroom.savannah-haven.com/Unit_3_Boolean_Theorems.ppt+Boolean+Theorem&ct=clnk

50. 施正雄，第十五章、微電腦界面（一）—邏輯閘、運用放大器及類比／數位轉換器，儀器分析原理與應用，國家教育研究院主編，五南出版社（2012）。

51. 施正雄，第一章、化學感測器導論，化學感測器，五南出版社（2015）。

52. http://www.tpub.com/neets/book13/34NVJ003.GIF

53. http://www.technologystudent.com/images2/dig5a.gif

54. http://en.wikipedia. org/wiki/Logic_gate

55. zh.wikipedia.org/zh-tw/電晶體

56. http://www.tpub.com/neets/book13/34NVJ008.GIF

57. http://hyperphysics.phy-astr.gsu. edu/hbase/electronic/ietron/or2.gif

58. http://1.bp.blogspot.com/-DjF1pK3BQAI/Tqzvaq5xH9I/AAAAAAAAATQ/ jQUk YdE-aTw/s320/CKT-NOR-Gate-WikiForU.jpg

59. http://www.cise.ufl.edu/ ~mssz/ CompOrg/Figure1.17-NORcircuit.gif

60. http://www.electronics-tutorials. ws/logic/log47.gif

61. http://en.wikipedia.org/wiki/XNOR_gate

第三章

62. Wikipedia, the free encyclopedia,http://en.wikipedia.org/wiki/Relay

63. 施正雄，第十六章、微電腦界面（二）—計數器、輸出輸入元件及單晶微電腦，儀器分析原理與應用，國家教育研究院主編，五南出版社（2012）。

64. (a)zh.wikipedia.org/ zh-tw/繼電器；(b)https://zh.wikipedia.org/wiki/繼電器；(c) http://www.mouser.com/ds/2/307/omron_mk_0607-327011.pdf；(d)http://www.crydom.com/en/products/catalog/d06d-series-dc-panel-mount.pdf；(e)http://www.kyotto.com/KN.htm

65. http://circuits.datasheetdir.com/142/FODM121-pinout.jpg

66. http://circuits. datasheetdir.com/142/TLP202A-pinout.jpg

67. http://i01.c.aliimg.com/ img/ibank/2012/222/454/584454222_407588711.310x310.jpg

68. http://www.labtoday.net/uploads/ allimg/121109/09435LY4-1.jpg

69. http://www.dzsc.com/dzbbs/uploadfile/ 2013102811503991.jpg

70. http://www. 360doc.com/content/14/0707/18/1437142_392679841.shtml

71. http://www.dzsc.com/dzbbs/ic-circuit/200962521181403.gif

71. http://g.search2.alicdn.com/img/bao/uploaded/i4/i3/13803030428478903/T1Jja0Fa4fXXXXXXXX_!!0-item_pic.jpg_210x210.jpg

72. http://img2.cn.china.cn/2/3_54_31235_312_318.jpg

73. http://g.search3.alicdn.com/img/bao/uploaded/i4/i3/T1vvmiXcpgXXblou31_040754.jpg_210x210.jpg

74. (a)http://www.sentex.ca/~mec1995/gadgets/lm334.htm；(b)baike.baidu.com/item/溫度繼電器；(c)www.baike.com/wiki/KSD301溫度繼電器

75. (a)http://gc.digitw.com/Circuit/0~150TEMP-RELAY/0~150oC-tmp-ctrl-relay_html_m577d5d59.jpg；(b)http://gc.digitw.com/Circuit/0~150TEMP-RELAY/0~150oC-tmp-ctrl-relay_html_28bc48c2.jpg)；(c)http://www.tonyvanroon.com/oldwebsite/circ/actrelay.htm；(d)https://tw.bid.yahoo.com/item/12V-光控-開關-光敏-電阻-繼電器-亮度-控制-開關-5V-6-100066291540；(e) http://www.circuitstoday.com/photo-relay-circuit

76. (a)http://www.21ic.com/dianlu/cs/remote/2014-10-22/604878.htm; (b) http://goods.ruten.com.tw/item/show?21724513904705http://nxtmarket.info/item/527890786299; (c) https://read01.com/oOz63Q.html; (d)http://www.21ic.com/dianlu/cs/remote/2014-10-22/604878.htm; (e) https://gd1.alicdn.com/bao/uploaded/i1/59620430/TB2EXeNXk7myKJjSZFgXXcT9XXa_!!59620430.jpg_600x600.jpg; (f) https://i.ebayimg.com/images/g/tF0AAOSwiBpZdzt7/s-l500.jpg; (g) https://gd4.alicdn.com/bao/uploaded/i4/876185828/TB2K_RIwHlmpuFjSZ-

FlXX bd QXXa_!!876185828.jpg_600x600.jpg; (h) http://g-search2.alicdn.com/bao/ uploaded/ i4/2646727374/TB263VNhFX XXXcg XXXXX XXX XXXX_!!2646727374.jpg_240x240q50; (i)http://designer.mech.yzu.edu. tw/conten tCounter.aspx? SpeechID=322; (j)蔡宗成、黃凱、鄧嘉峰、胡正鈺、陳明周，元智大學無線電收發模組電路製作介紹（2002）

第四章

77. http://en.wikipedia.org/wiki/Operational_amplifier

78. http://en.wikipedia.org/wiki/Operational_amplifier_applications.

79. D. A. Skoog, F. J. Holler and T. A. Nieman, Principles of Instrumental Analysis, 5th Ed.,Saunders College Publishing , Chicago, U.S.A. Ch.3(1998).

80. 蔡錦福，運算放大器，全華科技圖書公司。

81. 施正雄，第十五章、微電腦界面（一）—邏輯閘、運用放大器及類比／數位轉換器，儀器分析原理與應用，國家教育研究院主編，五南出版社（2012）。

82. (a) zh.wikipedia.org/zh-tw/運算放大器; (b) http://circuits.datasheetdir.com/37/UPC1458-pin-out.jpg

83. 施正雄，第九章、熱化學感測器，化學感測器，五南出版社（2015）。

第五章

84. Wikipedia, the free encyclopedia,http://en.wikipedia.org/wiki/Electronic_oscillator

85. Wikipedia, the free encyclopedia,http://en.wikipedia.org/wiki/555_timer_IC

86. 施正雄，第十六章、微電腦界面（二）—計數器、輸出輸入元件及單晶微電腦，儀器分析原理與應用，國家教育研究院主編，五南出版社（2012）。

87. 施正雄，第一章分析儀器導論，儀器分析原理與應用，國家教育研究院主編，五南出版社（2012）。

88. Wikipedia, the free encyclopedia,http://en.wikipedia.org/wiki/Quartz_crystal_microbalance.

89. L. L. Levenson and N, Cimento, Suppl. 2.Ser.I.,5, 321 (1967)

90. 施正雄，第二章、壓電晶體化學感測器—質量感測器（I），化學感測器，五南出版社（2015）。

91. Guilbault, G. G. ; Lu , S. S. ; Czanderna, A. W. *Application of piezoelectric quartz crystal microbalances*, Elsevier, New York, 1984.

92. Sauerbrey, G. Z. *Phys*. 1959, 155, 206.

93. http://www1. chem.ndhu.edu.tw/subject/update（石英晶體微天秤（QCM）介紹）。

94. http://www.chem.monash.edu.au/electrochem/th.(Introduction to Electrochemical, Quartz Crystal Microbalanceand Structural Techniquies Used to Charactise Redox Reactions).

95. http://html.alldatasheet.com/html-pdf/26068/TELCOM/TC9400/920/5/TC9400.html

96. http://www.ti.com/lit/ds/symlink/vfc32.pdf

97. Wikipedia, the free encyclopedia,http://en.wikipedia.org/wiki/Counter;

98. http://en.wikipedia.org/wiki/Intel_8253

99. http://www.scs.stanford.edu/10wi-cs140/pintos/specs/8254.pdf

100. http://commons.wikimedia.org/wiki/ File :Intel_8253_block_diagram.svg;

101. http://www. westfloridacomponents.com/mm5/graphics/1/P8253-5.jpg

102. C. J. Lu, M.S. Theses, National Taiwan Normal University(1993)

103. C. J. Lu and J. S. Shih, Anal. Chim. Acta 306, 129 (1995)

104, http://www.bbc.co.uk/schools/gcsebitesize/design/images/el_symbol_pin_out.gif

105. http://sub.allaboutcircuits.com/images/05280.png

106. http://drumcoder.co.uk/blog/2013/aug/12/7-segment-counting/

107. http://paramworld.weebly.com/uploads/8/5/7/7/8577333/154340124.gif

108. http://www.hobbyprojects.com/sequential_logic/images/a7490.gif

109. http:// hyperphysics.phy-astr.gsu.edu/hbase/electronic/counter.html

110. http://www.play-hookey.com/digital_experiments/counter_display/counter_ic_4029.html

111. http://www.dieelektronikerseite.de/Elements/ 4029%20-%20Eierlegende%20Wollmichsau%20der%20Zaehler.htm)

112. http://www. datasheetdir. com/CD4510BMS+Counters

113. http://redy.3x.ro/electronica/ 4510%20BCD%20up- down%20 counter_files/4510_04.gif

114. http://www.talkingelectronics. com/ChipDataEbook- 1d/html/images/4510-Counter.gif

115. (a)http://uk.farnell.com/productimages/farnell/standard/42268264.jpg; (b) https://encrypted-tbn0.gstatic.com/images?q=tbn:ANd9GcSa2WGJ6zLAZTGsdQJCdPkWvz

116. http://circuits.datasheetdir.com/288/LM2907-circuits.jpg

117. http://www.ti.com/graphics/n lders/partimages/LM2907-N.jpg

118. http://static.electro-tech-online.com/imgcache/10585-adcg.jpg

119. http://www.ti.com/ raphics/folders/partimages/LM2917-N.jpg

120. http://www.seekic.com/uploadfile/ic-data/2009327182836908.jpg

121. http://www.ustudy.in/ node/8334

122. http://www.iowa-ndustrial.comCedar-Rapids-/Welding-and-Soldering-/VFC32KP-VFC32-kp-v-f-f-v-converter-1-image-No.jpg

第六章

123. Wikipedia, the free encyclopedia,http://en.wikipedia.org/wiki/Digital-to-analog_converter

124. Wikipedia, the free encyclopedia, http://upload.wikimedia.org/wikipedia/commons/thumb/3/32/8_bit_DAC.jpg/220px-8_bit_DAC.jpg

125. http://www.ebay.com/itm/Analog- AD7228KN-LC-Mos-Octal-8-Bit-DAC-IC-/200750890921

126. http://www.datasheetlib.com/datasheet/231378/dac1408_fairchild-semiconductor.htm

127. http://www.syntax.com.tw/upload/IC-DAC0800_1.jpg

128. http://www.8051projects.net/files/public/1236575439_15707_FT0_dac_0808_ckt_.jpg

129. http://ikalogic.cluster006.ovh.net/wp-content/uploads/8bitdac.jpg

130. www.analog.com/static/imported-files/data.../AD5755.pdf

131. http://www.analog.com/media/en/technical-documentation/data-sheets/AD5755-1.pdf

132. http://www.ti.com/product/pcm1794a

133. http://www.datasheetdir.com/AD7228+8bit-Digital-Analog-Converter

134. http://www.analog.com/en/digital-to-analog-converters/da-converters/ad7228/products/product.html

135. (a)http://en.wikipedia.org/wiki/Parallel_port; (b) https://www.maximintegrated.com/en/images/appnotes/3439/3439Fig01b.gif; (c) http://www.ti.com/lit/ds/symlink/tlc5615.pdf; (d) http://pic-tutorials.blogspot.tw

136. (a) http://www.ti.com/product/pcm2704c; (b) http://www.ti.com/lit/ds/ symlink/pcm2902.pdf

137. 施正雄，第十五章、微電腦界面（一）—邏輯閘、運用放大器及類比／數位轉換器，儀器分析原理與應用，國家教育研究院主編，五南出版社（2012）。

第七章

138. Wikipedia, the free encyclopedia, http://en.wikipedia.org/wiki/Analog-to- digital_Converter

139. http://uk.farnell.com/telcom-semiconductor/tc9400cpd/ic-f-v-v-f-converter-9400-dip14./dp/9762736.

140. 施正雄，第十五章、微電腦界面（一）—邏輯閘、運用放大器及類比／數位轉換器，儀器分析原理與應用，國家教育研究院主編，五南出版社（2012）。

141. 施正雄，第一章、化學感測器導論，化學感測器，五南出版社（2015）。

142. (a) http://www.circuitstoday.com/wp-content/uploads/2012/09/adc0804-pinout.png; (b) https://en.wikipedia.org/wiki/Successive_approximation_ADC; (c) http://www.asdlib.org/onlineArticles/elabware/Scheeline_ADC/ADC_ADC_Dual_Slope.html; (d) http://www.ti.com/lit/ds/symlink/tlc7135.pdf; (e) http://electronics-course.com/flash-adc; (f) https://www.maximintegrated.com/en/app-notes/index.mvp/id/810; (g) https://datasheets.maximintegrated.com/en/ds/MAX1151.pdf; (h) http://www.ti.com.cn/cn/lit/an/zhct138/zhct138.pdf; Bonnie Baker工程師，ΔΣ ADC工作原理，德州儀器，（2011）；(i) http://www.analog.com/media/en/technical-documentation/application-notes/292524291525717245054923680458171AN283.pdf; (j) www.datasheetspdf.com/ datasheet/AD1879.html); (k) http://ume.gatech.edu/mechatronics_course/ADC_F04.ppt)

143. http://www.share-pdf.com/3f1fa4d305fb4174b2d28a991a18ecba/im -of-fu_images/im-of-fu17x1.jpg

144. http://circuits.datasheetdir.com/148/ADC0816-pinout.jpg

145. (a) http://www.seekic. com/ uploadfile/ic- data/200911282342113.jpg; (b) http://www.futurlec.com/ADConv/ADC0831.shtml

146. http://www.analog.com/static/imported-files/images/pin_diagrams/ AD7798_AD7799_pc.gif

147. (a) http://www.analog.com/static/imported-files/images/functional_block_diagrams/AD7798_7799_fbs.png; (b) http://cds.linear.com/docs/en/datasheet/2452fd.pdf; (c) http://cds.linear. com/docs/en/datasheet/2452fd.pdf; (d) http://www.ti.com/product/ADS1014; http://www.ti.com.cn/cn/lit/ds/symlink/ads1015.pdf

148. (a)F.E.Chou and J. S. Shih（本書作者）, Chin.Chem.,48,117 (1990); (b) http://cocdig.com/docs/show-post-747.html; (c) http://www.ti.com.cn/cn/ lit/ds/symlink/ads1015.pdf

149. http://www.100y.com.tw/product_jpg_big/A004531.jpg

150. (a) http://arduino-info.wikispaces.com/QuickRef; (b) http://www.vwlowen.co.uk/arduino/stand-alone/stand-alone-arduino.htm; (c) https://www.silabs.com/documents/public/data-sheets/CP2102-9.pdf; (d)http://www.byvac. com/index.php/BV104.; (e) http://www.ti.com/ lit/ds/ symlink/pcm2902.pdf; (f) http://www.analog.com/en/products/analog-to-digital-converters/

precision-adc-10msps/ad-da-converter-combinations.html; (g) http://www.analog.com/ media/en/technical-documentation/data-sheets/AD5590.pdf

第八章

151. Wikipedia, the free encyclopedia, http://en.wikipedia.org/wiki/Intel_8255
152. Wikipedia, the free encyclopedia, http://en.wikipedia.org/wiki/Peripheral_Interface_Adapter
153. Wikipedia, the free encyclopedia, http://upload.wikimedia.org/wikipedia/commons/thumb/3/33/Motorola_MC6820L_MC6821L.jpg/220px-Motorola_MC6820L_MC6821L.jpg
154. 施正雄，第十六章、微電腦界面（二）—計數器、輸出輸入元件及單晶微電腦，儀器分析原理與應用，國家教育研究院主編，五南出版社（2012）。
155. https://en.wikipedia.org/wiki/IEEE-488
156. https://zh.wikipedia.org/wiki/IEEE-488?oldformat=true
157. (a)https://en.wikipedia.org/wiki/RS-232; (b)http://www.classiccmp.org/ dunfield/r/6850.pdf
158. https://zh.wikipedia.org/zh-tw/RS-232
159. http://ind.ntou.edu.tw/~optp/VB%20CLASS/OPVB10%20RS232.pdf
160. Wikipedia, the free encyclopedia,http://en.wikipedia.org/wiki/Decoder
161. http://sunrise.hk.edu.tw/~jhtong/file/Labview/PDF/13%20chapter-10%20%20EA.pdf
162. 陳信全教授，數位I/O實驗卡研製，聖約翰科技大學（2008）。
163. http://sunrise.hk.edu.tw/~jhtong/file/Labview/PDF/14%20chapter-11%20%20EA.pdf
164. http://www.uotechnology.edu.iq/dep-laserandoptoelec-eng/laboratory/4/microprocesser/EXP%20(14)dac..pdf
165. http://www.boondog.com/apps/dac.pdf
166. 施正雄，第十五章、微電腦界面（一）—邏輯閘、運用放大器及類比／數位轉換器，儀器分析原理與應用，國家教育研究院主編，五南出版社（2012）。
167. F.E.Chou and J. S. Shih（本書作者），Chin.Chem.,48,117 (1990)
168. http://www.coolcircuit.com/circuit/rs232_driver/max232.gif
169. http://en.wikipedia.org/wiki/Joystick
170. (a)http://www. kmitl.ac.th/~kswichit/Rs232_web/Rs232_sch.gif; (b) https://learn.sparkfun.com/tutorials/serial-communication/uarts
171. http://zimmers. net/anonftp /pub/cbm/schematics/cartridges/vic20/ieee-488/1110010.png

172. http://tempest.das.ucdavis.edu/mmwave/multiplier/GPIB.html

173. http://www.ni.com/zh-tw/support/model.gpib-usb-hs.html

174. https://zh.wikipedia.org/wiki/UART

175. (a)http://docslide.us/documents/ic-74165.html; (b)https://www.sparkfun.com/datasheets/IC/SN74HC595.pdf

176. (a) https://www. google.com.tw/#q=+2014_12_08c2c58a.pdf&spf=1495527983331; (b) http://htmlimg2.alldatasheet.com/htmldatasheet/74910/MICROCHIP/93C46/404/1/93C46.png; (c) http://2.bp.blogspot. com/-dqtNNaKN3a4/UHG-B92kD-I/AAAAAAAAAB0/t4h8rA3D-B0/s200/A20495B.jpg; (d) ww1.microchip. com/downloads/en/DeviceDoc/doc0006.pdf; (e) https://76.my/Malaysia/atmel-dip-28-at28c256-15pu-eeprom-ic-ubitronix-1605-26-ubitronix@4.jpg

177. (a) http://makerpro.cc/2016/07/learning-interfaces-about-uart-i2c-spi/; (b)http://www.usb-i2c- spi.com/cn/rar/USB2SPI/USB2SPI_DS3.0CT.pdf; (c)http://goods.ruten.com.tw/item/show?21650724283550; (d)http://goods.ruten.com.tw › 電腦、電子、周邊 › 電腦周邊設備 › 其他電腦周邊設備; (e) http://tehnosite.narod.ru/ ft.files/USB_sch.jpg; (f) https://www.sparkfun.com/ datasheets/ IC/cp2102.pdf; (g) http://www.cypress.com/products/ usb-uart-controller-gen-1; (h) :ww1.microchip.com/downloads/en/DeviceDoc/20005292B.pdf); (i) ww1.microchip.com/downloads/en/DeviceDoc/20005292B.pdf; (j) http://www.ti. com.cn/cn/lit/ds/symlink/ads1015.pdf

178. (a) http://www. go-gddq.com/html/QiTaDanPianJi/2013-01/1005318.htm;(b) http://www.mouser. tw/new/microchip/microchipmcp 2210/; (c)http://www.microchip.com/wwwproducts/en/MCP2210. (d)http://www.icpdf.com/icpdf_datasheet_6_datasheet/USB2SPI_pdf_6920392/USB2SPI_16.html (e) http://makerpro.cc/2016/07/learning-interfaces-about-uart-i2c-spi/; (f) http://v-comp.kiev.ua/download/ MCS7715.pdf; (g) http://www.ftdichip.com/Support/Documents/DataSheets/ICs/DS_FT245R.pdf; (h) https://cdn.sparkfun.com/datasheets/Dev/Arduino/Other/CH340DS1.PDF

第九章

179. (a)陳瑞龍，8051單晶片微電腦，全華科技圖書公司（1989）。(b)蔡樸生，謝金木，陳珍源，MCS-51原理設計與產品應用，文京圖書公司（1997）。(c)吳金戌，沈慶陽，郭庭吉，8051單晶片微電腦實習與應用，松崗電腦圖書公司（1999）。
180. 鍾富昭，PIC16C71單晶片微電腦，聯和電子公司（1991）。
181. 吳一農，PIC16F84單晶片微電腦入門實務，全華科技圖書公司（2000）。
182. 何信龍，李雪銀，PIC16F87X快速上手，全華科技圖書公司（2000）。
183. 周錫民，何明德，葉仲紘，單晶片6805應用實務，松崗電腦圖書公司（1991）。
184. 施正雄（本書作者），單晶微電腦在化學實驗控制上之應用，Chemistry (Chin.Chem. Soc.), 47, 320 (1989)。
185. 施正雄，第十六章、微電腦界面（二）—計數器、輸出輸入元件及單晶微電腦，儀器分析原理與應用，國家教育研究院主編，五南出版社（2012）。
186. www.baike.com/wiki/MCS-51單片機
187. http://project.wingkin.net/wp-content/uploads/2011/05/structure.gif
188. http://n90020071.myweb.hinet.net/8051.files/2.gif
189. http://circuits.datasheetdir.com/17/80C31-pinout.jpg
190. http://www.me. ntust. edu. tw/DGteaching/高維文/微處理機/.../team07.htm
191. http://designer.mech.yzu.edu.tw/
192. http://www.jameco.com/1/1/25437-8031-microcontroller-8-bit-32-i-o-8mhz-dip-40-intel-series.html
193. zh.wikipedia.org/zh-tw/英特爾8051
194. http://www.cpu-zone.com/8751/ DSCF1882_small.JPG
195. http://www.engineersgarage.com/electronic-components/at89c51-microcontroller-datasheet
196. 施正雄，第一章分析儀器導論，儀器分析原理與應用，國家教育研究院主編，五南出版社（2012）。
197. http://delphi.ktop.com.tw/download/upload/476e73c55386b_%E4%BE%8B%E8%AA%AA89S51_11.pdf [IC8951-ADC0804; IC8951-DAC08]
198. http://www.farnell.com/datasheets/1835100.pdf[IC8951-ADC/DAC]
199. http://dspace.lib.ntnu.edu.tw/handle/77345300/58063 [IC8951-ADC0804]
200. http://www.circuitstoday.com/interfacing-adc-to-8051[IC8951-ADC0804]
201. http://www.keil.com/forum/9879/[IC8951-ADC0831]
202. http://220.181.112.102/view/65d92fafd4d8d15abf234e0e.html?re=view[IC8951-ADC0832]
203. (a)http://www.projectsof8051.com/downloads/asmcodes/8051-interfacing-with-digital-to-

analog-converter.html[IC8951-DAC]; (b)https://sites.google.com/site/nctuwuliliang/si-zhi-2/guang-du; (c)http://designer.mech.yzu.edu.tw/); (d)http://www.ianstedman.co.uk/Projects/PIC_USB_Interface/PIC_USB_SchematicV2.png; (e)http://www.shs.edu.tw/works/essay/2010/11/2010111223330284.pdf; (f) http://chetanpatil.info/1/post/2012/03/interfacing-usb-lcd-8051.html; (g) http://a.share.photo.xuite.net/ miaoichi/1a83e69/8033965/315467708_m.jpg; (h) http://www.atmel.com/images/doc2503.pdf; (i) http://www.go-gddq.com; (j)https://www.silabs.com/Support%20Documents/TechnicalDocs/C8051F35x.pdf; (k)https://www.silabs.com/Support%20Documents/TechnicalDocs/C8051F35x.pdf; (l) https://www.silabs.com/Support%20Documents/TechnicalDocs/C8051F35x.pdf; (m) http://pdf1.alldatasheet.com/datasheet-pdf/view/15872/PHIL IPS/P80C552EBA.html; (n) http://www.infineon.com/dgdl/Infineon- C505DB-DS-v01_01-en.pdf?fileId=db3a304412b407950112b41a77922aa7

204. (a)http://www5.epsondevice.com/cn/ic_partners/ti/cc_series.html; (b)http://www.ti.com/lit/ug/swru250m/swru250m.pdf; (c)http://www.ti.com/lit/ds/symlink/cc2541.pdf; (d) http://www.ti.com/ww/tw/more/solutions/co_sensor.shtml; (e) http://www.mouser.hk/new/Texas-Instruments/ti-cc2541;(f)http://www.farnell.com/datasheets/1719493.pdf; (g) http://www.wpgholdings. com/yosung/news_detail/zhtw/program/15880; (h)http://www.ti.com/ww/tw/ more/solutions/co_sensor.shtml; (i)http://www.ti.com/ww/tw/more/solutions/ co_sensor. shtml; (j)http://www.farnell.com/datasheets/1719493.pdf; (k) http://www.ti.com/ds_dgm/images/alt_swrs091f.gif

第十章

205. (a)http://en.wikipedia.org/wiki/PIC_microcontroller; (b) zh.wikipedia.org/zh-tw/PIC微控制器

206. http://piklab.sourceforge.net/devices/16C71_pins_graph.png

207. http://www.futurlec.com/Microchip/PIC16C71.shtml

208. http://datasheets.chipdb.org/Microchip/PIC16C7X.PDF（16C7Xpdf檔）

209. http://www.futurlec.com/Microchip/PIC16C74.shtml

210. http://ww1.microchip.com/downloads/en/DeviceDoc/30325b.pdf（16F74pdf檔）

211. (a) http://www.voti.nl/wloader/index_1.html（16F877檔）; (b) http://www.circuitstoday.com/introduction-to-pic-16f877; (c) http://ww1.microchip.com/downloads/en/DeviceDoc/39582C.pdf

212. (a)http://www.voti.nl/wloader/index_1.html; (b) http://ww1.microchip.com/ downloads/en/DeviceDoc/30289b.pdf (PIC17C7XX); (b) http://www.microchip. com/_images/ics/medium-PIC17C752-TQFP-64.png
213. http://www.ianstedman.co.uk/Projects/PIC_USB_Interface/PIC_USB_SchematicV2.png
214. (a) http://ww1.microchip.com/downloads/en/DeviceDoc/39931b.pdf[PIC18F46XX/24J50-USB]; (b)http://www.microchip,com/wwwproducts/en/PIC18F24J50; (c) http://ww1.microchip.com/downloads/en/ DeviceDoc/39564c.pdf [PIC18FXX2]
215. http://ww1.microchip.com/downloads/en/DeviceDoc/39760d.pdf
216. (a) http://ww1.microchip.com /downloads/en/DeviceDoc/39632e.pdf; (b) https://zh.wikipedia.org/zh-tw/化學反應器; (c) http://ww1.microchip.com/downloads/en/DeviceDoc/41612b.pdf; (d) http://ww1.microchip.com/downloads/en/DeviceDoc/41612b.pdf; (e) http://ww1.microchip.com/ downloads/en/DeviceDoc/41594A.pdf; (f) http:// embedded-lab.com/blog/wireless-data-transmission- between-two-pic-microcontrollers-using-low-cost-rf-modules/; (g)http://ww1.microchip. com/downloads/en/DeviceDoc/70329b.pdf
217. http://media.digikey.com/Renders/~~Pkg.Case%20or%20Series/40-DIP_sml.jpg
218. http://www.wvshare.com/product/PIC16F74-I-PT.html
219. http://www.voti.nl /wloader/index_1.html
220. http://www.alldatasheet.com/view.jsp?Searchword=Pic16f87x
221. http://akizukidenshi.com/download/PIC16F84A.pdf
222. http://www.alldatasheet.com/datasheet-pdf/pdf/74975/MICROCHIP/PIC16F84.html
223. https://commons.wikimedia.org/wiki/File:PIC16F84_brochage.png
224. 施慶隆，PIC16F87X微控制器原理實習與專題製作，全華科技圖書公司（2001）。

第十一章

225. (a) http://www.ic5.cn/p_MC68705R3_ig5.html; (b)http://www.datasheet5.com/datasheet/MC6805R3/3130746/MOTOROLA（MC6805R3檔案）
226. (a) http://www.digchip.com/datasheets/parts/datasheet/311/MC6805R2-pdf.php（MC68HC11檔案）; (b) http://html.alldatasheet.com/html-pdf/4184/MOTOROLA/MC68HC11/259/1/MC68HC11.html（MC68HC11B檔案）; (c)http://www.seekic.com/uploadfile/ic-data/20091814328199.jpg

227. (a) http://www.datasheetarchive.com/MC6805R2-datasheet.html（MC6805R2檔案）；(b) http://cache.freescale.com/files/microcontrollers/doc/data_sheet/MC68-7-05R-U.pdf（MC6805R2&R3檔案）

228. (a) http://www.freescale.com/webapp/sps/site/prod_summary.jsp?code=68HC05B6; (b) http://www.digchip.com/datasheets/parts/datasheet/311/68HC05B6-pdf.php（pdf檔）

229. (a) http://www.alldatasheet.com/ datasheet-pdf/pdf/100554/MOTOROLA/MC68705R3.html); (b) http://html. alldatasheet.com/html-pdf/4184/MOTOROLA/MC68HC11/259/1/MC68HC11.html; (c) MC68HC11A8.pdf-Adobe Reader MC68HC11A8 HCMOS Single-Chip Microcontroller; (d) https://www.mikrocontroller.net/attachment/105420/mk3-sch.gif; (e) http://ww.zymcu.com/motorola_file/motorola04.html; (f) http://www.carhelp.info/forums/attachment.php?attachmentid=134044&d=1395071355; (g) http://datasheet.eeworld. com.cn/part/MC68HC16Z3,MOTOROLA,50249.html); (h)www.eeworld.com.cn/mcu/qtmcu/200703/2820.html;(i) www.nxp.com/products/.../32-bit-microcontroller:MC68F375); (j) www.nxp.com/products/.../32-bit-microcontroller:MC68F375); (k) www.nxp. com/products/.../32-bit-microcontroller:MC68F375); (l) http://140.134.32.129/scteach/scteach88/Tidsp/n15.htm; (m) http://140.134.32.129/scteach/scteach88/Tidsp/n16.htm; (n)http://140.134.32.129/scteach/scteach88/Tidsp/n17.htm; (o) https://zh.wikipedia.org/zh-tw/德州儀器TMS320; (p) http://www.mcudsp.com.tw/C2000/F28335.jpg; (q) http://www.mcudsp.com.tw/C2000/easyDSPF28335.html; (r) http:// www.ti.com/lit/ds/symlink/tms320f28332.pdf;

230. (a) http://file.yizimg.com/353036/2010101316105462.pdf; (b) http://www.sparetimelabs.com/funwith08/schematics-controller.gif; (c) http://www.nxp.com/docs/en/application-note/AN1748.pdf; (d) https://cdn.sparkfun.com/datasheets/Dev/Arduino/Other/CH340DS1.PDF; (e)http://html.alldatasheet.com/html-pdf/4184/MOTOROLA/MC68HC11/259/1/ MC68HC11.html); (f) http://www. ftdichip.com/Support/Documents/DataSheets/ICs/DS_FT245R.pdf; (g) http://html.alldatasheet.com/html-pdf/4184/MOTOROLA/MC68HC11/259/1/MC68HC11.html); (h) http://html.alldatasheet.com/html-pdf/29038/TI/TMS32020/22/1/TMS32020.html; (i) http://www.kynix.com/uploadfiles/pdf2286/MC908JB16JDW.pdf; (j)http://www.nxp.com/docs/en/data-sheet/ MC68HC908JW32.pdf

第十二章

231. (a)http://en.wikipedia. org/wiki/Raspberry_Pi; (b)M. Richardson and S. Wallace,Getting Started with Raspberry Pi, O'Reilly (2012); (c) Introducing the Raspberry Pi Zero; https://www.raspberrypi.com.tw/tag/bcm2835/)
232. 李凡希（譯），愛上Raspberry Pi，科學出版社，北京（2013）。
233. (a) http://www.raspberrypi.org/downloads/; (b) http://www.slideshare.net/fullscreen/raspberry-pi-tw/introduction-toraspberrypisetup/1
234. http://www.themagpi.com/ issue/issue-9/article/webiopi-raspberry-pi-rest-framework/
235. http://www.rs-online.com/designspark/electronics/eng/blog/introducing-the-raspberry-pi-b-plus
236. RPI: http://www.briandorey.com/docs/adcpi-launch/adcpi.jpg
237. ADS1015: http://www.adafruit.com/images/970x728/1083-00.jpg
238. http://www.sunfounder.com/index.php?c=case_in&a=detail_&id=94&name=Raspberry%20Pi
239. http://en. wikipedia.org/wiki/Arduino
240. http://arduino-info.wikispaces.com/QuickRef
241. http://www.ti.com/product/pcm2704c
242. http://www.tjaekel.com/T-DAC/raspi_rca_plus.html
243. http://www.andaudio.com/phpbb3/ viewtopic.php?f=18&t=119340&start=25
244. http://www. tjaekel.com/ T-DAC/raspi.html
245. http://www.tjaekel.com/T-DAC/raspi_dual.html

索 引

A

B

C

D

J

L

M

N

O

P

Q

R

S

X

Z

國家圖書館出版品預行編目資料

微電腦介面晶片和單晶片在化學上應用／施正雄著. ——初版. ——臺北市：五南，2018.11
面； 公分
ISBN 978-957-763-158-9(平裝)
1.電腦界面 2.微電腦 3.晶片
471.56 107019665

5B34

微電腦介面晶片和單晶片在化學上應用

作　　者— 施正雄（159.7）
發 行 人— 楊榮川
總 經 理— 楊士清
主　　編— 王正華
責任編輯— 金明芬
封面設計— 姚孝慈
出 版 者— 五南圖書出版股份有限公司
地　　址：106台北市大安區和平東路二段339號4樓
電　　話：(02)2705-5066　　傳　　真：(02)2706-6100
網　　址：http://www.wunan.com.tw
電子郵件：wunan@wunan.com.tw
劃撥帳號：01068953
戶　　名：五南圖書出版股份有限公司
法律顧問　林勝安律師事務所　林勝安律師
出版日期　2018年11月初版一刷
定　　價　新臺幣600元

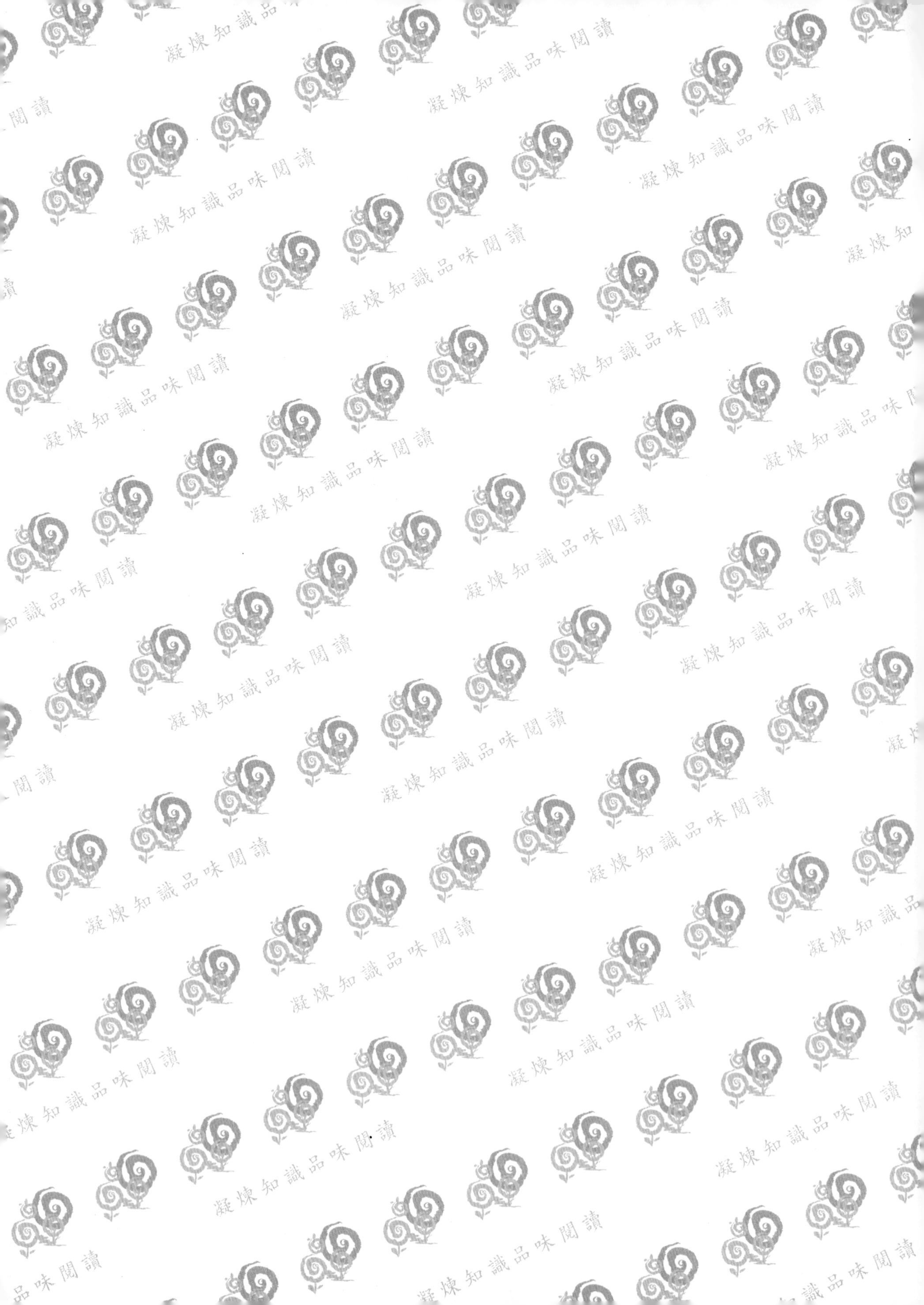